Lectures on Convex Optimization

Second Edition

凸优化教程

（原书第2版）

[俄] 尤里·涅斯捷罗夫 　著
（Yurii Nesterov）

周水生　译

机械工业出版社
CHINA MACHINE PRESS

图书在版编目（CIP）数据

凸优化教程（原书第 2 版）/（俄罗斯）尤里·涅斯捷罗夫著；周水生译 . —北京：机械工业出版社，2020.7（2025.1 重印）
（华章数学译丛）

书名原文：Lectures on Convex Optimization, Second Edition

ISBN 978-7-111-65989-1

I. 凸… II. ① 尤… ② 周… III. 凸分析 - 最优化算法 - 教材 IV. O174.13

中国版本图书馆 CIP 数据核字（2020）第 117962 号

北京市版权局著作权合同登记 图字：01-2019-0945 号。

First published in English under the title
Lectures on Convex Optimization (2nd Ed.)
by Yurii Nesterov
Copyright © Springer Nature Switzerland AG, 2018
This edition has been translated and published under licence from
Springer Nature Switzerland AG.

本书全面介绍凸优化这个日益重要的领域，不但包含一阶、二阶极小化加速技术的一个统一且严格的表述，而且为读者提供了光滑化方法的完整处理，还详细讨论了结构优化的几种有效方法，包括相对尺度优化法和多项式时间内点法 .

本书对理论优化的研究人员以及从事优化问题工作的专业人士非常有用，也可以作为工程、经济、计算机科学和数学学科学生的介绍性及高级凸优化课程教材 .

出版发行：机械工业出版社（北京市西城区百万庄大街 22 号 邮政编码：100037）
责任编辑：柯敬贤 责任校对：殷 虹
印 刷：固安县铭成印刷有限公司 版 次：2025 年 1 月第 1 版第 4 次印刷
开 本：186mm×240mm 1/16 印 张：27.75
书 号：ISBN 978-7-111-65989-1 定 价：139.00 元

客服电话：(010) 88361066 68326294

译 者 序

本书是国际著名最优化理论与算法专家 Yurii Nesterov 的最新代表性专著,是他多年研究成果的总结,不但包括了传统最优化算法及其理论,而且系统性地给出了一些较新的研究成果.

凸优化在学术界、工程应用界都具有非常重要的地位,是所有最优化研究的基础. 本书内容涵盖一般非线性凸优化的基本内容,包括光滑优化、非光滑优化、约束优化等问题的一阶算法和二阶算法的很多理论性成果,给出大量用对偶、路径跟踪、光滑化等技术处理各类优化问题的实例,并设计了具有收敛性保证的高效算法,同时给出利用复杂度下界引导设计最优算法的模式. 其中利用牛顿法的三次正则化技术研究二阶算法的全局复杂度界、相对尺度优化等内容是其他优化专著少有的.

该书涉及的优化理论及相关算法设计相对完整,特别是算法复杂度上下界的具体证明、相应算法的具体设计都非常系统. 它既可作为引导数学、工程、经济学等专业的学生涉足优化领域的教科书,也可作为不同领域的优化实践者有效选择优化算法来解决实际问题的工具书,同时还可作为优化、运筹学和计算机科学等领域的研究人员系统掌握优化理论的参考书. 本书非常适合作为本科生、研究生的现代优化教学课程的教材.

本书作者是国际著名优化专家,为了尽可能准确地呈现作者想要表达的思想,在翻译过程中,在不影响内容理解的基础上,尽量遵照原文的表达,避免过度意译. 如文中多次(甚至过多次)出现"我们""那么/于是"等词,是由于原著有大量的"we""then/thus"等. 这类不影响意思表达的直译我们尽量保留. 另外也注意到一些术语实在不便于用中文表达,就保留原英文. 如"Oracle"这个词,字典中对它的翻译都很难匹配其在文中或参考文献中的意思,它在文中的不同地方出现时含义很难用一个中文专用名字概况,故保留原词. 在人名的翻译方面我们也灵活处理:对译名用词固定的人名采用中文表达,如牛顿、拉格朗日、欧拉等;而有些人名其中文译名出现较少,中文译名在不同资料中也不统一,为了准确起见,我们采用原英文表述. 另外有一些专业术语也存在不同资料译法不统一的情况,请读者留意. 如 prox-function,有资料翻译为"近端函数""近似函数",而本书翻译为"近邻函数"(由于它体现了邻域的概念). 又如"composite optimization",有些资料翻译为"复合优化"或"组合优化",但本书描述的是两个函数相加的优化问题,与"函数复合"、离散中的"排列组合"关系很弱,故翻译为"合成优化". 译者尽管从事了多年的最优化教学和研究工作,但在翻译工作上并不专业,在完美呈现著名大师的著作方面必然有不足之处,敬请谅解.

感谢陈玉雪、付翠、李冬、刘云瑞、马家军、平瑞、乔慧、万星、杨婷、张俊娜、张转等对本书翻译工作的付出,感谢同事冯象初教授,他就有关专业术语翻译与译者进行讨论. 全书由周水生定稿并对全部翻译文字负责.

译者

2020 年 4 月

前　言

写作本书的想法来自 Springer 的编辑，他们建议作者更新著作 *Introductory Lectures on Convex Optimization：Basic Course*，这是 2003 年由 Kluwer 出版社出版的 [39]. 事实上，这本书的主要部分写于 1997～1998 年，所以其内容至少有 20 年的历史. 对于凸优化这样一个活跃的领域，这确实是很长的时间.

然而，在开始研究相关内容之后，作者很快意识到，这一不大的目标根本无法实现. [39] 主要是为关于凸优化的短学期课程（12 节课）服务的，反映了当时该领域的主要算法成果. 因此，一些重要的概念和想法，特别是与各种对偶理论有关的，被毫不留情地从内容中删除了. 在某种意义上，[39] 仍然适用于介绍凸优化算法基本概念的较短课程. 对该内容的任何扩充都需要做出复杂的解释，以说明为什么所选的内容比书架上的许多其他有趣的候选材料更为重要.

于是，作者做出了一个艰难的决定——写一本新书，它包括 [39] 的所有内容，以及该领域在过去 20 年中最重要的进展. 从时间节点上看，本书涵盖的时间段直到 2012 年⊖. 因此，有关随机坐标下降法和通用方法的较新结果、零阶算法的复杂度结果和求解大规模问题的方法仍然没有包括进来. 然而，在我们看来，这些非常有意义的主题还没有成熟到可以进行专题介绍的地步，尤其是以讲课的形式.

从方法论的角度看，这本书的新颖之处主要在于对偶的大量出现. 现在读者可以从两个方面看待问题：原始和对偶. 与 [39] 相比，本书的内容增加了一倍，这看起来对一个全面的介绍来说是合理的. 但是很显然，本书的内容太多了，不适合作为一个学期的教材. 然而，它很适合一个两学期的课程，或者，它的不同部分可以分别用于不同的现代优化教学课程. 我们将在"引言"的最后讨论这个问题.

在本书中，我们包括三个对专题文献来说全新的主题.

- **光滑技术.** 该方法完全改变了我们对大多数应用中出现的非光滑优化问题复杂度的理解. 它基于可用光滑函数逼近不可微凸函数，并用快速梯度法极小化新目标. 与标准的次梯度法相比，新算法每次迭代的复杂度没有变化，然而，新算法迭代次数的估计值变成与标准次梯度算法迭代次数的平方根成正比. 由于在实践中这些迭代次数通常是成千上万甚至百万的数量级，所以计算时间方面的好处非常惊人.

- **二阶算法的全局复杂度界.** 二阶算法及其最著名的代表——牛顿法，是数值分析中最古老的算法之一. 然而，在牛顿法的三次正则化被发现之后，它们的全局复杂度分析才刚刚开始. 对于这种经典算法的新变形，我们可以为不同问题类给出全局复

⊖　当然，为了保持一致性，我们添加了几篇最新发表的论文成果，这对书中讨论的主题很重要.

杂度界. 因此, 我们现在可以比较不同的二阶方法的全局效率, 并开发加速算法. 这些算法的一个全新特点是极小化过程中用到目标函数的模型积累. 同时, 我们可以为它们推导复杂度下界, 并研究最优的二阶算法. 对于求解非线性方程组的算法也可以进行类似的修改.

- **相对尺度优化**. 定义最优化问题近似解的标准方法是引入绝对精度. 然而, 在许多工程应用中, 以相对尺度 (百分比) 来度量解的质量是很自然的. 为了朝这个方向调整极小化算法, 我们引入了目标函数的一个特殊模型, 并为计算一个与目标函数拓扑结构相兼容的适度度量应用了高效的预处理算法. 因此, 我们得到了非常有效的优化算法, 其复杂度界与输入数据的大小具有弱依赖关系.

我们希望本书对广大读者有用处, 包括数学、经济学和工程专业的学生, 不同领域的实践者, 以及优化理论、运筹学和计算机科学的研究人员. 过去几十年这个领域发展的主要经验是, 有效的优化算法只能通过智慧地使用特定问题实例的结构来研究. 为了做到这一点, 参考成功的例子总是有用的. 我们相信本书将为感兴趣的读者提供大量这类信息.

尤里·涅斯捷罗夫, 比利时新鲁汶

2018 年 1 月

致　谢

在我的科研生涯中，我有非常好的机会能够定期与 Arkady Nemirovsky 进行科学讨论. 他卓越的数学直觉和深厚的数学底蕴对我的科研工作有巨大的帮助. 从我读博士开始 Boris Polyak 就一直担任我的科研导师，至今已近 40 年. 他的科研寿命为我树立了一个非常鼓舞人心的榜样. 我和同事们定期进行科研讨论并因此时不时地发表联合论文，他们是 A. d'Aspremont、A. Antipin、V. Blondel、O. Burdakov、C. Cartis、F. Glineur、C. Gonzaga、R. Freund、A. Juditsky、H. -J. Lüthi、B. Mordukhovich、M. Overton、R. Polyak、V. Protasov、J. Renegar、P. Richtarik、R. Sepulchre、K. Scheinberg、A. Shapiro、S. Shpirko、Y. Smeers、L. Tuncel、P. Vandooren、J. -Ph. Vial 和 R. Weismantel. 近年来，我与年轻的研究人员 P. Dvurechensky、N. Doikov、A. Gasnikov、G. Grapiglia、R. Hildebrand、A. Rodomanov 和 V. Shikhman 的联系是非常有趣和令人兴奋的. 与此同时，比利时鲁汶大学（UCL）为我提供了良好的研究条件，这离不开 UCL 三位创始人 Jacques Dreze、Michele Gevers 和 Laurence Wolsey 几十年来的持续支持. 对所有这些人，我表示衷心的感谢.

本书的内容已经在几门教学课程中使用过了. 我非常感谢 C. Helmberg、R. Freund、B. Legat、J. Renegar、H. Sendov、A. Tits、M. Todd、L. Tuncel 和 P. Weiss 向我报告了 [39] 中的一些印刷错误. 在 2011～2017 年我有非常好的机会在世界各地的不同大学（列日大学、巴黎国立统计与经济管理学校、维也纳大学、马克斯-普朗克研究所（萨尔布吕肯）、数学研究所（苏黎世联邦理工学院）、巴黎综合理工大学、俄罗斯高等经济学院（莫斯科）、韩国科学技术院（大田广域市）、中国科学院大学（北京））的现代凸优化高级课程中展示一部分新材料. 我非常感谢所有这些机构和学者对我的研究感兴趣.

最后，正是 Springer 的编辑 Anne-Kathrin、Birchley-Brun 和 Rémi Lodh 的耐心和专业精神，才使本书的出版成为可能.

引　言

优化问题是在许多不同的领域中自然而然产生的. 很多时候，我们会渴望以最好的方式来安排事情. 这一意图转化为数学形式，就成为某种类型的优化问题. 根据兴趣领域的不同，可以是最优设计问题、最优控制问题、最佳选址问题、最优饮食问题等等. 然而，找到数学模型的解这个步骤却远非易事. 乍一看，任何事情似乎都非常简单：许多商业优化软件包都很容易获得，任何用户都可以通过单击个人计算机桌面上的图标得到模型的"解". 然而，问题是：我们实际上得到了什么？我们能在多大程度上信任这个答案？

本课程的目标之一是表明：尽管一般优化问题的"解"很容易获得，但它们往往不能满足一个缺乏经验的用户的期望. 在我们看来，任何处理优化模型的人都应该知道一个主要事实：一般来说，优化问题是不可解的. 这个在标准优化课程中经常缺少的结论，对于理解优化理论及其过去和未来发展的逻辑非常重要.

在许多实际应用中，创建模型的过程可能会花费大量的时间和精力. 因此，研究者应该对他们所构建模型的性质有一个清晰的认识. 在建模阶段，可以应用许多不同的思想来表示真实情况，理解这个过程中每一步的计算结果是绝对必要的. 很多时候，我们不得不在无法求解的"完美"模型$^{\ominus}$和肯定可以求解的"粗略"模型之间做出选择. 更好的是什么呢？

事实上，计算实践为我们提供了一个答案. 到目前为止，最广泛使用的优化模型是线性优化模型. 这种模型不太可能很好地描述我们的非线性世界. 因此，它们流行的主要原因是实践者更喜欢处理可解模型. 当然，线性近似通常是很差的. 然而，经常有可能预测到这种选择的后果，并对所得到的解的解释进行修正. 这比试图在没有任何成功保证的情况下求解过于复杂的模型要好得多.

本课程的另一个目标是讨论可解非线性模型，即凸优化问题的数值算法. 在过去的几十年里，凸优化的发展是非常迅速且令人兴奋的. 现在它由几个相互竞争的分支组成，每个分支都有其优缺点. 我们将从历史的角度来详细讨论它们的特点. 更确切地说，我们将努力理解该领域各个分支发展的内在逻辑. 到目前为止，这些发展的主要成果只能在专业期刊上找到. 然而，在我们看来，许多理论成果已经为最终用户所理解，如计算机科学家、工业工程师、经济学家和不同专业的学生. 我们希望本书甚至对优化理论的专家都是有意义的，因为它包含了许多从来没有在专刊上发表的结果.

在本书中，为了成功地使用优化模型，我们将试图说服读者有必要了解一些理论，以解释对优化问题我们可以做什么和不能做什么. 这个简单思想的要素几乎可以在本书讨论

$\ominus$　更准确地讲，我们只能尝试来求解它.

目标函数的标准黑箱模型的第一部分的每一章中找到. 我们将会看到黑箱凸优化是综合应用理论的一个绝佳示例, 它简单易学, 且在实际应用中非常有用. 另一方面, 在本书的第二部分, 我们将看到能从正确使用问题的结构中得到多大好处. 虽然能力有了巨大增长, 但并没有抛弃第一部分的结果. 相反, 结构优化的大多数成果都得到了黑箱凸优化的基础算法的有力支持.

在本书中, 我们讨论最有效的现代优化算法, 并建立它们的全局效率界. 我们的介绍是独立完整的, 且证明了所有必要的结果. 即使是大二本科生, 理解证明和推理也应该不成问题.

本书由七个相对独立的章节组成. 每一章包括三节或四节. 大多数节大约对应一个两小时的讲座. 因此, 本书的内容可以直接用于凸优化的标准两学期课程. 当然, 组合不同节可以用于短期课程.

全书分为两部分. 第 1~4 章为第一部分, 包含了有关优化问题黑箱模型的所有内容. 在这个框架下, 给定问题的额外信息只能通过请求获得, 该请求对应决策变量的一组具体值. 特别地, 该请求的结果要么是目标函数的值, 要么是函数值及其梯度, 等等. 该框架是凸优化理论中最早的部分.

第 1 章主要研究一般优化问题. 在 1.1 节中, 我们介绍了术语、Oracle 的概念、黑箱、优化问题的函数模型以及一般迭代算法的复杂度. 我们证明了全局优化问题是 "不可解的", 并讨论了不同优化理论领域的主要特点. 在 1.2 节中, 我们讨论了两种主要的局部无约束极小化算法: 梯度法和牛顿法. 我们建立了它们的局部收敛速度, 并讨论了可能遇到的困难 (发散、收敛到鞍点). 在 1.3 节中, 我们在形式上比较了梯度法和牛顿法的结构. 这种分析引出了变尺度的概念. 我们描述了拟牛顿法和共轭梯度法. 最后, 我们分析了约束极小化的几种算法: 带全局最优性证明的拉格朗日松弛法、罚函数法和障碍函数法.

第 2 章研究光滑凸优化的算法. 在 2.1 节中, 我们分析了上一章遇到困难的主要原因. 通过这些分析, 我们得到了光滑凸函数和光滑强凸函数这两类较好的函数. 对于相应的无约束极小化问题, 我们建立了复杂度下界. 最后, 我们分析了一个梯度算法, 证明了该算法不是最优的. 对光滑凸极小化问题的最优算法, 即所谓的快速梯度法, 在 2.2 节中进行了讨论. 我们从介绍一种特殊的基于估计序列的收敛分析技术开始. 首先针对无约束极小化问题介绍了该技术. 在此基础上, 引入凸集, 并定义了一类具有简单集约束的问题的梯度映射的概念. 我们证明了梯度映射可以形式地在优化算法中代替梯度步. 在 2.3 节中, 我们讨论了更复杂的问题, 涉及多个光滑凸函数, 即极小极大问题和约束极小化问题. 对于这两个问题, 我们都使用梯度映射的概念, 并给出了最优算法.

第 3 章研究非光滑凸优化理论. 由于我们没有假设读者有凸分析的背景, 3.1 节包含了所有必要事实的简洁介绍. 本节的最终目标是阐明计算凸函数次梯度的规则. 同时, 我们也讨论了最优性条件、Fenchel 对偶和拉格朗日乘子. 在本节的最后, 我们证明了几个极小极大定理, 并解释了阐明原始-对偶优化算法的基本概念. 这是书中最长的一节, 它可以作为关于凸分析的迷你课程的基础.

接下来的 3.2 节从非光滑优化问题的复杂度下界开始. 之后, 给出了相应算法复杂度分析的一般框架. 我们使用该框架来建立最简单的次梯度法以及处理带有函数约束问题的切换变形算法的收敛速度. 对后一种算法, 我们阐明了其逼近最优拉格朗日乘子的可能性. 在本节的剩余部分, 我们考虑两个最重要的有限维算法: 重心法和椭球法. 最后, 简要讨论了其他几种割平面算法. 3.3 节讨论了凸函数的分片线性模型的极小化算法. 我们描述了 Kelley 算法, 并证明它可以任意慢. 之后, 我们介绍了所谓的水平集算法, 证明了它对无约束极小化问题和有函数约束问题的效率估计.

第一部分的最后是第 4 章, 该章致力于二阶算法的全局复杂度分析. 在 4.1 节, 我们介绍了牛顿法的三次正则化算法, 并研究了它的性质. 结果表明, 即使目标函数的 Hessian 矩阵不是半正定的, 该算法中的辅助优化问题也能有效地求解. 我们研究了三次牛顿法在凸问题和非凸问题情况下的全局收敛性和局部收敛性. 在 4.2 节, 我们证明了使用估计序列技术可以加速该算法.

在 4.3 节, 我们推导了二阶算法的复杂度下界, 并给出了一个概念性最优方案. 在此算法的每次迭代中, 都需要执行一个潜在的昂贵搜索过程. 因此, 我们认为构造一个有效的二阶最优算法的问题仍然是开放的.

在最后的 4.4 节, 我们考虑了求解非线性方程组的标准高斯-牛顿法的修正. 这一修正也是基于系统余项的范数的一个高估原则. 全局和局部收敛结果都给出了证明.

在第二部分, 包括了与结构优化相关的结果. 在这个框架中, 我们可以直接访问优化问题的元素. 我们可以在初始阶段处理输入数据, 并在必要时为了使问题更简单而修改输入数据. 我们证明了该自由度可以显著提高我们的计算能力. 通常, 我们能够得到远远超出黑箱优化理论的复杂度下界所规定的极限的优化算法.

在本部分的第一章, 即第 5 章, 我们提出了多项式时间内点法的理论基础. 在 5.1 节中, 讨论了应用于凸优化模型黑箱概念中的一个矛盾. 我们引入一个基于自和谐函数概念的优化问题的障碍函数模型. 对于这些函数, 二阶 Oracle 不是局部的. 此外, 它们可以很容易地用标准牛顿法来极小化. 我们研究了这些函数及其对偶函数的性质.

在接下来的 5.2 节中, 研究了用牛顿法的不同变形求解自和谐函数极小化问题的复杂度. 我们对直接极小化算法的效率与路径跟踪算法的效率进行了比较, 并证明后一种方法更好.

在 5.3 节中, 介绍了自和谐障碍函数, 它是适用于序列无约束极小化算法的标准自和谐函数的一个子类. 我们研究了这些障碍函数的性质, 且证明了路径跟踪算法的有效性.

在 5.4 节中, 我们考虑了几个优化问题的例子, 可以为其构建一个自和谐障碍函数. 因此, 这些问题可以通过多项式时间路径跟踪算法来解决. 我们研究了线性优化问题、二次优化问题、半定优化问题、可分优化问题和几何优化问题、极端椭球问题和 ℓ_p-范数逼近问题. 这里有一个特别的小节致力于研究对具体凸集构造自和谐障碍函数的一般方法, 并给出了几个应用实例. 在第 5 章的最后, 我们比较分析了应用于具体问题类的非光滑优化算法的内点法的性能.

在第 6 章中，我们提出了基于直接使用目标函数的原始-对偶模型的不同方法．首先，研究了用光滑函数逼近非光滑函数的可能性．在前面的章节中，我们已经说明了在黑箱框架中，光滑优化问题比非光滑问题要容易得多．然而，任何不可微函数都可以用可微函数以任意精度逼近．我们用光滑函数的更高曲率来换取更好的逼近质量．在 6.1 节中，我们展示了如何以最优的方式平衡逼近的精度和它的曲率的关系．因此，我们开发了一种技术来建立不可微函数的可计算光滑近似，并通过第 2 章中描述的快速梯度法极小化它们．所提方法的迭代次数与标准次梯度算法的迭代次数的平方根成正比．同时，每次迭代的复杂度不会改变．在 6.2 节中，我们说明该技术也可以用于对称的原始-对偶形式．在接下来的 6.3 节中，我们给出光滑技术应用于半定规划问题的一个例子．

本章最后是 6.4 节，该节中我们分析了基于目标函数局部模型的极小化问题的算法．我们的优化问题是一个带有线性优化 Oracle 的合成目标函数．对于这个问题，我们证明了两个版本的条件梯度法（Frank-Wolfe 算法）的全局复杂度界．结果表明，这些方法可以计算原始-对偶问题的近似．在本节的最后，我们分析了信赖域二阶算法的一个新版本，并且得到该算法最坏情况下的全局复杂度性能保证．

在最后的第 7 章中，我们收集了能够以一定的相对精度解决问题的优化算法．事实上，在许多应用中，由于相应的不等式包含未知参数（Lipschitz 常数、到最优值的距离），很难将优化算法的迭代次数与期望的解的精度联系起来．然而，在许多情况下，相对精度的理想水平是很容易理解的．为了开发计算具有相对精度的解的方法，我们需要利用问题的内部结构．在这一章中，我们从在不包含原点的凸集上极小化齐次目标函数的问题开始（7.1 节）．该函数在零点处的次微分的可用性为我们提供了一个很好的度量，它可用于优化算法和光滑技术．如果这个次微分是多面体，则该度量可以通过一个廉价的近似过程来计算（7.2 节）．

在接下来的 7.3 节中，我们提出了一个障碍函数次梯度算法，它计算具有一定的相对精度的正凸函数的近似极大值．我们说明了如何应用该方法解决分数覆盖、最大并发流、半定松弛、在线优化、投资组合管理等问题．

我们用 7.4 节来结束这一章，其中我们研究了对于严格正的具体凸函数类找到一种良好的相对近似的可能性．对于这些函数，可以引入混合精度（绝对/相对）的新概念，并为其有效近似提出拟牛顿法．我们给出了该算法的全局复杂度界，并证明了它们在问题的维数上是单调的．这意味着小维度总是有益的．

本书最后是附录和参考文献评注，在附录中我们分析了解决辅助优化问题的一些算法的效率．

我们通过介绍针对不同课程的一些章节组合来结束该引言．最经典的一学期课程可以由第 1、2、3 和 5 章组成．它或多或少与专著 [39] 的内容相对应．唯一的区别是，在本书中 3.1 节更长，应合理地限制学生只关注必要的部分．第 3 章可以用第 4 章代替，这将产生一门专门讨论可微优化的课程．

第二部分的所有三个章节是完全独立的．同时，可以将它们用于现代凸优化的一学期高级课程．

目　录

第一部分

黑 箱 优 化

第 1 章 非线性优化

在本章中，我们介绍连续优化中使用的主要符号和概念. 第一个理论结果主要与全局优化问题的复杂度分析有关. 对于这些问题，我们从非常不理想的低性能保证开始研究. 它意味着对任何算法，存在一个 $\mathbb{R}^n$ 空间中的优化问题，为了近似其全局解到精度 ϵ，需要对该函数值进行至少 $O\left(\frac{1}{\epsilon^n}\right)$ 次计算. 因此，在 1.2 节中我们转而讨论局部优化，并探讨两个主要的算法：梯度法和牛顿法. 对于二者，我们都给出一些局部收敛率. 在 1.3 节中，提出了一般非线性优化中的几个标准算法：共轭梯度法、拟牛顿法、拉格朗日松弛理论、障碍函数算法和罚函数算法. 对其中的一些算法，我们证明其全局收敛性.

1.1 非线性优化引论

(问题的一般描述；重要实例；黑箱和迭代法；解析复杂度和算术复杂度；均匀网格法；复杂度下界；全局优化的下界；优化领域的特有属性.)

1.1.1 问题的一般描述

我们首先从确定主要问题的数学形式和标准术语开始. 设 x 是 n 维实向量：

$$x = (x^{(1)}, \cdots, x^{(n)})^{\mathrm{T}} \in \mathbb{R}^n$$

$f_0(\cdot), \cdots, f_m(\cdot)$ 是定义在集合 $Q \subseteq \mathbb{R}^n$ 上的实值函数. 在本书中，考虑如下一般极小化问题的不同变形：

$$\begin{aligned} &\min f_0(x) \\ &使得\ f_j(x) \,\&\, 0, \quad j = 1, \cdots, m \\ &x \in Q \end{aligned} \tag{1.1.1}$$

这里符号"$\&$"可以是"$\leqslant$""$\geqslant$"或"$=$".

称 $f_0(\cdot)$ 是问题的目标函数，向量函数

$$f(x) = (f_1(x), \cdots, f_m(x))^{\mathrm{T}}$$

称为函数约束向量，集合 Q 称为基本可行集，且集合

$$\mathscr{F} = \{x \in Q \,|\, f_j(x) \leqslant 0, j = 1, \cdots, m\}$$

称为问题 (1.1.1) 的 (整个) 可行集. 按惯例仅考虑极小化问题. 对极大化问题可以替代性地考虑目标函数 $-f_0(\cdot)$ 的极小化问题.

这类极小化问题的自然分类如下：

- **约束问题**：$\mathscr{F} \subsetneqq \mathbb{R}^n$；
- **无约束问题**：$\mathscr{F} = \mathbb{R}^n$ ⊖；

⊖ 有时，具有"简单"基本可行集 Q 且没有函数约束的问题也被视为"无约束"问题. 在这种情况下，我们需要知道如何求解某些集合 Q 上辅助优化问题的闭式解.

- **光滑问题**：所有函数 $f_j(\cdot)$ 都是可微的；
- **非光滑问题**：存在几个不可微函数分量 $f_k(\cdot)$；
- **线性约束问题**：约束函数是仿射的：

$$f_j(x) = \sum_{i=1}^{n} a_j^{(i)} x^{(i)} + b_j \equiv \langle a_j, x \rangle + b_j, \quad j = 1, \cdots, m$$

(这里 $\langle \cdot, \cdot \rangle$ 代表 $\mathbb{R}^n$ 中的内积或标量积：$\langle a, x \rangle = a^{\mathrm{T}} x$)，$Q$ 是一个多面体. 如果 $f_0(\cdot)$ 也是仿射的，则 (1.1.1) 是线性规划问题. 如果 $f_0(\cdot)$ 是二次函数，则 (1.1.1) 是二次规划问题. 如果所有函数 $f_0(\cdot)$，$\cdot$，$f_m(\cdot)$ 都是二次函数，那么这是一个二次约束的二次规划问题.

还存在基于可行集性质的分类：

- 称问题 (1.1.1) 是**可行的**，如果 $\mathscr{F} \neq \varnothing$；
- 称问题 (1.1.1) 是**严格可行的**，如果存在 $x \in Q$，使得对所有不等式约束有 $f_j(x) < 0$ 或 $f_j(x) > 0$，对所有等式约束有 $f_j(x) = 0$ (Slater 条件).

最后，我们识别问题 (1.1.1) 的解的不同类型：

- 点 $x^* \in \mathscr{F}$ 被称为 (1.1.1) 的**全局解**(全局极小点)，如果对于所有 $x \in \mathscr{F}$ 有 $f_0(x^*) \leqslant f_0(x)$. 在这种情况下，$f_0(x^*)$ 被称为问题的 (全局) 最优值.
- 点 $x^* \in \mathscr{F}$ 被称为 (1.1.1) 的**局部解**(局部极小点)，如果存在集合 $\hat{\mathscr{F}} \subseteq \mathscr{F}$ 使得 $x^* \in \mathrm{int}\, \hat{\mathscr{F}}$，且对于所有 $x \in \hat{\mathscr{F}}$ 有 $f_0(x^*) \leqslant f_0(x)$. 若对所有 $x \in \hat{\mathscr{F}} \setminus (x^*)$ 有 $f_0(x^*) < f_0(x)$，则点 x^* 称为严格或孤立局部极小点.

现在讨论几个代表性的优化问题实例.

例 1.1.1 设 $x^{(1)}, \cdots, x^{(n)}$ 为设计变量，则我们可以取定决策向量 x 的一些函数特征：$f_0(x), \cdots, f_m(x)$. 例如，可以考虑项目的价格、所需资源的数量、系统的可靠性等. 我们可取定最重要的特征 $f_0(x)$ 作为目标，并对所有其他的特征，强加一些界限：$a_j \leqslant f_j(x) \leqslant b_j$. 这样，我们得到问题

$$\min_{x \in Q} f_0(x)$$
$$使得 \ a_j \leqslant f_j(x) \leqslant b_j, \quad j = 1, \cdots, m$$

其中 Q 代表结构性约束，如非负性、某些变量的有界性等. ∎

例 1.1.2 设初始问题如下：

$$找到 \ x \in \mathbb{R}^n 使得 f_j(x) = a_j, j = 1, \cdots, m \tag{1.1.2}$$

这里 $a_j \in \mathbb{R}$，$j = 1, \cdots, m$. 这样我们可以研究问题

$$\min_{x \in \mathbb{R}^n} \sum_{j=1}^{m} (f_j(x) - a_j)^2$$

这里也可能对 x 有一些额外的限制. 如果后面这个问题的最优值为零，我们可以得出结论：初始问题 (1.1.2) 有一个解.

注意到在非线性分析中，问题 (1.1.2) 几乎是普遍存在的，包括常微分方程、偏微分

方程、博弈论中出现的问题，等等.

例 1.1.3   有时决策变量 $x^{(1)}, \cdots, x^{(n)}$ 必须是整数，这可以通过如下约束来描述：

$$\sin(\pi x^{(i)}) = 0, \quad i = 1, \cdots, n$$

于是，我们可以处理如下整数优化问题：

$$\begin{aligned}
&\min_{x \in Q} f_0(x) \\
&\text{使得 } a_j \leqslant f_j(x) \leqslant b_j, j = 1, \cdots, m \\
&\sin(\pi x^{(i)}) = 0, i = 1, \cdots, n
\end{aligned}$$

通过了解这些例子，我们很容易理解非线性优化先驱者的乐观情绪，这在 20 世纪 50 年代和 60 年代的文献中很常见. 当然，我们的第一印象应该是

> 非线性优化理论是一个非常重要且有前途的应用理论，它涵盖了运筹学和数值分析的几乎所有需求.

但是，通过查看前面的例子，特别是例 1.1.2 和例 1.1.3，更有经验（或善于质疑）的读者可能会得出以下猜想：

> 一般来说，优化问题应该是无解的（?）

实际上，从我们的现实生活经验来看，很难相信存在能解决世界上所有问题的通用工具.

但是，猜测不是科学的合法工具，这是在多大程度上信任它们的个人理解问题. 因此，当 20 世纪 70 年代中期这一猜想得到了严格的数学意义上的证明后，这无疑是优化理论中最重要的事件之一. 其证明如此重要和简单，以至于在该课程中无法忽略它. 但首先，我们应该引入一种研究此类问题的具体语言.

1.1.2   数值方法的性能

想象如下情况：我们要解决一个问题 P，且知道存在许多不同的数值算法. 当然，我们希望找到一个对问题 P 来说最好的方案. 然而，事实上这似乎在寻找一些不存在的方法. 也许它存在，但绝对不建议向此时的获胜者寻求帮助. 事实上，考虑解决问题 (1.1.1) 的这样一个方法：它除了给出 $x^* = 0$ 之外什么都不做. 当然，除了有最优解恰好在原点的问题，该方法并不适用于任何其他问题. 但在有最优解在原点的情况下，该方法的"性能"是最好的（但此时我们也不能称其为最优算法）.

因此，不能谈论一个特殊问题 P 的最优方法，而应该讨论一类问题 $\mathscr{P} \ni P$ 的最优方法. 事实上，数值算法通常是用来解决具有相似特性的很多不同问题的. 因此，一个算法 $\mathscr{M}$ 在整个问题类 $\mathscr{P}$ 上的性能可以自然地用来度量它的效率.

由于将讨论算法 $\mathscr{M}$ 在问题类 $\mathscr{P}$ 上的性能，我们应该假设方法 $\mathscr{M}$ 没有关于具体问题 P 的完整信息.

> 问题 P（对数值算法）的已知"部分"称为问题的**模型**.

我们用 Σ 表示模型. 通常模型包括问题的表述、函数分量类别的描述等.

为了认清问题 P(并解决它), 算法应该能够收集关于 P 的特定信息. 通过 Oracle 概念来描述收集这些数据的过程是很方便的. 一个 Oracle 恰是回答算法一系列问题的一个单元 $\mathscr{O}$. 算法 $\mathscr{M}$ 通过收集和处理这些问题的答案来尝试求解问题 P.

通常, 每个问题都可以用不同的模型来描述. 此外, 对于每个问题, 我们可以给出不同类型的 Oracle. 但在取定 Σ 和 $\mathscr{O}$ 的情况下, 可以自然地定义在$(\Sigma, \mathscr{O})$上算法 $\mathscr{M}$ 的性能是解决$(\Sigma, \mathscr{O})$中的最差问题P_{w}时算法 $\mathscr{M}$ 的性能. 注意, 这个问题 P_{w} 可能仅对算法 $\mathscr{M}$ 来讲是最差的.

进一步, 算法 $\mathscr{M}$ 关于问题 P 的性能是什么? 我们先从直观的定义开始.

> 算法 $\mathscr{M}$ 关于问题 P 的性能是算法 $\mathscr{M}$ 求解问题 P 所需的总计算量.

7

在这个定义中, 还有两个额外概念需要确定. 首先, "求解问题"是什么意思? 在某些情况下, 它意味着找到一个精确解. 然而, 在许多数值分析领域, 这是不可能的(在优化领域中确实是这样). 因此, 考虑一个松弛的目标.

> "求解问题"的意思是找到问题类 $\mathscr{P}$ 具有精度$\epsilon > 0$ 的近似解.

同样, 对于该定义来说, "具有精度$\epsilon > 0$"是非常重要的. 然而, 现在谈论这个还为时过早. 我们仅仅为停止准则引入符号 $\mathscr{T}_\epsilon$, 它的意义对于特定的问题类总是清楚的. 现在, 我们有了问题类的正式描述:

$$\mathscr{P} \equiv (\Sigma, \mathscr{O}, \mathscr{T}_\epsilon)$$

为了解决 $\mathscr{P}$ 中的问题 P, 我们应用迭代过程, 这是以 Oracle 方式工作的算法自然的求解形式.

通用迭代算法
输入: 初始点 x_0 和精度$\epsilon > 0$
初始化: 令 $k = 0$, $\mathscr{I}_{-1} = \varnothing$, 这里 k 是迭代计数, $\mathscr{I}_k$ 是累积的信息集
主循环:
1. 在点 x_k处调用 Oracle $\mathscr{O}$
2. 更新信息集: $\mathscr{I}_k = \mathscr{I}_{k-1} \bigcup (x_k, \mathscr{O}(x_k))$
3. 将方法 $\mathscr{M}$ 的规则应用于 $\mathscr{I}_k$, 生成一个新点 x_{k+1}
4. 检验停止准则 $\mathscr{T}_\epsilon$: 如果满足停止条件, 则输出$\bar{x}$; 否则置 $k := k+1$ 且转到步骤 1

$(1.1.3)$

8

现在我们可以在算法性能定义中具体确定"计算量"的含义. 在迭代算法$(1.1.3)$中, 可以看到两个潜在的计算量大的步骤. 第一个是步骤 1, 这里调用 Oracle. 第二个是步骤 3, 这里生成新的测试点. 于是, 下面引入算法 $\mathscr{M}$ 求解问题 P 的复杂度的两种度量准则:

> **解析复杂度**（Analytical complexity）：为使问题 P 达到精度 ϵ，需要调用 Oracle 的次数.
>
> **算术复杂度**（Arithmetical complexity）：为使问题 P 达到精度 ϵ，需要的算术运算总量（包括 Oracle 的调用计算量和算法 $\mathscr{M}$ 的计算量）.

比较解析复杂度和算术复杂度的概念，可以看到第二个更有实际意义. 然而，通常对一个求解问题 P 的特定方法 $\mathscr{M}$，可以很容易地从解析复杂度和 Oracle 调用复杂度得出算术复杂度. 因此，本书的第一部分主要讨论某些问题类的解析复杂度界. 算术复杂度将在第二部分中讨论，在那里我们将考虑结构优化的方法.

有一个关于 Oracle 的标准假设，该假设允许我们得到优化算法的解析复杂度的大部分结果. 这个称为局部黑箱的假设如下所示：

> **局部黑箱**
>
> 1. 数值算法唯一可用的信息是 Oracle 的输出.
> 2. Oracle 是局部的：在距离测试点 x 足够远的地方，对问题进行与问题类的描述兼容的、很小的变化，不会改变 x 处 Oracle 的输出.

这个概念在复杂度分析中非常有用. 当然，它的第一部分看起来像是算法和 Oracle 之间的一堵人工墙. 看起来是让算法可以很自然地完全访问问题的内部结构. 然而，我们将会看到，对于复杂或隐式结构的问题，这种访问几乎是无用的. 而对于简单些的问题，这种访问是有益的. 我们将在本书的第二部分看到这一点.

在本节最后，我们讨论称为优化问题的函数模型的标准表述（1.1.1）. 通常，对于这样的模型，标准假设与各函数分量的光滑性能有关. 根据光滑的程度，可以采用不同的 Oracle 类型：

- **零阶 Oracle**：返回函数值 $f(x)$；
- **一阶 Oracle**：返回函数值 $f(x)$ 和梯度 $\nabla f(x)$；
- **二阶 Oracle**：返回 $f(x)$、$\nabla f(x)$ 和 Hessian 阵 $\nabla^2 f(x)$.

1.1.3 全局优化的复杂度界

现在尝试用上一节的正式语言描述具体问题类. 考虑以下问题：

$$\min_{x \in B_n} f(x) \tag{1.1.4}$$

用我们的术语讲，这是一个没有函数约束的约束极小化问题. 该问题的基本可行集 B_n 是 $\mathbb{R}^n$ 中的一个 n 维盒子约束，即

$$B_n = \{x \in \mathbb{R}^n \mid 0 \leqslant x^{(i)} \leqslant 1, \quad i = 1, \cdots, n\}$$

用 ℓ_∞-范数来度量 $\mathbb{R}^n$ 中的距离：

$$\|x\|_{(\infty)} = \max_{1 \leqslant i \leqslant n} |x^{(i)}|$$

对这个范数，假设

> 目标函数 $f(\cdot)：\mathbb{R}^n \to \mathbb{R}$ 关于某常数 L（Lipschitz 常数）是 Lipschitz 连续的，即满足 (1.1.5)
>
> $$|f(x) - f(y)| \leqslant L\|x - y\|_{(\infty)} \quad \forall x, y \in B_n$$

考虑用一个称为均匀网格法的非常简单的算法求解 (1.1.4)．该算法 $\mathscr{G}(p)$ 有一个整数输入参数 $p \geqslant 1$.

10

> **算法 $\mathscr{G}(p)$**
>
> 1. 生成 p^n 个点
> $$x_\alpha = \left(\frac{2i_1 - 1}{2p}, \frac{2i_2 - 1}{2p}, \cdots, \frac{2i_n - 1}{2p} \right)^\mathrm{T}$$
> 其中 $\alpha \equiv (i_1, \cdots, i_n) \in \{1, \cdots, p\}^n$ (1.1.6)
>
> 2. 在所有的点 x_α 中找到使目标函数达到最小值的点 $\overline{x}$
>
> 3. 该算法的输出是 $(\overline{x}, f(\overline{x}))$

于是，该算法在箱 B_n 内形成测试点的均匀网格，在网格上计算目标的最优值，并将此值作为问题 (1.1.4) 的近似解．用我们的术语讲，这是一种累积信息对测试点顺序没有任何影响的零阶迭代算法．现在研究它的效率估计．

定理 1.1.1 设 f^* 是问题 (1.1.4) 的全局最优值，则有

$$f(\overline{x}) - f^* \leqslant \frac{L}{2p}$$

证明 对一个多索引 $\alpha = (i_1, \cdots, i_n)$，定义

$$X_\alpha = \left\{ x \in \mathbb{R}^n： \|x - x_\alpha\|_{(\infty)} \leqslant \frac{1}{2p} \right\}$$

显然，$\displaystyle\bigcup_{\alpha \in \{1, \cdots, p\}^n} X_\alpha = B_n$.

设 x^* 是问题的全局解，则存在多索引 α^* 使得 $x^* \in X_{\alpha^*}$. 注意到 $\|x^* - x_{\alpha^*}\|_{(\infty)} \leqslant \dfrac{1}{2p}$，因此，

11

$$f(\overline{x}) - f(x^*) \leqslant f(x_{\alpha^*}) - f(x^*) \overset{(1.1.5)}{\leqslant} \frac{L}{2p} \qquad \blacksquare$$

现在总结问题类的定义．取定目标如下：

$$\text{找到 } \overline{x} \in B_n： f(\overline{x}) - f^* \leqslant \epsilon \tag{1.1.7}$$

这样，立即得到如下结果．

推论 1.1.1 对算法 $\mathscr{G}$，具有性质 (1.1.5) 的问题类 (1.1.4) 或 (1.1.7) 的解析复杂度最多是

$$\mathscr{A}(\mathscr{G}) = \left(\left\lfloor \frac{L}{2\epsilon} \right\rfloor + 1 \right)^n$$

（这里和下文中，$\lfloor a \rfloor$ 指 $a \in \mathbb{R}$ 的整数部分）.

证明　取 $p = \left\lfloor \dfrac{L}{2\epsilon} \right\rfloor + 1$，则 $p \geqslant \dfrac{L}{2\epsilon}$，且根据定理 1.1.1，我们有 $f(\overline{x}) - f^* \leqslant \dfrac{L}{2p} \leqslant \epsilon$. 注意我们需要在 p^n 个点处调用 Oracle. ∎

于是，$\mathscr{A}(\mathscr{G})$ 就确定了我们的问题类的复杂度上界.

这个结果非常有用. 但是，我们仍然有一些问题. 首先，这里的证明过于粗糙，且方法 $\mathscr{G}(p)$ 的实际性能会更好. 其次，我们仍然不能确定算法 $\mathscr{G}(p)$ 是否是解决问题(1.1.4)的合理方法. 这里可能存在其他更高性能的算法.

为了回答这些问题，需要为具有性质(1.1.5)的问题类(1.1.4)或(1.1.7)推导出复杂度下界. 这种界的主要特征如下：

- 它们基于黑箱概念.
- 这些界对于所有合理的迭代算法都有效. 于是，它们为问题类的解析复杂度提供了一个较低的估计.
- 通常这种界采用对抗 Oracle 的思想.

对我们来讲，这里仅仅对抗 Oracle 的概念是新的. 因此，下面更详细地介绍它.

对抗 Oracle 尝试为每一个具体算法产生尽可能差的问题. 对抗 Oracle 从一个"空"函数开始，试图以尽可能差的方式响应各算法的每次调用. 但是，答案必须与前面的答案相兼容，且与问题类的描述相兼容. 这样，在该算法结束之后，就有可能重建一个完全符合算法积累的最终信息集的问题. 此外，如果我们对这个新产生的问题运行这个算法，它将再次产生相同的测试点序列，因为它将拥有来自 Oracle 的相同答案序列.

我们来说明该方法如何解决问题(1.1.4). 考虑如下定义的问题类 $\mathscr{P}_\infty$.

模型：	$\min\limits_{x \in B_n} f(x)$，其中 $f(\cdot)$ 在 B_n 上是 ℓ_∞-Lipschitz 连续的
Oracle：	零阶局部黑箱
近似解：	确定 $\overline{x} \in B_n$ 满足 $f(\overline{x}) - f^* \leqslant \epsilon$

定理 1.1.2　对 $\epsilon < \dfrac{1}{2}L$，问题类 $\mathscr{P}_\infty$ 的解析复杂度至少是 Oracle 的 $\left\lfloor \dfrac{L}{2\epsilon} \right\rfloor^n$ 次调用.

证明　令 $p = \left\lfloor \dfrac{L}{2\epsilon} \right\rfloor (\geqslant 1)$. 假设存在一个算法，需要 $N < p^n$ 次 Oracle 调用求解来自 $\mathscr{P}$ 的任何问题. 将这个算法应用到下面的对抗策略中：

在任意测试点 x 处返回 $f(x) = 0$

因此，该方法只能求出 $\overline{x} \in B_n$，$f(\overline{x}) = 0$.

然而，由于 $N < p^n$，存在一个多索引 $\hat{\alpha}$，使得盒子 $X_{\hat{\alpha}}$ 里没有测试点（见定理 1.1.1 的记号）. 定义 $x_* = x_{\hat{\alpha}}$，考虑函数

$$\overline{f}(x) = \min\{0, L\|x - x_*\|_{(\infty)} - \epsilon\}$$

显然，该函数是关于常数 L 的 ℓ_∞-Lipschitz 连续函数，它的全局最优值是 $-\epsilon$. 此外，$\overline{f}(\cdot)$ 仅在盒子 $X_{\hat{a}}$ 内部不为 0. 因此，在我们的算法中 $\overline{f}(\cdot)$ 对所有测试点都等于零.

由于算法输出的精度是 ϵ，我们得出以下结论：

> 如果 Oracle 的调用次数小于 p^n，那么结果的精度不可能超过 ϵ.

于是，就证明了定理的结论. ■

现在我们可以了解更多均匀网格法的性能. 将其效率估计值与下界进行比较：

$$\mathscr{G}:\left(\left\lfloor\frac{L}{2\epsilon}\right\rfloor + 1\right)^n \quad \Longleftrightarrow \quad \text{下界：}\left\lfloor\frac{L}{2\epsilon}\right\rfloor^n$$

|13|

如果 $\epsilon \leqslant O\left(\dfrac{L}{n}\right)$，则除了一个绝对常数乘子的意义下，下界和上界是一致的. 这意味着，对于这个精度，算法 $\mathscr{G}(\cdot)$ 对问题类 $\mathscr{P}_\infty$ 来说是最优的.

同时，定理 1.1.2 支持最初的观点，即一般优化问题是不可解的. 我们研究如下例子.

例 1.1.4　考虑由以下参数

$$L = 2, \quad n = 10, \quad \epsilon = 0.01$$

定义的问题类 $\mathscr{P}_\infty$. 注意到这些问题的规模非常小，且我们只要求适中的精度 1%.

该问题类的复杂度下界是 Oracle 的 $\left\lfloor\dfrac{L}{2\epsilon}\right\rfloor^n$ 次调用. 对这个例子，我们来计算这个值.

下界：	Oracle 的 10^{20} 次调用
Oracle 复杂度：	至少 n 次算术运算
总体复杂度：	10^{21} 次算术运算
处理器性能：	每秒 10^6 次算术运算
总时间：	10^{15} 秒
一年：	不超过 3.2×10^7 秒
我们需要：	31 250 000 年

这个估计是如此令人失望，以至于我们对将来问题变得可解不抱任何希望. 我们来调整一下问题类的参数.

- 如果把 n 变成 $n+1$，这些估计值将乘以 100. 于是，对 $n=11$，我们的下界对功能强大的计算机是成立的.
- 相反，如果给 ϵ 乘以 2，就把复杂度降低了 1000 倍. 例如，如果 $\epsilon = 8\%$，则只需要两周就可以计算出来⊖.

|14|

⊖　从本书的第一版[39]开始，我们就一直保持这个计算不变. 在本例中，处理器性能与 Sun Station 相对应，Sun Station 是 20 世纪 90 年代初最强大的个人计算机. 现在，经过 25 年硬件能力的深入研究，现代个人计算机的速度已达到每秒 10^8 次算术运算. 于是，事实上，我们的时间估计在 $n=11$ 时仍然有效.

我们应该注意到，对于光滑函数或高阶算法的问题，其复杂度下界并不比定理 1.1.2 的结果好．这可以用同样的方法来证明，我们将证明留给读者作为练习．将上述结果与组合优化中非常困难问题的经典例子 NP-难问题的复杂度界进行比较，结果也是非常令人失望的．为了找到精确解，最难的组合问题只需要 2^n 次算术运算！

在结束本节时，将我们的结果与数值分析的其他一些领域的结果进行比较．众所周知，均匀网格方法是许多领域的标准工具．例如，如果我们需要在数值上计算单变量函数的积分值，即

$$\mathscr{P} = \int_0^1 f(x)\,\mathrm{d}x$$

标准的方法是构造一个离散和

$$S_N = \frac{1}{N}\sum_{i=1}^n f(x_i), \quad x_i = \frac{i}{N}, \quad i = 1,\cdots,N$$

如果 $f(\cdot)$ 是 Lipschitz 连续的，那么这个离散和是 $\mathscr{I}$ 的好的近似，即

$$N = L/\epsilon \quad \Rightarrow \quad |\mathscr{I} - S_N| \leqslant \epsilon$$

注意用我们的术语讲，这恰是一种均匀网格法．而且这是一种近似积分的标准形式．它在这里有效的原因与问题的维度有关．对积分来讲，标准维度非常小（最多三维）．然而，在优化中，有时我们需要解决有几百万个变量的问题．

1.1.4　优化领域的“身份证”

在上一节令人悲观的结果之后，我们将尝试在优化算法的理论分析方面寻找合理的目标．对一般的全局优化似乎一切都很清楚．然而，也许是这个领域的目标太过理想？在一些实际问题中，是否可以通过更低“最优性”的解来达到目的？或者说，是否有一些有意义的问题类不像一般连续函数类这么危险？

事实上，每个问题都可以用不同的方式回答，这些不同方式的每一种都定义了非线性优化的不同领域的研究类型．如果试图对这些领域进行分类，则可以轻易地看出它们在以下几个方面是不同的：

- 算法的目标．
- 函数分量的类别．
- Oracle 的描述．

这些方面自然地定义了优化算法的理想性质．我们给出将在本书中研究的优化领域的“身份证”.

---

1. 一般全局优化（1.1 节）

- **目标**：找到一个全局极小点．
- **函数类**：连续函数．
- **Oracle**：零阶、一阶和二阶黑箱.

- **理想性质**：收敛到全局极小点.
- **特征**：从理论角度看，这个博弈太短了.
- **问题规模**：有时，我们能解决多个变量的问题，但即使小规模问题也不能保证一定成功.
- **历史**：1955 年开始，有几个与新的启发式思想（模拟退火、遗传算法）相关的局部研究兴趣峰期.

2. 一般非线性优化（1.2、1.3 节）

- **目标**：找到一个局部极小点.
- **函数类**：可微函数.
- **Oracle**：一阶和二阶黑箱.
- **理想性质**：快速收敛到局部极小点.
- **特征**：算法的可变性. 许多应用广泛的软件. 这些目标并不总是可以接受和实现的.
- **问题规模**：多达几千个变量.
- **历史**：1955 年开始. 高峰期：1965～1985 年. 现在理论研究的活跃性比较低.

16

3. 黑箱凸优化（第 2、3、4 章）

- **目标**：找到一个全局极小点.
- **函数类**：凸集与凸函数.
- **Oracle**：一阶和二阶黑箱.
- **理想性质**：收敛到全局极小点，收敛速度可能取决于维数.
- **特征**：具有非常有意义的、丰富的复杂度理论. 高效的实用方法. 问题类有时是有约束的.
- **问题规模**：二阶算法可以求解几千个变量的问题，一阶算法可以求解几百万个变量的问题.
- **历史**：1970 年开始. 高峰期：1975～1985 年. 由于对结构性优化和二阶算法的全局复杂度分析的关注，目前理论研究比较活跃（2006 年）.

4. 结构性优化（第二部分）

- **目标**：找到一个全局极小点.
- **函数类**：简单凸集和具有显式极小极大结构的函数.
- **Oracle**：特殊障碍函数的二阶黑箱（见第 5 章）和修正的一阶黑箱（见第 6、7 章）.
- **理想性质**：快速收敛到全局极小点，收敛速度取决于问题的结构.
- **特征**：比较新颖、有前瞻性、抛弃黑箱概念的理论. 问题类实际上与凸优化部分研究的一样.

- **问题规模**：有时多达几百万个变量.
- **历史**：1984 年开始. 高峰期：1990～2000 年为内点法. 第一个求解显式结构问题的加速一阶算法是在 2005 年提出的，现在理论研究活跃.

1.2 无约束极小化的局部算法

（松弛和近似；最优性必要条件；最优性充分条件；可微函数类；二次可微函数类；梯度法；收敛率；牛顿法.）

1.2.1 松弛和近似

一般非线性优化中最简单的目的是确定可微函数的局部极小点. 然而，即使达到这样一个有限的目标，也必须遵循一些专门原则来保证极小化过程收敛.

一般非线性优化的大多数算法都是基于松弛的思想.

> 一个实数序列 $\{a_k\}_{k=0}^{\infty}$ 称为松弛序列，如果
> $$a_{k+1} \leqslant a_k \quad \forall k \geqslant 0$$

在本节中，我们将研究几种算法来求解如下无约束极小化问题：
$$\min_{x \in \mathbb{R}^n} f(x) \tag{1.2.1}$$
其中 $f(\cdot)$ 是一个光滑函数. 为了实现这个目的，这些算法产生一个松弛的函数值序列 $\{f(x_k)\}_{k=0}^{\infty}$：
$$f(x_{k+1}) \leqslant f(x_k), \quad k = 0, 1, \cdots$$
这种生成序列的规则具有以下重要优点：

1. 如果 $f(\cdot)$ 在 $\mathbb{R}^n$ 上有下界，则序列 $\{f(x_k)\}_{k=0}^{\infty}$ 收敛；
2. 任何情况下，我们都改进了初始的目标函数值.

然而，没有采用数值分析的另一个基本要素——近似，就不可能实现这个松弛思想. 一般来说，

> 近似意味着用一个性质接近原始对象的更简单对象代替原始复杂对象.

在非线性优化中，我们通常使用基于非线性函数可微性的局部近似，包括一阶和二阶近似（或者称为线性和二次近似）.

设函数 $f(\cdot)$ 在 $\overline{x} \in \mathbb{R}^n$ 点处是可微的，则对于任意 $y \in \mathbb{R}^n$，我们有
$$f(y) = f(\overline{x}) + \langle \nabla f(\overline{x}), y - \overline{x} \rangle + o(\|y - \overline{x}\|)$$
其中 $o(\cdot)$：$[0, \infty) \to \mathbb{R}$ 是 $r \geqslant 0$ 的函数，满足条件
$$\lim_{r \downarrow 0} \frac{1}{r} o(r) = 0, \quad o(0) = 0$$
在本章的其余部分，除非另有说明，否则使用符号 $\|\cdot\|$ 代表 $\mathbb{R}^n$ 上的标准欧几里得范数，即

$$\|x\| = \Big[\sum_{i=1}^{n} (x^{(i)})^2 \Big]^{1/2} = (x^{\mathrm{T}} x)^{1/2} = \langle x, x \rangle$$

其中$\langle \cdot, \cdot \rangle$是相应坐标空间中的标准内积. 注意对任意$x \in \mathbb{R}^n$, $y \in \mathbb{R}^m$和矩阵$A \in \mathbb{R}^{m \times n}$, 我们有

$$\langle Ax, y \rangle \equiv \langle x, A^{\mathrm{T}} y \rangle \tag{1.2.2}$$

线性函数$f(\overline{x}) + \langle \nabla f(\overline{x}), y - \overline{x} \rangle$称为$f$在点$\overline{x}$处的线性近似. 回忆向量$\nabla f(\overline{x})$称为$f$在点$\overline{x}$处的梯度. 考虑点$y_i = \overline{x} + \epsilon e_i$, 其中$e_i$是$\mathbb{R}^n$上的第$i$个坐标向量, 并令$\epsilon \to 0$取极限, 我们得到梯度的如下坐标表示:

$$\nabla f(\overline{x}) = \Big(\frac{\partial f(\overline{x})}{\partial x^{(1)}}, \cdots, \frac{\partial f(\overline{x})}{\partial x^{(n)}} \Big)^{\mathrm{T}} \tag{1.2.3}$$

下面给出梯度的两个重要性质. 记$\mathscr{L}_f(\alpha)$表示$f(\cdot)$的(次)水平集:

$$\mathscr{L}_f(\alpha) = \{ x \in \mathbb{R}^n \,|\, f(x) \leqslant \alpha \}$$

考虑在点$\overline{x}$处与$\mathscr{L}_f(f(\overline{x}))$相切的方向集:

$$S_f(\overline{x}) = \Big\{ s \in \mathbb{R}^n \,|\, s = \lim_{k \to \infty} \frac{y_k - \overline{x}}{\|y_k - \overline{x}\|}, \text{对}\{y_k\} \to \overline{x}, \text{满足 } f(y_k) = f(\overline{x}), \forall k \Big\}$$

引理 1.2.1 如果$s \in S_f(\overline{x})$, 则$\langle \nabla f(\overline{x}), s \rangle = 0$.

证明 因为$f(y_k) = f(\overline{x})$, 我们有

$$f(y_k) = f(\overline{x}) + \langle \nabla f(\overline{x}), y_k - \overline{x} \rangle + o(\|y_k - \overline{x}\|) = f(\overline{x})$$

因此$\langle \nabla f(\overline{x}), y_k - \overline{x} \rangle + o(\|y_k - \overline{x}\|) = 0$. 用$\|y_k - \overline{x}\|$除这个等式, 并令$y_k \to \overline{x}$取极限, 结果得证.

令s为在$\mathbb{R}^n$上的一个方向, 且$\|s\| = 1$. 研究沿着s方向$f(\cdot)$的局部下降性:

$$\Delta(s) = \lim_{\alpha \downarrow 0} \frac{1}{\alpha} [f(\overline{x} + \alpha s) - f(\overline{x})]$$

注意到$f(\overline{x} + \alpha s) - f(\overline{x}) = \alpha \langle \nabla f(\overline{x}), s \rangle + o(\alpha)$, 因此

$$\Delta(s) = \langle \nabla f(\overline{x}), s \rangle$$

利用 Cauchy-Schwarz 不等式,

$$-\|x\| \cdot \|y\| \leqslant \langle x, y \rangle \leqslant \|x\| \cdot \|y\|$$

我们得到$\Delta(s) = \langle \nabla f(\overline{x}), s \rangle \geqslant -\|\nabla f(\overline{x})\|$. 设

$$\overline{s} = -\nabla f(\overline{x}) / \|\nabla f(\overline{x})\|$$

则

$$\Delta(\overline{s}) = -\langle \nabla f(\overline{x}), \nabla f(\overline{x}) \rangle / \|\nabla f(\overline{x})\| = -\|\nabla f(\overline{x})\|$$

因此$-\nabla f(\overline{x})$(负梯度)方向是$f(\cdot)$在点$\overline{x}$处的局部最快下降方向.

下面的命题可能是优化理论中最基础的事实.

定理 1.2.1(一阶最优性条件) 令x^*为可微函数$f(\cdot)$的一个局部极小点, 则

$$\nabla f(x^*) = 0 \tag{1.2.4}$$

证明 因为 x^* 是 $f(\cdot)$ 的一个局部极小点，则存在 $r>0$ 使得对所有 $y\in\mathbb{R}^n$，$\|y-x^*\|\leqslant r$，我们有 $f(y)\geqslant f(x^*)$. 因为 f 是可微的，这意味着

$$f(y)=f(x^*)+\langle\nabla f(x^*),y-x^*\rangle+o(\|y-x^*\|)\geqslant f(x^*)$$

于是，对所有 $s\in\mathbb{R}^n$，有 $\langle\nabla f(x^*),s\rangle\geqslant 0$. 取 $s=-\nabla f(x^*)$，得到 $-\|\nabla f(x^*)\|^2\geqslant 0$. 因此，$\nabla f(x^*)=0$. ∎

在后面，设 B 是一个对称 $n\times n$-矩阵，符号 $B\geqslant 0$ 意味着 B 是一个半正定矩阵，即

$$\langle Bx,x\rangle\geqslant 0 \quad \forall\, x\in\mathbb{R}^n$$

符号 $B>0$ 表示 B 是正定的(在这种情况下，上面的不等式对任意 $x\neq 0$ 需严格成立).

推论 1.2.1 设 x^* 满足线性等式约束

$$x\in\mathcal{L}\equiv\{x|\in\mathbb{R}^n|Ax=b\}\neq\varnothing$$

其中 A 是一个行满秩的 $m\times n$-矩阵，$b\in\mathbb{R}^m$，$m<n$，且是可微函数 $f(\cdot)$ 的一个局部极小点，则存在一个乘子向量 $\lambda^*\in R^m$ 满足

$$\nabla f(x^*)=A^{\mathrm{T}}\lambda^* \tag{1.2.5}$$

证明 我们假设 $\nabla f(x^*)\neq 0$. 考虑下述优化问题：

$$g^*=\min_{\lambda\in\mathbb{R}^m}\left\{g(\lambda)=\frac{1}{2}\|\nabla f(x^*)-A^{\mathrm{T}}\lambda\|^2\right\} \tag{1.2.6}$$

假设 $g^*>0$，注意到

$$g(\lambda)=\frac{1}{2}\|\nabla f(x^*)\|^2-\langle\nabla f(x^*),A^{\mathrm{T}}\lambda\rangle+\frac{1}{2}\langle B\lambda,\lambda\rangle$$

其中 $B=AA^{\mathrm{T}}\geqslant\lambda_{\min}(B)I_n$，$\lambda_{\min}(B)>0$ 表示矩阵 B 的最小特征值. 因此，这个函数的水平集是有界的，因而问题 (1.2.6) 有一个解 λ^* 满足一阶最优性条件：

$$0\overset{(1.2.4)}{=}\nabla g(\lambda^*)=B\lambda^*-A\nabla f(x^*)$$

于是有 $\lambda^*=B^{-1}A\nabla f(x^*)$. 设 $s^*=(I_n-A^{\mathrm{T}}B^{-1}A)\nabla f(x^*)$，注意到 $As^*=0$. 则有

$$\langle\nabla f(x^*),s^*\rangle=\|\nabla f(x^*)\|^2-\langle B^{-1}A\nabla f(x^*),A\nabla f(x^*)\rangle=2g^*>0$$

因此，函数 g 的最优值可以沿着射线 $\{x^*-\alpha s^*:\alpha\geqslant 0\}$ 下降，这个矛盾证明了 $g^*=0$. ∎

注意我们只证明了局部极小点的必要条件，满足该条件的点称为函数 f 的稳定点. 为了说明这些稳定点并不总是局部极小点，只需分析函数 $f(x)=x^3\,(x\in\mathbb{R})$ 在点 $x=0$ 处的情况足够了.

现在我们介绍二阶近似. 设函数 $f(\cdot)$ 在点 $\overline{x}$ 处是二次可微的，则有

$$f(y)=f(\overline{x})+\langle\nabla f(\overline{x}),y-\overline{x}\rangle+\frac{1}{2}\langle\nabla^2 f(\overline{x})(y-\overline{x}),y-\overline{x}\rangle+o(\|y-\overline{x}\|^2)$$

二次函数

$$f(\overline{x})+\langle\nabla f(\overline{x}),y-\overline{x}\rangle+\frac{1}{2}\langle\nabla^2 f(\overline{x})(y-\overline{x}),y-\overline{x}\rangle$$

称为函数 f 在 $\overline{x}$ 点处的二阶(或二次)近似. 回想 $\nabla^2 f(\overline{x})$ 是 $n\times n$-矩阵，其元素定义如下：

$$(\nabla^2 f(\overline{x}))^{(i,j)} = \frac{\partial^2 f(\overline{x})}{\partial x^{(i)} \partial x^{(j)}}, \quad i,j = 1, \cdots, n$$

它称为函数 f 在点 $\overline{x}$ 处的 Hessian 矩阵. 注意 Hessian 矩阵是一个对称矩阵:

$$\nabla^2 f(\overline{x}) = [\nabla^2 f(\overline{x})]^{\mathrm{T}}$$

Hessian 矩阵可以看作向量函数 $\nabla f(\cdot)$ 的导数:

$$\nabla f(y) = \nabla f(\overline{x}) + \nabla^2 f(\overline{x})(y - \overline{x}) + \mathbf{o}(\|y - \overline{x}\|) \in \mathbb{R}^n \qquad (1.2.7)$$

其中 $\mathbf{o}(\cdot): [0, \infty) \to \mathbb{R}^n$ 是一个满足条件

$$\lim_{r \downarrow 0} \frac{1}{r} \|\mathbf{o}(r)\| = 0$$

的连续向量函数.

利用二阶近似, 我们可以得到二阶最优性条件.

定理 1.2.2 (二阶最优性条件) 令 x^* 是一个二次可微函数 $f(\cdot)$ 的局部极小点, 则

$$\nabla f(x^*) = 0, \quad \nabla^2 f(x^*) \geqslant 0.$$

证明 因为 x^* 是函数 $f(\cdot)$ 的局部极小点, 存在一个 $r > 0$ 使得对于所有满足 $\|y - x^*\| \leqslant r$ 的 y, 我们有

$$f(y) \geqslant f(x^*)$$

依据定理 1.2.1, 有 $\nabla f(x^*) = 0$. 因此, 对于任何上述 y,

$$f(y) = f(x^*) + \langle \nabla^2 f(x^*)(y - x^*), y - x^* \rangle + o(\|y - x^*\|^2) \geqslant f(x^*)$$

于是, 对所有满足 $\|s\| = 1$ 的 s, 有 $\langle \nabla^2 f(x^*)s, s \rangle \geqslant 0$. ∎

同样, 上述定理是局部极小点的 (二阶) 必要条件. 我们现在来证明一个充分条件.

22

定理 1.2.3 设函数 $f(\cdot)$ 在 $\mathbb{R}^n$ 上是一个二次可微的函数, 且设 $x^* \in \mathbb{R}^n$ 满足下述条件:

$$\nabla f(x^*) = 0, \quad \nabla^2 f(x^*) > 0$$

则 x^* 是函数 $f(\cdot)$ 的一个严格局部极小点.

证明 注意在点 x^* 的一个小邻域中, 函数 $f(\cdot)$ 可以表示为

$$f(y) = f(x^*) + \frac{1}{2} \langle \nabla^2 f(x^*)(y - x^*), y - x^* \rangle + o(\|y - x^*\|^2)$$

因为当 $r \downarrow 0$ 时有 $\frac{o(r^2)}{r^2} \to 0$, 存在一个数 $\overline{r} > 0$, 使得对所有 $r \in [0, \overline{r}]$, 我们有

$$|o(r^2)| \leqslant \frac{r^2}{4} \lambda_{\min}(\nabla^2 f(x^*))$$

依据我们的假设, 该特征值是正的. 因此, 对任意 $y \in \mathbb{R}^n$, $0 < \|y - x^*\| \leqslant \overline{r}$, 有

$$f(y) \geqslant f(x^*) + \frac{1}{2} \lambda_{\min}(\nabla^2 f(x^*)) \|y - x^*\|^2 + o(\|y - x^*\|^2)$$

$$\geqslant f(x^*) + \frac{1}{4} \lambda_{\min}(\nabla^2 f(x^*)) \|y - x^*\|^2 > f(x^*)$$

1.2.2 可微函数类

众所周知，任何连续函数都可以用光滑函数以任意小的精度近似. 因此，只假设目标函数的可微性，我们不能确保极小化过程中的所有合理性质. 为此，需要对一些导数的大小加上某些附加的假设. 传统优化中，这些假设以导数满足某种程度的 Lipschitz 条件给出.

令 Q 是 $\mathbb{R}^n$ 上的一个子集，我们用 $C_L^{k,p}(Q)$ 表示满足下面性质的函数类：

- 任意 $f \in C_L^{k,p}(Q)$ 在 Q 上是 k 次连续可微的.
- 它的第 p 阶导数在 Q 上关于常数 L 是 Lipschitz 连续的，即对所有 $x, y \in Q$，

$$\|\nabla^p f(x) - \nabla^p f(y)\| \leqslant L \|x - y\|$$

在本书中通常用 $p=1$ 和 $p=2$.

23

很显然总有 $p \leqslant k$. 如果 $q \geqslant k$，则 $C_L^{q,p}(Q) \subseteq C_L^{k,p}(Q)$. 例如，$C_L^{2,1}(Q) \subseteq C_L^{1,1}(Q)$. 注意这些函数类也具有如下性质：

如果 $f_1 \in C_{L_1}^{k,p}(Q)$，$f_2 \in C_{L_2}^{k,p}(Q)$ 且 $\alpha_1, \alpha_2 \in \mathbb{R}$，则对

$$L_3 = |\alpha_1| L_1 + |\alpha_2| L_2$$

我们有 $\alpha_1 f_1 + \alpha_2 f_2 \in C_{L_3}^{k,p}(Q)$.

我们用符号 $f \in C^k(Q)$ 表示函数 f 在 Q 上是 k 次连续可微的.

一类最重要的可微函数类是 $C_L^{1,1}(\mathbb{R}^n)$，即有 Lipschitz 连续梯度的函数类. 根据定义，包含关系 $f \in C_L^{1,1}(\mathbb{R}^n)$ 意味着对所有 $x, y \in \mathbb{R}^n$，有

$$\|\nabla f(x) - \nabla f(y)\| \leqslant L \|x - y\| \tag{1.2.8}$$

下面我们给出该包含关系的一个充分条件.

引理 1.2.2 函数 $f(\cdot)$ 属于类 $C_L^{2,1}(\mathbb{R}^n) \subset C_L^{1,1}(\mathbb{R}^n)$，当且仅当对所有 $x \in \mathbb{R}^n$，我们有

$$\|\nabla^2 f(x)\| \leqslant L \tag{1.2.9}$$

证明 事实上，对任意 $x, y \in \mathbb{R}^n$，我们有

$$\nabla f(y) = \nabla f(x) + \int_0^1 \nabla^2 f(x + \tau(y-x))(y-x)\mathrm{d}\tau$$

$$= \nabla f(x) + \left(\int_0^1 \nabla^2 f(x + \tau(y-x))\mathrm{d}\tau \right) \cdot (y-x)$$

因此，如果满足条件(1.2.9)，则

$$\|\nabla f(y) - \nabla f(x)\| = \left\| \left(\int_0^1 \nabla^2 f(x + \tau(y-x))\mathrm{d}\tau \right) \cdot (y-x) \right\|$$

$$\leqslant \left\| \int_0^1 \nabla^2 f(x + \tau(y-x))\mathrm{d}\tau \right\| \cdot \|y-x\|$$

$$\leqslant \int_0^1 \|\nabla^2 f(x + \tau(y-x))\| \mathrm{d}\tau \cdot \|y-x\|$$

24

$$\leqslant L \|y-x\|$$

另一方面，如果 $f \in C_L^{2,1}(\mathbb{R}^n)$，则对于任意 $s \in \mathbb{R}^n$ 和 $\alpha > 0$，我们有

$$\left\| \left(\int_0^\alpha \nabla^2 f(x + \tau s) \mathrm{d}\tau \right) \cdot s \right\| = \| \nabla f(x + \alpha s) - \nabla f(x) \| \leqslant \alpha L \| s \|$$

用 α 除这个不等式，同时令 $\alpha \downarrow 0$，我们得到 (1.2.9).

注意条件 (1.2.9) 可以用一个矩阵不等式的形式来表示：

$$-L I_n \leqslant \nabla^2 f(x) \leqslant L I_n, \qquad \forall x \in \mathbb{R}^n \tag{1.2.10}$$

引理 1.2.2 给我们提供了许多具有 Lipschitz 连续梯度的函数的例子.

例 1.2.1

1. 线性函数 $f(x) = \alpha + \langle a, x \rangle \in C_0^{1,1}(\mathbb{R}^n)$，因为 $\nabla f(x) = a$，$\nabla^2 f(x) = 0$.

2. 对二次函数 $f(x) = \alpha + \langle a, x \rangle + \frac{1}{2} \langle Ax, x \rangle$，满足 $A = A^{\mathrm{T}}$，我们有

$$\nabla f(x) = a + Ax, \qquad \nabla^2 f(x) = A$$

因此 $f(\cdot) \in C_L^{1,1}(\mathbb{R}^n)$ 且 $L = \| A \|$.

3. 对单变量函数 $f(x) = \sqrt{1 + x^2}$，$x \in \mathbb{R}$，我们有

$$\nabla f(x) = \frac{x}{\sqrt{1 + x^2}}, \qquad \nabla^2 f(x) = \frac{1}{(1 + x^2)^{3/2}} \leqslant 1$$

因此 $f(\cdot) \in C_1^{1,1}(\mathbb{R})$.

下面的命题对于 $C_L^{1,1}(\mathbb{R}^n)$ 中函数的几何解释很重要.

引理 1.2.3　令 $f \in C_L^{1,1}(\mathbb{R}^n)$，则对 $\mathbb{R}^n$ 中的任意 x，y，我们有

$$| f(y) - f(x) - \langle \nabla f(x), y - x \rangle | \leqslant \frac{L}{2} \| y - x \|^2 \tag{1.2.11}$$

证明　对任意 x，$y \in \mathbb{R}^n$，我们有

$$f(y) = f(x) + \int_0^1 \langle \nabla f(x + \tau(y - x)), y - x \rangle \mathrm{d}\tau$$

$$= f(x) + \langle \nabla f(x), y - x \rangle + \int_0^1 \langle \nabla f(x + \tau(y - x)) - \nabla f(x), y - x \rangle \mathrm{d}\tau$$

25

因此，

$$| f(y) - f(x) - \langle \nabla f(x), y - x \rangle |$$

$$= \left| \int_0^1 \langle \nabla f(x + \tau(y - x)) - \nabla f(x), y - x \rangle \mathrm{d}\tau \right|$$

$$\leqslant \int_0^1 | \langle \nabla f(x + \tau(y - x)) - \nabla f(x), y - x \rangle | \mathrm{d}\tau$$

$$\leqslant \int_0^1 \| \nabla f(x + \tau(y - x)) - \nabla f(x) \| \cdot \| y - x \| \mathrm{d}\tau$$

$$\leqslant \int_0^1 \tau L \| y - x \|^2 \mathrm{d}\tau = \frac{L}{2} \| y - x \|^2$$

这样在几何上，我们有如下构图：对函数 $f \in C_L^{1,1}(\mathbb{R}^n)$，取定一个点 $x_0 \in \mathbb{R}^n$，并定义

两个二次函数

$$\phi_1(x) = f(x_0) + \langle \nabla f(x_0), x - x_0 \rangle - \frac{L}{2} \| x - x_0 \|^2$$

$$\phi_2(x) = f(x_0) + \langle \nabla f(x_0), x - x_0 \rangle + \frac{L}{2} \| x - x_0 \|^2$$

则函数 f 的图像位于 ϕ_1 和 ϕ_2 的图像之间，即

$$\phi_1(x) \leqslant f(x) \leqslant \phi_2(x), \quad \forall x \in \mathbb{R}^n$$

我们现在证明二次可微函数类的相似结果. 这种形式的函数类主要是 $C_M^{2,2}(\mathbb{R}^n)$，即具有 Lipschitz 连续 Hessian 矩阵的二次可微函数类. 回忆对 $f \in C_M^{2,2}(\mathbb{R}^n)$ 我们有

$$\| \nabla^2 f(x) - \nabla^2 f(y) \| \leqslant M \| x - y \|, \quad \forall x, y \in \mathbb{R}^n \tag{1.2.12}$$

引理 1.2.4   令 $f \in C_M^{2,2}(\mathbb{R}^n)$，则对任意 $x, y \in \mathbb{R}^n$，我们有

$$\| \nabla f(y) - \nabla f(x) - \nabla^2 f(x)(y - x) \| \leqslant \frac{M}{2} \| y - x \|^2 \tag{1.2.13}$$

$$\left| f(y) - f(x) - \langle \nabla f(x), y - x \rangle - \frac{1}{2} \langle \nabla^2 f(x)(y - x), y - x \rangle \right| \leqslant \frac{M}{6} \| y - x \|^3 \tag{1.2.14}$$

26

证明   我们取定 $x, y \in \mathbb{R}^n$，则

$$\nabla f(y) = \nabla f(x) + \int_0^1 \nabla^2 f(x + \tau(y - x))(y - x) \mathrm{d}\tau$$

$$= \nabla f(x) + \nabla^2 f(x)(y - x) + \int_0^1 (\nabla^2 f(x + \tau(y - x)) - \nabla^2 f(x))(y - x) \mathrm{d}\tau$$

因此，

$$\| \nabla f(y) - \nabla f(x) - \nabla^2 f(x)(y - x) \|$$

$$= \left\| \int_0^1 (\nabla^2 f(x + \tau(y - x)) - \nabla^2 f(x))(y - x) \mathrm{d}\tau \right\|$$

$$\leqslant \int_0^1 \| (\nabla^2 f(x + \tau(y - x)) - \nabla^2 f(x))(y - x) \| \mathrm{d}\tau$$

$$\leqslant \int_0^1 \| \nabla^2 f(x + \tau(y - x)) - \nabla^2 f(x) \| \cdot \| y - x \| \mathrm{d}\tau$$

$$\leqslant \int_0^1 \tau M \| y - x \|^2 \mathrm{d}\tau = \frac{M}{2} \| y - x \|^2$$

不等式 (1.2.14) 可以用类似的方法来证明.   ■

推论 1.2.2   令 $f \in C_M^{2,2}(\mathbb{R}^n)$ 和 $x, y \in \mathbb{R}^n$，满足 $\| y - x \| = r$，则

$$\nabla^2 f(x) - MrI_n \preccurlyeq \nabla^2 f(y) \preccurlyeq \nabla^2 f(x) + MrI_n$$

（回忆一下，对矩阵 A 和 B，如果 $A - B \geqslant 0$，我们可以记为 $A \geqslant B$.）

证明   令 $G = \nabla^2 f(y) - \nabla^2 f(x)$，因为 $f \in C_M^{2,2}(\mathbb{R}^n)$，我们有 $\| G \| \leqslant Mr$. 这意味着对称矩阵 G 的特征值 $\lambda_i(G)$ 满足下面不等式：

$$| \lambda_i(G) | \leqslant Mr, \quad i = 1, \cdots, n$$

因此，$-MrI_n \leqslant G \equiv \nabla^2 f(y) - \nabla^2 f(x) \leqslant MrI_n$. ■ 27

1.2.3 梯度法

现在我们准备研究无约束极小化算法的收敛速度. 先从最简单的方法开始. 正如我们已经看到的，负梯度是一个可微函数的局部最速下降方向. 因为我们要找到局部极小点，首先考虑下述策略.

梯度法
选择 $x_0 \in \mathbb{R}^n$.
迭代 $x_{k+1} = x_k - h_k \nabla f(x_k)$，$k = 0, 1, \cdots$.

(1.2.15)

我们称这个优化算法为梯度法. 梯度的数量因子 h_k 称为步长. 当然，它必须是正数.

该算法有很多变形，这些变形的主要不同之处在于步长的选择策略. 考虑几个重要的范例：

1. 预先选择序列 $\{h_k\}_{k=0}^{\infty}$，例如

$$h_k = h > 0 \text{（定步长）}$$

$$h_k = \frac{h}{\sqrt{k+1}}$$

2. 全松弛（精确步长）：

$$h_k = \arg\min_{h \geqslant 0} f(x_k - h \nabla f(x_k))$$

3. Armijo 规则：对 $h > 0$，确定 $x_{k+1} = x_k - h \nabla f(x_k)$，满足

$$\alpha \langle \nabla f(x_k), x_k - x_{k+1} \rangle \leqslant f(x_k) - f(x_{k+1}) \tag{1.2.16}$$

$$\beta \langle \nabla f(x_k), x_k - x_{k+1} \rangle \geqslant f(x_k) - f(x_{k+1}) \tag{1.2.17}$$

其中 $0 < \alpha < \beta < 1$ 是一些固定参数.

与其他策略比较，可以看出第一个方法最简单，它经常用于凸优化教材中. 在这个框架下，函数的行为比一般非线性情况更容易预测.

第二种策略完全是理论上的. 它从未在实践中使用，因为即使在一维情况下，我们也无法在有限时间内找到确切的最小值. 28

第三种策略常用于很多实际算法. 它具有以下几何解释：取定 $x \in \mathbb{R}^n$ 并假设 $\nabla f(x) \neq 0$，研究单变量函数

$$\phi(h) = f(x - h \nabla f(x)), \quad h \geqslant 0$$

则这个策略可接受的步长值对应于函数 ϕ 的图像的特定部分，该部分介于两个线性函数

$$\phi_1(h) = f(x) - \alpha h \|\nabla f(x)\|^2, \quad \phi_2(h) = f(x) - \beta h \|\nabla f(x)\|^2$$

的图像中间. 注意到 $\phi(0) = \phi_1(0) = \phi_2(0)$ 和 $\phi'(0) < \phi_2'(0) < \phi_1'(0) < 0$. 因此除非 ϕ 没有下界，否则可接受的步长总是存在的. 有许多快速确定满足 Armijo 条件的点的一维搜索方法，但其详细描述现在对我们不重要.

我们来评估梯度法的性能. 考虑问题

$$\min_{x\in\mathbb{R}^n} f(x) \tag{1.2.18}$$

满足 $f\in C_L^{1,1}(\mathbb{R}^n)$，假设 $f(\cdot)$ 在 $\mathbb{R}^n$ 上有下界.

我们来评估一次梯度步的结果. 考虑 $y=x-h\,\nabla f(x)$，则依据 (1.2.11)，我们有

$$f(y)\leqslant f(x)+\langle\nabla f(x),\ y-x\rangle+\frac{L}{2}\|y-x\|^2$$

$$=f(x)-h\|\nabla f(x)\|^2+\frac{h^2}{2}L\|\nabla f(x)\|^2$$

$$=f(x)-h\left(1-\frac{h}{2}L\right)\|\nabla f(x)\|^2 \tag{1.2.19}$$

于是，为了获得目标函数可能减小量的最佳上界，我们必须解如下一维问题：

$$\Delta(h)=-h\left(1-\frac{h}{2}L\right)\to\min_{h}$$

通过计算该函数的导数，我们可得最优的步长必须满足方程 $\Delta'(h)=hL-1=0$. 因为 $\Delta''(h)=L>0$，于是 $h^*=\frac{1}{L}$ 就是 $\Delta(h)$ 的极小点.

这样，我们的分析证明了一步梯度法至少按不等式

$$f(y)\leqslant f(x)-\frac{1}{2L}\|\nabla f(x)\|^2$$

降低了目标函数值. 我们来分析其他步长选择策略的情况.

令 $x_{k+1}=x_k-h_k\nabla f(x_k)$，则对于定步长策略，$h_k=h$，我们有

$$f(x_k)-f(x_{k+1})\geqslant h\left(1-\frac{1}{2}Lh\right)\|\nabla f(x_k)\|^2$$

因此，如果选择 $h_k=\frac{2\alpha}{L}$，满足 $\alpha\in(0,1)$，则

$$f(x_k)-f(x_{k+1})\geqslant\frac{2}{L}\alpha(1-\alpha)\|\nabla f(x_k)\|^2$$

当然，最优的选择为 $h_k=\frac{1}{L}$.

对于全松弛策略，我们有

$$f(x_k)-f(x_{k+1})\geqslant\frac{1}{2L}\|\nabla f(x_k)\|^2$$

这是因为最大的减少量不会比步长为 $h_k=\frac{1}{L}$ 的情形差.

最后，对于 Armijo 规则，依据 (1.2.17)，有

$$f(x_k)-f(x_{k+1})\leqslant\beta\langle\nabla f(x_k),x_k-x_{k+1}\rangle=\beta h_k\|\nabla f(x_k)\|^2$$

由 (1.2.19)，我们得到

$$f(x_k) - f(x_{k+1}) \geqslant h_k \left(1 - \frac{h_k}{2} L\right) \|\nabla f(x_k)\|^2$$

因此，$h_k \geqslant \frac{2}{L}(1-\beta)$. 进一步，利用 (1.2.16)，有

$$f(x_k) - f(x_{k+1}) \geqslant \alpha \langle \nabla f(x_k), x_k - x_{k+1} \rangle = \alpha h_k \|\nabla f(x_k)\|^2$$

将这个不等式和前一个不等式 $h_k \geqslant \frac{2}{L}(1-\beta)$ 结合，我们可以得到

$$f(x_k) - f(x_{k+1}) \geqslant \frac{2}{L} \alpha (1-\beta) \|\nabla f(x_k)\|^2$$

于是，我们证明了在所有情况下都有

$$f(x_k) - f(x_{k+1}) \geqslant \frac{\omega}{L} \|\nabla f(x_k)\|^2 \tag{1.2.20}$$

这里 ω 是一个正常数.

现在我们准备估计梯度法的性能. 对 $k = 0, 1, \cdots, N$，将不等式 (1.2.20) 相加，我们得到

$$\frac{\omega}{L} \sum_{k=0}^{N} \|\nabla f(x_k)\|^2 \leqslant f(x_0) - f(x_{N+1}) \leqslant f(x_0) - f^* \tag{1.2.21}$$

30

其中 f^* 是问题 (1.2.1) 中目标函数值的下界. 作为 (1.2.21) 的有界的后续结果，我们有

$$\|\nabla f(x_k)\| \to 0 \quad \text{当 } k \to \infty \text{ 时}$$

然而，我们也可以讨论收敛率. 事实上，定义

$$g_N^* = \min_{0 \leqslant k \leqslant N} \|\nabla f(x_k)\|$$

则依据 (1.2.21)，我们得到下面不等式：

$$g_N^* \leqslant \frac{1}{\sqrt{N+1}} \left[\frac{1}{\omega} L (f(x_0) - f^*)\right]^{1/2} \tag{1.2.22}$$

该不等式的右端项描述了序列 $\{g_N^*\}$ 收敛到 0 的速率. 注意，我们不能说序列 $\{f(x_k)\}$ 和 $\{x_k\}$ 的收敛率.

回顾在一般非线性优化中，我们当前的目标是非常适中的：仅想接近优化问题 (1.2.18) 的局部极小点. 尽管如此，这个目标有时对梯度法也实现不了. 我们考虑下面例子.

例 1.2.2 考虑两个变量的函数

$$f(x) \equiv f(x^{(1)}, x^{(2)}) = \frac{1}{2}(x^{(1)})^2 + \frac{1}{4}(x^{(2)})^4 - \frac{1}{2}(x^{(2)})^2$$

该函数的梯度是 $\nabla f(x) = (x^{(1)}, (x^{(2)})^3 - x^{(2)})^{\mathrm{T}}$. 因此，只有三个点

$$x_1^* = (0,0), \quad x_2^* = (0,-1), \quad x_3^* = (0,1)$$

可能是该函数的局部极小点. 计算这个函数的 Hessian 矩阵，

$$\nabla^2 f(x) = \begin{bmatrix} 1 & 0 \\ 0 & 3(x^{(2)})^2 - 1 \end{bmatrix}$$

我们可得到 x_2^* 和 x_3^* 是孤立局部极小点[-]，而 x_1^* 仅仅是该函数的一个稳定点（非局部极小点）。事实上，$f(x_1^*)=0$，而对足够小的 ϵ 有 $f(x_1^* + \epsilon e_2) = \frac{\epsilon^4}{4} - \frac{\epsilon^2}{2} < 0$.

我们现在来考虑以 $x_0 = (1, 0)$ 为起点的梯度法的路径。注意到这个点的第二个坐标是 0，因此，$\nabla f(x_0)$ 的第二个坐标也是 0，所以 x_1 的第二个坐标也是 0，以此类推。于是，由梯度法产生的整个序列的第二个坐标都将为 0，这意味着这个序列收敛到 x_1^*.

总结这个例子，注意这种情况对于所有一阶无约束极小化方法是典型的。若没有额外的限制性假设，不可能保证梯度法全局收敛到一个局部极小点。这些算法只能靠近一个稳定点。 ∎

注意到不等式(1.2.22)给我们提供了一个新记号，即极小化过程的收敛率。我们怎样在复杂度分析中利用这些信息？收敛率给出了相关问题类的复杂度的上界。这个界通常由某数值方法确定。一个算法对问题类是最优的，若其复杂度的上界与复杂度的下界成比例。回顾在 1.1.3 节，我们已经看到了对问题类 $\mathscr{P}_\infty$ 的最优算法。

现在给出所得结果的一个正式描述。研究下面的问题类 $\mathscr{G}_*$.

模型：	1. 无约束极小化.
	2. $f \in C_L^{1,1}(\mathbb{R}^n)$.
	3. f^* 是 $f(\cdot)$ 的下界.	(1.2.23)
Oracle：	一阶黑箱
ϵ-最优解：	$f(\overline{x}) \leqslant f(x_0)$, $\|\nabla f(\overline{x})\| \leqslant \epsilon$.

注意到不等式(1.2.22)可用于得到迭代次数（等于 Oracle 的调用次数）的上界，这个界对找到梯度范数小的点是必要的。为了这个目的，我们给出如下不等式：

$$g_N^* \leqslant \frac{1}{\sqrt{N+1}} \left[\frac{1}{\omega} L(f(x_0) - f^*) \right]^{1/2} \leqslant \epsilon \qquad (1.2.24)$$

因此，如果 $N+1 \geqslant \frac{L}{\omega \epsilon^2}(f(x_0) - f^*)$，则必然有 $g_N^* \leqslant \epsilon$.

于是，我们用 $\frac{L}{\omega \epsilon^2}(f(x_0) - f^*)$ 的值作为该问题类的复杂度上界。将这个估计结果与定理 1.1.2 的结果进行对比，我们可以看出这个界更好。至少它不依赖于 n. 函数类 $\mathscr{G}_*$ 的复杂度下界还是未知的。

下面研究梯度法的局部收敛怎么描述。考虑无约束极小化问题

$$\min_{x \in \mathbb{R}^n} f(x)$$

满足如下假设：

[-] 事实上，这个例子中它们是全局解.

1. $f \in C_M^{2,2}(\mathbb{R}^n)$.

2. 函数 f 有一个局部极小值点 $x^* \in \mathbb{R}^n$，在该点处的 Hessian 矩阵是正定的.

3. 对函数在点 x^* 处的 Hessian 矩阵，我们知道其上下界 $0 < \mu \leqslant L < \infty$，即

$$\mu I_n \leqslant \nabla^2 f(x^*) \leqslant L I_n \tag{1.2.25}$$

4. 初始点 x_0 足够接近 x^*.

研究这个迭代过程：$x_{k+1} = x_k - h_k \nabla f(x_k)$. 注意到 $\nabla f(x^*) = 0$，因此，

$$\nabla f(x_k) = \nabla f(x_k) - \nabla f(x^*) = \int_0^1 \nabla^2 f(x^* + \tau(x_k - x^*))(x_k - x^*) \mathrm{d}\tau$$

$$= G_k(x_k - x^*)$$

其中 $G_K = \int_0^1 \nabla^2 f(x^* + \tau(x_k - x^*)) \mathrm{d}\tau$. 因此，

$$x_{k+1} - x^* = x_k - x^* - h_k G_k(x_k - x^*) = (I_n - h_k G_k)(x_k - x^*)$$

分析此类型的迭代过程有一种基于收缩映射（contraction mapping）的标准技术. 设序列 $\{a_k\}$ 定义为

$$a_0 \in \mathbb{R}^n, \quad a_{k+1} = A_k a_k$$

其中 A_k 是 $n \times n$-矩阵，满足对于任意 $k \geqslant 0$ 和 $q \in (0, 1)$ 有 $\|A_k\| \leqslant 1-q$. 这样，我们可以估计序列 $\{a_k\}$ 收敛到 0 的速度：

$$\|a_{k+1}\| \leqslant (1-q)\|a_k\| \leqslant (1-q)^{k+1}\|a_0\| \to 0$$

在我们的情形下，需要估计 $\|I_n - h_k G_k\|$. 令 $r_k = \|x_k - x^*\|$，依据推论 1.2.2，我们有

$$\nabla^2 f(x^*) - \tau M r_k I_n \leqslant \nabla^2 f(x^* + \tau(x_k - x^*)) \leqslant \nabla^2 f(x^*) + \tau M r_k I_n$$

33

因此，利用假设(1.2.25)，我们得到

$$\left(\mu - \frac{r_k}{2}M\right)I_n \leqslant G_k \leqslant \left(L + \frac{r_k}{2}M\right)I_n$$

所以有 $\left(1 - h_k\left(L + \frac{r_k}{2}M\right)\right)I_n \leqslant I_n - h_k G_k \leqslant \left(1 - h_k\left(\mu - \frac{r_k}{2}M\right)\right)I_n$，我们得到

$$\|I_n - h_k G_k\| \leqslant \max\{a_k(h_k), b_k(h_k)\} \tag{1.2.26}$$

其中 $a_k(h) = 1 - h\left(\mu - \frac{r_k}{2}M\right)$，$b_k(h) = h\left(L + \frac{r_k}{2}M\right) - 1$.

注意 $a_k(0) = 1$，$b_k(0) = -1$，因此如果 $0 < r_k < \bar{r} \equiv \frac{2\mu}{M}$，则 $a_k(\cdot)$ 是一个严格递减函数，对足够小的 h_k 我们可以确保

$$\|I_n - h_k G_k\| < 1$$

在这种情况下，我们将有 $r_{k+1} < r_k$.

通常，有很多步长选择策略可利用. 例如，可以选择 $h_k = \frac{1}{L}$. 我们来考虑"最优"策略，即极小化(1.2.26)的右端项：

$$\max\{a_k(h),b_k(h)\} \to \min_h$$

假设 $r_0 < \bar{r}$，这样，如果我们利用最优策略得到序列 $\{x_k\}$，可以保证 $r_{k+1} < r_k < \bar{r}$．进一步，最优步长 h_k^* 可以从方程

$$a_k(h) = b_k(h) \quad \Leftrightarrow \quad 1 - h\left(\mu - \frac{r_k}{2}M\right) = h\left(L + \frac{r_k}{2}M\right) - 1$$

中得到．因此，

$$h_k^* = \frac{2}{L + \mu} \tag{1.2.27}$$

（令人惊讶的是，最优步长不依赖于 M!）在这种选择下，有

$$r_{k+1} \leqslant \frac{(L - \mu)r_k}{L + \mu} + \frac{Mr_k^2}{L + \mu}$$

现在我们估计迭代过程的收敛速度．令 $q = \frac{2\mu}{L + \mu}$ 和 $a_k = \frac{M}{L + \mu}r_k (<q)$，则

$$a_{k+1} \leqslant (1 - q)a_k + a_k^2 = a_k(1 + (a_k - q)) = \frac{a_k(1 - (a_k - q)^2)}{1 - (a_k - q)} \leqslant \frac{a_k}{1 + q - a_k}$$

因此，$\dfrac{1}{a_{k+1}} \geqslant \dfrac{1 + q}{a_k} - 1$，或者

$$\frac{q}{a_{k+1}} - 1 \geqslant \frac{q(1 + q)}{a_k} - q - 1 = (1 + q)\left(\frac{q}{a_k} - 1\right)$$

所以，

$$\frac{q}{a_k} - 1 \geqslant (1 + q)^k\left(\frac{q}{a_0} - 1\right) = (1 + q)^k\left(\frac{2\mu}{L + \mu} \cdot \frac{L + \mu}{r_0 M} - 1\right)$$

$$= (1 + q)^k\left(\frac{\bar{r}}{r_0} - 1\right)$$

于是，

$$a_k \leqslant \frac{qr_0}{r_0 + (1 + q)^k(\bar{r} - r_0)} \leqslant \frac{qr_0}{\bar{r} - r_0}\left(\frac{1}{1 + q}\right)^k$$

这证明了下面的定理．

定理 1.2.4 设函数 $f(\cdot)$ 满足我们的假设，且初始点 x_0 足够接近一个严格局部极小点 x^*，即

$$r_0 = \|x_0 - x^*\| < \bar{r} = \frac{2\mu}{M}$$

则步长为 (1.2.27) 的梯度法收敛如下：

$$\|x_k - x^*\| \leqslant \frac{\bar{r}r_0}{\bar{r} - r_0}\left(1 - \frac{2\mu}{L + 3\mu}\right)^k$$

这种收敛速度称为线性收敛．

1.2.4 牛顿法

牛顿法是被广泛应用的一种求单变量函数的根的技术. 令 $\phi(\cdot):\mathbb{R}\to\mathbb{R}$，考虑等式

$$\phi(t^*)=0$$

牛顿法的原理由线性近似得到. 假设知道距 t^* 足够近的 $t\in\mathbb{R}$，注意到

$$\phi(t+\Delta t)=\phi(t)+\phi'(t)\Delta t+o(|\Delta t|)$$

因此，方程 $\phi(t+\Delta t)=0$ 的解可以用下述线性等式的解来近似：

$$\phi(t)+\phi'(t)\Delta t=0$$

在某条件下，我们希望增量 Δt 是最优增量 $\Delta t^*=t^*-t$ 的一个好的近似. 将这个思想转化为算法，可以得到

$$t_{k+1}=t_k-\frac{\phi(t_k)}{\phi'(t_k)}$$

该算法可以自然地推广到求解非线性方程组的问题，

$$F(x)=0$$

其中 $x\in\mathbb{R}^n$ 且 $F(\cdot):\mathbb{R}^n\to\mathbb{R}^n$. 在这种情况下，我们需要定义一个增量 Δx 是下面线性方程组的解：

$$F(x)+F'(x)\Delta x=0$$

（称为牛顿系统）. 如果 Jacobian 矩阵 $F'(x)$ 非退化，我们可以计算增量 $\Delta x=-[F'(x)]^{-1}F(x)$，相应的迭代方法如下：

$$x_{k+1}=x_k-[F'(x_k)]^{-1}F(x_k)$$

最后，由定理 1.2.1，我们可以用求解非线性方程组

$$\nabla f(x)=0 \qquad (1.2.28)$$

的根的问题代替无约束极小化问题(1.2.1)（这个替换不完全等价，但适用于非退化情况）. 进一步，为了求解(1.2.28)，我们用标准的解非线性方程组的牛顿法. 这种情况下，牛顿系统为

$$\nabla f(x)+\nabla^2 f(x)\Delta x=0$$

因此，对优化问题，牛顿法可以写成下面的形式：

$$\boxed{x_{k+1}=x_k-[\nabla^2 f(x_k)]^{-1}\nabla f(x_k)} \qquad (1.2.29)$$

注意，我们也可以用二次近似的想法得到迭代过程(1.2.29). 考虑如下这个关于点 x_k 的近似：

$$\phi(x)=f(x_k)+\langle\nabla f(x_k),x-x_k\rangle+\frac{1}{2}\langle\nabla^2 f(x_k)(x-x_k),x-x_k\rangle$$

假设 $\nabla^2 f(x_k)>0$，这样我们可以选择 x_{k+1} 为二次函数 $\phi(\cdot)$ 的极小点，这意味着

$$\nabla\phi(x_{k+1})=\nabla f(x_k)+\nabla^2 f(x_k)(x_{k+1}-x_k)=0$$

这样我们同样得到牛顿法迭代过程(1.2.29).

我们将看到，在严格局部极小点的一个邻域内，牛顿法的收敛速度是非常快的. 然

而，牛顿法有两个严重的缺点．首先，如果 $\nabla^2 f(x_k)$ 是退化的，它将失败；其次，牛顿法的迭代过程可能是发散的．看下面的例子．

例 1.2.3　使用牛顿法求下面的单变量函数

$$\phi(t) = \frac{t}{\sqrt{1+t^2}}$$

的一个根．很明显 $t^* = 0$．注意到

$$\phi'(t) = \frac{1}{[1+t^2]^{3/2}}$$

故牛顿法的步骤如下：

$$t_{k+1} = t_k - \frac{\phi(t_k)}{\phi'(t_k)} = t_k - \frac{t_k}{\sqrt{1+t_k^2}} \cdot [1+t_k^2]^{3/2} = -t_k^3$$

于是，若 $|t_0| < 1$，则这个算法收敛并且收敛速度非常快，点 ± 1 是这个算法的振荡点；若 $|t_0| > 1$，则算法是发散的．　■

为了避免可能的发散问题，在实际中我们可以用阻尼牛顿法：

$$\boxed{x_{k+1} = x_k - h_k[\nabla^2 f(x_k)]^{-1} \nabla f(x_k)}$$

其中 $h_k > 0$ 是步长参数．在算法的初始阶段，牛顿法可以用与梯度法相同的步长策略．但在最后阶段，选择 $h_k = 1$ 是合理的．确保这个方法的全局收敛性的另一种可能技巧是利用三次正则化，这将在第 4 章详细研究．

我们来推导牛顿法的局部收敛速度．考虑问题

$$\min_{x \in \mathbb{R}^n} f(x)$$

满足如下假设：

1. $f \in C_M^{2,2}(\mathbb{R}^n)$．
2. 函数 f 存在一个局部极小点 x^*，在点 x^* 处 Hessian 矩阵是正定的：

$$\nabla^2 f(x^*) \geqslant \mu I_n, \quad \mu > 0 \tag{1.2.30}$$

3. 我们的初始点 x_0 足够接近 x^*．

研究牛顿法迭代过程 $x_{k+1} = x_k - [\nabla^2 f(x_k)]^{-1} \nabla f(x_k)$．这样，采用与梯度法相同的推理，我们得到下面的表示：

$$
\begin{aligned}
x_{k+1} - x^* &= x_k - x^* - [\nabla^2 f(x_k)]^{-1} \nabla f(x_k) \\
&= x_k - x^* - [\nabla^2 f(x_k)]^{-1} \int_0^1 \nabla^2 f(x^* + \tau(x_k - x^*))(x_k - x^*) d\tau \\
&= [\nabla^2 f(x_k)]^{-1} G_k (x_k - x^*)
\end{aligned}
$$

其中 $G_k = \displaystyle\int_0^1 [\nabla^2 f(x_k) - \nabla^2 f(x^* + \tau(x_k - x^*))] d\tau$．

令 $r_k = \|x_k - x^*\|$，则

$$\|G_k\| = \left\| \int_0^1 [\nabla^2 f(x_k) - \nabla^2 f(x^* + \tau(x_k - x^*))] d\tau \right\|$$

$$\leqslant \int_0^1 \|\nabla^2 f(x_k) - \nabla^2 f(x^* + \tau(x_k - x^*))\| \mathrm{d}\tau$$

$$\leqslant \int_0^1 M(1-\tau)r_k \mathrm{d}\tau = \frac{r_k}{2} M$$

由推论 1.2.2 和关系式(1.2.30),我们有

$$\nabla^2 f(x_k) \geqslant \nabla^2 f(x^*) - Mr_k I_n \geqslant (\mu - Mr_k)I_n \qquad \boxed{38}$$

因此,若 $r_k < \dfrac{\mu}{M}$,则 $\nabla^2 f(x_k)$ 是正定的,且有

$$\|[\nabla^2 f(x_k)]^{-1}\| \leqslant (\mu - Mr_k)^{-1}$$

所以,对足够小的 $r_k \left(r_k \leqslant \dfrac{2\mu}{3M} \right)$,有

$$r_{k+1} \leqslant \frac{Mr_k^2}{2(\mu - Mr_k)} \qquad (\leqslant r_k)$$

这个类型的收敛速度称为二次收敛的.

于是,我们已经证明了下面定理.

定理 1.2.5 令函数 $f(\cdot)$ 满足上述假设,假设初始点 x_0 足够接近 x^*,即

$$\|x_0 - x^*\| \leqslant \bar{r} = \frac{2\mu}{3M}$$

则对任意 k 有 $\|x_k - x^*\| \leqslant \bar{r}$,牛顿法二次收敛,即

$$\|x_{k+1} - x^*\| \leqslant \frac{M\|x_k - x^*\|^2}{2(\mu - M\|x_k - x^*\|)}$$

将这个结果与梯度法的局部收敛率相比,可以看出牛顿法收敛更快. 令人惊讶的是,牛顿法的二次收敛区域与梯度法的线性收敛区域几乎相同. 这表明标准推荐是极小化过程的初始阶段使用梯度法来接近局部极小点,而剩余的工作应该利用牛顿法. 然而,我们将在第 4 章中再来详细比较两种方法的性能.

在本节中,我们已经看到了一些收敛率的例子. 我们来寻找这些速率与复杂度的界间的对应关系. 正如我们已经看到的(例如在问题类 $\mathscr{G}_*$ (1.2.23)这种情况下),问题类的解析复杂度的上界是收敛率的反函数.

1. 次线性速率. 该速率由迭代计数器的幂函数来表示. 例如,假设对于某算法我们可以证明收敛率为 $r_k \leqslant \dfrac{c}{\sqrt{k}}$,此时对于相应的问题类,该算法的复杂度上界是 $\left(\dfrac{c}{\epsilon} \right)^2$.

次线性速率是比较慢的. 就复杂度而言,最优值中每得到一位新的正确数字都需要经历与以前总的工作量相当的迭代次数. 也要注意,常数 c 对相应的复杂度的上界影响很大. $\boxed{39}$

2. 线性速率. 该速率是根据迭代计数器的指数函数给出的. 例如

$$r_k \leqslant c(1-q)^k \leqslant c\mathrm{e}^{-qk}, \quad 0 < q \leqslant 1$$

注意到其相应的复杂度上界是 $\dfrac{1}{q} \left(\ln c + \ln \dfrac{1}{\epsilon} \right)$.

这个速率是很快的：最优值中每得到一位新的正确数字需要经历大约固定的迭代次数．此外，复杂度估计对常数 c 的依赖性非常弱．

3. **二次速率**．该速率对迭代计数器是双指数依赖的．例如

$$r_{k+1} \leqslant cr_k^2$$

相应的复杂度估计依赖于所需精度的双对数：$\ln \ln \frac{1}{\epsilon}$．

这个收敛速率是非常快速的：每次迭代都会双倍增加最优值的正确数字．常数 c 仅对二次收敛的开始时刻很重要（$cr_k < 1$）．例如，在 $cr_k \leqslant \frac{1}{2}$ 之后，我们可以保证一个较大的收敛速率 $r_{k+1} \leqslant \frac{1}{2}r_k$，它不再依赖常数 c.$^{\ominus}$

1.3　非线性优化中的一阶方法

（梯度法和牛顿法的不同；变尺度的思想；变尺度法；共轭梯度法；约束极小化；拉格朗日松弛；零对偶间隙的充分条件；罚函数和罚函数法；障碍函数和障碍函数法.）

1.3.1　梯度法和牛顿法有何不同

在上一节中，我们讨论了求解满足 $f \in C_M^{2;2}(\mathbb{R}^n)$ 的简单极小化问题

$$\min_{x \in \mathbb{R}^n} f(x)$$

的局部极小点的两种局部方法，即梯度法

$$x_{k+1} = x_k - h_k \nabla f(x_k), \quad h_k > 0$$

和牛顿法

$$x_{k+1} = x_k - [\nabla^2 f(x_k)]^{-1} \nabla f(x_k)$$

注意到这两种方法的局部收敛速率是不同的．我们已经看到，梯度法具有线性收敛速率，而牛顿法是二次收敛的．造成这种差异的原因是什么？

如果看这两种方法的解析形式，我们至少可以发现如下明显的不同：在梯度法中搜索方向是负梯度，而在牛顿法中搜索方向是 Hessian 矩阵的逆乘以负梯度．现在尝试用某"普遍"推理来导出这些搜索方向．

取定点 $\overline{x} \in \mathbb{R}^n$，考虑函数 $f(\cdot)$ 的下述近似：

$$\phi_1(x) = f(\overline{x}) + \langle \nabla f(\overline{x}), x - \overline{x} \rangle + \frac{1}{2h} \|x - \overline{x}\|^2$$

$\ominus$　为了便于理解和通过数值方法估算算法性能，现举例说明：假设最优值（可以是目标值也可以是最优点）为 1.258 3，当前已得到 1.25×××．那么对于次线性收敛算法，要得到下一位正确数字 8 需要的迭代次数和得到前三位正确数字需要的迭代次数总和相当；而对于线性收敛算法，得到下一位正确数字 8 需要的迭代次数大致是常数（约为已用迭代次数的 1/3，因为已得到三位正确数字）；而对于二次收敛算法，如果当前迭代得到一位正确数字 5，下一次迭代就会得到两位正确数字 8 和 3. ——译者注

其中参数 h 是正数. 根据一阶最优性条件, 该函数的无约束极小点 x_1^* 满足如下方程:

$$\nabla \phi_1(x_1^*) = \nabla f(\overline{x}) + \frac{1}{h}(x_1^* - \overline{x}) = 0$$

于是, $x_1^* = \overline{x} - h \nabla f(\overline{x})$, 这恰好是梯度法的迭代格式. 注意, 如果 $h \in \left(0, \frac{1}{L}\right]$, 则函数 $\phi_1(\bullet)$ 是 $f(\bullet)$ 的全局上近似, 即

$$f(x) \leqslant \phi_1(x), \quad \forall x \in \mathbb{R}^n$$

(见引理 1.2.3). 这个事实保证了梯度法的全局收敛性.

进一步, 考虑函数 $f(\bullet)$ 的二次近似:

$$\phi_2(x) = f(\overline{x}) + \langle \nabla f(\overline{x}), x - \overline{x} \rangle + \frac{1}{2}\langle \nabla^2 f(\overline{x})(x - \overline{x}), x - \overline{x} \rangle$$

我们已经知道该函数的极小点是

$$x_2^* = \overline{x} - [\nabla^2 f(\overline{x})]^{-1} \nabla f(\overline{x})$$

这恰好是牛顿法的迭代格式.

于是, 我们可以尝试使用函数 $f(\bullet)$ 的某些二次近似, 它们优于 $\phi_1(\bullet)$, 且比 $\phi_2(\bullet)$ 计算简单.

设 G 是一个对称正定 $n \times n$- 矩阵, 定义

$$\phi_G(x) = f(\overline{x}) + \langle \nabla f(\overline{x}), x - \overline{x} \rangle + \frac{1}{2}\langle G(x - \overline{x}), x - \overline{x} \rangle$$

通过方程

$$\nabla \phi_G(x_G^*) = \nabla f(\overline{x}) + G(x_G^* - \overline{x}) = 0$$

计算 $\phi_G(\bullet)$ 的极小点, 我们得到

$$x_G^* = \overline{x} - G^{-1} \nabla f(\overline{x}). \tag{1.3.1}$$

生成矩阵序列

$$\{G_k\}: G_k \to \nabla^2 f(x^*)$$

(或 $\{H_k\}: h_K \equiv G_k^{-1} \to [\nabla^2 f(x^*)]^{-1}$) 的一阶方法称为变尺度法(有时也叫作拟牛顿法). 在这些算法中, 只有梯度参与了序列 $\{G_k\}$ 或 $\{H_k\}$ 的生成过程.

更新规则(1.3.1)在优化中非常常见, 这里我们给它一个新的解释.

注意到非线性函数 $f(\bullet)$ 的梯度和 Hessian 矩阵是基于欧氏空间 $\mathbb{R}^n$ 中的标准内积定义的:

$$\langle x, y \rangle = x^{\mathrm{T}} y = \sum_{i=1}^n x^{(i)} y^{(i)}, x, y \in \mathbb{R}^n, \|x\| = \langle x, x \rangle^{1/2}$$

事实上, 梯度的定义如下:

$$f(x + h) = f(x) + \langle \nabla f(x), h \rangle + o(\|h\|)$$

根据这个等式, 可得梯度的坐标表示为

$$\nabla f(x) = \left(\frac{\partial f(x)}{\partial x^{(1)}}, \cdots, \frac{\partial f(x)}{\partial x^{(n)}} \right)^{\mathrm{T}}$$

41

现在引入一个新的内积. 考虑对称正定 $n \times n$-矩阵 A，对 x，$y \in \mathbb{R}^n$，定义

$$\langle x, y \rangle_A = \langle Ax, y \rangle, \quad \|x\|_A = \langle Ax, x \rangle^{1/2}$$

函数 $\| \cdot \|_A$ 是 $\mathbb{R}^n$ 上的一个新范数. 注意从拓扑上讲，这个新范数和之前的范数是等价的：

$$\lambda_{\min}(A)^{1/2} \|x\| \leqslant \|x\|_A \leqslant \lambda_{\max}(A)^{1/2} \|x\|$$

其中 $\lambda_{\min}(A)$ 和 $\lambda_{\max}(A)$ 分别是矩阵 A 的最小、最大特征值. 然而，关于新的内积计算的梯度和 Hessian 矩阵是不同的：

$$f(x+h) = f(x) + \langle \nabla f(x), h \rangle + \frac{1}{2} \langle \nabla^2 f(x) h, h \rangle + o(\|h\|)$$

$$= f(x) + \langle A^{-1} \nabla f(x), h \rangle_A + \frac{1}{2} \langle A^{-1} \nabla^2 f(x) h, h \rangle_A + o(\|h\|_A)$$

所以，$\nabla f_A(x) = A^{-1} \nabla f(x)$ 是新梯度，且 $\nabla^2 f_A(x) = A^{-1} \nabla^2 f(x)$ 是新的 Hessian 矩阵.

于是，牛顿法中使用的方向可以看作是由矩阵 $A = \nabla^2 f(x) \succ 0$ 定义的内积的梯度方向. 注意，函数 $f(\cdot)$ 在 x 处基于由矩阵 $A = \nabla^2 f(x)$ 定义的内积的 Hessian 矩阵是单位矩阵 I_n.

例 1.3.1 考虑二次函数

$$f(x) = \alpha + \langle a, x \rangle + \frac{1}{2} \langle Ax, x \rangle$$

其中 $A = A^T \succ 0$. 注意到 $\nabla f(x) = Ax + a$，$\nabla^2 f(x) = A$，且当 $x^* = -A^{-1}a$ 时有

$$\nabla f(x^*) = Ax^* + a = 0$$

我们计算在某 $x \in \mathbb{R}^n$ 处的牛顿方向：

$$d_N(x) = [\nabla^2 f(x)]^{-1} \nabla f(x) = A^{-1}(Ax + a) = x + A^{-1}a$$

因此，对任意 $x \in \mathbb{R}^n$，有 $x - d_N(x) = -A^{-1}a = x^*$. 于是，对二次函数，牛顿法一步收敛. 同时注意到

$$f(x) = \alpha + \langle A^{-1}a, x \rangle_A + \frac{1}{2} \|x\|_A^2$$

$$\nabla f_A(x) = A^{-1} \nabla f(x) = d_N(x)$$

$$\nabla^2 f_A(x) = A^{-1} \nabla^2 f(x) = I_n$$

我们来研究变尺度法的一般形式.

变尺度法
0. 选择 $x_0 \in \mathbb{R}^n$，令 $H_0 = I_n$，计算 $f(x_0)$ 和 $\nabla f(x_0)$.
1. 第 k 次迭代 $(k \geqslant 0)$： (a) 令 $p_k = H_k \nabla f(x_k)$. (b) 找 $x_{k+1} = x_k - h_k p_k$（步长选择规则见 1.2.3 节）. (c) 计算 $f(x_{k+1})$ 和 $\nabla f(x_{k+1})$. (d) 由矩阵 H_k 更新 H_{k+1}.

只有在实施步骤 1(d) 更新矩阵 H_k 的过程中，变尺度法才会有所不同. 这个更新过程要

用到步骤 1(c)中的积累新信息，即梯度 $\nabla f(x_{k+1})$. 该更新由二次函数的下列性质来说明. 令

$$f(x) = \alpha + \langle a, x \rangle + \frac{1}{2}\langle Ax, x \rangle, \quad \nabla f(x) = Ax + a$$

则对任意 $x, y \in \mathbb{R}^n$，有 $\nabla f(x) - \nabla f(y) = A(x - y)$. 这个恒等式解释了拟牛顿规则的根源.

拟牛顿规则
选择 $H_{k+1} = H_{k+1}^\mathrm{T} > 0$，使得 $$H_{k+1}(\nabla f(x_{k+1}) - \nabla f(x_k)) = x_{k+1} - x_k$$

实际上，有很多方式可以满足这种关系. 下面我们列举了几个通常被推荐的最有效算法的例子.

定义

$$\Delta H_k = H_{k+1} - H_k, \quad \gamma_k = \nabla f(x_{k+1}) - \nabla f(x_k), \quad \delta_k = x_{x+1} - x_k$$

则以下更新规则都满足拟牛顿关系.

1. **秩 1 矫正算法**：$\Delta H_k = \dfrac{(\delta_k - H_k \gamma_k)(\delta_k - H_k \gamma_k)^\mathrm{T}}{\langle \delta_k - H_k \gamma_k, \ \gamma_k \rangle}$.

2. **DFP (Davidon-Fletcher-Powell)算法**：$\Delta H_k = \dfrac{\delta_k \delta_K^\mathrm{T}}{\langle \gamma_k, \ \delta_k \rangle} - \dfrac{H_k \gamma_k \gamma_k^\mathrm{T} H_k}{\langle H_k \gamma_k, \ \gamma_k \rangle}$.

3. **BFGS(Broyden-Fletcher-Goldfarb-Shanno)算法**：

$$\nabla H_k = \beta_k \frac{\delta_k \delta_k^\mathrm{T}}{\langle \gamma_k, \delta_k \rangle} - \frac{H_k \gamma_k \delta_k^\mathrm{T} + \delta_k \gamma_k^\mathrm{T} H_k}{\langle \gamma_k, \delta_k \rangle}$$

其中 $\beta_k = 1 + \langle H_k \gamma_k, \ \gamma_k \rangle / \langle \gamma_k, \ \delta_k \rangle$.

显然还有许多其他的可能算法. 从计算的角度来看，BFGS 被认为是最稳定的算法.

注意到对于二次函数，变尺度法通常至多 n 次迭代就终止. 在严格局部极小点 x^* 的邻域内，变尺度法可以证明超线性收敛速率：对任意足够接近 x^* 的 $x_0 \in \mathbb{R}^n$，都存在一个整数 N，使得对于所有的 $k \geq N$，我们有

$$\|x_{k+1} - x^*\| \leq \mathrm{const} \cdot \|x_k - x^*\| \cdot \|x_{k-n} - x^*\|$$

(该证明很长且具有技巧性). 就最坏情况下的全局收敛性而言，这些方法并不比梯度法好.

在变尺度法中，需要存储和更新对称 $n \times n$-矩阵，因此每次迭代都需要 $O(n^2)$ 次辅助算术运算. 这个特性是变尺度法的主要缺点之一. 它激发了人们对共轭梯度法的兴趣，共轭梯度法每次迭代的复杂度都要低得多. 我们在 1.3.2 节中研究这些算法.

1.3.2 共轭梯度法

最初提出共轭梯度法是用于极小化二次函数. 研究如下问题：

$$\min_{x \in \mathbb{R}^n} f(x) \tag{1.3.2}$$

其中 $f(x) = \alpha + \langle a, \ x \rangle + \frac{1}{2}\langle Ax, \ x \rangle$ 且 $A = A^\mathrm{T} > 0$. 我们已经知道这个问题的最优解是

$x^* = -A^{-1}a$. 因此，可以将目标函数写成如下形式：

$$f(x) = \alpha + \langle a, x \rangle + \frac{1}{2}\langle Ax, x \rangle = \alpha - \langle Ax^*, x \rangle + \frac{1}{2}\langle Ax, x \rangle$$

$$= \alpha - \frac{1}{2}\langle Ax^*, x^* \rangle + \frac{1}{2}\langle A(x - x^*), x - x^* \rangle$$

于是，$f^* = \alpha - \frac{1}{2}\langle Ax^*, x^* \rangle$ 且 $\nabla f(x) = A(x - x^*)$.

假设给定初始点 $x_0 \in \mathbb{R}^n$，考虑线性 Krylov 子空间

$$\mathscr{L}_k = \mathrm{Lin}\{A(x_0 - x^*), \cdots, A^k(x_0 - x^*)\}, \quad k \geqslant 1$$

其中 A^k 是矩阵 A 的 k 次幂. 共轭梯度法依照如下规则

$$\boxed{x_k = \arg\min\{f(x) \mid x \in x_0 + \mathscr{L}_k\}, \quad k \geqslant 1} \tag{1.3.3}$$

生成一个序列 $\{x_k\}$.

这个定义看起来非常不自然. 然而，后面我们会看到这个方法可以写成纯"算法"的形式. 我们用表达式(1.3.3)仅为了理论分析.

引理 1.3.1   对任意 $k \geqslant 1$，都有 $\mathscr{L}_k = \mathrm{Lin}\{\nabla f(x_0), \cdots, \nabla f(x_{k+1})\}$.

证明   对 $k = 1$，因为 $\nabla f(x_0) = A(x_0 - x^*)$，故结论成立. 假设对某 $k \geqslant 1$ 该结论成立，考虑点

$$x_k = x_0 + \sum_{i=1}^{k} \lambda^{(i)} A^i(x_0 - x^*) \in x_0 + \mathscr{L}_k$$

这里 $\lambda \in \mathbb{R}^k$，则对 $\mathscr{L}_k$ 中的某个 y 有

$$\nabla f(x_k) = A(x_0 - x^*) + \sum_{i=1}^{k} \lambda^{(i)} A^{i+1}(x_0 - x^*) = y + \lambda^{(k)} A^{k+1}(x_0 - x^*)$$

于是，

$$\mathscr{L}_{k+1} \equiv \mathrm{Lin}\{\mathscr{L}_k \bigcup A^{k+1}(x_0 - x^*)\} = \mathrm{Lin}\{\mathscr{L}_k \bigcup \nabla f(x_k)\}$$

$$= \mathrm{Lin}\{\nabla f(x_0), \cdots, \nabla f(x_k)\}. \qquad \blacksquare$$

46   下面的结果有助于我们理解序列 $\{x_k\}$ 的性质.

引理 1.3.2   对任意 $k, i \geqslant 0$，$k \neq i$，都有 $\langle \nabla f(x_k), \nabla f(x_i) \rangle = 0$.

证明   令 $k > i$，考虑函数

$$\phi(\lambda) = f\left(x_0 + \sum_{j=1}^{k} \lambda^{(j)} \nabla f(x_{j-1})\right), \quad \lambda \in \mathbb{R}^k$$

由引理 1.3.1，对某 $\lambda_* \in \mathbb{R}^k$，我们有 $x_k = x_0 + \sum_{j=1}^{k} \lambda_*^{(j)} \nabla f(x_{j-1})$. 但是，根据定义，$x_k$ 是 $f(\cdot)$ 在 $x_0 + \mathscr{L}_k$ 上的极小点，故 $\nabla\phi(\lambda_*) = 0$. 只需要计算梯度的分量，且有

$$0 = \frac{\partial\phi(\lambda_*)}{\partial\lambda^{(j)}} = \langle \nabla f(x_k), \nabla f(x_{j-1}) \rangle, \quad j = 1, \cdots, k$$

就证明了这个结论. $\qquad \blacksquare$

此引理有两个很显然的推论.

推论 1.3.1　共轭梯度法求解问题(1.3.2)时生成的序列是有限的.

证明　事实上，$\mathbb{R}^n$ 中的非零正交方向向量不能超过 n 个.　■

推论 1.3.2　对任意 $p \in \mathscr{L}_k$，$k \geqslant 1$，都有 $\langle \nabla f(x_k), p \rangle = 0$.

下一个辅助结果解释了该算法命名的原因. 令 $\delta_i = x_{i+1} - x_i$，显然有 $\mathscr{L}_k = \mathrm{Lin}\{\delta_0, \cdots, \delta_{k-1}\}$.

引理 1.3.3　对任意 k，$i \geqslant 0$，$k \neq i$，都有 $\langle A\delta_k, \delta_i \rangle = 0$.
（这样的一组方向称为关于 A 的共轭方向.）

证明　不失一般性，假设 $k > i$，因为 $\delta_i = x_{i+1} - x_i \in \mathscr{L}_{i+1} \subseteq \mathscr{L}_k \subseteq \mathscr{L}_{k+1}$，所以

$$\langle A\delta_k, \delta_i \rangle = \langle A(x_{k+1} - x_k), \delta_i \rangle = \langle \nabla f(x_{k+1}) - \nabla f(x_k), \delta_i \rangle = 0$$　■

我们现在来研究如何将共轭梯度法描述成"更算法"的形式. 因为 $\mathscr{L}_k = \mathrm{Lin}\{\delta_0, \cdots, \delta_{k-1}\}$，可将 x_{k+1} 表示成如下形式：

$$x_{k+1} = x_k - h_k \nabla f(x_k) + \sum_{j=0}^{k-1} \lambda^{(j)} \delta_j$$

47

用这里的记号，上式就是

$$\delta_k = -h_k \nabla f(x_k) + \sum_{j=0}^{k-1} \lambda^{(j)} \delta_j \tag{1.3.4}$$

现在我们来计算该表达式中的系数，将式(1.3.4)与 A 和 δ_i $(0 \leqslant i \leqslant k-1)$ 逐次相乘，并用引理 1.3.3 的结果，我们得到

$$
\begin{aligned}
0 = \langle A\delta_k, \delta_i \rangle &= -h_k \langle A \nabla f(x_k), \delta_i \rangle + \sum_{j=0}^{k-1} \lambda^{(j)} \langle A\delta_j, \delta_i \rangle \\
&= -h_k \langle A \nabla f(x_k), \delta_i \rangle + \lambda^{(i)} \langle A\delta_i, \delta_i \rangle \\
&= -h_k \langle \nabla f(x_k), A\delta_i \rangle + \lambda^{(i)} \langle A\delta_i, \delta_i \rangle \\
&= -h_k \langle \nabla f(x_k), \nabla f(x_{i+1}) - \nabla f(x_i) \rangle + \lambda^{(i)} \langle A\delta_i, \delta_i \rangle
\end{aligned}
$$

所以，根据引理 1.3.2，对 $i < k-1$ 有 $\lambda_i = 0$. 对 $i = k-1$，我们有

$$\lambda^{(k-1)} = \frac{h_k \|\nabla f(x_k)\|^2}{\langle A\delta_{k-1}, \delta_{k-1} \rangle} = \frac{h_k \|\nabla f(x_k)\|^2}{\langle \nabla f(x_k) - \nabla f(x_{k-1}), \delta_{k-1} \rangle}$$

于是，$x_{k+1} = x_k - h_k p_k$，其中

$$p_k = \nabla f(x_k) - \frac{\|\nabla f(x_k)\|^2 \delta_{k-1}}{\langle \nabla f(x_k) - \nabla f(x_{k-1}), \delta_{k-1} \rangle} = \nabla f(x_k) - \frac{\|\nabla f(x_k)\|^2 p_{k-1}}{\langle \nabla f(x_k) - \nabla f(x_{k-1}), p_{k-1} \rangle}$$

这是因为由方向 $\{p_k\}$ 的定义有 $\delta_{k-1} = -h_{k-1} p_{k-1}$.

注意到我们设法用目标函数 $f(\cdot)$ 的梯度描述共轭梯度法，这为我们提供了将此方法正式地用于一般非线性函数的极小化问题的可能性. 当然，这样的推广破坏了二次函数极小化过程中的全部特殊性质. 然而，在严格局部极小邻域内，目标函数是接近二次函数的. 因此，渐近地讲，这种方法应该是很快的.

下面给出一般非线性函数极小化的共轭梯度法的一般框架.

48

共轭梯度法
0. 令 $x_0 \in \mathbb{R}^n$，计算 $f(x_0)$，$\nabla f(x_0)$，令 $p_0 = \nabla f(x_0)$.
1. 第 k 步迭代 $(k \geqslant 0)$： 　(a) 找 $x_{k+1} = x_k - h_k p_k$（通过"精确"线性搜索）； 　(b) 计算 $f(x_{k+1})$ 和 $\nabla f(x_{k+1})$； 　(c) 计算系数 β_k； 　(d) 定义 $p_{k+1} = \nabla f(x_{k+1}) - \beta_k p_k$.

在这个算法中，还没有具体指定系数 β_k. 事实上，有许多关于该系数的计算公式. 这些公式在二次函数极小化时计算结果是相同的. 但是，对一般非线性问题情形，它们将产生不同的迭代序列. 下面介绍三种最常用的系数 β_k 的计算公式.

1. Dai-Yuan：$\beta_k = \dfrac{\|\nabla f(x_{k+1})\|^2}{\langle \nabla f(x_{k+1}) - \nabla f(x_k),\ p_k \rangle}$；

2. Fletcher-Rieves：$\beta_k = -\dfrac{\|\nabla f(x_{k+1})\|^2}{\|\nabla f(x_k)\|^2}$；

3. Polak-Ribbiere：$\beta_k = -\dfrac{\langle \nabla f(x_{k+1}),\ \nabla f(x_{k+1}) - \nabla f(x_k) \rangle}{\|\nabla f(x_k)\|^2}$.

回忆在二次函数的情况下，共轭梯度法会在 n（或更少）次迭代终止. 从算法上讲，这意味着 $p_n = 0$. 在一般非线性情况下，这个结论不成立. 然而，经过 n 次迭代后，这个方向失去了其共轭的原意. 因此，在所有实际算法中，都存在一种重新开始的策略，即在某个时刻令 $\beta_k = 0$（通常是在每 n 次迭代之后）. 这就确保了整个过程的全局收敛性（因为重新开始后是用一般的梯度步，且所有其他迭代都会降低目标函数的值）. 在一个严格极小点的邻域内，可以证明共轭梯度法具有局部 n-步二次收敛性：

$$\|x_n - x^*\| \leqslant \text{const} \cdot \|x_0 - x^*\|^2$$

注意到这种局部收敛性比变尺度法的收敛速度慢. 但是，共轭梯度法具有迭代成本低的优点. 就全局收敛性而言，通常这些算法并不比最简单的梯度法好.

49

1.3.3 约束极小化问题

我们现在来讨论含有函数约束的优化算法的主要思想. 考虑如下问题：

$$f_0(x) \to \min_{x \in Q} \tag{1.3.5}$$
$$f_j(x) \leqslant 0, \quad j = 1, \cdots, m$$

其中 Q 是 $\mathbb{R}^n$ 中的简单闭集，各函数分量 $f_0(\cdot), \cdots, f_m(\cdot)$ 是连续的. 因为这些函数分量是一般的非线性函数，我们不希望此问题比求解无约束极小化问题更容易. 事实上，仅求解问题 (1.3.5) 的驻点都比在无约束极小化时更有难度. 注意，这个问题的驻点（无论它的定义是什么）可能对于这组函数约束是不可行的. 因此，任何趋于该点的极小化算法甚至找一个问题(1.3.5)的可行解都会失败.

因此，以下推理看起来很有说服力.

1. 我们已经有有效的无约束极小化方法[○]；

2. 无约束极小化比约束极小化更简单[○]；

3. 因此，可以尝试通过一些辅助的无约束极小化问题的解的序列来近似问题(1.3.5)的解.

这一原理可以通过序列无约束极小化算法来实现. 这种算法主要有三大类：

- 拉格朗日松弛法
- 罚函数法
- 障碍函数法

下面我们来研究这些方法的主要思想.

1.3.3.1 拉格朗日松弛法

这种方法基于以下基本的极小极大原理.

50

定理 1.3.1 设函数 $F(x,\lambda)$ 对 $x \in Q_1 \subseteq \mathbb{R}^n$ 和 $\lambda \in Q_2 \subseteq \mathbb{R}^m$ 有定义，其中 Q_1 和 Q_2 都是非空的，则

$$\sup_{\lambda \in Q_2} \inf_{x \in Q_1} F(x,\lambda) \leqslant \inf_{x \in Q_1} \sup_{\lambda \in Q_2} F(x,\lambda) \tag{1.3.6}$$

证明 事实上，对于任意 $x \in Q_1$ 和 $\lambda \in Q_2$，我们有

$$F(x,\lambda) \leqslant \sup_{\xi \in Q_2} F(x,\xi)$$

由于此不等式对所有的 $x \in Q_1$ 都成立，可以得出结论

$$\inf_{x \in Q_1} F(x,\lambda) \leqslant \inf_{x \in Q_1} \sup_{\xi \in Q_2} F(x,\xi)$$

注意这个不等式对所有的 $\lambda \in Q_2$ 也成立，故结论得证. ■

我们将这一原则应用于问题(1.3.5)，注意到

$$f^* = \inf_{x \in Q} \{f_0(x) : f_j(x) \leqslant 0, j=1,\cdots,m\}$$

$$= \inf_{x \in Q} \sup_{\lambda \in \mathbb{R}_+^m} \{\mathscr{L}(x,\lambda) \stackrel{\text{def}}{=} f_0(x) + \langle \lambda, f(x) \rangle\}$$

其中 $f(x) = (f_1(x), \cdots, f_m(x))^\mathsf{T}$，$\mathbb{R}_+^m = \{\lambda \in \mathbb{R}^m : \lambda^{(j)} \geqslant 0, j=1, \cdots, m\}$ 是非负象限，且 $\mathscr{L}(x,\lambda)$ 是问题(1.3.5)的拉格朗日函数. 令

$$\psi(\lambda) = \inf_{x \in Q} \mathscr{L}(x,\lambda)$$

$$\text{dom } \psi = \{\lambda \in \mathbb{R}^m : \psi(\lambda) > -\infty\}$$

$$X^*(\lambda) = \text{Arg} \inf_{x \in Q} \mathscr{L}(x,\lambda) \tag{1.3.7}$$

○ 事实上，这并非绝对正确. 我们将看到，为了应用无约束极小化方法来解决约束问题，需要能够找到一些辅助问题的一个全局极小点，我们已经看到(例 1.2.2)这可能是困难的.

○ 我们不打算讨论这个描述对于一般非线性问题的正确性. 我们只是阻止读者将其扩展到其他问题类. 在接下来的章节中，我们将看到这种说法仅在一定程度上是有效的.

其中 $X^*(\lambda)$ 是相应极小化问题的全局解集. 注意, 在某些 $\lambda \in \mathbb{R}^m$ 处函数 ψ 的值可以是 $-\infty$. 对我们来说, 条件 $\operatorname{dom}\psi \bigcap \mathbb{R}^m_+ \neq \varnothing$ 很重要. 为方便起见, 我们假设对该集合中的任意 λ, 都有 $X^*(\lambda) \neq \varnothing$.

于是, 我们来讨论如下拉格朗日对偶问题:

$$f_* \stackrel{\text{def}}{=} \sup_\lambda \{\psi(\lambda) : \lambda \in \operatorname{dom}\psi \bigcap \mathbb{R}^m_+\} \stackrel{(1.3.6)}{\leqslant} f^* \tag{1.3.8}$$

注意到对偶问题的目标函数非常特殊. 事实上, 对于 $\operatorname{dom}\psi$ 中的任意两个向量 λ_1, λ_2, 以及任意 $x_1 \in X^*(\lambda_1)$, $x_2 \in X^*(\lambda_2)$, 都有

$$\begin{aligned}
\psi(\lambda_2) &= f_0(x_2) + \sum_{j=1}^m \lambda_2^{(j)} f_j(x_2) \leqslant f_0(x_1) + \sum_{j=1}^m \lambda_2^{(j)} f_j(x_1) \\
&= \psi(\lambda_1) + \langle f(x_1), \lambda_2 - \lambda_1 \rangle
\end{aligned} \tag{1.3.9}$$

这意味着函数 ψ 是凹的, 问题 (1.3.8) 是一个凸优化问题. 如果对于任意 $\lambda \in \operatorname{dom}\psi$ 都能够计算向量 $f(x(\lambda))$, 该问题可以通过数值算法 (见第 3 章) 有效地解决, 其中 $x(\lambda)$ 是问题 (1.3.7) 的一个全局解.

值得注意的是, 对偶问题 (1.3.8) 并不完全等价于原问题 (1.3.5). 很多时候, 我们会得到 $f_* < f^*$ (即所谓的非零对偶间隙). 这就是问题 (1.3.8) 通常被称为问题 (1.3.5) 的拉格朗日松弛的原因.

零对偶间隙 $f_* = f^*$ 的条件通常是非常严格的, 且要求问题 (1.3.5) 的所有元素 (函数和集合) 都是凸的. 我们将在本书的第二部分看到许多这样的例子. 在这里, 给出一个充分的条件, 这个条件有时是有用的.

定理 1.3.2(全局最优性条件)　设 λ_* 是问题 (1.3.8) 的最优解, 假设对某正数 ϵ, 我们有

$$\Delta^+_\epsilon(\lambda^*) \stackrel{\text{def}}{=} \{\lambda \in \mathbb{R}^m_+ : \|\lambda - \lambda_*\| \leqslant \epsilon\} \subseteq \operatorname{dom}\psi$$

设向量 $x(\lambda) \in X^*(\lambda)$ $(\lambda \neq \lambda_*)$ 定义唯一, 且以下极限存在:

$$x^* = \lim_{\substack{\lambda \to \lambda_* \\ \lambda \in \Delta^+_\epsilon(\lambda_*)}} x(\lambda)$$

若 $x^* \in X^*(\lambda_*)$, 则它是问题 (1.3.5) 的全局最优解.

证明　令 $g(\lambda) = f(x(\lambda))$, $I^* = (j : \lambda_*^{(j)} > 0)$. 通过选择 $j \in I^*$ 和 $\epsilon > 0$ 来确保 $\lambda_* \pm \epsilon e_j \in \operatorname{dom}\psi \bigcap \mathbb{R}^m_+$, 我们得到

$$\psi(\lambda_*) \stackrel{(1.3.9)}{\leqslant} \psi(\lambda_* + \epsilon e_j) + \langle g(\lambda_* + \epsilon e_j), -\epsilon e_j \rangle \leqslant \psi(\lambda_*) + \langle g(\lambda_* + \epsilon e_j), -\epsilon e_j \rangle$$

$$\psi(\lambda_*) \stackrel{(1.3.9)}{\leqslant} \psi(\lambda_* - \epsilon e_j) + \langle g(\lambda_* - \epsilon e_j), \epsilon e_j \rangle \leqslant \psi(\lambda_*) + \langle g(\lambda_* - \epsilon e_j), \epsilon e_j \rangle$$

于是, 我们有

$$\langle g(\lambda_* + \epsilon e_j), e_j \rangle \leqslant 0 \leqslant \langle g(\lambda_* - \epsilon e_j), e_j \rangle$$

不等式两端取极限 $\epsilon \to 0$, 得到 $f_j(x^*) = 0$.

类似地，若 $j \notin I^*$，我们取足够小的 ϵ 使得 $\lambda_* + \epsilon e_j \in \text{dom } \psi$. 那么，

$$\psi(\lambda_*) \overset{(1.3.9)}{\leqslant} \psi(\lambda_* + \epsilon e_j) + \langle g(\lambda_* + \epsilon e_j), -\epsilon e_j \rangle$$
$$\leqslant \psi(\lambda_*) + \langle g(\lambda_* + \epsilon e_j), -\epsilon e_j \rangle$$

因此，有 $\langle g(\lambda_* + \epsilon e_j), e_j \rangle \leqslant 0$. 该不等式两端取极限 $\epsilon \to 0$，有 $f_j(x^*) \leqslant 0$.

于是，点 x^* 是问题(1.3.5)的可行解，且

$$\lambda_*^{(j)} f_j(x^*) = 0, \quad j = 1, \cdots, m \tag{1.3.10}$$

因此，我们得到

$$f_0(x^*) \overset{(1.3.10)}{=} f_0(x^*) + \sum_{j=1}^m \lambda_*^{(j)} f_j(x^*) = \psi(\lambda_*) \overset{(1.3.8)}{\leqslant} f^* \qquad ■$$

注记 1.3.1　问题(1.3.5)中的等式约束可以用类似的方式处理. 唯一的区别是在对偶问题(1.3.8)中，相应的拉格朗日乘子没有符号限制. 同时，定理 1.3.2 的结论仍然成立.

下面我们举例说明这个条件在一些简单情况下的应用.

例 1.3.2　在问题(1.3.5)中选择 $Q = \mathbb{R}^2$，且

$$f_0(x) = \frac{1}{2} \| x - \bar{e}_2 \|^2, \quad f_1(x) = x^{(1)} - \frac{1}{2}(x^{(2)})^2$$

其中 $\bar{e}_2 = (1, 1)^{\mathrm{T}}$，这样，我们构建拉格朗日函数

$$\mathcal{L}(x, \lambda) = \frac{1}{2} \| x - \bar{e}_2 \|^2 + \lambda \left[x^{(1)} - \frac{1}{2}(x^{(2)})^2 \right]$$

并定义 $\psi(\lambda) = \inf_{x \in \mathbb{R}^2} \mathcal{L}(x, \lambda)$. 显然 $\text{dom } \psi = (-\infty, 1)$，且对任何可行的 λ，可以求解下列方程组得到点 $x(\lambda)$：

$$x^{(1)}(\lambda) - 1 + \lambda = 0$$
$$x^{(2)}(\lambda) - 1 - \lambda x^{(2)}(\lambda) = 0$$

于是，$x^{(1)}(\lambda) = 1 - \lambda$，$x^{(2)}(\lambda) = \dfrac{1}{1 - \lambda}$. 将该点代入拉格朗日函数，得到

$$\psi(\lambda) = \lambda - \frac{1}{2}\lambda^2 - \frac{1}{2(1 - \lambda)} + \frac{1}{2}$$

函数 ψ 的最大值在 $\lambda_* = 1 - \left(\dfrac{1}{2} \right)^{1/3}$ 处取得. 由于 $x(\lambda)$ 的轨迹是唯一定义的，且在定义域 $\text{dom } \psi$ 上连续，根据定理 1.3.2，我们得出 $x(\lambda_*) = (2^{-1/3}, 2^{1/3})$ 是该问题的全局最优解.

$\qquad ■$

在 4.1.4 节中我们将研究定理 1.3.2 的另一个应用范例.

1.3.3.2　罚函数法

定义 1.3.1　连续函数 $\Phi(\cdot)$ 称为闭集 $\mathscr{F} \subset \mathbb{R}^n$ 的**罚函数**，如果满足

- 对任意 $x \in \mathscr{F}$，有 $\Phi(x) = 0$；
- 对任意 $x \notin \mathscr{F}$，有 $\Phi(x) > 0$.

有时罚函数被称为集 $\mathscr{F}$ 的**惩罚**，罚函数的主要性质如下.

> 如果 $\Phi_1(\cdot)$ 是集 $\mathscr{F}_1$ 的罚函数，$\Phi_2(\cdot)$ 是集 $\mathscr{F}_2$ 的罚函数，则 $\Phi_1(\cdot)+\Phi_2(\cdot)$ 是 $\mathscr{F}_1\bigcap\mathscr{F}_2$ 的罚函数.

我们来给出几个罚函数的例子.

例 1.3.3   定义 $(a)_+=\max(a,0)$，$a\in\mathbb{R}$，令 $f_1(\cdot)$，$\cdots$，$f_m(\cdot)$ 是连续函数，且

$$\mathscr{F}=\{x\in\mathbb{R}^n\,|\,f_j(x)\leqslant 0,\ j=1,\cdots,m\}$$

那么，以下函数都是集 $\mathscr{F}$ 的罚函数：

1. **二次惩罚**：$\Phi(x)=\sum_{j=1}^{m}(f_j(x))_+^2$；

2. **非光滑惩罚**：$\Phi(x)=\sum_{j=1}^{m}(f_j(x))_+$.

读者可以很容易地继续给出很多类似的罚函数.

我们现在来给出应用于问题(1.3.5)的罚函数法的一般框架.

罚函数法
0. 选取 $x_0\in Q$，选取一个惩罚系数序列：$$0<t_k<t_{k+1}\ \text{且}\ t_k\to\infty$$
1. 第 k 次迭代 $(k\geqslant 0)$：以 x_k 为初始点，求 $x_{k+1}=\arg\min_{x\in Q}\{f_0(x)+t_k\Phi(x)\}$

假设 x_{k+1} 是辅助函数的全局极小点，则很容易证明该算法的收敛性$\ominus$. 定义

$$\Psi_k(x)=f_0(x)+t_k\Phi(x),\quad \Psi_k^*=\min_{x\in Q}\Psi_k(x)=\Psi_k(x_{k+1})$$

（Ψ_k^* 是 $\Psi_k(\cdot)$ 的全局最优值）. 设 x^* 是(1.3.5)的全局解.

定理 1.3.3   设存在一个值 $\bar{t}>0$ 使得集合

$$S=\{x\in\mathbb{R}^n\,|\,f_0(x)+\bar{t}\Phi(x)\leqslant f_0(x^*)\}$$

有界，则

$$\lim_{k\to\infty}f_0(x_k)=f_0(x^*),\quad \lim_{k\to\infty}\Phi(x_k)=0$$

证明   注意到 $\Psi_k^*\leqslant\Psi_k(x^*)=f_0(x^*)$，同时，对任意 $x\in Q$，都有 $\Psi_{k+1}(x)\geqslant\Psi_k(x)$. 因此，$\Psi_{k+1}^*\geqslant\Psi_k^*$. 于是，极限

$$\lim_{k\to\infty}\Psi_k^*\equiv\Psi^*\leqslant f_0(x^*)$$

存在. 若 $t_k>\bar{t}$，则

$$f_0(x_{k+1})+\bar{t}\Phi(X_{k+1})\leqslant f_0(x_{k+1})+t_k\Phi(x_{k+1})=\Psi_k^*\leqslant f_0(x^*)$$

因此，对足够大的 k，有 $x_k\in S$. 所以，序列 $\{x_k\}$ 有极限点 x_*. 由于 $\lim_{k\to\infty}t_k=+\infty$，对任何极限

$\ominus$ 如果假设它是一个严格的局部极小点，则结果要弱得多.

点 x_*，都有 $\Phi(x_*)=0$. 于是，$x_* \in \mathscr{F}$ 且 $f_0(x_*) \leqslant f_0(x^*)$. 综上，$f_0(x_*)=f_0(x^*)$. ■

注意到这一结果是非常普通的，没有太多的信息. 还有许多问题需要回答. 例如，我们并不知道应该使用什么样的罚函数. 惩罚系数的选择规则应该是什么？求解辅助问题的精度应该是多少？事实上，所有这些问题在一般非线性优化的框架下讨论都是很困难的. 传统来讲，这些问题在实际计算时具体研究.

1.3.3.3 障碍函数法

我们现在来讨论障碍函数法.

定义 1.3.2 令 $\mathscr{F}$ 是 $\mathbb{R}^n$ 中有非空内部的闭集. 连续函数 $F(\cdot)$ 称为集合 $\mathscr{F}$ 的**障碍函数**，如果当 x 接近于这个集合的边界时 $F(x) \to \infty$.

有时障碍函数简称为**障碍**. 类似于罚函数，障碍函数具有以下性质.

> 若 $F_1(\cdot)$ 是集合 $\mathscr{F}_1$ 的障碍函数，$F_2(\cdot)$ 是集合 $\mathscr{F}_2$ 的障碍函数，则 $F_1(\cdot)+F_2(\cdot)$ 是集合 $\mathscr{F}_1 \bigcap \mathscr{F}_2$ 内部非空情形下的障碍函数.

为了应用障碍函数方法，问题 (1.3.5) 必须满足 **Slater 条件**：

$$\exists \bar{x} \in \mathbb{R}^n: f_j(\bar{x}) < 0, \ j=1, \cdots, m \tag{1.3.11}$$

我们来看一些障碍函数的例子.

例 1.3.4 设 $f_1(\cdot), \cdots, f_m(\cdot)$ 是连续函数，且 $\mathscr{F}=\{x \in \mathbb{R}^n \mid f_j(x) \leqslant 0, \ j=1, \cdots, m\}$，则下面所有的函数都是集合 $\mathscr{F}$ 的障碍函数：

1. **幂函数障碍函数**：$F(x) = \sum_{j=1}^{m} \dfrac{1}{(-f_j(x))^p}, \ p \geqslant 1$；

2. **对数障碍函数**：$F(x) = -\sum_{j=1}^{m} \ln(-f_j(x))$；

3. **指数障碍函数**：$F(x) = \sum_{j=1}^{m} \exp\left(\dfrac{1}{-f_j(x)}\right)$.

读者也很容易拓展此列表. ■

令 $\mathscr{F}_0 = Q \bigcap \mathrm{int} \ \mathscr{F}$，且函数 F 是 $\mathscr{F}$ 的障碍函数. 障碍函数法的一般框架如下：

障碍函数法

0. 选取 $x_0 \in \mathscr{F}_0$ 和一个罚函数序列：
$$0 < t_k < t_{k+1}, t_k \to \infty$$

1. 第 k 次迭代 $(k \geqslant 0)$：
以 x_k 为初始点，求 $x_{k+1} = \arg \min_{x \in \mathscr{F}_0} \left\{ f_0(x) + \dfrac{1}{t_k} F(x) \right\}$

在假设 x_{k+1} 是辅助函数的全局极小点的情况下，我们来证明该算法的收敛性. 定义

$$\Psi_k(x) = f_0(x) + \frac{1}{t_k} F(x), \quad \Psi_k^* = \min_{x \in \mathscr{F}_0} \Psi_k(x)$$

（Ψ_k^* 为 $\Psi_k(\cdot)$ 的全局最优值），且设 f^* 为问题(1.3.5)的最优值.

定理 1.3.4 设障碍函数 $F(\cdot)$ 在 $\mathscr{F}_0$ 上有下界，则

$$\lim_{k\to\infty} \Psi_k^* = f^*$$

证明 设对任意 $x\in\mathscr{F}_0$ 有 $F(x)\geqslant F^*$. 对任意 $\overline{x}\in\mathscr{F}_0$，我们有

$$\limsup_{k\to\infty} \Psi_k^* \leqslant \lim_{k\to\infty}\left[f_0(\overline{x}) + \frac{1}{t_k}F(\overline{x}) \right] = f_0(\overline{x})$$

因此，$\limsup\limits_{k\to\infty} \Psi_k^* \leqslant f^*$. 另一方面，

$$\Psi_k^* = \min_{x\in\mathscr{F}_0}\left\{ f_0(x) + \frac{1}{t_k}F(x) \right\} \geqslant \inf_{x\in\mathscr{F}_0}\left\{ f_0(x) + \frac{1}{t_k}F^* \right\} = f^* + \frac{1}{t_k}F^*$$

于是，$\lim\limits_{k\to\infty} \Psi_k^* = f^*$. ∎

与罚函数法一样，这里也存在许多问题需要回答. 我们不知道如何找初始点 x_0，以及如何选择最佳的障碍函数. 理论上我们不知道更新惩罚系数的合理规则以及辅助问题解的可接受精度范围. 最后，我们对该算法的效率估计一无所知，其原因并不是缺乏理论知识. 问题(1.3.5)仍然太复杂. 我们将看到以上所有问题会在凸优化框架中得到完美的答案(见第 5 章).

我们已经完成了一般非线性优化的简要介绍. 确实它比较简短，还有许多有意义的理论性主题没有提到. 原因是本书的主要目的是介绍优化领域，在此领域中，我们能获得关于数值方法的性能的清晰、全面的结果. 遗憾的是，一般的非线性优化太复杂了，不适合这个目标. 然而，由于凸优化的许多基本思想都源于一般的非线性优化理论，因此不可能跳过这一领域. 梯度法和牛顿法、序列无约束极小化和障碍函数法是最先提出来求解一般优化问题的，但只有凸优化的框架才能使这些思想展现其真正的功能. 在本书的后续章节中，我们将看到许多有关这些旧想法重生的例子.

第 2 章　光滑凸优化

在本章中，我们着重研究求解由可微凸函数构成的优化问题的复杂度. 首先，我们建立这类函数的主要性质并导出其复杂度下界，这个界对所有自然优化算法都有效. 之后，证明梯度法最坏情况下的性能保证. 由于这些界和复杂度下界相差较大，我们基于估计序列的概念开发了一种特殊的技术，用它能够阐明快速梯度法的原理. 这些算法对于光滑凸优化问题是最优的. 我们还给出为生成梯度范数较小的点列的这类算法的性能保证. 为了处理带集合约束的问题，在此引入梯度映射的概念，它允许将无约束极小化算法自动扩展到有约束的情形. 在本章最后一节，我们研究求解由多个函数分量定义的光滑优化问题的算法.

2.1　光滑函数的极小化

（光滑凸函数；函数类 $\mathscr{F}_L^{\infty,1}(\mathbb{R}^n)$ 的复杂度下界；强凸函数类；函数类 $\mathscr{S}_{\mu,L}^{\infty,1}(\mathbb{R}^n)$ 的复杂度下界；梯度法.）

2.1.1　光滑凸函数

在本节中，我们考虑无约束极小化问题

$$\min_{x \in \mathbb{R}^n} f(x) \tag{2.1.1}$$

其中目标函数 $f(\cdot)$ 足够光滑. 回想在上一章中，我们试图在对函数 f 的很弱的假设下求解这个问题. 我们已经看到，在一般情况下，我们能做得不太多，甚至不可能保证收敛到局部极小值，不可能在极小化算法的全局性能上获得可接受的界，等等. 为了使问题更容易处理，我们试着对函数 f 作一些合理的假设. 为此，我们具体化要处理的可微函数 $\mathscr{F}$ 类的理想性质.

从上一章的结果中我们可以得出结论：我们处于当前困境的主要原因是一阶最优性条件的缺陷（定理 1.2.1）. 事实上，我们已经看到，梯度法一般只收敛于函数 f 的一个稳定点（参见不等式（1.2.22）和例 1.2.2）. 因此，我们绝对需要的第一个附加性质如下.

假设 2.1.1　对任意 $f \in \mathscr{F}$，一阶最优性条件足以使一个点成为问题（2.1.1）的全局最优解.

进一步，任一易处理函数类 $\mathscr{F}$ 的主要特征是可以用简单的方法验证包含关系 $f \in \mathscr{F}$. 通常，这是由该类的基元素集来保证的，该集合被赋予对 $\mathscr{F}$ 的元素的一系列合适的、能保持结果仍在该类中的运算（这种运算被称为不变运算）. 这种结构的一个完美的例子是可微函数类. 为了检验一个函数是否可微，我们只需要看它的解析表达式.

我们不想过多地限制类. 因此，在此只介绍假设类 $\mathscr{F}$ 的一种不变运算.

假设 2.1.2   若 f_1，$f_2 \in \mathscr{F}$ 且 α，$\beta \geqslant 0$，则 $\alpha f_1 + \beta f_2 \in \mathscr{F}$.

在这个假设中限制系数符号的原因是显而易见的：我们希望在类中看到 x^2，而函数 $-x^2$ 不符合我们的目标.

最后，我们来给函数类 $\mathscr{F}$ 中添加一些基本元素.

假设 2.1.3   任意的线性函数 $\ell(x) = \alpha + \langle a, x \rangle$ 均属于函数类 $\mathscr{F}^{\ominus}$.

注意到线性函数 $\ell(\cdot)$ 完全符合假设 2.1.1. 事实上，$\nabla \ell(x) = 0$ 意味着这个函数是一个常数，且 $\mathbb{R}^n$ 中的任意点都是其全局极小点.

事实证明，我们已经引入了足够的假设来具体化我们的函数类. 研究函数 $f \in \mathscr{F}$. 取定 $x_0 \in \mathbb{R}^n$，并考虑函数

$$\phi(y) = f(y) - \langle \nabla f(x_0), y \rangle$$

那么，根据假设 2.1.2 和假设 2.1.3，有 $\phi \in \mathscr{F}$. 注意到

$$\nabla \phi(y) \big|_{y = x_0} = \nabla f(x_0) - \nabla f(x_0) = 0$$

因此，根据假设 2.1.1，x_0 是函数 φ 的全局极小点，且对任意 $y \in \mathbb{R}^n$，有

$$\phi(y) \geqslant \phi(x_0) = f(x_0) - \langle \nabla f(x_0), x_0 \rangle$$

所以，$f(y) \geqslant f(x_0) + \langle \nabla f(x_0), y - x_0 \rangle$.

这个不等式在最优化理论中非常著名，它定义了可微凸函数类. 这类函数可以有受限的定义域. 但是，这个定义域必须总是凸的.

定义 2.1.1   集合 $Q \subseteq \mathbb{R}^n$ 称为**凸集**，如果对任意的 x，$y \in Q$，$\alpha \in [0, 1]$，有

$$\alpha x + (1 - \alpha) y \in Q$$

于是，凸集包含整个线段 $[x, y]$，只要端点 x 和 y 属于这个集合.

定义 2.1.2   一个连续可微函数 $f(\cdot)$ 是凸集 Q 上的**凸函数**（记为 $f \in \mathscr{F}^1(Q)$），如果对任意的 x，$y \in Q$，有

$$f(y) \geqslant f(x) + \langle \nabla f(x), y - x \rangle \tag{2.1.2}$$

如果 $-f(\cdot)$ 是凸函数，我们称 $f(\cdot)$ 为**凹函数**.

在接下来的讨论中，我们还考虑了凸函数类 $\mathscr{F}_L^{k, l}(Q)$，其中上下标与函数类 $C_L^{k, l}(Q)$ 中的意义相同.

现在来验证我们的假设，它们现在是该函数类的性质.

定理 2.1.1   若 $f \in \mathscr{F}^1(\mathbb{R}^n)$ 且 $\nabla f(x^*) = 0$，则 x^* 是 f 在 $\mathbb{R}^n$ 上的全局极小点.

证明   根据不等式 (2.1.2)，对任意的 $x \in \mathbb{R}^n$，有

$$f(x) \geqslant f(x^*) + \langle \nabla f(x^*), x - x^* \rangle = f(x^*)$$

于是，我们得到在假设 2.1.1 中想要的结论. 我们来验证假设 2.1.2.

引理 2.1.1   若 f_1 和 f_2 属于 $\mathscr{F}^1(Q)$，且 α，$\beta \geqslant 0$，则函数 $f = \alpha f_1 + \beta f_2$ 也属于 $\mathscr{F}^1(Q)$.

证明   对任意的 x，$y \in Q$，我们有

$\ominus$ 这不是对整个基本元素集的描述. 我们只是说我们希望所有线性函数在我们的类中.

$$f_1(y) \geqslant f_1(x) + \langle \nabla f_1(x), y - x \rangle$$
$$f_2(y) \geqslant f_2(x) + \langle \nabla f_2(x), y - x \rangle$$

给第一个不等式两边同时乘以 α，第二个不等式两边同时乘以 β，再将两式相加，命题即证. ∎

于是，对可微函数，我们的假设类恰好是凸函数类. 现在给出它们的主要性质.

下面这个结论极大地增加了我们构建凸函数的能力.

引理 2.1.2 若 $f \in \mathscr{F}^1(Q)$，$b \in \mathbb{R}^m$ 且 $A : \mathbb{R}^n \to \mathbb{R}^m$，则

$$\phi(x) = f(Ax + b) \in \mathscr{F}^1(\hat{Q}), \quad \hat{Q} = \{x \in \mathbb{R}^n : Ax + b \in Q\}$$

证明 事实上，令 $x, y \in Q$，定义 $\overline{x} = Ax + b$，$\overline{y} = Ay + b$，由于

$$\nabla \phi(x) = A^{\mathrm{T}} \nabla f(Ax + b)$$

我们有

$$\begin{aligned}
\phi(y) = f(\overline{y}) &\geqslant f(\overline{x}) + \langle \nabla f(\overline{x}), \overline{y} - \overline{x} \rangle \\
&= \phi(x) + \langle \nabla f(\overline{x}), A(y - x) \rangle \\
&= \phi(x) + \langle A^{\mathrm{T}} \nabla f(\overline{x}), y - x \rangle \\
&= \phi(x) + \langle \nabla \phi(x), y - x \rangle
\end{aligned}$$
∎

为了使包含关系 $f \in \mathscr{F}^1(Q)$ 更容易验证，下面我们提供该函数类的几个等价定义.

定理 2.1.2 连续可微函数 f 属于函数类 $\mathscr{F}^1(Q)$，当且仅当对任意的 $x, y \in Q$ 和 $\alpha \in [0, 1]$，我们有⊖

$$f(\alpha x + (1 - \alpha)y) \leqslant \alpha f(x) + (1 - \alpha)f(y) \tag{2.1.3}$$

62

证明 定义 $x_\alpha = \alpha x + (1 - \alpha)y$，设 $f \in \mathscr{F}^1(Q)$，则

$$f(x_\alpha) \leqslant f(y) - \langle \nabla f(x_\alpha), y - x_\alpha \rangle = f(y) - \alpha \langle \nabla f(x_\alpha), y - x \rangle$$
$$f(x_\alpha) \leqslant f(y) - \langle \nabla f(x_\alpha), x - x_\alpha \rangle = f(y) + (1 - \alpha) \langle \nabla f(x_\alpha), y - x \rangle$$

第一个不等式两边乘以 $1 - \alpha$，第二个不等式两边乘以 α，两式相加，即得到式 (2.1.3).

设不等式 (2.1.3) 对任意 $x, y \in Q$ 和 $\alpha \in [0, 1]$ 成立，取定 $\alpha \in [0, 1)$，则

$$f(y) \geqslant \frac{1}{1 - \alpha}[f(x_\alpha) - \alpha f(x)] = f(x) + \frac{1}{1 - \alpha}[f(x_\alpha) - f(x)]$$

$$= f(x) + \frac{1}{1 - \alpha}[f(x + (1 - \alpha)(y - x)) - f(x)]$$

令 α 趋于 1，即得到式 (2.1.2). ∎

定理 2.1.3 连续可微函数 f 属于函数类 $\mathscr{F}^1(Q)$，当且仅当对于任意 $x, y \in Q$，有

$$\langle \nabla f(x) - \nabla f(y), x - y \rangle \geqslant 0 \tag{2.1.4}$$

证明 令 f 为连续可微凸函数，则

$$f(x) \geqslant f(y) + \langle \nabla f(y), x - y \rangle, \quad f(y) \geqslant f(x) + \langle \nabla f(x), y - x \rangle$$

⊖ 注意，没有 f 的可微性假设的不等式 (2.1.3) 可作为更一般凸函数的定义. 我们将在第 3 章中详细研究这些函数.

两式相加，即得到式(2.1.4).

假设对任意的 $x,y \in Q$ 不等式(2.1.4)成立. 定义 $x_\tau = x + \tau(y-x) \in Q$，则

$$f(y) = f(x) + \int_0^1 \langle \nabla f(x+\tau(y-x)), y-x \rangle \mathrm{d}\tau$$

$$= f(x) + \langle \nabla f(x), y-x \rangle + \int_0^1 \langle \nabla f(x_\tau) - \nabla f(x), y-x \rangle \mathrm{d}\tau$$

$$= f(x) + \langle \nabla f(x), y-x \rangle + \int_0^1 \frac{1}{\tau} \langle \nabla f(x_\tau) - \nabla f(x), x_\tau - x \rangle \mathrm{d}\tau$$

$$\geqslant f(x) + \langle \nabla f(x), y-x \rangle$$

有时为了更方便，研究较小的函数类 $\mathscr{F}^2(Q) \subset \mathscr{F}^1(Q)$.

定理 2.1.4 设 Q 为开集，二次连续可微函数 f 属于类 $\mathscr{F}^2(Q)$，当且仅当对于任意 $x \in Q$，我们有

$$\nabla^2 f(x) \geqslant 0 \tag{2.1.5}$$

证明 假设 f 是 $C^2(Q)$ 中的凸函数，且 $s \in \mathbb{R}^n$，令 $x_\tau = x + \tau s \in Q$，其中 $\tau > 0$ 足够小，则根据式(2.1.4)，有

$$0 \leqslant \frac{1}{\tau^2} \langle \nabla f(x_\tau) - \nabla f(x), x_\tau - x \rangle = \frac{1}{\tau} \langle \nabla f(x_\tau) - \nabla f(x), s \rangle$$

$$= \frac{1}{\tau} \int_0^\tau \langle \nabla^2 f(x+\lambda s)s, s \rangle \mathrm{d}\lambda$$

令 τ 趋于 0，即得式(2.1.5).

假设不等式(2.1.5)对所有 $x \in Q$ 均成立，则对 $y \in Q$，我们有

$$f(y) = f(x) + \langle \nabla f(x), y-x \rangle + \int_0^1 \int_0^\tau \langle \nabla^2 f(x+\lambda(y-x))(y-x), y-x \rangle \mathrm{d}\lambda \mathrm{d}\tau$$

$$\geqslant f(x) + \langle \nabla f(x), y-x \rangle$$

下面我们来看一些 $\mathbb{R}^n$ 上可微凸函数的例子.

例 2.1.1

1. 每一个线性函数 $f(x) = \alpha + \langle a, x \rangle$ 是凸函数.

2. 令矩阵 A 为对称半正定矩阵，则二次函数

$$f(x) = \alpha + \langle a, x \rangle + \frac{1}{2} \langle Ax, x \rangle$$

是凸函数(因为 $\nabla^2 f(x) = A \geqslant 0$).

3. 下列的单变量函数属于 $\mathscr{F}^1(\mathbb{R})$：

$$f(x) = \mathrm{e}^x$$

$$f(x) = |x|^p, p > 1$$

$$f(x) = \frac{x^2}{1 - |x|}$$

$$f(x) = |x| - \ln(1 + |x|)$$

这些都可以用定理 2.1.4 来验证. 因此, 几何优化中使用的函数(见 5.4.8 节), 如

$$f(x) = \sum_{i=1}^{m} e^{\alpha_i + \langle a_i, x \rangle}$$

是凸函数(见引理 2.1.2). 类似地, 在 ℓ_p-范数近似问题中常见的函数, 如

$$f(x) = \sum_{i=1}^{m} |\langle a_i, x \rangle - b_i|^p$$

也是凸函数.

4. 考虑函数 $f(x) = \ln\left(\sum_{i=1}^{n} e^{x^{(i)}}\right), x \in \mathbb{R}^n$. 定义 $\varkappa(x) = \sum_{i=1}^{n} e^{x^{(i)}}$ 对于任意 $h \in \mathbb{R}^n$, 我们有

$$\langle \nabla f(x), h \rangle = \frac{1}{\varkappa(x)} \sum_{i=1}^{n} e^{x^{(i)}} h^{(i)}$$

$$\langle \nabla^2 f(x)h, h \rangle = \frac{1}{\varkappa(x)} \sum_{i=1}^{n} e^{x^{(i)}} (h^{(i)})^2 - \frac{1}{\varkappa^2(x)} \left(\sum_{i=1}^{n} e^{x^{(i)}} h^{(i)}\right)^2$$

$$= \frac{1}{\varkappa(x)} \left\langle \left(D(x) - \frac{1}{\varkappa(x)} d(x) d^{\mathrm{T}}(x)\right) h, h \right\rangle$$

其中 $D(x)$ 是一个对角矩阵, 其对角元素为 $e^{x^{(i)}}$, $i=1, \cdots, n$, 且向量 $d(x) \in \mathbb{R}^n$ 有相同的元素. 由于 $\varkappa(x) = \langle d(x), \bar{e}_n \rangle$, 很容易得到 $D(x) \geqslant \frac{1}{\varkappa(x)} d(x) d^{\mathrm{T}}(x)$. 因此, 由定理 2.1.4, 函数 f 是 $\mathbb{R}^n$ 上的凸函数. ∎

注意, 对于一般的凸函数, 可微性本身并不能确保任何良好的增长性质(growth properties). 因此, 我们需要考虑导数有界的问题类. 该类型最重要的函数是梯度在标准欧几里得范数下 Lipschitz 连续的凸函数. 然而, 为了在本书的后面章节中应用方便, 我们来明确地说明梯度在 $\mathbb{R}^n$ 中任意范数 $\|\cdot\|$ 下 Lipschitz 连续的充分必要条件. 在这种情况下, $\mathbb{R}^n$ 上的线性函数的大小(比如梯度)必须用其对偶范数度量

$$\|g\|_* = \max_{x \in \mathbb{R}^n} \{\langle g, x \rangle : \|x\| \leqslant 1\}$$

该定义是证明 Cauchy-Schwarz 不等式

$$\langle g, x \rangle \leqslant \|g\|_* \cdot \|x\|, \quad x, g \in \mathbb{R}^n \tag{2.1.6}$$

的充分必要条件. 于是, 对关于范数 $\|\cdot\|$ 具有 Lipschitz 连续梯度的函数, 我们引入一个新的符号: $f \in \mathscr{F}_L^{1,1}(Q, \|\cdot\|)$, 其含义是 $Q \subseteq \operatorname{dom} f$ 且

$$\|\nabla f(x) - \nabla f(y)\|_* \leqslant L\|x - y\|, \quad \forall x, y \in Q \tag{2.1.7}$$

如果在这个符号中没有出现范数(例如 $\mathscr{F}_L^{1,1}(\mathbb{R}^n)$), 则认为使用标准欧几里得范数. 我们来证明这个范数是自对偶的.

引理 2.1.3　对于 $\mathbb{R}^n$ 中的任意 x 和 s, 我们有

$$\max_{x \in \mathbb{R}^N} \left\{ \langle s, x \rangle : \sum_{i=1}^{n} (x^{(i)})^2 \leqslant 1 \right\} = \left[\sum_{i=1}^{n} (s^{(i)})^2 \right]^{1/2}$$

证明   设 $\|\cdot\|$ 为标准欧几里得范数. 通过简单的坐标分量极大化, 很容易验证

$$\max_{x\in\mathbb{R}^n}\{2\langle s,x\rangle-\|x\|^2\}=\max_{x\in\mathbb{R}^n}\Big\{\sum_{i=1}^n[2s^{(i)}x^{(i)}-(x^{(i)})^2]\Big\}=\|s\|^2$$

另一方面,

$$\max_{x\in\mathbb{R}^n}\{2\langle s,x\rangle-\|x\|^2\}=\max_{x\in\mathbb{R}^n,\tau\in\mathbb{R}}\{2\tau\langle s,x\rangle-\tau^2\|x\|^2\}=\max_{x\in\mathbb{R}^n\setminus\{0\}}\frac{\langle s,x\rangle^2}{\|x\|^2}$$

$$=\max_{\|x\|\leqslant1}\langle s,x\rangle^2\qquad\blacksquare$$

于是, 标准欧几里得范数可以用来度量点和梯度的大小. 在继续研究之前, 我们来证明一般范数的一个简单性质.

引理 2.1.4   对于任意 $x,y\in\mathbb{R}^n$ 和 $\alpha\in[0,1]$, 有

$$\alpha\|x\|^2+(1-\alpha)\|y\|^2\geqslant\alpha(1-\alpha)(\|x\|+\|y\|)^2$$

$$\geqslant\alpha(1-\alpha)\|x-y\|^2\qquad(2.1.8)$$

证明   在不等式 $a^2+b^2\geqslant2ab$ 中取 $a=\alpha\|x\|$ 和 $b=(1-\alpha)\|y\|$, 即得第一个不等式. 第二个不等式由范数的三角不等式直接得到. $\blacksquare$

定理 2.1.5   对任意 $x,y\in\mathbb{R}^n$ 和 $\alpha\in[0,1]$, 所有以下条件成立都等价于 $f\in\mathscr{F}_L^{1,1}(\mathbb{R}^n,\|\cdot\|)$:

$$0\leqslant f(y)-f(x)-\langle\nabla f(x),y-x\rangle\leqslant\frac{L}{2}\|x-y\|^2\qquad(2.1.9)$$

$$f(x)+\langle\nabla f(x),y-x\rangle+\frac{1}{2L}\|\nabla f(x)-\nabla f(y)\|_*^2\leqslant f(y)\qquad(2.1.10)$$

$$\frac{1}{L}\|\nabla f(x)-\nabla f(y)\|_*^2\leqslant\langle\nabla f(x)-\nabla f(y),x-y\rangle\qquad(2.1.11)$$

$$0\leqslant\langle\nabla f(x)-\nabla f(y),x-y\rangle\leqslant L\|x-y\|^2\qquad(2.1.12)$$

$$\alpha f(x)+(1-\alpha)f(y)\geqslant f(\alpha x+(1-\alpha)y)+\frac{\alpha(1-\alpha)}{2L}\|\nabla f(x)-\nabla f(y)\|_*^2$$

$$(2.1.13)$$

$$0\leqslant\alpha f(x)+(1-\alpha)f(y)-f(\alpha x+(1-\alpha)y)\leqslant\alpha(1-\alpha)\frac{L}{2}\|x-y\|^2\qquad(2.1.14)$$

此外, 如果 $f\in\mathscr{F}_L^{1,1}(Q)$, 则不等式 (2.1.9)、(2.1.12) 和 (2.1.14) 对所有 $x,y\in Q$ 都成立.

证明   事实上, 式 (2.1.9) 中的第一个不等式是由凸函数的定义得到的. 为了证明第二个不等式, 注意到

$$f(y)-f(x)-\langle\nabla f(x),y-x\rangle\quad=\quad\int_0^1\langle\nabla f(x+\tau(y-x))-\nabla f(x),y-x\rangle\mathrm{d}\tau$$

$$\overset{(2.1.6),(2.1.7)}{\leqslant}\int_0^1L\tau\|y-x\|^2\mathrm{d}\tau=\frac{L}{2}\|y-x\|^2$$

进一步，取定 $x_0 \in \mathbb{R}^n$，对函数 $\phi(y) = f(y) - \langle \nabla f(x_0), y \rangle$，注意到 $\phi \in \mathscr{F}_L^{1,1}(\mathbb{R}^n, \|\cdot\|)$，且其最优点是 $y^* = x_0$. 因此，根据式 (2.1.9)，我们有

$$\phi(y^*) = \min_{x \in \mathbb{R}^n} \phi(x) \overset{(2.1.9)}{\leqslant} \min_{x \in \mathbb{R}^n} \left\{ \phi(y) + \langle \nabla \phi(y), x-y \rangle + \frac{L}{2} \|x-y\|^2 \right\}$$

$$\overset{(2.1.6)}{=} \min_{r \geqslant 0} \left\{ \phi(y) - r \|\nabla \phi(y)\|_* + \frac{L}{2} r^2 \right\} = \phi(y) - \frac{1}{2L} \|\nabla \phi(y)\|_*^2$$

且由于 $\nabla \phi(y) = \nabla f(y) - \nabla f(x_0)$，我们得到式 (2.1.10).

将式 (2.1.10) 中的 x 与 y 互换，并相加得到的式子和 (2.1.10)，即得式 (2.1.11). 将 Cauchy-Schwarz 不等式应用于 (2.1.11)，我们得到 $\|\nabla f(x) - \nabla f(y)\|_* \leqslant L \|x-y\|$.

用同样方式，可以从 (2.1.9) 中得到 (2.1.12). 为了从 (2.1.12) 得到 (2.1.9)，应用积分

$$f(y) - f(x) - \langle \nabla f(x), y-x \rangle = \int_0^1 \langle \nabla f(x + \tau(y-x)) - \nabla f(x), y-x \rangle \, \mathrm{d}\tau$$

$$\leqslant \frac{1}{2} L \|y-x\|^2$$

现在来证明最后两个不等式. 定义 $x_\alpha = \alpha x + (1-\alpha)y$，然后使用 (2.1.10)，可以得到

$$f(x) \geqslant f(x_\alpha) + \langle \nabla f(x_\alpha), (1-\alpha)(x-y) \rangle + \frac{1}{2L} \|\nabla f(x) - \nabla f(x_\alpha)\|_*^2$$

$$f(y) \geqslant f(x_\alpha) + \langle \nabla f(x_\alpha), \alpha(y-x) \rangle + \frac{1}{2L} \|\nabla f(y) - \nabla f(x_\alpha)\|_*^2$$

这两个不等式分别乘以 α 和 $1-\alpha$ 再相加，且由不等式 (2.1.8)，我们得到 (2.1.13). 很容易验证，令 $\alpha \to 1$ 可由式 (2.1.13) 得到式 (2.1.10).

类似地，从式 (2.1.9) 可以得到

$$f(x) \leqslant f(x_\alpha) + \langle \nabla f(x_\alpha), (1-\alpha)(x-y) \rangle + \frac{L}{2} \|(1-\alpha)(x-y)\|^2$$

$$f(y) \leqslant f(x_\alpha) + \langle \nabla f(x_\alpha), \alpha(y-x) \rangle + \frac{L}{2} \|\alpha(y-x)\|^2$$

这两个不等式分别乘以 α 和 $(1-\alpha)$ 再相加，即得式 (2.1.14)，且令 $\alpha \to 1$ 可得式 (2.1.9). ∎

最后，我们来刻画类 $\mathscr{F}_L^{2,1}(\mathbb{R}^n, \|\cdot\|)$ 的特征.

定理 2.1.6 二次连续可微函数 f 属于类 $\mathscr{F}_L^{2,1}(\mathbb{R}^n, \|\cdot\|)$，当且仅当对于任意 $x, h \in \mathbb{R}^n$，我们有

$$0 \leqslant \langle \nabla^2 f(x) h, h \rangle \leqslant L \|h\|^2 \tag{2.1.15}$$

证明 第一个不等式刻画了函数 $f(\cdot)$ 的凸性，且已在定理 2.1.4 中证明. 第二个不等式是式 (2.1.12) 的极限情况. ∎

注意，对于函数类 $\mathscr{F}_L^{2,1}(\mathbb{R}^n)$，条件 (2.1.15) 可以写成矩阵不等式的形式：

68

$$0 \leqslant \nabla^2 f(x) \leqslant LI_n, \quad x \in \mathbb{R}^n \tag{2.1.16}$$

2.1.2　函数类 $\mathscr{F}_L^{\infty,1}(\mathbb{R}^n)$ 的复杂度下界

我们来验证极小化光滑凸函数的潜力. 在本节中, 我们得到以 $\mathscr{F}_L^{\infty,1}(\mathbb{R}^n)$ 中的函数为目标函数的优化问题的复杂度下界(lower complexity bound)(并接着研究函数类 $\mathscr{F}_L^{1,1}(\mathbb{R}^n)$).

回忆我们的如下问题类.

模型:	$\min\limits_{x \in \mathbb{R}^n} f(x), \qquad f \in \mathscr{F}_L^{\infty,1}(\mathbb{R}^n)$
Oracle:	一阶局部黑箱
近似解:	$\overline{x} \in \mathbb{R}^n,\ f(\overline{x}) - f^* \leqslant \epsilon$

为了使我们的分析更简单, 引入以下关于迭代过程的假设.

假设 2.1.4　迭代算法 $\mathscr{M}$ 生成的测试点 $\{x_k\}$ 序列满足

$$x_k \in x_0 + \mathrm{Lin}\{\nabla f(x_0), \cdots, \nabla f(x_{k-1})\}, \quad k \geqslant 1$$

这个假设不是绝对必要的, 可以使用更复杂的推理来避免. 然而, 对大多数实用方法它都成立.

我们可以在没有构造对抗 Oracle 的情况下, 证明该问题类的复杂度下界. 取而代之的是, 我们来指出属于类 $\mathscr{F}_L^{\infty,1}(\mathbb{R}^n)$ 的"最差的函数". 该函数对满足假设 2.1.4 的所有迭代算法都是难以求解的.

取定某个常数 $L > 0$. 对 $k = 1, \cdots, n$, 研究下面的二次函数族

$$f_k(x) = \frac{L}{4}\left\{\frac{1}{2}\left[(x^{(1)})^2 + \sum_{i=1}^{k-1}(x^{(i)} - x^{(i+1)})^2 + (x^{(k)})^2\right] - x^{(1)}\right\}$$

注意对所有 $h \in \mathbb{R}^n$, 我们有

69

$$\langle \nabla^2 f_k(x)h, h \rangle = \frac{L}{4}\left[(h^{(1)})^2 + \sum_{i=1}^{k-1}(h^{(i)} - h^{(i+1)})^2 + (h^{(k)})^2\right] \geqslant 0$$

和

$$\langle \nabla^2 f_k(x)h, h \rangle \leqslant \frac{L}{4}\left[(h^{(1)})^2 + \sum_{i=1}^{k-1}2((h^{(i)})^2 + (h^{(i+1)})^2 + (h^{(k)})^2\right]$$

$$\leqslant L\sum_{i=1}^{n}(h^{(i)})^2$$

于是, $0 \leqslant \nabla^2 f_k(x) \leqslant LI_n$. 因此, $f_k(\cdot) \in \mathscr{F}_L^{\infty,1}(\mathbb{R}^n)$, $1 \leqslant k \leqslant n$.

下面来计算函数 f_k 的最小值. 注意到 $\nabla^2 f_k(x) = \frac{L}{4}A_k$ 满足

$$A_k = \left\{ \begin{array}{l} k \text{ 行} \left\{ \begin{array}{ccccccc} 2 & -1 & 0 & & & & \\ -1 & 2 & -1 & & 0 & & \\ 0 & -1 & 2 & & & & \\ & & \cdots & & \cdots & & 0_{k,n-k} \\ & & & -1 & 2 & -1 & \\ & 0 & & 0 & -1 & 2 & \\ \end{array} \right. \\ \\ \quad 0_{n-k,k} \qquad\qquad\qquad 0_{n-k,n-k} \end{array} \right.$$

其中 $0_{k,p}$ 为 $k \times p$ 的零矩阵. 因此，方程

$$\nabla f_k(x) = A_k x - e_1 = 0$$

的唯一解（指在子空间 $\mathbb{R}^{k,n}$ 中）为

$$\overline{x}_k^{(i)} = \begin{cases} 1 - \dfrac{i}{k+1}, & i = 1, \cdots, k \\ 0, & k+1 \leqslant i \leqslant n \end{cases}$$

所以，函数 f_k 的最优值是

$$f_k^* = \frac{L}{4}\left[\frac{1}{2}\langle A_k \overline{x}_k, \overline{x}_k \rangle - \langle e_1, \overline{x}_k \rangle \right] = -\frac{L}{8}\langle e_1, \overline{x}_k \rangle = \frac{L}{8}\left(-1 + \frac{1}{k+1} \right) \quad (2.1.17)$$

再注意到

$$\sum_{i=1}^{k} i^2 = \frac{k(k+1)(2k+1)}{6} \leqslant \frac{(k+1)^3}{3} \quad (2.1.18)$$

因此，

$$\begin{aligned} \|\overline{x}_k\|^2 &= \sum_{i=1}^{n} (\overline{x}_k^{(i)})^2 = \sum_{i=1}^{k}\left(1 - \frac{i}{k+1} \right)^2 \\ &= k - \frac{2}{k+1}\sum_{i=1}^{k} i + \frac{1}{(k+1)^2}\sum_{i=1}^{k} i^2 \\ &\leqslant k - \frac{2}{k+1}\cdot\frac{k(k+1)}{2} + \frac{1}{(k+1)^2}\cdot\frac{(k+1)^3}{3} = \frac{1}{3}(k+1) \quad (2.1.19) \end{aligned}$$

令 $\mathbb{R}^{k,n} = \{ x \in \mathbb{R}^n \mid x^{(i)} = 0, k+1 \leqslant i \leqslant n \}$，这是 $\mathbb{R}^n$ 的子空间，其中每个点只有前 k 个分量非 0. 从函数列 $\{f_k\}$ 的解析形式很容易看出，对于任意 $x \in \mathbb{R}^{k,n}$，我们有

$$f_p(x) \equiv f_k(x), \quad p = k, \cdots, n$$

取定某一个 p，且 $1 \leqslant p \leqslant n$.

70

引理 2.1.5　令 $x_0 = 0$，则对满足条件

$$x_k \in \mathscr{L}_k \overset{\text{def}}{=} \text{Lin}\{\nabla f_p(x_0), \cdots, \nabla f_p(x_{k-1})\}$$

的任意序列 $\{x_k\}_{k=0}^p$，我们有 $\mathscr{L}_k \subseteq \mathbb{R}^{k,n}$.

证明　因为 $x_0 = 0$，我们有 $\nabla f_p(x_0) = -\dfrac{L}{4}e_1 \in \mathbb{R}^{1,n}$，于是 $\mathscr{L}_1 \equiv \mathbb{R}^{1,n}$.

对某 $k < p$，设 $\mathscr{L}_k \subseteq \mathbb{R}^{k,n}$. 由于矩阵 A_p 是三对角矩阵，对任意 $x \in \mathbb{R}^{k,n}$，我们有 $\nabla f_p(x) \in \mathbb{R}^{k+1,n}$. 因此，$\mathscr{L}_{k+1} \subseteq \mathbb{R}^{k+1,n}$，这样用归纳法完成了引理的证明. ■

推论 2.1.1　对于任意序列 $\{x_k\}_{k=0}^p$ 满足 $x_0 = 0$ 且 $x_k \in \mathscr{L}_k$，我们有

$$f_p(x_k) \geqslant f_k^*$$

证明　事实上，$x_k \in \mathscr{L}_k \subseteq \mathbb{R}^{k,n}$，且因此 $f_p(x_k) = f_k(x_k) \geqslant f_k^*$. ■

现在我们来证明本节的主要结论.

定理 2.1.7　*对于任意 k，$1 \leqslant k \leqslant \dfrac{1}{2}(n-1)$，任意 $x_0 \in \mathbb{R}^n$，存在一个函数 $f \in \mathscr{F}_L^{\infty,1}(\mathbb{R}^n)$，使得对任意满足假设 2.1.4 的一阶算法 $\mathscr{M}$，我们有*

$$f(x_k) - f^* \geqslant \frac{3L\|x_0 - x^*\|^2}{32(k+1)^2}$$

$$\|x_k - x^*\|^2 \geqslant \frac{1}{8}\|x_0 - x^*\|^2$$

71 *其中 x^* 是函数 f 的最小值，且 $f^* = f(x^*)$.*

证明　很明显，这类算法对于同时平移变量空间中所有对象是不变的. 于是，该算法对函数 $f(\cdot)$ 从 x_0 开始产生的迭代序列，恰是该算法对函数 $\overline{f}(x) = f(x + x_0)$ 从原点开始产生的序列的一个平移. 因此，可以假设 $x_0 = 0$.

下面证明第一个不等式. 为此，取定 k 并应用算法 $\mathscr{M}$ 来极小化 $f(x) = f_{2k+1}(x)$，则 $x^* = \overline{x}_{2k+1}$ 且 $f^* = f_{2k+1}^*$. 由推论 2.1.1，可得出结论

$$f(x_k) \equiv f_{2k+1}(x_k) = f_k(x_k) \geqslant f_k^*$$

所以，由于 $x_0 = 0$，由式（2.1.17）和式（2.1.19），我们得到如下估计：

$$\frac{f(x_k) - f^*}{\|x_0 - x^*\|^2} \geqslant \frac{\dfrac{L}{8}\left(-1 + \dfrac{1}{k+1} + 1 - \dfrac{1}{2k+2}\right)}{\dfrac{1}{3}(2k+2)} = \frac{3}{8}L \cdot \frac{1}{4(k+1)^2}$$

接下来证明第二个不等式. 由于 $x_k \in \mathbb{R}^{k,n}$ 且 $x_0 = 0$，我们有

$$\|x_k - x^*\|^2 \geqslant \sum_{i=k+1}^{2k+1} (\overline{x}_{2k+1}^{(i)})^2 = \sum_{i=k+1}^{2k+1}\left(1 - \frac{i}{2k+2}\right)^2$$

$$= k + 1 - \frac{1}{k+1}\sum_{i=k+1}^{2k+1} i + \frac{1}{4(k+1)^2}\sum_{i=k+1}^{2k+1} i^2$$

根据式（2.1.18），我们有

$$\sum_{i=k+1}^{2k+1} i^2 = \frac{1}{6}\big[(2k+1)(2k+2)(4k+3) - k(k+1)(2k+1)\big]$$

$$= \frac{1}{6}(k+1)(2k+1)(7k+6)$$

因此，利用(2.1.19)，我们最终得到

$$\|x_k - x^*\|^2 \geqslant k+1 - \frac{1}{k+1}\cdot\frac{(3k+2)(k+1)}{2} + \frac{(2k+1)(7k+6)}{24(k+1)}$$

$$= \frac{(2k+1)(7k+6)}{24(k+1)} - \frac{k}{2} = \frac{2k^2+7k+6}{24(k+1)}$$

$$\geqslant \frac{2k^2+7k+6}{16(k+1)^2}\|x_0 - \overline{x}_{2k+1}\|^2 \geqslant \frac{1}{8}\|x_0 - x^*\|^2 \qquad\blacksquare$$

72

上述定理仅在假设迭代算法的迭代步数 k 与变量空间维数 n 相比不是太大的情况下成立 $\left(k\leqslant\frac{1}{2}(n-1)\right)$. 这种类型的复杂度界称为关于维数一致. 显然，它们对于较大规模问题是成立的，在该类问题中我们甚至不能接受 n 次迭代. 然而，即使对于中等维度的问题，这些界也为我们提供了一些有用信息. 首先，它们描述了在极小化过程中初始阶段数值算法的潜在性能. 其次，它们警示我们若不直接使用有限维度的假设，就不能得到相应数值算法更好的复杂度.

在结束本节时，注意我们得到的目标函数值的下界是相当乐观的. 事实上，经过 100 次迭代，我们可以将初始残差减少 10^4 倍. 然而，极小化序列的收敛性结果却非常令人失望，到最优点的收敛速度可以任意变慢. 由于这是一个下界，该结论对我们的问题类不可避免. 我们唯一能做的是试着找到情况更好的问题类，这是下一节的目标.

2.1.3 强凸函数类

我们来研究函数类 $\mathscr{F}_L^{1,1}(\mathbb{R}^n, \|\cdot\|)$ 的一个可能的限制，在这个限制下，我们可以保证算法以合理的收敛速度收敛到极小化问题

$$\min_{x\in\mathbb{R}^n} f(x), \quad f\in\mathscr{F}^1(\mathbb{R}^n, \|\cdot\|)$$

的唯一解. 回忆在 1.2.3 节中，已经证明了在非退化局部极小点的一个小邻域内，梯度法 (1.2.15)线性收敛. 我们来试着把这个非退化假设全局化，即，假设存在某常数 $\mu>0$ 使得对满足 $\nabla f(\overline{x})=0$ 的任意 $\overline{x}$ 与任意 $x\in\mathbb{R}^n$，我们有

$$f(x) \geqslant f(\overline{x}) + \frac{1}{2}\mu\|x - \overline{x}\|^2$$

这个定义中的范数可以是一般范数.

73

运用与 2.1.1 节开始相同的推理方法，我们得到强凸函数类.

定义 2.1.3 连续可微函数 $f(\cdot)$ 称在 $\mathbb{R}^n$ 上是**强凸**的（记作 $f\in\mathscr{S}_\mu^1(Q, \|\cdot\|)$，如果存在一个常数 $\mu>0$ 使得对任意 $x, y\in Q$，有

$$f(y) \geqslant f(x) + \langle \nabla f(x), y-x \rangle + \frac{1}{2}\mu \|y-x\|^2 \tag{2.1.20}$$

常数 μ 称为函数 f 的**凸参数**.

我们也将考虑类 $\mathscr{S}_{\mu,L}^{k,l}(Q,\|\cdot\|)$，其中上下标 k,l,L 与函数类 $C_L^{k,l}(Q)$ 有相同的意义.

下面给出强凸函数最重要的性质.

定理 2.1.8　如果 $f \in \mathscr{S}_\mu^1(\mathbb{R}^n)$ 且 $\nabla f(x^*)=0$，则任意 $x \in \mathbb{R}^n$ 有

$$f(x) \geqslant f(x^*) + \frac{1}{2}\mu \|x-x^*\|^2 \tag{2.1.21}$$

证明　由于 $\nabla f(x^*)=0$，对任意 $x \in \mathbb{R}^n$，我们有

$$f(x) \overset{(2.1.20)}{\geqslant} f(x^*) + \langle \nabla f(x^*), x-x^* \rangle + \frac{1}{2}\mu \|x-x^*\|^2$$

$$= f(x^*) + \frac{1}{2}\mu \|x-x^*\|^2 \qquad \blacksquare$$

我们来看两个强凸函数相加的情况.

引理 2.1.6　如果 $f_1 \in \mathscr{S}_{\mu_1}^1(Q_1,\|\cdot\|)$，$f_2 \in \mathscr{S}_{\mu_2}^1(Q_2,\|\cdot\|)$ 且 $\alpha,\beta \geqslant 0$，则

$$f = \alpha f_1 + \beta f_2 \in \mathscr{S}_{\alpha\mu_1+\beta\mu_2}^1(Q_1 \bigcap Q_2,\|\cdot\|)$$

证明　对任意 $x,y \in Q_1 \bigcap Q_2$，有

$$f_1(y) \geqslant f_1(x) + \langle \nabla f_1(x), y-x \rangle + \frac{1}{2}\mu_1 \|y-x\|^2$$

$$f_2(y) \geqslant f_2(x) + \langle \nabla f_2(x), y-x \rangle + \frac{1}{2}\mu_2 \|y-x\|^2$$

上述不等式分别乘以 α 和 β，再相加，即证命题. $\blacksquare$

注意类 $\mathscr{S}_0^1(Q,\|\cdot\|)$ 与 $\mathscr{F}^1(Q,\|\cdot\|)$ 是相同的. 因此，凸函数和强凸函数相加，可以得到具有相同的凸性参数值的强凸函数.

下面给出强凸函数的几个等价定义.

定理 2.1.9　设 f 是连续可微函数. 下面两种情况对任意 $x,y \in Q$ 和 $\alpha \in [0,1]$ 成立，等价于包含关系 $f \in \mathscr{S}_\mu^1(Q,\|\cdot\|)$:

$$\langle \nabla f(x) - \nabla f(y), x-y \rangle \geqslant \mu \|x-y\|^2 \tag{2.1.22}$$

$$\alpha f(x) + (1-\alpha) f(y) \geqslant f(\alpha x + (1-\alpha)y) + \alpha(1-\alpha)\frac{\mu}{2}\|x-y\|^2 \tag{2.1.23}$$

这个定理的证明与定理 2.1.5 的证明非常相似，我们把它留给读者作为练习.

下一个结论有时很有用.

定理 2.1.10　如果 $f \in \mathscr{S}_\mu^1(\mathbb{R}^n,\|\cdot\|)$，则对于 $\mathbb{R}^n$ 中的任意 x,y，我们有

$$f(y) \leqslant f(x) + \langle \nabla f(x), y-x \rangle + \frac{1}{2\mu}\|\nabla f(x) - \nabla f(y)\|_*^2 \tag{2.1.24}$$

$$\langle \nabla f(x) - \nabla f(y), x-y \rangle \leqslant \frac{1}{\mu}\|\nabla f(x) - \nabla f(y)\|_*^2 \tag{2.1.25}$$

$$\mu\|x-y\| \leqslant \| \nabla f(x) - \nabla f(y) \|_* \tag{2.1.26}$$

证明　取定 $x\in\mathbb{R}^n$，考虑函数

$$\phi(y) = f(y) - \langle \nabla f(x),y\rangle \in \mathscr{S}_\mu^1(\mathbb{R}^n,\|\cdot\|)$$

因为 $\nabla\phi(x)=0$，对任意 $y\in\mathbb{R}^n$，我们有

$$\phi(x) = \min_{v\in\mathbb{R}^n}\phi(v) \overset{(2.1.20)}{\geqslant} \min_{v\in\mathbb{R}^n}\left[\phi(y) + \langle\nabla\phi(y),v-y\rangle + \frac{1}{2}\mu\|v-y\|^2\right]$$

$$= \phi(y) - \frac{1}{2\mu}\|\nabla\phi(y)\|_*^2$$

这恰是式(2.1.24). 将式(2.1.24)中的 x 和 y 互换，再将两个式子相加，得到式(2.1.25).
最后，由式(2.1.25)和式(2.1.22)得到式(2.1.26). ∎

下面给出函数类 $\mathscr{S}_\mu^1(Q,\|\cdot\|)$ 的二阶特性.

定理 2.1.11　设连续函数 f 在 int Q 中二次连续可微. 函数 f 属于类 $\mathscr{S}_\mu^2(Q,\|\cdot\|)$，
当且仅当对于所有的 $x\in$ int Q 和 $h\in\mathbb{R}^n$，我们有

$$\langle\nabla^2 f(x)h,h\rangle \geqslant \mu\|h\|^2 \tag{2.1.27}$$

证明　在式(2.1.22)中取 $y=x+\alpha h\in Q$，其中 α 足够小，令 $\alpha\to 0$ 即可得到式
(2.1.27). ∎

75

在标准欧几里得范数的情况下，条件(2.1.27)可以写成矩阵不等式的形式：

$$\nabla^2 f(x) \geqslant \mu I_n, \quad x\in \text{int } Q \tag{2.1.28}$$

现在我们来看一些强凸函数类的例子.

例 2.1.2

1. 设对称矩阵 A 满足条件 $\mu I_n\leqslant A\leqslant L I_n$，则由 $\nabla^2 f(x)=A$，我们有

$$f(x) = \alpha + \langle a,x\rangle + \frac{1}{2}\langle Ax,x\rangle \in \mathscr{S}_{\mu,L}^{\infty,1}(\mathbb{R}^n) \subset \mathscr{S}_{\mu,L}^{1,1}(\mathbb{R}^n)$$

把这个函数加到一个凸函数上，我们可以得到另一个强凸函数.

2. 设 $Q=\Delta_n^+ \overset{\text{def}}{=} \{x\in\mathbb{R}_+^n : \langle\bar{e}_n,x\rangle\leqslant 1\}$，其中 $\bar{e}_n\in\mathbb{R}^n$ 为全 1 向量. 考虑熵函数：

$$\eta(x) = \sum_{i=1}^n x^{(i)}\ln x^{(i)}, \quad x\in\Delta_n^+ \tag{2.1.29}$$

对方向 $h\in\mathbb{R}^n$，我们有 $\langle\nabla^2\eta(x)h,h\rangle = \sum_{i=1}^n \dfrac{(h^{(i)})^2}{x^{(i)}}$. 我们需要找到这个式子在 $x\in$
intΔ_n^+ 上的极小点. 由于它关于 x 是递减的，可得出结论：不等式约束是有效约束，且只
需计算 $\min_{\langle e_n x\rangle=1}\sum_{i=1}^n \dfrac{(h^{(i)})^2}{x^{(i)}}$. 根据推论 1.2.1，该极小点 x_* 满足如下方程组

$$\frac{(h^{(i)})^2}{(x_*^{(i)})^2} = \lambda_*$$

其中 λ_* 是最优对偶乘子，它可以由方程

$$1 = \sum_{i=1}^{n} x_*^{(i)} = \frac{1}{\lambda_*^{1/2}} \sum_{i=1}^{n} |h^{(i)}|$$

解出. 于是，$\langle \nabla^2 \eta(x)h, h \rangle \geqslant \sum_{i=1}^{n} \frac{(h^{(i)})^2}{x_*^{(i)}} = \left(\sum_{i=1}^{n} |h^{(i)}| \right)^2$，且根据定理2.1.11，我们得出结

论：熵函数在 Δ_N^+ 上关于 ℓ_1-范数是强凸的，具有凸参数1.

一个最重要的函数类是 $\mathscr{S}_{\mu,L}^{1,1}(\mathbb{R}^n)$（相应的范数是标准欧几里得范数）. 该类可由以下不等式描述：

$$\langle \nabla f(x) - \nabla f(y), x - y \rangle \geqslant \mu \|x - y\|^2 \tag{2.1.30}$$

$$\| \nabla f(x) - \nabla f(y) \| \leqslant L \|x - y\| \tag{2.1.31}$$

数值 $Q_f = L/\mu \geqslant 1$ 称为函数 f 的条件数.

重要的是不等式(2.1.30)可以通过从(2.1.31)获得的额外信息得到加强.

定理2.1.12　如果 $f \in \mathscr{S}_{\mu,L}^{1,1}(\mathbb{R}^n)$，则对任意 x, $y \in \mathbb{R}^n$，我们有

$$\langle \nabla f(x) - \nabla f(y), x - y \rangle \geqslant \frac{\mu L}{\mu + L} \|x - y\|^2 + \frac{1}{\mu + L} \| \nabla f(x) - \nabla f(y) \|^2 \tag{2.1.32}$$

证明　定义 $\phi(x) = f(x) - \frac{1}{2}\mu\|x\|^2$，则 $\nabla \phi(x) = \nabla f(x) - \mu x$. 因此，根据不等式(2.1.30)和(2.1.12)，$\phi \in \mathscr{F}_{L-\mu}^{1,1}(\mathbb{R}^n)$. 如果 $\mu = L$，则式(2.1.32)可证. 如果 $\mu < L$，则由式(2.1.11)，我们有

$$\langle \nabla \phi(x) - \nabla \phi(y), y - x \rangle \geqslant \frac{1}{L - \mu} \| \nabla \phi(x) - \nabla \phi(y) \|^2$$

且这恰是式(2.1.32).

2.1.4　函数类 $\mathscr{S}_{\mu,L}^{\infty,1}(\mathbb{R}^n)$ 的复杂度下界

我们来给出函数类 $\mathscr{S}_{\mu,L}^{\infty,1}(\mathbb{R}^n) \subset \mathscr{S}_{\mu,L}^{1,1}(\mathbb{R}^n)$ 中的无约束极小化问题的复杂度下界. 考虑下面的问题类：

模型：	$\min\limits_{x \in \mathbb{R}^n} f(x)$,　　$f \in \mathscr{S}_{\mu,L}^{\infty,1}(\mathbb{R}^n)$, $\mu > 0$, $n \geqslant 1$
Oracle：	一阶局部黑箱
近似解：	$\overline{x}$：$f(\overline{x}) - f^* \leqslant \epsilon$, $\|\overline{x} - x^*\|^2 \leqslant \epsilon$

和上一节中的一样，我们研究满足假设2.1.4的算法. 我们将要确定问题关于条件数 $Q_f = \frac{L}{\mu}$ 的复杂度下界. 注意，在问题类的描述中，我们没有固定变量空间的维数. 因此，形式上来讲，这个类也包含无限维问题.

我们将给出一个在无限维空间中定义的"坏函数"的例子. 在有限维中也可以这样做，但是相应的推理比较复杂.

考虑 $\mathbb{R}^{\infty}=\ell_2$，这是一个所有具有有限标准欧几里得范数

$$\|x\|^2 = \sum_{i=1}^{\infty}(x^{(i)})^2 < \infty$$

的序列 $x=\{x^{(i)}\}_{i=1}^{\infty}$ 空间. 选择两个参数，$\mu>0$ 和 $Q_f>1$，定义如下函数：

$$f_{\mu,Q_f}(x) = \frac{\mu(Q_f-1)}{8}\Big\{(x^{(1)})^2 + \sum_{i=1}^{\infty}(x^{(i)}-x^{(i+1)})^2 - 2x^{(1)}\Big\} + \frac{\mu}{2}\|x\|^2$$

令 $L=\mu Q_f$ 且

$$A = \begin{bmatrix} 2 & -1 & 0 & 0 \\ -1 & 2 & -1 & 0 \\ 0 & -1 & 2 & \ddots \\ 0 & 0 & \ddots & \ddots \end{bmatrix}$$

这样，$\nabla^2 f_{\mu,Q_f}(x)=\frac{\mu(Q_f-1)}{4}A+\mu I$，其中 I 是 $\mathbb{R}^{\infty}$ 中的单位算子. 类似在 2.1.2 节中，我们可以得到 $0\leqslant A\leqslant 4I$. 因此，

$$\mu I \leqslant \nabla^2 f_{\mu,Q_f}(x) \leqslant (\mu(Q_f-1)+\mu)I = \mu Q_f I = LI$$

这意味着 $f_{\mu,Q_f}\in\mathscr{S}_{\mu,L}^{\infty,1}(\mathbb{R}^{\infty})$. 注意到函数 f_{μ,Q_f} 的条件数是 Q_f.

我们来求函数 f_{μ,Q_f} 的极小点，其一阶最优性条件

$$\nabla f_{\mu,Q_f}(x) \equiv \Big(\frac{\mu(Q_f-1)}{4}A+\mu I\Big)x - \frac{\mu(Q_f-1)}{4}e_1 = 0$$

也可以写成

$$\Big(A+\frac{4}{Q_f-1}I\Big)x = e_1$$

78

该方程的坐标分量形式为

$$2\frac{Q_f+1}{Q_f-1}x^{(1)} - x^{(2)} = 1$$

$$x^{(k+1)} - 2\frac{Q_f+1}{Q_f-1}x^{(k)} + x^{(k-1)} = 0, \quad k=2,\cdots \tag{2.1.33}$$

设 q 是方程

$$q^2 - 2\frac{Q_f+1}{Q_f-1}q + 1 = 0$$

的最小根，即 $q=\dfrac{\sqrt{Q_f}-1}{\sqrt{Q_f}+1}$，则序列 $(x^*)^{(k)}=q^k$，$k=1$，2，$\cdots$ 满足方程组 (2.1.33). 于是，我们得到如下结果.

定理 2.1.13　对任意 $x_0\in\mathbb{R}^{\infty}$ 和常量 $\mu>0$，$Q_f>1$，存在一个函数 $f\in\mathscr{S}_{\mu,L}^{\infty,1}(\mathbb{R}^{\infty})$，使得对任意满足假设 2.1.4 的一阶算法 $\mathscr{M}$，我们有

$$\|x_k-x^*\|^2 \geqslant \Big(\frac{\sqrt{Q_f}-1}{\sqrt{Q_f}+1}\Big)^{2k}\|x_0-x^*\|^2 \tag{2.1.34}$$

$$f(x_k) - f(x^*) \geqslant \frac{\mu}{2} \left[\frac{\sqrt{Q_f} - 1}{\sqrt{Q_f} + 1} \right]^{2k} \| x_0 - x^* \|^2 \tag{2.1.35}$$

其中 x^* 是函数 f 唯一的无约束极小点.

证明 事实上, 我们可以假设 $x_0 = 0$, 选择 $f(x) = f_{\mu, Q_f}(x)$, 则

$$\| x_0 - x^* \|^2 = \sum_{i=1}^{\infty} [(x^*)^{(i)}]^2 = \sum_{i=1}^{\infty} q^{2i} = \frac{q^2}{1 - q^2}$$

由于 $\nabla f_{\mu, Q_f}(x)$ 是三对角算子, 且 $\nabla f_{\mu, Q_f}(0) = -\frac{L - \mu}{4} e_1$, 我们可得出结论 $x_k \in \mathbb{R}^{k, \infty}$.

因此,

$$\| x_k - x^* \|^2 \geqslant \sum_{i=k+1}^{\infty} [(x^*)^{(i)}]^2 = \sum_{i=k+1}^{\infty} q^{2i} = \frac{q^{2(k+1)}}{1 - q^2} = q^{2k} \| x_0 - x^* \|^2$$

这个定理的第二个不等式来自 (2.1.34) 和定理 2.1.8. ▪

2.1.5 梯度法

我们来描述梯度法应用于问题

$$\min_{x \in \mathbb{R}^n} f(x) \tag{2.1.36}$$

时的性能, 其中 $f \in \mathscr{F}_L^{1,1}(\mathbb{R}^n)$. 回想一下梯度法的框架如下.

梯度法
0. 选择初始点 $x_0 \in \mathbb{R}^n$;
1. 第 k 次迭代 ($k \geqslant 0$):
(a) 计算 $f(x_k)$ 和 $\nabla f(x_k)$.
(b) 求 $x_{k+1} = x_k - h_k \nabla f(x_k)$ (见 1.2.3 节的步长确定准则).

$$(2.1.37)$$

在本节中, 我们来分析梯度算法当 $h_k = h > 0$ 时的最简单变形. 可以表明, 对于所有其他合理的步长规则, 该算法的收敛率是相似的. 用 x^* 表示问题的任一最优点, 且令 $f^* = f(x^*)$.

定理 2.1.14 令 $f \in \mathscr{F}_L^{1,1}(\mathbb{R}^n)$ 且 $0 < h < \frac{2}{L}$, 则梯度法生成的点列 $\{x_k\}$, 其函数值满足不等式

$$f(x_k) - f^* \leqslant \frac{2(f(x_0) - f^*) \| x_0 - x^* \|^2}{2 \| x_0 - x^* \|^2 + k \cdot h(2 - Lh) \cdot (f(x_0) - f^*)}, \quad k \geqslant 0$$

证明 设 $r_k = \| x_k - x^* \|$, 则

$$r_{k+1}^2 = \| x_k - x^* - h \nabla f(x_k) \|^2 = r_k^2 - 2h \langle \nabla f(x_k), x_k - x^* \rangle + h^2 \| \nabla f(x_k) \|^2$$

$$\leqslant r_k^2 - h \left(\frac{2}{L} - h \right) \| \nabla f(x_k) \|^2$$

(这里用了 (2.1.11) 和 $\nabla f(x^*) = 0$). 因此, $r_k \leqslant r_0$. 根据式 (2.1.9), 我们有

$$f(x_{k+1}) \leqslant f(x_k) + \langle \nabla f(x_k), x_{k+1} - x_k \rangle + \frac{L}{2} \| x_{k+1} - x_k \|^2$$

$$= f(x_k) - \omega \| \nabla f(x_k) \|^2$$

80

其中 $\omega = h \left(1 - \dfrac{L}{2} h \right)$. 定义 $\Delta_k = f(x_k) - f^*$，则

$$\Delta_k \overset{(2.1.2)}{\leqslant} \langle \nabla f(x_k), x_k - x^* \rangle \leqslant r_0 \| \nabla f(x_k) \|$$

因此，$\Delta_{k+1} \leqslant \Delta_k - \dfrac{\omega}{r_0^2} \Delta_k^2$. 于是，

$$\frac{1}{\Delta_{k+1}} \geqslant \frac{1}{\Delta_k} + \frac{\omega}{r_0^2} \cdot \frac{\Delta_k}{\Delta_{k+1}} \geqslant \frac{1}{\Delta_k} + \frac{\omega}{r_0^2}$$

把这些不等式关于 k 相加，可得

$$\frac{1}{\Delta_{k+1}} \geqslant \frac{1}{\Delta_0} + \frac{\omega}{r_0^2} (k+1)$$

■

为了选择最优步长，需要最大化 h 的函数 $\phi(h) = h(2 - Lh)$. 根据一阶最优性条件 $\phi'(h) = 2 - 2Lh = 0$ 可得 $h^* = \dfrac{1}{L}$. 在这种情况下，得到梯度法的收敛速度为

$$f(x_k) - f^* \leqslant \frac{2L(f(x_0) - f^*) \| x_0 - x^* \|^2}{2L \| x_0 - x^* \|^2 + k \cdot (f(x_0) - f^*)} \tag{2.1.38}$$

进一步，根据式 (2.1.9)，我们有

$$f(x_0) \leqslant f^* + \langle \nabla f(x^*), x_0 - x^* \rangle + \frac{L}{2} \| x_0 - x^* \|^2 = f^* + \frac{L}{2} \| x_0 - x^* \|^2$$

由于不等式 (2.1.38) 的右端项关于 $f(x_0) - f^*$ 单调递增，可以得到以下结果.

推论 2.1.2　如果 $h = \dfrac{1}{L}$，$f \in \mathscr{F}_L^{1,1}(\mathbb{R}^n)$，则

$$f(x_k) - f^* \leqslant \frac{2L \| x_0 - x^* \|^2}{k+4} \tag{2.1.39}$$

下面来估计梯度法用于强凸函数类时的性能.

定理 2.1.15　如果 $f \in \mathscr{S}_{\mu, L}^{1,1}(\mathbb{R}^n)$ 且 $0 < h < \dfrac{2}{\mu + L}$，则梯度法可生成的序列 $\{x_k\}$ 满足

$$\| x_k - x^* \|^2 \leqslant \left(1 - \frac{2h\mu L}{\mu + L} \right)^k \| x_0 - x^* \|^2$$

81

如果 $h = \dfrac{2}{\mu + L}$，则

$$\| x_k - x^* \| \leqslant \left(\frac{Q_f - 1}{Q_f + 1} \right)^k \| x_0 - x^* \|$$

$$f(x_k) - f^* \leqslant \frac{L}{2} \left(\frac{Q_f - 1}{Q_f + 1} \right)^{2k} \| x_0 - x^* \|^2$$

其中 $Q_f = \dfrac{L}{\mu}$.

证明 令 $r_k = \|x_k - x^*\|$，则

$$r_{k+1}^2 = \|x_k - x^* - h\,\nabla f(x_k)\|^2 = r_k^2 - 2h\langle \nabla f(x_k), x_k - x^*\rangle + h^2\|\nabla f(x_k)\|^2$$

$$\leqslant \left(1 - \frac{2h\mu L}{\mu + L}\right)r_k^2 + h\left(h - \frac{2}{\mu + L}\right)\|\nabla f(x_k)\|^2$$

（我们使用了式(2.1.32)和 $\nabla f(x^*) = 0$）. 根据定理的前一个不等式和式(2.1.9)可得定理的后一个不等式. ▇

注意到当 $h = \dfrac{2}{\mu + L}$ 时，可达到最高的收敛速率. 在这种情况下，

$$\|x_k - x^*\|^2 \leqslant \left(\frac{L - \mu}{L + \mu}\right)^{2k}\|x_0 - x^*\|^2 \tag{2.1.40}$$

现在已经得到步长准则 $h = \dfrac{2}{\mu + L}$ 和 1.2.3 节中定理 1.2.4 给出的梯度法的线性收敛速度. 然而，这仅仅是局部收敛结果.

比较梯度法的收敛速度和复杂度下界（定理 2.1.7 和定理 2.1.13），我们可以看到，它离函数类 $\mathscr{F}_L^{1,1}(\mathbb{R}^n)$ 和 $\mathscr{S}_{\mu,L}^{1,1}(\mathbb{R}^n)$ 的最优情形还相差很远. 还注意到，在这些问题类中，标准的无约束极小化方法（共轭梯度法、变尺度法）并不好. 最优的极小化光滑凸函数和强凸函数的算法需要目标函数某些全局信息的积累. 这些方法将在下一节中描述.

2.2 最优算法

（估计序列和快速梯度法；降低梯度的范数；凸集；约束极小化问题；梯度映射；简单集上的极小化算法）.

2.2.1 估计序列

我们来考虑无约束极小化问题

$$\min_{x \in \mathbb{R}^n} f(x) \tag{2.2.1}$$

其中 f 是强凸函数，即 $f \in \mathscr{S}_{\mu,L}^{1,1}(\mathbb{R}^n)$，$\mu \geqslant 0$. 由于 $\mathscr{S}_{0,L}^{1,1}(\mathbb{R}^n) = \mathscr{F}_L^{1,1}(\mathbb{R}^n)$，这个函数类也包含了具有 Lipschitz 连续梯度的凸函数类. 我们假设问题(2.2.1)存在一个最优解 x^*，并定义 $f^* = f(x^*)$.

在 2.1 节中，我们证明了梯度法的收敛率如下：

$$\mathscr{F}_L^{1,1}(\mathbb{R}^n): f(x_k) - f^* \leqslant \frac{2L\|x_0 - x^*\|^2}{k + 4}$$

$$\mathscr{S}_{\mu,L}^{1,1}(\mathbb{R}^n): f(x_k) - f^* \leqslant \frac{L}{2}\left(\frac{L - \mu}{L + \mu}\right)^{2k}\|x_0 - x^*\|^2$$

这些估计与我们的复杂度下界（定理 2.1.7 和定理 2.1.13）相差一个数量级. 当然，一般来说，这并不意味着梯度法不是最优的（可能是下界过于乐观）. 然而，在我们的情形下，下界可以精确到相差一个常数因子. 我们通过构造一个收敛速度正比于这些界的算法来证实

这一点.

回想一下梯度法形成一个松弛序列:

$$f(x_{k+1}) \leqslant f(x_k)$$

这个事实对于证明它的收敛速度是至关重要的(定理 2.1.14). 然而, 在凸优化中, 松弛并不是那么重要. 首先, 对于某些问题类, 这个性质代价很大. 其次, 要从凸函数的某些全局拓扑性质来推导最优算法及其效率估计(见定理 2.1.5). 从这个角度看, 松弛性质太微观而没有用处.

最优算法及其效率界是基于估计序列(estimating sequences)思想的.

定义 2.2.1 一对序列 $\{\phi_k(x)\}_{k=0}^\infty$ 与 $\{\lambda_k\}_{k=0}^\infty$, $\lambda_k \geqslant 0$ 称为函数 $f(\cdot)$ 的**估计序列**, 若

$$\lambda_k \to 0$$

且对任意 $x \in \mathbb{R}^n$ 及 $k \geqslant 0$, 我们有

$$\phi_k(x) \leqslant (1-\lambda_k)f(x) + \lambda_k \phi_0(x) \tag{2.2.2}$$

[83]

下一个结论解释为什么这些定义是有用的.

引理 2.2.1 如果对某点列 $\{x_k\}$, 我们有

$$f(x_k) \leqslant \phi_k^* \overset{\mathrm{def}}{=} \min_{x \in \mathbb{R}^n} \phi_k(x) \tag{2.2.3}$$

则有 $f(x_k) - f^* \leqslant \lambda_k [\phi_0(x^*) - f^*] \to 0$.

证明 事实上,

$$f(x_k) \leqslant \phi_k^* = \min_{x \in \mathbb{R}^n} \phi_k(x) \overset{(2.2.2)}{\leqslant} \min_{x \in \mathbb{R}^n} [(1-\lambda_k)f(x) + \lambda_k \phi_0(x)]$$

$$\leqslant (1-\lambda_k)f(x^*) + \lambda_k \phi_0(x^*)$$

于是, 对于任意满足式(2.2.3)的序列 $\{x_k\}$, 我们可以直接从序列 $\{\lambda_k\}$ 的收敛速度推出 $\{x_k\}$ 的收敛速度. 然而, 目前有两个重大问题. 首先, 不知道如何构成估计序列. 其次, 不知道如何满足不等式(2.2.3). 第一个问题相对比较简单.

引理 2.2.2 假设:

1. 函数 $f(\cdot)$ 属于类 $\mathscr{S}_{\mu,L}^{1,1}(\mathbb{R}^n)$,

2. $\phi_0(\cdot)$ 是 $\mathbb{R}^n$ 上任意凸函数,

3. $\{y_k\}_{k=0}^\infty$ 是 $\mathbb{R}^n$ 中任意点列,

4. 系数 $\{\alpha_k\}_{k=0}^\infty$ 满足条件 $\alpha_k \in (0, 1)$ 且 $\sum_{k=0}^\infty \alpha_k = \infty$,

5. 选择 $\lambda_0 = 1$.

则有如下关系:

$$\lambda_{k+1} = (1-\alpha_k)\lambda_k$$

$$\phi_{k+1}(x) = (1-\alpha_k)\phi_k(x) + \alpha_k \left[f(y_k) + \langle \nabla f(y_k), x - y_k \rangle + \frac{\mu}{2}\|x - y_k\|^2 \right] \tag{2.2.4}$$

迭代定义的一对序列 $\{\phi_k(\cdot)\}_{k=0}^\infty$ 和 $\{\lambda_k\}_{k=0}^\infty$ 是 $f(x)$ 的估计序列.

[84]

证明 事实上，$\phi_0(x) \leqslant (1-\lambda_0)f(x) + \lambda_0\phi_0(x) \equiv \phi_0(x)$. 进一步，设不等式 (2.2.2) 对某 $k \geqslant 0$ 成立，则

$$
\begin{aligned}
\phi_{k+1}(x) &\overset{(2.1.20),(2.2.4)}{\leqslant} (1-\alpha_k)\phi_k(x) + \alpha_k f(x) \\
&= (1-(1-\alpha_k)\lambda_k)f(x) + (1-\alpha_k)(\phi_k(x)-(1-\lambda_k)f(x)) \\
&\leqslant (1-(1-\alpha_k)\lambda_k)f(x) + (1-\alpha_k)\lambda_k\phi_0(x) \\
&\overset{(2.2.4)}{\leqslant} (1-\lambda_{k+1})f(x) + \lambda_{k+1}\phi_0(x)
\end{aligned}
$$

只要注意到条件 4 可以确保 $\lambda_k \to 0$，则结论得证. ∎

于是，上面的结论提供了更新估计序列的一些规则. 现在有两个控制序列，它们可以帮助我们保持迭代关系式 (2.2.3). 此时，也可以任意选择初始函数 $\phi_0(\cdot)$. 我们选它为一个简单的二次函数. 这样，可以获得一个关于数值 ϕ_k^* 的闭式迭代.

引理 2.2.3 令 $\phi_0(x) = \phi_0^* + \dfrac{\gamma_0}{2}\|x-v_0\|^2$，则递推关系 (2.2.4) 保持函数 $\{\phi_k(x)\}$ 的规范形式：

$$
\phi_k(x) \equiv \phi_k^* + \frac{\gamma_k}{2}\|x-v_k\|^2 \tag{2.2.5}
$$

其中序列 $\{\gamma_k\}$，$\{v_k\}$ 和 $\{\phi_k^*\}$ 定义如下：

$$
\gamma_{k+1} = (1-\alpha_k)\gamma_k + \alpha_k\mu
$$

$$
v_{k+1} = \frac{1}{\gamma_{k+1}}\big[(1-\alpha_k)\gamma_k v_k + \alpha_k\mu y_k - \alpha_k\,\nabla f(y_k)\big]
$$

$$
\phi_{k+1}^* = (1-\alpha_k)\phi_k^* + \alpha_k f(y_k) - \frac{\alpha_k^2}{2\gamma_{k+1}}\|\nabla f(y_k)\|^2
$$

$$
+ \frac{\alpha_k(1-\alpha_k)\gamma_k}{\gamma_{k+1}}\left(\frac{\mu}{2}\|y_k-v_k\|^2 + \langle\nabla f(y_k), v_k-y_k\rangle\right)
$$

证明 注意到 $\nabla^2\phi_0(x) = \gamma_0 I_n$. 下面证明对所有 $k \geqslant 0$，有 $\nabla^2\phi_k(x) = \gamma_k I_n$. 事实上，如果对某个 k 成立，那么

$$
\nabla^2\phi_{k+1}(x) = (1-\alpha_k)\,\nabla^2\phi_k(x) + \alpha_k\mu I_n = ((1-\alpha_k)\gamma_k + \alpha_k\mu)I_n \equiv \gamma_{k+1}I_n
$$

这就证明了函数 $\phi_k(\cdot)$ 的规范形式 (2.2.5). 进一步，

$$
\begin{aligned}
\phi_{k+1}(x) &\overset{(2.2.4)}{=} (1-\alpha_k)\left(\phi_k^* + \frac{\gamma_k}{2}\|x-v_k\|^2\right) \\
&\quad + \alpha_k\left[f(y_k) + \langle\nabla f(y_k), x-y_k\rangle + \frac{\mu}{2}\|x-y_k\|^2\right]
\end{aligned}
$$

因此，函数 $\phi_{k+1}(\cdot)$ 的一阶最优性条件是方程 $\nabla\phi_{k+1}(x) = 0$，即

$$
(1-\alpha_k)\gamma_k(x-v_k) + \alpha_k\nabla f(y_k) + \alpha_k\mu(x-y_k) = 0
$$

从这个方程可以得函数 $\phi_{k+1}(\cdot)$ 的极小点 v_{k+1} 的闭式解.

最后，计算 ϕ_{k+1}^*. 根据序列 $\{\phi_k(\cdot)\}$ 的迭代式 (2.2.4)，我们有

$$\phi^*_{k+1} + \frac{\gamma_{k+1}}{2}\|y_k - v_{k+1}\|^2 \overset{(2.2.5)}{=} \phi_{k+1}(y_k)$$

$$= (1-\alpha_k)\left(\phi^*_k + \frac{\gamma_k}{2}\|y_k - v_k\|^2\right) + \alpha_k f(y_k) \tag{2.2.6}$$

通过 v_{k+1} 的迭代关系，我们有

$$v_{k+1} - y_k = \frac{1}{\gamma_{k+1}}\left[(1-\alpha_k)\gamma_k(v_k - y_k) - \alpha_k \nabla f(y_k)\right]$$

因此，

$$\frac{\gamma_{k+1}}{2}\|v_{k+1} - y_k\|^2 = \frac{1}{2\gamma_{k+1}}\left[(1-\alpha_k)^2\gamma_k^2\|v_k - y_k\|^2\right.$$
$$\left. - 2\alpha_k(1-\alpha_k)\gamma_k\langle\nabla f(y_k), v_k - y_k\rangle + \alpha_k^2\|\nabla f(y_k)\|^2\right]$$

只需将上式代入式(2.2.6)，并考虑到结果表达式中$\|y_k - v_k\|^2$ 项的乘数因子为

$$(1-\alpha_k)\frac{\gamma_k}{2} - \frac{1}{2\gamma_{k+1}}(1-\alpha_k)^2\gamma_k^2 = (1-\alpha_k)\frac{\gamma_k}{2}\left(1 - \frac{(1-\alpha_k)\gamma_k}{\gamma_{k+1}}\right)$$

$$= (1-\alpha_k)\frac{\gamma_k}{2}\cdot\frac{\alpha_k\mu}{\gamma_{k+1}}$$

结论得证. ∎

情况现在比较清楚了，我们几乎得到一个算法框架. 事实上，假设我们已经有 x_k 满足

$$\phi^*_k \geqslant f(x_k)$$

那么，根据引理 2.2.3，

$$\phi^*_{k+1} \geqslant (1-\alpha_k)f(x_k) + \alpha_k f(y_k) - \frac{\alpha_k^2}{2\gamma_{k+1}}\|\nabla f(y_k)\|^2$$
$$+ \frac{\alpha_k(1-\alpha_k)\gamma_k}{\gamma_{k+1}}\langle\nabla f(y_k), v_k - y_k\rangle$$

由于 $f(x_k) \overset{(2.1.2)}{\geqslant} f(y_k) + \langle\nabla f(y_k), x_k - y_k\rangle$，我们可得如下估计：

$$\phi^*_{k+1} \geqslant f(y_k) - \frac{\alpha_k^2}{2\gamma_{k+1}}\|\nabla f(y_k)\|^2 + (1-\alpha_k)\left\langle\nabla f(y_k), \frac{\alpha_k\gamma_k}{\gamma_{k+1}}(v_k - y_k) + x_k - y_k\right\rangle$$

我们来研究这个不等式. 我们想得到 $\phi^*_{k+1} \geqslant f(x_{k+1})$. 回忆到我们可以保证不等式

$$f(y_k) - \frac{1}{2L}\|\nabla f(y_k)\|^2 \geqslant f(x_{k+1})$$

以很多不同的方式成立. 最简单的就是取满足 $h_k = \frac{1}{L}$ 的梯度步（见(2.1.9)）：

$$x_{k+1} = y_k - h_k\nabla f(y_k)$$

定义 α_k 为二次方程

$$L\alpha_k^2 = (1-\alpha_k)\gamma_k + \alpha_k\mu \quad (=\gamma_{k+1})$$

的正根，则 $\frac{\alpha_k^2}{2\gamma_{k+1}} = \frac{1}{2L}$，我们可以通过下列不等式取代前面的不等式：

$$\phi_{k+1}^* \geq f(x_{k+1}) + (1-\alpha_k)\left\langle \nabla f(y_k), \frac{\alpha_k \gamma_k}{\gamma_{k+1}}(v_k - y_k) + x_k - y_k \right\rangle$$

现在我们来使用选择 y_k 的自由度，它可以由方程

87

$$\frac{\alpha_k \gamma_k}{\gamma_{k+1}}(v_k - y_k) + x_k - y_k = 0$$

得到，即得 $y_k = \dfrac{\alpha_k \gamma_k v_k + \gamma_{k+1} x_k}{\gamma_k + \alpha_k \mu}$，我们得到经常被称作快速梯度法的下述算法.

最优算法的一般框架

0. 选择初始点 $x_0 \in \mathbb{R}^n$，某 $\gamma_0 > 0$，且令 $v_0 = x_0$.

1. 第 k 次迭代 $(k \geq 0)$：

   (a) 根据方程

   $$L\alpha_k^2 = (1-\alpha_k)\gamma_k + \alpha_k \mu$$

   计算 $\alpha_k \in (0, 1)$，置 $\gamma_{k+1} = (1-\alpha_k)\gamma_k + \alpha_k \mu$；

   (b) 选择 $y_k = \dfrac{1}{\gamma_k + \alpha_k \mu}[\alpha_k \gamma_k v_k + \gamma_{k+1} x_k]$，计算 $f(y_k)$ 与 $\nabla f(y_k)$；

   (c) 确定 x_{k+1} 使得

   $$f(x_{k+1}) \leq f(y_k) - \frac{1}{2L}\|\nabla f(y_k)\|^2$$

   (见 1.2.3 节的步长准则)；

   (d) 置 $v_{k+1} = \dfrac{1}{\gamma_{k+1}}[(1-\alpha_k)\gamma_k v_k + \alpha_k \mu y_k - \alpha_k \nabla f(y_k)]$.

(2.2.7)

注意到在该算法的步骤 1(c) 中，我们可以选择满足不等式 $f(x_{k+1}) \leq f(y_k) - \dfrac{\omega}{2}$ $\|\nabla f(y_k)\|^2$ 的任意 x_{k+1}，其中 $\omega > 0$. 那么，在步骤 1(a) 的方程中，可用常数 $\dfrac{1}{\omega}$ 代替 L.

定理 2.2.1   算法 (2.2.7) 生成的序列 $\{x_k\}_{k=0}^{\infty}$ 满足

$$f(x_k) - f^* \leq \lambda_k \left[f(x_0) - f^* + \frac{\gamma_0}{2}\|x_0 - x^*\|^2 \right]$$

其中 $\lambda_0 = 1$ 且 $\lambda_k = \displaystyle\prod_{i=0}^{k-1}(1-\alpha_i)$.

证明   事实上，若选择 $\phi_0(x) = f(x_0) + \dfrac{\gamma_0}{2}\|x - v_0\|^2$，则 $f(x_0) = \phi_0^*$，根据算法规则我们可得 $f(x_k) \leq \phi_k^*$. 再由引理 2.2.1 即可证明该命题.   ∎

于是，为了估计算法 (2.2.7) 的收敛速度，需要了解如何使序列 $\{\lambda_k\}$ 快速趋于零. 定义

88

$$q_f = \frac{1}{Q_f} = \frac{\mu}{L}$$

(2.2.8)

引理 2.2.4 如果在算法(2.2.7)中，选择 $\gamma_0 \in (\mu, 3L + \mu]$，则对所有的 $k \geqslant 0$，我们有

$$\lambda_k \leqslant \frac{4\mu}{(\gamma_0 - \mu) \cdot \left[\exp\left(\frac{k+1}{2} q_f^{1/2}\right) - \exp\left(\frac{k+1}{2} q_f^{1/2}\right) \right]^2} \leqslant \frac{4L}{(\gamma_0 - \mu)(k+1)^2} \quad (2.2.9)$$

对 $\gamma_0 = \mu$，我们有 $\lambda_k = (1 - \sqrt{q_f})^k$，$k \geqslant 0$.

证明 我们先证明情形 $\gamma_0 > \mu$. 根据算法(2.2.7)的步骤 1(a)，

$$\gamma_{k+1} - \mu = (1 - \alpha_k)(\gamma_k - \mu) = \cdots = \lambda_{k+1}(\gamma_0 - \mu) \quad (2.2.10)$$

因为 $\alpha_k = 1 - \dfrac{\lambda_{k+1}}{\lambda_k}$，根据步骤 1(a)中的二次方程，我们有

$$1 - \frac{\lambda_{k+1}}{\lambda_k} = \left[\frac{\gamma_{k+1}}{L}\right]^{1/2} \overset{(2.2.10)}{=} \left[\frac{\mu}{L} + \lambda_{k+1} \frac{\gamma_0 - \mu}{L}\right]^{1/2}$$

因此，$\dfrac{1}{\lambda_{k+1}} - \dfrac{1}{\lambda_k} = \dfrac{1}{\lambda_{k+1}^{1/2}} \left[q_f + \dfrac{\gamma_0 - \mu}{L}\right]^{1/2}$. 于是，

$$\frac{1}{\lambda_{k+1}^{1/2}}\left[q_f + \frac{\gamma_0 - \mu}{L}\right]^{1/2} \leqslant \left(\frac{1}{\lambda_{k+1}^{1/2}} + \frac{1}{\lambda_k^{1/2}}\right) \cdot \left(\frac{1}{\lambda_{k+1}^{1/2}} - \frac{1}{\lambda_k^{1/2}}\right) \leqslant \frac{2}{\lambda_{k+1}^{1/2}}\left(\frac{1}{\lambda_{k+1}^{1/2}} - \frac{1}{\lambda_k^{1/2}}\right)$$

通过定义 $\xi_k = \left[\dfrac{L}{(\gamma_0 - \mu)\lambda_k}\right]^{1/2}$，我们得到如下关系式：

$$\xi_{k+1} - \xi_k \geqslant \frac{1}{2}[q_f \xi_{k+1}^2 + 1]^{1/2} \quad (2.2.11)$$

现在，对于 $\delta = \dfrac{1}{2}\sqrt{q_f}$，我们将通过归纳法证明

$$\xi_k \geqslant \frac{1}{4\delta}[e^{(k+1)\delta} - e^{-(k+1)\delta}], \quad k \geqslant 0 \quad (2.2.12)$$

对 $k = 0$，根据 γ_0 的上界，我们有

$$\xi_0 = \left[\frac{L}{\gamma_0 - \mu}\right]^{1/2} \geqslant \frac{1}{3^{1/2}} > \frac{1}{2}[e^{1/2} - e^{-1/2}] \geqslant \frac{1}{4\delta}[e^\delta - e^{-\delta}]$$

这是因为上述不等式的右端项关于 δ 是递增的，且 $\delta \leqslant \dfrac{1}{2}$.

于是，对 $k = 0$ 不等式(2.2.12)成立. 假设对某 $k \geqslant 0$ 该不等式也成立. 研究函数 $\psi(t) = \dfrac{1}{4\delta}[e^{(t+1)\delta} - e^{-(t+1)\delta}]$，其导数

$$\psi'(t) = \frac{1}{4}[e^{(t+1)\delta} + e^{-(t+1)\delta}]$$

是关于 t 递增的. 于是，根据定理 2.1.3，函数 $\psi(\cdot)$ 是凸函数. 根据我们的假设，

$$\psi(t) \leqslant \xi_k \overset{(2.2.11)}{\leqslant} \xi_{k+1} - \frac{1}{2}[q_f \xi_{k+1}^2 + 1]^{1/2} \overset{\text{def}}{=} \gamma(\xi_{k+1})$$

注意到 $\gamma'(\xi) = 1 - \dfrac{1}{2} \dfrac{q_f \xi}{[q_f \xi_{k+1}^2 + 1]^{1/2}} > 0$. 假设 $\xi_{k+1} < \psi(t+1)$，则

$$\psi(t) < \psi(t+1) - \frac{1}{2}\left[4\delta^2 \cdot \left(\frac{1}{4\delta}\left[\mathrm{e}^{(t+2)\delta} - \mathrm{e}^{-(t+2)\delta}\right]\right)^2 + 1\right]^{1/2}$$

$$= \psi(t+1) - \frac{1}{4}\left[\mathrm{e}^{(t+2)\delta} + \mathrm{e}^{-(t+2)\delta}\right]$$

$$= \psi(t+1) + \psi'(t+1)(t-(t+1)) \overset{(2.1.2)}{\leqslant} \psi(t)$$

于是，我们得到与第二个假设相矛盾的结果，这就利用归纳法证明了不等式(2.2.12).

当情形 $\gamma_0 = \mu$ 时，对于所有 $k \geqslant 0$ 都有 $\gamma_k = \mu$（见(2.2.10)）. 根据算法(2.2.7)中步骤 1(a)的二次方程，它意味着 $\alpha_k = \sqrt{q_f}$，$k \geqslant 0$.

我们来给出算法 (2.2.7)最优性的准确结论.

定理 2.2.2 在算法(2.2.7)中令 $\gamma_0 = 3L + \mu$，则该算法生成的序列 $\{x_k\}_{k=0}^{\infty}$ 满足

$$f(x_k) - f^* \leqslant \frac{2(4+q_f)\mu\|x_0 - x^*\|^2}{3\left[\exp\left(\frac{k+1}{2}q_f^{1/2}\right) - \exp\left(-\frac{k+1}{2}q_f^{1/2}\right)\right]^2} \leqslant \frac{2(4+q_f)L\|x_0 - x^*\|^2}{3(k+1)^2}$$

$$(2.2.13)$$

这意味着当精度 $\epsilon > 0$ 足够小时，即

$$\epsilon \leqslant \frac{\mu}{2}\|x_0 - x^*\|^2 \tag{2.2.14}$$

算法(2.2.7)是求解满足 $f \in \mathscr{S}_{\mu,L}^{1,1}(\mathbb{R}^n)$ 且 $\mu \geqslant 0$ 的无约束极小化问题(2.2.1)的最优算法. 如果 $\mu = 0$，则该算法对

$$\epsilon \leqslant \frac{3L}{32}\|x_0 - x^*\|^2 \tag{2.2.15}$$

是最优的.

证明 事实上，由于 $f(x_0) - f^* \overset{(2.1.9)}{\leqslant} \frac{L}{2}\|x_0 - x^*\|^2$，根据定理 2.2.1，我们有

$$f(x_k) - f^* \leqslant \frac{\lambda_k}{2}(L + \gamma_0)\|x_0 - x^*\|^2$$

因此，由引理 2.2.4，我们得到如下界：

$$f(x_k) - f^* \leqslant \frac{2\mu(L + \gamma_0)\|x_0 - x^*\|^2}{(\gamma_0 - \mu) \cdot \left[\exp\left(\frac{k+1}{2}q_f^{1/2}\right) - \exp\left(-\frac{k+1}{2}q_f^{1/2}\right)\right]^2}$$

$$\leqslant \frac{2L(L + \gamma_0)\|x_0 - x^*\|^2}{(\gamma_0 - \mu)(k+1)^2}$$

上述关系式的上界关于 γ_0 是递减的. 所以，选择 γ_0 为其最大允许值，可得到不等式 (2.2.13).

令 $\mu > 0$. 根据该问题类的复杂度下界（见定理 2.1.13），我们有

$$f(x_k) - f^* \geqslant \frac{\mu}{2}\left[\frac{\sqrt{Q_f} - 1}{\sqrt{Q_f} + 1}\right]^{2k}R^2 \geqslant \frac{\mu}{2}\exp\left(-\frac{4k}{\sqrt{Q_f} - 1}\right)R^2$$

其中 $R = \| x_0 - x^* \|$. 因此，确定满足条件 $f(x_k) - f^* \leqslant \epsilon$ 的 x_k 在最坏情况下的下界不可能优于

$$k \geqslant \frac{\sqrt{Q_f} - 1}{4} \ln \frac{\mu R^2}{2\epsilon} \tag{2.2.16}$$

次 Oracle 调用（根据假设(2.2.14)，这个不等式的右端项是正的）. 对于该算法，我们有

$$f(x_k) - f^* \stackrel{(2.2.13)}{\leqslant} \frac{10\mu R^2}{3} \left[e^{(k+1)q_f^{1/2}} - 1 \right]^{-1}$$

因此，我们可以保证，当 $k > \sqrt{Q_f} \ln \left(1 + \frac{10\mu R^2}{3\epsilon} \right)$ 时，我们的问题将被解决. 由于

$$\ln \left(1 + \frac{10\mu R^2}{3\epsilon} \right) \stackrel{(2.2.14)}{\leqslant} \ln \left(\frac{\mu R^2}{2\epsilon} + \frac{10\mu R^2}{3\epsilon} \right) = \ln \frac{\mu R^2}{2\epsilon} + \ln \frac{23}{3}$$

算法(2.2.7)中迭代次数的上界(=Oracle 的调用次数)为

$$\sqrt{Q_f} \cdot \left(\ln \frac{\mu R^2}{2\epsilon} + \ln \frac{23}{3} \right) \tag{2.2.17}$$

显然，这个界与下界(2.2.16)成比例. 因此，该算法(2.2.7)是最优的.

同样的推理也适用于函数类 $\mathscr{S}_L^{1,1}(\mathbb{R}^n)$. 如上所述，我们需要给精度设置上界(2.2.15)，以便为 Oracle 的调用次数设置一个正的下界(参见定理 2.1.7). ■

注记 2.2.1 注意到算法(2.2.7)及其复杂度分析关于凸参数 μ 是**连续**的. 因此，对具有 Lipschitz 连续梯度的凸函数，其变形具有如下收敛速度： 91

$$f(x_k) - f^* \stackrel{(2.2.13)}{\leqslant} \frac{8L \| x_0 - x^* \|^2}{3(k+1)^2} \tag{2.2.18}$$

下面来分析一下算法(2.2.7)的一个变形，它采用定梯度步长来确定点 x_{k+1}.

定步长算法 I

0. 选择点 $x_0 \in \mathbb{R}^n$，某 $\gamma_0 > 0$，且令 $v_0 = x_0$.

1. 第 k 次迭代($k \geqslant 0$)：

(a) 根据方程

$$La_k^2 = (1 - \alpha_k) \gamma_k + \alpha_k \mu$$

计算 $\alpha_k \in (0, 1)$，置 $\gamma_{k+1} = (1 - \alpha_k) \gamma_k + \alpha_k \mu$. $\qquad$ (2.2.19)

(b) 选择 $y_k = \frac{1}{\gamma_k + \alpha_k \mu} [a_k \gamma_k v_k + \gamma_{k+1} x_k]$，计算 $f(y_k)$ 与 $\nabla f(y_k)$.

(c) 令 $x_{k+1} = y_k - \frac{1}{L} \nabla f(y_k)$ 且

$$v_{k+1} = \frac{1}{\gamma_{k+1}} [(1 - \alpha_k)] \gamma_k v_k + \alpha_k \mu y_k - \alpha_k \nabla f(y_k)]$$

下面说明这个迭代算法可以写成更简单的形式. 注意到

$$y_k = \frac{1}{\gamma_k + \alpha_k \mu}(\alpha_k \gamma_k v_k + \gamma_{k+1} x_k)$$

$$x_{k+1} = y_k - \frac{1}{L}\nabla f(y_k)$$

$$v_{k+1} = \frac{1}{\gamma_{k+1}}\big[(1-\alpha_k)\gamma_k v_k + \alpha_k \mu y_k - \alpha_k \nabla f(y_k)\big]$$

因此，

$$v_{k+1} = \frac{1}{\gamma_{k+1}}\left\{\frac{(1-\alpha_k)}{\alpha_k}\big[(\gamma_k + \alpha_k\mu)y_k - \gamma_{k+1}x_k\big] + \alpha_k\mu y_k - \alpha_k \nabla f(y_k)\right\}$$

$$= \frac{1}{\gamma_{k+1}}\left\{\frac{(1-\alpha_k)\gamma_k}{\alpha_k}y_k + \mu y_k\right\} - \frac{1-\alpha_k}{\alpha_k}x_k - \frac{\alpha_k}{\gamma_{k+1}}\nabla f(y_k)$$

$$= x_k + \frac{1}{\alpha_k}(y_k - x_k) - \frac{1}{\alpha_k L}\nabla f(y_k) = x_k + \frac{1}{\alpha_k}(x_{k+1} - x_k)$$

所以，

$$y_{k+1} = \frac{1}{\gamma_{k+1} + \alpha_{k+1}\mu}(\alpha_{k+1}\gamma_{k+1}v_{k+1} + \gamma_{k+2}x_{k+1})$$

$$= x_{k+1} + \frac{\alpha_{k+1}\gamma_{k+1}(v_{k+1} - x_{k+1})}{\gamma_{k+1} + \alpha_{k+1}\mu} = x_{k+1} + \beta_k(x_{k+1} - x_k)$$

其中 $\beta_k = \dfrac{\alpha_{k+1}\gamma_{k+1}(1-\alpha_k)}{\alpha_k(\gamma_{k+1} + \alpha_{k+1}\mu)}$. 于是，设法消除序列 $\{v_k\}$，对系数 $\{\gamma_k\}$ 作相同的处理，我们有

$$\alpha_k^2 L = (1-\alpha_k)\gamma_k + \mu\alpha_k \equiv \gamma_{k+1}$$

因此，

$$\beta_k = \frac{\alpha_{k+1}\gamma_{k+1}(1-\alpha_k)}{\alpha_k(\gamma_{k+1} + \alpha_{k+1}\mu)} = \frac{\alpha_{k+1}\gamma_{k+1}(1-\alpha_k)}{\alpha_k(\gamma_{k+1} + \alpha_{k+1}^2 L - (1-\alpha_{k+1})\gamma_{k+1})}$$

$$= \frac{\gamma_{k+1}(1-\alpha_k)}{\alpha_k(\gamma_{k+1} + \alpha_{k+1}L)} = \frac{\alpha_k(1-\alpha_k)}{\alpha_k^2 + \alpha_{k+1}}$$

还注意到 $\alpha_{k+1}^2 = (1-\alpha_{k+1})\alpha_k^2 + q_f\alpha_{k+1}$，且

$$\alpha_0^2 L = (1-\alpha_0)\gamma_0 + \mu\alpha_0$$

最后这个关系式意味着 γ_0 可以看成是关于 α_0 的函数. 于是，可以完全消除序列 $\{\gamma_k\}$. 下面写出相应的算法.

定步长算法 Ⅱ

0. 选择点 $x_0 \in \mathbb{R}^n$，某 $\alpha_0 \in (0,1)$，且令 $y_0 = x_0$.

1. 第 k 次迭代 $(k \geqslant 0)$：

　　(a)计算 $f(y_k)$ 与 $\nabla f(y_k)$，置 $x_{k+1} = y_k - \dfrac{1}{L}\nabla f(y_k)$.

92

（b）根据方程

$$\alpha_{k+1}^2 = (1-\alpha_{k+1})\alpha_k^2 + q_f\alpha_{k+1} \tag{2.2.20}$$

计算 $\alpha_{k+1}\in(0,1)$，置 $\beta_k=\dfrac{\alpha_k(1-\alpha_k)}{\alpha_k^2+\alpha_{k+1}}$ 和 $y_{k+1}=x_{k+1}+\beta_k(x_{k+1}-x_k)$.

93

该算法的收敛速度可由定理 2.2.1 和引理 2.2.4 推导得到. 下面关于 α_0 写出相应的结论.

定理 2.2.3 如果在算法（2.2.20）中，我们按照条件

$$\sqrt{q_f} \leqslant \alpha_0 \leqslant \frac{2(3+q_f)}{3+\sqrt{21+4q_f}} \tag{2.2.21}$$

选择 α_0，则

$$f(x_k)-f^* \leqslant \frac{4\mu\left[f(x_0)-f^*+\dfrac{\gamma_0}{2}\|x_0-x^*\|^2\right]}{(\gamma_0-\mu)\cdot\left[\exp\left(\dfrac{k+1}{2}q_f^{1/2}\right)-\exp\left(-\dfrac{k+1}{2}q_f^{1/2}\right)\right]^2}$$

$$\leqslant \frac{4L}{(\gamma_0-\mu)(k+1)^2}\left[f(x_0)-f^*+\frac{\gamma_0}{2}\|x_0-x^*\|^2\right]$$

其中 $\gamma_0=\dfrac{\alpha_0(\alpha_0 L-\mu)}{1-\alpha_0}$.

因为原始算法没有改变，所以不需要证明这个定理，仅仅是改变了记号. 在定理 2.2.3 中，条件（2.2.21）等价于引理 2.2.4 中的条件 $\mu\leqslant\gamma_0\leqslant 3L+\mu$.

如果选择 $\alpha_0=\sqrt{q_f}$（对应于 $\gamma_0=\mu$），算法（2.2.20）会变得非常简单. 那么，对于所有的 $k\geqslant0$，有

$$\alpha_k=\sqrt{q_f},\quad \beta_k=\frac{1-\sqrt{q_f}}{1+\sqrt{q_f}}$$

于是，我们得出如下算法过程.

定步长算法 Ⅲ

0. 选择 $y_0=x_0\in\mathbb{R}^n$.
1. 第 k 次迭代（$k\geqslant0$）：

$$x_{k+1}=y_k-\frac{1}{L}\nabla f(y_k)$$

$$y_{k+1}=x_{k+1}+\frac{1-\sqrt{q_f}}{1+\sqrt{q_f}}(x_{k+1}-x_k) \tag{2.2.22}$$

根据定理 2.2.1 和引理 2.2.4，该算法收敛速度为

94

$$f(x_k) - f^* \overset{(2.1.9)}{\leqslant} \frac{L+\mu}{2} \|x_0 - x^*\|^2 e^{-k\sqrt{q_f}}, \quad k \geqslant 0 \qquad (2.2.23)$$

然而，当 $\mu = 0$ 时，这种方法不能用．选择一个更大的参数值 γ_0（对应于另一个值 α_0）会更安全．

最后，我们来证明下述结论．

定理 2.2.4 将算法 (2.2.7) 应用于函数 $f \in \mathscr{F}_L^{1,1}(\mathbb{R}^n)$（这意味着 $\mu = 0$），则对任意 $k \geqslant 0$，我们有

$$\|v_k - x^*\| \leqslant \left[1 + \frac{1}{\gamma_0}L\right]^{1/2} r_0 \qquad (2.2.24)$$

$$\|x_k - x^*\| \leqslant \left[1 + \frac{1}{\gamma_0}L\right]^{1/2} r_0 \qquad (2.2.25)$$

其中 $r_0 \overset{\text{def}}{=} \|x^* - x_0\|$．进一步，对于系数满足方程 $\sum_{i=0}^{k-1} \frac{\alpha_i}{\lambda_{i+1}} = \frac{1-\lambda_k}{\lambda_k}, k \geqslant 1$ 的向量 $g_k = \frac{\lambda_k}{1-\lambda_k} \sum_{i=0}^{k-1} \frac{\alpha_i}{\lambda_{i+1}} \nabla f(y_k)$，我们有

$$\|g_k\| \leqslant \frac{\lambda_k \gamma_0}{1-\lambda_k} \left(1 + \left[1 + \frac{1}{\gamma_0}L\right]^{1/2}\right) r_0 \qquad (2.2.26)$$

若选择 $\gamma_0 = 3L$，可得如下收敛性速度：

$$\|g_k\| \overset{(2.2.9)}{\leqslant} \frac{4(3+2\sqrt{3})Lr_0}{3(k+1)^2 - 4}, \ k \geqslant 1 \qquad (2.2.27)$$

证明 如我们已经知道的，算法 (2.2.7) 迭代更新估计函数序列，其表达式如下：

$$\phi_k(x) = \ell_k(x) + \lambda_k \left(f(x_0) + \frac{1}{2}\gamma_0 \|x - x_0\|^2\right), \quad k \geqslant 0$$

其中 $\ell_k(\cdot)$ 是根据规则 $\ell_0(x) \equiv 0$ 更新的线性函数，

$$\ell_{k+1}(x) = (1-\alpha_k)\ell_k(x) + \alpha_k[f(y_k) + \langle \nabla f(y_k), x - y_k \rangle], \quad k \geqslant 0 \qquad (2.2.28)$$

令 $\nabla \ell_k \equiv \nabla \ell_k(x), \ x \in \mathbb{R}^n$．

注意到函数 ϕ_k 关于凸参数 $\lambda_k \gamma_0$ 是强凸函数，因此，对于所有的 $x \in \mathbb{R}^n$，我们有

$$f(x_k) + \frac{1}{2}\lambda_k \gamma_0 \|x - v_k\|^2 \ \leqslant \ \phi_k^* + \frac{1}{2}\lambda_k \gamma_0 \|x - v_k\|^2 \overset{(2.1.21)}{\leqslant} \ \phi_k(x)$$

95

$$\overset{(2.2.2)}{\leqslant} \ f(x) + \lambda_k \left(f(x_0) + \frac{1}{2}\gamma_0 \|x - x_0\|^2 - f(x)\right)$$

将 $x = x^*$ 代入该不等式，我们可得

$$\frac{1}{2}\lambda_k \gamma_0 \|x^* - v_k\|^2 \leqslant \lambda_k \left(f(x_0) - f(x^*) + \frac{1}{2}\gamma_0 \|x^* - x_0\|^2\right) \overset{(2.1.9)}{\leqslant} \frac{1}{2}\lambda_k (L + \gamma_0) r_0^2$$

这就是不等式 (2.2.24)．

下面用归纳法证明不等式 (2.2.25) 对所有 $k \geqslant 0$ 均成立．因为 $x_0 = v_0$，所以 $k = 0$ 时，(2.2.25) 成立．假设对某 $k \geqslant 0$ 成立，则根据算法 (2.2.19) 的步骤 (b)，我们有 $\|y_k - x^*\| \leqslant$

$\left[1+\dfrac{1}{\gamma_0}L\right]^{1/2}r_0$. 只要注意到梯度步迭代减小了最优点的距离，该结论就得到证明（可参考定理 2.1.14 的证明）.

现在来看向量 $s_k \stackrel{\text{def}}{=} \dfrac{1}{\lambda_k}\nabla\ell_k$ 的演化情况. 注意到 $s_0=0$，且

$$\nabla\ell_{k+1} \stackrel{(2.2.28)}{=} (1-\alpha_k)\nabla\ell_k + \alpha_k\nabla f(y_k) = \frac{\lambda_{k+1}}{\lambda_k}\nabla\ell_k + \alpha_k\nabla f(y_k), \quad k\geqslant 0$$

于是，$s_k = \displaystyle\sum_{i=0}^{k-1}\frac{\alpha_i}{\lambda_{i+1}}\nabla f(y_i), k\geqslant 0$. 另一方面，对 $\tau_i=\dfrac{\alpha_i}{\lambda_{i+1}}$，我们有

$$\tau_i \stackrel{(2.2.4)}{=} \frac{\alpha_i}{(1-\alpha_i)\lambda_i} = \frac{1}{\lambda_{i+1}} - \frac{1}{\lambda_i}$$

于是，$\displaystyle\sum_{i=0}^{k-1}\tau_i = \frac{1}{\lambda_k}-1$，且 $g_k = \dfrac{\lambda_k s_k}{1-\lambda_k} \equiv \dfrac{1}{1-\lambda_k}\nabla\ell_k(x)$，$x\in\mathbb{R}^n$. 注意到

$$v_k = x_0 - \frac{1}{\lambda_k\gamma_0}\nabla\ell_k = x_0 - \frac{1-\lambda_k}{\lambda_k\gamma_0}g_k$$

因此，

$$\left[1+\frac{1}{\gamma_0}L\right]^{1/2}r_0 \stackrel{(2.2.24)}{\geqslant} \left\|x_0 - \frac{1-\lambda_k}{\lambda_k\gamma_0}g_k - x^*\right\| \geqslant \frac{1-\lambda_k}{\lambda_k\gamma_0}\|g_k\| - r_0$$

我们得到不等式 (2.2.26). ∎

定理 2.2.4 可用于生成满足 $A\geqslant 0$ 的二次函数 $f(x)=\dfrac{1}{2}\langle Ax,x\rangle - \langle b,x\rangle$ 具有较小梯度的点列. 为此，我们只需要计算点

$$\hat{y}_k = \frac{\lambda_k}{1-\lambda_k}\sum_{i=0}^{k-1}\frac{\alpha_i}{\lambda_{i+1}}y_i, \quad k\geqslant 1 \tag{2.2.29}$$

使用规则 (2.2.29) 的另一个例子见 2.2.3 节.

2.2.2 降低梯度的范数

有时，在解决满足 $f\in\mathscr{F}_{\mu,L}^{1,1}(\mathbb{R}^n)$ 的优化问题 (2.2.1) 时，我们感兴趣的是找到一个满足梯度范数较小的点，即

$$\|\nabla f(x)\| \leqslant \epsilon \tag{2.2.30}$$

（我们将在 2.2.3 节的例 2.2.4 中给出这种情况的一个重要示例）. 这个目标的复杂度上界和下界是多少？因为

$$f(x) - f^* \stackrel{(2.1.2)}{\leqslant} \|\nabla f(x)\|\cdot\|x-x^*\|$$

相应的复杂度下界必须与找到满足函数值较小残差 $f(x)-f^*\leqslant\epsilon$ 的点的计算量相当. 我们来研究哪种算法可以用来寻找满足较小梯度的点.

首先，我们来看采用 $h_k=\dfrac{1}{L}$ 的梯度法 (2.1.37) 的性能. 记 $R_0=\|x_0-x^*\|$. 设取定总

迭代次数 $T \geqslant 3$. 经过前 k 次($0 \leqslant k < T$)迭代之后，我们有

$$f(x_k) - f^* \overset{(2.1.39)}{\leqslant} \frac{2LR_0^2}{k+4}$$

如果 $i \geqslant k$，则 $f(x_i) - f(x_{i+1}) \overset{(2.1.9)}{\geqslant} \frac{1}{2L} \|\nabla f(x_i)\|^2$. 定义 $g_{k,T} = \min_{k \leqslant i \leqslant T} \|\nabla f(x_i)\|$，则

$$(T-k+1)g_{k,T}^2 \leqslant \sum_{i=k}^{T} \|\nabla f(x_i)\|^2 \leqslant 2L \sum_{i=k}^{T} (f(x_i) - f(x_{i+1}))$$

$$= 2L(f(x_k) - f(x_{T+1})) \leqslant 2L(f(x_k) - f^*) \leqslant \frac{4L^2R_0^2}{k+4}$$

于是，$g_{0,T}^2 \leqslant \dfrac{4L^2R_0^2}{(k+4)(T-k+1)}$. 我们可通过对整数 k 极大化二次函数 $q(k) = (k+4)(T-k+1)$ 来选择 k. 注意到

$$q^* \overset{\text{def}}{=} \max_{k \in \mathbb{Z}} q(k) \geqslant q\left(\tau^* + \frac{1}{2}\right), \quad \tau^* = \arg\max_{\tau \in \mathbb{R}} q(\tau)$$

因为 $\tau^* = \dfrac{T-3}{2}$，我们得到 $q^* \geqslant q\left(\dfrac{T-2}{2}\right) = \dfrac{1}{4}(T+4)(T+6)$.

97　　　　于是，我们就证明了如下定理.

定理 2.2.5　令 $f \in \mathscr{F}_L^{1,1}(\mathbb{R}^n)$，且在梯度法(2.1.37)中选择 $h_k = \dfrac{1}{L}$，则对该算法的总迭代次数 $T \geqslant 3$，我们有

$$g_{0,T} \leqslant \frac{4LR_0}{[(T+4)(T+6)]^{1/2}} \tag{2.2.31}$$

于是，梯度法可以在 $O\left(\dfrac{1}{\epsilon}\right)$ 次迭代内确保目标(2.2.30). 下面研究当 $\mu = 0$ 时，最优算法(2.2.19)的单调版本会发生什么情况.

单调定步长算法 I_A

0. 选择点 $x_0 \in \mathbb{R}^n$，令 $\lambda_0 = 1$ 且 $v_0 = x_0$.

1. 第 k 次迭代($k \geqslant 0$)：

　　(a)根据方程 $\alpha_k^2 = 3(1-\alpha_k)\lambda_k$ 计算 $\alpha_k \in (0, 1)$；

　　(b)置 $y_k = \alpha_k v_k + (1-\alpha_k)x_k$，$\lambda_{k+1} = (1-\alpha_k)\lambda_k$；

　　(c)计算 $\nabla f(y_k)$，且置 $\hat{x}_{k+1} = y_k - \dfrac{1}{L}\nabla f(y_k)$；

　　(d)定义 $v_{k+1} = v_k - \dfrac{1}{L\alpha_k}\nabla f(y_k)$；

　　(e)置 $\hat{y}_k = \arg\min\{f(y) : y \in \{x_k, \hat{x}_{k+1}\}\}$；

　　(f)计算 $\nabla f(\hat{y}_k)$，且置 $x_{k+1} = \hat{y}_k - \dfrac{1}{L}\nabla f(\hat{y}_k)$.

(2.2.32)

此算法对应于算法 (2.2.7) 中 $\gamma_0 = 3L$ 且 $\mu = 0$ 时的情况. 因此, $\gamma_k = 3L\lambda_k$. 注意到它可以确保目标函数是单调递减的:

$$f(x_k) \overset{(2.2.32)_e}{\geqslant} f(\hat{y}_k) \overset{(2.2.32)_f}{\geqslant} f(x_{k+1}) + \frac{1}{2L}\|\nabla f(\hat{y}_k)\|^2 \tag{2.2.33}$$

与之前一样, 我们将总迭代次数 $T \geqslant 3$ 分为两部分. 经过前 k 次迭代 $(0 \leqslant k < T)$, 我们有

$$f(x_k) - f^* \overset{(2.2.18)}{\leqslant} \frac{8LR_0^2}{3(k+1)^2}$$

如果 $i \geqslant k$, 则 $f(x_i) - f(x_{i+1}) \overset{(2.2.33)}{\geqslant} \frac{1}{2L}\|\nabla f(\hat{y}_i)\|^2$. 定义 $g_{k,T} = \min_{k \leqslant i \leqslant T}\|\nabla f(\hat{y}_i)\|$, 则

$$(T-k+1)g_{k,T}^2 \leqslant \sum_{i=k}^{T}\|\nabla f(\hat{y}_i)\|^2 \leqslant 2L\sum_{i=k}^{T}(f(x_i) - f(x_{i+1}))$$

$$= 2L(f(x_k) - f(x_{T+1})) \leqslant 2L(f(x_k) - f^*) \leqslant \frac{16L^2R_0^2}{3(k+1)^2}$$

于是, $g_{0,T}^2 \leqslant \frac{16L^2R_0^2}{3(k+1)^2(T-k+1)}$. 可以通过对整数 k 极大化三次函数 $q(k) = (k+1)^2(T-k+1)$ 来选择 k. 注意, 问题 $q^* \overset{\text{def}}{=} \max_{k \in \mathbb{Z}} q(k)$ 的最优解 k^* 属于区间 $\left[\tau^* - \frac{1}{2}, \tau^* + \frac{1}{2}\right]$, 其中 $\tau^* = \arg\max_{\tau \in \mathbb{R}_+} q(\tau)$. 此外, 由于函数 $q(\cdot)$ 在这个区间上是凹函数, 我们有

$$q^* \geqslant \min\left\{q\left(\tau^* - \frac{1}{2}\right), q\left(\tau^* + \frac{1}{2}\right)\right\}$$

$$= \min_{\delta = \pm\frac{1}{2}}\left\{q(\tau^*) + \frac{1}{2}q''(\tau^*)\left(\frac{1}{2}\right)^2 + \frac{1}{6}q'''(\tau^*)\delta^3\right\}$$

$$= q(\tau^*) + \frac{1}{8}q''(\tau^*) - \frac{1}{8}$$

注意到 $q'(\tau) = (\tau+1)(2T+1-3\tau)$ 且 $q''(\tau) = 2T - 2 - 6k$. 因此, $\tau^* = \frac{2T+1}{3}$, $q''(\tau^*) = -2T - 4$ 且 $q(\tau^*) = \frac{4}{27}(T+2)^3$. 所以,

$$q^* \geqslant \frac{4}{27}(T+2)^3 - \frac{1}{4}(T+2) - \frac{1}{8}$$

于是, 我们已经证明了如下定理.

定理 2.2.6　若 $f \in \mathscr{F}_L^{1,1}(\mathbb{R}^n)$, 则算法 (2.2.32) 可以保证如下梯度范数的递减速度:

$$g_{0,T} \leqslant \frac{4LR_0}{\left[\frac{4}{3}(T+2)^3 - \frac{9}{4}(T+2) - \frac{9}{8}\right]^{1/2}}, \quad T \geqslant 1 \tag{2.2.34}$$

于是, 最优算法 (2.2.32) 在 $O\left(\frac{1}{\epsilon^{2/3}}\right)$ 次迭代内可以确保目标 (2.2.30). 下面证明, 如果我们应用正则化技巧, 算法可以收敛得更快.

取定正则化参数 $\delta > 0$，考虑如下函数：

$$f_\delta(x) = f(x) + \frac{1}{2}\delta\|x - x_0\|^2$$

根据条件(2.1.12)和(2.1.22)，$f_\delta \in \mathscr{S}^{1,1}_{\delta, L+\delta}(\mathbb{R}^n)$. 用 x_δ^* 表示其唯一最优点，它满足方程

$$\nabla f(x_\delta^*) + \delta(x_\delta^* - x_0) = 0 \qquad (2.2.35)$$

注意到

$$f_\delta(x_\delta^*) + \frac{1}{2}\delta\|x_\delta^* - x^*\|^2 \overset{(2.1.21)}{\leqslant} f_\delta(x^*) = f(x^*) + \frac{1}{2}\delta\|x^* - x^0\|^2$$

因为 $f(x^*) \leqslant f(x_\delta^*)$，可以得出结论：

$$\|x_\delta^* - x_0\|^2 + \|x_\delta^* - x^*\|^2 \leqslant \|x_0 - x^*\|^2 \qquad (2.2.36)$$

于是，通过选择合适的 δ，我们可以使梯度 $\nabla f(x_\delta^*)$ 变小：

$$\|\nabla f(x_\delta^*)\| \overset{(2.2.35)}{=} \delta\|x_\delta^* - x_0\| \overset{(2.2.36)}{\leqslant} \delta R_0$$

因此，通过极小化函数 f_δ 找到一个具有较小梯度范数的点是可行的. 下面估计这个过程的复杂度.

现在使用算法(2.2.22)实现我们的目标，其中参数为 $L+\delta$ 且 $q_f = \dfrac{\delta}{\delta + L}$. 这样，经过该算法的 T 次迭代后，我们有

$$\|\nabla f(x_T)\| \leqslant \|\nabla f(x_\delta^*)\| + \|\nabla f(x_T) - \nabla f(x_\delta^*)\| \overset{(1.2.8)}{\leqslant} \delta R_0 + L\|x_T - x_\delta^*\|$$

$$\overset{(2.1.21)}{\leqslant} \delta R_0 + L\left[\frac{2}{\delta}(f_\delta(x_T) - f_\delta(x_\delta^*))\right]^{1/2}$$

$$\overset{(2.2.23)}{\leqslant} \delta R_0 + L\left[\frac{L + 2\delta}{\delta}R_0^2 e^{-T\sqrt{q_f}}\right]^{1/2}$$

于是，根据条件 $\delta R_0 = \frac{1}{2}\epsilon$ 选择 δ，可得 $\frac{1}{q_f} = 1 + \frac{2LR_0}{\epsilon}$. 因此，算法的迭代次数 T 的上界由如下不等式的解确定：

$$LR_0\left[\frac{L + 2\delta}{\delta}\right]^{1/2} \leqslant \frac{\epsilon}{2}e^{T\sqrt{q_f}/2}$$

这就得到 $T \geqslant \dfrac{2}{\sqrt{q_f}}\ln\left(\left(\dfrac{1}{q_f} - 1\right)\left(1 + \dfrac{1}{q_f}\right)^{1/2}\right)$. 于是，我们已经证明了如下定理.

定理 2.2.7　设 $f \in \mathscr{F}_L^{1,1}(\mathbb{R}^n)$ 且 $\delta = \dfrac{\epsilon}{2R_0}$，则用算法(2.2.22)极小化函数 f_δ 生成满足 $\|\nabla f(x_T)\| \leqslant \epsilon$ 的点 x_T，需要的迭代步数 T 的上界为

$$T \leqslant 3\sqrt{1 + \frac{2LR_0}{\epsilon}}\ln\left(1 + \frac{2LR_0}{\epsilon}\right) \qquad (2.2.37)$$

于是，除了对数因子，正则化算法的复杂度估计是最优的. 据我们所知，目前还不知道是否能消除个因子.

2.2.3 凸集

推广无约束极小化问题(2.1.36)的下一步，是研究没有函数约束的约束极小化问题：

$$\min_{x \in Q} f(x)$$

其中 Q 是 $\mathbb{R}^n$ 的凸集．我们已经在定义 2.1.1 中，作为凸函数的自然定义域，介绍了这种集合．现在把它们作为简单的约束条件．

下面来看两个关于凸集的重要例子．

引理 2.2.5 若 $f(\cdot)$ 是 $\mathbb{R}^n$ 上的凸函数，则对任何的 $\beta \in \mathbb{R}$，其水平集

$$\mathscr{L}_f(\beta) = \{x \in \mathbb{R}^n\} \mid f(x) \leqslant \beta\}$$

要么是凸的，要么是空的．

证明 事实上，设 x 和 y 属于 $\mathscr{L}_f(\beta)$，则 $f(x) \leqslant \beta$ 和 $f(y) \leqslant \beta$．因此，

$$f(\alpha x + (1-\alpha)y) \overset{(2.1.3)}{\leqslant} \alpha f(x) + (1-\alpha)f(y) \leqslant \beta$$

这意味着 $\alpha x + (1-\alpha)y \in \mathscr{L}_f(\beta)$． ■

引理 2.2.6 设 $f(\cdot)$ 是 $\mathbb{R}^n$ 上的凸函数，则它的下图（epigraph）

$$\mathscr{E}_f = \{(x, \tau) \in \mathbb{R}^{n+1} \mid f(x) \leqslant \tau\}$$

是一个凸集．

证明 事实上，设 $z_1 = (x_1, \tau_1) \in \mathscr{E}_f$ 且 $z_2 = (x_2, \tau_2) \in \mathscr{E}_f$，则对于任何的 $\alpha \in [0, 1]$，我们有

$$z_\alpha \equiv \alpha z_1 + (1-\alpha)z_2 = (\alpha x_1 + (1-\alpha)x_2, \alpha \tau_1 + (1-\alpha)\tau_2)$$

$$f(\alpha x_1 + (1-\alpha)x_2) \overset{(2.1.3)}{\leqslant} \alpha f(x_1) + (1-\alpha)f(x_2) \leqslant \alpha \tau_1 + (1-\alpha)\tau_2$$

于是，$z_\alpha \in \mathscr{E}_f$． ■

接下来考虑凸集的最重要运算．

101

定理 2.2.8 设 $Q_1 \subseteq \mathbb{R}^n$ 和 $Q_2 \subseteq \mathbb{R}^m$ 为闭凸集，$\mathscr{A}(\cdot)$ 是一个线性算子：

$$\mathscr{A}(x) = Ax + b \colon \mathbb{R}^n \to \mathbb{R}^m$$

1. 两个集合的交 $(m = n)$，$Q_1 \bigcap Q_2 = \{x \in \mathbb{R}^n \mid x \in Q_1, x \in Q_2\}$ 是闭凸集．

2. 两个集合的和 $(m = n)$，$Q_1 + Q_2 = \{z = x + y \mid x \in Q_1, y \in Q_2\}$ 是凸集．若其中一个集合是有界的，则其和是闭集．

3. 两个集合的直积 $Q_1 \times Q_2 = \{(x, y) \in \mathbb{R}^{n+m} \mid x \in Q_1, y \in Q_2\}$ 是闭凸集．

4. 闭凸集 Q_1 的锥包 $\mathscr{K}(Q_1) = \{z \in \mathbb{R}^n \mid z = \beta x, x \in Q_1, \beta \geqslant 0\}$ 是凸集．如果集合 Q_1 有界，但不包含原点，那么它也是闭集．

5. 两个集合 Q_1，Q_2 的凸包

$$\text{Conv}(Q_1, Q_2) = \{z \in \mathbb{R}^n \mid z = \alpha x + (1-\alpha)y, x \in Q_1, y \in Q_2, \alpha \in [0, 1]\}$$

是凸集．如果两个集合都有界，那么它的凸包也是闭集．

6. 集合 Q_1 的仿射像集 $\mathscr{A}(Q_1) = \{y \in \mathbb{R}^m \mid y = \mathscr{A}(x), x \in Q_1\}$ 是闭凸集．

7. 集合 Q_2 的逆仿射像集 $\mathscr{A}^{-1}(Q_2) = \{x \in \mathbb{R}^n \mid \mathscr{A}(x) \in Q_2\}$ 是凸集. 如果 Q_2 是有界集, 那么其逆仿射像集也是闭集.

证明

1. 如果 $x_1 \in Q_1 \bigcap Q_2$ 且 $x_2 \in Q_1 \bigcap Q_2$, 则 $[x_1, x_2] \subset Q_1$ 且 $[x_1, x_2] \subset Q_2$. 所以, $[x_1, x_2] \subset Q_1 \bigcap Q_2$. 交的闭性是明显的.

2. 如果 $z_1 = x_1 + y_1$, 其中 $x_1 \in Q_1$, $y_1 \in Q_2$, 且 $z_2 = x_2 + y_2$, 其中 $x_2 \in Q_1$, $y_2 \in Q_2$, 则

$$\alpha z_1 + (1-\alpha)z_2 = [\alpha x_1 + (1-\alpha)x_2]_1 + [\alpha y_1 + (1-\alpha)y_2]_2$$

其中 $[\cdot]_1 \in Q_1$, $[\cdot]_2 \in Q_2$. 假设集合 Q_2 有界, 考虑收敛序列 $z_k = x_k + y_k \to \bar{z}$, 其中 $\{x_k\} \subset Q_1$ 且 $\{y_k\} \subset Q_2$. 由于 Q_2 有界, 则序列 $\{y_k\}$ 收敛(否则, 选择一个收敛子序列), 因此序列 $\{x_k\}$ 也收敛. 这意味着 $\bar{z} \in Q_1 + Q_2$.

3. 若 $z_1 = (x_1, y_1)$, $x_1 \in Q_1$, $y_1 \in Q_2$ 且 $z_2 = (x_2, y_2)$, $x_2 \in Q_1$, $y_2 \in Q_2$, 则

$$\alpha z_1 + (1-\alpha)z_2 = ([\alpha x_1 + (1-\alpha)x_2]_1, [\alpha y_1 + (1-\alpha)y_2]_2)$$

其中 $[\cdot]_1 \in Q_1$, $[\cdot]_2 \in Q_2$. 此外, 如果一个序列 $\{z_k = (x_k, y_k)\} \subset Q_1 \times Q_2$ 收敛到 $\bar{z} = (\bar{x}, \bar{y})$, 这意味着 $x_k \to \bar{x} \in Q_1$ 且 $y_k \to \bar{y} \in Q_2$. 所以点 $\bar{z}$ 属于 $Q_1 \times Q_2$.

[102]

4. 若 $z_1 = \beta_1 x_1$ 满足 $x_1 \in Q_1$, $\beta_1 \geqslant 0$; $z_2 = \beta_2 x_2$ 满足 $x_2 \in Q_1$, $\beta_2 \geqslant 0$. 则对于任何 $\alpha \in [0, 1]$, 我们有

$$\alpha z_1 + (1-\alpha)z_2 = \alpha \beta_1 x_1 + (1-\alpha)\beta_2 x_2 = \gamma(\bar{\alpha} x_1 + (1-\bar{\alpha})x_2)$$

其中 $\gamma = \alpha \beta_1 + (1-\alpha)\beta_2$ 且 $\bar{\alpha} = \alpha \beta_1 / \gamma \in [0, 1]$. 所以, $\mathscr{K}(Q_1)$ 为凸集.

考虑一个收敛序列 $\{z_k = \beta_k x_k \to \bar{z}\}$ 满足 $\{x_k\} \subset Q_1$. 如果 Q_1 为有界集, 则序列 $\{x_k\}$ 有界. 如果 $0 \notin Q_1$, 那么序列 $\{\beta_k\}$ 也有界. 因此, 不失一般性, 假设序列 $\{\beta_k\}$ 和 $\{x_k\}$ 均收敛. 所以, $\bar{z} \in \mathscr{K}(Q_1)$, 可以得出该锥是闭集.

5. 如果 $z_1 = \beta_1 x_1 + (1-\beta_1)y_1$ 满足 $x_1 \in Q_1$, $y_1 \in Q_2$, $\beta_1 \in [0, 1]$, 且 $z_2 = \beta_2 x_2 + (1-\beta_2)y_2$ 满足 $x_2 \in Q_1$, $y_2 \in Q_2$, $\beta_2 \in [0, 1]$, 则对于任意的 $\alpha \in [0, 1]$, 我们有

$$\alpha z_1 + (1-\alpha)z_2 = \alpha(\beta_1 x_1 + (1-\beta_1)y_1) + (1-\alpha)(\beta_2 x_2 + (1-\beta_2)y_2)$$
$$\bar{\alpha}(\bar{\beta}_1 x_1 + (1-\bar{\beta}_1)x_2) + (1-\bar{\alpha})(\bar{\beta}_2 y_1 + (1-\bar{\beta}_2)y_2)$$

其中 $\bar{\alpha} = \alpha \beta_1 + (1-\alpha)\beta_2$, $\bar{\beta}_1 = \alpha \beta_1 / \bar{\alpha}$, $\bar{\beta}_2 = \alpha(1-\beta_1)/(1-\bar{\alpha})$.

假设这两个集合都有界. 现在通过考虑收敛序列 $\{z_k = \beta_k x_k + (1-\beta_k)y_k \to \bar{z}\}$ 满足 $\{\beta_k\} \subset [0, 1]$, $\{x_k\} \subset Q_1$ 且 $\{y_k\} \subset Q_2$, 不失一般性, 假设所有这些序列收敛. 这意味着 $\bar{z} \in \mathrm{Conv}\{Q_1, Q_2\}$.

6. 若 $y_1, y_2 \in \mathscr{A}(Q_1)$, 则对某 $x_1, x_2 \in Q_1$, 有 $y_1 = Ax_1 + b$, $y_2 = Ax_2 + b$. 因此, 对 $y(\alpha) = \alpha y_1 + (1-\alpha)y_2$, $0 \leqslant \alpha \leqslant 1$, 我们有

$$y(\alpha) = \alpha(Ax_1 + b) + (1-\alpha)(Ax_2 + b) = A(\alpha x_1 + (1-\alpha)x_2) + b$$

于是, $y(\alpha) \in \mathscr{A}(Q_1)$. 依据线性算子的连续性, 该集合是闭集.

7. 若 $x_1, x_2 \in \mathscr{A}^{-1}(Q_2)$, 则对某 $y_1, y_2 \in Q_2$, 有 $Ax_1 + b = y_1$, $Ax_2 + b = y_2$. 因此,

对 $x(\alpha) = \alpha x_1 + (1-\alpha)x_2$, $0 \leqslant \alpha \leqslant 1$, 我们有

$$\mathscr{A}(x(\alpha)) = A(\alpha x_1 + (1-\alpha)x_2) + b$$
$$= \alpha(Ax_1 + b) + (1-\alpha)(Ax_2 + b) = \alpha y_1 + (1-\alpha)y_2 \in Q_2$$

设 Q_2 为有界集. 考虑收敛序列 $\{x_k \to \overline{x}\} \subset \mathscr{A}^{-1}(Q_2)$. 这样, 不失一般性, 假设序列 $\{y_k = \mathscr{A}(x_k)\} \subset Q_2$ 收敛到点 $\overline{y} \in Q_2$. 由于 $\overline{y} = A(\overline{x})$, 我们得到结论 $\overline{x} \in \mathscr{A}^{-1}(Q_2)$. 于是, 有界集的逆像是闭集. ∎

103

下面将举例给定理 2.2.8 中的附加假设进行解释, 这些假设是为了保证凸集的某些运算结果具有闭性而引入的.

例 2.2.1 下面所有的例子中, 我们研究无界凸集

$$Q = \left\{ x \in \mathbb{R}^2_+ : x^{(2)} \geqslant \frac{1}{x^{(1)}} \right\}$$

● **两个集合的和** 考虑集合 $\mathbb{R}^{1,2}_+ \stackrel{\text{def}}{=} \{x \in \mathbb{R}^2 : x^{(1)} \geqslant 0, \ x^{(2)} = 0\}$, 则

$$Q - \mathbb{R}^{1,2}_+ = \{x \in \mathbb{R}^2 : x^{(2)} > 0\}$$

为开集. 同时 $Q + \mathbb{R}^{1,2}_+ \equiv Q$ 为闭集.

● **锥包** 设 $0_2 = (0, 0)^{\mathrm{T}} \in \mathbb{R}^2$, 集合

$$\mathscr{K}(Q) = \{x \in \mathbb{R}^2 : x^{(1)} > 0, x^{(2)} > 0\} \bigcup \{0_2\}$$

不是闭集. 且对 $Q_1 = \{x \in \mathbb{R}^2 : \|x - e_1\| \leqslant 1\}$, 我们有

$$\mathscr{K}(Q_1) = \{x \in \mathbb{R}^2 : x^{(1)} > 0\} \bigcup \{0_2\}$$

这也不是闭集.

● **凸包** 注意到 $\mathrm{Conv}\{0_2, Q\} = \mathscr{K}(Q)$, 后者不是闭集.

● **逆仿射像集** 注意到有

$$\{x \in \mathbb{R} : \exists \tau > 0 \ 使得 (\tau, x) \in Q\} = \{x \in \mathbb{R} : x > 0\}$$

该集合是开集. ∎

利用上面的结论, 我们可以验证一些重要集合的凸性.

例 2.2.2

1. **半空间** 由于线性函数是凸函数, 所以集合 $\{x \in \mathbb{R}^n \mid \langle a, x \rangle \leqslant \beta\}$ 是凸集.

2. **多面体** 集合 $\{x \in \mathbb{R}^n \mid \langle a_i, x \rangle \leqslant b_i, i = 1, \cdots, m\}$ 作为凸集的交, 也为凸集.

3. **椭球** 设 $A = A^{\mathrm{T}} \geqslant 0$, 因为 $\langle Ax, x \rangle$ 是凸函数, 集合 $\{x \in \mathbb{R}^n \mid \langle Ax, x \rangle \leqslant r^2\}$ 是凸集. ∎

现在考虑一个集合约束的光滑优化问题:

$$\min_{x \in Q} f(x), \quad f \in \mathscr{F}^1(Q, \|\cdot\|) \tag{2.2.38}$$

104

其中 Q 是一个闭凸集. 假设这个问题的最优集 X^* 非空. 我们当前的任务是描述问题 (2.2.38) 的最优性条件. 很明显以前的条件

$$\nabla f(x) = 0$$

在这里不起作用.

例 2.2.3　考虑下列单变量极小化问题:

$$\min_{x>0} x$$

这里 $Q=\{x\in\mathbb{R}:x\geqslant0\}$ 且 $f(x)=x$. 注意 $x^*=0$ 但 $\nabla f(x^*)=1>0$. ■

定理 2.2.9　令 $f\in\mathscr{F}^1(Q)$ 且集合 Q 是闭凸集, 点 x^* 是问题(2.2.38)的解, 当且仅当对于所有的 $x\in Q$ 有

$$\langle\nabla f(x^*),x-x^*\rangle\geqslant0 \tag{2.2.39}$$

证明　事实上, 如果条件(2.2.39)为真, 则对所有 $x\in Q$ 有

$$f(x)\overset{(2.1.2)}{\geqslant}f(x^*)+\langle\nabla f(x^*),x-x^*\rangle\overset{(2.2.39)}{\geqslant}f(x^*)$$

设 x^* 是问题(2.2.38)的一个解. 假设存在某一 $x\in Q$, 使得

$$\langle\nabla f(x^*),x-x^*\rangle<0$$

考虑函数 $\phi(\alpha)=f(x^*+\alpha(x-x^*))$, $\alpha\in[0,1]$. 注意到

$$\phi(0)=f(x^*),\quad\phi'(0)=\langle\nabla f(x^*),x-x^*\rangle<0$$

因此, 对于足够小的 α, 我们有

$$f(x^*+\alpha(x-x^*))=\phi(\alpha)<\phi(0)=f(x^*)$$

得出矛盾. 故假设不成立, 结论得证. ■

下一个结论常被称为强凸函数的增长性质.

推论 2.2.1　若 $f\in\mathscr{S}_\mu^1(Q,\|\cdot\|)$, 则对任意 $x\in Q$, 我们有

$$f(x)\geqslant f(x^*)+\frac{\mu}{2}\|x-x^*\|^2 \tag{2.2.40}$$

证明　事实上,

$$f(x)\overset{(2.1.20)}{\geqslant}f(x^*)+\langle\nabla f(x^*),x-x^*\rangle+\frac{\mu}{2}\|x-x^*\|^2$$

$$\overset{(2.2.39)}{\geqslant}f(x^*)+\frac{\mu}{2}\|x-x^*\|^2$$

■

推论 2.2.2　设 $f\in C_L^{1,1}(\mathbb{R}^n,\|\cdot\|)$, 则对任意两点 x_1^*, $x_2^*\in X^*$, 我们有

$$\nabla f(x_1^*)=\nabla f(x_2^*),\quad\langle\nabla f(x_1^*),x_1^*\rangle=\langle\nabla f(x_2^*),x_2^*\rangle \tag{2.2.41}$$

证明　事实上, $\langle\nabla f(x_1^*),x_2^*-x_1^*\rangle\overset{(2.2.39)}{\geqslant}$ 和 $\langle\nabla f(x_2^*),x_1^*-x_2^*\rangle\overset{(2.2.39)}{\geqslant}0$ 均成立, 这两个不等式相加, 我们有

$$0\geqslant\langle\nabla f(x_1^*)-\nabla f(x_2^*),x_1^*-x_2^*\rangle\overset{(2.1.11)}{\geqslant}\frac{1}{L}\|\nabla f(x_1^*)-\nabla f(x_2^*)\|_*^2$$

第一个等式得证. 对于 $x^*\in X^*$, 令 $g^*=\nabla f(x^*)$, 则

$$0\overset{(2.2.39)}{\geqslant}\langle\nabla f(x_2^*),x_2^*-x_1^*\rangle\overset{(2.2.41)}{=}\langle g^*,x_2^*-x_1^*\rangle$$

$$\overset{(2.2.41)}{=}\langle\nabla f(x_1^*),x_2^*-x_1^*\rangle\overset{(2.2.39)}{\geqslant}0$$

■

接下来证明存在性定理.

定理 2.2.10 设 $f \in \mathscr{S}_\mu^1(Q, \|\cdot\|)$ 满足 $\mu > 0$, 且集合 Q 是闭凸集, 则问题 (2.2.38) 存在唯一解 x^*.

证明 令 $x_0 \in Q$, 考虑集合 $\overline{Q} = \{x \in Q \,|\, f(x) \leqslant f(x_0)\}$. 注意到问题 (2.2.38) 等价于

$$\min\{f(x) \,|\, x \in \overline{Q}\} \tag{2.2.42}$$

然而, 集合 $\overline{Q}$ 有界: 对于所有的 $x \in \overline{Q}$, 我们有

$$f(x_0) \geqslant f(x) \overset{(2.1.20)}{\geqslant} f(x_0) + \langle \nabla f(x_0), x - x_0 \rangle + \frac{\mu}{2}\|x - x_0\|^2$$

因此, $\|x - x_0\| \leqslant \dfrac{2}{\mu}\|\nabla f(x_0)\|_*$. |106|

于是, 问题 (2.2.42)(即问题 (2.2.38)) 的解 x^* 存在. 接下来证明它的唯一性. 实际上, 如果 x_1^* 也是问题 (2.2.38) 的最优解, 则

$$f^* = f(x_1^*) \overset{(2.2.40)}{\geqslant} f^* + \frac{\mu}{2}\|x_1^* - x^*\|^2$$

所以, $x_1^* = x^*$. ∎

例 2.2.4 设 $f \in \mathscr{F}_\mu^1(Q, \|\cdot\|_p)$, 考虑以下原始极小化问题:

$$f^* = \min_{x \in Q}\{f(x) : Ax = b\} \tag{2.2.43}$$

其中 $A \in \mathbb{R}^{m \times n}$, $b \in \mathbb{R}^m$. 在某些应用中, 集合 Q 和函数 f 都非常简单, 且这个问题的复杂度与集合 Q 和线性约束的非平凡交有关. 在这种情况下, 建议通过对线性约束进行对偶化来求解问题 (2.2.43).

我们引入等式约束的对偶乘子, 并定义拉格朗日函数

$$\mathscr{L}(x, u) = f(x) + \langle u, b - Ax \rangle, \quad x \in Q, u \in \mathbb{R}^m$$

现在定义对偶函数 $\phi(u) = \min\limits_{x \in Q} \mathscr{L}(x, u)$. 根据定理 2.2.10, 该函数对任意 $u \in \mathbb{R}^m$ 有定义. 令 $x(u) = \arg\min\limits_{x \in Q} \mathscr{L}(x, u) \in Q$, $g(u) = b - Ax(u)$. 注意到对任意 u_1 和 $u_2 \in \mathbb{R}^m$, 我们有

$$\phi(u_1) = f(x(u_1)) + \langle u_1, b - Ax(u_1) \rangle \leqslant f(x(u_2)) + \langle u_1, b - Ax(u_2) \rangle$$
$$= \phi(u_2) + \langle u_1 - u_2, g(u_2) \rangle$$

在 $\mathbb{R}^m$ 中引入范数 $\|\cdot\|_d$, 并定义

$$\|A\|_{p,d} = \max_{x,u}\{\langle Ax, u \rangle : \|x\|_p \leqslant 1, \|u\|_d \leqslant 1\} \overset{(2.1.6)}{=} \max_u\{\|A^{\mathrm{T}}u\|_{p^*} : \|u\|_d \leqslant 1\}$$

这样, 对任意 $u_1, u_2 \in \mathbb{R}^n$, 我们有

$$\langle \nabla f(x(u_2)), x(u_1) - x(u_2) \rangle \overset{(2.2.39)}{\geqslant} \langle A^{\mathrm{T}}u_2, x(u_1) - x(u_2) \rangle \tag{2.2.44}$$

因此,

$$\phi(u_1) = f(x(u_1)) + \langle u_1, b - Ax(u_1) \rangle$$

|107|

$$
\begin{aligned}
&\overset{(2.1.20)}{\geqslant} f(x(u_2)) + \langle \nabla f(x(u_2)), x(u_1) - x(u_2) \rangle + \frac{1}{2}\mu \|x(u_1) - x(u_2)\|_p^2 \\
&\qquad + \langle u_1, b - Ax(u_1) \rangle \\
&\overset{(2.2.44)}{\geqslant} f(x(u_2)) + \langle u_2, A(x(u_1) - x(u_2)) \rangle + \frac{1}{2}\mu \|x(u_1) - x(u_2)\|_p^2 \\
&\qquad + \langle u_1, b - Ax(u_1) \rangle \\
&= \phi(u_2) + \langle g(u_2), u_1 - u_2 \rangle - \langle u_1 - u_2, A(x(u_1) - x(u_2)) \rangle \\
&\qquad + \frac{1}{2}\mu \|x(u_1) - x(u_2)\|_p^2 \\
&\geqslant \phi(u_2) + \langle g(u_2), u_1 - u_2 \rangle - \frac{1}{2\mu}(\|A^{\mathrm{T}}(u_1 - u_2)\|_p^*)^2
\end{aligned}
$$

因为 ϕ 是凹函数, 故 $g(u) = \nabla\phi(u)$ 且 $-\phi \overset{(2.1.9)}{\in} \mathscr{F}_L^{1,1}(\mathbb{R}^m, \|\cdot\|_d)$ 满足 $L = \frac{1}{\mu}\|A\|_{p,d}^2$.

现在我们可以用极小化光滑凸函数的任何算法求解拉格朗日对偶问题

$$
\min_{u \in \mathbb{R}^m} \{-\phi(u)\} \tag{2.2.45}
$$

假设这个问题的解 u^* 存在, 我们有

$$
0 = \nabla\phi(u^*) = b - Ax(u^*)
$$

于是, $x(u^*)$ 是问题 $(2.2.43)$ 的可行解. 另一方面,

$$
f^* \overset{(1.3.6)}{\geqslant} f_* \overset{\mathrm{def}}{=} \max_{u \in \mathbb{R}^m} \phi(u) = f(x(u^*)) + \langle u^*, \nabla\phi(u^*) \rangle = f(x(u^*))
$$

所以, $f^* = f_*$, $x(u^*)$ 是问题 $(2.2.43)$ 的最优解.

现在, 假设 $\overline{u} \in \mathbb{R}^m$ 是对偶问题 $(2.2.45)$ 的近似解. 这样, 很显然目标函数在这一点的梯度范数非常重要. 事实上, 它是残差 $b - A(x(\overline{u}))$ 的上界. 另一方面,

$$
f(x(\overline{u})) - f^* = \phi(\overline{u}) - \langle \overline{u}, \nabla\phi(\overline{u}) \rangle \leqslant \|\overline{u}\|_d \cdot \|\nabla\phi(\overline{u})\|_d^*
$$

于是, 对偶函数的梯度的大小同时限定了解的不可行性和最优性的程度.

我们已经在 2.2.2 节中讨论了如何计算具有小的梯度范数的点. 然而, 对于问题 $(2.2.45)$, 情况甚至更简单些. 事实上, 定理 2.2.4 表明, 点列 $\{y_k\}$ 处的平均梯度是依照 $O\left(\frac{1}{k^2}\right)$ 下降的. 对于问题 $(2.2.45)$, 这意味着线性系统 $Ax = b$ 在序列 $\{x(v_k)\} \subset Q$(其中点 $\{v_k\}$ 相当于方法 $(2.2.7)$ 中的点 $\{y_k\}$)的均值点的残差是依照 $O\left(\frac{1}{k^2}\right)$ 下降的. 所以, 这些均值点可以作为原始问题 $(2.2.43)$ 的近似解. ∎

在本节的最后, 我们分析凸集上欧几里得投影的性质. 至本节结束之前, 符号 $\|\cdot\|$ 均表示标准的欧几里得范数.

定义 2.2.2   令 Q 为闭集且 $x_0 \in \mathbb{R}^n$. 定义

$$
\pi_Q(x_0) = \arg\min_{x \in Q} \|x - x_0\| \tag{2.2.46}
$$

称 $\pi_Q(x_0)$ 为点 x_0 在集合 Q 上的**欧几里得投影**.

令 $f(x) = \frac{1}{2}\|x\|^2$. 因为 $\nabla^2 f(x) = I_n$, 所以这个函数属于函数类 $\mathscr{S}_1^2(\mathbb{R}^n)$.

定理 2.2.11　若 Q 为凸集, 则存在唯一投影 $\pi_Q(x_0)$.

证明　事实上, $\pi_0(x_0) = \arg\min_{x \in Q} f(x)$, 其中 $f \in \mathscr{S}_{1,1}^{1,1}(\mathbb{R}^n)$. 因此, 根据定理 2.2.10, $\pi_Q(x_0)$ 有定义且是唯一的.　∎

因为 Q 为闭集, $\pi_Q(x_0) = x_0$ 当且仅当 $x_0 \in Q$.

引理 2.2.7　设 Q 为闭凸集, 且 $x_0 \notin Q$, 则对于任意的 $x \in Q$, 我们有

$$\langle \pi_Q(x_0) - x_0, x - \pi_Q(x_0) \rangle \geqslant 0 \qquad (2.2.47)$$

证明　注意到 $\pi_Q(x_0)$ 是极小化问题 $\min_{x \in Q} f(x)$ 的一个解, 其中 $f(x) = \frac{1}{2}\|x - x_0\|^2$. 因此, 根据定理 2.2.9, 对于所有的 $x \in Q$, 我们有

$$\langle \nabla f(\pi_Q(x_0)), x - \pi_Q(x_0) \rangle \geqslant 0$$

只需注意到 $\nabla f(x) = x - x_0$, 则结论得证.　∎

推论 2.2.3　对任意两点 x_1, $x_2 \in \mathbb{R}^n$, 我们有

$$\|\pi_Q(x_1) - \pi_Q(x_2)\| \leqslant \|x_1 - x_2\| \qquad (2.2.48)$$

证明　事实上, 依据不等式 (2.2.47), 我们有

$$\langle \pi_Q(x_1) - x_1, \pi_Q(x_2) - \pi_Q(x_1) \geqslant 0 \rangle$$
$$\langle \pi_Q(x_2) - x_2, \pi_Q(x_1) - \pi_Q(x_2) \geqslant 0 \rangle$$

把这两个不等式相加, 我们得到

$$\|\pi_Q(x_1) - \pi_Q(x_2)\|^2 \leqslant \langle \pi_Q(x_1) - \pi_Q(x_2), x_1 - x_2 \rangle$$
$$\leqslant \|\pi_Q(x_1) - \pi_Q(x_2)\| \cdot \|x_1 - x_2\|$$
　∎

下面我们介绍投影的三角不等式 (与式 (2.2.36) 相比).

引理 2.2.8　对任意两点 $x \in Q$ 和 $y \in \mathbb{R}^n$, 我们有

$$\|x - \pi_Q(y)\|^2 + \|\pi_Q(y) - y\|^2 \leqslant \|x - y\|^2 \qquad (2.2.49)$$

证明　事实上, 根据不等式 (2.2.47), 我们有

$$\|x - \pi_Q(y)\|^2 - \|x - y\|^2 = \langle y - \pi_Q(y), 2x - \pi_Q(y) - y \rangle$$
$$\leqslant -\|y - \pi_Q(y)\|^2$$
　∎

关于欧几里得投影, 问题 (2.2.38) 的最优解存在一个有用的特征.

定理 2.2.12　设 x^* 为问题 (2.2.38) 的最优解, 则对任意的 $\gamma > 0$, 我们有

$$\pi_Q\left(x^* - \frac{1}{\gamma}\nabla f(x^*)) = x^*\right) \qquad (2.2.50)$$

证明　考虑极小化问题 $\min_{x \in Q} \frac{1}{2}\left\|x - x^* + \frac{1}{\gamma}\nabla f(x^*)\right\|^2$, 其目标函数是强凸的. 因此, 根据定理 2.2.10, 它的解 x^* 存在且唯一. 此外, 根据定理 2.2.9, 最优解 x_* 完全由如下不等式刻画:

$$\left\langle x_* - x^* + \frac{1}{\gamma} \nabla f(x^*), x - x_* \right\rangle \geqslant 0, \quad \forall x \in Q$$

110 所以，$x_* = x^*$. ▪

最后，将介绍凸集的距离函数的一些性质：

$$\rho_Q(x) \overset{\text{def}}{=} \frac{1}{2} \| x - \pi_Q(x) \|^2, \quad x \in \mathbb{R}^n \tag{2.2.51}$$

引理 2.2.9 函数 ρ_Q 是 $\mathbb{R}^n$ 上的可微凸函数，其梯度

$$\nabla \rho_Q(x) = x - \pi_Q(x), \quad x \in \mathbb{R}^n \tag{2.2.52}$$

在标准欧几里得范数下是 Lipschitz 连续的（Lipschitz 常数为 1）.

证明 任取 $\mathbb{R}^n$ 中的两个点 x_1，x_2. 令 $\pi_1 = \pi_Q(x_1) \in Q$，$\pi_2 = \pi_Q(x_2) \in Q$，$g_1 = x_1 - \pi_1$，且 $g_2 = x_2 - \pi_2$. 根据欧几里得恒等式

$$\frac{1}{2} \| g_2 \|^2 = \frac{1}{2} \| g_1 \|^2 + \langle g_1, g_2 - g_1 \rangle + \frac{1}{2} \| g_2 - g_1 \|^2 \tag{2.2.53}$$

我们有

$$\rho_Q(x_2) \underset{(2.2.47)}{\geqslant} \rho_Q(x_1) + \langle x_1 - \pi_Q(x_1), x_2 - x_1 \rangle + \langle \pi_Q(x_1) - x_1, \pi_Q(x_2) - \pi_Q(x_1) \rangle$$

$$\geqslant \rho_Q(x_1) + \langle g_1, x_2 - x_1 \rangle$$

另一方面，

$$\rho_Q(x_2) - \rho_Q(x_1) \overset{(2.2.53)}{=} \langle g_1, g_2 - g_1 \rangle + \frac{1}{2} \| g_2 - g_1 \|^2$$

$$= \langle g_1, x_2 - x_1 \rangle + \langle g_1, \pi_1 - \pi_2 - g_2 \rangle + \frac{1}{2} \| g_1 \|^2 + \frac{1}{2} \| g_2 \|^2$$

$$\overset{(2.2.46)}{\leqslant} \langle g_1, x_2 - x_1 \rangle + \langle g_1, \pi_1 - \pi_2 \rangle + \frac{1}{2} \| g_1 \|^2 + \frac{1}{2} \| x_2 - \pi_1 \|^2$$

$$= \langle g_1, x_2 - x_1 \rangle + \frac{1}{2} \| x_2 - x_1 \|^2$$

于是，对于任意点 x_1，$x_2 \in \mathbb{R}^n$，我们证明了如下关系式：

$$\langle g_1, x_2 - x_1 \rangle \leqslant \rho_Q(x_2) - \rho_Q(x_1) \leqslant \langle g_1, x_2 - x_1 \rangle + \frac{1}{2} \| x_2 - x_1 \|^2$$

因此，函数 ρ_Q 在任意点 $x \in \mathbb{R}^n$ 处是可微的，$\nabla \rho_Q(x) = x - \pi_Q(x)$. 此外，根据条件

111 (2.1.9)，$f \in \mathscr{F}_1^{1,1}(\mathbb{R}^n)$. ▪

2.2.4 梯度映射

与无约束问题相比，在约束极小化问题（2.2.38）中，目标函数的梯度应该区别对待. 在上一节中已经看到，它在最优性条件中的角色发生了变化. 此外，我们不再直接用它进行梯度步迭代，因为结果可能是不可行的. 如果研究对类 $\mathscr{F}_L^{1,1}(\mathbb{R}^n)$ 中函数有用的梯度的主要性质，可以看出有两个性质是非常重要的：第一个重要性质是沿负梯度方向的步骤使函数值减小了与梯度范数平方相当的量，即

$$f\left(x - \frac{1}{L}\,\nabla f(x)\right) \leqslant f(x) - \frac{1}{2L}\|\nabla f(x)\|^2$$

第二个重要性质是不等式

$$\langle \nabla f(x), x - x^* \rangle \geqslant \frac{1}{L}\|\nabla f(x)\|^2$$

研究表明, 对于约束极小化, 我们可以引入继承这两个重要性质的一个对象.

定义 2.2.3 取定 $\gamma > 0$, 定义

$$x_Q(\overline{x};\gamma) = \arg\min_{x \in Q}\left[f(\overline{x}) + \langle \nabla f(\overline{x}), x - \overline{x}\rangle + \frac{\gamma}{2}\|x - \overline{x}\|^2\right] \qquad (2.2.54)$$

$$g_Q(\overline{x};\gamma) = \gamma(\overline{x} - x_Q(\overline{x};\gamma))$$

我们称 $x_Q(\overline{x}, \gamma)$ 为**梯度映射**, $g_Q(\overline{x}, \gamma)$ 为函数 f 在 Q 上的**约简梯度**.

注意在此定义中优化问题的目标函数可以写成

$$f(\overline{x}) + \frac{\gamma}{2}\left\|x - \overline{x} + \frac{1}{\gamma}\,\nabla f(\overline{x})\right\|^2 - \frac{1}{2\gamma}\|\nabla f(\overline{x})\|^2 \qquad (2.2.55)$$

于是, $x_Q(\overline{x}, \gamma)$ 是点 $\overline{x} - \frac{1}{\gamma}\nabla f(\overline{x})$ 在可行集上的投影. 对 $Q \equiv \mathbb{R}^n$, 我们有

$$x_Q(\overline{x};\gamma) = \overline{x} - \frac{1}{\gamma}\,\nabla f(\overline{x}), \quad g_Q = (\overline{x};\gamma) = \nabla f(\overline{x})$$

值 $\frac{1}{\gamma}$ 可以被视为 "梯度" 的自然步长

$$\overline{x} \to x_Q(\overline{x};\gamma) \overset{(2.2.54)}{=} \overline{x} - \frac{1}{\gamma}g_Q(\overline{x};\gamma) \qquad (2.2.56)$$

注意到根据定理 2.2.10, 梯度映射必有定义. 此外, 它对任意 $\overline{x} \in \mathbb{R}^n$ 有定义, 而不必限定 $\overline{x}$ 在集合 Q 上.

下面列出梯度映射的主要性质.

定理 2.2.13 令 $f \in \mathscr{S}_{\mu,L}^{1,1}(Q)$, $\gamma \geqslant L$, $\overline{x} \in \mathbb{R}^n$, 则对任意的 $x \in Q$, 我们有

$$f(x) \geqslant f(x_Q(\overline{x};\gamma)) + \langle g_Q(\overline{x};\gamma), x - \overline{x}\rangle + \frac{1}{2\gamma}\|g_Q(\overline{x};\gamma)\|^2 + \frac{\mu}{2}\|x - \overline{x}\|^2 \qquad (2.2.57)$$

证明 令 $x_Q = x_Q(\gamma, \overline{x})$, $g_Q = g_Q(\gamma, \overline{x})$ 且

$$\phi(x) = f(\overline{x}) + \langle \nabla f(\overline{x}), x - \overline{x}\rangle + \frac{\gamma}{2}\|x - \overline{x}\|^2$$

那么, $\nabla\phi(x) = \nabla f(\overline{x}) + \gamma(x - \overline{x})$, 且对任意的 $x \in Q$, 我们有

$$\langle \nabla f(\overline{x}) - g_Q, x - x_Q\rangle = \langle \nabla\phi(x_Q), x - x_Q\rangle \overset{(2.2.39)}{\geqslant} 0$$

因此,

$$f(x) - \frac{\mu}{2}\|x - \overline{x}\|^2 \overset{(2.1.20)}{\geqslant} f(\overline{x}) + \langle \nabla f(\overline{x}), x - \overline{x}\rangle$$

$$= f(\overline{x}) + \langle \nabla f(\overline{x}), x_Q - \overline{x}\rangle + \langle \nabla f(\overline{x}), x - x_Q\rangle$$

$$\geqslant f(\overline{x}) + \langle \nabla f(\overline{x}), x_Q - \overline{x}\rangle + \langle g_Q, x - x_Q\rangle$$

112

$$= \quad \phi(x_Q) - \frac{\gamma}{2}\|x_Q - \overline{x}\|^2 + \langle g_Q, x - x_Q \rangle$$

$$= \quad \phi(x_Q) - \frac{1}{2\gamma}\|g_Q\|^2 + \langle g_Q, x - x_Q \rangle$$

$$= \quad \phi(x_Q) + \frac{1}{2\gamma}\|g_Q\|^2 + \langle g_Q, x - \overline{x} \rangle$$

因为 $\gamma \geqslant L$，故 $\phi(x_Q) \overset{(2.1.9)}{\geqslant} f(x_Q)$.

推论 2.2.4　令 $f \in \mathscr{S}_{\mu, L}^{1,1}(Q)$，$\gamma \geqslant L$，且 $\overline{x} \in Q$，则

$$f(x_Q(\overline{x}; \gamma)) \leqslant f(\overline{x}) - \frac{1}{2\gamma}\|g_Q(\overline{x}; \gamma)\|^2 \tag{2.2.58}$$

$$\langle g_Q(\overline{x}; \gamma), \overline{x} - x^* \rangle \geqslant \frac{1}{2\gamma}\|g_Q(\overline{x}; \gamma)\|^2 + \frac{\mu}{2}\|\overline{x} - x^*\|^2 + \frac{\mu}{2}\|x_Q(\overline{x}; \gamma) - x^*\|^2 \tag{2.2.59}$$

证明　事实上，在式(2.2.57)中取 $x = \overline{x}$，可得式(2.2.58). 在式(2.2.57)中取 $x = x^*$，因为

$$f(x_Q(\overline{x}; \gamma)) \overset{(2.2.40)}{\geqslant} f(x^*) + \frac{\mu}{2}\|x_Q(\overline{x}; \gamma) - x^*\|^2$$

我们得到(2.2.59).

2.2.5　简单集上的极小化问题

我们来说明我们可以用梯度映射来求解如下问题：

$$\min_{x \in Q} f(x)$$

其中 $f \in \mathscr{S}_{\mu, L}^{1,1}$ 且 Q 闭凸集. 我们假设集合 Q 足够简单，以至于梯度映射可以由闭式表达式直接计算. 这个假设适用于某些简单集，如非负象限约束、n 维盒子约束、单纯形约束、欧几里得球约束，等等.

我们从梯度法开始研究.

简单集约束的梯度法
0. 选择初始点 $x_0 \in Q$ 和参数 $\gamma > 0$.
1. 第 k 次迭代($k \geqslant 0$)： $$x_{k+1} = x_k - \frac{1}{\gamma}g_Q(x_k; \gamma)$$

(2.2.60)

注意到在这个算法中

$$x_{k+1} \overset{(2.2.56)}{=} x_Q(x_k; \gamma) = \pi_Q\left(x_k - \frac{1}{\gamma}\nabla f(x_k)\right) \tag{2.2.61}$$

该算法的效率分析与其无约束条件下的分析非常相似.

定理 2.2.14　令 $f \in \mathscr{S}_{\mu, L}^{1,1}(\mathbb{R}^n)$. 如果在算法(2.2.60)中 $\gamma \geqslant \frac{L + \mu}{2}$，则

$$\| x_k - x^* \| \leqslant \left(1 - \frac{\mu}{\gamma} \right)^k \| x_0 - x^* \|$$

114

证明 令 $r_k = \| x_k - x^* \|$，则根据定理 2.2.12，我们有

$$r_{k+1}^2 \overset{(2.2.61)}{=} \left\| \pi_Q \left(x_k - \frac{1}{\gamma} \nabla f(x_k) \right) - \pi_Q \left(x^* - \frac{1}{\gamma} \nabla f(x^*) \right) \right\|^2$$

$$\overset{(2.2.48)}{\leqslant} \left\| x_k - x^* - \frac{1}{\gamma} (\nabla f(x_k) - \nabla f(x^*)) \right\|^2$$

$$= r_k^2 - \frac{2}{\gamma} \langle \nabla f(x_k) - \nabla f(x^*), x_k - x^* \rangle + \frac{1}{\gamma^2} \| \nabla f(x_k) - \nabla f(x^*) \|^2$$

$$\overset{(2.1.32)}{\leqslant} \left(1 - \frac{2}{\gamma} \cdot \frac{\mu L}{\mu + L} \right) r_k^2 + \left(\frac{1}{\gamma^2} - \frac{2}{\gamma} \cdot \frac{1}{\mu + L} \right) \| \nabla f(x_k) - \nabla f(x^*) \|^2$$

$$\overset{(2.1.26)}{\leqslant} \left(1 - \frac{2}{\gamma} \cdot \frac{\mu L}{\mu + L} + \mu^2 \left(\frac{1}{\gamma^2} - \frac{2}{\gamma} \cdot \frac{1}{\mu + L} \right) \right) r_k^2 = \left(1 - \frac{\mu}{\gamma} \right)^2 r_k^2 \qquad \blacksquare$$

于是，对于伸缩因子 $\gamma = \frac{L + \mu}{2}$ 的最小值，算法 (2.2.60) 具有与无约束算法 (2.1.37) 相同的收敛速度，即

$$\| x_k - x^* \| \leqslant \left(\frac{L - \mu}{L + \mu} \right)^k \| x_0 - x^* \| \qquad (2.2.62)$$

现在研究最优算法. 我们只给出其分析说明的概要，因为这与 2.2.1 节中的分析非常相似.

首先，定义估计序列. 假设 $x_0 \in Q$，定义

$$\phi_0(x) = f(x_0) + \frac{\gamma_0}{2} \| x - x_0 \|^2$$

$$\phi_{k+1}(x) = (1 - \alpha_k) \phi_k(x) + \alpha_k \Big[f(x_Q(y_k; L)) + \frac{1}{2L} \| g_Q(y_k; L) \|^2$$

$$+ \langle g_Q(y_k; L), x - y_k \rangle + \frac{\mu}{2} \| x - y_k \|^2 \Big], \quad k \geqslant 0$$

注意到更新估计函数 $\phi_k(\cdot)$ 的迭代规则发生了改变. 原因是现在必须用不等式 (2.2.57)，而不是 (2.1.20). 但是，这种修改并不改变迭代过程中的函数项，只影响常数项. 因此，可以保留 2.2.1 节中的所有复杂度结果.

很容易看到，估计序列 $\{\phi_k(\cdot)\}$ 可以表示成更标准的形式：

$$\phi_k(x) = \phi_k^* + \frac{\gamma_k}{2} \| x - v_k \|^2$$

115

用下面的 γ_k，v_k 和 ϕ_k^* 的迭代规则：

$$\gamma_{k+1} = (1 - \alpha_k) \gamma_k + \alpha_k \mu$$

$$v_{k+1} = \frac{1}{\gamma_{k+1}} [(1 - \alpha_k) \gamma_k v_k + \alpha_k \mu y_k - \alpha_k g_Q(y_k; L)]$$

$$\phi_{k+1}^* = (1 - \alpha_k) \phi_k^* + \alpha_k f(x_Q(y_k; L)) + \left(\frac{\alpha_k}{2L} - \frac{\alpha_k^2}{2\gamma_{k+1}} \right) \| g_Q(y_k; L) \|^2$$

$$+ \frac{\alpha_k(1-\alpha_k)\gamma_k}{\gamma_{k+1}}\left(\frac{\mu}{2}\|y_k-v_k\|^2+\langle g_Q(y_k;L),v_k-y_k\rangle\right)$$

进一步，假设 $\phi_k^* \geqslant f(x_k)$，使用不等式

$$f(x_k) \overset{(2.2.57)}{\geqslant} f(x_Q(y_k;L))+\langle g_Q(y_k;L),x_k-y_k\rangle+\frac{1}{2L}\|g_Q(y_k;L)\|^2+\frac{\mu}{2}\|x_k-y_k\|^2]$$

我们可以得到如下下界：

$$\phi_{k+1}^* \geqslant (1-\alpha_k)f(x_k)+\alpha_k f(x_Q(y_k;L))+\left(\frac{\alpha_k}{2L}-\frac{\alpha_k^2}{2\gamma_{k+1}}\right)\|g_Q(y_k;L)\|^2$$

$$+\frac{\alpha_k(1-\alpha_k)\gamma_k}{\gamma_{k+1}}\langle g_Q(y_k;L),v_k-y_k\rangle$$

$$\geqslant f(x_Q(y_k;L))+\left(\frac{1}{2L}-\frac{\alpha_k^2}{2\gamma_{k+1}}\right)\|g_Q(y_k;L)\|^2$$

$$+(1-\alpha_k)\left\langle g_Q(y_k;L),\frac{\alpha_k\gamma_k}{\gamma_{k+1}}(v_k-y_k)+x_k-y_k\right\rangle$$

于是，再一次我们选择

$$x_{k+1}=x_Q(y_k;L)$$
$$L\alpha_k^2=(1-\alpha_k)\gamma_k+\alpha_k\mu\equiv\gamma_{k+1}$$
$$y_k=\frac{1}{\gamma_k+\alpha_k\mu}(\alpha_k\gamma_k v_k+\gamma_{k+1}x_k)$$

116

下面列出算法(2.2.20)相应变形.

简单集的定步长算法 Ⅱ

0. 选择初始点 $x_0\in Q$，$\alpha_0\in\left[\sqrt{q_f},\dfrac{2(3+q_f)}{3+\sqrt{21+4q}}\right]$，令 $y_0=x_0$.

1. 第 k 次迭代 $(k\geqslant0)$：

   (a)计算 $f(y_k)$ 和 $\nabla f(y_k)$，置 $x_{k+1}=x_Q(y_k;\ L)$.

   (b)根据方程

$$\alpha_{k+1}^2=(1-\alpha_{k+1})\alpha_k^2+q_f\alpha_{k+1}$$

   计算 $\alpha_{k+1}\in(0,\ 1)$，置 $\beta_k=\dfrac{\alpha_k(1-\alpha_k)}{\alpha_k^2+\alpha_{k+1}}$ 和 $y_{k+1}=x_{k+1}+\beta_k(x_{k+1}-x_k)$.

(2.2.63)

该算法的收敛速度由定理 2.2.3 给出. 注意到只有点列 $\{x_k\}$ 对集合 Q 是可行的，序列 $\{y_k\}$ 用于计算梯度映射，它可能是不可行的.

2.3 具有光滑分量的极小化问题

（极小极大问题；梯度映射；梯度法；最优方法；函数约束问题；约束极小化问题的算法.）

2.3.1 极小极大问题

通常，优化问题中的目标函数由多个函数分量构成．例如，复杂系统的可靠性通常被定义其各部件的最低可靠性．带有函数约束的约束极小化问题也为我们提供了几个非线性函数相互作用的例子，等等．

这种类型中最简单的问题被称为（离散）极小极大问题．在本节中，将考虑光滑极小极大问题：

$$\min_{x \in Q}\left[f(x) = \max_{1 \leqslant i \leqslant m} f_i(x)\right] \tag{2.3.1}$$

117

其中 $f_i \in \mathscr{S}_{\mu,L}^{1,1}(\mathbb{R}^n, \|\cdot\|)$，$i = 1, \cdots, m$，$Q$ 是闭凸集．我们称函数 f 为由函数分量 $f_i(x)$ 组成的极大型函数．记 $f \in \mathscr{S}_{\mu,L}^{1,1}(\mathbb{R}^n, \|\cdot\|)$，如果函数 f 中所有的函数分量均属于这个类．

注意到，通常函数 f 是不可微的．然而，假设所有的 f_i 均可微，我们可以引入一个对象，其性质恰好像是可微函数的线性近似．

定义 2.3.1 设 f 为极大型函数：

$$f(x) = \max_{1 \leqslant i \leqslant m} f_i(x)$$

则函数

$$f(\overline{x}; x) = \max_{1 \leqslant i \leqslant m}\left[f_i(\overline{x}) + \langle \nabla f_i(\overline{x}), x - \overline{x}\rangle\right]$$

被称为函数 f 在点 $\overline{x}$ 处的**线性化**.

将下述结论与不等式 (2.1.20) 和 (2.1.9) 进行比较．

引理 2.3.1 对 $\mathbb{R}^n$ 中的任意两点 $x, \overline{x}$，我们有

$$f(x) \geqslant f(\overline{x}; x) + \frac{\mu}{2}\|x - \overline{x}\|^2 \tag{2.3.2}$$

$$f(x) \leqslant f(\overline{x}; x) + \frac{L}{2}\|x - \overline{x}\|^2 \tag{2.3.3}$$

证明 事实上，对所有的 $i = 1, \cdots, m$，我们有

$$f_i(x) \overset{(2.1.20)}{\geqslant} f_i(\overline{x}) + \langle \nabla f_i(\overline{x}), x - \overline{x}\rangle + \frac{\mu}{2}\|x - \overline{x}\|^2$$

对这些不等式关于 i 取极大，可得式 (2.3.2)．

为了证明式 (2.3.3)，只需类似使用如下等式：

$$f_i(x) \overset{(2.1.9)}{\leqslant} f_i(\overline{x}) + \langle \nabla f_i(\overline{x}), x - \overline{x}\rangle + \frac{L}{2}\|x - \overline{x}\|^2, \quad i = 1, \cdots, m \qquad \blacksquare$$

下面叙述问题 (2.3.1) 的最优性条件（与定理 2.2.9 相比较）．

定理 2.3.1 点 $x^* \in Q$ 是问题 (2.3.1) 的最优解，当且仅当对任意的 $x \in Q$，我们有

$$f(x^*; x) \geqslant f(x^*; x^*) = f(x^*) \tag{2.3.4}$$

118

证明 事实上，如果条件 (2.3.4) 成立，则对于所有 $x \in Q$，有

$$f(x) \overset{(2.3.2)}{\geqslant} f(x^*;x) \geqslant f(x^*;x^*) = f(x^*)$$

设 x^* 是问题(2.3.1)的最优解. 假设存在 $x \in Q$, 使得 $f(x^*;x) < f(x^*)$. 考虑函数

$$\phi_i(\alpha) = f_i(x^* + \alpha(x - x^*)), \quad i = 1, \cdots, m$$

注意到对于所有 i, $1 \leqslant i \leqslant m$, 我们有

$$f_i(x^*) + \langle \nabla f_i(x^*), x - x^* \rangle < f(x^*) = \max_{1 \leqslant i \leqslant m} f_i(x^*)$$

因此, 要么 $\phi_i(0) \equiv f_i(x^*) < f(x^*)$, 要么

$$\phi_i(0) = f(x^*), \quad \phi_i'(0) = \langle \nabla f_i(x^*), x - x^* \rangle < 0$$

于是, 对于足够小的 α, 我们有

$$f_i(x^* + \alpha(x - x^*)) = \phi_i(\alpha) < f(x^*), \quad 1 \leqslant i \leqslant m$$

得出矛盾. ∎

推论 2.3.1   设 x^* 是极大型函数 $f(\cdot)$ 在集合 Q 上的极小点. 若 f 属于 $\mathscr{S}_\mu^1(\mathbb{R}^n, \|\cdot\|)$, 则对于所有的 $x \in Q$, 有

$$f(x) \geqslant f(x^*) + \frac{\mu}{2} \|x - x^*\|^2$$

证明   事实上, 根据式(2.3.2)和定理 2.3.1, 对任意 $x \in Q$, 我们有

$$f(x) \geqslant f(x^*;x) + \frac{\mu}{2} \|x - x^*\|^2 \geqslant f(x^*;x^*) + \frac{\mu}{2} \|x - x^*\|^2$$

$$= f(x^*) + \frac{\mu}{2} \|x - x^*\|^2$$

∎

最后, 来证明一个存在性定理.

定理 2.3.2   设极大型函数 f 属于 $\mathscr{S}_\mu^1(\mathbb{R}^n, \|\cdot\|)$, 其中 $\mu > 0$, 且 Q 是一个闭凸集, 则问题(2.3.1)存在唯一的最优解 x^*.

证明   令 $\overline{x} \in Q$, 考虑集合 $\overline{Q} = \{x \in Q \mid f(x) \leqslant f(\overline{x})\}$. 注意问题(2.3.1)等价于如下问题:

$$\min\{f(x) \mid x \in \overline{Q}\} \tag{2.3.5}$$

然而, 集合 $\overline{Q}$ 是有界的: 因为对任何 $x \in \overline{Q}$, 我们有

$$f(\overline{x}) \geqslant f_i(x) \overset{(2.1.20)}{\geqslant} f_i(\overline{x}) + \langle \nabla f_i(\overline{x}), x - \overline{x} \rangle + \frac{\mu}{2} \|x - \overline{x}\|^2, \quad i = 1, \cdots, m$$

所以,

$$\frac{\mu}{2} \|x - \overline{x}\|^2 \leqslant \|\nabla f_i(\overline{x})\|_* \cdot \|x - \overline{x}\| + f(\overline{x}) - f_i(\overline{x}), \quad i = 1, \cdots, m$$

于是, 问题(2.3.5)(即问题(2.3.1))的解存在.

若 x_1^* 是问题(2.3.1)的另一个最优解, 则

$$f(x^*) = f(x_1^*) \overset{(2.3.2)}{\geqslant} f(x^*;x_1^*) + \frac{\mu}{2} \|x_1^* - x^*\|^2 \overset{(2.3.4)}{\geqslant} f(x^*) + \frac{\mu}{2} \|x_1^* - x^*\|^2$$

因此, $x_1^* = x^*$. ∎

2.3.2 梯度映射

在 2.2.4 节中，我们引入了约简梯度，它代替了一个简单集上的约束极小化问题的通常梯度. 由于极大型函数的线性化与光滑函数的线性化非常类似，我们可以将这个概念应用于这个具体问题中. 至本章结束，我们都将使用标准的欧几里得范数.

取定 $\gamma > 0$ 和点 $\overline{x} \in \mathbb{R}^n$，对于极大型函数 f，定义

$$f_\gamma(\overline{x}; x) = f(\overline{x}; x) + \frac{\gamma}{2}\|x - \overline{x}\|^2$$

以下定义是定义 2.2.3 的推广.

定义 2.3.2 定义

$$f^*(\overline{x}; \gamma) = \min_{x \in Q} f_\gamma(\overline{x}; x)$$

$$x_f(\overline{x}; \gamma) = \arg\min_{x \in Q} f_\gamma(\overline{x}; x)$$

$$g_f(\overline{x}; \gamma) = \gamma(\overline{x} - x_f(\overline{x}; \gamma))$$

我们称 $x_f(x; \gamma)$ 为**梯度映射**，$g_f(\overline{x}; \gamma)$ 为极大型函数在集合 Q 上的**约简梯度**.

当 $m = 1$ 时，此定义等价于定义 2.2.3. 注意到线性化的点 $\overline{x}$ 不必属于集合 Q，同时，现在点 $x_f(\overline{x}; \gamma)$ 不能解释为类似(2.2.55)的投影.

显然函数 $f_\gamma(\overline{x}; \cdot)$ 为极大型函数，其组成分量为

$$f_i(\overline{x}) + \langle \nabla f_i(\overline{x}), x - \overline{x} \rangle + \frac{\gamma}{2}\|x - \overline{x}\|^2 \in \mathscr{F}_{\gamma;\gamma}^{1,1}(\mathbb{R}^n), \quad i = 1, \cdots, m$$

因此，梯度映射有定义(见定理 2.3.2).

现在来证明这一节的主要结论，它强调了梯度映射的性质与约简梯度的性质之间的相似性(与定理 2.2.13 相比较).

定理 2.3.3 对于所有的 $x \in Q$，$\gamma \geqslant L$，$\overline{x} \in \mathbb{R}^n$，我们有

$$f(\overline{x}; x) \geqslant f^*(\overline{x}; \gamma) + \langle g_f(\overline{x}; \gamma), x - \overline{x} \rangle + \frac{1}{2\gamma}\|g_f(\overline{x}; \gamma)\|^2 \tag{2.3.6}$$

证明 令 $x_f = x_f(\overline{x}; \gamma)$，$g_f = g_f(\overline{x}; \gamma)$. 很明显，$f_\gamma(\overline{x}; \cdot) \in \mathscr{S}_{\gamma;\gamma}^{1,1}(\mathbb{R}^n)$，它是一个极大型函数. 所以，前一节的所有结果对函数 f_γ 都适用.

因为 $x_f = \arg\min_{x \in Q} f_\gamma(\overline{x}; x)$，根据推论 2.3.1 和定理 2.3.1，我们有

$$f(\overline{x}; x) = f_\gamma(\overline{x}; x) - \frac{\gamma}{2}\|x - \overline{x}\|^2$$

$$\geqslant f_\gamma(\overline{x}; x_f) + \frac{\gamma}{2}(\|x - x_f\|^2 - \|x - \overline{x}\|^2)$$

$$\geqslant f^*(\overline{x}; \gamma) + \frac{\gamma}{2}\langle \overline{x} - x_f, 2x - x_f - \overline{x} \rangle$$

$$= f^*(\overline{x}; \gamma) + \frac{\gamma}{2}\langle \overline{x} - x_f, 2(x - \overline{x}) + \overline{x} - x_f \rangle$$

$$= f^*(\overline{x};\gamma) + \langle g_f, x - \overline{x} \rangle + \frac{1}{2\gamma} \|g_f\|^2 \qquad \blacksquare$$

在接下来的内容中，我们会经常使用定理 2.3.3 的如下推论.

推论 2.3.2 设 $f \in \mathscr{S}_{\mu,L}^{1,1}$，$\gamma \geqslant L$，则

1. 对于任意 $x \in Q$ 及 $\overline{x} \in \mathbb{R}^n$，我们有

$$f(x) \geqslant f(x_f(\overline{x};\gamma)) + \langle g_f(\overline{x};\gamma), x - \overline{x} \rangle + \frac{1}{2\gamma} \|g_f(\overline{x};\gamma)\|^2 + \frac{\mu}{2} \|x - \overline{x}\|^2 \qquad (2.3.7)$$

2. 若 $\overline{x} \in Q$，则

$$f(x_f(\overline{x};\gamma)) \leqslant f(\overline{x}) - \frac{1}{2\gamma} \|g_f(\overline{x};\gamma)\|^2 \qquad (2.3.8)$$

3. 对任意 $\overline{x} \in \mathbb{R}^n$，我们有

$$\langle g_f(\overline{x};\gamma), \overline{x} - x^* \rangle \geqslant \frac{1}{2\gamma} \|g_f(\overline{x};\gamma)\|^2 + \frac{\mu}{2} \|x^* - \overline{x}\|^2 \qquad (2.3.9)$$

证明 假设 $\gamma \geqslant L$，意味着 $f^*(\overline{x};\gamma) \geqslant f(x_f(\overline{x};\gamma))$. 因此，由式 (2.3.6) 可得式 (2.3.7)，这是因为

$$f(x) \geqslant f(\overline{x};x) + \frac{\mu}{2} \|x - \overline{x}\|^2$$

对所有 $x \in \mathbb{R}^n$ 成立 (见引理 2.3.1).

在式 (2.3.7) 中令 $x = \overline{x}$，可得式 (2.3.8). 在式 (2.3.7) 中令 $x = x^*$，由于 $f(x_f(\overline{x};\gamma)) - f(x^*) \geqslant 0$，可得到式 (2.3.9) 成立. $\blacksquare$

最后，我们来估计最优值 $f^*(\overline{x};\gamma)$ 作为 γ 的函数的变化趋势.

引理 2.3.2 对任意 γ_1，$\gamma_2 > 0$，$\overline{x} \in \mathbb{R}^n$，我们有

$$f^*(\overline{x};\gamma_2) \geqslant f^*(\overline{x};\gamma_1) + \frac{\gamma_2 - \gamma_1}{2\gamma_1\gamma_2} \|g_f(\overline{x};\gamma_1)\|^2$$

证明 令 $x_i = x_f(\overline{x};\gamma_i)$，$g_i = g_f(\overline{x};\gamma_i)$，$i = 1, 2$，根据式 (2.3.6)，对任意 $x \in Q$，我们有

$$f(\overline{x};x) + \frac{\gamma_2}{2} \|x - \overline{x}\|^2 \geqslant f^*(\overline{x};\gamma_1) + \langle g_1, x - \overline{x} \rangle$$
$$+ \frac{1}{2\gamma_1} \|g_1\|^2 + \frac{\gamma_2}{2} \|x - \overline{x}\|^2 \qquad (2.3.10)$$

特别，当 $x = x_2$ 时，我们得到

$$f^*(\overline{x};\gamma_2) = f(\overline{x};x_2) + \frac{\gamma_2}{2} \|x_2 - \overline{x}\|^2$$

$$\geqslant f^*(\overline{x};\gamma_1) + \langle g_1, x_2 - \overline{x} \rangle + \frac{1}{2\gamma_1} \|g_1\|^2 + \frac{\gamma_2}{2} \|x_2 - \overline{x}\|^2$$

$$= f^*(\overline{x};\gamma_1) + \frac{1}{2\gamma_1} \|g_1\|^2 - \frac{1}{\gamma_2} \langle g_1, g_2 \rangle + \frac{1}{2\gamma_2} \|g_2\|^2$$

$$\geqslant f^*(\overline{x};\gamma_1) + \frac{1}{2\gamma_1}\|g_1\|^2 - \frac{1}{2\gamma_2}\|g_1\|^2$$

122

2.3.3　极小极大问题的极小化方法

和往常一样，我们从定步长梯度法的一种变形开始介绍求解问题(2.3.1)的数值算法.

极大极小问题的梯度法
0. 选择 $x_0 \in Q$ 和 $h>0$;
1. 第 k 次迭代$(k\geqslant 0)$:
$\qquad x_{k+1} = x_k - hg_f(x_k;L)$

$(2.3.11)$

定理 2.3.4　令 $f \in \mathscr{S}_{\mu;L}^{1;1}(\mathbb{R}^n)$，如果在算法(2.3.11)中选择 $h \leqslant \dfrac{1}{L}$，则算法形成的可行点序列满足

$$\|x_k - x^*\|^2 \leqslant (1-\mu h)^k\|x_0 - x^*\|^2, \quad k \geqslant 0$$

证明　令 $r_k = \|x_k - x^*\|$，$g_k = g_f(x_k;L)$，则根据式(2.3.9)，我们有

$$r_{k+1}^2 = \|x_k - x^* - hg_k\|^2 = r_k^2 - 2h\langle g_k, x_k - x^*\rangle + h^2\|g_k\|^2$$

$$\leqslant (1-h\mu)r_k^2 + h\left(h - \frac{1}{L}\right)\|g_k\|^2 \leqslant (1-h\mu)r_k^2$$

令 $\alpha = hL \leqslant 1$，则 $x_{k+1} = (1-\alpha)x_k + \alpha x_f(x_k, L) \in Q$.

若取最大步长 $h = \dfrac{1}{L}$，我们有

$$x_{k+1} = x_k - \frac{1}{L}g_f(x_k;L) = x_f(x_k;L)$$

对于该步长，算法(2.3.11)的收敛速度为

$$\|x_k - x^*\|^2 \leqslant \left(1 - \frac{\mu}{L}\right)^k\|x_0 - x^*\|^2$$

与定理 2.2.14 相比，极小极大问题的梯度法的收敛速度与条件数具有相似的依赖性.

我们来验证，对最优算法我们能作什么讨论. 为了得到一个最优算法，我们需要引入有某迭代更新规则的估计序列. 形式上来说，极小极大问题与无约束极小化问题的区别仅在于目标函数下界近似的解析形式. 在无约束极小化问题中，我们使用不等式(2.1.20)更新估计序列. 现在将用下界(2.3.7)替换它.

123

下面引入问题(2.3.1)的估计序列. 取定点 $x_0 \in Q$ 和系数 $\gamma_0 > 0$. 考虑序列 $\{y_k\} \subset \mathbb{R}^n$ 和 $\{\alpha_k\} \subset (0, 1)$，定义

$$\phi_0(x) = f(x_0) + \frac{\gamma_0}{2}\|x - x_0\|^2$$

$$\phi_{k+1}(x) = (1-\alpha_k)\phi_k(x) + \alpha_k\left[f(x_f(y_k;L)) + \frac{1}{2L}\|g_f(y_k;L)\|^2\right]$$

$$+ \langle g_f(y_k; L), x - y_k \rangle + \frac{\mu}{2} \| x - y_k \|^2 \Big]$$

将上述关系式与式(2.2.4)进行比较，可以看到，只有常数项（如方框中显示）有区别. 在式(2.2.4)中，这个位置用的是 $f(y_k)$. 这个差异导致引理 2.2.3 的结果的一个小的修改：所有出现的 $f(y_k)$ 必须形式上由方框中的表达式替换，且 $\nabla f(y_k)$ 必须由约简梯度 $g_f(y_k; L)$ 替换. 于是，我们得到如下引理.

引理 2.3.3   对所有 $k \geqslant 0$，我们有

$$\phi_k(x) \equiv \phi_k^* + \frac{\gamma_k}{2} \| x - v_k \|^2$$

其中序列 $\{\gamma_k\}$，$\{v_k\}$ 和 $\{\phi_k^*\}$ 定义为 $v_0 = x_0$，$\phi_0^* = f(x_0)$，且

$$\gamma_{k+1} = (1 - \alpha_k)\gamma_k + \alpha_k \mu$$

$$v_{k+1} = \frac{1}{\gamma_{k+1}} \big[(1 - \alpha_k)\gamma_k v_k + \alpha_k \mu y_k - \alpha_k g_f(y_k; L) \big]$$

$$\phi_{k+1}^* = (1 - \alpha_k)\phi_k + \alpha_k \left(f(x_f(y_k; L)) + \frac{1}{2L} \| g_f(y_k; L) \|^2 \right) + \frac{\alpha_k^2}{2\gamma_{k+1}} \| g_f(y_k; L) \|^2$$

$$+ \frac{\alpha_k(1 - \alpha_k)\gamma_k}{\gamma_{k+1}} \left(\frac{\mu}{2} \| y_k - v_k \|^2 + \langle g_f(y_k; L), v_k - y_k \rangle \right) \qquad \blacksquare$$

下面可进行完全类似 2.2 节的推导. 假设 $\phi_k^* \geqslant f(x_k)$. 当取 $x = x_k$ 和 $\overline{x} = y_k$ 时，不等式(2.3.7)就变成

124

$$f(x_k) \geqslant f(x_f(y_k; L)) + \langle g_f(y_k; L), x_k - y_k \rangle + \frac{1}{2L} \| g_f(y_k; L) \|^2 + \frac{\mu}{2} \| x_k - y_k \|^2$$

因此，

$$\phi_{k+1}^* \geqslant (1 - \alpha_k) f(x_k) + \alpha_k f(x_f(y_k; L)) + \left(\frac{\alpha_k}{2L} - \frac{\alpha_k^2}{2\gamma_{k+1}} \right) \| g_f(y_k; L) \|^2$$

$$+ \frac{\alpha_k(1 - \alpha_k)\gamma_k}{\gamma_{k+1}} \langle g_f(y_k; L), v_k - y_k \rangle$$

$$\geqslant f(x_f(y_k; L)) + \left(\frac{1}{2L} - \frac{\alpha_k^2}{2\gamma_{k+1}} \right) \| g_f(y_k; L) \|^2$$

$$+ (1 - \alpha_k) \left\langle g_f(y_k; L), \frac{\alpha_k \gamma_k}{\gamma_{k+1}} (v_k - y_k) + x_k - y_k \right\rangle$$

于是，可再次选择

$$x_{k+1} = x_f(y_k; L)$$

$$L\alpha_k^2 = (1 - \alpha_k)\gamma_k + \alpha_k \mu \equiv r_{k+1}$$

$$y_k = \frac{1}{\gamma_k + \alpha_k \mu} (\alpha_k \gamma_k v_k + \gamma_{k+1} x_k)$$

下面将得到的算法写成类似(2.2.20)的形式，其中消去了序列 $\{v_k\}$ 和 $\{\gamma_k\}$.

> **极小极大问题的定步长算法 II**
>
> 0. 选择 $x_0 \in \mathbb{R}^n$，$\alpha_0 \in \left[\sqrt{q_f}, \dfrac{2(3+q_f)}{3+\sqrt{21+4q_f}}\right]$，置 $y_0 = x_0$；
>
> 1. 第 k 次迭代 $(k \geqslant 0)$：
>   (a) 计算 $\{f_i(y_k)\}_{i=1}^m$ 和 $\{\nabla f_i(y_k)\}_{i=1}^m$. 置 $x_{k+1} = x_f(y_k; L)$；
>   (b) 根据方程 $\alpha_{k+1}^2 = (1-\alpha_{k+1})\alpha_k^2 + q_f \alpha_{k+1}$ 计算 $\alpha_{k+1} \in (0, 1)$；
>   置 $\beta_k = \dfrac{\alpha_k(1-\alpha_k)}{\alpha_k^2 + \alpha_{k+1}}$ 和 $y_{k+1} = x_{k+1} + \beta_k(x_{k+1} - x_k)$.

$(2.3.12)$

该方法的收敛性分析与算法 (2.2.20) 所用的分析方法完全一致，下面仅给出最后的结果.

125

定理 2.3.5　令极大型函数 f 属于 $\mathscr{S}_{\mu,L}^{1,1}$，如果在算法 (2.3.12) 中，取 $\alpha_0 \in \left[\sqrt{q_f}, \dfrac{2(3+q_f)}{3+\sqrt{21+4q_f}}\right]$，则

$$f(x_k) - f^* \leqslant \frac{4\mu\left[f(x_0) - f^* + \dfrac{\gamma_0}{2}\|x_0 - x^*\|^2\right]}{(\gamma_0 - \mu) \cdot \left[\exp\left(\dfrac{k+1}{2}q_f^{1/2}\right) - \exp\left(-\dfrac{k+1}{2}q_f^{1/2}\right)\right]^2}$$

$$\leqslant \frac{4L}{(\gamma_0 - \mu)(k+1)^2}\left[f(x_0) - f^* + \frac{\gamma_0}{2}\|x_0 - x^*\|^2\right]$$

其中 $\gamma_0 = \dfrac{\alpha_0(\alpha_0 L - \mu)}{1 - \alpha_0}$. ∎

注意算法 (2.3.12) 对所有 $\mu \geqslant 0$ 均适用. 下面列出求解具有严格凸分量的问题 (2.3.1) 的算法.

> **满足 $f \in \mathscr{S}_{\mu,L}^{1,1}(\mathbb{R}^n)$ 的极小极大问题的最优算法**
>
> 0. 选择 $x_0 \in Q$，令 $y_0 = x_0$，$\beta = \dfrac{1 - \sqrt{q_f}}{1 + \sqrt{q_f}}$
>
> 1. 第 k 次迭代 $(k \geqslant 0)$：
>   计算 $\{f_i(y_k)\}$ 和 $\{\nabla f_i(y_k)\}$，置 $x_{k+1} = x_f(y_k; L)$，且
> $$y_{k+1} = x_{k+1} + \beta(x_{k+1} - x_k)$$

$(2.3.13)$

定理 2.3.6　对算法 (2.3.13)，我们有

$$f(x_k) - f^* \leqslant 2\left(1 - \frac{\mu}{L}\right)^k (f(x_0) - f^*) \tag{2.3.14}$$

证明　算法 (2.3.13) 是算法 (2.3.12) 取 $\alpha_0 = \dfrac{\mu}{L}$ 的一种变形. 在这个选择下，$\gamma_0 = \mu$，

根据推论 2.3.1 有 $\frac{\mu}{2}\|x_0-x^*\|^2 \leqslant f(x_0)-f^*$，我们由定理 2.3.5 可得式(2.3.14).　■

在结束这一节之前，我们研究下面这个辅助问题，我们需用它来求解极小极大问题的梯度映射. 回忆如下这个问题：

$$\min_{x\in Q}\left\{\max_{1\leqslant i\leqslant m}\left[f_i(x_0)+\langle\nabla f_i(x_0),x-x_0\rangle\right]+\frac{\gamma}{2}\|x-x_0\|^2\right\}$$

通过引入额外变量 $t\in\mathbb{R}$，这个问题可重写为如下形式：

$$\min_{x,t}\left\{t+\frac{\gamma}{2}\|x-x_0\|^2\right\}$$
$$使得\, f_i(x_0)+\langle\nabla f_i(x_0),x-x_0\rangle\leqslant t, i=1,\cdots,m \qquad (2.3.15)$$
$$x\in Q, t\in\mathbb{R}$$

如果 Q 为多面体，则问题(2.3.15)为二次规划问题. 这类问题可以用一些特殊的有限步终止算法(单纯型类算法)来求解，也可以用内点法求解(见第 5 章). 在后一种情况下，我们还可以处理基本可行集 Q 更复杂的结构.

2.3.4　带有函数约束的优化问题

我们来说明，上一节的算法可以用来求解带有光滑函数约束的约束极小化问题. 回顾一下，这类问题的解析形式如下：

$$\min_{x\in Q}f_0(x) \qquad (2.3.16)$$
$$使得\, f_i(x)\leqslant 0, i=1,\cdots,m$$

其中 f_i 都是光滑凸函数，Q 是简单闭凸集. 在本节中，我们假设 $f_i\in\mathscr{S}_{\mu,L}^{1,1}(\mathbb{R}^n)$，$i=0,\cdots,m$，其中 $\mu>0$.

由单变量特殊函数可以建立问题(2.3.16)与极小极大问题之间的关系. 考虑参数极大型函数

$$f(t;x)=\max\{f_0(x)-t; f_i(x), i=1,\cdots,m\}, \quad t\in\mathbb{R}, x\in Q$$

我们引入辅助函数

$$f^*(t)=\min_{x\in Q}f(t;x) \qquad (2.3.17)$$

注意到极大型函数 $f(t;\cdot)$ 的分量关于 x 是强凸的. 因此，对于任意 $t\in\mathbb{R}$，问题(2.3.17)的解 $x^*(t)$ 存在，根据定理 2.3.2，它是唯一的.

我们将尝试通过求解函数 $f^*(t)$ 的近似值的过程来趋近问题(2.3.16)的解. 该方法可以看作是**序列二次优化**的一种变形，它也可以用于非凸问题中.

我们来建立函数 $f^*(\cdot)$ 的一些性质. 显然，它是一个连续函数.

引理 2.3.4　令 t^* 为问题(2.3.16)的最优值，则

$$对任意\, t\geqslant t^*, f^*(t)\leqslant 0$$
$$对任意\, t< t^*, f^*(t)>0$$

证明　设 x^* 为问题（2.3.16）的解. 若 $t \geqslant t^*$，则

$$f^*(t) \leqslant f(t; x^*) = \max\{f_0(x^*) - t; f_i(x^*)\} \leqslant \max\{t^* - t; f_i(x^*)\} \leqslant 0$$

假设 $t < t^*$ 且 $f^*(t) \leqslant 0$，则存在 $y \in Q$ 使得

$$f_0(y) \leqslant t < t^*, \quad f_i(y) \leqslant 0, i = 1, \cdots, m$$

所以，t^* 不可能是问题（2.3.16）的最优值. ■

于是，函数 $f^*(\cdot)$ 的最小根对应于问题（2.3.16）的最优值. 还要注意，使用上一节的方法，我们只能计算出 $f^*(t)$ 的近似值. 所以，现在的目标是根据这些不准确的信息，建立一个寻找这个根的过程. 为此，需要给出函数 $f^*(\cdot)$ 的一些性质.

引理 2.3.5　对任意 $\Delta \geqslant 0$，我们有

$$f^*(t) - \Delta \leqslant f^*(t + \Delta) \leqslant f^*(t)$$

证明　事实上，

$$f^*(t + \Delta) = \min_{x \in Q} \max_{1 \leqslant i \leqslant m} \{f_0(x) - t - \Delta; f_i(x)\}$$

$$\leqslant \min_{x \in Q} \max_{1 \leqslant i \leqslant m} \{f_0(x) - t; f_i(x)\} = f^*(x)$$

$$f^*(t + \Delta) = \min_{x \in Q} \max_{1 \leqslant i \leqslant m} \{f_0(x) - t; f_i(x) + \Delta\} - \Delta$$

$$\geqslant \min_{x \in Q} \max_{1 \leqslant i \leqslant m} \{f_0(x) - t; f_i(x) - \Delta\} f^*(t) - \Delta$$ ■

128

换句话说，函数 $f^*(\cdot)$ 是单调递减且 Lipschitz 连续的，其 Lipschitz 系数为 1.

引理 2.3.6　对任意 $t_1 < t_2$，$\Delta \geqslant 0$，我们有

$$f^*(t_1 - \Delta) \geqslant f^*(t_1) + \Delta \frac{f^*(t_1) - f^*(t_2)}{t_2 - t_1} \tag{2.3.18}$$

证明　令 $t_0 = t_1 - \Delta$，$\alpha = \dfrac{\Delta}{t_2 - t_0} \equiv \dfrac{\Delta}{t_2 - t_1 + \Delta} \in [0, 1]$，则 $t_1 = (1 - \alpha)t_0 + \alpha t_2$，不等式（2.3.18）可以写成

$$f^*(t_1) \leqslant (1 - \alpha)f^*(t_0) + \alpha f^*(t_2) \tag{2.3.19}$$

令 $x_\alpha = (1 - \alpha)x^*(t_0) + \alpha x^*(t_2)$，则

$$f^*(t_1) \leqslant \max_{1 \leqslant i \leqslant m} \{f_0(x_\alpha) - t_1; f_i(x_\alpha)\}$$

$$\overset{(2.1.3)}{\leqslant} \max_{1 \leqslant i \leqslant m} \{(1 - \alpha)(f_0(x^*(t_0)) - t_0) + \alpha(f_0(x^*(t_2)) - t_2);$$

$$(1 - \alpha)f_i(x^*(t_0)) + \alpha f_i(x^*(t_2))\}$$

$$\leqslant (1 - \alpha) \max_{1 \leqslant i \leqslant m} \{f_0(x^*(t_0)) - t_0; f_i(x^*(t_0))\}$$

$$+ \alpha \max_{1 \leqslant i \leqslant m} \{f_0(x^*(t_2)) - t_2; f_i(x^*(t_2))\}$$

$$= (1 - \alpha)f^*(t_0) + \alpha f^*(t_2)$$

这样我们得到式（2.3.18）. ■

注意引理 2.3.5 和引理 2.3.6 适用于任意参数极大型函数，而不一定是由问题

(2.3.16)的函数分量组成的函数.

我们现在研究参数极大型函数的梯度映射的性质. 定义参数极大型函数 $f(t;\cdot)$ 的线性化函数为

$$f(t;\overline{x};x) = \max_{1\leqslant i\leqslant m}\{f_0(\overline{x}) + \langle\nabla f_0(\overline{x}), x-\overline{x}\rangle - t; f_i(\overline{x}) + \langle\nabla f_i(\overline{x}), x-\overline{x}\rangle\}$$

现在用常规方法引入梯度映射. 取定 $\gamma > 0$, 定义

$$f_\gamma(t;\overline{x};x) = f(t;\overline{x};x) + \frac{\gamma}{2}\|x-\overline{x}\|^2$$

$$f^*(t;\overline{x};\gamma) = \min_{x\in Q} f_\gamma(t;\overline{x};x)$$

$$x_f(t;\overline{x};\gamma) = \arg\min_{x\in Q} f_\gamma(t;\overline{x};x)$$

$$g_f(t;\overline{x};\gamma) = \gamma(\overline{x} - x_f(t;\overline{x};\gamma))$$

我们称 $x_f(t;\overline{x};\gamma)$ 为**约束梯度映射**, $g_f(t;\overline{x},\gamma)$ 为问题(2.3.16)的**约束约简梯度**. 类似地, 线性化点 $\overline{x}$ 并不一定对 Q 是可行的.

注意函数 $f_\gamma(t;\overline{x};\cdot)$ 本身是极大型函数, 由如下分量构成:

$$f_0(\overline{x}) + \langle\nabla f_0(\overline{x}), x-\overline{x}\rangle - t + \frac{\gamma}{2}\|x-\overline{x}\|^2$$

$$f_i(\overline{x}) + \langle\nabla f_i(\overline{x}), x-\overline{x}\rangle + \frac{\gamma}{2}\|x-\overline{x}\|^2, i=1,\cdots,m$$

此外, $f_\gamma(t;\overline{x};\cdot)\in\mathscr{S}_{\gamma,\gamma}^{1,1}(\mathbb{R}^n)$. 因此, 根据定理 2.3.2, 约束梯度投影对于任意 $t\in\mathbb{R}$ 都有定义.

因为 $f(t;\cdot)\in\mathscr{S}_{\mu,L}^{1,1}(\mathbb{R}^n)$, 对任意 $x\in\mathbb{R}^n$, 我们有

$$f_\mu(t;\overline{x};x) \overset{(2.3.2)}{\leqslant} f(t;x) \overset{(2.3.3)}{\leqslant} f_L(t;\overline{x};x)$$

因此,

$$f^*(t;\overline{x};\mu)\leqslant f^*(t)\leqslant f^*(t;\overline{x};L)$$

此外, 利用引理 2.3.6, 可以得到如下结果:

对于任意 $x\in\mathbb{R}^n$, $\gamma>0$, $\Delta\geqslant 0$ 和 $t_1<t_2$, 我们有

$$f^*(t_1-\Delta;\overline{x};\gamma)\geqslant f^*(t_1;\overline{x};\gamma) + \frac{\Delta}{t_2-t_1}(f^*(t_1;\overline{x};\gamma) - f^*(t_2;\overline{x};\gamma)) \qquad (2.3.20)$$

这里有两个重要的值: $\gamma=L$ 和 $\gamma=\mu$. 对极大型函数 $f_\gamma(t;\overline{x};x)$ 分别取 $\gamma_1=L$ 和 $\gamma_2=\mu$, 应用引理 2.3.2, 我们得到如下不等式:

$$f^*(t;\overline{x};\mu)\geqslant f^*(t;\overline{x};L) - \frac{L-\mu}{2\mu L}\|g_f(t;\overline{x};L)\|^2 \qquad (2.3.21)$$

因为我们感兴趣的是寻找函数 $f^*(\cdot)$ 的根, 我们应该首先研究函数 $f^*(\cdot;\overline{x};\gamma)$ 的根, 函数 $f^*(\cdot;\overline{x};\gamma)$ 可以看成函数 $f^*(\cdot)$ 的一个近似.

定义

$$t^*(\overline{x},t) = \text{root}_t(f^*(t;\overline{x};\mu))$$

（符号 $\mathrm{root}_t(\,\cdot\,)$ 对应于函数 $(\,\cdot\,)$ 在 t 处的根）.

引理 2.3.7 设 $\bar{x} \in \mathbb{R}^n$ 和 $\bar{t} < t^*$ 满足对某 $\varkappa \in (0, 1)$ 有

$$f^*(\bar{t}; \bar{x}; \mu) \geqslant (1 - \varkappa) f^*(\bar{t}; \bar{x}; L)$$

则 $\bar{t} < t^*(\bar{x}, \bar{t}) < t^*$. 此外, 对任意的 $t < \bar{t}$ 和 $x \in \mathbb{R}^n$, 我们有

$$f^*(t; x; L) \geqslant 2(1 - \varkappa) f^*(\bar{t}; \bar{x}; L) \sqrt{\frac{\bar{t} - t}{t^*(\bar{x}, t) - \bar{t}}}$$

证明 因为 $\bar{t} < t^*$, 我们有

$$0 < f^*(\bar{t}) \leqslant f^*(\bar{t}; \bar{x}; L) \leqslant \frac{1}{1 - \varkappa} f^*(\bar{t}; \bar{x}; \mu)$$

于是, $f^*(\bar{t}; \bar{x}; \mu)$, 因为函数 $f^*(\,\cdot\,; \bar{x}; \mu)$ 是单调递减的, 我们得到

$$t^*(\bar{x}, \bar{t}) > \bar{t}$$

令 $\Delta = \bar{t} - t$, 则根据不等式 (2.3.20), 我们有

$$f^*(t; x; L) \geqslant f^*(t) \geqslant f^*(\bar{t}; \bar{x}; \mu) \geqslant f^*(\bar{t}; \bar{x}; \mu) + \frac{\Delta}{t^*(\bar{x}, \bar{t}) - \bar{t}} f^*(\bar{t}; \bar{x}; \mu)$$

$$\geqslant (1 - \varkappa)\left(1 + \frac{\Delta}{t^*(\bar{x}, \bar{t}) - \bar{t}}\right) f^*(\bar{t}; \bar{x}; L)$$

$$\geqslant 2(1 - \varkappa) f^*(\bar{t}; \bar{x}; L) \sqrt{\frac{\Delta}{t^*(\bar{x}, \bar{t}) - t}}$$

在最后一个不等式中, 我们用了关系式 $1 + \tau \geqslant 2\sqrt{\tau}$, $\tau \geqslant 0$. ■

2.3.5 约束极小化问题的算法

现在我们准备分析如下算法过程.

131

约束极小化算法

0. 选择 $x_0 \in Q$, $\varkappa \in \left(0, \dfrac{1}{2}\right)$, $t_0 < t^*$, 精度 $\epsilon > 0$;

1. 第 k 次迭代 ($k \geqslant 0$):

    (a) 选择初始点 $x_{k,0} = x_k$, 对函数 $f(t_k; \,\cdot\,)$ 使用算法 (2.3.13) 生成序列 $\{x_{k,j}\}$. 如果

$$f^*(t_k; x_{k,j}; \mu) \geqslant (1 - \varkappa) f^*(t_k; x_{k,j}; L) \qquad (2.3.22)$$

    则停止内部过程, 且置 $j(k) = j$ 和

$$j^*(k) = \arg \min_{0 \leqslant j \leqslant j(k)} f^*(t_k; x_{k,j}; L)$$

$$x_{k+1} = x_f(t_k; x_{k,j^*(k)}; L)$$

    全局停止准则: 内部算法的某次迭代满足 $f^*(t_k; x_{k,j}; L) \leqslant \epsilon$;

    (b) 令 $t_{k+1} = t^*(x_{k,j(k)}, t_k)$.

这是在本书中第一次遇到两层循环过程. 显然, 它的分析更为复杂. 首先, 需要估计算法(2.3.22)中的外层循环(称为**主循环**)的收敛速度; 其次, 需要估计步骤 1(a)中内层循环的总体复杂度. 由于对该算法的解析复杂度感兴趣, 根 $t^*(x, t)$ 和最优值 $f^*(t; x, \gamma)$ 的计算成本目前对我们来讲不重要.

我们来描述主循环的收敛性.

引理 2.3.8

$$f^*(t_k; x_{k+1}; L) \leqslant \frac{t^* - t_0}{1 - \varkappa}\left[\frac{1}{2(1 - \varkappa)}\right]^k$$

证明   设 $\beta = \dfrac{1}{(1-\varkappa)}(<1)$ 且

$$\delta_k = \frac{f^*(t_k; x_{k,j(k)}; L)}{\sqrt{t_{k+1} - t_k}}$$

因为 $t_{k+1} = t^*(x_{k,j(k)} t_k)$, 根据引理 2.3.7, 当 $k \geqslant 1$ 时, 我们有

$$2(1 - \varkappa)\frac{f^*(t_k; x_{k,j(k)}; L)}{\sqrt{t_{k+1} - t_k}} \leqslant \frac{f^*(t_{k-1}; x_{k-1,j(k-1)}; L)}{\sqrt{t_k - t_{k-1}}}$$

于是, $\delta_k \leqslant \beta\delta_{k-1}$, 我们得到

$$f^*(t_k; x_{k,j(k)}; L) = \delta_k \sqrt{t_{k+1} - t_k} \leqslant \beta^k \delta_0 \sqrt{t_{k+1} - t_k}$$

$$= \beta^k f^*(t_0; x_{0,j(0)}; L)\sqrt{\frac{t_{k+1} - t_k}{t_1 - t_0}}$$

进一步, 根据引理 2.3.5, 我们有 $t_1 - t_0 \geqslant f^*(t_0; x_{0,j(0)}; \mu)$. 所以,

$$f^*(t_k; x_{k,j(k)}; L) \leqslant \beta^k f^*(t_0; x_{0,j(0)}; L)\sqrt{\frac{t_{k+1} - t_k}{f^*(t_0; x_{0,j(0)}; \mu)}}$$

$$\leqslant \frac{\beta^k}{1 - \varkappa}\sqrt{f^*(t_0; x_{0,j(0)}; \mu)(t_{k+1} - t_k)}$$

$$\leqslant \frac{\beta^k}{1 - \varkappa}\sqrt{f^*(t_0)(t^* - t_0)}$$

只需注意到 $f^*(t_0) \leqslant t^* - t_0$ (见引理 2.3.5), 且

$$f^*(t_k; x_{k+1}; L) \equiv f^*(t_k; x_{k,j^*(k)}; L) \leqslant f^*(t_k; x_{k,j(k)}; L)$$

命题即得证.   ∎

上述结果为我们提供了一个外层循环迭代次数的估计值, 即要找到问题(2.3.16)的具有 ϵ 精度的解所需的迭代次数. 事实上, 令 $f^*(t_k; x_{k,j}; L) \leqslant \epsilon$, 则对于 $x_* = x_f(t_k; x_{k,j}; L)$, 我们有

$$f(t_k; x_*) = \max_{1 \leqslant i \leqslant m}\{f_0(x_*) - t_k; f_i(x_*)\} \leqslant f^*(t_k; x_{k,j}; L) \leqslant \epsilon$$

因为 $t_k \leqslant t^*$, 我们得到结论

$$f_0(x_*) \leqslant t^* + \epsilon \tag{2.3.23}$$
$$f_i(x_*) \leqslant \epsilon, i = 1, \cdots, m$$

根据引理 2.3.8，要得到满足式(2.3.23)的解，最多需要

$$N(\epsilon) = \frac{1}{\ln\left[2(1-\varkappa)\right]} \ln \frac{t^* - t_0}{(1-\varkappa)\,\epsilon} \qquad (2.3.24)$$

次主循环的完整迭代(循环的最后一次迭代通常不是完整的，因为它会被全局停止准则终止)．注意到在估计式(2.3.24)中，$\varkappa$ 是一个绝对常数$\left(例如，\varkappa = \dfrac{1}{4}\right)$．

133

我们来分析内循环的复杂度．假设序列 $\{x_{k,j}\}$ 由算法(2.3.13)从初始点 $x_{k,0} = x_k$ 产生．根据定理 2.3.6，我们有

$$f(t_k;x_{k,j}) - f^*(t_k) \leqslant 2(1-\sqrt{q_f})^j(f(t_k;x_k) - f^*(t_k))$$
$$\leqslant 2\mathrm{e}^{-\sigma\cdot j}(f(t_k;x_k) - f^*(t_k)) \leqslant 2\mathrm{e}^{-\sigma\cdot j}f(t_k;x_k)$$

其中 $\sigma \stackrel{\mathrm{def}}{=} \sqrt{q_f}$．记 $Q_f = \dfrac{1}{q_f} = \dfrac{L}{\mu}$．

令 N 表示算法(2.3.22)的完整迭代次数($N \leqslant N(\epsilon)$)．于是，$j(k)$ 对所有 $k(0 \leqslant k \leqslant N)$ 都有定义．注意到 $t_k = t^*(x_{k-1,j(k-1)}, t_{k-1}) > t_{k-1}$，因此有

$$f(t_k;x_k) \leqslant f(t_{k-1};x_k) \leqslant f^*(t_{k-1};x_{k-1,j^*(k-1)},L)$$

定义

$$\Delta_k = f^*(t_{k-1};x_{k-1,j^*(k-1)},L), \quad k \geqslant 1, \quad \Delta_0 = f(t_0;x_0)$$

这样，对于所有 $k \geqslant 0$，我们有

$$f(t_k;x_k) - f^*(t_k) \leqslant \Delta_k$$

引理 2.3.9　对于所有的 k，$0 \leqslant k \leqslant N$，如果满足条件

$$f(t_k;x_{k,j}) - f^*(t_k) \leqslant \frac{\varkappa}{Q_f - 1} \cdot f^*(t_k;x_{k,j};L) \qquad (2.3.25)$$

内循环将停止．

证明　假设满足条件(2.3.25)，则根据式(2.3.8)，我们有

$$\frac{1}{2L}\|g_f(t_k;x_{k,j});L\|^2 \leqslant f(t_k;x_{k,j}) - f(t_k;x_f(t_k;x_{k,j};L))$$
$$\leqslant f(t_k;x_{k,j}) - f^*(t_k)$$

因此，利用式(2.3.21)，我们得到

$$\begin{aligned}
f^*(t_k;x_{k,j};\mu) &\geqslant f^*(t_k;x_{k,j};L) - \frac{L-\mu}{2\mu L}\|g_f(t_k;x_{k,j};L)\|^2 \\
&\geqslant f^*(t_k;x_{k,j};L) - (Q_f - 1)\cdot(f(t_k;x_{k,j}) - f^*(t_k)) \\
&\overset{(2.3.25)}{\geqslant} (1-\varkappa)f^*(t_k;x_{k,j};L)
\end{aligned}$$

这恰是算法(2.3.22)中步骤 1(a)的停止准则． ∎

134

上述结果，结合对内循环收敛速度的估计，给出了约束极小化算法的总体复杂度估计．

引理 2.3.10　对所有 k，$0 \leqslant k \leqslant N$，我们有

$$j(k) \leqslant 1 + \sqrt{Q_f}\cdot \ln \frac{2(Q_f - 1)\Delta_k}{\varkappa\,\Delta_{k+1}}$$

证明   假设

$$j(k)-1 > \frac{1}{\sigma}\ln\frac{2(Q_f-1)\Delta_k}{\varkappa\,\Delta_{k+1}} \tag{2.3.26}$$

其中 $\sigma=\sqrt{q_f}$. 回忆到 $\Delta_{k+1}=\min\limits_{0\leqslant j\leqslant j(k)}f^*(t_k;x_{k,j};L)$，又注意到对 $j=j(k)-1$，内循环的停止准则不满足. 因此，根据引理 2.3.9，我们有

$$f^*(t_k;x_{k,j};L)\leqslant\frac{Q_f-1}{\varkappa}(f(t_k;x_{k,j})-f^*(t_k))\leqslant 2\frac{Q_f-1}{\varkappa}e^{-\sigma\cdot j}\Delta_k\overset{(2.3.26)}{<}\Delta_{k+1}$$

这与 Δ_{k+1} 的定义相矛盾.   ■

推论 2.3.3

$$\sum_{k=0}^{N}j(k)\leqslant(N+1)\Big[1+\sqrt{Q_f}\cdot\ln\frac{2(L-\mu)}{\varkappa\mu}\Big]+\sqrt{Q_f}\cdot\ln\frac{\Delta_0}{\Delta_{N+1}}$$ ■

现在只需要估计主循环最后一步内循环的迭代次数，这个数用 j^* 表示.

引理 2.3.11

$$j^*\leqslant 1+\sqrt{Q_f}\cdot\ln\frac{2(Q_f-1)\Delta_{N+1}}{\varkappa\epsilon}$$

证明   该证明过程与引理 2.3.10 的证明非常相似. 假设

$$j^*-1>\sqrt{Q_f}\cdot\ln\frac{2(Q_f-1)\Delta_{N+1}}{\varkappa\epsilon}$$

注意到对 $j=j^*-1$，我们有

$$\epsilon\leqslant f^*(t_{N+1};x_{N+1,j};L)\leqslant\frac{Q_f-1}{\varkappa}(f(t_{N+1};x_{N+1,j})-f^*(t_{N+1}))$$

$$\leqslant 2\frac{Q_f-1}{\varkappa}e^{-\sigma\cdot j}\Delta_{N+1}<\epsilon$$

[135]   这是一个矛盾.   ■

推论 2.3.4

$$j^*+\sum_{k=0}^{N}j(k)\leqslant(N+2)\Big[1+\sqrt{Q_f}\cdot\ln\frac{2(Q_f-1)}{\varkappa}\Big]+\sqrt{Q_f}\cdot\ln\frac{\Delta_0}{\epsilon}$$

现在我们把所有结果汇总一下. 将迭代次数 N 的估计值(2.3.24)代入推论 2.3.4 的估计中，我们得到算法(2.3.22)内循环迭代总数的上界为

$$\Big[\frac{1}{\ln[2(1-\varkappa)]}\ln\frac{t_0-t^*}{(1-\varkappa)\,\epsilon}+2\Big]\cdot\Big[1+\sqrt{Q_f}\cdot\ln\frac{2(Q_f-1)}{\varkappa}\Big]+$$

$$\sqrt{Q_f}\cdot\ln\Big(\frac{1}{\epsilon}\cdot\max_{1\leqslant i\leqslant m}\{f_0(x_0)-t_0;f_i(x_0)\}\Big) \tag{2.3.27}$$

注意到在内循环中使用的算法(2.3.13)，每次迭代中只调用一次问题(2.3.16)的 Oracle. 因此，估计式(2.3.27)是问题(2.3.16)解析复杂度的一个上界，其中问题(2.3.16)的 ϵ-解由关系式(2.3.23)定义.

下面我们检查该上界估计值距下界有多远. 估计值(2.3.27)中的主要项是

$$\ln\frac{t_0-t^*}{\epsilon}\cdot\sqrt{Q_f}\cdot\ln Q_f$$

量级的. 这个值与无约束极小化问题的下界相差 $\ln\dfrac{L}{\mu}$ 倍. 这意味着对于约束优化问题,算法(2.3.22)至少是次优的.

在结束本节之前,我们来处理两个技术问题. 首先,在算法(2.3.22)中,假设已知估计 $t_0<t^*$. 这个假设不具有约束力,因为可以选择 t_0 作为如下极小化问题的最优值:

$$\min_{x\in Q}\left[f(x_0)+\langle\nabla f(x_0),x-x_0\rangle+\frac{\mu}{2}\|x-x_0\|^2\right]$$

136

显然,这个值小于或等于 t^*.

其次,我们假设可以计算出 $t^*(\overline{x},t)$. 回忆到 $t^*(\overline{x},t)$ 是函数

$$f^*(t;\overline{x};\mu)=\min_{x\in Q}f_\mu(t;\overline{x};x)$$

的根,其中 $f_\mu(t;\overline{x};x)$ 是极大型函数,由以下分量构成:

$$f_0(\overline{x})+\langle\nabla f_0(\overline{x}),x-\overline{x}\rangle+\frac{\mu}{2}\|x-\overline{x}\|^2-t$$

$$f_i(\overline{x})+\langle\nabla f_i(\overline{x}),x-\overline{x}\rangle+\frac{\mu}{2}\|x-\overline{x}\|^2,i=1,\cdots,m$$

根据引理 2.3.4,$t^*(\overline{x},t)$ 是下列极小化问题的最优值:

$$\min_{x\in Q}\left[f_0(\overline{x})+\langle\nabla f_0(\overline{x}),x-\overline{x}\rangle+\frac{\mu}{2}\|x-\overline{x}\|^2\right]$$

$$\text{使得 } f_i(\overline{x})+\langle\nabla f_i(\overline{x}),x-\overline{x}\rangle+\frac{\mu}{2}\|x-\overline{x}\|^2\leqslant 0,i=1,\cdots,m$$

由于约束不是线性的,所以该问题不是一个纯的二次优化问题. 然而,由于目标函数和约束条件具有相同的 Hessian 矩阵,它可以用单纯型类算法在有限时间内求解. 这个问题也可以用内点法求解(见第 5 章).

137
∼
138

第 3 章　非光滑凸优化

在本章中，我们讨论由不可微凸函数构成的更一般的凸优化问题. 首先，我们研究这种函数的主要性质和次梯度的定义，次梯度是相应的优化算法的主要搜索方向. 我们还证明凸分析中的必需结果，包括极小极大定理的不同变形. 之后，对约束、无约束优化问题的次梯度算法，给出复杂度下界，并证明其收敛速度. 该算法关于变量空间的维数是一致最优的. 在第 2 节中，我们研究其他对中等维空间问题适用的优化方法（重心算法、椭球算法）. 本章最后介绍基于目标函数的完全分片线性模型的一种算法（Kelley 方法，水平集方法）.

3.1　一般凸函数

（等价定义；闭函数；离散极小极大定理；凸函数的连续性；分离定理；次梯度；计算规则；最优性条件；Karush-Kuhn-Tucker 定理；精确罚函数；极小极大定理；原始-对偶算法的基本要素.）

3.1.1　动机和定义

在本章中，我们讨论求解最一般的凸极小化问题的算法：

$$\min_{x \in Q} f_0(x) \tag{3.1.1}$$
$$\text{使得} \quad f_i(x) \leqslant 0, i = 1, \cdots, m$$

其中 $Q \subseteq \mathbb{R}^n$ 是一个闭凸集，且 $f_i(\cdot)$，$i = 0, \cdots, m$ 是一般凸函数. 这里"一般"意味着这些函数可以是不可微的. 显然，这样的问题比具有可微函数分量的问题更难.

注意到非光滑极小化问题在不同的应用中经常出现. 通常，模型的某些分量是由极大型函数

$$f(x) = \max_{1 \leqslant j \leqslant p} f_j(x)$$

组成，其中 $f_j(\cdot)$ 是凸且可微的. 在 2.3 节中我们已经看到，这种函数可以通过基于梯度映射的算法来极小化. 但是，如果光滑分量个数 p 很大，梯度映射的计算代价就会变得过于昂贵. 那么，一种合理的处理方式是将该极大型函数看作一般凸函数. 不可微函数的另一个来源是问题(3.1.1)的某些函数分量作为某辅助问题的解隐式地给出这种情况. 这类函数称为具有隐式结构的函数. 这些函数经常是不可微的.

我们来从一般凸函数的定义开始研究. 在后续内容中，"一般"这个词经常省略.

记

$$\text{dom}\, f = \{x \in \mathbb{R}^n : |f(x)| < \infty\}$$

为函数 f 的定义域. 我们总是假定 $\text{dom}\, f \neq \varnothing$.

定义 3.1.1 函数 $f(\cdot)$ 称为凸函数，如果其定义域是凸的，且对于所有 $x, y \in \mathrm{dom}\, f$ 和 $\alpha \in [0, 1]$，不等式

$$f(\alpha x + (1 - \alpha)y) \leqslant \alpha f(x) + (1 - \alpha)f(y) \tag{3.1.2}$$

成立. 如果这个不等式是严格的，该函数称为严格凸. 如果 $-f$ 是凸函数，则称 f 为凹函数.

目前，我们还没有准备好讨论任何解决问题(3.1.1)的算法. 在第 2 章，我们的优化算法是基于光滑函数的梯度. 对于非光滑函数，这类对象不存在，我们必须找到替代它们的东西. 然而，要做到这一点，我们首先应该研究一般凸函数的性质，并阐明可计算的推广梯度的一个可能定义. 该路线很长，但我们必须坚持到底.

关于凸函数的定义 3.1.1 的直接结果如下.

引理 3.1.1(Jensen 不等式) 对任意 $x_1, \cdots, x_m \in \mathrm{dom}\, f$ 和满足

$$\sum_{i=1}^{m} \alpha_i = 1 \tag{3.1.3}$$

的正系数 $\alpha_1, \cdots, \alpha_m$，我们有

$$f\Big(\sum_{i=1}^{m} \alpha_i x_i\Big) \leqslant \sum_{i=1}^{m} \alpha_i f(x_i) \tag{3.1.4}$$

证明 我们用关于 m 的归纳法来证明这个结论. 定义 3.1.1 说明了 $m = 2$ 时不等式(3.1.4)是成立的. 假设它当 $m \geqslant 2$ 为真. 对于含 $m+1$ 个点的集合，我们有

$$\sum_{i=1}^{m+1} \alpha_i x_i = \alpha_1 x_1 + (1 - \alpha_1)\sum_{i=1}^{m} \beta_i x_i$$

其中 $\beta_i = \dfrac{\alpha_{i+1}}{1 - \alpha_1}$, $i = 1, \cdots, m$. 显然，

$$\sum_{i=1}^{m} \beta_i = 1, \quad \beta_i > 0, i = 1, \cdots, m$$

因此，使用定义 3.1.1 和我们的归纳假设，我们有

$$f\Big(\sum_{i=1}^{m+1} \alpha_i x_i\Big) = f\Big(\alpha_1 x_1 + (1 - \alpha_1)\sum_{i=1}^{m} \beta_i x_i\Big)$$

$$\leqslant \alpha_1 f(x_1) + (1 - \alpha_1)f\Big(\sum_{i=1}^{m} \beta_i x_i\Big) \leqslant \sum_{i=1}^{m+1} \alpha_i f(x_i)$$

满足归一化条件(3.1.3)的正系数 α_i 的点 $x = \displaystyle\sum_{i=1}^{m} \alpha_i x_i$ 被称为 $\{x_i\}_{i=1}^{m}$ 的凸组合.

我们来给出 Jensen 不等式的两个重要结果.

推论 3.1.1 设 x 是点 $x_1, \cdots, x_m$ 的凸组合，则

$$f(x) \leqslant \max_{1 \leqslant i \leqslant m} f(x_i)$$

证明 事实上，通过 Jensen 不等式和条件(3.1.3)，我们有

$$f(x) = f\Big(\sum_{i=1}^{m} \alpha_i x_i\Big) \leqslant \sum_{i=1}^{m} \alpha_i f(x_i) \leqslant \max_{1 \leqslant i \leqslant m} f(x_i)$$

■

推论 3.1.2　令

$$\Delta = \text{Conv}\{x_1, \cdots, x_m\} \equiv \Big\{x = \sum_{i=1}^{m} \alpha_i x_i \,\big|\, \alpha_i \geqslant 0, \sum_{i=1}^{m} \alpha_i = 1\Big\}$$

则 $\max\limits_{x \in \Delta} f(x) = \max\limits_{1 \leqslant i \leqslant n} f(x_i)$.

凸函数存在另外两个等价的定义.

定理 3.1.1　函数 f 是凸函数，当且仅当对于所有 x，$y \in \text{dom } f$ 和满足 $y + \beta(y - x) \in \text{dom } f$ 的 $\beta \geqslant 0$，我们有

$$f(y + \beta(y - x)) \geqslant f(y) + \beta(f(y) - f(x)) \tag{3.1.5}$$

证明　设 f 是凸的，定义 $\alpha = \dfrac{\beta}{1 + \beta}$ 且 $u = y + \beta(y - x)$，则

$$y = \frac{1}{1 + \beta}(u + \beta x) = (1 - \alpha)u + \alpha x$$

因此，

$$f(y) \leqslant (1 - \alpha)f(u) + \alpha f(x) = \frac{1}{1 + \beta}f(u) + \frac{\beta}{1 + \beta}f(x)$$

现在假设式 (3.1.5) 成立. 我们来取定 x，$y \in \text{dom } f$ 和 $\alpha \in (0, 1]$，定义 $\beta = \dfrac{1 - \alpha}{\alpha}$ 和 $u = \alpha x + (1 - \alpha)y$，则

$$x = \frac{1}{\alpha}(u - (1 - \alpha)y) = u + \beta(u - y)$$

因此，$f(x) \geqslant f(u) + \beta(f(u) - f(y)) = \dfrac{1}{\alpha}f(u) - \dfrac{1 - \alpha}{\alpha}f(y)$.

■

定理 3.1.2　函数 f 是凸函数，当且仅当它的上图

$$\text{epi}(f) = \{(x, t) \in \text{dom } f \times \mathbb{R} \,|\, t \geqslant f(x)\}$$

是凸集.

证明　事实上，如果 $(x_1, t_1) \in \text{epi}(f)$ 且 $(x_2, t_2) \in \text{epi}(f)$，则对于任意的 $\alpha \in [0, 1]$，我们有

$$\alpha t_1 + (1 - \alpha)t_2 \geqslant \alpha f(x_1) + (1 - \alpha)f(x_2) \geqslant f(\alpha x_1 + (1 - \alpha)x_2)$$

因此，$(\alpha x_1 + (1 - \alpha)x_2, \ \alpha t_1 + (1 - \alpha)t_2) \in \text{epi}(f)$.

设 $\text{epi}(f)$ 是凸集，注意到对于 x_1，$x_2 \in \text{dom } f$，函数图像上的对应点属于上图，即

$$(x_1, f(x_1)) \in \text{epi}(f), \ (x_1, f(x_2)) \in \text{epi}(f)$$

因此，$(\alpha x_1 + (1 - \alpha)x_2, \ \alpha f(x_1) + (1 - \alpha)f(x_2)) \in \text{epi}(f)$. 这意味着

$$f(\alpha x_1 + (1 - \alpha)x_2) \leqslant \alpha f(x_1) + (1 - \alpha)f(x_2)$$

■

我们还需要凸函数水平集的如下性质.

定理 3.1.3　如果函数 f 是凸的，那么所有水平集

$$\mathscr{L}_f(\beta) = \{x \in \operatorname{dom} f \mid f(x) \leqslant \beta\}, \quad \beta \in \mathbb{R}$$

要么是凸集，要么是空集.

证明　事实上，如果 $x_1 \in \mathscr{L}_f(\beta)$ 且 $x_2 \in \mathscr{L}_f(\beta)$，那么对于任意的 $\alpha \in [0, 1]$ 我们有

$$f(\alpha x_1 + (1-\alpha)x_2) \leqslant \alpha f(x_1) + (1-\alpha)f(x_2) \leqslant \alpha\beta + (1-\alpha)\beta = \beta \qquad \blacksquare$$

在例 3.1.1(6) 中，我们将看到一般凸函数在其区域边界上的行为有时是不受任何控制的. 因此，我们需要引入一个方便的记号，这将在我们的分析中非常有用.

定义 3.1.2　函数 f 在凸集 $Q \subseteq \operatorname{dom} f$ 上被称为**闭的和凸的**，如果它的**约束上图**

$$\operatorname{epi}_Q(f) = \{(x, t) \in Q \times \mathbb{R} : t \geqslant f(x)\}$$

是闭凸集. 如果 $Q = \operatorname{dom} f$，我们称 f 为**闭凸函数**.

注意到在这个定义中，集合 Q 不必是闭的. 我们来证明如下的自然结论.

引理 3.1.2　设函数 f 是 Q 上的闭凸函数，则对于任意的闭凸集 $Q_1 \subseteq Q$，该函数在 Q_1 上也是闭凸函数.

证明　事实上，集合 $\{(x, t) : x \in Q_1\}$ 是闭的. 因此，这个结论可由定理 2.2.8 的第 1 条得到. $\qquad \blacksquare$

143

我们来研究闭凸函数最重要的拓扑性质.

定理 3.1.4　设 f 是闭凸函数.

1. 对任何收敛到点 $\overline{x} \in \operatorname{dom} f$ 的序列 $\{x_k\} \subset \operatorname{dom} f$，我们有

$$\liminf_{k \to \infty} f(x_k) \geqslant f(\overline{x}) \tag{3.1.6}$$

（这意味着 f 是下半连续的.）

2. 对任何收敛到点 $\overline{x} \notin \operatorname{dom} f$ 的序列 $\{x_k\} \subset \operatorname{dom} f$，我们有

$$\lim_{k \to \infty} f(x_k) = +\infty \tag{3.1.7}$$

3. 函数 f 的所有水平集要么是空的，要么是闭凸的.

4. 设 f 在 Q 上是闭凸函数，其约束水平集是有界的，则问题

$$\min_{x \in Q} f(x)$$

是可解的.

5. 设 f 在 Q 上是闭凸函数，如果最优集 $X^* = \operatorname{Arg}\min\limits_{x \in Q} f(x)$ 是非空有界的，则 Q 上函数 f 的所有水平集都是空的或有界的.

证明

1. 注意，序列 $\{(x_k, f(x_k))\}$ 属于闭集 $\operatorname{epi}(f)$. 如果它有子序列收敛于 $(\overline{x}, \overline{f}) \in \operatorname{epi}(f)$，则 $\overline{x} \in \operatorname{dom} f$ 且 $\overline{f} \geqslant f(\overline{x})$. 这就是不等式(3.1.6).

如果 $\{f(x_k)\}$ 没有收敛子列，则需要考虑两种情况. 假设 $\liminf\limits_{k \to \infty} f(x_k) = -\infty$. 由于 $\overline{x} \in \operatorname{dom} f$，序列 $\{(x_k, f(\overline{x})-1)\}$ 在 k 足够大时属于 $\operatorname{epi}(f)$，但它收敛到点 $(\overline{x}, f(\overline{x})-1) \notin \operatorname{epi}(f)$. 这与我们的假设相矛盾. 于是，唯一的可能性是 $\lim\limits_{k \to \infty} f(x_k) = +\infty$. 因此，(3.1.6) 也成立.

2. 设 $\overline{x} \notin \mathrm{dom}\, f$. 如果序列 $\{f(x_k)\}$ 包含有界子序列，则相应点 (x_k, τ) 当 τ 足够大时属于该上图. 然而，它们的极限不在这个集合中. 这个矛盾证明了 (3.1.7).

3. 根据其定义，$(\mathscr{L}_f(\beta), \beta) = \mathrm{epi}(f) \bigcap \{(x, t) \mid t = \beta\}$. 因此，水平集 $\mathscr{L}_f(\beta)$ 是闭凸的，因为它是两个闭凸集的交集.

4. 考虑序列 $\{x_k\} \subset Q$ 满足 $\lim\limits_{k \to \infty} f(x_k) = f_* \overset{\mathrm{def}}{=} \inf\limits_{x \in Q} f(x)$. 由于函数 f 在 Q 上的水平集有界，我们可以假定它是一个收敛序列：$\lim\limits_{k \to \infty} x_k = x^*$. 假设 $f_* = -\infty$. 考虑点列 $y_k = (1 - \alpha_k)x_0 + \alpha_k x_k \in Q$, $k \geqslant 0$，其中递减系数 $\alpha_k \downarrow 0$. 注意到我们总是可以确保

$$f(y_k) \overset{(3.1.2)}{\leqslant} f(x_0) + \alpha_k(f(x_k) - f(x_0)) \to -\infty$$

这与集合 $\mathrm{epi}_Q(f)$ 的闭性相矛盾.

于是，$f_* > -\infty$，我们可以假定整个序列 $\{(x_k, f(x_k))\}$ 收敛到 $\mathrm{epi}_Q(f)$ 的某个点 (x^*, f_*). 然而，根据该集合的定义，$x^* \in Q$ 和 $f(x^*) \leqslant f_*$.

5. 假设对某 $\beta > f^* = \min\limits_{x \in Q} f(x)$，集合 $\mathscr{L}_f(\beta)$ 是无界的. 我们来固定点 $x^* \in X^*$，并选择 $R > \max\limits_{y \in X^*} \|y - x^*\|$. 考虑序列 $\{x_k\} \subset \mathscr{L}_f(\beta)$ 满足 $\rho_k \overset{\mathrm{def}}{=} \|x_k - x^*\| \to \infty$. 不失一般性，我们可以假定所有 $\rho_k \geqslant R$. 定义 $y_k = x^* + \frac{1}{\rho_k}R(x_k - x^*)$. 显然，$y_k \in Q$ 且 $\|y_k - x^*\| = R$. 然而，

$$f(y_k) \overset{(3.1.2)}{\leqslant} f^* + \frac{1}{\rho_k}R(f(x_k) - f^*) \to f^*, \quad k \to \infty$$

由于序列 $\{y_k\}_{k \geqslant 0}$ 是紧的，且水平集 $\mathscr{L}_f(\beta)$ 是闭的 (见第 3 项)，我们可以假定极限 $\lim\limits_{k \to \infty} y_k \overset{\mathrm{def}}{=} \overline{y} \in \mathscr{L}_f(\beta)$ 存在. 然而由 (3.1.6)，我们有 $f(\overline{y}) = f^*$，这与 R 的选择相矛盾. ∎

注意，如果 f 是凸且连续的，且它的定义域 $\mathrm{dom}\, f$ 是闭的，那么 f 是一个闭函数. 但是，一般情况下，闭凸函数不一定是连续的.

我们来看一些闭凸函数的例子.

例 3.1.1

1. 线性函数是闭凸的.

2. 函数 $f(x) = |x|$, $x \in \mathbb{R}$ 是闭凸的，因为它的上图

$$\{(x, t) \mid t \geqslant x, t \geqslant -x\}$$

是两个闭凸集的交 (参看定理 3.1.2).

3. 所有 $\mathbb{R}^n$ 上的连续凸函数都属于一般闭凸函数类.

4. 函数 $f(x) = \dfrac{1}{x}$, $x > 0$ 是闭的和凸的. 然而它的定义域 $\mathrm{dom}\, f = \mathrm{int}\, \mathbb{R}^+$ 是开的.

5. 函数 $f(x) = \|x\|$ 是闭的和凸的，其中 $\|\cdot\|$ 是范数：

$$f(\alpha x_1 + (1 - \alpha)x_2) = \|\alpha x_1 + (1 - \alpha)x_2\| \leqslant \|\alpha x_1\| + \|(1 - \alpha)x_2\|$$
$$= \alpha\|x_1\| + (1 - \alpha)\|x_2\|$$

对任意的 x_1，$x_2 \in \mathbb{R}^n$ 及 $\alpha \in [0, 1]$ 成立．在数值分析中最常用的是所谓的 ℓ_p-范数：

$$\|x\|_{(p)} = \Big[\sum_{i=1}^{m} |x^{(i)}|^p \Big]^{1/p}, \quad p \geqslant 1$$

这包括如下三种经常用到的范数：

- 欧几里得范数 $\|x\|_{(2)} = \Big[\sum_{i=1}^{m} (x^{(i)})^2 \Big]^{1/2}$，$p = 2$．因为它经常使用，所以通常在不产生歧义的情况下，可以省掉下标．

- ℓ- 范数 $\|x\|_{(1)} = \sum_{i=1}^{n} |x^{(i)}|$，$p = 1$．

- ℓ_∞-范数（切比雪夫范数、一致范数、无穷范数）
$$\|x\|_{(\infty)} = \max_{1 \leqslant i \leqslant n} |x^{(i)}|$$

任何范数都定义了一系列球，
$$B_{\|\cdot\|}(x_0, r) = \{x \in \mathbb{R}^n \mid \|x - x_0\| \leqslant r\}, \quad r \geqslant 0$$

其中 r 是球的半径且 $x_0 \in \mathbb{R}^n$ 是球的中心．我们称球 $B_{\|\cdot\|}(0, 1)$ 为范数 $\|\cdot\|$ 的单位球．显然，这些球是凸集（见定理 3.1.3）．对于半径为 r 的 ℓ_p-球，我们也用记号表示为
$$B_p(x_0, r) = \{x \in \mathbb{R}^n \mid \|x - x_0\|_{(p)} \leqslant r\}$$

对于 ℓ_1-球，我们经常使用下面的表示方法：
$$B_1(x_0, r) = \{x \in \mathbb{R}^n : \|x - x_0\|_{(1)} \leqslant r\} = \mathrm{Conv}\{x_0 \pm re_i, i = 1, \cdots, n\} \quad (3.1.8)$$

其中 e_i 是 $\mathbb{R}^n$ 中向量的坐标．

6. 到目前为止，我们的例子都没有表现出任何病态行为．然而，我们来看看如下这两个变量的函数：

$$f(x, y) = \begin{cases} 0, & \text{若 } x^2 + y^2 < 1 \\ \phi(x, y), & \text{若 } x^2 + y^2 = 1 \end{cases}$$

其中 $\phi(x, y)$ 是单位圆边界上定义的任意非负函数．这个函数的定义域是单位欧几里得圆，是闭的和凸的．而且，很容易看出 f 是凸的．然而，它在其定义域边界处没有可以接受的性质．明确地讲，我们希望从研究对象中排除这些函数．这是我们引入闭函数概念的主要原因．显然，$f(\cdot, \cdot)$ 非闭，除非 $\phi(x, y) \equiv 0$．

另一种可能是考虑连续凸函数这个较小的类．然而，我们将看到，对于凸函数的闭性，存在非常自然的充分条件，而对连续性不是这种情况． ■

3.1.2　凸函数运算

在前一节中，我们看到了几个凸函数的例子．我们来描述一系列不变运算，这些运算将使我们能够构造更复杂的对象．

定理 3.1.5　设函数 f_1 和 f_2 在凸集 Q_1 和 Q_2 上是闭凸的，$\beta \geqslant 0$，则下面的所有函数在相应的集合 Q 上都是闭凸的。

1. $f(x) = \beta f_1(x)$，$Q = Q_1$.
2. $f(x) = f_1(x) + f_2(x)$，$Q = Q_1 \bigcap Q_2$. ⊖
3. $f(x) = \max\{f_1(x)，f_2(x)\}$，$Q = Q_1 \bigcap Q_2$.

证明

1. 第一项是显然的，因为

$$f(\alpha x_1 + (1-\alpha) x_2) \leqslant \beta(\alpha f_1(x_1) + (1-\alpha) f_1(x_2)), \quad x_1, x_2 \in Q_1$$

2. 对于所有的 x_1，$x_2 \in Q = Q_1 \bigcap Q_2$ 及 $\alpha \in [0，1]$，我们有

$$f_1(\alpha x_1 + (1-\alpha) x_2) + f_2(\alpha x_1 + (1-\alpha) x_2)$$
$$\leqslant \alpha f_1(x_1) + (1-\alpha) f_1(x_2) + \alpha f_2(x_1) + (1-\alpha) f_2(x_2)$$
$$= \alpha(f_1(x_1) + f_2(x_1)) + (1-\alpha)(f_1(x_2) + f_2(x_2))$$

因此，f 在集合 Q 上是凸的. 我们来证明它在 Q 上也是闭的. 考虑一个收敛序列 $\{(x_k，t_k)\} \subseteq \mathrm{epi}_Q(f)$：

$$t_k \geqslant f_1(x_k) + f_2(x_k), \quad x_k \in Q, \quad \lim_{k \to \infty} x_k = \overline{x}, \quad \lim_{k \to \infty} t_k = \overline{t}$$

由于函数 f_1 和 f_2 分别在 Q_1 和 Q_2 上是闭的，我们可得

$$\liminf_{k \to \infty} f_1(x_k) \overset{(3.1.6)}{\geqslant} f_1(\overline{x}), \quad \overline{x} \in Q_1, \quad \liminf_{k \to \infty} f_2(x_k) \overset{(3.1.6)}{\geqslant} f_2(\overline{x}), \quad \overline{x} \in Q_2$$

因此，$\overline{x} \in Q_1 \bigcap Q_2$，且

$$\overline{t} = \lim_{k \to \infty} t_k \geqslant \liminf_{k \to \infty} f_1(x_k) + \liminf_{k \to \infty} f_2(x_k) \geqslant f(\overline{x})$$

于是，$(\overline{x}，\overline{t}) \in \mathrm{epi}_Q(f)$.

3. 函数 f 的约束上图可以表示为

$$\mathrm{epi}_Q(f) = \{(x,t) \,|\, t \geqslant f_1(x), t \geqslant f_2(x), x \in Q_1 \bigcap Q_2\}$$
$$\equiv \mathrm{epi}_{Q_1} f(f_1) \bigcap \mathrm{epi}_{Q_2}(f_2)$$

于是，$\mathrm{epi}_Q(f)$ 是作为两个闭凸集的交集的闭凸集.

我们来证明凸性是仿射不变的性质.

定理 3.1.6　设函数 ϕ 在有界集 $S \subseteq \mathbb{R}^m$ 上是闭凸的，并考虑线性算子

$$\mathscr{A}(x) = Ax + b : \mathbb{R}^n \to \mathbb{R}^m$$

则函数 $f(x) = \phi(\mathscr{A}(x))$ 在集合 S 的逆像集

$$Q = \{x \in \mathbb{R}^n \,|\, \mathscr{A}(x) \in S\}$$

上是闭凸的.

证明　对于在 Q 中的 x_1 和 x_2，定义 $y_1 = \mathscr{A}(x_1)$，$y_2 = \mathscr{A}(x_2)$. 那么对于 $\alpha \in [0，1]$，我们有

$$f(\alpha x_1 + (1-\alpha) x_2) = \phi(\mathscr{A}(\alpha x_1 + (1-\alpha) x_2)) = \phi(\alpha y_1 + (1-\alpha) y_2)$$
$$\leqslant \alpha \phi(y_1) + (1-\alpha) \phi(y_2) = \alpha f(x_1) + (1-\alpha) f(x_2)$$

⊖　回想一下，如果没有额外的假设，我们不能保证两个闭凸集和的闭性（见定理 2.2.8 和例 2.2.1 中的第 2 项）.
　为此，我们需要其中一个有界. 然而，上图总是没有界的.

于是，函数 f 是凸的．其约束上图的闭性由线性算子 $\mathscr{A}(\cdot)$ 的连续性得到．

接下来的两个定理是研究具有隐式结构的闭凸函数的．

定理 3.1.7　设 Q 是一个凸集，且设函数 ϕ 在定义域 $\operatorname{dom}\phi \supseteq Q$ 上是凸函数，则函数

$$f(x) = \inf_{y}\{\phi(x,y) : (x,y)\in Q\} \tag{3.1.9}$$

是定义在 $\hat{Q}=\{x : \exists y\ 使得\ (x,y)\in Q\}$ 上的凸函数．

证明　任取点 x_1，$x_2 \in \hat{Q}$．考虑两个序列 $\{y_{1,k}\}$ 和 $\{y_{2,k}\}$ 使得 $\{(x_1,y_{1,k})\}\subset Q$，$\{(x_2,y_{2,k})\}\subset Q$，且

$$\lim_{k\to\infty}\phi(x_1,y_{1,k}) = f(x_1),\qquad \lim_{k\to\infty}\phi(x_2,y_{2,k})=f(x_2)$$

由于 ϕ 关于 (x,y) 是（联合）凸的，对于任意 $\alpha\in[0,1]$，有

$$f(\alpha x_1 + (1-\alpha)x_2) \overset{(3.1.9)}{\leqslant} \phi(\alpha x_1+(1-\alpha)x_2,\alpha y_{1,k}+(1-\alpha)y_{2,k})$$
$$\leqslant \alpha\phi(x_1,y_{1,k})+(1-\alpha)\phi(x_2,y_{2,k})$$

对不等式的右端项取极限 $k\to\infty$，得到了函数 f 的凸性条件 (3.1.2)．

函数 (3.1.9) 的闭性条件将在后面的定理 3.1.25 和定理 3.1.28 中给出．

定理 3.1.8　设 Δ 是一个任意集合，且

$$f(x)=\sup_{y}\{\phi(x,y)\,|\,y\in\Delta\}$$

假设对任意 $y\in\Delta$，函数 $\phi(\cdot,y)$ 在某集合 Q 上是闭凸的，则 $f(\cdot)$ 在集合

$$\hat{Q} = \left\{x\in Q \,\middle|\, \sup_{y\in\Delta}\phi(x,y)<+\infty\right\} \tag{3.1.10}$$

上是闭凸函数．

证明　事实上，如果 $x\in\hat{Q}$，那么 $f(x)<+\infty$，我们得到 $Q\subseteq\operatorname{dom}f$．进一步，显然 $(x,t)\in\operatorname{epi}_Q(f)$ 当且仅当对所有的 $y\in\Delta$，有

$$x\in Q,\quad t\geqslant\phi(x,y)$$

这就意味着

$$\operatorname{epi}_Q(f) = \bigcap_{y\in\Delta}\operatorname{epi}_Q(\phi(\cdot,y))$$

于是，因为每个集合 $\operatorname{epi}_Q(\phi(\cdot,y))$ 是闭凸的，所以 $\operatorname{epi}_Q(f)$ 是闭凸的．

定理 3.1.9　设函数 $\psi(\cdot)$ 是凸的，且 φ 是在集合

$$\operatorname{Im}\psi=\{\tau=\psi(x),x\in\operatorname{dom}\psi\}$$

单调不减的单变量凸函数，则函数 $f(x)=\varphi(\psi(x))$，$x\in\operatorname{dom}\psi$ 是凸的．

证明　事实上，对于 $\operatorname{dom}f$ 中任意 x，y 且 $\alpha\in[0,1]$，我们有

$$f(\alpha x+(1-\alpha y))=\varphi(\psi(\alpha x+(1-\alpha)y))\leqslant\varphi(\alpha\psi(x)+(1-\alpha)\psi(y))$$
$$\leqslant\alpha\varphi(\psi(x))+(1-\alpha)\varphi(\psi(y))=\alpha f(x)+(1-\alpha)f(y)$$

现在我们来看更复杂的凸函数例子．

例 3.1.2

1. 函数 $f(x)=\max_{1\leqslant i\leqslant n}\{x^{(i)}\}$ 是闭凸的．闭凸函数的另一个例子是

$$\phi_*(s) = \sup_{x \in \mathrm{dom}\,\phi} \left[\langle s, x\rangle - \phi(x)\right]$$

其中 ϕ 是 $\mathbb{R}^n$ 上的任意函数. 函数 ϕ_* 称为函数 ϕ 的 Fenchel 对偶.

2. 设 $\lambda = (\lambda^{(1)}, \cdots, \lambda^{(m)})$, 并且设 Δ 是 $\mathbb{R}^m_+$ 内的集合. 考虑函数

$$f(x) = \sup_{\lambda \in \Delta} \left\{ \sum_{i=1}^{m} \lambda^{(i)} f_i(x) \right\}$$

其中所有 f_i 是闭凸的. 根据定理 3.1.5, 函数

$$\phi_\lambda(x) = \sum_{i=1}^{m} \lambda^{(i)} f_i(x)$$

的上图是闭凸的. 于是, 根据定理 3.1.8, $f(\cdot)$ 是闭凸函数. 注意到这里没有对集合 Δ 的结构作出任何假设.

3. 设 Q 是任意集合, 考虑函数

$$\xi_Q(x) = \sup\{\langle g, x\rangle \mid g \in Q\}$$

函数 $\xi_Q(\cdot)$ 称为集 Q 的支撑函数. 注意由定理 3.1.8, $\xi_Q(\cdot)$ 是闭凸函数. 该函数是一阶正齐次的, 即满足

$$\xi_Q(\tau x) = \tau \xi_Q(x), \quad x \in \mathrm{dom}\, Q, \quad \tau \geqslant 0$$

如果集合 Q 是有界的, 则 $\mathrm{dom}\,\xi_Q = \mathbb{R}^n$.

支撑函数是凸分析中非常有用的工具, 具有许多有意义的性质. 我们将在后面适当的地方介绍这些性质. 这里我们仅提到其中一个性质.

引理 3.1.3   对于两个集合 Q_1 和 Q_2, 定义 $Q = \mathrm{Conv}\{Q_1, Q_2\}$, 则

$$\xi_Q(x) = \max\{\xi_{Q_1}(x), \xi_{Q_2}(x)\}, \quad x \in \mathbb{R}^n$$

证明   事实上, 因为集合 Q_1 和 Q_2 是 Q 的子集, 对任意 $x \in \mathbb{R}^n$ 有

$$\xi_Q(x) \geqslant \max\{\xi_{Q_1}(x), \xi_{Q_2}(x)\}$$

另一方面,

$$\xi_Q(x) = \sup_{\alpha, g_1, g_2} \{\langle \alpha g_1 + (1-\alpha)g_2, x\rangle : g_1 \in Q_1, g_2 \in Q_2, \alpha \in [0,1]\}$$

$$\leqslant \sup_{\alpha \in [0,1]} \{\alpha \xi_{Q_1}(x) + (1-\alpha)\xi_{Q_2}(x)\} = \max\{\xi_{Q_1}(x), \xi_{Q_2}(x)\}$$

4. 另一个与凸集相关的凸齐次函数的重要例子是 Minkowski 函数. 设 Q 是有界闭凸集且 $0 \in \mathrm{int}\, Q$, 则我们可以定义

$$\psi_Q(x) = \min_{\tau \geqslant 0} \{\tau : x \in \tau Q\}$$

用 $\tau(x)$ 表示这个问题的唯一解, 则 $\dfrac{x}{\tau(x)} \in \partial Q$. 容易看到 ψ_Q 是定义域为 $\mathrm{dom}\,\psi_Q = \mathbb{R}^n$ 的正齐次凸函数. 事实上, 对于任意的 $x_1, x_2 \in \mathbb{R}^n \setminus \{0\}$ 且 $\alpha \in [0, 1]$, 我们有

$$\frac{\alpha x_1 + (1-\alpha)x_2}{\alpha \tau(x_1) + (1-\alpha)\tau(x_2)} = \frac{\alpha \tau(x_1)\dfrac{x_1}{\tau(x_1)} + (1-\alpha)\tau(x_2)\dfrac{x_2}{\tau(x_2)}}{\alpha \tau(x_1) + (1-\alpha)\tau(x_2)} \in Q$$

因此，$\psi_Q(\alpha x_1 + (1-\alpha)x_2) \leqslant \alpha \tau(x_1) + (1-\alpha)\tau(x_2)$.

5. 设 Q 是 $\mathbb{R}^n$ 内的一个集合. 考虑函数 $\psi(g,\gamma) = \sup\limits_{y \in Q} \phi(y,g,\gamma)$，其中

$$\phi(y,g,\gamma) = \langle g,y \rangle - \frac{\gamma}{2}\|y\|^2$$

根据定理 3.1.8，函数 $\psi(g,\gamma)$ 关于 (g,γ) 是闭凸的. 我们来研究它的性质.

如果 Q 是有界的，那么 $\mathrm{dom}\,\psi = \mathbb{R}^{n+1}$. 我们来分析在 $Q = \mathbb{R}^n$ 情况下 ψ 的定义域. 如果 $\gamma < 0$，那么对于任何 $g \neq 0$，我们可以置 $y_\alpha = \alpha g$. 显然，沿着这条线，当 $\alpha \to \infty$ 时，$\phi(y_\alpha, g, \gamma) \to \infty$. 于是，$\mathrm{dom}\,\psi$ 仅包含 $\gamma \geqslant 0$ 的点.

如果 $\gamma = 0$，g 的唯一可能值是零，否则的话，函数 $\phi(y,g,0)$ 无界. 最后，如果 $\gamma > 0$，则 $\phi(y,g,\gamma)$ 关于 y 最大值点是 $y^*(g,\gamma) = \frac{1}{\gamma}g$，得到 ψ 的如下表达式：

$$\psi(g,\gamma) = \frac{\|g\|^2}{2\gamma}$$

于是，

$$\psi(g,\gamma) = \begin{cases} 0, & \text{若 } g = 0, \gamma = 0 \\ \dfrac{\|g\|^2}{2\gamma}, & \text{若 } \gamma > 0 \end{cases}$$

其定义域 $\mathrm{dom}\,\psi = (\mathbb{R}^n \times \{\gamma > 0\}) \bigcup (0,0)$，这是一个非闭非开的凸集. 然而，$\psi$ 是一个闭凸函数. 同时，该函数在原点处是不连续的：

$$\psi(\sqrt{\gamma}g, \gamma) \equiv \frac{1}{2}\|g\|^2, \quad \gamma \neq 0$$

考虑闭凸集 $Q = \{(g,\gamma) : \gamma \geqslant \|g\|^2\}$，我们可以看出 ψ 是 Q 上的闭凸函数（见引理 3.1.2），且是有界值. 然而，它在原点仍然是不连续的.

6. 通过齐次化（homogenization）可以得到相似构造的函数. 设 f 是 $\mathbb{R}^n$ 上的凸函数，考虑函数

$$\hat{f}(\tau, x) = \tau f\left(\frac{x}{\tau}\right)$$

该函数对所有 $x \in \mathbb{R}^n$ 和 $\tau > 0$ 都有定义. 注意到 $\hat{f}$ 是一个正齐次函数. 因此，很自然地将其在原点的值定义为

$$\hat{f}(0,0) = 0$$

我们来证明这个函数是凸的. 考虑 $z_1 = (\tau_1, x_1)$ 和 $z_2 = (\tau_2, x_2)$ 满足 $\tau_1, \tau_2 > 0$，则对于任何 $\alpha \in [0,1]$，我们有

$$\hat{f}(\alpha z_1 + (1-\alpha)z_2) = (\alpha\tau_1 + (1-\alpha)\tau_2)f\left(\frac{\alpha x_1 + (1-\alpha)x_2}{\alpha\tau_1 + (1-\alpha)\tau_2}\right)$$

$$= (\alpha\tau_1 + (1-\alpha)\tau_2)f\left(\frac{\alpha\tau_1 \dfrac{x_1}{\tau_1} + (1-\alpha)\tau_2 \dfrac{x_2}{\tau_2}}{\alpha\tau_1 + (1-\alpha)\tau_2}\right)$$

$$\leqslant \alpha\tau_1 f\left(\frac{x_1}{\tau_1}\right) + (1-\alpha)\tau_2 f\left(\frac{x_2}{\tau_2}\right)$$

$$= \alpha\,\hat{f}(z_1) + (1-\alpha)\,\hat{f}(z_2)$$

但是，一般来说，$\hat{f}(\cdot)$ 不是闭的. 为了确保其闭性，只需假设

$$\lim_{\tau\to\infty}\frac{1}{\tau}f(\tau x) = +\infty \quad \forall\, x\in\mathbb{R}^n \tag{3.1.11}$$

注意，第 5 项中的函数 ψ 可由满足条件(3.1.11)的函数 $f(x)=\frac{1}{2}\|x\|^2$ 得到. ∎

如例 3.1.2(5)所示，闭凸函数在其定义域的某些点是不连续的. 然而，存在这种不连续不会发生的非常例外的情况.

引理 3.1.4 任何单变量闭凸函数在其定义域上都是连续的.

证明 设 f 为闭凸函数，且 $\overline{x}\in\mathrm{dom}\,f\subseteq\mathbb{R}$. 在定理 3.1.4 第 1 项中证明 f 在 $\overline{x}$ 处是下半连续的. 另一方面，如果对某 $\overline{y}\in\mathrm{dom}\,f$ 和 $\alpha_k\in[0,1]$ 有 $x_k=(1-\alpha_k)\overline{x}+\alpha_k\,\overline{y}$，则

$$f(x_k) \overset{(3.1.2)}{\leqslant} (1-\alpha_k)f(\overline{x}) + \alpha_k f(\overline{y})$$

于是，如果 $x_k\to\overline{x}$，那么 $\alpha_k\to 0$ 且 $\limsup_{k\to\infty} f(x_k)\leqslant f(\overline{x})$. 因此，$f$ 在 $\overline{x}$ 处也是上半连续的. 因此，它在 $\overline{x}$ 是连续的. ∎

于是，例 3.1.2 第 5 项中不连续函数 ψ 限制在射线 $\{(\gamma g,\gamma),\ \gamma\geqslant 0\}$ 上时，是连续凸函数，这就不奇怪了.

至于其他例外情况，引理 3.1.4 的结论有时非常实用.

定理 3.1.10 设函数 f_1 和 f_2 为 Q 上的闭凸函数，其约束水平集是有界的，那么存在 $\lambda^*\in[0,1]$ 使得

$$\min_{x\in Q}(f(x)\overset{\mathrm{def}}{=}\max\{f_1(x),f_2(x)\})$$

$$= \min_{x\in Q}\{\lambda^* f_1(x) + (1-\lambda^*)f_2(x)\} \tag{3.1.12}$$

证明 定义 $\phi(\lambda)=\min_{x\in Q}\{\lambda f_1(x)+(1-\lambda)f_2(x)\}$. 根据定理 3.1.8 可知，这个函数是闭凸的，且根据引理 3.1.4 可知，对 $\lambda\in[0,1]$，它是连续的. 于是，其最大值 ϕ^* 有定义，且

$$\phi^* = \phi(\lambda^*) = \max_{\lambda\in[0,1]}\phi(\lambda)\leqslant f^* = \min_{x\in Q}f(x)$$

我们的目标是证明 $\phi^*=f^*$.

对于每一个 $\lambda\in[0,1]$，任意取定点

$$x(\lambda)\in\mathrm{Arg}\min_{x\in Q}\{\lambda f_1(x)+(1-\lambda)f_2(x)\}$$

定义 $g(\lambda)=f_1(x(\lambda))-f_2(x(\lambda))$. 注意到对于任意的 $\lambda_1,\lambda_2\in[0,1]$ 我们有

$$\phi(\lambda_1)\leqslant \lambda_1 f_1(x(\lambda_2))+(1-\lambda_1)f_2(x(\lambda_2)) = \phi(\lambda_2)+g(\lambda_2)(\lambda_1-\lambda_2) \tag{3.1.13}$$

将此不等式的两个变量 λ_1 和 λ_2 互换，再将两者相加，得到

$$(g(\lambda_2)-g(\lambda_1))(\lambda_1-\lambda_2)\geqslant 0, \quad \lambda_1,\lambda_2\in[0,1]$$

因此，$g(\cdot)$ 是 $[0,1]$ 上的非增函数.

定义 $f_i^* = \min\limits_{x \in Q} f_i(x)$, $i=1$, 2. 如果 $\lambda^* = 1$，在(3.1.13)取 $\lambda_1 = 1$ 和 $\lambda_2 = \lambda \in [0, 1)$，得到 $g(\lambda) \geqslant 0$. 因此，根据引理 3.1.4，我们有

$$\phi^* = \lim_{\lambda \to 1}\{\lambda f_1(x(\lambda)) + (1-\lambda)f_2(x(\lambda))\}$$

$$\geqslant \lim_{\lambda \to 1}\{\lambda f(x(\lambda)) + (1-\lambda)f_2^*\} \geqslant f^*$$

因此 $\phi^* = f^*$，这种情况证明了等式(3.1.12). 通过对称推理，我们可以证明当 $\lambda^* = 0$ 时等式 $\phi^* = f^*$ 是正确的.

现在考虑 $\lambda^* \in (0, 1)$ 的情况. 首先假设存在一个序列 $\{\lambda_k\}_{k \geqslant 0} \subset [0, 1]$，使得当 $k \to \infty$ 时有

$$\lambda_k \to \lambda^*, \quad g(\lambda_k) \to 0 \tag{3.1.14}$$

那么，根据引理 3.1.4，

$$\phi^* = \lim_{k \to \infty}\{\lambda_k f_1(x(\lambda_k)) + (1-\lambda_k)f_2(x(\lambda_k))\}$$

$$= \lim_{k \to \infty}\{f_2(x(\lambda_k)) + \lambda_k g(\lambda_k)\} = \lim_{k \to \infty}f_2(x(\lambda_k))$$

同样，我们可以证明 $\phi^* = \lim\limits_{k \to \infty}f_1(x(\lambda_k))$. 由于 $\max\{\cdot, \cdot\}$ 是一个连续函数，我们得出结论

$$\phi^* = \lim_{k \to \infty}f(x(\lambda_k)) \geqslant f^*$$

这就证明了在假设式(3.1.14)下式(3.1.12)成立.

最后，假设没有满足条件(3.1.14)的序列. 考虑两个序列：

$$\{\alpha_k\}_{k \geqslant 0} : \alpha_k \uparrow \lambda^*, \quad \{\beta_k\}_{k \geqslant 0} : \beta_k \downarrow \lambda^*$$

由于条件(3.1.14)不满足，且函数 g 是单调的，存在两个正值 a 和 b，使得

$$\lim_{k \to \infty}g(\alpha_k) = a, \quad \lim_{k \to \infty}g(\beta_k) = -b$$

设 $\gamma = \dfrac{b}{a+b}$，则根据引理 3.1.4，我们有

$$\phi^* = \lim_{k \to \infty}\{\gamma\phi(\alpha_k) + (1-\gamma)\phi(\beta_k)\}$$

$$= \lim_{k \to \infty}\{\gamma[f_2(x(\alpha_k)) + \alpha_k g(\alpha_k)] + (1-\gamma)[f_2(x(\beta_k)) + \beta_k g(\beta_k)]\}$$

$$= \lim_{k \to \infty}\{\gamma f_2(x(\alpha_k)) + (1-\gamma)f_2(x(\beta_k))\}$$

$$\geqslant \limsup_{k \to \infty} f_2(\gamma x(\alpha_k) + (1-\gamma)x(\beta_k))$$

同样，

$$\phi^* = \lim_{k \to \infty}\{\gamma[f_1(x(\alpha_k)) - (1-\alpha_k)g(\alpha_k)] + (1-\gamma)[f_1(x(\beta_k)) - (1-\beta_k)g(\beta_k)]\}$$

$$= \lim_{k \to \infty}\{\gamma f_1(x(\alpha_k)) + (1-\gamma)f_1(x(\beta_k))\}$$

$$\geqslant \limsup_{k \to \infty} f_1(\gamma x(\alpha_k) + (1-\gamma)x(\beta_k))$$

在函数值中选择收敛的子序列，我们可以看到

$$\phi^* \geqslant \lim_{k\to\infty} f(\gamma x(\alpha_k) + (1-\gamma)x(\beta_k)) \geqslant f^* \qquad \blacksquare$$

推论 3.1.3 设函数 f_i, $i=1,\cdots,m$ 在 Q 上是闭凸的, 且它们的约束水平集是有界的, 则存在某 $\lambda_* \in \Delta_m$ 使得

$$\min_{x\in Q}(F(x) \stackrel{\text{def}}{=} \max_{1\leqslant i\leqslant m} f_i(x)) = \min_{x\in Q}\Big\{\sum_{i=1}^{m} \lambda_*^{(i)} f_i(x)\Big\} \qquad (3.1.15)$$

证明 考虑到烦琐的符号, 我们只给出归纳法证明的前两个步骤. 设 $F_k(x) = \max_{k\leqslant i\leqslant m} f_i(x)$, 则

$$F(x) = \max\{f_1(x), F_2(x)\}, \quad F_k(x) = \max\{f_k(x), F_{k+1}(x)\}, \quad k=2,\cdots,m-1$$

因此, 根据定理 3.1.10, 存在一个 $\lambda_*^{(1)} \in [0,1]$ 使得

$$F^* \stackrel{\text{def}}{=} \min_{x\in Q} F(x) = \min_{x\in Q}\{\psi_1(x) \stackrel{\text{def}}{=} \lambda_*^{(1)} f_1(x) + (1-\lambda_*^{(1)})F_2(x)\}$$

$$= \min_{x\in Q}\max\{\lambda_*^{(1)} f_1(x) + (1-\lambda_*^{(1)})f_2(x), \lambda_*^{(1)} f_1(x) + (1-\lambda_*^{(1)})F_3(x)\}$$

同样, 根据定理 3.1.10, 存在 $\xi^* \in [0,1]$ 使得 $F^* = \min_{x\in Q}\psi_2(x)$, 其中

$$\psi_2(x) = \xi^*(\lambda_*^{(1)} f_1(x) + (1-\lambda_*^{(1)})f_2(x)) + (1-\xi^*)(\lambda_*^{(1)} f_1(x) + (1-\lambda_*^{(1)})F_3(x))$$

$$= \lambda_*^{(1)} f_1(x) + \xi^*(1-\lambda_*^{(1)})f_2(x) + (1-\xi^*)(1-\lambda_*^{(1)})F_3(x)$$

通过定义 $\lambda_*^{(2)} = \xi^*(1-\lambda_*^{(1)})$, 可以看到

$$\psi_2(x) = \lambda_*^{(1)} f_1(x) + \lambda_{x_*}^{(2)} f_2(x) + (1-\lambda_*^{(1)} - \lambda_*^{(2)})F_3(x)$$

我们这样继续做下去, 就证明了命题. $\blacksquare$

注意函数 f_i, $i=1,\cdots,m$ 在推论 3.1.3 中可能是不连续的.

3.1.3　连续性和可微性

在前面的章节中, 我们已经看到凸函数在其定义域边界上的行为是不可预测的(参见例 3.1.1(6) 和 3.1.2(5)). 幸运的是, 这是唯一可能发生的坏事. 在这一节中, 我们将看到一个凸函数在其定义域内部的局部结构非常简单.

定理 3.1.11 设 f 是凸的且 $x_0 \in \text{int}(\text{dom } f)$, 则 f 在 x_0 处是局部有界的, 局部 Lipschitz 连续的.

证明 我们首先来证明 f 是局部有界的. 选择某 $\epsilon > 0$ 使得 $x_0 \pm \epsilon e_i \in \text{int}(\text{dom } f)$, $i=1,\cdots,n$. 定义

$$\Delta = \text{Conv}\{x_0 \pm \epsilon e_i, i=1,\cdots,n\} \stackrel{(3.1.8)}{=} B_1(x_0, \epsilon)$$

显然, $\Delta \subseteq \text{dom } f$, 根据推论 3.1.2, 我们有

$$\max_{x\in \Delta} f(x) = \max_{1\leqslant i\leqslant n} f(x_0 \pm \epsilon e_i) \stackrel{\text{def}}{=} M \qquad (3.1.16)$$

现在考虑点 $y \in B_1(x_0, \epsilon)$, $y \neq x_0$. 设

$$\alpha = \frac{1}{\epsilon}\|y - x_0\|_{(1)}, \quad z = x_0 + \frac{1}{\alpha}(y - x_0)$$

显然，$\|z-x_0\|_{(1)}=\dfrac{1}{\alpha}\|y-x_0\|_{(1)}=\epsilon$. 因此，有 $\alpha\leqslant 1$ 且

$$y=\alpha z+(1-\alpha)x_0$$

所以，

$$f(y)\leqslant \alpha f(z)+(1-\alpha)f(x_0)\overset{(3.1.16)}{\leqslant} f(x_0)+\alpha(M-f(x_0))$$

$$=f(x_0)+\frac{M-f(x_0)}{\epsilon}\|y-x_0\|_{(1)}$$

157

进一步，设 $u=x_0+\dfrac{1}{\alpha}(x_0-y)$，则有 $\|u-x_0\|_{(1)}=\epsilon$ 且 $y=x_0+\alpha(x_0-u)$. 因此，依据定理 3.1.1，我们有

$$f(y)\geqslant f(x_0)+\alpha(f(x_0))-f(u))\overset{(3.1.16)}{\geqslant} f(x_0)-\alpha(M-f(x_0))$$

$$=f(x_0)-\frac{M-f(x_0)}{\epsilon}\|y-x_0\|_{(1)}$$

于是，$|f(y)-f(x_0)|\leqslant\dfrac{M-f(x_0)}{\epsilon}\|y-x_0\|_{(1)}$. ∎

我们来证明所有凸函数都具有一个非常类似可微性的性质.

定义 3.1.3　设 $x\in\mathrm{dom}\,f$，称 f 在点 x 处**沿方向** $p\neq 0$ **可微**，如果极限

$$f'(x;p)=\lim_{\alpha\downarrow 0}\frac{1}{\alpha}[f(x+\alpha p)-f(x)]\tag{3.1.17}$$

存在. 该极限值 $f'(x;p)$ 称为 f 在点 x 处沿方向 p 的**方向导数**.

定理 3.1.12　凸函数 f 在其定义域任意内点处的任意方向都是可微的.

证明　设 $x\in\mathrm{int}(\mathrm{dom}\,f)$. 考虑函数

$$\phi(\alpha)=\frac{1}{\alpha}[f(x+\alpha p)-f(x)],\quad \alpha>0$$

设 $\beta\in(0,1]$，且足够小的 $\alpha\in(0,\epsilon]$ 满足 $x+\epsilon p\in\mathrm{dom}\,f$. 那么，

$$f(x+\alpha\beta p)=f((1-\beta)x+\beta(x+\alpha p))\leqslant(1-\beta)f(x)+\beta f(x+\alpha p)$$

因此，

$$\phi(\alpha\beta)=\frac{1}{\alpha\beta}[f(x+\alpha\beta p)-f(x)]\leqslant\frac{1}{\alpha}[f(x+\alpha p)-f(x)]=\phi(\alpha)$$

于是，当 $\alpha\downarrow 0$ 时，$\phi(\alpha)$ 递减. 我们选择足够小的 $\gamma>0$ 满足点 $x-\gamma p$ 在定义域内，则有 $x+\alpha p=x+\dfrac{\alpha}{\gamma}(x-(x-\gamma p))$. 因此，根据不等式 (3.1.5)，我们有

$$\phi(\alpha)\geqslant\frac{1}{\gamma}[f(x)-f(x-\gamma p)]$$

所以，(3.1.17) 右端项的极限存在. ∎

158

我们来证明方向导数为我们提供了基本凸函数的全局下支撑函数.

引理 3.1.5　设 f 是凸函数且 $x\in\mathrm{int}(\mathrm{dom}\,f)$，则 $f'(x;\cdot)$ 是一阶正齐次的凸函数，且对任意 $y\in\mathrm{dom}\,f$，我们有

$$f(y) \geqslant f(x) + f'(x; y-x) \tag{3.1.18}$$

证明   我们先来证明方向导数是齐次的. 事实上, 对于任意 $p \in \mathbb{R}^n$ 和 $\tau > 0$, 我们有

$$f'(x; \tau p) = \lim_{\alpha \downarrow 0} \frac{1}{\alpha} [f(x + \tau \alpha p) - f(x)]$$

$$= \tau \lim_{\beta \downarrow 0} \frac{1}{\beta} [f(x + \beta p) - f(x)] = \tau f'(x_0; p)$$

进一步, 对于任何 $p_1, p_2 \in \mathbb{R}^n$ 和 $\beta \in [0, 1]$, 可以得到

$$f'(x; \beta p_1 + (1-\beta) p_2) = \lim_{\alpha \downarrow 0} \frac{1}{\alpha} [f(x + \alpha(\beta p_1 + (1-\beta) p_2)) - f(x)]$$

$$\leqslant \lim_{\alpha \downarrow 0} \frac{1}{\alpha} \{ \beta [f(x + \alpha p_1) - f(x)] + (1-\beta)[f(x + \alpha p_2) - f(x)] \}$$

$$= \beta f'(x; p_1) + (1-\beta) f'(x; p_2)$$

因此, $f'(x; p)$ 关于 p 是凸函数. 最后, 设 $\alpha \in (0, 1]$, $y \in \operatorname{dom} f$ 且 $y_\alpha = x + \alpha(y - x)$, 那么根据定理 3.1.1, 我们有

$$f(y) = f\left(y_\alpha + \frac{1}{\alpha}(1-\alpha)(y_\alpha - x)\right) \geqslant f(y_\alpha) + \frac{1}{\alpha}(1-\alpha)[f(y_\alpha) - f(x)]$$

这样不等式两边取极限 $\alpha \downarrow 0$, 得到 (3.1.18).   ∎

3.1.4　分离定理

到目前为止, 我们已经从函数值的角度研究了凸函数的性质. 我们还没有引入任何可以用于极小化算法的方向. 在凸分析中, 该方向是由本节中给出的分离定理定义的.

定义 3.1.4   设 Q 是一个凸集. 我们说超平面

$$\mathcal{H}(g, \gamma) = \{ x \in \mathbb{R}^n \mid \langle g, x \rangle = \gamma \}, \quad g \neq 0$$

支撑 Q, 如果对任意 $x \in Q$, 不等式 $\langle g, x \rangle \leqslant \gamma$ 成立. 称超平面 $\mathcal{H}(g, \gamma) \not\ni Q$ 将点 x_0 与 Q **分离**, 如果对所有 $x \in Q$, 不等式

$$\langle g, x \rangle \leqslant \gamma \leqslant \langle g, x_0 \rangle \tag{3.1.19}$$

成立. 如果 (3.1.19) 中的不等式之一是严格的, 则称其为**强分离**.

用同样的方式, 我们定义凸集的可分离性. 称两个集合 Q_1 和 Q_2 为可分离的, 如果存在 $g \in \mathbb{R}^n$, $g \neq 0$ 和 $\gamma \in \mathbb{R}$, 使得

$$\langle g, x \rangle \leqslant \gamma \leqslant \langle g, y \rangle \quad \forall x \in Q_1, y \in Q_2 \tag{3.1.20}$$

称两个集合 Q_1 和 Q_2 为严格可分离, 如果 (3.1.20) 中有一个不等式是严格的; 我们称两个集合 Q_1 和 Q_2 强可分离, 如果

$$\sup_{x \in Q_1} \langle g, x \rangle < \gamma < \inf_{y \in Q_2} \langle g, y \rangle \tag{3.1.21}$$

在 $\mathbb{R}^n$ 中的所有分离定理都可以从欧几里得投影的性质中推导出来. 我们来先介绍强可分离的可能性.

定理 3.1.13   设 Q_1 和 Q_2 为 $\mathbb{R}^n$ 中的闭凸集, 满足 $Q_1 \bigcap Q_2 = \varnothing$. 如果其中之一是有界

的，那么这两个集合是强可分离的.

证明 假设 Q_1 是有界的. 考虑如下极小化问题：

$$\rho^* = \min_{x \in Q_1} \rho_{Q_2}(x)$$

注意到此问题的最优值是正的，且其最优解集 X^* 非空. 此外，对于任意 $x^* \in X^*$，我们有

$$\nabla \rho_{Q_2}(x^*) \overset{(2.2.41)}{=} g^*, \quad \langle g^*, x^* \rangle \overset{(2.2.41)}{=} \gamma^*$$

因此，对于所有的 $x_1 \in Q_1$，我们有

$$\langle g^*, x_1 \rangle - \gamma^* \overset{(2.2.41)}{=} \langle \nabla \rho_Q(x^*), x_1 - x^* \rangle \overset{(2.2.39)}{\geqslant} 0$$

另一方面，对于所有的 $x_2 \in Q_2$，我们有

$$\langle g^*, x_2 \rangle - \gamma^* \overset{(2.2.41)}{\leqslant} \langle x^* - \pi_{Q_2}(x^*), x_2 - x^* \rangle$$

$$\overset{(2.2.47)}{\leqslant} -\|x^* - \pi_{Q_2}(x^*)\|^2 = -(\rho^*)^2 \qquad \blacksquare$$

160

注记 3.1.1 在定理 3.1.13 中，存在一个集合是有界的这个假设不能省略. 要了解原因，请考虑例 2.2.1 中集合 Q 和 $\mathbb{R}_+^{1,2}$ 的分离问题.

推论 3.1.4 设 Q 为闭凸集，且 $x \notin Q$，则 x 与 Q 可强分离.

我们来给出一个应用这个重要事实的例子.

推论 3.1.5 设 Q_1 和 Q_2 是两个闭凸集.

1. 如果对所有 $g \in \operatorname{dom} \xi_{Q_2}$ 都有 $\xi_{Q_1}(g) \leqslant \xi_{Q_2}(g)$，那么 $Q_1 \subseteq Q_2$.

2. 设 $\operatorname{dom} \xi_{Q_1} = \operatorname{dom} \xi_{Q_2}$，且对任意 $g \in \operatorname{dom} \xi_{Q_1}$，有 $\xi_{Q_1}(g) = \xi_{Q_2}(g)$，那么 $Q_1 \equiv Q_2$.

证明

1. 假设存在点 $x_0 \in Q_1$ 但不属于 Q_2，则根据推论 3.1.4，存在一个方向 g，使得对于所有 $x \in Q_2$ 有

$$\langle g, x_0 \rangle > \gamma \geqslant \langle g, x \rangle$$

因此，$g \in \operatorname{dom} \xi_{Q_2}$，且 $\xi_{Q_1}(g) > \xi_{Q_2}(g)$. 这是一个矛盾.

2. 依据上一个结论，有 $Q_1 \subseteq Q_2$ 和 $Q_2 \subseteq Q_1$. 因此，$Q_1 \equiv Q_2$. $\blacksquare$

下一个分离定理研究凸集的边界点.

定理 3.1.14 设 Q 为闭凸集，若点 x_0 属于 Q 的边界，则存在包含 x_0 的超平面 $\mathscr{H}(g, \gamma)$ 支撑 Q.

（这样的向量 g 称为在点 x_0 处集合 Q 的支撑）.

证明 考虑序列 $\{y_k\}$ 满足 $y_k \notin Q$ 且 $y_k \to x_0$. 设

$$g_k = \frac{y_k - \pi_Q(y_k)}{\|y_k - \pi_Q(y_k)\|}, \quad \gamma_k = \langle g_k, \pi_Q(y_k) \rangle$$

根据推论 3.1.4，对于所有 $x \in Q$，我们有

$$\langle g_k, x \rangle \leqslant \gamma_k \leqslant \langle g_k, y_k \rangle \tag{3.1.22}$$

然而，$\|g_k\| = 1$，且根据引理 2.2.8，序列 $\{\gamma_k\}$ 是有界的：

$$|\gamma_k| = |\langle g_k, \pi_Q(y_k) - x_0 \rangle + \langle g_k, x_0 \rangle| \leqslant \|\pi_Q(y_k) - x_0\| + \|x_0\|$$
$$\leqslant \|y_k - x_0\| + \|x_0\|$$

161

因此，不失一般性，我们可以假定存在 $g^* = \lim\limits_{k\to\infty} g_k$ 和 $\gamma^* = \lim\limits_{k\to\infty} \gamma_k$. 只需在不等式 (3.1.22)两端取极限就可以证明命题. ∎

3.1.5　次梯度

现在我们来介绍梯度概念的一个推广.

定义 3.1.5　向量 g 称为函数 f 在点 $x_0 \in \mathrm{dom}\, f$ 处的**次梯度**，如果对于任意 $y \in \mathrm{dom}\, f$ 有
$$f(y) \geqslant f(x_0) + \langle g, y - x_0 \rangle \tag{3.1.23}$$
函数 f 在 x_0 处的所有次梯度的集合 $\partial f(x_0)$，称为函数 f 在 x_0 处的**次微分**.

如果不等式(3.1.23)只对点 $y \in Q$ 成立，则记 $g \in \partial_Q f(x_0)$. 集合 $\partial_Q f(x_0)$ 称为限制次微分. 显然，对于任意的凸集 $Q \subseteq \mathrm{dom}\, f$ 都有 $\partial f(x_0) \subseteq \partial_Q f(x_0)$.

对于凹函数，我们通过改变不等式(3.1.23)的不等号来定义超梯度和超微分. 注意，即使对于非凸函数 f，$\partial f(x_0)$ 也可以是非空的.

定义 3.1.5 的简单结果如下：
$$\langle g_1 - g_2, x_1 - x_2 \rangle \geqslant 0 \quad \forall x_1, x_2 \in \mathrm{dom}\, f, g_1 \in \partial f(x_1), g_2 \in \partial f(x_2) \tag{3.1.24}$$

下面的例子清楚地说明引入次微分概念的必要性.

例 3.1.3　考虑函数 $f(x) = (x)_+ \overset{\mathrm{def}}{=} \max\{x, 0\}$, $x \in \mathbb{R}$. 对于所有 $y \in \mathbb{R}$ 和 $g \in [0, 1]$，我们有
$$f(y) = \max\{y, 0\} \geqslant g \cdot y = f(0) + g \cdot (y - 0)$$
因此，在 $x = 0$ 处，函数 f 的次梯度不唯一. 该例中它是区间 $[0, 1]$ 中的任意值. ∎

条件(3.1.23)由 $y \in Q$ 参数化得到的整个集合可以看作是 g 的一组线性不等式约束，该集合定义了集合 $\partial_Q f(x_0)$. 因此，根据定义，任何次微分都是闭凸集.

162

现在来证明函数 f 在凸集内任意点的次可微性意味着函数的闭凸性.

引理 3.1.6　设 Q 为凸集，假设对于任意 $x \in Q \subseteq \mathrm{dom}\, f$，限制次微分 $\partial_Q f(x)$ 是非空的，则 f 是 Q 上的闭凸函数.

证明　对任意的 $x \in Q$，定义 $\hat{f}(x) = \sup\limits_{y}\{f(y) + \langle g(y), x - y \rangle : y \in Q\} \geqslant f(x)$，其中 $g(y)$ 是 $\partial_Q f(y)$ 中的任意次梯度. 根据定理 3.1.8，$\hat{f}$ 是一个闭凸函数，对任意 $x \in Q$，$f(x) \overset{(3.1.23)}{\geqslant} \hat{f}(x)$. ∎

另一方面，我们可以证明一个条件稍弱的逆命题.

定理 3.1.15　设函数 f 是凸的，如果 $x_0 \in \mathrm{int}(\mathrm{dom}\, f)$，那么 $\partial f(x_0)$ 是一个非空有界集.

证明　由于点 $(f(x_0), x_0)$ 属于 $\mathrm{epi}(f)$ 的边界，根据定理 3.1.14，$\mathrm{epi}(f)$ 在 $(f(x_0), x_0)$ 存在一个支撑超平面，即

$$-\alpha\tau + \langle d, x \rangle \leqslant -\alpha f(x_0) + \langle d, x_0 \rangle \tag{3.1.25}$$

对所有 $(\tau, x) \in \mathrm{epi}(f)$ 成立. 现在归一化该超平面的系数，使其满足条件

$$\|d\|^2 + \alpha^2 = 1 \tag{3.1.26}$$

其中范数是标准欧几里得范数. 由于对满足 $\tau \geqslant f(x_0)$ 的所有点 (τ, x_0) 必属于 $\mathrm{epi}(f)$，我们得出结论 $\alpha \geqslant 0$.

根据定理 3.1.11，凸函数在其定义域的内部是局部 Lipschitz 连续的，这意味着存在 $\epsilon > 0$ 和 $M > 0$，使得 $B_2(x_0, \epsilon) \subseteq \mathrm{dom}\, f$，且对任意 $x \in B_2(x_0, \epsilon)^{\ominus}$，有

$$f(x) - f(x_0) \leqslant M \|x - x_0\|$$

因此，根据(3.1.25)，对任意 $x \in B_2(x_0, \epsilon)$，有

$$\langle d, x - x_0 \rangle \leqslant \alpha(f(x) - f(x_0)) \leqslant \alpha M \|x - x_0\|$$

通过选择 $x = x_0 + \epsilon d$，我们得到 $\|d\|^2 \leqslant M\alpha\|d\|$. 于是，依据归一化条件(3.1.26)，我们得到 $\alpha \geqslant [1 + M^2]^{-1/2}$. 因此，通过选择 $g = d/\alpha$，我们得到

$$f(x) \overset{(3.1.25)}{\geqslant} f(x_0) + \langle g, x - x_0 \rangle$$

对所有 $x \in \mathrm{dom}\, f$ 成立.

最后，如果 $g \in \partial f(x_0)$，$g \neq 0$，则通过选择 $x = x_0 + \epsilon g/\|g\|$，我们得到

$$\epsilon \|g\| = \langle g, x - x_0 \rangle \leqslant f(x) - f(x_0) \leqslant M \|x - x_0\| = M\epsilon$$

于是，$\partial f(x_0)$ 是有界的. ∎

下一个例子说明定理 3.1.15 的结论是不能加强的.

例 3.1.4 考虑定义在 $\mathbb{R}_+$ 上的函数 $f(x) = -\sqrt{x}$. 该函数是闭凸函数，但在 $x = 0$ 时不存在次微分. ∎

函数 f 在 $x \in \mathrm{dom}\, f$ 点的次可微性是函数 f 在该点附近局部结构的一个重要特性. 我们来证明如下事实.

定理 3.1.16 对于函数 f，定义其 Fenchel 对偶为

$$f_*(s) = \sup_{y \in \mathrm{dom}\, f} [\langle s, y \rangle - f(y)] \tag{3.1.27}$$

且 Fenchel 对偶的对偶为

$$f_{**}(x) = \sup_{s \in \mathrm{dom}\, f_*} [\langle s, x \rangle - f_*(s)]$$

那么，对所有 $x \in \mathrm{dom}\, f$ 都有 $f(x) \geqslant f_{**}(x)$. 并且，如果对某点 $x \in \mathrm{dom}\, f$，次微分 $\partial f(x) \neq \varnothing$，则 $\partial f(x) \subseteq \mathrm{dom}\, f_*$ 且 $f(x) = f_{**}(x)$.

证明 事实上，对任意 $x \in \mathrm{dom}\, f$，我们有

$$f_{**}(x) = \sup_{s \in \mathrm{dom}\, f_*} [\langle s, x \rangle - f_*(s)] \overset{(3.1.27)}{=} \sup_{s \in \mathrm{dom}\, f_*} \inf_{y \in \mathrm{dom}\, f} [\langle s, x \rangle - \langle s, y \rangle + f(y)]$$

⊖ 在定理 3.1.11 的证明中，我们使用了 l_1-范数. 但是，结果对于 $\mathbb{R}^n$ 中的任何范数都成立，因为在有限维空间所有范数在拓扑上都是等价的.

$$\overset{(1.3.6)}{\leqslant} \inf_{y \in \mathrm{dom}\, f} \sup_{s \in \mathrm{dom}\, f_*} \left[\langle s, x-y \rangle + f(y) \right]^{y=x} \leqslant f(x)$$

现在我们来选择一个任意的 $g \in \partial f(x)$，则对任意 $y \in \mathrm{dom}\, f$，我们有

$$\langle g, y \rangle - f(y) \overset{(3.1.23)}{\leqslant} \langle g, y \rangle - f(x) - \langle g, y-x \rangle = \langle g, x \rangle - f(x)$$

于是，$g \in \mathrm{dom}\, f_*$. 因此，

$$f_{**}(x) = \sup_{s \in \mathrm{dom}\, f_*} \inf_{y \in \mathrm{dom}\, f} \left[\langle s, x \rangle - \langle s, y \rangle + f(y) \right]$$

$$\geqslant \inf_{y \in \mathrm{dom}\, f} \left[\langle g, x \rangle - \langle g, y \rangle + f(y) \right] \overset{(3.1.23)}{=} f(x)$$

我们来证明凸函数的次微分和方向导数之间的一个重要关系.

定理 3.1.17　设函数 f 为凸函数，$x_0 \in \mathrm{int}(\mathrm{dom}\, f)$，则

$$\partial_2 f'(x_0; 0) = \partial f(x_0)$$

其中次微分符号 ∂_2 对应于函数 $f(x_0; \cdot)$ 的第二个参数. 而且，对于任何 $p \in \mathbb{R}^n$，我们有

$$f'(x_0; p) = \max\{\langle g, p \rangle \mid g \in \partial f(x_0)\} \tag{3.1.28}$$

证明　注意到

$$f'(x_0; p) = \lim_{\alpha \downarrow 0} \frac{1}{\alpha} \left[f(x_0 + \alpha p) - f(x_0) \right] \geqslant \langle g, p \rangle \tag{3.1.29}$$

其中 g 是 $\partial f(x_0)$ 中的任意向量. 因此函数 $f'(x_0; \cdot)$ 在 $p=0$ 时次微分非空，且 $\partial f(x_0) \subseteq \partial_2 f'(x_0; 0)$. 另一方面，由于 $f'(x_0; p)$ 关于 p 是凸函数，根据引理 3.1.5，对于任意 $y \in \mathrm{dom}\, f$，我们有

$$f(y) \geqslant f(x_0) + f'(x_0; y-x_0) \geqslant f(x_0) + \langle g, y-x_0 \rangle$$

其中 $g \in \partial_2 f'(x_0; 0)$. 于是，$\partial_2 f'(x_0; 0) \subseteq \partial f(x_0)$，我们得到这两个集合是相同的.

考虑 $g \in \partial_2 f'(x_0; p)$. 那么，根据不等式 (3.1.18)，对于所有 $v \in \mathbb{R}^n$ 和 $\tau > 0$，我们有

$$\tau f'(x_0; v) = f'(x_0; \tau v) \geqslant f'(x_0; p) + \langle g, \tau v - p \rangle$$

取 $\tau \to \infty$，我们得到

$$f'(x_0; v) \geqslant \langle g, v \rangle \tag{3.1.30}$$

而取 $\tau \to 0$，我们得到

$$f'(x_0; p) - \langle g, p \rangle \leqslant 0 \tag{3.1.31}$$

然而，不等式 (3.1.30) 意味着 $g \in \partial_2 f'(x_0; 0)$. 因此，比较 (3.1.29) 和 (3.1.31)，我们得出结论 $\langle g, p \rangle = f'(x_0; p)$ 成立. ∎

下面我们来介绍一些次梯度的性质，这对于凸优化极其重要. 紧接着的结果构成割平面优化算法的基础.

定理 3.1.18　对任意 $x_0 \in \mathrm{dom}\, f$，任意向量 $g \in \partial f(x_0)$ 都是水平集 $\mathscr{L}_f(f(x_0))$ 的支撑向量，即

$$\langle g, x_0 - x \rangle \geqslant 0 \quad \forall x \in \mathscr{L}_f(f(x_0)) = \{x \in \mathrm{dom}\, f : f(x) \leqslant f(x_0)\}$$

证明 事实上，如果 $f(x) \leqslant f(x_0)$ 且 $g \in \partial f(x_0)$，则

$$f(x_0) + \langle g, x - x_0 \rangle \leqslant f(x) \leqslant f(x_0)$$ ∎

推论 3.1.6 设 $Q \subseteq \mathrm{dom}\, f$ 为闭凸集，$x_0 \in Q$，且

$$x^* \in \mathrm{Arg}\, \min_{x \in Q} f(x)$$

则对任意 $g \in \partial f(x_0)$，都有 $\langle g,\ x_0 - x^* \rangle \geqslant 0$.

在某些情况下，以下对象非常有用.

定义 3.1.6 设 $X \in \mathrm{dom}\, f$ 为闭凸集，称集合

$$\widehat{\partial f}\,(X) = \bigcap_{x \in X} \partial f(x) \tag{3.1.32}$$

为集合 X 的**上图面**(epigraph facet).

这个定义源于下面的命题.

定理 3.1.19 设集合 X 为闭凸集，且 $\widehat{\partial f}\,(X) \neq \varnothing$. 那么

$$f((1-\alpha)x_0 + \alpha x_1) = (1-\alpha)f(x_0) + \alpha f(x_1), \quad \forall x_0, x_1 \in X, \alpha \in [0,1] \tag{3.1.33}$$

而且，对任意 $g \in \widehat{\partial f}\,(X)$ 和所有 X 中的 x_0，x_1，我们有

$$f(x_1) = f(x_0) + \langle g, x_1 - x_0 \rangle \tag{3.1.34}$$

证明 事实上，令 $g \in \widehat{\partial f}\,(X) \subseteq \partial f(x_0) \bigcap \partial f(x_1)$，则

$$f(x_0) + \langle g, x_1 - x_0 \rangle \overset{(3.1.23)}{\leqslant} f(x_1) \overset{(3.1.23)}{\leqslant} f(x_0) + \langle g, x_1 - x_0 \rangle$$

于是，证明了 (3.1.34). 紧接着，对满足 $\alpha \in [0, 1]$ 的 $x_\alpha = (1-\alpha)x_0 + \alpha x_1$，我们有

$$(1-\alpha)f(x_0) + \alpha f(x_1) \overset{(3.1.2)}{\geqslant} f(x_\alpha) \overset{(3.1.23)}{\geqslant} f(x_0) + \langle g, x_\alpha - x_0 \rangle$$

$$= f(x_0) + \alpha \langle g, x_1 - x_0 \rangle \overset{(3.1.34)}{=} (1-\alpha)f(x_0) + \alpha f(x_1)$$

于是，我们证明了等式 (3.1.33). ∎

现在来说明上图面(epigraph facet)是如何用在无约束优化的最优性条件中的.

定理 3.1.20 设 $X^* = \mathrm{Arg}\, \min\limits_{x \in \mathrm{dom}\, f} f(x)$，那么一个闭凸集 X_* 是 X^* 的子集，当且仅当

$$0 \in \widehat{\partial f}\,(X_*)$$

证明 事实上，如果 $0 \in \widehat{\partial f}\,(X_*)$，则对任意 $x^* \in X_*$ 和所有 $x \in \mathrm{dom}\, f$，我们有

$$f(x) \geqslant f(x^*) + \langle 0, x - x^* \rangle = f(x^*)$$

于是，$x^* \in X^*$.

另一方面，对于所有 $x \in \mathrm{dom}\, f$ 和 $x^* \in X_*$ 有 $f(x) \geqslant f(x^*)$，则由定义 3.1.5 知，$0 \in \bigcap\limits_{x^* \in X_*} \partial f(x^*)$. ∎

在下文中，对集值映射 $\mathscr{S}(\,\cdot\,)$ 和任意集合 $X \subseteq \mathbb{R}^n$，我们使用符号 $\widehat{\mathscr{S}}(X) \overset{\mathrm{def}}{=} \bigcap\limits_{x \in X} \mathscr{S}(x)$.

3.1.6 次梯度计算

在前一节中，我们引入了次梯度，我们将在极小化算法中使用这个概念. 然而，为了

使用基于次梯度的算法来解决实际问题，我们需要确保次梯度是可计算的. 在这一节中，我们给出了相应的计算法则. 注意到对于大多数极小化算法来说，能保证从集合 $\partial f(x)$ 中计算出一个次梯度就足够了.

我们首先建立梯度和次梯度之间的一些关系.

引理 3.1.7   设函数 f 为凸函数，假设它在点 $x \in \text{int}(\text{dom } f)$ 处是可微的，则 $\partial f(x) = \{\nabla f(x)\}$.

证明   事实上，对于任意方向 $p \in \mathbb{R}^n$，我们有

$$f'(x; p) = \langle \nabla f(x), p \rangle$$

然后使用定理 3.1.17 和推论 3.1.5 的第 2 项可得结论.   ■

引理 3.1.8   设函数 $\psi(\cdot)$ 是凸函数，且单变量凸函数 φ 在集合

$$\text{Im } \psi = \{\tau = \psi(x), x \in \text{dom } \psi\}$$

上单调不减，那么函数 $f(\cdot) = \varphi(\psi(\cdot))$ 是凸函数，且对 $\text{int}(\text{dom } \psi)$ 中的任何 x，都有

$$\partial f(x) = \text{Conv}\{\lambda \, \partial \psi(x), \lambda \in \partial \varphi(\psi(x))\}$$

证明   事实上，根据定理 3.1.9 可知 f 是凸函数. 取定任意 $x \in \text{int}(\text{dom } \psi)$ 和任意方向 h，则根据方向导数的链式法则，我们有

$$f'(x; p) = \varphi'(\psi(x); \psi'(x; p)) = \max_{\lambda}\{\lambda \psi'(x; p) : \lambda \in \partial \varphi(\psi(x))\}$$

$$= \max_{\lambda, g}\{\langle g, p \rangle : g \in \lambda \partial \psi(x), \lambda \in \partial \varphi(\psi(x))\}$$

只需使用定理 3.1.17 和推论 3.1.5 的第 2 项可得结论.   ■

现在考虑函数 $f(x, y)$ 依赖于两个变量 $x \in \mathbb{R}^n$ 和 $y \in \mathbb{R}^m$ 这种混合情况.

引理 3.1.9   令函数 f 为凸函数，且

$$\bar{z} = (\bar{x}, \bar{y}) \in \text{int }(\text{dom } f) \subseteq \mathbb{R}^n \times \mathbb{R}^m$$

假设 f 关于第一个变量是可微的，且相应的偏梯度 $\nabla_1 f(\cdot, \cdot) \in \mathbb{R}^n$ 在 $\bar{z}$ 沿 $\mathbb{R}^{n+m}$ 任何方向连续，则

$$\partial f(\bar{z}) = (\nabla_1 f(\bar{x}, \bar{y}), \partial_2 f(\bar{x}, \bar{y}))$$

其中 $\partial_2 f(x, y) \subset \mathbb{R}^m$ 是 f 当第一个变量固定时关于第二个变量的偏次微分.

证明   取定任意方向 $h = (h_x, h_y) \in \mathbb{R}^n \times \mathbb{R}^m$，则对于足够小的 $\alpha > 0$，我们有

$$\frac{1}{\alpha}(f(\bar{x} + \alpha h_x, \bar{y} + \alpha h_y) - f(\bar{x}, \bar{y})) = \frac{1}{\alpha}(f(\bar{x} + \alpha h_x, \bar{y} + \alpha h_y) - f(\bar{x}, \bar{y} + \alpha h_y))$$

$$+ \frac{1}{\alpha}(f(\bar{x}, \bar{y} + \alpha h_y) - f(\bar{x}, \bar{y}))$$

因为 f 是凸函数，我们有

$$\alpha \langle \nabla_1 f(\bar{x}, \bar{y} + \alpha h_y), h_x \rangle \overset{(2.1.2)}{\leqslant} f(\bar{x} + \alpha h_x, \bar{y} + \alpha h_y) - f(x, \bar{y} + \alpha h_y)$$

$$\overset{(2.1.2)}{\leqslant} \alpha \langle \nabla_1 f(\bar{x} + \alpha h_x, \bar{y} + \alpha h_y), h_x \rangle$$

因此，考虑到 $\nabla_1 f$ 的方向连续性，我们有

$$
\begin{aligned}
f'(\bar{z},h) &= \langle \nabla_1(f(\bar{x},\bar{y})),h_x \rangle + f'(\bar{z},(0,h_y)) \\
&\overset{(3.1.28)}{=} \langle \nabla_1(f(\bar{x},\bar{y})),h_x \rangle + \max_g\{\langle g,h_y \rangle : g \in \partial_2 f(\bar{x},\bar{y})\}
\end{aligned}
$$

只需使用推论 3.1.5 可证明命题. ∎

最后，我们给出一个相反的命题，它从一类连续次可微性导出可微性.

引理 3.1.10　设 f 是凸函数，$x_0 \in \mathrm{int}(\mathrm{dom}\, f)$. 假设存在一个在 x_0 处连续的向量函数 $g(x) \in \partial f(x)$，则在 x_0 处 f 可微，且 $\nabla f(x_0) = g(x_0)$.

证明　事实上，对任意方向 $h \in \mathbb{R}^n$ 和足够小的正数 α，我们有

$$
\langle g(x_0),h \rangle \overset{(3.1.23)}{\leqslant} \frac{1}{\alpha}[f(x_0+\alpha h)-f(x_0)] \overset{(3.1.23)}{\leqslant} \langle g(x_0+\alpha h),h \rangle
$$

于是，对该不等式取极限 $\alpha \downarrow 0$，我们得到对所有 $h \in \mathbb{R}^n$ 有 $f'(x_0;h) = \langle g(x_0),h \rangle$. 所以，$g(x_0) = \nabla f(x_0)$. ∎

现在我们给出在 3.1.2 节中描述的凸函数的所有运算及更新次梯度的相应链式法则.

引理 3.1.11　设函数 f 在有界集 $S \subseteq \mathrm{dom}\, f \subseteq \mathbb{R}^m$ 上是闭凸的. 考虑线性算子

$$
\mathscr{A}(x) = Ax + b : \mathbb{R}^n \to \mathbb{R}^m
$$

那么，$\phi(x) = f(\mathscr{A}(x))$ 在集合

$$
Q = \{x \mid \mathscr{A}(X) \in S\}
$$

上是闭凸函数. 对于任何具有非空 $\partial f(\mathscr{A}(x))$ 的 $x \in Q$，我们有

$$
\partial \phi(x) = A^{\mathrm{T}} \partial f(\mathscr{A}(x))
$$

证明　我们已经在定理 3.1.6 中证明了引理的第一部分. 现在证明次微分的关系式. 设 $y_0 = \mathscr{A}(x_0)$，则对所有 $p \in \mathbb{R}^n$，我们有

$$
\begin{aligned}
\phi'(x_0;p) &= f'(y_0;Ap) = \max\{\langle g,Ap \rangle \mid g \in \partial f(y_0)\} \\
&= \max\{\langle \bar{g},p \rangle \mid \bar{g} \in A^{\mathrm{T}} \partial f(y_0)\}
\end{aligned}
$$

利用定理 3.1.17 和推论 3.1.5，得到了 $\partial \phi(x_0) = A^{\mathrm{T}} \partial f(\mathscr{A}(x_0))$. ∎

169

引理 3.1.12　设 f_1 和 f_2 是闭凸函数，且 α_1，$\alpha_2 \geqslant 0$，则函数 $f(x) = \alpha_1 f_1(x) + \alpha_2 f_2(x)$ 也是闭凸的，且

$$
\partial f(x) = \alpha_1 \partial f_1(x) + \alpha_2 \partial f_2(x) \tag{3.1.35}
$$

对 $\mathrm{int}(\mathrm{dom}\, f) = \mathrm{int}(\mathrm{dom}\, f_1) \bigcap \mathrm{int}(\mathrm{dom}\, f_2)$ 中任意 x 都成立.

证明　根据定理 3.1.5，我们只需要证明次微分的关系式成立. 对 $x_0 \in \mathrm{int}(\mathrm{dom}\, f_1) \bigcap \mathrm{int}(\mathrm{dom}\, f_2)$，根据定理 3.1.15，该点处两个次微分集都是有界的. 对于任何 $p \in \mathbb{R}^n$，我们有

$$
\begin{aligned}
f'(x_0;p) &= \alpha_1 f'_1(x_0;p) + \alpha_2 f'_2(x_0;p) \\
&= \max\{\langle g_1,\alpha_1 p \rangle \mid g_1 \in \partial f_1(x_0)\} + \max\{\langle g_2,\alpha_2 p \rangle \mid g_2 \in \partial f_2(x_0)\} \\
&= \max\{\langle \alpha_1 g_1 + \alpha_2 g_2,p \rangle \mid g_1 \in \partial f_1(x_0), g_2 \in \partial f_2(x_0)\} \\
&= \max\{\langle g,p \rangle \mid g \in \alpha_1 \partial f_1(x_0) + \alpha_2 \partial f_2(x_0)\}
\end{aligned}
$$

因此，利用定理 3.1.17 和推论 3.1.5，我们得到(3.1.35).   ■

引理 3.1.13   设 f_i，$i=1$，$\cdots$，m 是闭凸函数，则函数 $f(x)=\max\limits_{1\leqslant i\leqslant m} f_i(x)$ 是闭凸函数. 对于任意 $x\in\text{int}(\text{dom } f)=\bigcap\limits_{i=1}^{m}\text{int}(\text{dom } f_i)$，我们有

$$\partial f(x)=\text{Conv}\{\partial f_i(x)\,|\,i\in I(x)\} \tag{3.1.36}$$

其中 $I(x)=\{i:f_i(x)=f(x)\}$.

证明   同样，根据定理 3.1.5，我们只需要证明次微分的规则. 对 $x\in\bigcap\limits_{i=1}^{m}\text{int}(\text{dom } f_i)$，根据定理 3.1.15，该点处所有函数 f_i 的次微分都是有界的.

为了便于表示，假设 $I(x)=\{1,\cdots,k\}$，则对任意 $p\in\mathbb{R}^n$，我们有

$$f'(x;p)=\max_{1\leqslant i\leqslant k} f'_i(x;p)=\max_{1\leqslant i\leqslant k}\max\{\langle g_i,p\rangle\,|\,g_i\in\partial f_i(x)\}$$

注意到对于任意一组值 a_1，$\cdots$，a_k，我们有

$$\max_{1\leqslant i\leqslant k} a_i=\max\Big\{\sum_{i=1}^{k}\lambda_i a_i\,\Big|\,\{\lambda_i\}\in\Delta_k\Big\}$$

其中 $\Delta_k=\Big\{\lambda_i\geqslant 0,\sum\limits_{i=1}^{k}\lambda_i=1\Big\}$ 为标准 k 维单纯形. 因此，

$$f'(x;p)=\max_{\{\lambda_i\}\in\Delta_k}\Big\{\sum_{i=1}^{k}\lambda_i\max\{\langle g_i,p\rangle\,|\,g_i\in\partial f_i(x)\}\Big\}$$

$$=\max\Big\{\langle\sum_{i=1}^{k}\lambda_i g_i,p\rangle\,\Big|\,g_i\in\partial f_i(x),\{\lambda_i\}\in\Delta_k\Big\}$$

$$=\max\Big\{\langle g,p\rangle\,\Big|\,g=\sum_{i=1}^{k}\lambda_i g_i,g_i\in\partial f_i(x),\{\lambda_i\}\in\Delta_k\Big\}$$

$$=\max\{\langle g,p\rangle\,|\,g\in\text{Conv}\{\partial f_i(x),i\in I(x)\}\}$$ ■

最后的规则对从次微分集中计算元素很有用.

引理 3.1.14   设 Δ 为任意集合，$f(x)=\sup\{\phi(x,y)\,|\,y\in\Delta\}$. 假设对于任意 $y\in\Delta$，$\phi(\cdot,y)$ 在某凸集 Q 上是闭凸函数，则 f 在集合

$$\hat{Q}=\{x\in Q\,|\,\sup_{y\in\Delta}\phi(x,y)<+\infty\}$$

是闭凸函数. 而且，对任意 $x\in\hat{Q}$，我们有

$$\partial_{\hat{Q}}f(x)\supseteq\text{Conv}\{\partial_{Q,x}\phi(x,y)\,|\,y\in I(x)\}$$

其中 $I(x)=\{y\in\Delta\,|\,\phi(x,y)=f(x)\}$.

证明   根据定理 3.1.8，我们只需要证明最后的包含关系. 实际上，对于任何 $x\in\hat{Q}$，$y_0\in I(x_0)$ 和 $g_0\in\partial_{Q,x}\phi(x_0,y_0)$，我们有

$$f(x)\geqslant\phi(x,y_0)\geqslant\phi(x_0,y_0)+\langle g_0,x-x_0\rangle=f(x_0)+\langle g_0,x-x_0\rangle$$ ■

现在我们可以看一些次微分的例子.

例 3.1.5

1. 设 $f(x)=(x)_+$，$x\in\mathbb{R}$，则 $\partial f(0)=[0,1]$，这是因为 $f(x)=\max\limits_{g\in[0,1]}gx$.

2. 考虑函数 $f(x)=\sum\limits_{i=1}^{m}|\langle a_i,x\rangle|$. 定义

$$I_-(x)=\{i:\langle a_i,x\rangle<0\}$$
$$I_+(x)=\{i:\langle a_i,x\rangle>0\}$$
$$I_0(x)=\{i:\langle a_i,x\rangle=0\}$$

那么，$\partial f(x)=\sum\limits_{i\in I_+(x)}a_i-\sum\limits_{i\in I_-(x)}a_i+\sum\limits_{i\in I_0(x)}[-a_i,a_i]$

3. 考虑函数 $f(x)=\max\limits_{1\leqslant i\leqslant n}x^{(i)}$. 定义 $I(x)=\{i:x^{(i)}=f(x)\}$，则

$$\partial f(x)=\text{Conv}\{e_i\,|\,i\in I(x)\}$$

对 $x=0$，我们有 $\partial f(0)=\text{Conv}\{e_i\,|\,1\leqslant i\leqslant n\}\equiv\Delta_n$.

4. 对欧几里得范数 $f(x)=\|x\|$，我们有

$$\partial f(0)=B_2(0,1)=\{x\in\mathbb{R}^n\,|\,\|x\|\leqslant 1\}$$
$$\partial f(x)=\{x/\|x\|\},x\neq 0$$

5. 对 ℓ_1- 范数，$f(x)=\|x\|_1=\sum\limits_{i=1}^{n}|x^{(i)}|$，我们有

$$\partial f(0)=B_\infty(0,1)=\{x\in\mathbb{R}^n\,|\,\max\limits_{1\leqslant i\leqslant n}|x^{(i)}|\leqslant 1\}$$
$$\partial f(x)=\sum\limits_{i\in I_+(x)}e_i-\sum\limits_{i\in I_-(x)}e_i+\sum\limits_{i\in I_0(x)}[-e_i,e_i],\ x\neq 0$$

其中 $I_+(x)=\{i\,|\,x^{(i)}>0\}$，$I_-(x)=\{i\,|\,x^{(i)}<0\}$ 且 $I_0(x)=\{i\,|\,x^{(i)}=0\}$.

6. 对 Minkowski 函数，我们需要引入集合 Q 的极方向：

$$\mathscr{P}_Q=\{g\in\mathbb{R}^n:\langle g,x\rangle\leqslant 1\quad\forall x\in Q\}\qquad(3.1.37)$$

则

$$\partial\psi_Q(0)=\mathscr{P}_Q,\quad\partial\psi_Q(x)=\text{Arg}\max\limits_{g\in\mathscr{P}_Q}\langle g,x\rangle$$

我们将这些例子的证明留作读者的练习.

最后，我们来介绍齐次函数的次梯度.

定义 3.1.7　函数 f 称作 $p\geqslant 0$ **阶(正)齐次函数**，如果 f 的定义域是一个锥且

$$f(\tau x)=\tau^p f(x)\quad\forall x\in\text{dom}\,f,\forall\tau\geqslant 0\qquad(3.1.38)$$

注意在例 3.1.5 中的所有函数都是一阶齐次函数.

定理 3.1.21(欧拉齐次函数定理)　设函数 f 在其定义域上是凸且次可微的，如果它是阶数 $p\geqslant 1$ 的齐次函数，则

$$\langle g,x\rangle=pf(x)\quad\forall x\in\text{dom}\,f,\ \forall g\in\partial f(x)\qquad(3.1.39)$$

证明　事实上，设 $x\in\text{dom}\,f$ 且 $g\in\partial f(x)$，则对任意 $\tau\geqslant 0$，我们有

$$\tau^p f(x) \overset{(3.1.38)}{=} f(\tau x) \overset{(3.1.23)}{\geqslant} f(x) + (\tau - 1)\langle g, x\rangle$$

对 $\tau > 1$，上式意味着 $\dfrac{\tau^p - 1}{\tau - 1}f(x) \geqslant \langle g, x\rangle$. 因此，两端取极限 $\tau \downarrow 1$，我们得到 $pf(x) \geqslant \langle g, x\rangle$.

对 $\tau < 1$，上述不等式意味着 $\dfrac{1 - \tau^p}{1 - \tau}f(x) \leqslant \langle g, x\rangle$. 因此取极限 $\tau \uparrow 1$，得 $pf(x) \leqslant \langle g, x\rangle$. ∎

在凸分析中，最重要的是齐次数为 1 的齐次函数. 对这类函数

$$\langle g, x\rangle \overset{(3.1.39)}{=} f(x) \quad \forall x \in \mathrm{dom}\, f, \forall g \in \partial f(x) \tag{3.1.40}$$

从现在起假设 $\mathrm{dom}\, f = \mathbb{R}^n$，则对所有 $x \in \mathbb{R}^n$，我们有

$$f(x) = f'(0, x) \overset{(3.1.28)}{=} \max_g \{\langle g, x\rangle : g \in \partial f(0)\} \tag{3.1.41}$$

齐次函数最简单的例子是线性函数 $f(x) = \langle a, x\rangle$，最重要的情形是一般范数. 对 $f(x) = \|x\|$，我们有

$$\|x\| = \max_g \{\langle g, x\rangle : \|g\|_* \leqslant 1\}$$

其中 $\|g\|_* = \max\limits_x \{\langle g, x\rangle : \|x\| \leqslant 1\}$ 是对偶范数. 于是，

$$\partial_{\|x\|} |_{x=0} = \{g \in \mathbb{R}^n : \|g\|_* \leqslant 1\} \tag{3.1.42}$$

引理 3.1.15 设 f 是定义域为 $\mathrm{dom}\, f = \mathbb{R}^n$ 的凸一阶齐次函数，则对于所有的 $x \in \mathbb{R}^n$，我们有

$$\partial f(x) = \{g \in \partial f(0) : \langle g, x\rangle = f(x)\} \tag{3.1.43}$$

证明 记不等式 (3.1.43) 的右端项为 $G(x)$. 如果 $g \in \partial f(x)$，则对任意 $y \in \mathbb{R}^m$，我们有

$$f(y) \overset{(3.1.23)}{\geqslant} f(x) + \langle g, y - x\rangle \overset{(3.1.40)}{=} \langle g, y\rangle$$

于是，$g \in \partial f(0)$，所以 $g \overset{(3.1.40)}{\in} G(x)$. 另一方面，如果 $g \in G(x)$，则对任意 $y \in \mathbb{R}^n$，有

$$f(y) \overset{(3.1.23)}{\geqslant} \langle g, y\rangle = f(x) + \langle g, y - x\rangle$$

因此，$g \in \partial f(x)$. ∎

于是，由等式 (3.1.41)，$\partial f(x)$ 是 $\partial f(0)$ 的一个面 (facet).

我们为所研究的结果给出一个应用实例.

定理 3.1.22 令 Q_1 和 Q_2 是有界闭凸集，且 $Q = Q_1 \bigcap Q_2$ 有非空内部，则

$$\xi_Q(x) = \min_{y \in \mathbb{R}^n} \{\xi_{Q_1}(x + y) + \xi_{Q_2}(-y)\}, \quad x \in \mathbb{R}^n \tag{3.1.44}$$

证明 首先我们来证明 (3.1.44) 的优化问题是可解的. 如果 $g \in Q_1 \bigcap Q_2$，那么对于任意的 $y \in \mathbb{R}^n$，我们有

$$\phi_x(y) \overset{\mathrm{def}}{=} \xi_{Q_1}(x + y) + \xi_{Q_2}(-y) \geqslant \langle g, x + y\rangle + \langle g, -y\rangle = \langle g, x\rangle$$

于是，(3.1.44)中的目标函数有下界，且对其下确界 ϕ_x^* 有 $\phi_x^* \geqslant \xi_Q(x)$. 考虑满足 $\phi_x(y_k) \to$ ϕ_x^* 的序列 $\{y_k\}$. 如果该序列有界，则下确界可以得到. 如果无界，则有 $t_k \overset{\text{def}}{=} \|y_k\| \to \infty$. 令 $\overline{y}_k = \dfrac{1}{t_k} y_k$，则

$$\lim_{k \to \infty} \phi_x(\overline{y}_k) = \lim_{k \to \infty} \Big[\xi_{Q_1}\Big(\frac{1}{t_k} x + \overline{y}_k \Big) + \xi_{Q_2}(-\overline{y}_k) \Big] = \lim_{k \to \infty} \frac{1}{t_k} \phi_x(y_k) = 0$$

由于序列 $\{\overline{y}_k\}$ 有界，我们可以假定该序列收敛于满足 $\|\overline{y}\| = 1$ 和 $\phi_x(\overline{y}) = 0$ 的点 $\overline{y}$. 在这种情况下，我们有

$$\langle g_1, \overline{y} \rangle \leqslant \xi_{Q_1}(\overline{y}) \leqslant - \xi_{Q_2}(-\overline{y}) = \langle g_2, \overline{y} \rangle, \quad \forall g_1 \in Q_1, \forall g_2 \in Q_2$$

因此，对所有 $g \in Q$ 有 $\langle g, \overline{y} \rangle = 0$，这样我们得到与假设矛盾的结论.

记 y^* 是(3.1.44)中最优化问题的解. 依据定理 3.1.20，我们有

$$0 \in \partial \phi_x(y^*) \overset{(3.1.35)}{=} \partial \xi_{Q_1}(x + y^*) + \partial \xi_{-Q_2}(y^*)$$

依据引理 3.1.15，该式意味着存在一个向量 g 使得

$$g \in Q_1, \langle g, x + y^* \rangle = \xi_{Q_1}(x + y^*), \quad -g \in -Q_2, \quad \langle -g, y^* \rangle = \xi_{-Q_2}(y^*)$$

于是，$\phi_x^* = \xi_{Q_1}(x + y^*) + \xi_{Q_2}(-y^*) = \xi_{Q_1}(x + y^*) + \xi_{-Q_2}(y^*) = \langle g, x \rangle$，由于 $g \in Q$，我们可得 $\phi_x^* \leqslant \xi_Q(x)$. ∎

最后，我们来研究凸函数与可微凸函数复合得到的复合函数的次梯度.

引理 3.1.16　考虑 $\psi(g) = \max\limits_{\lambda \in \Lambda} \langle \lambda, g \rangle$，其中 $\Lambda \subset \mathbb{R}_+^m$ 是一个有界凸集. 设向量函数 $F(x) = (f_1(x), \cdots, f_m(x))$，$x \in \mathbb{R}^n$ 有可微凸分量，则复合函数 $f(x) = \psi(F(x))$ 是凸的，且

$$\partial f(x) = \Big\{ \sum_{i=1}^m \lambda^{(i)} \nabla f_i(x) : \lambda \in \mathrm{Arg} \max_{\lambda \in \Lambda} \langle \lambda, F(x) \rangle \Big\} \tag{3.1.45}$$

证明　实际上，函数 $\psi(\cdot)$ 是单调的：如果在坐标分量意义下有 $g_1 \leqslant g_2$，则 $\psi(g_1) \leqslant \psi(g_2)$. 因此，对 $\mathbb{R}^n$ 中的任意 x，y，及 $\alpha \in [0, 1]$，我们有

$$f(\alpha x + (1 - \alpha) y) \leqslant \psi(\alpha F(x) + (1 - \alpha) F(y)) \leqslant \alpha f(x) + (1 - \alpha) f(y)$$

关系式(3.1.45)由方向导数的表示可得到. 定义 $F'(x) = (\nabla f_1(x), \cdots, \nabla f_m(x)) \in \mathbb{R}^{n \times m}$，则对于任意方向 $h \in \mathbb{R}^n$，我们有

$$\begin{aligned} f'(x; h) &= \psi'(F(x); (F'(x))^{\mathrm{T}} h) \\ &\overset{(3.1.43)}{=} \max\{ \langle \lambda, (F'(x))^{\mathrm{T}} h \rangle : \lambda \in \mathrm{Arg} \max_{\lambda \in \Lambda} \langle \lambda, F(x) \rangle \} \end{aligned}$$ ∎

引理 3.1.17　令 F 为 $\mathbb{R}^m$ 上的一个可微凸且单调的函数，且假设函数 f_i 是开凸集 Q 上的凸函数，则函数

$$\phi(x) = F(f_1(x), \cdots, f_m(x))$$

在 Q 上是凸的，且

$$\partial \phi(x) = \sum_{i=1}^{m} \nabla_i F(f(x)) \cdot \partial f_i(x), \quad x \in Q \qquad (3.1.46)$$

其中 $f(x) = (f_1(x), \cdots, f_m(x))^{\mathrm{T}} \in \mathbb{R}^m$.

证明 事实上，对于 $x, y \in Q$ 和 $\alpha \in [0, 1]$，我们有

$$\phi(\alpha x + (1-\alpha)y) \leqslant F(\alpha f(x) + (1-\alpha)f(y)) \leqslant \alpha \phi(x) + (1-\alpha)\phi(y)$$

进一步，对任意方向 $p \in \mathbb{R}^n$，

$$\phi'(x;p) = \sum_{i=1}^{m} \nabla_i F(f(x)) f_i'(x;p) \overset{(3.1.28)}{=} \sum_{i=1}^{m} \nabla_i F(f(x)) \xi_{\partial f_i(x)}(p)$$

只需使用推论 3.1.5 可得结论. ∎

推论 3.1.7 如果所有 f_i, $i=1, \cdots, m$ 都是凸函数，则

$$\phi(x) = \ln\Big(\sum_{i=1}^{m} \mathrm{e}^{f_i(x)} \Big) \qquad (3.1.47)$$

也是凸函数.

证明 实际上，我们已经在例 2.1.1(4) 中看到函数

$$F(s) = \ln\Big(\sum_{i=1}^{n} \mathrm{e}^{s^{(i)}} \Big)$$

在 $\mathbb{R}^n$ 中凸且单调. ∎

3.1.7 最优性条件

我们来用已给出的技术来推导出不同的最优性条件. 从一个简单的极小化问题开始，其目标函数具有如下合成形式：

$$\min_{x \in Q} \{ \widetilde{f}(x) \overset{\text{def}}{=} f(x) + \varPsi(x) \} \qquad (3.1.48)$$

其中 Q 是闭凸集，$f \in C^1(Q)$ 是连续可微的凸函数，$\varPsi$ 是定义在集合 Q 上的闭凸函数.

定理 3.1.23 点 x^* 是问题 (3.1.48) 的一个解，当且仅当对于任意 $x \in Q$，我们有

$$\langle \nabla f(x^*), x - x^* \rangle + \varPsi(x) \geqslant \varPsi(x^*) \qquad (3.1.49)$$

证明 事实上，如果满足条件 (3.1.49)，那么

$$\widetilde{f}(x) = f(x) + \varPsi(x) \overset{(2.1.2)}{\geqslant} f(x^*) + \langle \nabla f(x^*), x - x^* \rangle + \varPsi(x)$$
$$\overset{(3.1.49)}{\geqslant} f(x^*) + \varPsi(x^*) = \widetilde{f}(x^*)$$

现在假设 x^* 是极小化问题 (3.1.48) 的一个最优解. 反设存在一个 $x \in Q$ 使得

$$\langle \nabla f(x^*), x - x^* \rangle + \varPsi(x) < \varPsi(x^*)$$

注意到 $\lim_{\alpha \downarrow 0} \frac{1}{\alpha} [f(\alpha x + (1-\alpha)x^*) - f(x^*)] = \langle \nabla f(x^*), x - x^* \rangle$. 于是，对于足够小的正数 α，我们有

$$f(\alpha x + (1-\alpha)x^*) < f(x^*) + \alpha[\Psi(x^*) - \Psi(x)]$$
$$= \widetilde{f}(x^*) + \alpha[\Psi(x^*) - \Psi(x)] - \Psi(x^*)$$
$$\overset{(3.1.2)}{\leqslant} \widetilde{f}(x^*) - \Psi(\alpha x + (1-\alpha)x^*)$$

因此，$\widetilde{f}(\alpha x + (1-\alpha)x^*) < \widetilde{f}(x^*)$，我们得出一个矛盾. ■

根据定义 3.1.5，条件 (3.1.49) 等价于如下包含关系：
$$-\nabla f(x^*) \in \partial_Q \Psi(x^*)$$

现在我们研究具有一般目标函数的优化问题. 对问题
$$\min_{x \in Q} f(x) \tag{3.1.50}$$
其中 $Q \subseteq \mathbb{R}^n$ 是闭凸集，f 是闭凸函数，$\operatorname{dom} f \supseteq Q$. 对点 $\overline{x} \in Q$，定义法锥为
$$\mathscr{N}(\overline{x}) = \{g \in \mathbb{R}^n \mid \langle g, x - \overline{x} \rangle \geqslant 0, \forall x \in Q\} \tag{3.1.51}$$
因为包含关系 $g \in \mathscr{N}(\overline{x})$ 意味着对任意 $\tau \geqslant 0$ 有 $\tau g \in \mathscr{N}(\overline{x})$，故这确实是一个锥. 该集合是闭凸集半空间
$$\{g : \langle g, x - \overline{x} \rangle \geqslant 0\}, \quad x \in Q$$
的交集，故也是闭凸集. 显然，对所有 $\overline{x} \in \operatorname{int} Q$，有 $\mathscr{N}(\overline{x}) = \{0_n\}$. 于是，该锥仅在边界点 $\overline{x} \in \partial Q$ 处是非平凡的.

对于 $\overline{x} \in Q$，定义切锥为
$$\mathscr{T}(\overline{x}) = \{p \in \mathbb{R}^n \mid \langle g, p \rangle \geqslant 0, \forall g \in \mathscr{N}(\overline{x})\} \tag{3.1.52}$$
于是，它是 $\mathscr{N}(\overline{x})$ 的一个标准对偶锥. 同样，该锥作为一系列半空间的交集，也是闭凸集. 显然，对 $\overline{x} \in \operatorname{int} Q$，我们有 $\mathscr{T}(\overline{x}) = \mathbb{R}^n$.

切锥 $\mathscr{T}(\cdot)$ 的名称可用以下性质解释.

引理 3.1.18　设 $\overline{x} \in \partial Q$，则有 $Q - \overline{x} \subset \mathscr{T}(\overline{x})$，并且
$$\mathscr{T}(\overline{x}) = \operatorname{cl}(\mathscr{K}(Q - \overline{x})) \tag{3.1.53}$$
于是，$\mathscr{N}(\overline{x})$ 是集合 $Q - \overline{x}$ 的锥壳的闭包.

证明　事实上，根据法锥的定义 (3.1.51)，我们有
$$\langle g, x - \overline{x} \rangle \geqslant 0, \quad \forall x \in Q, g \in \mathscr{N}(\overline{x})$$
因此，$Q - \overline{x} \overset{(3.1.52)}{\subset} \mathscr{T}(\overline{x})$. 因为 $\mathscr{T}(\overline{x})$ 是一个闭锥，这就意味着
$$\mathscr{K} \overset{\mathrm{def}}{=} \operatorname{cl}(\mathscr{K}(\overline{x})) \subseteq \mathscr{T}(\overline{x})$$
假设存在一个点 $\overline{p} \in \mathscr{T}(\overline{x})$ 使得 $\overline{p} \notin \mathscr{K}$，则根据推论 3.1.4，存在方向 $\overline{g}$ 强分离 $\overline{p}$ 和 $\mathscr{K}$，即
$$\langle \overline{g}, \overline{p} \rangle < \gamma \leqslant \langle \overline{g}, \alpha(x - \overline{x}) \rangle, \quad \forall x \in Q, \alpha \geqslant 0$$
在该不等式中令 $\alpha \to +\infty$，得到对所有 $x \in Q$ 都有 $\langle \overline{g}, x - \overline{x} \rangle \geqslant 0$. 于是，向量 $\overline{g}$ 属于锥 $\mathscr{N}(\overline{x})$. 另一方面，取 $\alpha = 0$，我们得到 $\gamma \leqslant 0$. 于是，$\langle \overline{g}, \overline{p} \rangle < 0$，这就意味着 $\overline{p} \overset{(3.1.52)}{\notin} \mathscr{T}(\overline{x})$. 所以，我们得出矛盾. ■

注记 3.1.2　对于特殊情况 $Q = \{x \in \mathbb{R}^n : Ax = b\}$，其中 A 是 $(m \times n)$-矩阵，线性代数的标准结论可证明如下表示：

$$\mathcal{N}(\overline{x}) = \{g \in \mathbb{R}^n : g = A^{\mathrm{T}}y, y \in \mathbb{R}^m\}$$
$$\mathcal{T}(\overline{x}) = \{h \in \mathbb{R}^n : Ah = 0\} \tag{3.1.54}$$

对所有 $\overline{x} \in Q$ 都是成立.

下一个结论为我们提供了线性化情况下问题(3.1.50)的最优性条件.

引理 3.1.19 设 x^* 为问题(3.1.50)的最优解，那么

$$f'(x^*; p) \geqslant 0 \quad \forall\, p \in \mathcal{T}(x^*) \tag{3.1.55}$$

证明 假设存在一个点 $\overline{p} \in \mathcal{T}(x^*)$ 使得 $f'(x^*, \overline{p}) < 0$. 根据引理 3.1.18，存在两个序列 $\{\alpha_k\} \subset \mathbb{R}_+$ 和 $\{x_k\} \subset Q$ 使得

$$\overline{p} = \lim_{k \to \infty} \alpha_k(x_k - x^*)$$

由于函数 $f'(x^*; \cdot)$ 是连续的，依据引理 3.1.5，我们有

$$0 > f'(x^*; \overline{p}) = \lim_{k \to \infty} \alpha_k f'(x^*; x_k - x^*)$$
$$= \lim_{k \to \infty} \lim_{\beta \downarrow 0} \frac{\alpha_k}{\beta}[f(x^* + \beta(x_k - x^*)) - f(x^*)] \geqslant 0$$

于是，我们得出矛盾.

现在我们可以阐明问题(3.1.50)的最优性条件. 定义

$$X^* = \operatorname*{Arg\,min}_{x \in Q} f(x)$$

定理 3.1.24 集 Q 中的点 x^* 属于 X^*，当且仅当存在一个点 $g^* \in \partial f(x^*)$ 使得

$$\langle g^*, x - x^* \rangle \geqslant 0 \quad \forall\, x \in Q \tag{3.1.56}$$

在这种情况下，$g^* \in \widehat{\partial f}(X^*) \bigcap \widehat{\mathcal{N}}(X^*)$（参见定义 3.1.6）.

证明 事实上，从条件(3.1.56)和 $\partial f(x^*)$ 的定义，我们有

$$f(x) \overset{(3.1.23)}{\geqslant} f(x^*) + \langle g^*, x - x^* \rangle \overset{(3.1.56)}{\geqslant} f(x^*) \quad \forall\, x \in Q$$

于是，$x^* \in X^*$.

现在证明相反方面. 设 $x^* \in X^*$ 是问题(3.1.50)的最优解，假设不存在 $g \in \partial f(x^*)$ 使得

$$\langle g, x - x^* \rangle \geqslant 0 \quad \forall\, x \in Q$$

根据定义(3.1.51)，这意味着 $\partial f(x^*) \bigcap \mathcal{N}(x^*) = \varnothing$. 考虑如下辅助优化问题：

$$\min_{g_1, g_2} \left\{ \phi(g_1, g_2) = \frac{1}{2}\|g_1 - g_2\|^2 : g_1 \in \partial f(x^*), g_2 \in \mathcal{N}(x^*) \right\}$$

其中范数是标准欧几里得范数. 由于集合 $\partial f(x^*)$ 有界，该问题存在最优解 (g_1^*, g_2^*)，且最优值 $\rho^* \overset{\text{def}}{=} \phi(g_1^*, g_2^*)$ 是正数. 我们来写出这个辅助问题的最优性条件. 根据定理 2.2.9，我们得到

$$\langle \nabla_{g1}\phi(g_1^*, g_2^*), g_1 - g_1^* \rangle = \langle g_1^* - g_2^*, g_1 - g_1^* \rangle \geqslant 0 \quad \forall\, g_1 \in \partial f(x^*) \tag{3.1.57}$$

$$\langle \nabla_{g2}\phi(g_1^*, g_2^*), g_2 - g_2^* \rangle = \langle g_2^* - g_1^*, g_2 - g_2^* \rangle \geqslant 0 \quad \forall\, g_2 \in \mathcal{N}(x^*) \tag{3.1.58}$$

在(3.1.58)中取 $g_2 = 0$ 和 $g_2 = \alpha g_2^*$ 且令 $\alpha \to +\infty$, 我们得到

$$\langle g_2^* - g_1^*, g_2^* \rangle \leqslant 0 \leqslant \langle g_2^* - g_1^*, g_2^* \rangle$$

于是, 对于 $p^* \overset{\text{def}}{=\!=} g_2^* - g_1^*$ 有 $\langle g_2^*, p^* \rangle = 0$. 因此,

$$\langle g_2, p^* \rangle \overset{(3.1.58)}{\geqslant} 0 \quad \forall g_2 \in \mathscr{N}(x^*)$$

这意味着 $p^* \overset{(3.1.52)}{\in} \mathscr{T}(x^*)$. 另一方面, 对所有 $g_1 \in \partial f(x^*)$, 我们有

$$\langle g_1, p^* \rangle \overset{(3.1.57)}{\leqslant} \langle g_1^*, p^* \rangle = \langle g_1^* - g_2^*, p^* \rangle = -2\rho^*$$

这意味着 $f'(x^*; p^*) \overset{(3.1.28)}{=} -2\rho^* < 0$. 于是, 我们得到了与引理 3.1.19 相矛盾的结果, 进而证明存在一个向量 $g^* \in \partial f(x^*)$ 使得

$$\langle g^*, x - x^* \rangle \geqslant 0 \quad \forall x \in Q$$

注意到对于其他任何点 $x_1^* \in X^*$ 有

$$f(x^*) = f(x_1^*) \overset{(3.1.23)}{\geqslant} f(x^*) + \langle g^*, x_1^* - x^* \rangle \geqslant f(x^*)$$

所以, $\langle g^*, x_1^* - x^* \rangle = 0$, 我们得出结论 $g^* \in \partial f(x_1^*)$. 进而 $g^* \in \widehat{\partial} f(X_*)$. 同理, g^* 同时属于 $\mathscr{N}(x^*)$ 和 $\mathscr{N}(x_1^*)$. ∎

注记 3.1.3　对于 $x^* \in \text{int } Q$, 条件(3.1.56)等价于定理 3.1.20 的包含关系.

注记 3.1.4　在特殊情况 $Q = \{x \in \mathbb{R}^n : Ax = b\}$ 时, 其中 A 是一个 $m \times n$-矩阵, 根据表示式(3.1.54), 定理 3.1.24 的表述可以用如下方式具体化:

$$\boxed{\text{点 } x^* \text{ 属于 } X^*, \text{ 当且仅当对某 } y^* \in \mathbb{R}^m \text{ 存在 } g^* \in \partial f(x^*) \text{ 使得 } g^* = A^{\text{T}} y^*}$$

$$(3.1.59)$$

(请与推论 1.2.1 的描述进行对比.)

定理 3.1.24 是凸分析中最强大的工具之一. 我们给几个重要的例子来表明这一点.

首先, 考虑凸函数的偏极小值函数(3.1.9)的微分法则.

定理 3.1.25　设 ϕ 是一个闭凸函数, $Q_1 \subseteq \mathbb{R}^n$ 和 $Q_2 \subseteq \mathbb{R}^m$ 是两个闭凸集, 满足 $Q_1 \times Q_2 \subseteq \text{dom } \phi$. 定义

$$f(x) = \inf_{y \in Q_2} \phi(x, y)$$

那么在 Q_1 上 f 是凸的. 此外, 如果 $Y(x) \overset{\text{def}}{=\!=} \text{Arg} \min_{y \in Q_2} \phi(x, y) \neq \varnothing$, 则

$$\partial_{Q_1} f(x) \supseteq \{ g_x \in \mathbb{R}^n : \exists g_y \text{ 使得} (g_x, g_y) \underset{y \in Y(x)}{\in} \partial \phi(x, y),$$

$$\langle g_y, y - y_x \rangle \geqslant 0 \quad \forall y \in Q_2, \forall y_x \in Y(x) \} \quad (3.1.60)$$

证明　函数 f 的凸性已经在定理 3.1.7 中证明. 取定满足 $Y(x) \neq \varnothing$ 的点 $x \in Q_1$. 根据定理 3.1.24, 包含关系式(3.1.60)的右端项不是空集. 对该集合的一个任意元素 (g_x, g_y), 令 $x_1 \in Q_1$ 和 $\epsilon > 0$, 选择点 $y_1 \in Q_2$ 使得 $\phi(x_1, y_1) \leqslant f(x_1) + \epsilon$, 我们得到

$$f(x_1) + \epsilon \geqslant \phi(x_1, y_1) \geqslant \phi(x, y_x) + \langle g_x, x_1 - x \rangle + \langle g_y, y_1 - y_x \rangle$$

$$\geqslant \phi(x,y_x) + \langle g_x, x_1 - x \rangle = f(x) + \langle g_x, x_1 - x \rangle$$

由于可以选择任意小的 ϵ，这就证明了包含关系 $g_x \in \partial_{Q_1} f(x)$. ▪

推论 3.1.8　如果对所有 $x \in \mathrm{dom}\, f$ 都有 $Y(x) \neq \varnothing$，那么 f 就是 Q_1 上的闭凸函数.

证明　由包含关系 (3.1.60) 知 $\partial f(x) \neq \varnothing$. 因此，应用引理 3.1.6 即可证明命题. ▪

注意到约束 $x \in Q_1$ 和 $y \in Q_2$ 的可分离性对于规则 (3.1.60) 的成立是必不可少的. 简单例子表明在定理 3.1.7 的一般情况下，集合 $\partial f(x)$ 也与函数 ϕ 关于 y 的偏次梯度有关. 这种一般情况由定理 3.1.28 来处理.

现在我们来研究具有函数约束的光滑极小化问题的最优性条件：

$$\min_{x \in Q} \{ f_0(x) \mid f_i(x) \leqslant 0, i = 1, \cdots, m \} \tag{3.1.61}$$

其中 Q 是闭凸集.

定理 3.1.26（Karush-Kuhn-Tucker）　设当 $\mathrm{int}(\mathrm{dom}\, f_i) \supset Q$ 时，函数 f_i，$i = 0, \cdots, m$ 是可微凸的. 假设存在一个点 $\overline{x} \in Q$ 使得

$$f_i(\overline{x}) < 0, i = 1, \cdots, m \quad （\text{不等式约束的 Slater 条件}） \tag{3.1.62}$$

点 x^* 是问题 (3.1.61) 的最优解，当且仅当存在非负值 λ_i^*，$i = 1, \cdots, m$，满足如下条件：

$$\langle \nabla f_0(x^*) + \sum_{i=1}^m \lambda_i^* \nabla f_i(x^*), x - x^* \rangle \geqslant 0, \quad \forall x \in Q$$

$$\lambda_i^* f_i(x^*) = 0, \quad i = 1, \cdots, m \tag{3.1.63}$$

证明　根据引理 2.3.4，x^* 是问题 (3.1.61) 的最优解，当且仅当它是函数

$$\phi(x) = \max\{ f_0(x) - f^* ; f_1(x), i = 1, \cdots, m \}$$

在 Q 上的全局最小值. 根据定理 3.1.24，该情形成立当且仅当存在一个 $g^* \in \partial \phi(x^*)$ 使得

$$\langle g^*, x - x^* \rangle \geqslant 0 \quad \forall x \in Q$$

进一步，根据引理 3.1.13，包含关系 $g^* \in \partial f(x^*)$ 等价于存在非负权重 $\overline{\lambda}_i$，$i = 0, \cdots, m$，使得

$$\overline{\lambda}_0 \nabla f_0(x^*) + \sum_{i \in I^*} \overline{\lambda}_i \nabla f_i(x^*) = g^*$$

$$\overline{\lambda}_0 + \sum_{i \in I^*} \overline{\lambda}_i = 1$$

其中 $I^* = \{ i \in \{1, \cdots, m\} : f_i(x^*) = 0 \}$.

于是，我们只需证明 $\overline{\lambda}_0 > 0$. 事实上，如果 $\overline{\lambda}_0 = 0$，则

$$\sum_{i \in I^*} \overline{\lambda}_i f_i(\overline{x}) \geqslant \sum_{i \in I^*} \overline{\lambda}_i [f_i(x^*) + \langle \nabla f_i(x^*), \overline{x} - x^* \rangle] \geqslant 0$$

这与 Slater 条件相矛盾. 因此，$\overline{\lambda}_0 > 0$，我们可以对 $i \in I^*$ 取 $\lambda_i^* = \overline{\lambda}_i / \overline{\lambda}_0$，而对 $i \notin I^*$ 取 $\lambda_i^* = 0$，则结论得证. ▪

定理 3.1.26 对于解决简单优化问题是非常有用的.

引理 3.1.20　设 $A \succ 0$，则

$$\max_x \{\langle c, x \rangle : \langle Ax, x \rangle \leqslant 1\} = \langle c, A^{-1}c \rangle^{1/2} \tag{3.1.64}$$

证明　注意到，所有定理 3.1.26 的条件都满足，且上述问题的解 x^* 在可行集的边界处取到. 因此，根据定理 3.1.26，我们需求解如下方程组：

$$c = \lambda^* A x^*, \quad \langle A x^*, x^* \rangle = 1$$

于是，$\lambda^* = \langle c, A^{-1}c \rangle^{1/2}$ 且 $x^* = \dfrac{1}{\lambda^*} A^{-1} c$.　　■

称 $\lambda_i^* \geqslant 0$，$i = 1, \cdots, m$ 为问题 (3.1.61) 的最优对偶 (拉格朗日) 乘子. 我们可以从 Slater 条件 (3.1.62) 的深度 (离边界的距离) 中得到这些值的上界.

引理 3.1.21　问题 (3.1.61) 的任何可行点 $\overline{x}$，都会得到关于对最优对偶乘子的不等式

$$f_0(\overline{x}) - f_0(x^*) \geqslant \sum_{i=1}^m (-f_i(\overline{x})) \lambda_i^* \tag{3.1.65}$$

证明　实际上，

$$f_0(\overline{x}) + \sum_{i=1}^m \lambda_i^* f_i(\overline{x})$$

$$\overset{(2.1.2)}{\geqslant} f_0(x^*) + \langle \nabla f_0(x^*), \overline{x} - x^* \rangle + \sum_{i=1}^m \lambda_i^* [f_i(x^*) + \langle \nabla f_i(x^*), \overline{x} - x^* \rangle]$$

$$= f_0(x^*) + \sum_{i=1}^m \lambda_i^* f_i(x^*) + \langle \nabla f_0(x^*) + \sum_{i=1}^m \lambda_i^* \nabla f_i(x^*), \overline{x} - x^* \rangle$$

$$\overset{(3.1.63)}{\geqslant} f_0(x^*)$$

引理 3.1.21 的结论可用于构造问题 (3.1.61) 的精确罚函数. 设点 $\overline{x} \in Q$ 满足 Slater 条件 (3.1.62). 假设我们知道间隙 $f_0(\overline{x}) - f_0(x^*)$ 的某上界 D. 例如，它可以通过求解如下优化问题得到：

$$D = \max_{x \in Q} \langle \nabla f_0(\overline{x}), \overline{x} - x \rangle$$

考虑集合 $\Lambda = \{\lambda \in \mathbb{R}_+^m : \sum_{i=1}^m (-f_i(\overline{x})) \lambda_i \leqslant D\}$，根据引理 3.1.21，存在 $\lambda^* \in \Lambda$. 定义如下非光滑罚函数：

$$\Psi(g) = \max_{\lambda \in \Lambda} \langle \lambda, g \rangle = D \Big(\max_{1 \leqslant i \leqslant m} \frac{g^{(i)}}{-f_i(\overline{x})} \Big)_+, \quad g \in \mathbb{R}^m \tag{3.1.66}$$

其中 $(a)_+ = \max\{0, a\}$.

研究极小化问题

$$\min_{x \in Q} \{ \phi(x) \overset{\text{def}}{=} f_0(x) + \Psi(f(x)) \} \tag{3.1.67}$$

其中 $f(x) = (f_1(x), \cdots, f_m(x))$. 我们来计算问题 (3.1.61) 的解 x^* 处的次微分.

注意到 $\max_{\lambda \in \Lambda} \langle \lambda, f(x^*) \rangle = 0$. 根据引理 3.1.16 中的规则，我们可以构造集合

184

$$\Lambda_+ = \{\lambda \in \Lambda : \langle \lambda, f(x^*)\rangle = 0\} = \{\lambda \in \Lambda : \lambda_i = 0, i \notin I^*(x)\}$$

其中 $I(x^*) = \{i : f_i(x^*) = 0\}$. 由于 $\lambda^* \in \Lambda_+$，根据引理 3.1.16，我们有

$$g^* = \nabla f_0(x^*) + \sum_{i \in I(x^*)} \lambda_i^* \, \nabla f_i(x^*) \in \partial\phi(x^*)$$

因此，根据定理 3.1.26 和定理 3.1.24，$x^* \in \text{Arg} \min_{x \in Q} \phi(x)$. 于是，问题 (3.1.67) 和 (3.1.61) 的最优值是相同的.

设 $\hat{x}$ 是问题 (3.1.67) 的任意最优解. 那么，根据定理 3.1.24 和引理 3.1.16，存在一个向量 $\hat{\lambda} \in \text{Arg} \max_{\lambda \in \Lambda}(\lambda, f(\hat{x}))$ 使得

$$\langle \nabla f_0(\hat{x}) + \sum_{i=1}^{m} \hat{\lambda}_i \, \nabla f_i(\hat{x}), x - \hat{x} \rangle \geqslant 0, \quad \forall x \in Q$$

假设 $\Psi(f(\hat{x})) > 0$，则集合 Λ 的定义中的不等式约束是紧的，且有 $\langle \hat{\lambda}, -f(\overline{x})\rangle = D$. 然而，

$$D \geqslant f_0(\overline{x}) - f_0(\hat{x}) \geqslant \langle \nabla f_0(\hat{x}), \overline{x} - \hat{x}\rangle \geqslant \sum_{i=1}^{m} \hat{\lambda}_i \langle \nabla f_i(\hat{x}), \hat{x} - \overline{x}\rangle$$

$$\geqslant \langle \hat{\lambda}, f(\hat{x}) - f(\overline{x})\rangle = \Psi(f(\hat{x})) + D$$

这个矛盾证明必有 $\Psi(f(\hat{x})) = 0$. 因此，该点是问题 (3.1.61) 的可行点，也取到目标函数的最优值.

在某些情况下，基于精确惩罚的优化算法可能比 2.3.5 节中描述的两阶段方法更具吸引力. 但是，注意到对这些算法，必须知道满足 Slater 条件 (3.1.62) 的点 $\overline{x}$. 如果这个条件不够"深"（太接近边界），所得到的罚函数关于导数会有较差的界，这会减慢极小化算法的速度.

表达式 (3.1.62) 的 Slater 条件不能用于等式约束. 现在来研究如何对其修改，以便于阐明极小化问题

$$\min_{x \in Q}\{f(x) : Ax = b\} \tag{3.1.68}$$

的 Karush-Kuhn-Tucker 条件，其中 Q 是闭凸集并且矩阵 $A \in \mathbb{R}^{m \times n}$ 行满秩.

定理 3.1.27　设函数 f 在 $Q \subset \text{int}(\text{dom } f)$ 上是凸的，且在 Q 上的水平集有界. 假设存在点 $\overline{x}$ 和 $\epsilon > 0$ 使得

185

$$A\overline{x} = b, \quad B(\overline{x}, \epsilon) \subseteq Q \quad \text{（等式约束的 Slater 条件）} \tag{3.1.69}$$

这样，点 $x^* \in Q$ 是问题 (3.1.68) 的最优解，当且仅当 $Ax^* = b$，且存在 $y^* \in \mathbb{R}^m$ 和 $g^* \in \partial f(x^*)$ 使得

$$\langle g^* - A^{\mathrm{T}} y^*, x - x^* \rangle \geqslant 0 \quad \forall x \in Q \tag{3.1.70}$$

向量 y^* 的大小可以估计如下：

$$\|A^{\mathrm{T}} y^*\| \leqslant \frac{1}{\epsilon}(\max_{x \in B(\overline{x}, \epsilon)} f(x) - \min_{x \in Q} f(x)) \tag{3.1.71}$$

证明　事实上，如果条件 (3.1.70) 满足，则对任何满足 $Ax = b$ 的 $x \in Q$，我们有

$$f(x) - f(x^*) \overset{(3.1.23)}{\geqslant} \langle g^*, x - x^* \rangle \overset{(3.1.70)}{\geqslant} \langle y^*, A(x - x^*) \rangle = 0$$

为了证明充分条件，考虑函数

$$\phi(x) = f(x) + K\|b - Ax\|$$

其中范数是标准的欧几里得范数且常数 $K > 0$，这个常数后面将详细确定．根据我们的假设，函数 ϕ 在某点 x_* 处达到其在 Q 上的极小值．因此，由定理 3.1.24，存在向量 $g_\phi^* \in \partial\phi(x_*)$ 使得

$$\langle g_\phi^*, x - x_* \rangle \geqslant 0, \quad \forall x \in Q \tag{3.1.72}$$

根据引理 3.1.12、引理 3.1.11 和表达式 (3.1.42)，存在 $g^* \in \partial f(x_*)$ 和满足 $\|\overline{y}\| \leqslant 1$ 的 $\overline{y} \in \mathbb{R}^m$ 使得

$$g_\phi^* = g^* - KA^{\mathrm{T}}\overline{y}$$

并且，根据引理 3.1.15，$\langle \overline{y}, b - Ax_* \rangle = \|b - A\overline{x}\|$．

另外，对任意 $\delta \in B(0, \epsilon)$，可以得到 $x_\delta \overset{\text{def}}{=} \overline{x} + \delta \overset{(3.1.70)}{\in} Q$．因此，

$$\langle g^*, x_\delta - x_* \rangle \overset{(3.1.72)}{\geqslant} K\langle A^{\mathrm{T}}\overline{y}, \overline{x} + \delta - x_* \rangle = K\langle \overline{y}, A\delta + b - Ax_* \rangle$$
$$= K\|b - Ax_*\| + K\langle A^{\mathrm{T}}\overline{y}, \delta \rangle \tag{3.1.73}$$

根据定理 3.1.11，$M = \max\limits_x \{f(x) : x \in B(\overline{x}, \epsilon)\} < +\infty$，则

$$\langle g^*, x_\delta - x_* \rangle \overset{(3.1.23)}{\leqslant} f(x_\delta) - f(x_*) \leqslant M - f_*$$

其中 $f_* = \min\limits_{x \in Q} f(x)$．因此，在 $\delta \in B(0, \epsilon)$ 中极大化不等式 (3.1.73) 的右端项，我们得到

$$M - f_* \geqslant K\epsilon\|A^{\mathrm{T}}\overline{y}\| \geqslant K\epsilon\mu\|\overline{y}\|$$

其中 $\mu = \lambda_{\min}^{1/2}(AA^{\mathrm{T}}) > 0$．通过定义 $y^* = K\overline{y}$，我们从上式第一个不等式得到 (3.1.71) 的界．另一方面，通过选择 $K > \dfrac{1}{\epsilon\mu}(M - f_*)$，按上式第二个不等式，我们需要得到 $\|\overline{y}\| < 1$．由引理 3.1.15，这意味着 $Ax_* = b$．所以，x_* 是问题 (3.1.68) 的最优解．

正如我们现在所看到的，对于足够大的 K，问题 (3.1.68) 的任何解 x^* 都是函数 ϕ 的全局最小值．重复上述推理，我们可以证明条件 (3.1.70)．　∎

由于其简洁性，定理 3.1.27 有许多有意义的应用．这里我们只给出其中一个，它与凸函数的偏极小化函数的微分法则有关．该新命题明显扩展了定理 3.1.25 的特定情况．

定理 3.1.28　设函数 f 为凸函数，Q 为包含于 $\mathrm{int}(\mathrm{dom}\, f)$ 的闭凸集，并假设 f 在 Q 上的水平集有界．令 $A \in \mathbb{R}^{m \times n}$ 是满足 $n > m$ 的行满秩矩阵，考虑函数

$$\phi(u) = \min\limits_{x \in Q} \{f(x) : Ax = u\}$$

那么，ϕ 是凸函数，且对任何满足 $\{x \in \mathrm{int}\, Q : Ax = u\} \neq \varnothing$ 的 $u = \mathbb{R}^m$，我们有

$$\{y^* : \exists x^* \in Q, Ax^* = u, g^* \in \partial f(x^*)$$
$$\text{使得}\quad \langle g^* - A^{\mathrm{T}}y^*, x - x^* \rangle \geqslant 0 \;\; \forall x \in Q\} \subseteq \partial\phi(u) \tag{3.1.74}$$

证明　设 $Q(u)=\{x\in Q:Ax=u\}$. 那么 $\mathrm{dom}\,\phi=\{u\in\mathbb{R}^m:Q(u)\neq\varnothing\}$. 根据定理的条件，对于任何 $u\in\mathrm{dom}\,\phi$，集合 $\mathrm{Arg}\min\limits_{x\in Q(u)}f(x)$ 中至少存在一个点 $x(u)$. 令 u_1，$u_2\in\mathrm{dom}\,\phi$，$\alpha\in[0,1]$，则

$$x_\alpha\stackrel{\mathrm{def}}{=}\alpha x(u_1)+(1-\alpha)x(u_2)\in Q(\alpha u_1+(1-\alpha)u_2)$$

因此，

$$\phi(\alpha u_1+(1-\alpha)u_2)\leqslant f(x_\alpha)\stackrel{(3.1.2)}{\leqslant}\alpha f(x(u_1))+(1-\alpha)f(x(u_2))$$
$$=\alpha\phi(u_1)+(1-\alpha)\phi(u_2)$$

进一步，根据定理 3.1.27，包含关系式(3.1.74)的左端项非空. 对某 $u=u_1\in\mathrm{dom}\,\phi$，设三元组 (x^*,y^*,g^*) 为该集合的一个元素，则对另一个 $u_2\in\mathrm{dom}\,\phi$，我们有

$$\phi(u_2)=f(x(u_2))\stackrel{(3.1.23)}{\geqslant}f(x^*)+\langle g^*,x(u_2)-x^*\rangle\stackrel{(3.1.74)}{\geqslant}\langle A^{\mathrm{T}}y^*,x(u_2)-x^*\rangle$$
$$=\phi(u_1)+\langle y^*,u_2-u_1\rangle$$

因此，$y^*\stackrel{(3.1.23)}{\in}\partial\phi(u_1)$.

这样，函数 ϕ 在点 u 处的微分法则非常简单：我们只需求解相应的极小化问题，并从求解算法中提取等式约束的最优拉格朗日乘子，该乘子向量就是次微分 $\partial\phi(u)$ 的一个元素.

3.1.8　极小极大定理

研究定义在凸集 $P\subseteq\mathbb{R}^n$ 与 $S\subseteq\mathbb{R}^m$ 直积上的函数 $\Psi(\cdot,\cdot)$. 假设对于所有 $u\in S$，函数 $\Psi(\cdot,u)$ 在 $P\subseteq\mathrm{dom}\,\Psi(\cdot,u)$ 上是闭凸函数. 类似，对于所有 $x\in P$，函数 $\Psi(x,\cdot)$ 在 $S\subseteq\mathrm{dom}\,\Psi(x,\cdot)$ 上是闭凹函数. 本节的主要目的是阐明等式

$$\inf_{x\in S}\sup_{x\in P}\Psi(x,u)=\sup_{u\in S}\inf\Psi(x,u)\tag{3.1.75}$$

成立的充分条件. 注意，通常我们只能保证上述关系式的右端项不超过左端项（见式(1.3.6)）.

定义 $f(x)=\sup\limits_{u\in S}\Psi(x,u)\geqslant\phi(u)=\inf\limits_{x\in P}\Psi(x,u)$. 我们将看到在很多情况下有

$$\min_{x\in P}f(x)=\max_{u\in S}\phi(u)$$

我们从一个简单的事实开始.

引理 3.1.22　假设对于任意 $u\in S$，函数 $\Psi(\cdot,u)$ 的水平集在 P 上有界，并且函数 ϕ 在 S 内某点 u^* 处取得最大值，则对于任意 $u\in S$，有

$$\min_{x\in P}\max\{\Psi(x,u),\Psi(x,u^*)\}=\phi(u^*)\tag{3.1.76}$$

证明　选择任意的 $u\in S$，对于 $x\in P$，考虑如下函数：

$$f_u(x)=\max\{\Psi(x,u),\Psi(x,u^*)\}\geqslant\max\{\phi(u),\phi(u^*)\}=\phi(u^*)\tag{3.1.77}$$

根据定理 3.1.10，存在一个 $\lambda^*\in[0,1]$ 使得

$$\min_{x\in P}f_u(x)=\min_{x\in P}\{\lambda^*\Psi(x,u)+(1-\lambda^*)\Psi(x,u^*)\}$$

$$\leqslant \min_{x \in P} \Psi(x, \lambda^* u + (1 - \lambda^*) u^*)$$

$$= \phi(\lambda^* u + (1 - \lambda^*) u^*)$$

因此，$\phi(u^*) \overset{(3.1.77)}{\leqslant} \min_{x \in P} f_u(x) \leqslant \phi(\lambda u + (1-\lambda)u^*) \leqslant \phi(u^*)$. ∎

现在我们来证明极小极大定理的第一个变形.

定理 3.1.29 设任意函数 $\Psi(\cdot, u)$ 在 P 上都有唯一极小点，且函数 ϕ 在 S 上有极大值，则

$$\min_{x \in P} f(x) = \max_{u \in S} \phi(u) \tag{3.1.78}$$

证明 由于点 $x(u) = \arg\min_{x \in P} \Psi(x, u)$ 定义唯一，对 $u \in S$，所有函数 $\Psi(\cdot, u)$ 的水平集有界 (见定理 3.1.4(5)). 于是，由引理 3.1.22，关系式 (3.1.76) 对于所有 $u \in S$ 成立.

由于 $\phi(u^*) = \Psi(x(u^*), u^*)$，问题 (3.1.76) 的极小值只可能在点 $x(u^*)$ 处取到. 但对任意 $u \in S$，我们有

$$\Psi(x(u^*), u) \overset{(3.1.76)}{\leqslant} \Psi(x(u^*), u^*) \leqslant \Psi(x, u^*), \quad x \in P$$

于是，$f(x(u^*)) \leqslant \phi(u^*)$，进而由 (1.3.6) 得到 (3.1.78). ∎

由松弛函数 $\Psi(\cdot, u)$，$u \in S$ 的极小值唯一这个条件，我们得到 von Neuman 定理的一个变形[○].

定理 3.1.30 假设集合 P 和 S 有界，则有

$$\min_{x \in P} f(x) = \max_{u \in S} \phi(u) \tag{3.1.79}$$

189

证明 取定 $\epsilon > 0$，对标准的欧几里得范数 $\| \cdot \|$，考虑函数

$$\Psi_\epsilon(x, u) = \Psi(x, u) + \frac{1}{2}\epsilon \|x\|^2, \quad x \in P, u \in S$$

由于对任意 $u \in S$，函数 $\Psi_\epsilon(\cdot, u)$ 强凸，它在 P 上极小点唯一. 因此函数 $\phi_\epsilon(u) = \min_{x \in P} \Psi_\epsilon(x, u)$ 有定义，依据定理 3.1.8，该函数在 S 上为闭凹函数. 因此，由定理 3.1.29，存在点 $u_\epsilon^* \in S$ 和点 $x_\epsilon^* = \arg\min_{x \in P} \Psi_\epsilon(x, u_\epsilon^*)$，使得

$$\Psi_\epsilon(x_\epsilon^*, u) \leqslant \Psi_\epsilon(x_\epsilon^*, u_\epsilon^*) \leqslant \Psi_\epsilon(x, u_\epsilon^*), \quad x \in P, u \in S$$

上式中第一个不等式就是对所有 $u \in S$ 有 $\Psi(x_\epsilon^*, u) \leqslant \Psi_\epsilon(x_\epsilon^*, u_\epsilon^*)$. 于是

$$f(x_\epsilon^*) = \sup_{u \in S} \Psi(x_\epsilon^*, u) \leqslant \Psi_\epsilon(x_\epsilon^*, u_\epsilon^*)$$

另一方面，对所有 $x \in P$，我们有

$$\Psi(x_\epsilon^*, u_\epsilon^*) \leqslant \Psi_\epsilon(x_\epsilon^*, u_\epsilon^*) \leqslant \Psi(x, u_\epsilon^*) + \frac{1}{2}\epsilon D^2$$

其中 $D \geqslant \sup_{x \in P} \|x\|$. 因此，

○ 与标准版本的 von Neuman 定理相比，在这里用上图封闭的假设代替连续性假设.

$$f(x_\epsilon^*) \leqslant \phi(u_\epsilon^*) + \frac{1}{2}\epsilon D^2, \quad \epsilon > 0$$

依据集合 P 和 S 的有界性假设，上述不等式中令 $\epsilon \leftarrow 0$，我们得到关系式(3.1.79)（见定理 3.1.4 第 4 项）. ∎

最后，我们证明有时候可以从局部最优性条件导出 0-间隙性质(3.1.78).

定理 3.1.31 设函数 f 在 P 内 x^* 处取得极小值，假设对满足一阶最优性条件

$$\langle g_*, x - x^* \rangle \overset{(3.1.56)}{\geqslant} 0, \quad x \in P$$

的某 $g_* \in \partial_P f(x^*)$，有表达式

[190]
$$g_* = \sum_{i=1}^{k} \lambda^{(i)} g_i \tag{3.1.80}$$

这里 $k \geqslant 1$，$\lambda \in \Delta_k$，g_i 属于集合 $\partial_{P,x} \Psi(x^*, u_i)$，其中 $u_i \in I(x^*)$，$i = 1, \cdots, k$，且 $I(x^*) = \{u \in S : \Psi(x^*, u) = f(x^*)\}$. 那么，关系式(3.1.78)成立.

证明 事实上，令 $\overline{u} = \sum_{i=1}^{k} u_i$，则对于任意 $x \in P$，我们有

$$f(x^*) \leqslant f(x^*) + \langle g_*, x - x^* \rangle \overset{(3.1.80)}{=} f(x^*) + \sum_{i=1}^{k} \lambda^{(i)} \langle g_i, x - x^* \rangle$$

$$\overset{(3.1.23)}{\leqslant} f(x^*) + \sum_{i=1}^{k} \lambda^{(i)} \big[\Psi(x, u_i) - \Psi(x^*, u_i)\big] = \sum_{i=1}^{k} \lambda^{(i)} \Psi(x, u_i)$$

$$\leqslant \Psi(x, \overline{u})$$

于是，$f(x^*) \leqslant \phi(\overline{u})$，且由(1.3.6)，我们看到 $\phi(\overline{u}) = \max\limits_{u \in S} \phi(u)$. ∎

注意到表达式(3.1.80)的右端项属于 $\partial_P f(x^*)$（见引理 3.1.14）. 因此，该表达式存在的一个充分条件是

$$\partial_P f(x^*) = \mathrm{Conv}\{\partial_{P,x} \Psi(x^*, u) : u \in I(x^*)\} \tag{3.1.81}$$

3.1.9 原始-对偶算法的基本要素

通常，应用原始-对偶优化算法的可能性来自直接访问目标函数的内部结构. 考虑问题

$$f^* = \min_{x \in P} f(x) \tag{3.1.82}$$

其中函数 f 在集合 P 上是闭凸的. 假设目标函数 f 有一个极大型表示：

$$f(x) = \max_{u \in S} \Psi(x, u) \tag{3.1.83}$$

其中函数 Ψ 满足我们在 3.1.8 节开始的所有假设. 依据该表达式，我们推导出对偶问题⊖

[191]
$$\phi^* = \max_{u \in S} \phi(u), \quad \phi(u) \overset{\mathrm{def}}{=} \min_{x \in P} \Psi(x, u) \tag{3.1.84}$$

⊖ 在第 6 章中我们称其为伴随问题，这是由于表达式(3.1.83)经常不唯一.

从数学的角度来看，原始-对偶问题(3.1.82)和(3.1.84)看起来完全对称. 然而，对于数值算法来说并非如此. 事实上，我们最初的目的是解决问题(3.1.82). 因此，这隐含地假设定义(3.1.83)中的极大化问题相对容易. 它可能通过闭式解或一个简单的数值过程(这定义为 Oracle 的复杂度)求解. 同时，计算问题(3.1.84)中的目标函数值的复杂度会是非常高的，它很容易达到初始问题(3.1.82)的复杂度. 因此，似乎对偶问题有很大的机会比初始原问题(3.1.82)更复杂.

幸运的是，如果我们能够访问 Oracle 式(3.1.83)的内部结构，情况就不是这样了. 事实上，为了计算 $f(x)$ 的值，Oracle 只需计算一个点

$$u(x) \in \operatorname{Arg}\max_{u \in S} \Psi(x, u)$$

假设我们可用这个点来计算目标函数的次梯度 $g(x)$（或者当 f 光滑时为梯度）（参见引理 3.1.14）：

$$g(x) \in \partial_{P,x} \Psi(x, u(x))$$

于是，我们假设 Oracle 返回三个对象 $f(x)$，$g(x)$ 和 $u(x) \in S$. 我们来看在数值算法中怎样使用这些信息.

在光滑优化中，我们通常使用目标函数的函数模型. 假设某算法由于在点 $\{y_k\}_{k=0}^N \subset P$ 处的 Oracle 调用而积累了大量信息，则对于某些尺度系数

$$\alpha_k > 0, \quad k = 0, \cdots, N, \quad \sum_{k=0}^N \alpha_k = 1$$

我们可以构造目标函数的一个线性模型：

$$\ell_N(x) = \sum_{k=0}^N \alpha_k \big[f(y_k) + \langle g(y_k)\rangle, x - y_k \big] \overset{(3.1.23)}{\leqslant} f(x), \quad x \in P$$

在某些算法中（参见，例如(2.2.3)，(2.2.4)），对极小化序列 $\{x_k\}_{k \geqslant 0}$ 中的点，可以确保如下关系：

$$f(x_N) \leqslant \min_{x \in P} \ell_N(x) + r_N \tag{3.1.85}$$

其中当 $N \to \infty$ 时，$r_N \to 0$. 事实上，该关系不仅可以用来评判点 x_N 的质量，而且可以用来估计关于对偶解

$$\hat{u}_N = \sum_{k=0}^n \alpha_k u(y_k) \in S \tag{3.1.86}$$

的原始-对偶间隙.

引理 3.1.23　设点 x_N 满足式(3.1.85)，则

$$0 \leqslant (f(x_N) - f^*) + (\phi^* - \phi(\hat{u}_N)) \leqslant f(x_N) - \phi(\hat{u}_N) \leqslant r_N$$

证明　事实上，$g(y_k) \in \partial_{P,x}\psi(y_k, u(y_k))$. 因此，

$$\min_{x \in P} \ell_N(x) = \min_{x \in P} \sum_{k=0}^N \alpha_k \big[\Psi(y_k, u(y_k)) + \langle g(y_k), x - y_k \rangle \big]$$

$$\overset{(3.1.23)}{\leqslant} \min_{x \in P} \sum_{k=0}^N \alpha_k \Psi(x, u(y_k)) \leqslant \min_{x \in P} \Psi(x, \hat{u}_N) = \phi(\hat{u}_N)$$

192

只需再使用不等式(3.1.85)就证明了结论.   ■

由于我们能确保 $r_N \to 0$,所以对该问题,我们已设法在算法上证明了 0-间隙性质. 注意到我们生成良好对偶解(3.1.86)的方法不需要计算一次对偶目标函数.

在非光滑优化中,我们使用基于间隙函数的另一个最优性条件. 它由一系列测试点 $\{y_k\}_{k=0}^N$ 和缩放系数定义为

$$\delta_N(x) = \sum_{k=0}^N \alpha_k \langle g(y_k), y_k - x \rangle$$

记 $\hat{f}_N = \sum_{k=0}^N \alpha_k f(y_k)$.

引理 3.1.24   假设 $\max\limits_{x \in P} \delta_N(x) \leqslant r_N \to 0$,则

$$0 \leqslant (\hat{f}_N - f^*) + (\phi^* - \phi(\hat{u}_N)) \leqslant \hat{f}_N - \phi(\hat{u}_N) \leqslant r_N \to 0$$

证明   事实上,

$$
\begin{aligned}
\max_{x \in P} \delta_N(x) &= \max_{x \in P} \sum_{k=0}^N \alpha_k \langle g(y_k), y_k - x \rangle \\
&\overset{(3.1.23)}{\geqslant} \min_{x \in P} \sum_{k=0}^N \alpha_k \big[\Psi(y_k, u(y_k)) - \Psi(x, u(y_k)) \big] \\
&\overset{(3.1.4)}{\geqslant} \hat{f}_N - \min_{x \in P} \Psi(x, \hat{u}_N) = \hat{f}_N - \phi(\hat{u}_N)
\end{aligned}
$$

■

同样,对于非光滑问题,计算好的对偶解 $\hat{u}_N$ 也不需要太多的计算资源.

3.2   非光滑极小化方法

(一般复杂度下界;主要引理;局部化集合;次梯度算法;函数约束的极小化问题;最优拉格朗日乘子的近似;强凸函数;有限维优化问题及其复杂度下界;割平面算法;重心算法;椭球算法及其他.)

3.2.1   一般复杂度下界

在 3.1 节,我们介绍了一类一般凸函数. 这些函数可以非光滑,因此相应的极小化问题可能相当难. 对光滑问题,我们尝试推导其复杂度下界,这将有助于我们评估数值算法的性能.

在这一节中,我们推导下面无约束极小化问题的复杂度界.

$$\min_{x \in \mathbb{R}^n} f(x) \tag{3.2.1}$$

其中 f 是凸函数. 用 $x^* \in \mathbb{R}^n$ 表示它的一个最优解. 于是,我们的问题类如下.

模型：	1. 无约束极小化 2. 函数 f 在 $\mathbb{R}^n$ 上凸，在有界集上 Lipschitz 连续	
Oracle：	一阶黑箱： 　　每个点 $\hat{x}$ 处，我们可以计算 $f(\hat{x})$，$g(\hat{x}) \in \partial f(\hat{x})$，其中 $g(\hat{x})$ 是任一次梯度	(3.2.2)
近似解：	确定 $\overline{x} \in \mathbb{R}^n : f(\overline{x}) - f^* \leqslant \epsilon$	
算法：	生成序列 $\{x_k\}$：$x_k \in x_0 + \mathrm{Lin}\{g(x_0), \cdots, g(x_{k-1})\}$	

和 2.1.2 节一样，为了推导出我们问题类的复杂度下界，我们将研究数值算法在某个对所有算法来说是非常难的函数上的性质.

我们固定参数 $\mu > 0$ 和 $\gamma > 0$，考虑函数族

$$f_k(x) = \gamma \max_{1 \leqslant i \leqslant k} x^{(i)} + \frac{\mu}{2}\|x\|^2, \quad k = 1, \cdots, n \tag{3.2.3}$$

其中范数是标准欧几里得范数. 利用 3.1.6 节给出的次微分计算规则，可以写下 f_k 在 x 处的次微分的闭式表达式，即

$$\partial f_k(x) = \mu x + \gamma \mathrm{Conv}\{e_i \,|\, i \in I(x)\}$$

$$I(x) = \{j \,|\, 1 \leqslant j \leqslant k, \quad x^{(j)} = \max_{1 \leqslant i \leqslant k} x^{(i)}\}$$

设 x_k^* 为函数 f_k 的全局极小点，则对任意 x，$y \in B_2(x^*, \rho)$，$\rho > 0$ 和 $g_k(y) \in \partial f_k(y)$，我们有

$$f_k(y) - f_k(x) \leqslant \langle g_k(y), y - x \rangle \leqslant \|g_k(y)\| \cdot \|y - x\|$$

$$\leqslant (\mu\|x_k^*\| + \mu\rho + \gamma)\|y - x\| \tag{3.2.4}$$

于是，f_k 在 $B_2(x^*, \rho)$ 上 Lipschitz 连续，其 Lipschitz 常数为

$$M = \mu\|x_k^*\| + \mu\rho + \gamma$$

进一步，根据定理 3.1.20，很容易验证最优解 x_k^* 的各个坐标分量为

$$(x_k^*)^{(i)} = \begin{cases} -\dfrac{\gamma}{\mu k}, & 1 \leqslant i \leqslant k \\ 0, & k+1 \leqslant i \leqslant n \end{cases}$$

现在我们给出该问题的所有重要特性，包括

$$R_k \stackrel{\mathrm{def}}{=} \|x_k^*\| = \frac{\gamma}{\mu\sqrt{k}}, \quad f_k^* = -\frac{\gamma^2}{\mu k} + \frac{\mu}{2}R_k^2 = -\frac{\gamma^2}{2\mu k} \tag{3.2.5}$$

$$M = \mu\|x_k^*\| + \mu\rho + \gamma = \mu\rho + \gamma\frac{\sqrt{k}+1}{\sqrt{k}}$$

我们现在来描述函数 $f_k(\cdot)$ 的一个对抗 Oracle. 由于这个函数的解析式是确定的，该 Oracle 的对抗性体现在每个测试点给我们提供尽可能差的次梯度. 该 Oracle 的算法框架

195

如下.

输入:	$x \in \mathbb{R}^n$
主循环:	$f := -\infty$; $\quad i^* := 0$; **for** $j := 1$ **to** k **do** $\quad$ **if** $x^{(j)} > f$ **then** $\{ f := x^{(j)}$; $\quad i^* := j \}$; $f := \gamma f + \dfrac{\mu}{2} \|x\|^2$; $\quad g := \gamma e_{i^*} + \mu x$
输出:	$f_k(x) := f$, $\quad g_k(x) := g \in \mathbb{R}^n$

(3.2.6)

初一看，这个过程没有什么特别之处. 它的主循环只是求 $\mathbb{R}^k$ 中向量的最大坐标的标准过程. 然而，该循环的主要特点是：我们给出的目标函数非光滑部分的次梯度总是与一个坐标轴向量成比例，而且紧的坐标 i^* 总是对应于向量 x 的第一个最大分量. 我们来研究基于这样一个 Oracle 的极小化序列会发生什么.

我们选择起始点 $x_0 = 0$. 定义

$$\mathbb{R}^{p,n} = \{ x \in \mathbb{R}^n \mid x^{(i)} = 0, p+1 \leqslant i \leqslant n \}$$

由于 $x_0 = 0$，Oracle 的答案是 $f_k(x_0) = 0$ 及 $g_k(x_0) = e_1$. 因此，序列的下一点 x_1 必然属于 $\mathbb{R}^{1,n}$. 现在假设序列的当前测试点 x_i 属于 $\mathbb{R}^{p,n}$，$1 \leqslant p \leqslant k$，则 Oracle 返回一个次梯度

$$g = \mu x_i + \gamma e_{i^*}$$

其中 $i^* \leqslant p+1$. 因此，下一个测试点 x_{i+1} 属于 $\mathbb{R}^{p+1,n}$.

这个简单的推理证明了对于所有 i，$1 \leqslant i \leqslant k$，我们有 $x_i \in \mathbb{R}^{i,n}$. 因此，对 $1 \leqslant i \leqslant k-1$，我们不能改进目标函数的起始值，即

$$f_k(x_i) \geqslant \gamma \max_{1 \leqslant j \leqslant k} x_i^{(j)} = 0$$

我们把这个事实转化为复杂度下界. 我们取定问题类 $\mathscr{P}(x_0, R, M)$ 的一些参数，即要求 $R > 0$ 和 $M > 0$. 除了 (3.2.2) 之外，我们给出如下假设.

• 点 x_0 与问题 (3.2.1) 的解非常接近，即 $\|x_0 - x^*\| \leqslant R$ • 函数 f 在 $B_2(x^*, R)$ 上 Lipschitz 连续，且 Lipschitz 常数 $M > 0$

(3.2.7)

定理 3.2.1 对于任意问题类 $\mathscr{P}(x_0, R, M)$ 和任意 k，$0 \leqslant k \leqslant n-1$，存在函数 $f \in \mathscr{P}(x_0, R, M)$，使得对于任何生成满足条件

$$x_k \in x_0 + \mathrm{Lin}\{g(x_0), \cdots, g(x_{k-1})\}$$

的序列 $\{x_k\}$ 的优化算法，必有

$$f(x_k) - f^* \geqslant \frac{MR}{2(2 + \sqrt{k+1})}$$

证明　不失一般性，我们可以假定 $x_0 = 0$. 我们选择具有参数值

$$r = \frac{\sqrt{k+1}\,M}{2+\sqrt{k+1}}, \quad \mu = \frac{M}{(2+\sqrt{k+1})R}$$

的函数 $f(x) = f_{k+1}(x)$，则

$$f^* = f_{k+1}^* \overset{(3.2.5)}{=} -\frac{\gamma^2}{2\mu(k+1)} = -\frac{MR}{2(2+\sqrt{k+1})}$$

$$\|x_0 - x^*\| = R_{k+1} \overset{(3.2.5)}{=} \frac{\gamma}{\mu\sqrt{k+1}} = R$$

而且，函数 f 在 $B_2(x^*, R)$ 上 Lipschitz 连续，Lipschitz 常数 $\mu R + \gamma\dfrac{\sqrt{k+1}+1}{\sqrt{k+1}} = M$. 注意到 $x_k \in \mathbb{R}^{k \cdot n}$，因此，$f(x_k) - f^* \geqslant -f^*$. ∎

定理 3.2.1 中给出的复杂度下界不依赖变量空间的维数. 相对于定理 2.1.7 的下界，这里的结论可以应用于维数非常大的问题，或者应用于极小化算法中开始迭代阶段 $(k \leqslant n-1)$ 的效率分析.

我们将看到这里的下界估计是精确的：存在极小化算法的收敛速度与该下界成比例. 将该下界与光滑极小化问题的下界相比，可以看出目前算法的收敛速度要慢得多. 但是，我们应该知道这里处理的是更一般的凸问题类.

3.2.2　估计近似解性能

我们现在研究优化问题：

$$\min_{x \in Q} f(x) \tag{3.2.8}$$

其中 Q 是闭凸集，且函数 f 在 $\mathbb{R}^n$ 上是凸的. 我们将研究仅使用目标函数在 $x \in Q$ 处的次梯度 $g(x)$ 来求解 (3.2.8) 的数值算法. 与光滑问题相比，该问题更具挑战性. 实际上，即使在最简单的情况下，当 $Q \equiv \mathbb{R}^n$ 时，次梯度似乎仅是光滑函数的梯度的一个不好的替代. 例如，我们不能保证目标函数值在 $-g(x)$ 方向上是递减的，也不能期望当 x 接近问题的解时有 $g(x) \to 0$ 等.

幸运的是，次梯度有一个属性可以使我们的目标是可实现的. 在推论 3.1.6 中我们已经阐明了这个性质，即

$$\boxed{\langle g(x), x - x^* \rangle \geqslant 0, \; x \in Q} \tag{3.2.9}$$

这一简单的不等式导致两个重要的结果，它们是大多数非光滑极小化算法的基础. 这就是

- 沿 $-g(x)$ 方向 x 与 x^* 之间的距离减小；
- 不等式 (3.2.9) 将 $\mathbb{R}^n$ 分为两个半空间，且知道哪个半空间中包含最优点 x^*.

非光滑极小化算法不能采用松弛或近似思想. 所有这些算法都基于另一个概念. 这就是局部化（localization）的概念. 然而，沿着这一概念，我们需开发一种特殊的技术，使我

198

们能够评估问题(3.2.8)的近似解的性能. 这是本节的主要目标.

取定某 $\overline{x}\in\mathbb{R}^n$, 对于满足 $g(x)\neq 0$ 的 $x\in\mathbb{R}^n$, 定义

$$v_f(\overline{x},x) = \frac{1}{\|g(x)\|}\langle g(x),x-\overline{x}\rangle \tag{3.2.10}$$

如果 $g(x)=0$, 则定义 $v_f(\overline{x};x)=0$. 显然, 由 Cauchy-Schwarz 不等式, 有

$$v_f(\overline{x},x) \leqslant \|x-\overline{x}\|$$

数值 $v_f(\overline{x},x)$ 具有自然的几何解释. 考虑满足 $g(x)\neq 0$ 且 $\langle g(x),x-\overline{x}\rangle\geqslant 0$ 的点 x, 我们研究

$$\overline{y} = \overline{x} + v_f(\overline{x},x)\frac{g(x)}{\|g(x)\|}$$

则

$$\langle g(x),x-\overline{y}\rangle = \langle g(x),x-\overline{x}\rangle - v_f(\overline{x},x)\|g(x)\| \overset{(3.2.10)}{=} 0$$

且 $\|\overline{y}-\overline{x}\|=v_f(\overline{x},x)$. 于是, $v_f(\overline{x},x)$ 是从点 $\overline{x}$ 到超平面 $\{y:\langle g(x),x-y\rangle=0\}$ 的距离.

我们引入一个函数来度量函数 f 在点 $\overline{x}$ 附近的增量. 对于 $t\geqslant 0$, 定义

$$\omega_f(\overline{x},t) = \max_x\{f(x)-f(\overline{x}):\|x-\overline{x}\|\leqslant t\}$$

如果 $t<0$, 我们置 $\omega_f(\overline{x};t)=0$.

显然, 函数 ω_f 具有以下性质:

- 对于任意的 $t\leqslant 0$, 有 $\omega_f(\overline{x};t)=0$;
- $\omega_f(\overline{x};t)$ 是 $t\in\mathbb{R}$ 的非减函数;
- $f(x)-f(\overline{x})\leqslant\omega_f(\overline{x};\|x-\overline{x}\|)$.

更重要的是在凸性假设下, 最后一个不等式可以显著地加强.

引理 3.2.1 对于任意 $x\in\mathbb{R}^n$, 我们有

$$f(x) - f(\overline{x}) \leqslant \omega_f(\overline{x};v_f(\overline{x};x)) \tag{3.2.11}$$

如果 $f(\cdot)$ 在 $B_2(\overline{x},R)$ 上 Lipschitz 连续, M 为 Lipschitz 常数, 则对任意满足 $v_f(\overline{x};x)\leqslant R$ 的 $x\in\mathbb{R}^n$, 有

$$f(x) - f(\overline{x}) \leqslant M(v_f(\overline{x};x))_+ \tag{3.2.12}$$

证明 如果 $\langle g(x),x-\overline{x}\rangle<0$, 则 $f(\overline{x})\geqslant f(x)+\langle g(x),\overline{x}-x\rangle\geqslant f(x)$. 因为 $v_f(\overline{x};x)$ 为负数, 有 $\omega_f(\overline{x};v_f(\overline{x};x))=0$ 及式(3.2.11)成立.

设 $\langle g(x),x-\overline{x}\rangle\geqslant 0$, 对于

$$\overline{y} = \overline{x} + v_f(\overline{x};x)\frac{g(x)}{\|g(x)\|}$$

我们有 $\langle g(x),\overline{y}-x\rangle=0$ 及 $\|\overline{y}-\overline{x}\|=v_f(\overline{x};x)$. 因此,

$$f(\overline{y}) \geqslant f(x)+\langle g(x),\overline{y}-x\rangle = f(x)$$

且

$$f(x)-f(\overline{x}) \leqslant f(\overline{y})-f(\overline{x}) \leqslant \omega_f(\overline{x};\|\overline{y}-\overline{x}\|) = \omega_f(\overline{x};v_f(\overline{x};x))$$

如果 f 在 $B_2(\overline{x},R)$ 上 Lipschitz 连续且 $0\leqslant v_f(\overline{x};x)\leqslant R$, 则 $\overline{y}\in B_2(\overline{x};R)$. 所以,

$$f(x) - f(\overline{x}) \leqslant f(\overline{y}) - f(\overline{x}) \leqslant M\|\overline{y} - \overline{x}\| = Mv_f(\overline{x};x)$$

我们来取定问题(3.2.8)的某最优解为 x^*，值 $v_f(x^*;x)$ 允许我们去估计所谓局部化集的性能.

定义 3.2.1　令 $\{x_i\}_{i=0}^{\infty}$ 为 Q 中的一个序列. 定义

$$S_k = \{x \in Q \mid \langle g(x_i), x_i - x \rangle \geqslant 0, i = 0, \cdots, k\}$$

我们称 S_k 是由序列 $\{x_i\}_{i=0}^{\infty}$ 生成的问题(3.2.8)的**局部化集**(localization set).

200

根据不等式(3.2.9)，对于所有的 $k \geqslant 0$，我们有 $x^* \in S_k$.

设

$$v_i = v_f(x^*;x_i)(\geqslant 0), \quad v_k^* = \min_{0 \leqslant i \leqslant k} v_i$$

于是，

$$v_k^* = \max\{r : \langle g(x_i), x_i - x \rangle \geqslant 0, i = 0, \cdots, k, \quad \forall x \in B_2(x^*, r)\}$$

这是以 x^* 为中心，包含在局部化集 S_k 中的最大球的半径.

引理 3.2.2　令 $f_k^* = \min_{0 \leqslant i \leqslant k} f(x_i)$，则

$$f_k^* - f^* \leqslant \omega_f(x^*;v_k^*)$$

证明　由引理 3.2.1，我们有

$$\omega_f(x^*;v_k^*) = \min_{0 \leqslant i \leqslant k} \omega_f(x^*;v_i) \geqslant \min_{0 \leqslant i \leqslant k} [f(x_i) - f^*] = f_k^* - f^*$$

3.2.3　次梯度算法

现在我们准备分析一些极小化算法的行为. 考虑问题

$$\min_{x \in Q} f(x) \tag{3.2.13}$$

其中函数 f 在 $\mathbb{R}^n$ 上凸且 Q 是一个简单闭凸集. 术语"简单"意味着我们可以显式地求解 Q 上的一些简单极小化问题. 在本节中，我们需要给出相当廉价地确定任意点在集合 Q 上的欧几里得投影的方法.

我们假设问题(3.2.13)具有一阶 Oracle，它在任意测试点 $\overline{x}$ 都给我们提供目标函数 $f(\overline{x})$ 的值及其一个次梯度 $g(\overline{x})$.

像往常一样，我们先尝试梯度法的版本. 注意对于非光滑问题，次梯度的范数 $\|g(x)\|$ 意义不大. 因此，在次梯度算法中，我们使用归一化方向 $\dfrac{g(\overline{x})}{\|g(\overline{x})\|}$.

201

简单集约束的次梯度算法
0.　选择 $x_0 \in Q$ 和序列 $\{h_k\}_{k=0}^{\infty}$ 满足 $$h_k > 0, \quad h_k \to 0, \quad \sum_{k=0}^{\infty} h_k = \infty$$ 1.　第 k 次迭代$(k \geqslant 0)$：   计算 $f(x_k)$，$g(x_k)$ 并置 $x_{k+1} = \pi_Q\left(x_k - h_k \dfrac{g(x_k)}{\|g(x_k)\|}\right)$

$$(3.2.14)$$

我们来估计这个算法的收敛速度.

定理 3.2.2   设函数 f 在 $B_2(x^*, R)$ 上 Lipschitz 连续, M 为 Lipschitz 常数, 其中 $R \geqslant \|x_0 - x^*\|$, 则

$$f_k^* - f^* \leqslant M \frac{R^2 + \sum\limits_{i=0}^{k} h_i^2}{2 \sum\limits_{i=0}^{k} h_i} \tag{3.2.15}$$

证明   令 $r_i = \|x_i - x^*\|$, 则依据引理 2.2.8, 我们有

$$r_{i+1}^2 = \left\| \pi_Q \left(x_i - h_i \frac{g(x_i)}{\|g(x_i)\|} \right) - x^* \right\|^2 \leqslant \left\| x_i - h_i \frac{g(x_i)}{\|g(x_i)\|} - x^* \right\|^2 = r_i^2 - 2h_i v_i + h_i^2$$

关于 $i = 0, \cdots, k$ 对这些不等式求和, 我们得到

$$r_0^2 + \sum_{i=0}^{k} h_i^2 \geqslant 2 \sum_{i=0}^{k} h_i v_i + r_{k+1}^2 \geqslant 2 v_k^* \sum_{i=0}^{k} h_i$$

于是,

$$v_k^* \leqslant \frac{R^2 + \sum\limits_{i=0}^{k} h_i^2}{2 \sum\limits_{i=0}^{k} h_i}$$

因为 $v_k^* \leqslant v_0 \leqslant \|x_0 - x^*\| \leqslant R$, 我们可以用引理 3.2.2 得到该命题的结论.   ∎

于是, 根据定理 3.2.2, 次梯度法(3.2.14)的收敛速度取决于数值

$$\Delta_k = \frac{R^2 + \sum\limits_{i=0}^{k} h_i^2}{2 \sum\limits_{i=0}^{k} h_i}$$

我们很容易发现如果级数 $\sum\limits_{i=0}^{\infty} h_i$ 发散, 则 $\Delta_k \to 0$. 但是, 我们尝试以最优方式选择 h_k.

假设我们运行给定步数, 比如 $N \geqslant 1$ 步次梯度方法, 则通过极小化作为 $\{h_k\}_{k=0}^{N}$ 的函数 Δ_k, 可以看到最优策略为[⊖]

$$h_i = \frac{R}{\sqrt{N+1}}, \quad i = 0, \cdots, N \tag{3.2.16}$$

在这种情况下, $\Delta_N = \dfrac{R}{\sqrt{N+1}}$, 得到如下收敛率:

⊖   从例 3.1.2(5)我们可以看到, Δ_k 是 $\{h_i\}$ 的对称凸函数, 因此, 它的极小点在所有变量都取相同值的点上取到.

$$f_N^* - f^* \leqslant \frac{MR}{\sqrt{N+1}} \tag{3.2.17}$$

确定次梯度法(3.2.14)中步长的另一种可能是使用最终精度 $\epsilon > 0$ 作为算法的参数. 事实上, 我们可从如下方程中确定 N:

$$\frac{MR}{\sqrt{N+1}} \overset{(3.2.17)}{=} \epsilon \Rightarrow N+1 = \frac{M^2 R^2}{\epsilon^2} \tag{3.2.18}$$

这样, 依据(3.2.16), 我们有

$$h_i = \frac{\epsilon}{M}, \quad i \geqslant 0 \tag{3.2.19}$$

根据上界(3.2.15), 在这种情况下, 我们有

$$f_N^* - f^* \leqslant \frac{MR^2}{2\epsilon N} + \frac{1}{2}\epsilon \tag{3.2.20}$$

于是, 只要

$$N \geqslant \frac{M^2 R^2}{\epsilon^2} \tag{3.2.21}$$

203

我们就得到问题(3.2.1)的一个 ϵ - 解.

步长准则(3.2.19)的主要优点在于它独立于事先未知的参数 R 和 N. 参数 M 是目标函数次梯度范数的上界, 这很容易在极小化过程中得到.

将不等式(3.2.17)与定理 3.2.1 的下界进行对比, 我们得出以下结论:

步长按(3.2.16)选择的次梯度法(3.2.14), 对关于变量个数 n 一致的问题(3.2.13)是最优的.

如果不打算预先确定迭代次数, 我们可以选择

$$h_i = \frac{r}{\sqrt{i+1}}, \quad i = 0, \cdots$$

这样, 很容易看出 Δ_k 与

$$\frac{R^2 + r^2 \ln(k+1)}{4r\sqrt{k+1}}$$

成比例, 我们可以把这个收敛速度归类为次优的.

于是, 解决问题(3.2.8)的最简单方法似乎是最佳的. 通常, 这表明我们这类问题不能很有效地求解. 然而, 应该记住, 我们的结论在问题的维数一致的情况下是有效的. 稍后我们会看到, 以正确的方式考虑问题的适当规模, 有助于开发更快的算法.

3.2.4 函数约束的极小化问题

现在研究如何使用次梯度法来解带有函数约束的极小化问题. 考虑具有闭凸函数 f 和 f_j 及简单闭凸集 Q 的问题:

$$\min_{x \in Q}\{f(x) : f_j(x) \leqslant 0, j = 1, \cdots, m\} \tag{3.2.22}$$

我们来构造一个聚合约束 $\overline{f}(x) = \max\limits_{1 \leqslant j \leqslant m} f_j(x)$，则我们的问题可以重写为

$$\min_{x \in Q}\{f(x) : \overline{f}(x) \leqslant 0\} \tag{3.2.23}$$

注意到只要我们可以计算函数 f_j 的次梯度，就可以容易地计算函数 $\overline{f}$ 的次梯度 $\overline{g}(x)$（见引理 3.1.13）.

我们取定问题(3.2.22)的某最优解 x^*. 设问题(3.2.22)近似解的理想精度为 $\epsilon > 0$，来研究如下算法.

有函数约束问题的次梯度算法

0.　选择起始点 $x_0 \in Q$;

1.　第 k 次迭代 $(k \geqslant 0)$:

(a)计算 $f(x_k)$ 以及 $g(x_k) \in \partial f(x_k)$，计算 $\overline{f}(x_k)$ 以及 $g\overline{f}(x_k) \in \partial \overline{f}(x_k)$;

(b)如果 $\overline{f}(x_k) \leqslant \epsilon$，则置

$$x_{k+1} = \pi_Q\left(x_k - \frac{\epsilon}{\|g(x_k)\|^2} g(x_k)\right) \quad \text{（情形 A）}$$

否则，置

$$x_{k+1} = \pi_Q\left(x_k - \frac{\overline{f}(x_k)}{\|\overline{g}(x_k)\|^2} \overline{g}(x_k)\right) \quad \text{（情形 B）}$$

$$\tag{3.2.24}$$

对于算法(3.2.24)，在算法的前 N 步迭代中，用 $\mathscr{I}_A(N)$ 表示情形 A 迭代集，用 $\mathscr{I}_B(N)$ 表示情形 B 迭代集. 显然，

$$\overline{f}(x_k) \leqslant \epsilon, \quad \forall k \in \mathscr{I}_A(N) \tag{3.2.25}$$

定理 3.2.3　设函数 f 和 f_j，$j = 1, \cdots, m$ 在球 $B_2(x^*, \|x_0 - x^*\|)$ 上 Lipschitz 连续，Lipschitz 常数为 M. 如果在算法(3.2.24)中的步数 N 足够大，即

$$N \geqslant \frac{M^2}{\epsilon^2} \|x_0 - x^*\|^2 \tag{3.2.26}$$

则 $\mathscr{F}_A(N) \neq \varnothing$，且

$$f_N^* \stackrel{\text{def}}{=\!=} \min_k\{f(x_k) : k \in \mathscr{I}_A(N)\} \leqslant f(x^*) + \epsilon \tag{3.2.27}$$

证明　定义 $r_k = \|x_k - x^*\|$. 我们假设 N 满足(3.2.26)，但是

$$f(x_k) - f^* \geqslant \epsilon, \quad \forall k \in \mathscr{I}_A(N) \tag{3.2.28}$$

如果 $k \in \mathscr{I}_A(N)$，那么

$$r_{k+1}^2 \stackrel{(2.2.49)}{\leqslant} \left\|x_k - \frac{\epsilon}{\|g(x_k)\|^2} g(x_k)\right\|^2 = r_k^2 - \frac{2\epsilon}{\|g(x_k)\|^2}\langle g(x_k), x_k - x^*\rangle + \frac{\epsilon^2}{\|g(x_k)\|^2}$$

$$\overset{(3.1.23)}{\leqslant} r_k^2 - \frac{2\,\epsilon}{\|g(x_k)\|^2}(f(x_k) - f^*) + \frac{\epsilon^2}{\|g(x_k)\|^2} \overset{(3.2.28)}{\leqslant} r_k^2 - \frac{\epsilon^2}{\|g(x_k)\|^2}$$

在情形 B 中，我们有

$$r_{k+1}^2 \overset{(2.2.49)}{\leqslant} \left\| x_k - \frac{\overline{f}(x_k)}{\|\overline{g}(x_k)\|^2}\,\overline{g}(x_k) \right\|^2 = r_k^2 - \frac{2\,\overline{f}(x_k)}{\|\overline{g}(x_k)\|^2}\langle \overline{g}(x_k), x_k - x^* \rangle + \frac{\overline{f}(x_k)^2}{\|\overline{g}(x_k)\|^2}$$

$$\overset{(3.1.23)}{\leqslant} r_k^2 - \frac{\overline{f}(x_k)^2}{\|\overline{g}(x_k)\|^2} \overset{(3.2.28)}{\leqslant} r_k^2 - \frac{\epsilon^2}{\|\overline{g}(x_k)\|^2}$$

于是，在两种情况下都有 $r_{k+1} < r_k \leqslant \|x_0 - x^*\|$. 所以，

$$\|g(x_k)\| \leqslant M, \quad k \in \mathscr{I}_A(N), \quad \|\overline{g}(x_k)\| \leqslant M, \quad k \in \mathscr{I}_B(N)$$

因此，对于任意 $k = 0, \cdots, N$ 有 $r_{k+1}^2 \leqslant r_k^2 - \frac{\epsilon^2}{M^2}$. 将这些不等式求和，我们得到不等式

$$0 \leqslant r_{N+1}^2 \leqslant r_0^2 - \frac{\epsilon^2}{M^2}(N+1)$$

这与我们的假设 (3.2.26) 相矛盾. ∎

将界 (3.2.26) 与定理 3.2.1 的结果进行比较，我们发现算法 (3.2.24) 具有最优的最坏情况性能保证. 回想一下，对于无约束极小化问题，我们获得了相同的复杂性下界. 于是，我们可以看到，从解析复杂度的观点来看，凸无约束极小化并不比约束极小化问题更容易.

3.2.5 最优拉格朗日乘子的近似

我们现在来说明简单的次梯度切换策略可以用于近似问题 (3.2.22) 的最优拉格朗日乘子 (见定理 3.1.26).

对于 $\epsilon > 0$，记

$$\mathscr{F}(\epsilon) = \{x \in Q : f_j(x) \leqslant \epsilon, \quad j = 1, \cdots, m\}$$

为问题 (3.2.22) 的扩展可行集. 通过定义拉格朗日函数

$$\mathscr{L}(x, \lambda) = f(x) + \sum_{j=1}^{m} \lambda^{(j)} f_j(x), \quad x \in Q, \quad \lambda = (\lambda^{(1)}, \cdots, \lambda^{(m)}) \in \mathbb{R}_+^m$$

我们可以引入拉格朗日对偶问题

$$\phi^* \overset{\text{def}}{=} \sup_{\lambda \in \mathbb{R}_+^m} \phi(\lambda) \tag{3.2.29}$$

其中 $\phi(\lambda) \overset{\text{def}}{=} \min_{x \in Q} \mathscr{L}(x, \lambda)$. 显然，$f^* \overset{(1.3.6)}{\geqslant} \phi^*$.

为了趋近问题 (3.2.22) 和问题 (3.2.29) 的最优解，我们采用如下切换策略. 它只有一个输入参数，步长 $h > 0$. 在下面的内容中，符号 $\|\cdot\|$ 是标准欧几里得范数，$g(\cdot)$ 表示目标函数的次梯度，而 $g_j(\cdot)$ 表示相应约束的次梯度.

206

拉格朗日乘子的次梯度算法

0.   选择起始点 $x_0 \in Q$；

1.   第 k 次迭代 $(k \geqslant 0)$：

(a) 定义 $\mathscr{I}_k = \{j : f_j(x_k) > h\|g_j(x_k)\|\}$；

(b) 如果 $\mathscr{I}_k = \varnothing$，则计算 $x_{k+1} = \pi_Q\left(x_k - \dfrac{hg(x_k)}{\|g(x_k)\|}\right)$；

(c) 如果 $\mathscr{I}_k \neq \varnothing$，则任意选择 $j_k \in \mathscr{I}_k$ 且定义 $h_k = \dfrac{f_{j_k}(x_k)}{\|g_{j_k}(x_k)\|^2}$，计算

$$x_{k+1} = \pi_Q(x_k - h_k g_{jk}(x_k))$$

(3.2.30)

在 $t \geqslant 0$ 次迭代后，定义 $\mathscr{A}_0(t) = \{k \in \{0, \cdots, t\} : \mathscr{I}_k = \varnothing\}$，并设

$$\mathscr{A}_j(t) = \{k \in \{0, \cdots, t\} : j_k = j\}, \quad 1 \leqslant j \leqslant m$$

令 $N(t) = |\mathscr{A}(t)|$，有可能 $N(t) = 0$. 然而，如果 $N(t) > 0$，则可以定义近似对偶乘子为

$$\sigma_t = h \sum_{k \in \mathscr{A}_0(t)} \frac{1}{\|g(x_k)\|}, \quad \lambda_t^{(j)} = \frac{1}{\sigma_t} \sum_{k \in \mathscr{A}_i(t)} h_k, \quad j = 1, \cdots, m$$

(3.2.31)

令 $S_t = \sum_{k \in \mathscr{A}_0(t)} \dfrac{1}{\|g(x_k)\|}$. 如果 $\mathscr{A}_0(t) = \varnothing$，则我们定义 $S_t = 0$. 于是，$\sigma_t = hS_t$.

为了证明切换策略 (3.2.30) 的收敛性，我们需要在假设 $N(t) > 0$ 时，确定对偶间隙的上界

$$\delta_t = \frac{1}{S_t} \sum_{k \in \mathscr{A}_0(t)} \frac{f(x_k)}{\|g(x_k)\|} - \phi(\lambda_t)$$

这里及下文中的 λ_t 都表示 $(\lambda_t^{(1)}, \cdots, \lambda_t^{(m)})$.

定理 3.2.4   设集合 Q 有界，即对任意 $x \in Q$ 有 $\|x - x_0\| \leqslant R$. 如果算法 (3.2.30) 的迭代次数 t 足够大，即

$$t > \frac{R^2}{h^2}$$

(3.2.32)

则 $N(t) > 0$. 此外，在这种情况下，有

$$\max_{1 \leqslant j \leqslant m} f_j(x_k) \leqslant Mh, \quad k \in \mathscr{A}_0(t)$$

$$\delta_t \leqslant Mh$$

(3.2.33)

其中 $M = \max\limits_{0 \leqslant k \leqslant t} \max\limits_{0 \leqslant j \leqslant m} \|g_j(x_k)\|$.

证明   注意到

$$\sigma_t \cdot \delta_t \overset{(3.2.31)}{=} \max_{x \in Q}\left\{\sum_{k \in \mathscr{A}_0(t)} \frac{hf(x_k)}{\|g(x_k)\|} - \sigma_t f(x) - \sum_{j=1}^m \sum_{k \in \mathscr{A}_j(t)} h_k f_j(x)\right\}$$

$$=\max_{x\in Q}\left\{\sum_{k\in\mathscr{A}_0(t)}\frac{h(f(x_k)-f(x))}{\|g(x_k)\|}-\sum_{k\notin\mathscr{A}_0(t)}h_kf_{j_k}(x)\right\}$$

$$\leqslant\max_{x\in Q}\left\{\sum_{k\in\mathscr{A}_0(t)}\frac{h\langle g(x_k),x_k-x\rangle}{\|g(x_k)\|_*}+\sum_{k\notin\mathscr{A}_0(t)}h_k\big[\langle g_{j_k}(x_k),x_k-x\rangle-f_{j_k}(x)\big]\right\}$$

$$(3.2.34)$$

我们来估计这个不等式右端项的上界. 对任意 $x\in Q$, 令 $r_k(x)=\|x-x_k\|$. 假设 $k\in\mathscr{A}_0(t)$, 则

$$r_{k+1}^2(x)\overset{(2.2.48)}{\leqslant}\left\|x_k-x-\frac{hg(x_k)}{\|g(x_k)\|}\right\|^2$$

$$=r_k^2(x)-\frac{2h}{\|g(x_k)\|}\langle g(x_k),x_k-x\rangle+h^2 \qquad (3.2.35)$$

| 208 |

如果 $k\notin\mathscr{A}_0(t)$, 则

$$r_{k+1}^2(x)\overset{(2.2.48)}{\leqslant}\|x_k-x-h_kg_{j_k}(x_k)\|^2$$

$$=r_k^2(x)-2h_k\langle g_{j_k}(x_k),x_k-x\rangle+h_k^2\|g_{j_k}(x_k)\|^2$$

因此,

$$2h_k\big[\langle g_{j_k}(x_k),x_k-x\rangle-f_{j_k}(x_k)\big]\leqslant r_k^2(x)-r_{k+1}^2(x)-\frac{f_{j_k}^2(x_k)}{\|g_{j_k}(x_k)\|^2}$$

$$\leqslant r_k^2(x)-r_{k+1}^2(x)-h^2$$

将该不等式与不等式 $(3.2.35)$ 关于 $k=0,\cdots,t$ 求和, 并考虑到 $r_{t+1}(x)\geqslant0$, 我们得到

$$\sigma_t\delta_t\overset{(3.2.24)}{\leqslant}\frac{1}{2}r_0^2(x)+\frac{1}{2}N(t)h^2-\frac{1}{2}(t-N(t))h^2$$

$$=\frac{1}{2}r_0^2(x)-\frac{1}{2}th^2+N(t)h^2\leqslant\frac{1}{2}R^2-\frac{1}{2}th^2+N(t)h^2 \qquad (3.2.36)$$

现在假设 t 满足条件 $(3.2.32)$, 这种情况下不会有 $N(t)=0$, 因为这会导致 $\sigma_t=0$ 而不满足不等式 $(3.2.36)$. 于是, 式 $(3.2.33)$ 中的第一个不等式可由算法 $(3.2.30)$ 中步骤 (b) 的条件得到. 最终, 有 $\sigma_t\overset{(3.2.31)}{\geqslant}\frac{h}{M}N(t)$. 因此, 如果 $N(t)>0$ 且迭代计数器 t 满足不等式 $(3.2.32)$, 则 $\delta_t\overset{(3.2.36)}{\leqslant}\frac{N(t)h^2}{\sigma_t}\leqslant Mh$. ■

3.2.6 强凸函数

在 2.1.3 节中, 我们介绍了可微凸函数的强凸性概念. 已经看到这个附加的假设明显地加速了优化算法. 现在我们来研究这个假设对不可微凸函数类的影响. 为了简单起见, 我们在本节中使用标准欧几里得范数.

定义 3.2.2 函数 f 称为在凸集 Q 上强凸, 如果存在常数 $\mu>0$, 使得对于所有的 x,

$y \in Q$ 和 $\alpha \in [0, 1]$ 有

$$f(\alpha x + (1-\alpha)y) \leqslant \alpha f(x) + (1-\alpha)f(y) - \frac{1}{2}\mu\alpha(1-\alpha)\|x-y\|^2 \qquad (3.2.37)$$

使用符号 $f \in \mathscr{S}_\mu^0(Q)$ 表示这类函数. 如果此不等式中的 $\mu = 0$, 就得到普通凸函数的定义(3.1.2).

注意, 对于光滑凸函数, 我们可证明这个不等式与定义(2.1.23)等价.

下面介绍强凸函数最重要的性质.

引理 3.2.3 令 $f \in \mathscr{S}_\mu^0(Q)$, 则对任意 $x \in \text{int } Q$ 和 $y \in W$, 我们有

$$f(y) \geqslant f(x) + f'(x; y-x) + \frac{1}{2}\mu\|x-y\|^2 \qquad (3.2.38)$$

证明 事实上,

$$f(y) \overset{(3.2.37)}{\geqslant} \frac{1}{\alpha}\Big[f((1-\alpha)x + \alpha y) - (1-\alpha)f(x) + \frac{1}{2}\mu\alpha(1-\alpha)\|x-y\|^2\Big]$$

$$= f(x) + \frac{1}{\alpha}\big[f(x + \alpha(y-x)) - f(x)\big] + \frac{1}{2}\mu(1-\alpha)\|y-x\|^2$$

在这个不等式中取 $\alpha \downarrow 0$, 得到不等式(3.2.38). 而由定理 3.1.12 知该极限存在. ∎

推论 3.2.1 令 $f \in \mathscr{S}_\mu^0(Q)$, 对任意 $g \in \partial f(x)$, 我们有

$$f(y) \geqslant f(x) + \langle g, y-x \rangle + \frac{1}{2}\mu\|y-x\|^2 \qquad (3.2.39)$$

证明 事实上, 根据定理 3.1.17, 对任意 $g \in \partial f(x)$, 我们有

$$f'(x; y-x) \geqslant \langle g, y-x \rangle \qquad ∎$$

推论 3.2.2 如果问题(3.2.13)的目标函数属于类 $\mathscr{S}_\mu^0(Q)$, 则它的水平集有界. 因此, 它的最优解存在.

推论 3.2.3 设 $x^* \in \text{int dom } f$ 是当 $f \in \mathscr{S}_\mu^0(Q)$ 时问题(3.2.13)的一个最优解, 则对所有 $x \in Q$, 我们有

$$f(x) \geqslant f^* + \frac{1}{2}\mu\|x-x^*\|^2 \qquad (3.2.40)$$

因此, 该问题的解唯一.

证明 事实上, 根据定理 3.1.24, 存在一个 $g^* \in \partial f(x^*)$ 使得

$$\langle g^*, y-x^* \rangle \geqslant 0$$

于是, 由(3.2.39)得到(3.2.40). ∎

我们来给出强凸函数的一些运算结果.

1. **加法**. 如果 $f_1 \in \mathscr{S}_{\mu_1}^0(Q)$ 且 $f_2 \in \mathscr{S}_{\mu_2}^0(Q)$, 则对任意 α_1, $\alpha_2 \geqslant 0$, 我们有

$$\alpha_1 f_1 + \alpha_2 f_2 \in \mathscr{S}_{\alpha_1\mu_1 + \alpha_2\mu_2}^0(Q)$$

(证明可直接由定义式(3.2.37)得到.)特别地, 如果我们将一个凸函数和一个具有参数 μ 的强凸函数相加, 则得到一个具有参数 μ 的强凸函数.

2. **最大值**. 如果 $f_1 \in \mathscr{S}_{\mu_1}^0$ 且 $f_2 \in \mathscr{S}_{\mu_2}^0(Q)$, 则

$$f(x) = \max\{f_1(x), f_2(x)\} \in \mathscr{S}_\mu^0(Q)$$

其中 $\mu = \min\{\mu_1, \mu_2\}$. 事实上，对于任意的 x_1, $x_2 \in Q$ 和 $\alpha \in [0, 1]$，我们有

$$
f(\alpha x_1 + (1-\alpha)x_2) \leqslant \max\{\alpha f_1(x_1) + (1-\alpha)f_1(x_2)
$$
$$
- \frac{1}{2}\mu_1 \alpha(1-\alpha)\|x_1 - x_2\|^2, \alpha f_2(x_1) + (1-\alpha)f_2(x_2)
$$
$$
- \frac{1}{2}\mu_2 \alpha(1-\alpha)\|x_1 - x_2\|^2\}
$$
$$
\leqslant \alpha f(x_1) + (1-\alpha)f(x_2) - \frac{1}{2}\mu\alpha(1-\alpha)\|x_1 - x_2\|^2
$$

3. **减法**. 如果 $f \in \mathscr{S}_\mu^0(Q)$，则函数 $\hat{f}(x) = f(x) - \frac{1}{2}\mu\|x\|^2$ 是凸的. 这一性质由定义式 (3.2.37) 和以下的欧几里得恒等式证明：

$$
\frac{1}{2}\|\alpha x + (1-\alpha)y\|^2 \equiv \frac{1}{2}\alpha\|x\|^2 + \frac{1}{2}(1-\alpha)\|y\|^2 - \frac{1}{2}\alpha(1-\alpha)\|x-y\|^2 \qquad (3.2.41)
$$

该等式对于所有的 x, $y \in \mathbb{R}^n$ 和 $\alpha \in [0, 1]$ 成立.

还需注意在定义式 (2.1.20) 意义下任意的可微强凸函数都属于类 $\mathscr{S}_\mu^0(Q)$（详见定理 2.1.9）.

现在我们来推导具有强凸目标函数的问题 (3.2.13) 的复杂度下界. 对此，我们使用由 (3.2.3) 所定义的函数 $f_k(\cdot)$. 我们在该问题类的假设 (3.2.2) 上添加如下具体规则（与 3.2.7 相比）：

> - 函数 f 在 $B_2(x^*, \|x_0 - x^*\|)$ 上 Lipschitz 连续，Lipschitz 常数 $M > 0$
> - $f \in \mathscr{S}_\mu^0(B_2(x^*, \|x_0 - x^*\|))$，其中 $\mu > 0$

$(3.2.42)$ 211

接下来，我们用 $\mathscr{P}_s(x_0, \mu, M)$ 表示满足假设 (3.2.2) 和 (3.2.42) 的这一类问题.

定理 3.2.5　对于任意类 $\mathscr{P}_s(x_0, \mu, M)$ 和满足 $0 \leqslant k \leqslant n-1$ 的任意 k，存在一个函数 $f \in \mathscr{P}_s(x_0, \mu, M)$，使得对任何生成满足条件

$$
x_k \in x_0 + \mathrm{Lin}\{g(x_0), \cdots, g(x_{k-1})\}
$$

的序列 $\{x_k\}$ 的优化算法，都有

$$
f(x_k) - f^* \geqslant \frac{M^2}{2\mu(2+\sqrt{k+1})^2} \qquad (3.2.43)
$$

证明　在该证明中，我们使用具有对抗 Oracle (3.2.6) 的函数类 (3.2.3).

不失一般性，我们取 $x_0 = 0$. 选择函数 $f(x) = f_{k+1}(x)$，其参数

$$
\gamma = \frac{M\sqrt{k+1}}{2+\sqrt{k+1}} \qquad (3.2.44)
$$

根据等式 (3.2.41)，函数 f_k 属于类 $\mathscr{S}_\mu^0(\mathbb{R}^n)$. 同时，

$$
R_k \overset{\text{def}}{=} \|x_0 - x_k^*\| \overset{(3.2.5)}{=\!=\!=} \frac{\gamma}{\mu\sqrt{k+1}} \overset{(3.2.44)}{=\!=\!=} \frac{M}{\mu(2+\sqrt{k+1})}
$$

依据(3.2.4)，函数 f_k 在球 $B_2(x_k^*, R_k)$ 上的 Lipschitz 常数的上界是

$$2\mu R_k + \gamma \overset{(3.2.44)}{=} \frac{2M}{2+\sqrt{k+1}} + \frac{M\sqrt{k+1}}{2+\sqrt{k+1}} = M$$

于是，以 $f = f_{k+1}$ 为目标的优化问题(3.2.13)属于问题类 $\mathscr{P}_s(x_0, \mu, M)$．同时，依据定理的条件，有

$$f(x_k) - f^* \geqslant -f_{k+1}^* \overset{(3.2.5)}{=} \frac{\gamma^2}{2\mu(k+1)} = \frac{M^2}{2\mu(2+\sqrt{k+1})^2} \qquad \blacksquare$$

看起来对于该问题类，最简单的次梯度方法是次优的．

定理 3.2.6   假设问题(3.2.13)的目标函数 f 满足假设(3.2.42)，设 $\epsilon > 0$ 为该问题最优值的理想精度．考虑由如下规则生成的点列 $\{x_k\} \subset Q$：

$$x_{k+1} = \pi_Q\left(x_k - \frac{2\epsilon g(x_k)}{\|g(x_k)\|^2}\right), \quad k \geqslant 0 \qquad (3.2.45)$$

其中 $g(x_k) \in \partial f(x_k)$．这样，如果该算法的迭代次数 N 足够大，满足

$$N \geqslant \frac{M^2}{\mu\,\epsilon}\ln\frac{M\|x_0 - x^*\|}{\epsilon} \qquad (3.2.46)$$

我们就有 $f_N^* \overset{\text{def}}{=} \min_{0 \leqslant k \leqslant N} f(x_k) \leqslant f^* + \epsilon$．

证明   令 $r_k = \|x_k - x^*\|$ 和 $h_k = \frac{2\epsilon}{\|g(x_k)\|^2}$，假设 N 满足下界(3.2.46)，且

$$f(x_k) - f^* < \epsilon, \quad k = 0, \cdots, N \qquad (3.2.47)$$

那么，

$$r_{k+1}^2 \overset{(2.2.49)}{\leqslant} \|x_k - h_k g(x_k)\|^2 = r_k^2 - 2h_k\langle g(x_k), x_k - x^*\rangle + \frac{4\epsilon^2}{\|g(x_k)\|^2}$$

$$\overset{(3.2.39)}{\leqslant} r_k^2 - \frac{4\epsilon}{\|g(x_k)\|^2}\left[f(x_k) - f^* + \frac{1}{2}\mu r_k^2\right] + \frac{4\epsilon^2}{\|g(x_k)\|^2}$$

$$\overset{(3.2.47)}{\leqslant} \left(1 - \frac{2\mu\,\epsilon}{\|g(x_k)\|^2}\right)r_k^2$$

于是，所有 $x_k \in B(x^*, r_0)$，因此 $\|g(x_k)\| \leqslant M$．这意味着

$$\epsilon \overset{(3.2.47)}{<} f(x_N) - f^* \leqslant Mr_N \leqslant M\left(1 - \frac{2\mu\epsilon}{M^2}\right)^{N/2} r_0 \leqslant M\exp\left\{-\frac{\mu\,\epsilon N}{M^2}\right\}r_0$$

这与下界(3.2.46)相矛盾．   ▪

依据我们的假设，

$$\frac{1}{2}\mu\|x_0 - x^*\|^2 \overset{(3.2.40)}{\leqslant} f(x_0) - f^* \leqslant M\|x_0 - x^*\|$$

因此，$\|x_0 - x^*\| \leqslant \frac{2M}{\mu}$．于是，迭代次数的下界(3.2.46)可以重写为关于函数类参数的表达式，即

$$N \geqslant \frac{M^2}{\mu\epsilon}\ln\frac{2M^2}{\mu\epsilon} \qquad\qquad (3.2.48)$$

将其与复杂度下界(3.2.43)比较，我们可以看到次梯度法(3.2.45)是次优方法. 该方法的主要优点是不依赖函数类参数 μ 和 M 的精确值.

注意到算法(3.2.45)的步长是算法(3.2.24)步长的两倍. 如果我们把(3.2.45)中的步长除以 2，则对于强凸函数，这个算法将慢两倍. 同时，这个新版本算法与 $m=0$ 时的(3.2.24)是一样的，它能用来极小化具有简单的集约束的 Lipschitz 连续函数(见定理3.2.3).

3.2.7 有限维问题的复杂度界

我们在假设它们的维数相对较小情形下，来研究无约束极小化问题. 这意味着我们的计算资源允许极小化算法的迭代次数与变量空间维数成比例. 在这种情况下，复杂度的下界是什么？

在这一节，我们得到与极小化问题密切相关的一个问题的有限维复杂度下界. 这就是可行性问题：

$$\boxed{\textbf{Find } \mathrm{x}^* \in \mathrm{S}} \qquad\qquad (3.2.49)$$

其中 S 是闭凸集. 我们假设给这个问题赋予一个可分性 Oracle，即它在点 $\bar{x}\in\mathbb{R}^n$ 处以如下方式回答我们的请求：

> - 要么，它给出 $\bar{x}\in S$
> - 要么，它返回一个向量 $\bar{g}$，将 $\bar{x}$ 与 S 分开，即
> $$\langle \bar{g},\ \bar{x}-x\rangle\geqslant 0,\qquad \forall\, x\in S$$

为了度量这个问题的复杂性，我们引入如下假设.

假设 3.2.1 存在点 $x^*\in S$ 使得对某 $\epsilon>0$，球 $B_2(x^*,\ \epsilon)$ 属于 S.

例如，如果我们已知问题(3.2.8)的最优值 f^*，我们可以将它看作一个可行性问题，其中

$$S=\{(t,x)\in\mathbb{R}^{n+1}\,|\,t\geqslant f(x),\ \ t\leqslant f^*+\bar{\epsilon},\ \ x\in Q\}$$

利用函数 f 的 Lipschitz 连续性假设，可以很容易地得到(3.2.2)中精度参数 ϵ 和 $\bar{\epsilon}$ 的关系. 我们把相应的推导作为练习留给读者.

现在我们来描述问题(3.2.49)的一个对抗 Oracle. 考虑到数值算法的要求，该 Oracle 形成了一系列"矩形"区域 $\{B_k\}_{k=0}^{\infty}$，$B_{k+1}\subset B_k$，该矩形区域由它们的下界、上界定义，即

$$B_k=\{x\in\mathbb{R}^n\,|\,a_k\leqslant x\leqslant b_k\}$$

对于每个矩形区域 B_k，$k\geqslant 0$，用 $c_k=\dfrac{1}{2}(a_k+b_k)$ 表示其中心. 对每个矩形区域 B_k，$k\geqslant 1$

该 Oracle 生成一个不同的分离向量 g_k，它总是最多与一个坐标轴向量相差一个符号.

在下面的算法中，我们使用两个动态计数器：

- m 是生成矩形区域的数量.

- i 是紧的坐标序号.

用 $\bar{e}_n \in \mathbb{R}^n$ 表示全 1 向量. Oracle 从如下设定开始：

$$a_0 := -R\bar{e}_n, \quad b_0 := R\bar{e}_n, \quad m := 0, \quad i := 1$$

它的输入是任意测试点 $x \in \mathbb{R}^n$.

可行性问题的对抗 Oracle

if $x \notin B_0$，**then** 返回 x 与 B_0 的分离向量，**else**

1. 找出最大 $k \in [0, \cdots, m]: x \in B_k$.

2. **if** $k < m$，**then** 返回 g_k；**else**{生成一个新的矩形区域}：

   if $x^{(i)} \geqslant c_m^{(i)}$，**then**

   $$a_{m+1} := a_m, \quad b_{m+1} := b_m + (c_m^{(i)} - b_m^{(i)})e_i, \quad g_m := e_i$$

   else

   $$a_{m+1} := a_m + (c_m^{(i)} - a_m^{(i)})e_i, \quad b_{m+1} := b_m, \quad g_m := -e_i$$

   $m := m+1$；$i := i+1$；**if** $i > n$，**then** $i := 1$.

   返回 g_m.

215

这个 Oracle 实现了一个非常简单的策略. 注意到下一个矩形区域 B_{m+1} 总是上一个矩形区域 B_m 的一半. 最后一个生成矩形区域 B_m 被一个超平面分为两个相等的部分，该超平面由坐标向量 e_i 定义且通过 B_m 的中心 c_m. 根据 B_m 包含点 x 的那部分，我们选择分离向量的符号：$g_{m+1} = \pm e_i$. 新的矩形区域 B_{m+1} 总是不包含测试点 x 的 B_m 那一半.

生成新的矩形区域 B_{m+1} 之后，指标 i 就会增加 1. 如果它的值超过 n，则重新设定 $i = 1$. 于是，$\{B_k\}$ 的序列具有两个重要的性质：

- $\mathrm{vol}_n B_{k+1} = \dfrac{1}{2}\mathrm{vol}_n B_k$.

- 对任意的 $k \geqslant 0$，有 $b_{k+n} - a_{k+n} = \dfrac{1}{2}(b_k - a_k)$.

再注意到生成的矩形区域个数不超过 Oracle 的调用次数.

引理 3.2.4   对于任意 $k \geqslant 0$，我们有包含关系

$$B_2(c_k, r_k) \subset B_k \tag{3.2.50}$$

其中 $r_k = \dfrac{R}{2}\left(\dfrac{1}{2}\right)^{\frac{k}{n}}$.

证明   事实上，对于任意的 $k \in [0, \cdots, n-1]$，都有

$$B_k \supset B_n = \left\{ x \mid c_n - \frac{1}{2}R\,\bar{e}_n \leqslant x \leqslant c_n + \frac{1}{2}R\,\bar{e}_n \right\} \supset B_2\left(c_n, \frac{1}{2}R\right)$$

因此，对这样的 k，$B_k \supset B_2\left(c_k, \dfrac{1}{2}R\right)$ 且 $(3.2.50)$ 成立. 进一步，对于某 $p \in [0, \cdots, n-1]$，令 $k = nl + p$. 因为

$$b_k - a_k = \left(\frac{1}{2}\right)^l (b_p - a_p)$$

我们可得到

$$B_k \supset B_2\left(c_k, \frac{1}{2}R\left(\frac{1}{2}\right)^l\right)$$

只需注意到 $r_k \leqslant \dfrac{1}{2}R\left(\dfrac{1}{2}\right)^l$，就可以得到结论. ■

引理 $3.2.4$ 可直接导出以下复杂度的结果.

定理 $3.2.7$ 考虑一类满足假设 $3.2.1$ 的可行性问题$(3.2.49)$，可行集 S 是 $B_\infty(0, R)$ 的子集，这样，该类问题的解析复杂度下界是

$$n \ln \frac{R}{2\epsilon}$$

次可分性 Oracle 的调用.

|216

证明 事实上，我们已经得到生成的矩形区域的数量并没有超过 Oracle 的调用数量. 此外，根据引理 $3.2.4$，在第 k 次迭代之后，最后一个矩形区域包含球 $B_2(c_{m_k}, r_k)$. ■

极小化问题$(3.2.8)$的复杂度下界可以类似得到. 然而，相应的推理更加复杂. 因此，我们这里只给出最终结果.

定理 $3.2.8$ 对由满足 $Q \subseteq B_\infty(0, R)$ 和 $f \in \mathscr{F}_M^{0;0} B_\infty(0, R)$ 的极小化问题$(3.2.8)$形成的问题类，其解析复杂度下界是 $n \ln \dfrac{MR}{8\,\epsilon}$ 次 Oracle 调用.

3.2.8 割平面算法

我们现在来研究带有集合约束的如下极小化问题：

$$\min\{f(x) \mid x \in Q\} \tag{3.2.51}$$

其中函数 f 在 $\mathbb{R}^n$ 上是凸的，Q 是有界闭凸集，满足

$$\text{int } Q \neq \varnothing, \quad \text{diam } Q = D < \infty$$

我们假设 Q 不是简单集合，并且我们的问题具有可分性 Oracle. 在任意测试点 $\bar{x} \in \mathbb{R}^n$，该 Oracle 返回一个向量 $g(x)$，该向量是下者之一：

- 如果 $x \in Q$，是 f 在 $\bar{x}$ 处的次梯度，
- 如果 $x \notin Q$，是 $\bar{x}$ 与 Q 的分离向量.

这类问题的一个重要例子是带有函数约束的极小化问题$(3.2.22)$. 我们已经看到，这个问题可以重写为具有单个函数约束(见$(3.2.23)$)的问题，其可行集定义为

$$Q = \{x \in \mathbb{R}^n \,|\, \overline{f}(x) \leqslant 0\}$$

在这种情况下，对于 $x \notin Q$，Oracle 需给出任一次梯度 $\overline{g} \in \overline{\partial} f(x)$. 显然，$\overline{g}$ 将 x 与 Q 分离（见定理 3.1.18）.

接下来给出有限维局部化集合的主要性质.

考虑包含于集合 Q 的一个序列 $X \equiv \{x_i\}_{i=0}^{\infty}$. 回忆到由该序列生成的局部化集合定义为

$$S_0(X) = Q$$

$$S_{k+1}(X) = \{x \in S_k(X) \,|\, \langle g(x_k), x_k - x \rangle \geqslant 0\}$$

显然，对任意 $k \geqslant 0$，我们有 $x^* \in S_k$. 定义

$$v_i = v_f(x^*; x_i)(\geqslant 0), \quad v_k^* = \min_{0 \leqslant i \leqslant k} v_i$$

用 $\mathrm{vol}_n S$ 表示集合 $S \subset \mathbb{R}^n$ 的 n 维体积.

定理 3.2.9 对任意的 $k \geqslant 0$，有

$$v_k^* \leqslant D\left[\frac{\mathrm{vol}_n S_k(X)}{\mathrm{vol}_n Q}\right]^{\frac{1}{n}}$$

证明 令 $\alpha = v_k^*/D(\leqslant 1)$，由于 $Q \subseteq B_2(x^*, D)$，我们有如下包含关系：

$$(1-\alpha)x^* + \alpha Q \subseteq (1-\alpha)x^* + \alpha B_2(x^*, D) = B_2(x^*, v_k^*)$$

因为 Q 是凸的，我们得到

$$(1-\alpha)x^* + \alpha Q \equiv [(1-\alpha)x^* + \alpha Q] \bigcap Q \subseteq B_2(x^*, v_k^*) \bigcap Q \subseteq S_k(X)$$

因此，$\mathrm{vol}_n S_k(X) \geqslant \mathrm{vol}_n[(1-\alpha)x^* + \alpha Q] = \alpha^n \mathrm{vol}_n Q$. ∎

通常情况下，集合 Q 非常复杂，很难直接使用集合 $S_k(X)$ 计算. 取而代之的是，我们可以更新该集合的某些简单上近似. 产生该近似的过程可由下述割平面算法描述.

一般割平面算法
0.   选择一个有界集 $E_0 \supseteq Q$；
1.   第 k 次迭代$(k \geqslant 0)$：
(a)选择 $y_k \in E_k$；
(b)如果 $y_k \in Q$，计算 $f(y_k)$, $g(y_k)$.
如果 $y_k \notin Q$，则计算 $\overline{g}(y_k)$，它将 y_k 与 Q 分开；
(c)置
$$g_k = \begin{cases} g(y_k), & \text{若 } y_k \in Q \\ \overline{g}(y_k), & \text{若 } y_k \notin Q \end{cases}$$
(d)选取 $E_{k+1} \supseteq \{x \in E_k \,|\, \langle g_k, y_k - x \rangle \geqslant 0\}$.

(3.2.52)

我们来估计一下这个算法的性能. 研究该算法中涉及的序列 $Y = \{y_k\}_{k=0}^{\infty}$，用 X 表示序列 Y 中可行点的子序列：$X = Y \bigcap Q$. 引用计数器：

$$i(k) = |\{y_j \in Q : 0 \leqslant j < k\}|$$

于是，如果 $i(k) > 0$ 则 $X \neq \varnothing$.

引理 3.2.5　对于任意 $k \geqslant 0$，有 $S_{i(k)} \subseteq E_k$.

证明　事实上，如果 $i(0) = 0$，则 $S_0 = Q \subseteq E_0$. 假设对某 $k \geqslant 0$ 有 $S_{i(k)} \subseteq E_k$，则在下一个迭代中有两种可能性：

(a) $i(k+1) = i(k)$. 当且仅当 $y_k \notin Q$ 时，这种情况发生，这样有

$$E_{k+1} \supseteq \{x \in E_k \mid \langle \overline{g}(y_k), y_k - x \rangle \geqslant 0\}$$
$$\supseteq \{x \in S_{i(k+1)} \mid \langle \overline{g}(y_k), y_k - x \rangle \geqslant 0\} = S_{i(k+1)}$$

这是因为 $S_{i(k+1)} \subseteq Q$ 和 $\overline{g}(y_k)$ 将 y_k 与 Q 分离.

(b) $i(k+1) = i(k) + 1$. 在这种情况下，$y_k \in Q$，那么

$$E_{k+1} \supseteq \{x \in E_k \mid \langle g(y_k), y_k - x \rangle \geqslant 0\}$$
$$\supseteq \{x \in S_{i(k+1)} \mid \langle \overline{g}(y_k), y_k - x \rangle \geqslant 0\} = S_{i(k+1)}$$

这是因为 $y_k = x_{i(k)}$. ∎

由上述结果可直接得出如下重要结论.

推论 3.2.4

1. 对于满足 $i(k) > 0$ 的任意 k，我们有

$$v_{i(k)}^*(X) \leqslant D \left[\frac{\mathrm{vol}_n S_{i(k)}(X)}{\mathrm{vol}_n Q} \right]^{\frac{1}{n}} \leqslant D \left[\frac{\mathrm{vol}_n E_k}{\mathrm{vol}_n Q} \right]^{\frac{1}{n}}$$

2. 如果 $\mathrm{vol}_n E_k < \mathrm{vol}_n Q$，那么 $i(k) > 0$.

证明　第一条结论已经证明. 第二个结论可以从包含关系 $Q = S_0 = S_{i(k)} \subseteq E_k$ 得出，它对所有满足 $i(k) = 0$ 的 k 都成立. ∎

于是，如果我们设法确保 $\mathrm{vol}_n E_k \to 0$，则得到一个收敛的算法. 此外，体积缩减率自动定义了相应算法的收敛速度. 显然，我们应该尽可能快地缩减 $\mathrm{vol}_n E_k$.

历史上，第一个实现割平面思想的非光滑极小化方法是**重心算法**（Center of Gravity Method）. 它基于如下几何思想.

考虑有界凸集 $S \subset \mathbb{R}^n$，$\mathrm{int}\, S \neq \varnothing$. 将该集合的重心定义为

$$cg(S) = \frac{1}{\mathrm{vol}_n S} \int_S x \, \mathrm{d}x$$

很明显，任何穿过重心的割平面都会将该集合分成几乎相等的两部分.

引理 3.2.6　设 g 为 $\mathbb{R}^n$ 中的一个方向. 定义

$$S_+ = \{x \in S \mid \langle g, cg(S) - x \rangle \geqslant 0\}$$

则

$$\frac{\mathrm{vol}_n S_+}{\mathrm{vol}_n S} \leqslant 1 - \frac{1}{\mathrm{e}}$$

（我们接受这个没有证明的结果.）

这个结论自然地导出如下极小化方法.

219

重心算法
0.　令 $S_0 = Q$;
1.　第 k 次迭代($k \geqslant 0$):
(a) 选择 $x_k = cg(S_k)$ 并计算 $f(x_k)$, $g(x_k)$.
(b) 置 $S_{k+1} = \{x \in S_k \mid \langle g(x_k), x_k - x \rangle \geqslant 0\}$.

我们来估计该算法的收敛速度. 定义

$$f_k^* = \min_{0 \leqslant j \leqslant k} f(x_j)$$

定理 3.2.10　若 f 在 $B_2(x^*, D)$ 上 Lipschitz 连续, Lipschitz 常数为 M, 则对任意 $k \geqslant 0$, 我们有

$$f_k^* - f^* \leqslant MD\left(1 - \frac{1}{e}\right)^{\frac{k}{n}}$$

证明　由引理 3.2.2、定理 3.2.9 和引理 3.2.6 可得. ∎

将此结果与定理 3.2.8 中的复杂度下界相比较, 我们发现, 重心算法在有限维情况下是最优的. 其收敛率不依赖于问题的独有特征, 如条件数等. 然而, 我们应该注意到该方法是不实用的, 因为在高维空间中计算重心是比凸优化问题更难的问题.

现在我们研究另一种近似局部化集的方法. 该方法基于如下几何事实.

设 H 为一个正定对称的 $n \times n$ 矩阵. 考虑椭球

$$E(H, \overline{x}) = \{x \in \mathbb{R}^n \mid \langle H^{-1}(x - \overline{x}), x - \overline{x} \rangle \leqslant 1\}$$

选择方向 $g \in \mathbb{R}^n$, 并研究由如下超平面定义的该椭球的一半:

$$E_+ = \{x \in E(H, \overline{x}) \mid \langle g, \overline{x} - x \rangle \geqslant 0\}$$

可以证明该集合属于另外一个体积严格小于 $E(H, \overline{x})$ 体积的椭球.

引理 3.2.7　定义

$$\overline{x}_+ = \overline{x} - \frac{1}{n+1} \cdot \frac{Hg}{\langle Hg, g \rangle^{1/2}}$$

$$H_+ = \frac{n^2}{n^2 - 1}\left(H - \frac{2}{n+1} \cdot \frac{Hgg^{\mathrm{T}}H}{\langle Hg, g \rangle}\right)$$

则 $E_+ \subset E(H_+, \overline{x}_+)$, 且有

$$\mathrm{vol}_n E(H_+, \overline{x}_+) \leqslant \left(1 - \frac{1}{(n+1)^2}\right)^{\frac{n}{2}} \mathrm{vol}_n E(H, \overline{x})$$

证明　令 $G = H^{-1}$, $G_+ = H_+^{-1}$. 显然有

$$G_+ = \frac{n^2 - 1}{n^2}\left(G + \frac{2}{n-1} \cdot \frac{gg^{\mathrm{T}}}{\langle Hg, g \rangle}\right)$$

不失一般性, 我们假设 $\overline{x} = 0$ 且 $\langle Hg, g \rangle = 1$. 假设 $x \in E_+$, 注意 $\overline{x}_+ = -\frac{1}{n+1}Hg$, 因此,

$$\|x - \overline{x}_+\|_{G_+}^2 = \frac{n^2-1}{n^2}\Big(\|x - \overline{x}_+\|_G^2 + \frac{2}{n-1}\langle g, x - \overline{x}_+\rangle^2\Big)$$

$$\|x - \overline{x}_+\|_G^2 = \|x\|_G^2 + \frac{2}{n+1}\langle g, x\rangle + \frac{1}{(n+1)^2}$$

$$\langle g, x - \overline{x}_+\rangle^2 = \langle g, x\rangle^2 + \frac{2}{n+1}\langle g, x\rangle + \frac{1}{(n+1)^2}$$

结合以上条件, 得到

$$\|x - \overline{x}_+\|_{G_+}^2 = \frac{n^2-1}{n^2}\Big(\|x\|_G^2 + \frac{2}{n-1}\langle g, x\rangle^2 + \frac{2}{n-1}\langle g, x\rangle + \frac{1}{n^2-1}\Big)$$

注意到 $\langle g, x\rangle \leqslant 0$ 且 $\|x\|_G \leqslant 1$, 因此,

$$\langle g, x\rangle^2 + \langle g, x\rangle = \langle g, x\rangle(1 + \langle g, x\rangle) \leqslant 0$$

所以,

$$\|x - \overline{x}_+\|_{G_+}^2 \leqslant \frac{n^2-1}{n^2}\Big(\|x\|_G^2 + \frac{1}{n^2-1}\Big) \leqslant 1$$

于是, 我们证明了 $E_+ \subset E(H_+, \overline{x}_+)$.

我们来估计 $E(H_+, \overline{x}_+)$ 的体积.

$$\begin{aligned}
\frac{\mathrm{vol}_n E(H_+, \overline{x}_+)}{\mathrm{vol}_n E(H, \overline{x})} &= \Big[\frac{\det H_+}{\det H}\Big]^{1/2} = \Big[\Big(\frac{n^2}{n^2-1}\Big)\frac{n-1}{n+1}\Big]^{1/2} \\
&= \Big[\frac{n^2}{n^2-1}\Big(1 - \frac{2}{n+1}\Big)^{\frac{1}{n}}\Big]^{\frac{n}{2}} \leqslant \Big[\frac{n^2}{n^2-1}\Big(1 - \frac{2}{n(n+1)}\Big)\Big]^{\frac{n}{2}} \\
&= \Big[\frac{n^2(n^2+n-2)}{n(n-1)(n+1)^2}\Big]^{\frac{n}{2}} = \Big[1 - \frac{1}{(n+1)^2}\Big]^{n/2}
\end{aligned}$$

可以证明椭球 $E(H_+, \overline{x}_+)$ 是包含初始椭球 E_+ 一半的最小体积的椭球.

我们得到的结果可以用如下著名的椭球算法实现.

222

椭球算法
0. 选择 $y_0 \in \mathbb{R}^n$, $R > 0$ 满足 $B_2(y_0, R) \supseteq Q$, 置 $H_0 = R^2 \cdot I_n$;
1. 第 k 次迭代 $(k \geqslant 0)$: $$g_k = \begin{cases} g(y_k), & \text{若 } y_k \in Q \\ \overline{g}(y_k), & \text{若 } y_k \notin Q \end{cases} \qquad (3.2.53)$$ $$y_{k+1} = y_k - \frac{1}{n+1} \cdot \frac{H_k g_k}{\langle H_k g_k, g_k\rangle^{1/2}}$$ $$H_{k+1} = \frac{n^2}{n^2-1}\Big(H_k - \frac{2}{n+1} \cdot \frac{H_k g_k g_k^{\mathrm{T}} H_k}{\langle H_k g_k, g_k\rangle}\Big)$$

该算法可看作一般割平面算法 (3.2.52) 的一种具体实现, 其中 E_k 选为以 y_k 为中心的椭球:

$$E_k = \{x \in \mathbb{R}^n \mid \langle H_k^{-1}(x - y_k), x - y_k \rangle \leqslant 1\}$$

我们来给出椭球法的效率估计. 令 $Y = \{y_k\}_{k=0}^{\infty}$, X 为序列 Y 的可行子序列:

$$X = Y \bigcap Q$$

定义 $f_k^* = \min_{0 \leqslant j \leqslant k} f(x_j)$.

定理 3.2.11 设函数 f 在 $B_2(x^*, R)$ 上 Lipschitz 连续, M 为 Lipschitz 常数, 则对 $i(k) > 0$, 我们有

$$f_{i(k)}^* - f^* \leqslant MR \left(1 - \frac{1}{(n+1)^2}\right)^{\frac{k}{2}} \cdot \left[\frac{\mathrm{vol}_n B_2(x_0, R)}{\mathrm{vol}_n Q}\right]^{\frac{1}{n}}$$

证明 可由引理 3.2.2, 推论 3.2.4 和引理 3.2.7 推导得出结论. ■

我们需要额外假设来保证 $X \neq \varnothing$. 假设存在 $\rho > 0$ 和 $\overline{x} \in Q$ 使得

$$B_2(\overline{x}, \rho) \subseteq Q \tag{3.2.54}$$

那么

$$\left[\frac{\mathrm{vol}_n E_k}{\mathrm{vol}_n Q}\right]^{\frac{1}{n}} \leqslant \left(1 - \frac{1}{(n+1)^2}\right)^{\frac{k}{2}} \left[\frac{\mathrm{vol}_n B_2(x_0, R)}{\mathrm{vol}_n Q}\right]^{\frac{1}{n}} \leqslant \frac{1}{\rho} \mathrm{e}^{-\frac{k}{2(n+1)^2}} R$$

由于推论 3.2.4, 这意味着对于所有

$$k > 2(n+1)^2 \ln \frac{R}{\rho}$$

有 $i(k) > 0$. 如果 $i(k) > 0$, 则

$$f_{i(k)}^* - f^* \leqslant \frac{1}{\rho} MR^2 \cdot \mathrm{e}^{-\frac{k}{2(n+1)^2}}$$

为了确保对具有函数约束的约束极小化问题 (3.2.54) 成立, 假设所有约束函数都 Lipschitz 连续, 且存在一个可行点使得所有函数约束都是严格小于零的 (Slater 条件), 这两个条件就足够了. 我们将该结论的详细证明作为习题留给读者.

现在讨论椭球算法 (3.2.53) 的总体复杂度. 该算法每次迭代代价都相对较低: 需要 $O(n^2)$ 次算术运算. 另外, 为了得到问题 (3.2.51) 满足假设 (3.2.54) 的一个 ϵ-解, 该算法需要

$$2(n+1)^2 \ln \frac{MR^2}{\rho \epsilon}$$

次 Oracle 调用. 这种效率估计不是最优的 (见定理 3.2.8), 但它关于 $\ln \frac{1}{\epsilon}$ 是线性的, 且关于问题的维数和问题类型参数 M, R 及 ρ 的对数是多项式的. 对于某些问题类型, 若其 Oracle 调用是多项式复杂度, 该算法称为 **(弱) 多项式算法**.

在本节最后, 注意到有几种方法可以处理如下多面体形式的局部化集合:

$$E_k = \{x \in \mathbb{R}^n \mid \langle a_j, x \rangle \leqslant b_j, \quad j = 1, \cdots, m_k\}$$

我们来给出这类方法中最重要的算法:

- 内接椭球法. 该算法中的点 y_k 选择如下:

$$y_k = 满足\ W_k \subset E_k\ 的最大椭球\ W_k\ 的中心$$

- 解析中心法. 在该算法中，选择 y_k 为如下解析障碍函数的极小点：

$$F_k(x) = -\sum_{j=1}^{m_k} \ln(b_j - \langle a_j, x \rangle)$$

224

- 体积中心法. 这也是一个障碍函数型方法. 点 y_k 选为如下体积障碍函数的极小点：

$$V_k(x) = \ln \det \nabla^2 F_k(x)$$

其中 $F_k(\cdot)$ 是集合 E_k 的解析障碍函数.

所有这些算法都是具有复杂度界

$$n\left(\ln \frac{1}{\epsilon}\right)^p$$

的多项式，其中 p 为 1 或 2. 然而，这些算法中每次迭代的复杂度要大得多($n^3 \sim n^4$ 次算术运算). 在第 5 章中，我们将看到这些算法的测试点 y_k 可以通过内点法有效计算.

3.3　完整数据的算法

（目标函数的非光滑模型；Kelley 算法；水平集法；无约束极小化；效率估计；函数约束问题.）

3.3.1　目标函数的非光滑模型

在前一节中，我们研究了解决问题

$$\min_{x \in Q} f(x) \tag{3.3.1}$$

的几种算法，其中 f 是 Lipschitz 连续的凸函数，Q 是闭凸集. 我们已经看到问题(3.3.1)的最优算法是次梯度法(3.2.14)和(3.2.16). 注意到这个结论对整个 Lipschitz 连续函数类有效. 但是，如果我们要极小化这个类中的一个具体函数，我们可以期望它不会像最坏的情况下的结果那样差. 我们通常可以希望极小化算法的实际性能比最坏情况下的理论界要好得多. 遗憾的是，就次梯度法而言，这些期望太乐观了. 次梯度法的过程非常严格，且一般来说收敛速度不会比理论上快. 也可以看出，椭球法(3.2.53)继承了次梯度方案的这一缺点. 在实践中，它或多或少地按照其理论界，即使当它用于一个非常简单的函数，如 $\|x\|^2$.

225

在本节中，我们将讨论比次梯度法和椭球法更灵活的算法. 这些方法是基于凸目标函数的非光滑模型的概念.

定义 3.3.1　设 $X = \{x_k\}_{k=0}^{\infty}$ 为 Q 中的点列. 定义

$$\hat{f}_k(X; x) = \max_{0 \leqslant i \leqslant k} \left[f(x_i) + \langle g(x_i), x - x_i \rangle \right]$$

其中 $g(x_i)$ 是 f 在 x_i 处的次梯度. 函数 $\hat{f}_k(X; \cdot)$ 被称为凸函数 f 的**非光滑模型**.

注意到 $\hat{f}_k(X; \cdot)$ 是分片线性函数. 由不等式(3.1.23)知，对于所有的 $x \in \mathbb{R}^n$，总有

$$f(x) \geqslant \hat{f}_k(X; x)$$

然而，在所有的测试点 $x_i(0 \leqslant i \leqslant k)$ 处，有

$$f(x_i) = \hat{f}_k(X; x_i), \quad g(x_i) \in \partial \hat{f}_k(X; x_i)$$

而且，下一个模型总是比前一个模型好，即对于所有 $x \in \mathbb{R}^n$ 有

$$\hat{f}_{(k+1)}(X; x) \geqslant \hat{f}_k(X; x)$$

3.3.2 Kelley 算法

模型 $\hat{f}_k(X; \cdot)$ 代表了函数 f 累积调用 k 次 Oracle 后的完整信息. 因此，基于这个目标来研究极小化算法看起来很自然. 也许，该类算法的最自然表述如下.

Kelley 算法
0.　选择 $x_0 \in Q$;
1.　第 k 次迭代$(k \geqslant 0)$:
确定 $x_{k+1} \in \mathrm{Arg} \min\limits_{x \in Q} \hat{f}_k(X; x)$.

(3.3.2)

226

直观地讲，这个方法看起来很有吸引力. 即使存在一个复杂的辅助问题也不会太令人不安，因为对于多面体 Q，它可以在有限时间内用线性优化方法求解. 然而，事实证明，这种方法不推荐实际应用. 主要原因是该算法不稳定. 注意算法(3.3.2)中辅助问题的解可能不是唯一的. 此外，整个解集 $\mathrm{Arg} \min\limits_{x \in Q} \hat{f}_k(X; x)$ 对于数据 $\{f(x_i), g(x_i)\}$ 的任意小变化会是不稳定的. 这一特点导致算法的不稳定实际表现. 同时，用它可以来构造一个优化问题例子，对于这个问题，方法(3.3.2)的复杂度下界非常令人失望.

例 3.3.1 考虑问题(3.3.1)，如果

$$f(y, x) = \max\{|y|, \|x\|^2\}, \quad y \in \mathbb{R}, \quad x \in \mathbb{R}^n$$
$$Q = \{z = (y, x): y^2 + \|x\|^2 \leqslant 1\}$$

其中范数是标准欧几里得范数. 于是，这个问题的解是 $z^* = (y^*, x^*) = (0, 0)$，且最优值 $f^* = 0$. 用 $Z_k^* = \mathrm{Arg} \min\limits_{z \in Q} \hat{f}_k(Z; z)$ 表示模型 $\hat{f}_k(Z; z)$ 的最优解集，并令 $\hat{f}_k^* = \hat{f}_k(Z_k^*)$ 是模型的最优值.

我们选取 $z_0 = (1, 0)$，则函数 f 的初始模型是 $\hat{f}_0(Z; z) = y$. 因此，由 Kelley 算法产生的第一个点是 $z_1 = (-1, 0)$. 所以，函数 f 的下一个模型如下:

$$\hat{f}_1(Z; z) = \max\{y, -y\} = |y|$$

显然，$\hat{f}_1^* = 0$，注意有 $\hat{f}_{k+1}^* \geqslant \hat{f}_k^*$. 另外，

$$\hat{f}_k^* \leqslant f(z^*) = 0$$

于是，对于 $k \geqslant 1$ 的所有后续模型，我们将得到 $\hat{f}_k^* = 0$ 和 $Z_k^* = (0, X_k^*)$，其中

$$X_k^* = \{x \in B_2(0, 1): \|x_i\|^2 + \langle 2x_i, x - x_i \rangle \leqslant 0, i = 0, \cdots, k\}$$

我们来估计对于集合 X_k^* 切割的效率. 因为 x_{k+1} 可以是 X_k^* 中的任意点, 在该算法的第一阶段, 我们可以选择 x_i 满足单位范数, 即 $\|x_i\| = 1$. 这样, 集合 X_k^* 定义如下:

$$X_k^* = \left\{ x \in B_2(0,1) \mid \langle x_i, x \rangle \leqslant \frac{1}{2}, \quad i = 0, \cdots, k \right\}$$

227

如果

$$S_2(0,1) \equiv \{x \in \mathbb{R}^n \mid \|x\| = 1\} \bigcap X_k^* \neq \varnothing$$

我们都可以这样处理. 只要这个条件满足, 就有

$$f(z_i) \equiv f(0, x_i) = 1$$

我们用以下事实来估计这个阶段的可能持续长度:

> 设 d 为 $\mathbb{R}^n$ 中的一个方向, $\|d\| = 1$. 考虑集合
> $$S_d(\alpha) = \{x \in \mathbb{R}^n \mid \|x\| = 1, \ \langle d, x \rangle \geqslant \alpha\}, \quad \alpha \in \left[\frac{1}{2}, 1\right]$$
> 则 $v(\alpha) \equiv \mathrm{vol}_{n-1}(S(\alpha)) \leqslant v(0)\left[1 - \alpha^2\right]^{\frac{n-1}{2}}$

在第一阶段, 每一步最多从球面 $S_2(0, 1)$ 切下一片 $S_d\left(\frac{1}{2}\right)$. 因此, 对所有 $k \leqslant \left[\frac{2}{\sqrt{3}}\right]^{n-1}$ 我们可以继续该过程. 在这些迭代中, 我们都有 $f(z_i) = 1$.

因为在此过程的第一阶段, 对所有 $k, 0 \leqslant k \leqslant N \equiv \left[\frac{2}{\sqrt{3}}\right]^{n-1}$, 割面都是 $\langle x_i, x \rangle \leqslant \frac{1}{2}$, 我们有

$$B_2\left(0, \frac{1}{2}\right) \subset X_k^*$$

这意味着在 N 次迭代之后, 可以用球 $B_2\left(0, \frac{1}{2}\right)$ 重复该过程. 注意, 对于来自 $B_2\left(0, \frac{1}{2}\right)$ 中的所有 x, 有 $f(0, x) = \frac{1}{4}$.

于是, 我们证明了 Kelley 算法(3.3.2)有如下下界:

$$f(x_k) - f^* \geqslant \left(\frac{1}{4}\right)^{k\left[\frac{\sqrt{3}}{2}\right]^{n-1}}$$

这意味着我们得到问题的一个 ϵ-解不能少于

$$\frac{1}{2 \ln 2}\left[\frac{2}{\sqrt{3}}\right]^{n-1} \ln \frac{1}{\epsilon}$$

228

次 Oracle 调用. 要说明该方法不实用, 只需将该下界与其他方法的上界进行比较:

椭球算法：	$O\left(n^2 \ln \dfrac{1}{\epsilon}\right)$
最优算法：	$O\left(n \ln \dfrac{1}{\epsilon}\right)$
梯度算法：	$O\left(\dfrac{1}{\epsilon^2}\right)$

3.3.3　水平集法

我们来说明处理目标函数的非光滑模型的稳定方法是存在的. 定义

$$\hat{f}_k^* = \min_{x \in Q} \hat{f}_k(X;x), \quad \hat{f}_k^* = \min_{0 \leqslant i \leqslant k} f(x_i)$$

上式中的第一个值称为模型的最小值，第二个称为模型的记录值. 显然有 $\hat{f}_k^* \leqslant f^* \leqslant f_k^*$.

我们选择 $\alpha \in (0, 1)$，定义

$$\ell_k(\alpha) = (1 - \alpha)\hat{f}_k^* + \alpha f_k^*$$

考虑水平集

$$\mathscr{L}_k(\alpha) = \{x \in Q \mid \hat{f}_k(X;x) \leqslant \ell_k(\alpha)\}$$

显然，$\mathscr{L}_k(\alpha)$ 是闭凸集.

注意集合 $\mathscr{L}_k(\alpha)$ 对优化算法确实有意义. 首先，在这个集合中显然没有当前模型的测试点. 其次，该集合对于数据的小扰动是稳定的. 我们来提出一个直接处理这个水平集的

229

极小化算法.

水平集算法

0.　选择一个点 $x_0 \in Q$，精度 $\epsilon > 0$，水平集系数 $\alpha \in (0, 1)$；

1.　第 k 次迭代$(k \geqslant 0)$：

　　(a) 计算 $\hat{f}_k^*$ 和 f_k^*；　　　　　　　　　　　　　　　　　(3.3.3)

　　(b) 如果 $f_k^* - \hat{f}_k^* \leqslant \epsilon$，那么停止算法；

　　(c) 置 $x_{k+1} = \pi_{\mathscr{L}_k(\alpha)}(x_k)$.

在这个算法中，有两个潜在地昂贵运算. 首先，我们需要计算当前模型的一个最优值 $\hat{f}_k^*$. 如果 Q 是多面体，则这个值可以通过求解如下线性规划问题得到：

$$\min \quad t,$$
$$使得 \quad f(x_i) + \langle g(x_i), x - x_i \rangle \leqslant t, \quad i = 0, \cdots, k$$
$$x \in Q$$

其次，我们还需要计算欧几里得投影 $\pi_{\mathscr{L}_k(\alpha)}(x_k)$. 如果 Q 是多面体，则这是一个二次规划问题：

$$\min \quad \|x - x_k\|^2$$

使得 $f(x_i) + \langle g(x_i), x - x_i \rangle \leqslant \ell_k(\alpha), \quad i = 0, \cdots, k$

$$x \in Q$$

这两个问题都可以通过标准单纯形法或内点法来求解(见第 5 章).

我们来看看水平集算法的一些性质. 回忆到模型的最优值是增加的,记录值是减少的,即

$$\hat{f}_k^* \leqslant \hat{f}_{k+1}^* \leqslant f^* \leqslant f_{k+1}^* \leqslant f_k^*$$

令 $\Delta_k = [\hat{f}_k^*, f_k^*]$ 和 $\delta_k = f_k^* - \hat{f}_k^*$,我们称 δ_k 为模型 $\hat{f}_k(X; x)$ 的间隙(gap),则

$$\Delta_{k+1} \subseteq \Delta_k, \quad \delta_{k+1} \leqslant \delta_k$$

下一个结果对水平集算法的分析非常关键.

引理 3.3.1 假设对某 $p \geqslant k$,间隙仍然足够大,即

$$\delta_p \geqslant (1 - \alpha)\delta_k$$

则对于所有 i,$k \leqslant i \leqslant p$,有 $\ell_i(\alpha) \geqslant \hat{f}_p^*$.

证明 注意对于所有这样的 i,有 $\delta_p \geqslant (1-\alpha)\delta_k \geqslant (1-\alpha)\delta_i$,因此

$$\ell_i(\alpha) = f_i^* - (1-\alpha)\delta_i \geqslant f_p^* - (1-\alpha)\delta_i = \hat{f}_p^* + \delta_p - (1-\alpha)\delta_i \geqslant \hat{f}_p^* \qquad \blacksquare$$

我们现在来说明水平集算法的步长足够大. 定义

$$M_f = \max\{\|g\| \,|\, g \in \partial f(x), x \in Q\}$$

引理 3.3.2 对水平集算法生成的点序列 $\{x_k\}$,我们有

$$\|x_{k+1} - x_k\| \geqslant \frac{(1-\alpha)\delta_k}{M_f}$$

证明 事实上,

$$f(x_k) - (1-\alpha)\delta_k \geqslant f_k^* - (1-\alpha)\delta_k = \ell_k(\alpha)$$
$$\geqslant \hat{f}_k(x_{k+1}) \geqslant f(x_k) + \langle g(x_k), x_{k+1} - x_k \rangle$$
$$\geqslant f(x_k) - M_f\|x_{k+1} - x_k\| \qquad \blacksquare$$

最后,我们需要证明模型的间隙是递减的.

引理 3.3.3 设问题(3.3.1)中集合 Q 有界,即 diam $Q \leqslant D$. 如果对某 $p \geqslant k$ 有 $\delta_p \geqslant (1-\alpha)\delta_k$,则

$$p + 1 - k \leqslant \frac{M_f^2 D^2}{(1-\alpha)^2 \delta_p^2}$$

证明 设 $x_p^* \in \operatorname*{Arg\,min}_{x \in Q} \hat{f}_p(X; x)$,由引理 3.3.1,对任意 i,$k \leqslant i \leqslant p$,我们有

$$\hat{f}_i(X; x_p^*) \leqslant \hat{f}_p(X; x_p^*) = \hat{f}_p^* \leqslant \ell_i(\alpha)$$

因此,由引理 2.2.8 和引理 3.3.2,可得

$$\|x_{i+1} - x_p^*\|^2 \leqslant \|x_i - x_p^*\|^2 - \|x_{i+1} - x_i\|^2 \leqslant \|x_i - x_p^*\|^2 - \frac{(1-\alpha)^2 \delta_i^2}{M_f^2}$$

$$\leqslant \| x_i - x_p^* \|^2 - \frac{(1-\alpha)^2 \delta_p^2}{M_f^2}$$

将这些不等式关于 $i = k, \cdots, p$ 求和，得到

$$(p+1-k)\frac{(1-\alpha)^2 \delta_p^2}{M_f^2} \leqslant \| x_k - x_p^* \|^2 \leqslant D^2 \qquad \blacksquare$$

注意到区间 $[k,p]$ 中的序数的个数等于 $p+1-k$. 现在我们可以证明水平集算法的效率估计.

定理 3.3.1 设 $\mathrm{diam}\, Q = D$，则水平集算法至多在

$$N = \left[\frac{M_f^2 D^2}{\epsilon^2 \alpha (1-\alpha)^2 (2-\alpha)} \right] + 1$$

次迭代后终止，且该算法的终止准则必满足 $f_k^* - f^* \leqslant \epsilon$.

证明 假设 $\delta_k \geqslant \epsilon$，$0 \leqslant k \leqslant N$，我们来用 $m+1$ 组集合的并集表示整个降序指标集，

$$\{ N, \cdots, 0 \} = I(0) \bigcup I(1) \bigcup \cdots \bigcup I(m)$$

满足

$$I(j) = [p(j), k(j)], \quad p(j) \geqslant k(h), \quad j = 0, \cdots, m$$
$$p(0) = N, \quad p(j+1) = k(j) - 1, \quad k(m) = 0$$
$$\delta_{k(j)} \leqslant \frac{1}{1-\alpha} \delta_{p(j)} < \delta_{k(j)+1} \equiv \delta_{p(j+1)}$$

显然，对于 $j \geqslant 0$，我们有

$$\delta_{p(j+1)} \geqslant \frac{\delta_{p(j)}}{1-\alpha} \geqslant \frac{\delta_{p(j)}}{(1-\alpha)^{j+1}} \geqslant \frac{\epsilon}{(1-\alpha)^{j+1}}$$

依据引理 3.3.3，$n(j) = p(j) + 1 - k(j)$ 是有界的：

$$n(j) \leqslant \frac{M_f^2 D^2}{(1-\alpha)^2 \delta_{p(j)}^2} \leqslant \frac{M_f^2 D^2}{\epsilon^2 (1-\alpha)^2} (1-\alpha)^{2j}$$

因此，

$$N = \sum_{j=0}^m n(j) \leqslant \frac{M_f^2 D^2}{\epsilon^2 (1-\alpha)^2} \sum_{j=0}^m (1-\alpha)^{2j} \leqslant \frac{M_f^2 D^2}{\epsilon^2 (1-\alpha)^2 (1-(1-\alpha)^2)} \qquad \blacksquare$$

我们现在来讨论上述算法的效率估计. 注意可以通过求解极大化问题

$$(1-\alpha)^2 (1-(1-\alpha)^2) \to \max_{\alpha \in [0,1]}$$

得到水平集参数 α 的最优值，其解为 $\alpha^* = \frac{1}{2+\sqrt{2}} \approx 0.2929$. 在这个选择下，水平集算法的效率界为

$$N \leqslant \frac{4}{\epsilon^2} M_f^2 D^2$$

将这一结果与定理 3.2.1 相比较，我们发现水平集算法关于变量空间的维数是一致最优的. 注意该算法在有限维中的解析复杂度界是未知的.

该算法的优点之一是，间隙 $\delta_k = f_k^* - \hat{f}_k^*$ 给我们提供了当前精度的准确估计. 通常情况下，这种间隔收敛到零的速度比最坏情况下要快得多. 对大多数实际生活中的优化问题，通过 $3n$ 到 $4n$ 次迭代后可使精度 ϵ 达到 $10^{-4} - 10^{-5}$.

3.3.4　约束极小化问题

接下来我们来看如何使用分片线性模型来解决约束极小化问题. 考虑问题

$$\min_{x \in Q} f(x)$$
$$\text{使得}\quad f_j(x) \leqslant 0, \quad j = 1, \cdots, m \qquad (3.3.4)$$

其中 Q 是有界闭凸集，函数 $f(\cdot)$, $f_j(\cdot)$ 在 Q 上 Lipschitz 连续.

我们将这个问题重写为具有单个函数约束的问题. 定义 $\overline{f}(x) = \max\limits_{1 \leqslant j \leqslant m} f_j(x)$，则得到等价问题

$$\min_{x \in Q} f(x)$$
$$\text{使得}\quad \overline{f}(x) \leqslant 0 \qquad (3.3.5)$$

233

注意函数 $f(\cdot)$ 和 $\overline{f}(\cdot)$ 是凸函数且 Lipschitz 连续. 在本节中，我们将尝试使用这两个对象的模型来求解(3.3.5).

我们来定义相应的模型. 考虑序列 $X = \{x_k\}_{k=0}^{\infty}$，定义

$$\hat{f}_k(X; x) = \max_{0 \leqslant j \leqslant k} [f(x_j) + \langle g(x_j), x - x_j \rangle] \leqslant f(x)$$

$$\check{f}_k(X; x) = \max_{0 \leqslant j \leqslant k} [\overline{f}(x_j) + \langle \overline{g}(x_j), x - x_j \rangle] \leqslant \overline{f}(x)$$

其中 $g(x_j) \in \partial f(x_j)$, $\overline{g}(x_j) \in \partial \overline{f}(x_j)$.

类似 2.3.4 节，本方法基于含参数的函数

$$f(t; x) = \max\{f(x) - t, \overline{f}(x)\}$$
$$f^*(t) = \max_{x \in Q} f(t; x)$$

回忆一下 $f^*(t)$ 关于 t 是非递增的. 设 x^* 为(3.3.5)的解，令 $t^* = f(x^*)$，那么 t^* 是函数 $f^*(t)$ 的最小根.

利用目标函数和约束的模型，我们可以为含参数函数引入一个模型. 定义

$$f_k(X; t, x) = \max\{\hat{f}_k(X; x) - t, \check{f}_k(X; x)\} \leqslant f(t; x)$$

$$\hat{f}_k^*(X; t) = \min_{x \in Q} f_k(X; t, x) \leqslant f^*(t)$$

同样 $\hat{f}_k^*(X; t)$ 关于 t 非递增. 显然，它的最小根 $t_k^*(X)$ 不超过 t^*.

我们需要根 $t_k^*(X)$ 的如下特性.

引理 3.3.4

$$t_k^*(X) = \min_{x \in Q}\{\hat{f}_k(X; x) \mid \check{f}_k(X; x) \leqslant 0\}$$

证明　用 $\hat{x}_k^*$ 表示上述方程中的极小化问题的解，且令 $\hat{t}_k^* = \hat{f}_k(X; \hat{x}_k^*)$ 为其最优

值，则

$$\hat{f}_k^*(X;\hat{t}_k^*) \leqslant \max\{\hat{f}_k(X;\hat{x}_k^*) - \hat{t}_k^*, \breve{f}_k(X;\hat{x}_k^*)\} \leqslant 0$$

234   于是，总有 $\hat{t}_k^* \geqslant t_k^*(X)$.

假设 $\hat{t}_k^* > t_k^*(X)$，则存在点 y 使得

$$\hat{f}_k(X;y) - t_k^*(X) \leqslant 0, \quad \breve{f}_k(X;y) \leqslant 0$$

然而，在这种情况下，$\hat{t}_k^* = \hat{f}_k(X;\hat{x}_k^*) \leqslant \hat{f}_k(X;y) \leqslant t_k^*(X) < \hat{t}_k^*$. 这是一个矛盾. ■

在我们的分析中，也需要函数的参数模型的记录值

$$f_k^*(X;t) = \min_{0 \leqslant j \leqslant k} f_k(X;t,x_j)$$

引理 3.3.5 令 $t_0 < t_1 \leqslant t^*$，假设 $\hat{f}_k^*(X;t_1) > 0$，则有 $t_k^*(X) > t_1$ 且

$$\hat{f}_k^*(X;t_0) \geqslant \hat{f}_k^*(X;t_1) + \frac{t_1 - t_0}{t_k^*(X) - t_1}\hat{f}_k^*(X;t_1) \tag{3.3.6}$$

证明 令 $x_k^*(t) \in \mathrm{Arg}\min f_k(X;t,x)$，$t_2 = t_k^*(X)$，$\alpha = \dfrac{t_1 - t_0}{t_2 - t_0} \in [0,1]$. 则

$$t_1 = (1-\alpha)t_0 + \alpha t_2$$

且不等式(3.3.6)等价于

$$\hat{f}_k^*(X;t_1) \leqslant (1-\alpha)\hat{f}_k^*(X;t_0) + \alpha\hat{f}_k^*(X;t_2) \tag{3.3.7}$$

(注意 $\hat{f}_k^*(X;t_2) = 0$). 令 $x_\alpha = (1-\alpha)x_k^*(t_0) + \alpha x_k^*(t_2)$，则我们有

$$\hat{f}_k^*(X;t_1) \leqslant \max\{\hat{f}_k(X;x_\alpha) - t_1; \breve{f}_k(X;x_\alpha)\}$$

$$\leqslant \max\{(1-\alpha)(\hat{f}_k(X;x_k^*(t_0)) - t_0) + \alpha(\hat{f}_k(X;x_k^*(t_2)) - t_2);$$

$$(1-\alpha)\breve{f}_k(X;x_k^*(t_0)) + \alpha\breve{f}_k(X;x_k^*(t_2))\}$$

$$\leqslant (1-\alpha)\max\{\hat{f}_k(X;x_k^*(t_0)) - t_0; \breve{f}_k(X;x_k^*(t_0))\}$$

$$+ \alpha\max\{\hat{f}_k(X;x_k^*(t_2)) - t_2; \breve{f}_k(X;x_k^*(t_2))\}$$

$$= (1-\alpha)\hat{f}_k^*(X;t_0) + \alpha\hat{f}_k^*(X;t_2)$$

且我们得到(3.3.7). ■

235   我们还需要如下结论(与引理 2.3.5 相比).

引理 3.3.6 对于任意 $\Delta \geqslant 0$，我们有

$$f^*(t) - \Delta \leqslant f^*(t+\Delta)$$

$$\hat{f}_k^*(X;t) - \Delta \leqslant \hat{f}_k^*(X;t+\Delta)$$

证明 事实上，对于 $f^*(t)$，我们有

$$f^*(t+\Delta) = \min_{x \in Q}[\max\{f(x) - t; \overline{f}(x) + \Delta\} - \Delta]$$

$$\geqslant \min_{x \in Q}[\max\{f(x) - t; \overline{f}(x)\} - \Delta] = f^*(t) - \Delta$$

第二个不等式的证明是类似的. ■

现在我们给出一个约束极小化算法(与 2.3.5 节的约束极小化算法相比).

约束水平集算法

0. 选取 $x_0 \in Q$,$t_0 < t^*$,$\varkappa \in \left(0, \dfrac{1}{2}\right)$,精度 $\epsilon > 0$;

1. 第 k 次迭代($k \geqslant 0$):

    (a)用水平集算法对函数 $f(t_k; x)$ 生成序列 $X = \{x_j\}_{j=0}^{\infty}$. 如果内部终止准则

$$\hat{f}_j^*(X; t_k) \geqslant (1-\varkappa) f_j^*(X; t_k)$$

    成立,那么停止内部计算并设置 $j(k) = j$.

    全局停止:$f_j^*(X; t_k) \leqslant \epsilon$;

    (b)置 $t_{k+1} = t_{j(k)}^*(X)$.

(3.3.8)

现在我们研究这种算法的解析复杂度. 因而,计算根 $t_j^*(X)$ 和值 $\hat{f}_j^*(X; t)$ 的复杂度现在对我们不重要. 我们需要估计主程序的收敛速度和步骤 1(a) 的复杂性.

我们来从主程序开始.

引理 3.3.7 对所有 $k \geqslant 0$,我们有

$$f_{j(k)}^*(X; t_k) \leqslant \frac{t_0 - t^*}{1-\varkappa} \left[\frac{1}{2(1-\varkappa)}\right]^k$$

236

证明 定义

$$\sigma_k = \frac{f_{j(k)}^*(X; t_k)}{\sqrt{t_{k+1} - t_k}}, \quad \beta = \frac{1}{2(1-\varkappa)} \quad (< 1)$$

因为 $t_{k+1} = t_{j(k)}^*(X)$,由引理 3.3.5 知,对于所有的 $k \geqslant 1$,我们有

$$\sigma_{k-1} = \frac{1}{\sqrt{t_k - t_{k-1}}} f_{j(k-1)}^*(X; t_{k-1}) \geqslant \frac{1}{\sqrt{t_k - t_{k-1}}} \hat{f}_{j(k)}^*(X; t_{k-1})$$

$$\geqslant \frac{2}{\sqrt{t_{k+1} - t_k}} \hat{f}_{j(k)}^*(X; t_k) \geqslant \frac{2(1-\varkappa)}{\sqrt{t_{k+1} - t_k}} f_{j(k)}^*(X; t_k) = \frac{\sigma_k}{\beta}$$

于是,$\sigma_k \leqslant \beta \sigma_{k-1}$,且得到

$$f_{j(k)}^*(X; t_k) = \sigma_k \sqrt{t_{k+1} - t_k} \leqslant \beta^k \sigma_0 \sqrt{t_{k+1} - t_k}$$

$$= \beta^k f_{j(0)}^*(X; t_0) \sqrt{\frac{t_{k+1} - t_k}{t_1 - t_0}}$$

进一步,由引理 3.3.6,有 $t_1 - t_0 \geqslant \hat{f}_{j(0)}^*(X; t_0)$. 因此,

$$f_{j(k)}^*(X; t_k) \leqslant \beta^k f_{j(0)}^*(X; t_0) \sqrt{\frac{t_{k+1} - t_k}{\hat{f}_{j(0)}^*(X; t_0)}} \leqslant \frac{\beta^k}{1-\varkappa} \sqrt{\hat{f}_{j(0)}^*(X; t_0)(t_{k+1} - t_k)}$$

$$\leqslant \frac{\beta^k}{1-\varkappa} \sqrt{f^*(t_0)(t_0 - t^*)}$$

只需注意到 $f^*(t_0) \leqslant t_0 - t^*$ 就可以证明结论(见引理 3.3.6).

设算法(3.3.8)中的全局停止条件满足,即 $f_j^*(X; t_k) \leqslant \epsilon$,则存在一个 j^* 使得

$$f(t_k; x_{j^*}) = f_j^*(X; t_k) \leqslant \epsilon$$

因此,我们有

$$f(t_k; x_{j^*}) = \max\{f(x_{j^*}) - t_k; \overline{f}(x_{j^*})\} \leqslant \epsilon$$

因为 $t_k \leqslant t^*$,所以得到

$$f(x_{j^*}) \leqslant t^* + \epsilon$$
$$\overline{f}(x_{j^*}) \leqslant \epsilon \tag{3.3.9}$$

根据引理 3.3.7,我们可以至多在

$$N(\epsilon) = \frac{1}{\ln[2(1 - \varkappa)]} \ln \frac{t_0 - t^*}{(1 - \varkappa)\epsilon}$$

次主程序的完整迭代后得到式(3.3.9)(最后一次迭代由全局停止准则终止). 注意在上述表达式中,$\varkappa$ 是一个绝对常数(例如,我们可以取 $\varkappa = \frac{1}{4}$).

下面来估算内部过程的复杂度. 定义

$$M_f = \max\{\|g\| \mid g \in \partial f(x) \cup \partial \overline{f}(x), x \in Q\}$$

我们需分析两种情况:

1. **完整步**. 在该步骤中,内循环由准则

$$\hat{f}_{j(k)}^*(X; t_k) \geqslant (1 - \varkappa) f_{j(k)}^*(X; t_k)$$

终止. 间隙的相应不等式为

$$f_{j(k)}^*(X; t_k) - \hat{f}_{j(k)}^*(X; t_k) \leqslant \varkappa f_{j(k)}^*(X; t_k)$$

由定理 3.3.1,这至多在

$$\frac{M_f^2 D^2}{\varkappa^2 (f_{j(k)}^*(X; t_k))^2 \alpha(1 - \alpha)^2(2 - \alpha)}$$

次内循环迭代后得到. 由于在完整步中 $f_{j(k)}^*(X; t_k) \geqslant \epsilon$,我们得到对主程序中每一次完整迭代有

$$j(k) - j(k - 1) \leqslant \frac{M_f^2 D^2}{\varkappa^2 \epsilon^2 \alpha(1 - \alpha)^2(2 - \alpha)}$$

2. **最后一步**. 此步骤的内循环将由全局停止准则 $f_j^*(X; t_k) \leqslant \epsilon$ 终止. 由于内部过程自己的停止准则失效,故有

$$f_{j-1}^*(X; t_k) - \hat{f}_{j-1}^*(X; t_k) \geqslant \varkappa f_{j-1}^*(X; t_k) \geqslant \varkappa \epsilon$$

因此,根据定理 3.3.1,最后一步的迭代次数不超过

$$\frac{M_f^2 D^2}{\varkappa^2 \epsilon^2 \alpha(1 - \alpha)^2(2 - \alpha)}$$

于是,我们得出了约束水平集算法的总体复杂度如下:

$$(N(\epsilon)+1)\frac{M_f^2 D^2}{\varkappa^2\epsilon^2\alpha(1-\alpha)^2(2-\alpha)}$$

$$=\frac{M_f^2 D^2}{\varkappa^2\epsilon^2\alpha(1-\alpha)^2(2-\alpha)}\Big[1+\frac{1}{\ln[2(1-\varkappa)]}\ln\frac{t_0-t^*}{(1-\varkappa)\epsilon}\Big]$$

$$=\frac{M_f^2 D^2\ln\frac{2(t_0-t^*)}{\epsilon}}{\epsilon^2\alpha(1-\alpha)^2(2-\alpha)\varkappa^2\ln[2(1-\varkappa)]}$$

该算法参数的一个合理选择是 $\alpha=\varkappa=\dfrac{1}{2+\sqrt{2}}$.

上述复杂度界中的主要项是 $O\Big(\dfrac{1}{\epsilon^2}\ln\dfrac{2(t_0-t^*)}{\epsilon}\Big)$ 量级的. 于是,约束水平集算法是次优的(见定理 3.2.1).

在该算法中,主程序每迭代一次,我们需要求根 $t_{j(k)}^*(X)$. 根据引理 3.3.4,这等价于如下问题:

$$\min_{x\in Q}\{\hat{f}_k(X;x)\,|\,\breve{f}_k(X;x)\leqslant 0\}$$

换言之,我们需要求解如下问题:

$$\min_{x\in Q} t,$$
$$使得\ f(x_j)+\langle g(x_j),x-x_j\rangle\leqslant t, j=0,\cdots,k,$$
$$\overline{f}(x_j)+\langle\overline{g}(x_j),x-x_j\rangle\leqslant 0, j=0,\cdots,k$$

如果 Q 是多面体,这个问题可以用有限次线性规划法(单纯形法)来求解. 如果 Q 比较复杂,可以用内点法来求解(见第 5 章).

结束本节时,注意到对函数约束可以用一个更好的模型来描述. 由于

$$\overline{f}(x)=\max_{1\leqslant i\leqslant m} f_i(x)$$

可以研究

$$\breve{f}_k(X;x)=\max_{0\leqslant j\leqslant k}\max_{1\leqslant i\leqslant m}\big[f_i(x_j)+\langle g_i(x_j),x-x_j\rangle\big]$$

239

其中 $g_i(x_j)\in\partial f_i(x_j)$. 在实际应用中,这个完整模型显著加速了算法的收敛速度. 但是,每一步迭代的代价明显更大.

就这个算法的实际表现而言,我们注意到通常这个过程非常快. 在模型中,存在着许多与线性分片函数积累有关的技术问题. 然而,在所有水平集算法的实际实现中,都有某些丢弃模型中旧的非活动元素的策略来加速算法.

240

第 4 章　二阶算法

在本章中，我们研究二阶黑箱算法．在前两节中，这些算法都是基于目标函数的二阶模型的三次正则化．通过选择适当的近邻系数，该模型就变成目标函数的一个全局上近似．同时，即使目标函数的 Hessian 矩阵不是半正定的，该近似问题的全局最小值也可在多项式时间内得到．我们在凸和非凸情况下研究三次牛顿法的全局收敛性和局部收敛性．在第三节中，我们推导了复杂度下界，并证明了该算法可以用估计序列技术来加速．在最后一节中，我们考虑求解非线性方程组的标准高斯-牛顿法的一个修正．这个修正是基于应用系统残差范数的高估原理，其全局收敛性和局部收敛性结果都给出了阐明．

4.1　牛顿法的三次正则化

(二次逼近的三次正则化；一般收敛性结果；不同问题类的全局收敛速率；实现问题；强凸函数的复杂度结果.)

4.1.1　二次逼近的三次正则化

在这一节中，我们考虑具有二次连续可微的目标函数的最简单的无约束极小化问题：

$$\min_{x \in \mathbb{R}^n} f(x)$$

求解这个问题的标准二阶算法为如下的牛顿法：

$$x_{k+1} = x_k - \left[\nabla^2 f(x_k)\right]^{-1} \nabla f(x_k) \tag{4.1.1}$$

我们已经在 1.2 节中看到过这个算法了．

尽管它的动机很自然，但该方法有几个隐藏的缺点．首先，Hessian 矩阵退化可能会出现在当前的测试点处，在这种情况下，该算法没有定义．其次，该算法可能会发散，或者收敛到鞍点甚至局部极大点．为了克服这些困难，有三种标准的技术．

- **Levenberg-Marquardt 正则化**．如果 $\nabla^2 f(x_k)$ 不定，我们用一个单位矩阵对其进行正则化．就是说，为了执行牛顿步，而使用矩阵 $G_k = \nabla^2 f(x_k) + \gamma I_n > 0$，即

$$x_{k+1} = x_k - G_k^{-1} \nabla f(x_k)$$

这种策略有时被认为是牛顿法与梯度法相结合的一种方法．

- **线性搜索**．由于我们感兴趣的是极小化问题，所以在算法 (4.1.1) 中引入具体步长 $h_k > 0$ 是合理的，即

$$x_{k+1} = x_k - h_k \left[\nabla^2 f(x_k)\right]^{-1} \nabla f(x_k)$$

(这就是一种阻尼牛顿法．可以和算法 (5.1.28) 相比较)．该方法有助于生成函数值的单调序列，即 $f(x_{k+1}) \leqslant f(x_k)$．

- **信赖域方法**．根据这种方法，在 x_k 点处，我们必须定义一个邻域，该邻域内目标函

数的二阶逼近是可靠的. 这就是一个特定的信赖域 $\Delta(x_k)$. 例如，对某 $\epsilon > 0$，我们可以取

$$\Delta(x_k) = \{x : \|x - x_k\| \leqslant \epsilon\}$$

这样，下一个点 x_{k+1} 可选为辅助问题

$$\min_{x \in \Delta(x_k)} \left[\langle \nabla f(x_k), x - x_k \rangle + \frac{1}{2} \langle \nabla^2 f(x_k)(x - x_k), x - x_k \rangle \right]$$

的一个解. 对 $\Delta(x_k) \equiv \mathbb{R}^n$，这正是标准牛顿步.

遗憾的是，这些方法似乎都对解决二阶算法的全局性态没有任何帮助. 在这一节中，我们提出牛顿法的另一个修正，它是用类似梯度映射的方式构造的（参见 2.2.4 节）.

设 $\mathscr{F} \subseteq \mathbb{R}^n$ 是一个开凸集. 考虑 $\mathscr{F}$ 上一个二次可微的函数 f，设 $x_0 \in \mathscr{F}$ 是迭代算法的初始点. 我们假设集合 $\mathscr{F}$ 足够大，它至少包含如下水平集

$$\mathscr{L}(f(x_0)) \equiv \{x \in \mathbb{R}^n : f(x) \leqslant f(x_0)\}$$

另外，在本节中，我们总是作如下假设.

假设 4.1.1　函数 f 的 Hessian 矩阵在 $\mathscr{F}$ 上 Lipschitz 连续，即对某常数 $L > 0$，有

$$\|\nabla^2 f(x) - \nabla^2 f(y)\| \leqslant L\|x - y\|, \forall x, y \in \mathscr{F} \tag{4.1.2}$$

在本节中，范数总是标准的欧几里得范数.

为了方便读者，我们来回顾一下引理 1.2.4 的如下变形.

引理 4.1.1　对于 $\mathscr{F}$ 中的任意 x 和 y，我们有

$$\|\nabla f(y) - \nabla f(x) - \nabla^2 f(x)(y - x)\| \overset{(1.2.13)}{\leqslant} \frac{1}{2}L\|y - x\|^2 \tag{4.1.3}$$

$$\left| f(y) - f(x) - \langle \nabla f(x), y - x \rangle - \frac{1}{2} \langle \nabla^2 f(x)(y - x), y - x \rangle \right| \overset{(1.2.14)}{\leqslant} \frac{L}{6}\|y - x\|^3 \tag{4.1.4}$$

设 M 是一个正参数，通过极小化函数 f 的二次逼近的三次正则化

$$\min_y \left[\langle \nabla f(x), y - x \rangle + \frac{1}{2} \langle \nabla^2 f(x)(y - x), y - x \rangle + \frac{M}{6}\|y - x\|^3 \right] \tag{4.1.5}$$

来定义修正牛顿步. 用 $T_M(x)$ 表示该极小化问题的全局极小点集的任一点. 我们把确定该点的计算复杂度推迟到 4.1.4.1 节讨论.

注意点 $T_M(x)$ 满足一阶最优性条件

$$\nabla f(x) + \nabla^2 f(x)(T_M(x) - x) + \frac{M}{2}\|T_M(x) - x\| \cdot (T_M(x) - x) \overset{1.2.4}{=} 0 \tag{4.1.6}$$

设 $r_M(x) = \|x - T_M(x)\|$. 将 (4.1.6) 乘以 $T_M(x) - x$，得到方程

$$\langle \nabla f(x), T_M(x) - x \rangle + \langle \nabla^2 f(x)(T_M(x) - x), T_M(x) - x \rangle + \frac{M}{2}r_M^3(x) = 0 \tag{4.1.7}$$

在算法 (4.1.16) 的分析中，我们需要以下事实.

引理 4.1.2　对任意的 $x \in \mathscr{F}$，我们有

$$\nabla^2 f(x) + \frac{M}{2} r_M(x) I_n \geqslant 0 \tag{4.1.8}$$

这一结论稍后将在 4.1.4.1 节中证明. 现在我们给出向量函数 $T_M(\cdot)$ 的主要性质.

引理 4.1.3　对任何 $x \in \mathscr{L}(f(x_0))$, 我们有以下关系:

$$\langle \nabla f(x), x - T_M(x) \rangle \geqslant 0 \tag{4.1.9}$$

如果 $M > \frac{2}{3} L$ 且 $x \in \mathrm{int}\,\mathscr{F}$, 则 $T_M(x) \in \mathscr{L}(f(x)) \subset \mathscr{F}$.

证明　事实上, 用 $x - T_M(x)$ 乘 (4.1.8) 两次, 我们可以得到

$$\langle \nabla^2 f(x)(T_M(x) - x), T_M(x) - x \rangle + \frac{M}{2} r_M^3(x) \geqslant 0$$

因此, 由式 (4.1.7) 可得式 (4.1.9).

进一步, 设 $M > \frac{2}{3} L$. 假设 $T_M(x) \notin \mathscr{F}$, 则 $r_M(x) > 0$. 考虑如下点:

$$y(\alpha) = x + \alpha(T_M(x) - x), \quad \alpha \in [0,1]$$

由于 $y(0) \in \mathscr{F}$, 值

$$\bar{\alpha} : y(\bar{\alpha}) \in \partial \mathrm{cl}(\mathscr{F})$$

有定义. 根据我们的假设, 有 $\bar{\alpha} \leqslant 1$, 且对所有 $\alpha \in [0, \bar{\alpha})$ 有 $y(\alpha) \in \mathscr{F}$. 因此, 利用公式 (4.1.4)、关系 (4.1.7) 和不等式 (4.1.9), 我们可以得到

$$
\begin{aligned}
f(y(\alpha)) &\leqslant f(x) + \langle \nabla f(x), y(\alpha) - x \rangle \\
&\quad + \frac{1}{2} \langle \nabla^2 f(x)(y(\alpha) - x), y(\alpha) - x \rangle + \frac{\alpha^3 L}{6} r_M^3(x) \\
&= f(x) + \langle \nabla f(x), y(\alpha) - x \rangle \\
&\quad + \frac{1}{2} \langle \nabla^2 f(x)(y(\alpha) - x), y(\alpha) - x \rangle + \frac{\alpha^3 M}{4} r_M^3 - \alpha^3 \delta \\
&= f(x) + \left(\alpha - \frac{\alpha^2}{2}\right) \langle \nabla f(x), T_M(x) - x \rangle - \frac{\alpha^2(1-\alpha)}{4} M r_M^3(x) - \alpha^3 \delta \\
&\leqslant f(x) - \frac{\alpha^2(1-\alpha)}{4} M r_M^3(x) - \alpha^3 \delta
\end{aligned}
$$

其中 $\delta = \left(\frac{M}{4} - \frac{L}{6}\right) r_M^3(x) > 0$. 于是, $f(y(\bar{\alpha})) < f(x)$, 因此, $y(\bar{\alpha}) \in \mathscr{L}(f(x)) \subset \mathscr{F}$. 这是个矛盾. 所以, $T_M(x) \in \mathscr{F}$. 使用相同的论证, 可以证明 $f(T_M(x)) \leqslant f(x)$. ∎

引理 4.1.4　如果 $T_M(x) \in \mathscr{F}$, 则

$$\|\nabla f(T_M(x))\| \leqslant \frac{1}{2}(L + M) r_M^2(x) \tag{4.1.10}$$

证明　由公式 (4.1.6), 我们得到

$$\|\nabla f(x) + \nabla^2 f(x)(T_M(x) - x)\| = \frac{1}{2} M r_M^2(x)$$

另外, 依据 (4.1.3), 我们有

$$\| \nabla f(T_M(x)) - \nabla f(x) - \nabla^2 f(x)(T_M(x) - x) \| \leqslant \frac{1}{2} L r_M^2(x)$$

结合这两个关系式, 我们可以得到不等式(4.1.10). ■

定义

$$\overline{f}_M(x) = \min_y \Big[f(x) + \langle \nabla f(x), y - x \rangle + \frac{1}{2} \langle \nabla^2 f(x)(y - x), y - x \rangle + \frac{M}{6} \| y - x \|^3 \Big]$$

引理 4.1.5 对任意 $x \in \mathscr{F}$, 我们有

$$\overline{f}_M(x) \leqslant \min_{y \in \mathscr{F}} \Big[f(y) + \frac{L + M}{6} \| y - x \|^3 \Big] \tag{4.1.11}$$

$$f(x) - \overline{f}_M(x) \geqslant \frac{M}{12} r_M^3(x) \tag{4.1.12}$$

此外, 如果 $M \geqslant L$, 则 $T_M(x) \in \mathscr{F}$ 且

$$f(T_M(x)) \leqslant \overline{f}_M(x) \tag{4.1.13}$$

证明 事实上, 使用式(4.1.4)的下界, 对于任意的 $y \in \mathscr{F}$ 都有

$$f(x) + \langle \nabla f(x), y - x \rangle + \frac{1}{2} \langle \nabla^2 f(x)(y - x), y - x \rangle \leqslant f(y) + \frac{L}{6} \| y - x \|^3$$

且由 $\overline{f}_M(x)$ 的定义可得(4.1.11).

进一步, 依据点 $T_M(x)$ 的定义、关系式(4.1.7)和不等式(4.1.9), 我们有

$$f(x) - \overline{f}_M(x) = \langle \nabla f(x), x - T_M(x) \rangle$$

$$- \frac{1}{2} \langle \nabla^2 f(x)(T_M(x) - x), T_M(x) - x \rangle - \frac{M}{6} r_M^3(x)$$

$$= \frac{1}{2} \langle \nabla f(x), x - T_M(x) \rangle + \frac{M}{12} r_M^3(x) \geqslant \frac{M}{12} r_M^3(x)$$

最后, 如果 $M \geqslant L$, 则根据引理 4.1.3 有 $T_M(x) \in \mathscr{F}$. 因此, 我们由式(4.1.4)的上界可得到不等式(4.1.13). ■

4.1.2 一般收敛性结果

在本节中, 我们感兴趣的主要问题为

$$\min_{x \in \mathbb{R}^n} f(x) \tag{4.1.14}$$

其中目标函数 $f(\cdot)$ 满足假设 4.1.1. 点 x^* 是问题(4.1.14)的局部极小点的必要条件为 (见定理 1.2.2)

$$\nabla f(x^*) = 0, \quad \nabla^2 f(x^*) \geqslant 0 \tag{4.1.15}$$

因此, 对于任意 $x \in \mathscr{F}$, 我们可以引入局部最优性的度量

$$\mu_M(x) = \max \Big\{ \sqrt{\frac{2}{L + M}} \| \nabla f(x) \|, -\frac{2}{2L + M} \lambda_{\min}(\nabla^2 f(x)) \Big\}$$

其中 M 是一个正参数, 且 $\lambda_{\min}(\cdot)$ 是相应矩阵的最小特征值. 显然, 对于任何 $\mathscr{F}$ 中的 x, 度量 $\mu_M(x)$ 是非负的, 且它只在满足条件(4.1.15)的点处为 0. 该度量的解析形式可以通

过以下结论来验证.

引理 4.1.6 对任意 $x \in \mathscr{F}$, 我们有 $\mu_M(T_M(x)) \leqslant r_M(x)$.

证明 因为

$$\nabla^2 f(T_M(x)) \geqslant \nabla^2 f(x) - Lr_M(x)I \geqslant -\left(\frac{1}{2}M + L\right)r_M(x)I$$

[246] 该引理的证明可以直接由不等式(4.1.10)和关系式(4.1.8)得到. ■

设 $L_0 \in (0, L]$ 是一个正参数. 考虑如下的正则化牛顿法.

三次正则化牛顿法

初始化: 选择 $x_0 \in \mathbb{R}^n$.

第 k 次迭代 ($k \geqslant 0$):

   1. 确定 $M_k \in [L_0, 2L]$ 使得 $f(T_{M_k}(x_k) \leqslant \bar{f}_{M_k}(x_k))$;

   2. 令 $x_{k+1} = T_{M_k}(x_k)$.

(4.1.16)

由于 $\bar{f}_M(x) \leqslant f(x)$, 所以这个过程是单调的, 即

$$f(x_{k+1}) \leqslant f(x_k)$$

如果常数 L 已知, 则在该算法的步骤 1 中, 我们可以取 $M_k \equiv L$. 反之, 可以应用一个简单的搜索过程来寻找 M_k, 我们稍后将在 4.1.4.2 节中讨论其复杂度.

首先我们从如下简单的观察开始.

定理 4.1.1 设 $\{x_i\}$ 是由算法(4.1.16)生成的序列. 假设目标函数 $f(\cdot)$ 有下界, 即

$$f(x) \geqslant f^* \qquad \forall x \in \mathscr{F}$$

则

$$\sum_{i=0}^{\infty} r_{M_i}^3(x_i) \leqslant \frac{12}{L_0}(f(x_0) - f^*)$$

所以, 有 $\lim\limits_{i \to \infty} \mu_L(x_i) = 0$, 并且对任意的 $k \geqslant 1$, 我们有

$$\lim_{1 \leqslant i \leqslant k} \mu_L(x_i) \leqslant \frac{8}{3} \cdot \left(\frac{3(f(x_0) - f^*)}{2k \cdot L_0}\right)^{1/3} \tag{4.1.17}$$

证明 依据不等式(4.1.12), 我们有

[247]
$$f(x_0) - f^* \geqslant \sum_{i=1}^{k-1}[f(x_i) - f(x_{i+1})] \geqslant \sum_{i=0}^{k-1}\frac{M_i}{12}r_{M_i}^3(x_i) \geqslant \frac{L_0}{12}\sum_{i=0}^{k-1}r_{M_i}^3(x_i)$$

只需利用引理 4.1.6 的结论和算法(4.1.16)的步骤 1 中 M_k 的上界, 有

$$r_{M_i}(x_i) \geqslant \mu_{M_i}(x_{i+1}) \geqslant \frac{3}{4}\mu_L(x_{i+1})$$

故结论得证. ■

注意, 不等式(4.1.17)意味着

$$\max_{1 \leqslant i \leqslant k}\|\nabla f(x_i)\| \leqslant O(k^{-2/3})$$

我们已经看出，对梯度算法，这个不等式的右端项是 $O(k^{-1/2})$ 量级的（见不等式(1.2.24).

定理 4.1.1 有助于得到许多不同情况下的收敛性结果．我们只给出其中的一个．

定理 4.1.2　设 $\{x_i\}$ 是由算法(4.1.16)生成的序列，假设对于某 $i \geqslant 0$，集合 $\mathscr{L}(f(x_i))$ 有界，则存在极限

$$\lim_{i \to \infty} f(x_i) = f^*$$

且该序列 $\{x_i\}$ 的极限点集 X^* 非空，进一步，它是一个连通集，使得对任何 $x^* \in X^*$ 都有

$$f(x^*) = f^*, \quad \nabla f(x^*) = 0, \quad \nabla^2 f(x^*) \geqslant 0$$

证明　该证明可以用标准方式从定理 4.1.1 导出．　∎

现在我们来说明算法(4.1.16)在一个不是非局部极小点的非退化稳定点的邻域内的性能．

引理 4.1.7　设 $\bar{x} \in \mathscr{F}$ 是函数 $f(\cdot)$ 的一个非退化鞍点或局部极大值点，即

$$\nabla f(\bar{x}) = 0, \quad \lambda_{\min}(\nabla^2 f(\bar{x})) < 0$$

那么，存在常数 $\epsilon, \delta > 0$，使得每当点 x_i 出现在集合 $Q = \{x : \|x - \bar{x}\| \leqslant \epsilon, f(x) \geqslant f(\bar{x})\}$ 中时（例如 $x_i = \bar{x}$)，则下一个点 x_{i+1} 不在集合 Q 中，即

$$f(x_{i+1}) \leqslant f(\bar{x}) - \delta$$

证明　我们选择一个方向 d，$\|d\| = 1$，它具有负曲率，即

$$\langle \nabla^2 f(\bar{x}) d, d \rangle \equiv -2\sigma < 0$$

且设 $\bar{\tau} > 0$ 足够小，满足 $\bar{x} \pm \bar{\tau} d \in \mathscr{F}$．定义 $\epsilon = \min\left\{\dfrac{\sigma}{2L}, \bar{\tau}\right\}$ 且 $\delta = \dfrac{\sigma}{6}\epsilon^2$，则根据不等式(4.1.11)、$M_i$ 的上界和不等式(4.1.4)，对于 $|\tau| \leqslant \bar{\tau}$ 我们可以得到估计

$$f(x_{i+1}) \leqslant f(\bar{x} + \tau d) + \frac{L}{2}\|\bar{x} + \tau d - x_i\|^3$$

$$\leqslant f(\bar{x}) - \sigma\tau^2 + \frac{L}{6}|\tau|^3 + \frac{L}{2}\left[\epsilon^2 + 2\tau\langle d, \bar{x} - x_i \rangle + \tau^2\right]^{3/2}$$

由于我们可以自由选择 τ 的正负，所以可以保证

$$f(x_{i+1}) \leqslant f(\bar{x}) - \sigma\tau^2 + \frac{L}{6}|\tau|^3 + \frac{L}{2}\left[\epsilon^2 + \tau^2\right]^{3/2}, |\tau| \leqslant \bar{\tau}$$

若选择 $|\tau| = \epsilon \leqslant \bar{\tau}$，则

$$f(x_{i+1}) \leqslant f(\bar{x}) - \sigma\tau^2 + \frac{5L}{3}|\tau|^3 \leqslant f(\bar{x}) - \sigma\tau^2 + \frac{5L}{3} \cdot \frac{\sigma}{2L} \cdot \tau^2 = f(\bar{x}) - \frac{1}{6}\sigma\tau^2$$

由于算法(4.1.16)关于目标函数是单调的，所 x_{i+1} 将永远不会再回到 Q 中．　∎

现在考虑在一个非退化局部极小点的邻域内，正则化牛顿法(4.1.16)的性能．在这种情况下，条件 $L_0 > 0$ 似乎不再需要了．我们将分析算法(4.1.16)的一个松弛版本：

$$\boxed{x_{k+1} = T_{M_k}(x_k), k \geqslant 0} \tag{4.1.18}$$

其中 $M_k \in (0, 2L]$．定义

248

$$\delta_k = \frac{L\|\nabla f(x_k)\|}{\lambda_{\min}^2(\nabla^2 f(x_k))}$$

定理 4.1.3　设 $\nabla^2 f(x_0) > 0$，$\delta_0 \leqslant \frac{1}{4}$，点列 $\{x_k\}$ 是由算法（4.1.18）产生，则

1. 对于所有的 $k \geqslant 0$，δ_k 有定义，并且二次收敛到零，即

$$\delta_{k+1} \leqslant \frac{3}{2}\left(\frac{\delta_k}{1-\delta_k}\right)^2 \leqslant \frac{8}{3}\delta_k^2 \leqslant \frac{2}{3}\delta_k, k \geqslant 0 \tag{4.1.19}$$

2. 所有 Hessian 矩阵 $\nabla^2 f(x_k)$ 的最小特征值满足如下边界：

$$\mathrm{e}^{-1}\lambda_{\min}(\nabla^2 f(x_0)) \leqslant \lambda_{\min}(\nabla^2 f(x_k)) \leqslant \mathrm{e}^{3/4}\lambda_{\min}(\nabla^2 f(x_0)) \tag{4.1.20}$$

3. 整个序列 $\{x_i\}$ 二次收敛到函数 f 的非退化局部极小点 x^*．特别地，对于任意 $k \geqslant 1$，都有

$$\|\nabla f(x_k)\| \leqslant \lambda_{\min}^2(\nabla^2 f(x_0))\frac{9\mathrm{e}^{3/2}}{16L}\left(\frac{1}{2}\right)^{2k} \tag{4.1.21}$$

证明　假设对某些 $k \geqslant 0$ 有 $\nabla^2 f(x_k) > 0$，则相应的 δ_k 有定义．假设 $\delta_k \leqslant \frac{1}{4}$，由公式（4.1.6），我们有

$$r_{M_k}(x_k) = \|T_{M_k}(x_k) - x_k\| = \left\|\left(\nabla^2 f(x_k) + r_{M_k}(x_k)\frac{M_k}{2}I_n\right)^{-1}\nabla f(x_k)\right\|$$

$$\leqslant \frac{\nabla f(x_k)}{\lambda_{\min}(\nabla^2 f(x_k))} = \frac{1}{L}\lambda_{\min}(\nabla^2 f(x_k))\delta_k \tag{4.1.22}$$

又注意到 $\nabla^2 f(x_{k+1}) \overset{(4.1.2)}{\geqslant} \nabla^2 f(x_k) - r_{M_k}(x_k)LI_n$，因此

$$\lambda_{\min}(\nabla^2 f(x_{k+1})) \geqslant \lambda_{\min}(\nabla^2 f(x_k)) - r_{M_k}(x_k)L$$

$$\geqslant \lambda_{\min}(\nabla^2 f(x_k)) - \frac{L\|\nabla f(x_k)\|}{\lambda_{\min}(\nabla^2 f(x_k))} \tag{4.1.23}$$

$$= (1-\delta_k)\lambda_{\min}(\nabla^2 f(x_k))$$

于是，$\nabla^2 f(x_{k+1})$ 也是正定的．进一步，利用不等式（4.1.10）和 M_k 的上界，我们得到

$$\delta_{k+1} = \frac{L\|\nabla f(x_{k+1})\|}{\lambda_{\min}^2(\nabla^2 f(x_{k+1}))} \leqslant \frac{3L^2 r_{M_k}^2(x_k)}{2\lambda_{\min}^2(\nabla^2 f(x_{k+1}))} \leqslant \frac{3L^2\|\nabla f(x_k)\|^2}{2\lambda_{\min}^4(\nabla^2 f(x_k))(1-\delta_k)^2}$$

$$= \frac{3}{2}\left(\frac{\delta_k}{1-\delta_k}\right)^2 \leqslant \frac{8}{3}\delta_k^2$$

于是，$\delta_{k+1} \leqslant \frac{1}{4}$，由归纳法我们证明了（4.1.19）．我们也得到 $\delta_{k+1} \leqslant \frac{2}{3}\delta_k$，由于 $\delta_0 \leqslant \frac{1}{4}$，还可得不等式

$$\sum_{i=0}^{\infty}\delta_i \leqslant \frac{\delta_0}{1-\frac{2}{3}} \leqslant 1-\delta_0 \tag{4.1.24}$$

进一步有

$$\ln \frac{\lambda_{\min}(\nabla^2 f(x_k))}{\lambda_{\min}(\nabla^2 f(x_0))} \overset{(4.1.23)}{\geqslant} \sum_{i=0}^{\infty} \ln(1-\delta_i) \geqslant - \sum_{i=0}^{\infty} \frac{\delta}{1-\delta_i} \geqslant - \frac{1}{1-\delta_0} \sum_{i=0}^{\infty} \delta_i \geqslant -1$$

250

为了得到上界，注意到 $\nabla^2 f(x_{k+1}) \overset{(4.1.2)}{\preccurlyeq} \nabla^2 f(x_k) + r_{M_k}(x_k) L\, I_n$，所以

$$\lambda_{\min}(\nabla^2 f(x_{k+1})) \leqslant \lambda_{\min}(\nabla^2 f(x_k)) + r_{M_k}(x_k) L \overset{(4.1.22)}{\leqslant} (1+\delta_k)\lambda_{\min}(\nabla^2 f(x_k))$$

因此，

$$\ln \frac{\lambda_{\min}(\nabla^2 f(x_k))}{\lambda_{\min}(\nabla^2 f(x_0))} \leqslant \sum_{i=0}^{\infty} \ln(1+\delta_i) \leqslant \sum_{i=0}^{\infty} \delta_i \leqslant \frac{3}{4}$$

现在只需证明定理的第 3 项. 根据不等式(4.1.22)和(4.1.20)，我们有

$$r_{M_k}(x_k) \leqslant \frac{1}{L}\lambda_{\min}(\nabla^2 f(x_k))\delta_k \leqslant \frac{e^{3/4}}{L}\lambda_{\min}(\nabla^2 f(x_0))\delta_k$$

于是，利用(4.1.24)的上界，得到 $\{x_i\}$ 是一个 Cauchy 列，它具有唯一的极限点 x^*. 由于 $\nabla^2 f(x)$ 的特征值是关于 x 的连续函数，由(4.1.20)中的第一个不等式，可以得到 $\nabla^2 f(x^*) \succ 0$.

进一步，由不等式(4.1.19)，可得上界

$$\delta_{k+1} \leqslant \frac{\delta_k^2}{(1-\delta_0)^2} \leqslant \frac{16}{9}\delta_k^2$$

定义 $\hat{\delta}_k = \frac{16}{9}\delta_k$，则 $\hat{\delta}_{k+1} \leqslant \hat{\delta}_k^2$. 因此，对于任意 $k \geqslant 1$，我们有

$$\delta_k = \frac{9}{16}\hat{\delta}_k \leqslant \frac{9}{16}\hat{\delta}_0^{2k} < \frac{9}{16}\left(\frac{1}{2}\right)^{2k}$$

再利用(4.1.20)中的上界，我们就得到了最后的上界(4.1.21). ∎

4.1.3 具体问题类的全局效率界

在前一节中，我们已经看到，对于一般非凸问题类，修正的牛顿法具有全局的效率估计(4.1.17). 本节的主要目的是通过具体化非凸函数的一些额外性质，可以得到该方法更好的性能保证. 算法(4.1.16)的一个优点在于它能够对具体问题类自动调整它的收敛速度.

251

4.1.3.1 星-凸函数

我们首先从一个定义开始.

定义 4.1.1 称 f 为**星-凸函数**，如果函数 f 的全局极小点集 X^* 非空，且对任意的 $x^* \in X^*$ 和 $x \in \mathbb{R}^n$ 有

$$f(\alpha x^* + (1-\alpha)x) \leqslant \alpha f(x^*) + (1-\alpha)f(x) \qquad \forall x \in \mathscr{F}, \forall \alpha \in [0,1] \tag{4.1.25}$$

星-凸函数的一个特例就是普通凸函数. 然而，通常即使对单变量函数，星-凸函数不一定是凸函数. 例如，$f(x) = |x|(1-e^{-|x|})$，$x \in \mathbb{R}$ 是星-凸函数，但不是凸函数. 星-凸函数经常在与平方和有关的优化问题中出现. 例如函数 $f(x,y) = x^2 y^2 + x^2 + y^2$，$(x,y) \in \mathbb{R}^2$ 就

属于这一类.

定理 4.1.4 假设问题(4.1.14)的目标函数是星-凸函数且集合 $\mathscr{F}$ 有界,即 diam $\mathscr{F}=D<\infty$. 设序列 $\{x_k\}$ 由算法(4.1.16)产生.

1. 如果 $f(x_0)-f^* \geqslant \frac{3}{2}LD^3$,则 $f(x_1)-f^* \leqslant \frac{1}{2}LD^3$.

2. 如果 $f(x_0)-f^* \leqslant \frac{3}{2}LD^3$,则算法(4.1.16)的收敛速率为

$$f(x_k) - f(x^*) \leqslant \frac{3LD^3}{2\left(1+\frac{1}{3}k\right)^2}, \quad k \geqslant 0 \tag{4.1.26}$$

证明 事实上,依据不等式(4.1.11)、参数 M_k 的上界和定义(4.1.25)可得,对任意的 $k \geqslant 0$ 有

$$f(x_{k+1}) - f(x^*) \leqslant \min_y \Big[f(y) - f(x^*) + \frac{L}{2}\|y - x_k\|^3 : y = \alpha x^* + (1-\alpha)x_k, \alpha \in [0,1] \Big]$$

$$\leqslant \min_{\alpha \in [0,1]} \Big[f(x_k) - f(x^*) - \alpha(f(x_k) - f(x^*)) + \frac{L}{2}\alpha^3 \| x^* - x_k \|^3 \Big]$$

$$\leqslant \min_{\alpha \in [0,1]} \Big[f(x_k) - f(x^*) - \alpha(f(x_k) - f(x^*)) + \frac{L}{2}\alpha^3 D^3 \Big]$$

上式中最后一个极小化问题的目标函数当 $\alpha \geqslant 0$ 时的最优值在

$$\alpha_k = \sqrt{\frac{2(f(x_k) - f(x^*))}{3LD^3}}$$

处取得. 如果 $\alpha_k \geqslant 1$,则实际最优值对应于 $\alpha = 1$. 在这种情况下,

$$f(x_{k+1}) - f(x^*) \leqslant \frac{1}{2}LD^3$$

由于算法(4.1.16)是单调的,因此这仅能在该算法的第一次迭代中发生.

假设 $\alpha_k \leqslant 1$,则

$$f(x_{k+1}) - f(x^*) \leqslant f(x_k) - f(x^*) - \Big[\frac{2}{3}(f(x_k) - f(x^*)) \Big]^{3/2} \frac{1}{\sqrt{LD^3}}$$

或者,使用记号 $\alpha_k = \sqrt{\dfrac{2(f(x_k) - f(x^*))}{3LD^3}}$,上式就是 $\alpha_{k+1}^2 \leqslant \alpha_k^2 - \dfrac{2}{3}\alpha_k^3 < \alpha_k^2$.

因此,

$$\frac{1}{\alpha_{k+1}} - \frac{1}{\alpha_k} = \frac{\alpha_k - \alpha_{k+1}}{\alpha_k \alpha_{k+1}} = \frac{\alpha_k^2 - \alpha_{k+1}^2}{\alpha_k \alpha_{k+1}(\alpha_k + \alpha_{k+1})} \geqslant \frac{\alpha_k^2 - \alpha_{k+1}^2}{2\alpha_k^3} \geqslant \frac{1}{3}$$

于是,有 $\dfrac{1}{\alpha_k} \geqslant \dfrac{1}{\alpha_0} + \dfrac{k}{3} \geqslant 1 + \dfrac{k}{3}$,从而得到式(4.1.26). ∎

现在我们介绍广义非退化全局极小点的概念.

定义 4.1.2 称函数 $f(\cdot)$ 的最优集 X^* 是**全局非退化**的，如果存在一个常数 $\mu>0$，使得对任意的 $x\in\mathscr{F}$ 有

$$f(x)-f^* \geqslant \frac{\mu}{2}\rho^2(x,X^*) \tag{4.1.27}$$

其中 f^* 是函数 $f(\cdot)$ 的全局最小值，$\rho(x,X^*)$ 是 x 到 X^* 的欧几里得距离.

当然，这个性质对于强凸函数是成立的（参见(3.2.43)，此时 X^* 只有一个元素）. 然而，该定义对于一些非凸函数也可能成立. 作为一个例子，可以研究函数

$$f(x)=(\|x\|^2-1)^2, \quad X^*=\{x:\|x\|=1\}\subset\mathbb{R}^n$$

需要注意的是，如果集合 X^* 有一个连通的非平凡部分，那么目标函数在这些点处的 Hessian 矩阵必然是退化的. 但是，我们将会看到，在这种情况下，修正的牛顿法依然能保证超线性的收敛速率. 定义

$$\bar{\omega}=\frac{1}{L^2}\left(\frac{\mu}{2}\right)^3$$

定理 4.1.5 设 f 是一个星-凸函数. 假设它也有一个全局非退化最优解集，则算法 (4.1.16) 在该问题上的性能如下：

253

1. 如果 $f(x_0)-f(x^*)\geqslant\frac{4}{9}\bar{\omega}$，则在算法的第一阶段有以下的收敛速率：

$$f(x_k)-f(x^*)\leqslant\left[(f(x_0)-f(x^*))^{1/4}-\frac{k}{6}\sqrt{\frac{2}{3}}\bar{\omega}^{1/4}\right]^4 \tag{4.1.28}$$

只要对某 $k_0\geqslant 0$ 有 $f(x_{k_0})-f(x^*)\leqslant\frac{4}{9}\bar{\omega}$，这个阶段就终止.

2. 对于 $k\geqslant k_0$，迭代序列超线性收敛：

$$f(x_{k+1})-f(x^*)\leqslant\frac{1}{2}(f(x_k)-f(x^*))\sqrt{\frac{f(x_k)-f(x^*)}{\bar{\omega}}} \tag{4.1.29}$$

证明 记点 x_k 到最优集 X^* 的投影为 x_k^*. 根据不等式(4.1.11)、参数 M_k 的上界和定义式(4.1.25)与(4.1.27)，对任意的 $k\geqslant 0$，我们有

$$f(x_{k+1})-f(x^*)\leqslant\min_{\alpha\in[0,1]}\left[f(x_k)-f(x^*)-\alpha(f(x_k)-f(x^*))+\frac{L}{2}\alpha^3\|x_k^*-x_k\|^3\right]$$

$$\leqslant\min_{\alpha\in[0,1]}\left[f(x_k-f(x^*)-\alpha(f(x_k)-f(x^*))\right.$$

$$\left.+\frac{L}{2}\alpha^3\left(\frac{2}{\mu}(f(x_k)-f(x^*))\right)^{3/2}\right]$$

定义 $\Delta_k=(f(x_k)-f(x^*))/\bar{\omega}$，我们有不等式

$$\Delta_{k+1}\leqslant\min_{\alpha\in[0,1]}\left[\Delta_k-\alpha\Delta_k+\frac{1}{2}\alpha^3\Delta_k^{3/2}\right] \tag{4.1.30}$$

注意在上式这个极小化问题中，对 $\alpha\geqslant 0$ 的一阶最优性条件是

$$\alpha_k=\sqrt{\frac{2}{3}}\Delta_k^{-1/2}$$

因此，如果 $\Delta_k \geqslant \dfrac{4}{9}$，则

$$\Delta_{k+1} \leqslant \Delta_k - \left(\frac{2}{3}\right)^{3/2} \Delta_k^{3/4}$$

定义 $u_k = \dfrac{9}{4} \Delta_k$，我们得到一个更简单的关系式：

$$u_{k+1} \leqslant u_k - \frac{2}{3} u_k^{3/4}$$

这也适用于 $u_k \geqslant 1$. 由于这个不等式的右端项在 $u_k \geqslant \dfrac{1}{16}$ 时递增，我们可以用归纳法证明

$$u_k \leqslant \left[u_0^{1/4} - \frac{k}{6} \right]^4$$

事实上，不等式

$$\left[u_0^{1/4} - \frac{k+1}{6} \right]^4 \geqslant \left[u_0^{1/4} - \frac{k}{6} \right]^4 - \frac{2}{3} \left[u_0^{1/4} - \frac{k}{6} \right]^3$$

显然等价于

$$\frac{2}{3} \left[u_0^{1/4} - \frac{k}{6} \right]^3 \geqslant \left[u_0^{1/4} - \frac{k}{6} \right]^4 - \left[u_0^{1/4} - \frac{k+1}{6} \right]^4 = \frac{1}{6} \left\{ \left[u_0^{1/4} - \frac{k}{6} \right]^3 \right.$$
$$\left. + \left[u_0^{1/4} - \frac{k}{6} \right]^2 \left[u_0^{1/4} - \frac{k+1}{6} \right] + \left[u_0^{1/4} - \frac{k}{6} \right] \left[u_0^{1/4} - \frac{k+1}{6} \right]^2 + \left[u_0^{1/4} - \frac{k+1}{6} \right]^3 \right\}$$

而这个结果又显然是正确的.

最后，如果 $u_k \leqslant 1$，则 (4.1.30) 中 α 的最优值是 1，得到 (4.1.29) 成立. ∎

4.1.3.2　梯度控制函数类

我们现在来研究另外一个有意义的非凸函数类.

定义 4.1.3　函数 $f(\cdot)$ 称为 $p \in [1, 2]$ 次**梯度控制**的，如果它在某点 x^* 达到全局最小值，且对任意的 $x \in \mathscr{F}$ 都有

$$f(x) - f(x^*) \leqslant \tau_f \|\nabla f(x)\|^p \tag{4.1.31}$$

其中 τ_f 是一个正常数，参数 p 称为控制**次数**.

这里我们并不假设函数 f 的全局极小点唯一. 下面给出一些梯度控制函数的例子.

例 4.1.1（凸函数）　设 f 是 $\mathbb{R}^n$ 上的凸函数，假设它在点 x^* 处取得最小值，则对于任意满足 $\|x - x*\| < R$ 的 $x \in \mathbb{R}^n$ 都有

$$f(x) - f(x^*) \overset{(2.1.2)}{\leqslant} \langle \nabla f(x), x - x^* \rangle \leqslant \|\nabla f(x)\| \cdot R$$

因此函数 f 在集合 $\mathscr{F} = \{x : \|x - x^*\| < R\}$ 上是 1 次梯度控制函数，其中 $\tau_f = R$. ∎

例 4.1.2（强凸函数）　设 f 是 $\mathbb{R}^n$ 上的可微强凸函数，即存在一个常数 $\mu > 0$，使得对所有的 $x, y \in \mathbb{R}^n$ 有

$$f(y) \overset{(2.1.20)}{\geqslant} f(x) + \langle \nabla f(x), y - x \rangle + \frac{1}{2} \mu \|y - x\|^2 \tag{4.1.32}$$

这样对不等式两端关于 y 进行极小化，可得

$$f(x) - f(x^*) \leqslant \frac{1}{2\mu} \|\nabla f(x)\|^2 \quad \forall\, x \in \mathbb{R}^n$$

因此 f 在集合 $\mathscr{F} = \mathbb{R}^n$ 上是一个 2 次梯度控制函数，其中 $\tau_f = \dfrac{1}{2\mu}$. ■

例 4.1.3（平方和） 考虑一个非线性方程组：

$$g(x) = 0 \tag{4.1.33}$$

其中 $g(x) = (g_1(x), \cdots, g_m(x))^{\mathrm{T}} : \mathbb{R}^n \to \mathbb{R}^m$ 是一个可微的向量函数. 我们假设 $m \leqslant n$，且问题 (4.1.33) 存在一个解 x^*. 另外，我们假设 Jacobian 矩阵

$$J^{\mathrm{T}}(x) = (\nabla g_1(x), \cdots, \nabla g_m(x))$$

在含 x^* 的某一个凸集 $\mathscr{F}$ 上是一致非退化的，这就是说

$$\sigma \equiv \inf_{x \in \mathscr{F}} \lambda_{\min}(J(x)\, J^{\mathrm{T}}(x))$$

是正的. 考虑函数

$$f(x) = \frac{1}{2} \sum_{i=1}^{m} g_i^2(x)$$

显然，$f(x^*) = 0$. 由于 $\nabla f(x) = J^{\mathrm{T}}(x) g(x)$，所以

$$\|\nabla f(x)\|^2 = \langle (J(x)J^{\mathrm{T}}(x))g(x),\, g(x) \rangle = \sigma \|g(x)\|^2 = 2\sigma(f(x) - f(x^*))$$

因此函数 f 在集合 $\mathscr{F}$ 上是一个 2 次梯度控制函数，其中 $\tau_f = \dfrac{1}{2\sigma}$. 注意，对 $m < n$，问题 (4.1.33) 的解集不是一个单元素集合，因此函数 f 的 Hessian 矩阵必定在方程组的解处是退化的.

为了研究极小化梯度控制函数类的复杂度，我们需要一个辅助的结论.

引理 4.1.8 在算法 (4.1.16) 的每一步中，我们可以保证目标函数有以下的减少量：

$$f(x_k) - f(x_{k+1}) \geqslant \frac{L_0 \cdot \|\nabla f(x_{k+1})\|^{3/2}}{3\sqrt{2} \cdot (L + L_0)^{3/2}}, \quad k \geqslant 0 \tag{4.1.34}$$

证明 根据不等式 (4.1.12) 和 (4.1.10)，我们得到

$$f(x_k) - f(x_{k+1}) \geqslant \frac{M_k}{12} r_{M_k}^3(x_k) \geqslant \frac{M_k}{12} \left(\frac{2\|\nabla f(x_{k+1})\|}{L + M_k} \right)^{3/2} = \frac{M_k \|\nabla f(x_{k+1})\|^{3/2}}{3\sqrt{2} \cdot (L + M_k)^{3/2}}$$

只需注意到，当 $M_k \leqslant 2L$ 时，这个不等式的右端项关于 M_k 递增，于是，M_k 可以用其下界 L_0 来替换，就证明了命题. ■

我们首先分析 1 次梯度控制函数. 下面的定理表明这个过程可以分两个阶段来进行. 第一阶段（目标函数有大的函数值时）很简短，而在第二阶段我们可以保证了 $O(1/k^2)$ 阶的收敛速率.

定理 4.1.6 设用算法 (4.1.16) 极小化一个 1 次梯度控制函数，则

1. 如果目标函数的初始值足够大，即

$$f(x_0) - f(x^*) \geqslant \hat{\omega} \stackrel{\text{def}}{=} \frac{18}{L_0^2} \tau_f^3 \cdot (L + L_0)^3$$

则该过程超线性收敛到区域 $\mathscr{L}(\hat{\omega})$，即

$$\ln\left(\frac{1}{\hat{\omega}}(f(x_k)-f(x^*))\right)\leqslant\left(\frac{2}{3}\right)^k\ln\left(\frac{1}{\hat{\omega}}(f(x_0)-f(x^*))\right) \tag{4.1.35}$$

2. 如果对某 $\gamma>1$ 有 $f(x_0)-f(x^*)\leqslant\gamma^2\hat{\omega}$，则有以下的收敛率估计

$$f(x_k)-f(x^*)\leqslant\hat{\omega}\cdot\frac{\gamma^2\left(2+\frac{3}{2}\gamma\right)^2}{\left(2+\left(k+\frac{3}{2}\right)\cdot\gamma\right)^2},\quad k\geqslant0 \tag{4.1.36}$$

证明　利用不等式(4.1.34)和 $p=1$ 时的不等式(4.1.31)，可得

$$f(x_k)-f(x_{k+1})\geqslant\frac{L_0\cdot f(x_{k+1})-f(x^*))^{3/2}}{3\sqrt{2}\cdot(L+L_0)^{3/2}\cdot\tau_f^{3/2}}=\hat{\omega}^{-1/2}(f(x_{k+1})-f(x^*))^{3/2}$$

通过定义 $\delta_k=(f(x_k)-f(x^*))/\hat{\omega}$，我们得到

$$\delta_k-\delta_{k+1}\geqslant\delta_{k+1}^{3/2} \tag{4.1.37}$$

所以，$\ln\delta_k\geqslant\ln\delta_{k+1}+\ln(1+\delta_{k+1}^{1/2})\geqslant\frac{3}{2}\ln\delta_{k+1}$．于是，$\ln\delta_k\leqslant\left(\frac{3}{2}\right)^k\ln\delta_0$，这就是不等式 (4.1.35).

现在我们证明不等式(4.1.36)．利用不等式(4.1.37)，我们有

$$\frac{1}{\sqrt{\delta_{k+1}}}-\frac{1}{\sqrt{\delta_k}}\geqslant\frac{1}{\sqrt{\delta_{k+1}}}-\frac{1}{\sqrt{\delta_{k+1}+\delta_k^{3/2}+1}}=\frac{\sqrt{\delta_{k+1}+\delta_{k+1}^{3/2}}-\sqrt{\delta_{k+1}}}{\sqrt{\delta_{k+1}}\sqrt{\delta_{k+1}+\delta_{k+1}^{3/2}}}=\frac{\sqrt{+1\delta_{k+1}^{1/2}}-1}{\sqrt{\delta_{k+1}+\delta_{k+1}^{3/2}}}$$

$$=\frac{1}{\sqrt{1+\sqrt{\delta_{k+1}}}\cdot(1+\sqrt{1+\sqrt{\delta_{k+1}}})}=\frac{1}{1+\sqrt{\delta_{k+1}}+\sqrt{1+\sqrt{\delta_{k+1}}}}$$

$$\geqslant\frac{1}{2+\frac{3}{2}\sqrt{\delta_{k+1}}}\geqslant\frac{1}{2+\frac{3}{2}\sqrt{\delta_0}}$$

于是，$\dfrac{1}{\sqrt{\delta_k}}\geqslant\dfrac{1}{\gamma}+\dfrac{k}{2+\frac{3}{2}\gamma}$，这就是不等式(4.1.36). ∎

　　读者不要被(4.1.35)建立的超线性收敛速率迷惑．因为它仅对这个算法的第一阶段有效，且仅说明收敛到集合 $\mathscr{L}(\hat{\omega})$．例如，讨论在定理 4.1.4 中的第一阶段就非常短：仅仅进行了一次迭代．

　　现在我们分析 2 次梯度控制函数，这里我们同样分两个阶段来进行．

　　定理 4.1.7　用算法(4.1.16)极小化一个 2 次梯度控制函数，则

　　1. 如果目标函数的初始值足够大：

$$f(x_0)-f(x^*)\geqslant\widetilde{\omega}\stackrel{\text{def}}{=}\frac{L_0^4}{324(L+L_0)^6\tau_f^3} \tag{4.1.38}$$

则该算法的第一阶段收敛如下：

$$f(x_k)-f(x^*)\leqslant(f(x_0)-f(x^*))\cdot\mathrm{e}^{-k\cdot\sigma} \tag{4.1.39}$$

其中 $\sigma = \dfrac{\widetilde{\omega}^{1/4}}{\widetilde{\omega}^{1/4} + (f(x_0) - f(x^*))^{1/4}}$. 这个阶段在不满足式(4.1.38)的前 k_0 次迭代结束.

2. 对于 $k \geqslant k_0$，收敛速率是超线性的：

$$f(x_{k+1}) - f(x^*) \leqslant \widetilde{\omega} \cdot \left(\frac{f(x_k) - f(x^*)}{\widetilde{\omega}} \right)^{4/3} \tag{4.1.40}$$

证明 利用不等式(4.1.34)和 $p=2$ 时的不等式(4.1.31)，可得

$$f(x_k) - f(x_{k+1}) \geqslant \frac{L_0 \cdot f(x_{k+1}) - f(x^*))^{3/4}}{3\sqrt{2} \cdot (L + L_0)^{3/2} \cdot \tau_f^{3/4}}$$

$$= \widetilde{\omega}^{1/4} (f(x_{k+1}) - f(x^*))^{3/4}$$

258

通过定义 $\delta_k = (f(x_k) - f(x^*))/\widetilde{\omega}$，我们有

$$\delta_k \geqslant \delta_{k+1} + \delta_{k+1}^{3/4} \tag{4.1.41}$$

因此

$$\frac{\delta_k}{\delta_{k+1}} \geqslant 1 + \delta_k^{-1/4} \geqslant 1 + \delta_0^{-1/4} = \frac{1}{1-\delta} \geqslant e^\sigma$$

且得到式(4.1.39). 最后，由(4.1.41)，我们有 $\delta_{k+1} \leqslant \delta_k^{4/3}$，这就是(4.1.40). ∎

对比定理 4.1.7 和本节中其他定理的描述，我们可以看到一个显著的差异：第一次将初始残差 $f(x_0) - f(x^*)$ 以多项式的形式引入到该算法第一阶段的复杂度估计中. 在其他所有情况中，对于这个数值的依赖都是很弱的. 然而，我们将在 5.2 节研究极小化自和谐函数的复杂度时，看到类似的情况.

注意到 2 次梯度控制函数是可以嵌入到 1 次梯度控制函数中的. 但是，很容易验证这只会使定理 4.1.7 所建立的有效估计更差.

4.1.3.3 凸函数的非线性变换

设 $u(x): \mathbb{R}^n \to \mathbb{R}^n$ 是一个非退化的向量函数. 它的反函数记为 $v(u)$，即

$$v(u): \mathbb{R}^n \to \mathbb{R}^n, \quad v(u(x)) \equiv x$$

考虑以下函数：

$$f(x) = \phi(u(x))$$

其中 $\phi(u)$ 是一个水平集有界的凸函数. 它的极小点记为 $x^* \equiv v(u^*)$，固定某 $x_0 \in \mathbb{R}^n$，定义

$$\sigma = \max_u \{ \|v'(u)\| : \phi(u) \leqslant f(x_0) \}$$

$$D = \max_u \{ \|u - u^*\| : \phi(u) \leqslant f(x_0) \}$$

则以下的结论是显然的.

259

引理 4.1.9 对任意 $x, y \in \mathscr{L}(f(x_0))$ 有

$$\|x - y\| \leqslant \sigma \|u(x) - u(y)\| \tag{4.1.42}$$

证明 事实上，对于 $x, y \in \mathscr{L}(f(x_0))$，我们有 $\phi(u(x)) \leqslant f(x_0)$ 和 $\phi(u(y)) \leqslant$

$f(x_0)$. 考虑轨迹 $x(t)=v(tu(y)+(1-t)u(x))$，$t\in[0,1]$，则有

$$y-x=\int_0^1 x'(t)\mathrm{d}t=\left(\int_0^1 v'(tu(y)+(1-t)u(x))\mathrm{d}t\right)\cdot(u(y)-u(x))$$

进而得到式(4.1.42).

下面的结论与定理 4.1.4 非常相似.

定理 4.1.8　假设函数 f 的 Hessian 矩阵在凸集 $\mathscr{F}\supset\mathscr{L}(f(x_0))$ 上 Lipschitz 连续，Lipschitz 常数为 L，且序列 $\{x_k\}$ 由算法(4.1.16)产生.

1. 如果 $f(x_0)-f^*\geqslant\dfrac{3}{2}L(\sigma D)^3$，则 $f(x_1)-f^*\leqslant\dfrac{1}{2}L(\sigma D)^3$.

2. 如果 $f(x_0)-f^*\leqslant\dfrac{3}{2}L(\sigma D)^3$，则算法(4.1.16)的收敛速率为

$$f(x_k)-f(x^*)\leqslant\frac{3L(\sigma D)^3}{2(1+\frac{1}{3}k)^2},\ k\geqslant 0 \tag{4.1.43}$$

证明　事实上，根据不等式(4.1.11)、参数 M_k 的上界，以及定义(4.1.25)，对任意的 $k\geqslant 0$ 有

$$f(x_{k+1})-f(x^*)\leqslant\min_y[f(y)-f(x^*)+\frac{L}{2}\|y-x_k\|^3:$$
$$y=v(au^*+(1-\alpha)u(x_k)),\alpha\in[0,1]]$$

根据上述极小化问题中点 y 的定义和式(4.1.42)，可得

$$f(y)-f(x^*)=\phi(\alpha u^*+(1-\alpha)u(x_k))-\phi(u^*)\leqslant(1-\alpha)(f(x_k)-f(x^*))$$
$$\|y-x_k\|\leqslant\alpha\sigma\|u(x_k)-u^*\|\leqslant\alpha\sigma D$$

这意味着在定理 4.1.4 的推理中可用 σD 代替 D，这就完成了定理的证明.

下面证明强凸函数 ϕ 的一个结论. 定义 $\tilde{\omega}=\dfrac{1}{L^2}\left(\dfrac{\mu}{2\sigma^2}\right)^3$.

定理 4.1.9　设函数 ϕ 是凸参数 $\mu>0$ 的强凸函数，则在定理 4.1.8 的假设下，算法(4.1.16)的性能如下：

1. 如果 $f(x_0)-f(x^*)\geqslant\dfrac{4}{9}\tilde{\omega}$，则该算法第一阶段有以下的收敛速率：

$$f(x_k)-f(x^*)\leqslant\left[(f(x_0)-f(x^*))^{1/4}-\frac{k}{6}\sqrt{\frac{2}{3}}\ \tilde{\omega}^{1/4}\right]^4 \tag{4.1.44}$$

这个阶段只要对某 $k_0\geqslant 0$ 有 $f(x_{k_0})-f(x^*)\leqslant\dfrac{4}{9}\tilde{\omega}$ 就终止.

2. 对于 $k\geqslant k_0$，第二阶段的序列超线性收敛：

$$f(x_{k+1})-f(x^*)\leqslant\frac{1}{2}(f(x_k)-f(x^*))\sqrt{\frac{f(x_k)-f(x^*)}{\tilde{\omega}}} \tag{4.1.45}$$

证明　由不等式(4.1.11)、参数 M_k 的上界以及定义(4.1.25)，对任意的 $k\geqslant 0$ 有

$$f(x_{k+1}) - f(x^*) \leqslant \min_y \left[f(y) - f(x*) + \frac{L}{2} \| y - x_k \|^3 : \right.$$

$$\left. y = v(\alpha u^* + (1 - \alpha) u(x_k)), \alpha \in [0, 1] \right]$$

根据上述极小化问题中点 y 的定义和式(4.1.42),我们有

$$f(y) - f(x^*) = \phi(\alpha u^* + (1 - \alpha) u(x_k)) - \phi(u^*) \leqslant (1 - \alpha)(f(x_k) - f(x^*)),$$

$$\| y - x_k \| \leqslant \alpha \sigma \| u(x_k) - u^* \| \overset{(2.1.21)}{\leqslant} \alpha \sigma \sqrt{= \frac{2}{\mu} f(x_0) - f(x^*))}$$

这意味着在定理 4.1.5 的推理中可用 $\sigma^3 L$ 代替 L,这就完成了定理的证明. ∎

注意,这一节中所描述的函数经常被用作非凸优化算法的测试函数. 定义一个非退化变换 $u(\cdot): \mathbb{R}^n \to \mathbb{R}^n$ 的最简单的方法如下:

$$u^{(1)}(x) = x^{(1)}$$
$$u^{(2)}(x) = x^{(2)} + \phi_1(x^{(1)})$$
$$u^{(3)}(x) = x^{(3)} + \phi_2(x^{(1)}, x^{(2)}) \qquad\qquad (4.1.46)$$
$$\cdots \quad \cdots$$
$$u^{(n)}(x) = x^{(n)} + \phi_{n-1}(x^{(1)}, \cdots, x^{(n-1)})$$

261

其中 $\phi_1, \cdots, \phi_{n-1}$ 是任意的可微函数. 很明显,Jacobian 矩阵 $u'(x)$ 是有单位对角元的一个上三角矩阵. 因此,这个变换是非退化的.

4.1.4 实现问题

4.1.4.1 极小化三次正则化问题

为了计算映射 $T_M(x)$,我们需要求解一个辅助的极小化问题(4.1.5),即

$$\min_{h \in \mathbb{R}^n} \left[v(h) \overset{\text{def}}{=} \langle g, h \rangle + \frac{1}{2} \langle Hh, h \rangle + \frac{M}{6} \| h \|^3 \right] \qquad (4.1.47)$$

如果 Hessian 矩阵 H 是不定的,这个问题非凸. 它可能有许多严格的孤立极小点,但是我们需要找到全局极小点. 尽管如此,我们将在本节中说明,该问题等价于一个凸的单变量优化问题.

注意优化问题(4.1.47)的目标函数可以重新表示为如下方式:

$$v(h) = \min_{\tau \in \mathbb{R}} \left\{ \widetilde{v}(h, \tau) \overset{\text{def}}{=} \langle g, h \rangle + \frac{1}{2} \langle Hh, h \rangle + \frac{M}{6} |\tau|^{3/2} : \| h \|^2 \leqslant \tau \right\}$$

于是,点 $T_M(x)$ 可以从下面的问题中解到

$$\min_{h \in \mathbb{R}^n, \tau \in \mathbb{R}} \left[\widetilde{v}(h, \tau) : f(h, \tau) \overset{\text{def}}{=} \frac{1}{2} \| h \|^2 - \frac{1}{2} \tau \leqslant 0 \right]$$

由于这是一个约束极小化问题,我们可以建立其拉格朗日对偶问题(参见 1.3.3 节). 事实上,定义拉格朗日函数 $\mathcal{L}(h, \tau, \lambda) = \widetilde{v}(h, \tau) + \lambda \left[\frac{1}{2} \| h \|^2 - \frac{1}{2} \tau \right]$,其中 $h \in \mathbb{R}^n$,$\tau, \lambda \in \mathbb{R}$,则对偶函数为

$$\psi(\lambda) = \inf_{h \in \mathbb{R}^n, \, \tau \in \mathbb{R}} \left\{ \langle g, h \rangle + \frac{1}{2} \langle Hh, h \rangle + \frac{M}{6} |\tau|^{3/2} + \lambda \left[\frac{1}{2} \|h\|^2 - \frac{1}{2}\tau \right] \right\}$$

变量 τ 的最优值可以由等式 $\frac{M}{4} |\tau|^{1/2} \mathrm{sign}(\tau) = \frac{1}{2}\lambda$ 得到. 因此, $\tau(\lambda) = \frac{4\lambda |\lambda|}{M^2}$, 并且有

$$\psi(\lambda) = \inf_{h \in \mathbb{R}^n} \left\{ \langle g, h \rangle + \frac{1}{2} \langle (H + \lambda I_n) h, \, h \rangle - \frac{2}{3M^2} |\lambda|^3 \right\}$$

$$\mathrm{dom}\, \psi = \left\{ \lambda \in \mathbb{R} : \inf_{h \in \mathbb{R}^n} \left[q_\lambda(h) \stackrel{\mathrm{def}}{=} \langle g, h \rangle + \frac{1}{2} \langle (H + \lambda I_n) h, \, h \rangle \right] > -\infty \right\}$$

[262]

我们来描述 $\mathrm{dom}\, \psi$ 的结构. 不失一般性, 可以假设 H 是一个对角矩阵, 且对角线元素为 $\{H_i\}_{i=1}^n$, 令 $H_{\min} = \min_{1 \leqslant i \leqslant n} H_i$.

如果 $\lambda > -H_{\min}$, 则 $\lambda \in \mathrm{dom}\, \psi$. 如果 $\lambda < -H_{\min}$, 则 $\lambda \notin \mathrm{dom}\, \psi$. 于是, 只有点 $\lambda = -H_{\min}$ 的状态可能不确定. 定义

$$G^2 = \sum_{i \in I^*} (g^{(i)})^2, \quad I^* = \{ i : H_i = H_{\min} \}$$

则有三种可能性.

1. $G^2 > 0$. 这时 $\mathrm{dom}\, \psi = \{ \lambda \in \mathbb{R} : \lambda > -H_{\min} \}$. 在这个区域内任意 λ 都有

$$\psi(\lambda) = -\frac{1}{2} \frac{G^2}{H_{\min} + \lambda} - \frac{1}{2} \sum_{i \notin I^*} \frac{(g^{(i)})^2}{H_i + \lambda} - \frac{2}{3M^2} |\lambda|^3 \tag{4.1.48}$$

同时, 函数 $q_\lambda(\cdot)$ 的最优向量具有如下形式

$$h(\lambda) = -(H + \lambda I_n)^{-1} g$$

该向量和值 $\tau(\lambda)$ 在 $\mathrm{dom}\, \psi$ 上的定义是唯一的, 而且连续. 所以, 由定理 1.3.2 可得

$$\min_{h \in \mathbb{R}^n} v(h) = \max_{\lambda \in \mathrm{dom}\, \psi \cap \mathbb{R}_+} \psi(\lambda) \tag{4.1.49}$$

2. $G^2 = 0$. 这时 $\mathrm{dom}\, \psi = \{ \lambda \in \mathbb{R} : \lambda \geqslant -H_{\min} \}$. 这种情形下, 对任意 $\lambda > -H_{\min}$, 唯一最优向量定义如下:

$$h^{(i)}(\lambda) = \begin{cases} \dfrac{g^{(i)}}{H_i + \lambda}, & \text{若 } i \notin I^* \\ 0, & \text{其他} \end{cases}, \quad i = 1, \cdots, n \tag{4.1.50}$$

这个向量在 $\mathrm{dom}\, \psi$ 上是连续的. 所以, 如果

$$\lambda^* \stackrel{\mathrm{def}}{=} \arg \max_{\lambda \in \mathrm{dom}\, \psi \cap \mathbb{R}_+} \psi(\lambda) > -H_{\min}$$

则定理 1.3.2 的条件是满足的. 在这种情况下, 关系式 (4.1.49) 也是有效的.

3. 唯一剩余情况是 $G^2 = 0$ 且 $\lambda^* = -H_{\min}$. 只有当 $H_{\min} \leqslant 0$ 且梯度足够小 (例如 $g = 0$) 时才可能这样. 这种情况下, 定义规则 (4.1.50) 已经不能用, 且我们需要用矩阵 H 对应于特征值 $H_{\min}$ 的特征向量来构造问题 (4.1.47) 的解.

[263]

选择一个任意的 $k \in I^*$ 和一个小参数 $\delta > 0$, 定义一个新函数

$$v_\delta(h) = v(h) + \delta h^{(k)}$$

这个函数满足情形 1 中的条件. 因此, 由(4.1.49)式, 我们有

$$\max_{h \in \mathbb{R}^n} v_\delta(h) = \max_{\lambda \in \operatorname{dom} \psi_\delta \cap \mathbb{R}_+} \psi_\delta(\lambda),$$

$$\psi_\delta(\lambda) = -\frac{1}{2} \frac{\delta^2}{H_{\min} + \lambda} - \frac{1}{2} \sum_{i \notin I^*} \frac{(g^{(i)})^2}{H_i + \lambda} - \frac{2}{3M^2} |\lambda|^3$$

由于 $\operatorname{dom} \psi_\delta = (-H_{\min}, +\infty)$, 对偶问题的最优点 λ_δ^* 可以从如下等式中得到:

$$\frac{\delta^2}{(H_{\min} + \lambda)^2} + \sum_{i \notin I^*} \frac{(g^{(i)})^2}{(H_i + \lambda)^2} = \frac{4\lambda^2}{M^2} \tag{4.1.51}$$

这样, 原始问题的最优向量为

$$h_*(\delta) = -(H + \lambda_\delta^* I_n)^{-1}(g + \delta e_k)$$

当 $i \neq k$ 时, 其所有分量 $h_*^{(i)}(\delta)$ 关于 δ 连续(注意 H 是一个对角矩阵). 当 $i = k$ 时, 有

$$h_*^{(k)}(\delta) = -\frac{\delta}{H_{\min} + \lambda_\delta^*} \overset{(4.1.51)}{=} -\left[\frac{4(\lambda_\delta^*)^2}{M^2} - \sum_{i \notin I^*} \frac{(g^{(i)})^2}{(H_i + \lambda_\delta^*)^2}\right]^{1/2}$$

于是, 存在极限 $h_* = \lim\limits_{\delta \to 0} h_*(\delta)$ 满足

$$h_* = \sum_{i \notin I^*} h_*^{(i)} e_i + h_*^{(k)} e_k, \quad h_*^{(i)} = -\frac{g^{(i)}}{H_i - H_{\min}}, \quad i \notin I^*$$

$$h_*^{(k)} = -\left[\frac{4H_{\min}^2}{M^2} - \sum_{i \notin I^*} \frac{(g^{(i)})^2}{(H_i - H_{\min})^2}\right]^{1/2} \tag{4.1.52}$$

很容易看出 h_* 是问题(4.1.47)的一个全局最优解. 事实上, 对于任意的 $h \in \mathbb{R}^n$, 我们都有

$$v_\delta(h) \geqslant v_\delta(h_*(\delta)) \geqslant v(h_*(\delta)) - \delta |h_*^{(k)}(\delta)|$$

在这些不等式中令 $\delta \to 0$ 取极限, 就可以得到 $v(h) \geqslant v(h_*)$. ■

264

注意在情形 1 和情形 2 中, 对偶问题的最优解 λ^* 满足一阶最优性条件

$$\psi(\lambda^*) = -\frac{1}{2} \frac{G^2}{(H_{\min} + \lambda^*)^2} - \frac{1}{2} \sum_{i \notin I^*} \frac{(g^{(i)})^2}{(H_i + \lambda^*)^2} - \frac{2}{M^2}(\lambda^*)^2 \overset{(1.2.4)}{=} 0$$

且原始问题(4.1.47)的全局最优解是 $h_* = -(H + \lambda^* I_n)^{-1} g$. 换句话说, λ^* 满足等式

$$\|(H + \lambda^* I_n)^{-1} g\| = \frac{2}{M} \lambda^* \tag{4.1.53}$$

于是, $r_M(x) = \|h_*\| = \frac{2}{M} \lambda^*$, 并且可以得出 $H + \frac{M r_M(x)}{2} I_n \geqslant 0$(这就是(4.1.8)). 注意到在情形 3 中, 我们有 $\|h_*\| = \frac{2|H_{\min}|}{M}$. 于是, 我们也有

$$H + \frac{M r_M(x)}{2} I_n = H + |H_{\min}| I_n \geqslant 0$$

使用新的变量 r, 等式(4.1.53)就可以重写为以下形式:

$$r = \left\|\left(\frac{H + Mr}{2} I\right)^{-1} g\right\| \tag{4.1.54}$$

其中 $r \geqslant \frac{2}{M}(-\lambda_{\min}(H))_+$. 根据信赖域方法的要求，这类方程的求解技术已经非常完善了. 相比于(4.1.54)，采用信赖域方法求解的方程组都有一个常数的左端项. 当然，求解(4.1.54)的所有可能的困难都由其非线性凸的右端项. 不管怎样，在运行求解此方程的过程之前，将矩阵 H 用 Lanczos 算法转换为三对角形式是合理的. 一般情况下，这个操作需要 $O(n^3)$ 运算量.

为了说明在求解对偶问题中可能出现的困难，我们来看下面的例子.

例 4.1.4　设 $n=2$，且

$$g = (-1, 0)^T, \quad H_1 = 0, \quad H_2 = -1, \quad M = 1$$

于是，我们的原始问题为

$$\min_{h \in \mathbb{R}^2} \left\{ \psi(h) \equiv -h^{(1)} - \frac{1}{2}(h^{(2)})^2 + \frac{1}{6}\left[\sqrt{(h^{(1)})^2 + (h^{(2)})^2} \right]^3 \right\}$$

根据式(4.1.6)，我们需要求解两个非线性方程的方程组：

$$\frac{h^{(1)}}{2}\sqrt{(h^{(1)})^2 + (h^{(2)})^2} = 1$$

$$\frac{h^{(2)}}{2}\sqrt{(h^{(1)})^2 + (h^{(2)})^2} = h^{(2)}$$

于是，得到三个候选的解：

$$h_1^* = (\sqrt{2}, 0)^T, \quad h_2^* = (1, \sqrt{3})^T, \quad h_3^* = (1, -\sqrt{3})^T$$

通过将解直接代入问题，我们可以看到

$$\psi(h_1^*) = -\frac{2\sqrt{2}}{3} > -\frac{7}{6} = \psi(h_2^*) = \psi(h_3^*)$$

于是，h_2^* 和 h_3^* 都是全局解.

我们来看对偶问题. 由于 $G^2 = 0$，则我们有目标函数

$$\psi(\lambda) \overset{(4.1.48)}{=} -\frac{1}{2\lambda} - \frac{2}{3}\lambda^3$$

我们需要在约束条件 $\lambda \geqslant (-H_{\min})_+ = 1$ 下极大化这个函数. 由于 $\psi'(1) < 0$，我们可以得出 $\lambda^* = 1$. 于是，利用表达式(4.1.52)，我们得到

$$h^* = -e_1 \cdot \frac{-1}{0+1} + e_2\left[4H_{\min}^2 - \frac{1}{(-H_{\min})^2}\right]^{1/2} = (1, \sqrt{3})^T \qquad \blacksquare$$

据我们所知，在第 3 种退化情况下，不通过计算矩阵 H 的特征值分解，求解问题(4.1.47)的全局最小值的方法还是未知的. 当然，我们总可以说，在向量 g 的任意小的随机扰动之后，这种退化性会以概率 1 消失.

4.1.4.2　线性搜索策略

下面我们来讨论算法(4.1.16)步骤 1 的计算开销，它包括寻找满足条件

$$f(T_{M_k}(x_k)) \leqslant \bar{f}_{M_k}(x_k)$$

的 $M_k \in [L_0, 2L]$. 注意到对 $M_k \geqslant L$ 这个不等式总成立. 现在考虑如下回溯策略.

$$\text{确定第一个 } i_k \geqslant 0 \text{ 满足 } f(T_{2^{i_k} M_k}(x)) \leqslant \bar{f}_{2^{i_k} M_k}(x_k) \qquad (4.1.55)$$
$$\text{定义 } x_{k+1} := T_{2^{i_k} M_k}(x_k) \text{ 和 } M_{k+1} := 2^{i_k} M_k$$

如果我们从 $M_0 \in [L_0, 2L]$ 开始在算法(4.1.16)的每一次迭代中都应用这个过程, 则我们有以下优点:

- $M_k \leqslant 2L$;
- 在算法(4.1.16)的 N 次迭代中, 计算映射 $T_{M_k}(\cdot)$ 的额外计算总量等于

$$\sum_{k=0}^{N} i_k = \sum_{k=0}^{N} \log_2 \frac{M_{k+1}}{M_k} = \log_2 \frac{M_{N+1}}{M_0} \leqslant 1 + \log_2 \frac{L}{L_0}$$

(事实上, 如果 $i_k = 0$, 则我们在该迭代中只计算一次映射 $T_{M_k}(\cdot)$.) 上式右端项不依赖于主过程的迭代次数 N.

然而, 有可能规则(4.1.55)过于保守. 事实上, 我们仅增加而从来不减小常数 L 的估计, 这会迫使该算法只取短步长. 更乐观的策略为

$$\text{确定第一个 } i_k \geqslant 0 \text{ 满足 } f(T_{2^{i_k} M_k}(x)) \leqslant \bar{f}_{2^{i_k} M_k}(x_k) \qquad (4.1.56)$$
$$\text{定义 } x_{k+1} := T_{2^{i_k} M_k}(x_k) \text{ 和 } M_{k+1} := \max\{L_0, 2^{i_k - 1} M_k\}$$

这样, 在算法(4.1.16)的 N 次迭代后, 计算映射 $T_{M_k}(\cdot)$ 的额外计算总量有如下界

$$\sum_{k=0}^{N} i_k \leqslant \sum_{k=0}^{N} \log_2 \frac{2M_{k+1}}{M_k} = N + 1 + \log_2 \frac{M_{N+1}}{M_0} \leqslant N + 2 + \log_2 \frac{L}{L_0}$$

于是, 该过程在 N 次迭代后, 我们计算映射 $T_M(\cdot)$ 的次数不多于

$$2N + 3 + \log_2 \frac{2L}{L_0}$$

这是为可能使用长步长更新迭代而付出的一个合理的代价.

4.1.5 全局复杂度界

现在比较本节给出的复杂度结果和一些已知的其他极小化算法的全局效率界.

假设函数 f 在 $\mathbb{R}^n$ 上是强凸的, 且凸参数 $\mu > 0$(参见(4.1.32)). 在这种情况下, 函数存在唯一的全局极小点 x^*, 并且条件(4.1.27)对所有 $x \in \mathbb{R}^n$ 都成立(参见定理 2.1.8). 又假设该函数的 Hessian 矩阵是 Lipschitz 连续的, 即

$$\|\nabla^2 f(x) - \nabla^2 f(y)\| \leqslant L\|x - y\|, \qquad \forall x, y \in \mathbb{R}^n$$

对于此类函数, 我们利用定理 4.1.4 和 4.1.5 的结论来得到算法(4.1.16)的复杂度上界.

事实上, 固定某 $x_0 \in \mathbb{R}^n$, 记函数的水平集的半径为 D, 即

$$D = \max_x \{\|x - x^*\| : f(x) \leqslant f(x_0)\}$$

由条件(4.1.27), 我们得到

$$D \leqslant \left[\frac{2}{\mu} f(x_0) - f(x^*)) \right]^{1/2}$$

我们将看到，可以很自然地用如下特性

$$\varkappa \equiv \varkappa(x_0) = \frac{LD}{\mu}$$

来度量初始点 x_0 的质量.

我们引入三个阈值：

$$\omega_0 = \frac{\mu^3}{18L^2} \equiv \frac{4}{9}\bar{\omega}, \quad \omega_1 = \frac{3}{2}\mu D^2, \quad \omega_2 = \frac{3}{2}LD^3$$

根据定理(4.1.4)，我们用一次迭代可到达水平集 $f(x_0) - f(x^*) \leqslant \frac{1}{2}LD^3$. 因此，不失一般性，我们假设

$$f(x_1) - f(x^*) \leqslant \omega_2$$

假定我们感兴趣的是找到一个精度非常高的解. 注意到 $\varkappa \leqslant 1$ 时是很简单的，因为算法(4.1.16)的第一次迭代就非常接近其超线性收敛区域(见定理 4.1.5 的第 2 项).

考虑 $\varkappa \geqslant 1$ 的情况. 这时 $\omega_0 \leqslant \omega_1 \leqslant \omega_2$. 下面我们来估计以下几个阶段的迭代次数：

$$\text{阶段 1：} \omega_1 \leqslant f(x_i) \leqslant \omega_2$$
$$\text{阶段 2：} \omega_0 \leqslant f(x_i) \leqslant \omega_1$$
$$\text{阶段 3：} \epsilon \leqslant f(x_i) \leqslant \omega_0$$

根据定理 4.1.4，第一阶段的迭代次数 k_1 的上界由下面不等式确定：

$$\omega_1 \leqslant \frac{3LD^3}{2\left(1 + \frac{1}{3}k_1\right)^2}$$

于是，$k_1 \leqslant 3\sqrt{\varkappa}$. 进一步，根据定理 4.1.5 中的第 1 项，我们可以界定第二阶段的迭代次数 k_2 如下：

$$\omega_0^{1/4} \leqslant (f(x_{k_1} + 1) - f(x^*))^{1/4} - \frac{k_2}{6}\omega_0^{1/4} \leqslant \left(\frac{1}{2}\mu D^2\right)^{1/4} - \frac{k_2}{6}\omega_0^{1/4}$$

这就给出 k_2 满足 $k_2 \leqslant 3^{3/4} 2^{1/2} \sqrt{\varkappa} \leqslant 3.25\sqrt{\varkappa}$.

最后，令 $\delta_k = \frac{1}{4\omega_0}(f(x_k) - f(x^*))$. 由不等式(4.1.29)，我们有

$$\delta_{k+1} \leqslant \delta_k^{3/2}, \quad k \geqslant \bar{k} \equiv k_1 + k_2 + 1$$

同时，有 $f(x_{\bar{k}}) - f(x^*) \leqslant \omega_0$. 于是，$\delta_{\bar{k}} \leqslant \frac{1}{4}$，最后一阶段的迭代次数 k_3 的上界可以从如下不等式得到：

$$\left(\frac{3}{2}\right)^{k_3} \ln 4 \leqslant \ln\frac{4\omega_0}{\epsilon}$$

即 $k_3 \leqslant \log_{\frac{3}{2}} \log_4 \frac{2\mu^3}{9\epsilon L^2}$. 将所有上界一起考虑，我们得到算法(4.1.16)的总步数 N 的上

界为

$$N \leqslant 6.25\sqrt{\frac{LD}{\mu}} + \log_{\frac{3}{2}}\left(\log_4 \frac{1}{\epsilon} + \log_4 \frac{2\mu^3}{9L^2}\right) \tag{4.1.57}$$

有趣的是，在估计(4.1.57)中，我们问题的参数以加性的方式与精度参数相互作用．回忆到通常这种相互作用是乘性的．例如，我们来估计对具有 Lipschitz 连续梯度的强凸函数的快速梯度法(2.2.20)求解该问题的复杂度．用 $\hat{L}$ 表示矩阵 $\nabla^2 f(x^*)$ 的最大特征值，则我们可以保证

$$\mu I \leqslant \nabla^2 f(x) \leqslant (\hat{L} + LD)I \quad \forall x, \|x - x^*\| \leqslant D$$

于是，最优梯度法的复杂度上界为

$$O\left(\sqrt{\frac{\hat{L} + LD}{\mu}} \ln \frac{(\hat{L} + LD)D^2}{\epsilon}\right)$$

量级的迭代．对于梯度法(2.1.37)，这个上界更差，为

$$O\left(\frac{\hat{L} + LD}{\mu} \ln \frac{(\hat{L} + LD)D^2}{\epsilon}\right)$$

于是，我们可以得出结论，三次牛顿法(4.1.16)的全局复杂度上界比梯度法的上界估计要好得多．同时，我们当然应该注意到每一次迭代的计算成本的差异．

对于其他非凸问题类，我们也可以得到类似的上界．例如，对于凸函数的非线性变换(参见 4.1.3.3)，它的复杂度上界为

$$N \leqslant 6.25\sqrt{\frac{\sigma}{\mu}LD} + \log_{\frac{3}{2}}\left(\log_4 \frac{1}{\epsilon} + \log_4 \frac{2\mu^3}{9\sigma^6 L^2}\right) \tag{4.1.58}$$

综上所述，注意到在算法(4.1.16)中，可以看到 Levenberg-Marquardt 方法的元素(见关系式(4.1.8))，或信赖域思想(见 4.1.4.1 节中的讨论)，或线性搜索技术(见(4.1.16)中的步骤 1 的规则)等．然而，所有这些事实都是该算法的主要思想的后续结果，包括将计算过程中的下一个测试点作为二阶近似的三次正则化的全局极小点，这完全高估了目标函数值．

4.2 加速的三次牛顿法

(原始和对偶空间；一致凸函数；牛顿迭代的正则化；二阶算法的全局非退化的一个加速算法；极小化强凸函数；伪加速．)

4.2.1 实向量空间

从本节开始，我们将经常使用更抽象的实向量空间．在本书之前的部分中，我们主要讨论的是最简单的空间 $\mathbb{R}^n$．然而，我们经常需要强调决策变量向量与梯度向量之间的根本区别．最简单的方法就是把它们放在不同的空间．对我们来说，变量的空间总是原始空间，梯度空间将是对偶空间．

设 $\mathbb{E}$ 是一个有限维的实向量空间, 而由 $\mathbb{E}$ 上的线性函数组成的 $\mathbb{E}^*$ 是它的对偶空间. 用 $\langle s, x \rangle_{\mathbb{E}}$ 表示在点 $x \in \mathbb{E}$ 处的 $s \in \mathbb{E}^*$ 的值 (有时称为 s 和 x 的标量积). 如果在表示上没有异义, 标量积的下标通常省略. 由于我们总是在有限维上研究, 所以有 $(\mathbb{E}^*)^* = \mathbb{E}$.

例如, 考虑一个定义域 $\mathrm{dom}\, f = \mathbb{E}$ 的可微函数 f, 则由梯度的定义, 我们有

$$f(x + h) = f(x) + \langle \nabla f(x), h \rangle + o(\|h\|), \quad x, h \in \mathbb{E}$$

于是, 梯度定义了一个关于 x 的线性函数, 且因此 $\nabla f(x) \in \mathbb{E}^*$. 重要的是要记住, 只有当 $\mathbb{E} = \mathbb{E}^* = \mathbb{R}^n$ 时, 梯度 (1.2.3) 的坐标形式才有意义. 为了将 $\mathbb{E}$ 转换为 $\mathbb{R}^n$, 我们需要确定这个空间的一个基. 可以有许多不同的方式来完成该操作, 这些不同方式会显著地改变函数的拓扑和它们的特性. 因此, 在阐明优化算法的原理时, 经常为了方便而避免这种操作.

进一步, 对两个空间 $\mathbb{E}_1$ 和 $\mathbb{E}_2^*$, 我们考虑一个线性算子 $A : \mathbb{E}_1 \to \mathbb{E}_2^*$. 对这个算子, 我们可定义其伴随算子 A^* 如下:

$$\langle Ax, y \rangle_{\mathbb{E}_2} \equiv \langle A^* y, x \rangle_{\mathbb{E}_1}, \quad \forall_x \in \mathbb{E}_1, y \in \mathbb{E}_2$$

显然, A^* 将 $\mathbb{E}_2$ 映射到 $\mathbb{E}_1^*$. 当 $\mathbb{E}_1 = \mathbb{R}^n$ 且 $\mathbb{E}_2 = \mathbb{R}^m$ 时, 算子 A 可以用 $(m \times n)$ - 矩阵表示. 这样, A^* 的矩阵就是其转置 $A^* = A^{\mathrm{T}}$.

为了有一个完整的思路, 我们给出一个将 $\mathbb{E}$ 和 $\mathbb{E}^*$ 转换为 $\mathbb{R}^n$ 的标准过程. 设 $n = \dim \mathbb{E}$, 在 $\mathbb{E}$ 中选择一个基 $B = (b_1, \cdots, b_n)$. 我们可以把它看作是由如下规则

$$x = B\bar{x} \stackrel{\mathrm{def}}{=} \sum_{i=1}^{n} b_i \bar{x}^{(i)}, \quad \bar{x} = (\bar{x}^{(1)}, \cdots, \bar{x}^{(n)})^{\mathrm{T}} \in \mathbb{R}^n$$

定义的一个线性算子 $B : \mathbb{R}^n \to \mathbb{E}$. 利用这个基, 我们可以定义线性算子 $B^* : \mathbb{E}^* \to \mathbb{R}^n$ 满足

$$\bar{s} = (\bar{s}^{(1)}, \cdots, \bar{s}^{(n)})^{\mathrm{T}} = B^* s \in R^n, \quad s \in \mathbb{E}^*$$

该定义等价于如下规则:

$$\bar{s}^{(i)} = \langle s, b_i \rangle, \quad i = 1, \cdots, n$$

这样, 利用算子 $(B^*)^{-1} : \mathbb{R}^n \to \mathbb{E}^*$, 我们可以在 $\mathbb{E}^*$ 中定义对偶基. 事实上, 对于 $\bar{s} \in \mathbb{R}^n$ 有 $s = (B^*)^{-1} \bar{s} \in \mathbb{E}^*$. 因此, $\mathbb{E}^*$ 中相应的基向量为

$$((B^*)^{-1} e_1, \cdots, (B^*)^{-1} e_n)$$

其中 e_i, $i = 1, \cdots, n$ 是 $\mathbb{R}^n$ 中的单位坐标向量. 注意到

$$\langle (B^*)^{-1} \bar{s}, b_i \rangle_{\mathbb{E}} = \langle (B^*)^{-1} \bar{s}, B e_i \rangle_{\mathbb{E}} = \langle B^* (B^*)^{-1} \bar{s}, e_i \rangle_{\mathbb{R}^n} = \bar{s}^{(i)}, \quad i = 1, \cdots, n$$

$$\tag{4.2.1}$$

因此, 对两个向量 $s \in \mathbb{E}^*$ 和 $x \in \mathbb{E}$ 的标量积, 我们得到如下表达式:

$$\langle s, x \rangle_{\mathbb{E}} = \langle (B^*)^{-1} \bar{s}, B\bar{x} \rangle_{\mathbb{E}} = \sum_{i=1}^{n} \bar{x}^{(i)} \langle (B^*)^{-1} \bar{s}, b_i \rangle$$

$$\stackrel{(4.2.1)}{=} \sum_{i=1}^{m} \bar{x}^{(i)} \bar{s}^{(i)} = \bar{s}^{\mathrm{T}} \bar{x} \equiv \langle \bar{s}, \bar{x} \rangle_{\mathbb{R}^n}$$

进一步，算子 $B: \mathbb{E} \to \mathbb{E}^*$ 被称为是自伴随的，如果满足

$$\langle Bx, y \rangle \equiv \langle By, x \rangle, \quad \forall x, y \in \mathbb{E}$$

对于 $\mathbb{E} = \mathbb{R}^n$，自伴随算子可以用一个对称矩阵来表示. 自伴随算子最重要的例子就是 Hessian 矩阵. 事实上，根据定义(见 1.2.7)，我们有

$$\nabla f(x + h) = \nabla f(x) + \nabla^2 f(x) h + o(\|h\|) \in \mathbb{E}^*, \quad x \in \mathbb{E}, h \in \mathbb{E}$$

于是，$\nabla^2 f(x)$ 是一个从 $\mathbb{E}$ 到 $\mathbb{E}^*$ 的线性算子. 这一解释证实了牛顿方向的有效性，即

$$\left[\nabla^2 f(x) \right]^{-1} \nabla f(x) \in \mathbb{E}$$

众所周知，对于二次连续可微函数，其 Hessian 矩阵的表达式是对称的. 这意味着任意的 Hessian 矩阵都是一个自伴随算子.

最后，自伴随算子 $B: \mathbb{E} \to \mathbb{E}^*$ 是半正定的，如果满足

$$\langle Bx, x \rangle \geqslant 0, \quad \forall x \in \mathbb{E}$$

并记作 $B \geqslant 0$. 如果对于所有的 $x \neq 0$，上式是严格不等式，则我们称这个算子是正定的(记作 $B > 0$). 正定算子是可逆的.

现在我们可以定义需要的所有对象. 取定一个正定的自伴随算子 $B: \mathbb{E} \to \mathbb{E}^*$，定义空间 $\mathbb{E}$ 的原始范数为

$$\|h\| = \langle Bh, h \rangle^{1/2}, h \in \mathbb{E} \tag{4.2.2}$$

上述讨论指出，这类算子 B 的最自然的选择是凸函数的非退化 Hessian 矩阵. 我们将在第 5 章中详细讨论这种可能性.

$\mathbb{E}^*$ 的对偶范数可用标准方式定义为

$$\|s\|_* = \max_{x \in \mathbb{E}} \{ \langle s, x \rangle : \|x\| \leqslant 1 \} \overset{(3.1.64)}{=} \langle s, B^{-1} s \rangle^{1/2}, \quad s \in \mathbb{E}^* \tag{4.2.3}$$

该定义的一个直接结果就是 Cauchy-Schwarz 不等式

$$\langle s, x \rangle \overset{(4.2.3)}{\leqslant} \|s\|_* \cdot \|x\|, \quad x \in \mathbb{E}, s \in \mathbb{E}^* \tag{4.2.4}$$

最后，对一个线性算子 $A: \mathbb{E} \to \mathbb{E}^*$，我们有

$$\|A\| = \max_{\|h\| \leqslant 1} \|Ah\|_* \tag{4.2.5}$$

如果算子 A 是自伴随的，相同的范数可以定义为

$$\|A\| = \max_{\|h\| \leqslant 1} |\langle Ah, h \rangle| \tag{4.2.6}$$

任意 $s \in \mathbb{E}^*$ 可生成一个秩 1 的自伴随算子 $ss^*: \mathbb{E} \to \mathbb{E}^*$，如下所示：

$$ss^* \cdot x = \langle s, x \rangle \cdot s, \quad x \in \mathbb{E}$$

补充定义 $A(0) = 0$ 可将算子 $A(s) \overset{\text{def}}{=} \dfrac{ss^*}{\|s\|_*}$ 扩展为在原点连续.

在本节中，我们主要讨论具有 Lipschitz 连续 Hessian 矩阵的函数，即

$$\|\nabla^2 f(x) - \nabla^2 f(y)\| \leqslant L_3 \|x - y\|, \quad x, y \in \mathbb{E} \tag{4.2.7}$$

其中 $L_3 \overset{\text{def}}{=} L_3(f)$. 这样，对 $\mathbb{E}$ 中所有 x 和 y 有

$$\|\nabla f(y) - \nabla f(x) - \nabla^2 f(x)(y-x)\|_* \overset{(1.2.13)}{\leqslant} \frac{1}{2}L_3\|y-x\|^2 \qquad (4.2.8)$$

另外，对于二次模型

$$f_2(x;y) \overset{\text{def}}{=} f(x) + \langle \nabla f(x), y-x \rangle + \frac{1}{2}\langle \nabla^2 f(x)(y-x), y-x \rangle$$

我们可以界定其余项为

$$\left| f(y) - f_2(x;y) \right| \overset{(1.2.14)}{\leqslant} \frac{L_3}{6}\|y-x\|^3, \quad x,y \in \mathbb{E} \qquad (4.2.9)$$

4.2.2　一致凸函数

在本节中，我们将经常用到三次幂函数

$$d_3(x) = \frac{1}{3}\|x-x_0\|^3, \quad \nabla d_3(x) = \|x-x_0\| \cdot B(x-x_0), \quad x \in \mathbb{E}$$

这是一致凸函数最简单的例子. 为了了解它们的性质，我们需要建立一些理论.

设函数 $d(\cdot)$ 在闭凸集 Q 上是可微的. 我们称函数 $d(\cdot)$ 在 Q 上是 $p \geqslant 2$ 次一致凸函数，如果存在一个常数 $\sigma_p = \sigma_p(d) > 0$ 使得⊖

$$d(y) \geqslant d(x) + \langle \nabla d(x), y-x \rangle + \frac{1}{p}\sigma_p\|y-x\|^p, \quad \forall x,y \in Q \qquad (4.2.10)$$

常数 σ_p 称为该函数的一致凸性参数. 给这个函数加任意一个凸函数，我们可以得到一个具有相同一致凸参数、相同一致凸阶数的一致凸函数. 回想到 $p=2$ 对应于强凸函数（见 (2.1.20)）. 在过去的记号中，函数 f 的强凸参数 μ 对应于 $\sigma_2(f)$.

注意到任何一致凸函数的增长速度都比任何线性函数快. 因此，它的水平集总是有界的. 这意味着，只要可行集非空，任何具有一致凸目标函数的极小化问题总是可解的. 而且，它的解总是唯一的.

将 (4.2.10) 中的 x 和 y 互换，然后再与原式相加，我们得到

$$\langle \nabla d(x) - \nabla d(y), x-y \rangle \geqslant \frac{2}{p}\sigma_p\|x-y\|^p, \quad \forall x,y \in Q \qquad (4.2.11)$$

看来这个条件对于一致凸性是充分的（但是，对于 $p > 2$，凸性参数是变化的）.

引理 4.2.1　假设对某 $p \geqslant 2$，$\sigma > 0$，有不等式

$$\langle \nabla d(x) - \nabla d(y), x-y \rangle \geqslant \sigma\|x-y\|^p, \quad x,y \in Q \qquad (4.2.12)$$

则函数在 Q 上是 p 次一致凸的，且一致凸性参数为 σ.

证明　事实上

$$d(y) - d(x) - \langle \nabla d(x), y-x \rangle = \int_0^1 \langle d(x+\tau(y-x)) - \nabla d(x), y-x \rangle \mathrm{d}\tau$$

$$= \int_0^1 \frac{1}{\tau}\langle d(x+\tau(y-x)) - \nabla d(x), \tau(y-x) \rangle \mathrm{d}\tau$$

⊖　对于读者来说，证明没有次数 $p \in (0, 2)$ 的一致凸函数是一个很好的练习.

$$\overset{(4.2.12)}{\geqslant} \int_0^1 \sigma \tau^{p-1} \| y - x \|^p \, \mathrm{d}\tau = \frac{1}{p} \sigma \| y - x \|^p \qquad \blacksquare$$

引理 4.2.2 设 d 是 Q 上 $p \geqslant 2$ 次一致凸函数，则对所有的 $x, y \in Q$，我们有

$$d(y) - d(x) - \langle \nabla d(x), y - x \rangle \leqslant \frac{p-1}{p} \Big(\frac{1}{\sigma_p} \Big)^{\frac{1}{p-1}} \| \nabla d(y) - \nabla d(x) \|_*^{\frac{p}{p-1}} \quad (4.2.13)$$

证明 假设 d 在 $\mathbb{E}$ 上某点 $x^* \in Q$ 达到全局最小值，则

$$d(x^*) = \min_{y \in Q} d(y) \overset{(4.2.10)}{\geqslant} \min_{y \in Q} [d(x) + \langle \nabla d(x), y - x \rangle + \frac{1}{p} \sigma_p \| y - x \|^p]$$

$$\geqslant \min_{x \in \mathbb{E}} [d(x) + \langle \nabla d(x), y - x \rangle + \frac{1}{p} \sigma_p \| y - x \|^p]$$

$$\overset{(4.2.3)}{=} d(x) - \frac{p-1}{p} \Big(\frac{1}{\sigma_p} \Big)^{\frac{1}{p-1}} \| \nabla d(x) \|_*^{\frac{p}{p-1}}$$

取定 $x \in Q$，考虑凸函数 $\phi(y) = d(y) - \langle \nabla d(x), y \rangle$. 它是 p 次一致凸的且一致凸参数为 σ_p. 此外，它在 $y = x \in Q$ 处取到最小值. 因此，将以上不等式应用于 $\phi(y)$，可得 (4.2.13). $\qquad \blacksquare$

下面我们给出一致凸函数的一个重要例子. 通过取定任意 $x_0 \in \mathbb{E}$，定义函数 $d_p(x) = \frac{1}{p} \| x - x_0 \|^p$，其中范数是欧几里得范数（见 (4.2.2)），则

$$\nabla d_p(x) = \| x - x_0 \|^{p-2} \cdot B(x - x_0), \quad x \in \mathbb{E}$$

引理 4.2.3 对 $\mathbb{E}$ 中任意的 x 和 y 有

$$\langle \nabla d_p(x) - \nabla d_p(y), x - y \rangle \geqslant \Big(\frac{1}{2} \Big)^{p-2} \| x - y \|^p \qquad (4.2.14)$$

$$d_p(x) - d_p(y) - \langle \nabla d_p(y), x - y \rangle \geqslant \frac{1}{p} \Big(\frac{1}{2} \Big)^{p-2} \| x - y \|^p \qquad (4.2.15)$$

⌐275⌐

证明 不失一般性，假设 $x_0 = 0$，则

$$\langle \nabla d_p(x) - \nabla d_p(y), x - y \rangle = \langle \| x \|^{p-2} \cdot Bx - \| y \|^{p-2} \cdot By, x - y \rangle$$

$$= \| x \|^p + \| y \|^p - \langle Bx, y \rangle (\| x \|^{p-2} + \| y \|^{p-2})$$

为了证明 (4.2.14)，我们需要说明上述等式的右端项大于或等于

$$\Big(\frac{1}{2} \Big)^{p-2} \| x - y \|^p = \Big(\frac{1}{2} \Big)^{p-2} [\| x \|^2 + \| y \|^2 - 2 \langle Bx, y \rangle]^{p/2}$$

不失一般性，我们假设 $x \neq 0$ 且 $y \neq 0$，然后定义

$$\tau = \frac{\| y \|}{\| x \|}, \quad \alpha = \frac{\langle Bx, y \rangle}{\| x \| \cdot \| y \|} \in [-1, 1]$$

我们得到要证的结论为

$$1 + \tau^p \geqslant \alpha \tau (1 + \tau^{p-2}) + \Big(\frac{1}{2} \Big)^{p-2} [1 + \tau^2 - 2\alpha \tau]^{p/2}, \quad \tau \geqslant 0, \quad |\alpha| \leqslant 1 \quad (4.2.16)$$

由于这个不等式的右端项关于 α 是凸的，根据推论 3.1.2，我们需要对所有的 $\tau \geqslant 0$ 验证两个边界不等式：

$$\alpha = 1: \quad 1 + \tau^p \geqslant \tau(1 + \tau^{p-2}) + \left(\frac{1}{2}\right)^{p-2} |1 - \tau|^p \tag{4.2.17}$$

$$\alpha = -1: \quad 1 + \tau^p \geqslant -\tau(1 + \tau^{p-2}) + \left(\frac{1}{2}\right)^{p-2} (1 + \tau)^p$$

式(4.2.17)中的第二个不等式可以从下面这个比例式的下界中导出

$$\frac{1 + \tau^p + \tau(1 + \tau^{p-2})}{(1 + \tau)^p} = \frac{1 + \tau p - 1}{(1 + \tau)^{p-1}}, \quad \tau \geqslant 0$$

事实上，它的最小值在 $\tau = 1$ 处达到，这就证明了(4.2.17)的第二行. 为了证明第一行，注意它对 $\tau = 1$ 是成立的. 如果 $\tau \geqslant 0$ 且 $\tau \neq 1$，则我们需要从如下比值来估计

$$\frac{1 + \tau^p - \tau(1 + \tau^{p-2})}{|1 - \tau|^p} = \frac{(1 - \tau)(1 - \tau^{p-1})}{|1 - \tau|^p} = \frac{1 + \tau + \cdots + \tau^{p-2}}{|1 - t|^{p-2}}$$

由于多项式 $(1-\tau)^{p-2}$ 的任何系数的绝对值都不超过 2^{p-2}，所以不等式(4.2.17)的第一行也被证明了. 这就证明了(4.2.14)，而且我们可以直接用引理 4.2.1 证明式(4.2.15). ■

一致凸函数的主要性质是如下的增长条件.

定理 4.2.1 设 d 是 Q 上的具有常数 σ_p 的 $p \geqslant 2$ 次一致凸函数，令 $x^* = \arg\min\limits_{x \in Q} d(x)$，则对所有的 $x \in Q$ 有

$$d(x) \geqslant d(x^*) + \frac{1}{p}\sigma_p \|x - x^*\|^p \tag{4.2.18}$$

证明 事实上，由一阶最优性条件(2.2.39)有

$$\langle \nabla d(x^*), x - x^* \rangle \geqslant 0, \quad x \in Q$$

因此，由(4.2.10)可得(4.2.18). ■

于是，由(4.2.14)和引理 4.2.1，可得 $\sigma_3(d_3) = \frac{1}{2}$. 另一方面，可以证明如下重要的事实.

引理 4.2.4 对的任意的 $x, y \in \mathbb{E}$ 有

$$\|\nabla^2 d_3(x) - \nabla^2 d_3(y)\| \leqslant 2\|x - y\| \tag{4.2.19}$$

证明 对任意 $x \in \mathbb{E}$，我们有 $\nabla^2 d_3(x) = \|x\|B + \frac{1}{\|x\|}Bxx^*B$. 显然，对所有 $x \in \mathbb{E}$，我们有

$$\|\nabla^2 d_3(x)\| \overset{(4.2.4)}{\leqslant} 2\|x\| \tag{4.2.20}$$

取定两个点 $x, y \in \mathbb{E}$ 和任意方向 $h \in \mathbb{E}$，定义 $x(\tau) = x + \tau(y - x)$ 以及

$$\phi(\tau) = \langle \nabla^2 d_3(x(\tau))h, h \rangle = \|x(\tau)\| \cdot \|h\|^2 + \frac{1}{\|x(\tau)\|} \langle Bx(\tau), h \rangle^2, \quad \tau \in [0, 1]$$

首先假设 $0 \notin [x, y]$，则在 $[0, 1]$ 上 $\phi(\tau)$ 是连续可微的，且

$$\phi'(\tau) = \frac{\langle Bx(\tau), y-x \rangle}{\|x(\tau)\|} \cdot \|h\|^2 + \frac{2\langle Bx(\tau), h \rangle}{\|x(\tau)\|} \langle Bh, y-x \rangle - \frac{\langle Bx(\tau), h \rangle^2}{\|x(\tau)\|^3} \langle Bx(\tau), y-x \rangle$$

$$= \frac{\langle Bx(\tau), y-x \rangle}{\|x(\tau)\|} \cdot \underbrace{\left(\|h\|^2 - \frac{\langle Bx(\tau), h \rangle^2}{\|x(\tau)\|^2} \right)}_{\geq 0 \ ((4.2.4))} + \frac{2\langle Bx(\tau), h \rangle}{\|x(\tau)\|} \langle Bh, y-x \rangle$$

令 $\alpha = \dfrac{\langle Bx(\tau), h \rangle}{\|x(\tau)\| \cdot \|h\|} \in [-1, 1]$，则

$$|\phi'(\tau)| \leq \|y-x\| \cdot \|h\|^2 \cdot (1-\alpha^2+2|\alpha|) \leq 2\|y-x\| \cdot \|h\|^2$$

277

因此，

$$|\langle (\nabla^2 d_3(y) - \nabla^2 d_3(x))h, h \rangle| = |\phi(1) - \phi(0)| \leq 2\|y-x\| \cdot \|h\|^2$$

并且我们由 (4.2.6) 可得 (4.2.19).

另外的情形 $0 \in [x, y]$ 是平凡的，因为此时 $\|x-y\| = \|x\| + \|y\|$，我们可以用 (4.2.20) 证明结论. $\blacksquare$

在后续内容中，我们经常用不同阶导函数的 Lipschitz 常数. 对于 $p \geq 2$，用 $L_p(f)$ 表示函数 f 的 $p-1$ 阶导数的 Lipschitz 常数，即

$$\|\nabla^{(p-1)} f(x) - \nabla^{(p-1)} f(y)\| \leq L_p(f) \|x-y\|, \quad x, y \in \mathrm{dom}\, f \qquad (4.2.21)$$

利用这种记号，$L_2(f)$ 是函数 f 的梯度的 Lipschitz 常数. 同时，由引理 4.2.4 可得 $L_3(d_3) = 2$.

我们经常根据不同阶数的条件数

$$\gamma_p(f) \overset{\mathrm{def}}{=} \frac{\sigma_p(f)}{L_p(f)}, \quad p \geq 2 \qquad (4.2.22)$$

来建立不同问题类的复杂度. 例如，显然对 $d_2(x) = \dfrac{1}{2} \|x-x_0\|^2$，有 $\gamma_2(d_2) = 1$. 另一方面，可以得到 $\gamma_3(d_3) = \dfrac{1}{4}$.

4.2.3 牛顿迭代的三次正则化

考虑以下极小化问题：

$$\min_{x \in \mathbb{E}} f(x) \qquad (4.2.23)$$

其中 $\mathbb{E}$ 是一个有限维实向量空间，f 是一个二次可微凸函数，其 Hessian 矩阵 Lipschitz 连续. 正如 4.1 节中所示，在这个问题类上，三次牛顿法（CNM）的全局收敛速率是 $O\left(\dfrac{1}{k^2}\right)$ 阶的，其中 k 是迭代数（见定理 4.1.4）. 但是，注意到 CNM 其实是一个局部一步二阶算法. 由光滑凸优化的复杂度理论可知，局部一步二阶方法（这就是梯度法，见定理 2.1.14）的收敛速率可以通过应用多步策略从 $O\left(\dfrac{1}{k}\right)$ 提高到 $O\left(\dfrac{1}{k^2}\right)$（例如见定理 2.2.3）. 在本节中，我们研究一个适用于 CNM 的类似技巧. 这样，我们得到一种新算法，它在具体

278 问题类上的收敛能达到 $O\left(\dfrac{1}{k^3}\right)$.

回顾牛顿法的三次正则化的最重要的性质，同时考虑目标函数的凸性.

正如 4.1 节中提到的，我们引入如下映射：

$$T_M(x) \overset{\text{def}}{=} \underset{y \in \mathbb{E}}{\text{Arg min}} \left[\hat{f}_M(x;\, y) \overset{\text{def}}{=} f_2(x;\, y) + \frac{M}{6}\|y - x\|^3 \right] \tag{4.2.24}$$

注意到 $T = T_M(x)$ 是下述方程的唯一解：

$$\nabla f(x) + \nabla^2 f(x)(T - x) + \frac{1}{2}M \cdot \|T - x\| \cdot B(T - x) = 0 \tag{4.2.25}$$

定义 $r_M(x) = \|x - T_M(x)\|$，则

$$\|\nabla f(T)\|_* \overset{(4.2.25)}{=} \left\| \nabla f(T) - \nabla f(x) - \nabla^2 f(x)(T - x) - \frac{M}{2}r_M(x)B(T - x) \right\|_*$$

$$\overset{(4.2.8)}{\leqslant} \frac{L_3 + M}{2}r_M^2(x) \tag{4.2.26}$$

进一步，给(4.2.25)乘以 $T - x$，得到

$$\langle \nabla f(x),\, x - T \rangle = \langle \nabla^2 f(x)(T - x),\, T - x \rangle + \frac{1}{2}Mr_M^3(x) \tag{4.2.27}$$

假设 $M \geqslant L_3$，则由(4.2.9)，我们有

$$f(x) - f(T) \geqslant f(x) - \hat{f}_M(x;\, T)$$

$$= \langle \nabla f(x),\, x - T \rangle - \frac{1}{2}\langle \nabla^2 f(x)(T - x),\, T - x \rangle - \frac{M}{6}r_M^3(x)$$

$$= \frac{1}{2}\langle \nabla^2 f(x)(T - x),\, T - x \rangle + \frac{M}{3}r_M^3(x) \tag{4.2.28}$$

特别地，由于 f 是凸函数，有

$$f(x) - f(T) \overset{(4.2.28)}{\geqslant} \frac{M}{3}r_M^3(x) \overset{(4.2.26)}{\geqslant} \frac{M}{3}\left(\frac{2}{L_3 + M}\|\nabla f(T)\|_* \right)^{3/2} \tag{4.2.29}$$

有时我们需要从全局的角度来解释这一步，即

$$f(T) \overset{(M \geqslant L_3)}{\leqslant} \min_y \left[f_2(x;\, y) + \frac{M}{6}\|y - x\|^3 \right]$$

$$\overset{(4.2.9)}{\leqslant} \min_y \left[f(y) + \frac{L_3 + M}{6}\|y - x\|^3 \right] \tag{4.2.30}$$

279 最后，我们证明如下结果.

引理 4.2.5　如果 $M \geqslant 2L_3$，则

$$\langle \nabla f(T),\, x - T \rangle \geqslant \sqrt{\frac{2}{L_3 + M}} \cdot \|\nabla f(T)\|_*^{3/2} \tag{4.2.31}$$

证明　令 $T = T_M(x)$，$r = r_M(x)$，则

$$\frac{1}{4}L_3^2 r^4 = \left(\frac{L_3}{2}\|T - x\|^2 \right)^2 \overset{(4.2.8)}{\geqslant} \left\| \nabla f(T) - \nabla f(x) - \nabla^2 f(x)(T - x) \right\|_*^2$$

$$\overset{(4.2.25)}{=} \quad \left\| \nabla f(T) + \frac{1}{2} M \cdot r \cdot B(T-x) \right\|_*^2$$

$$= \quad \|\nabla f(T)\|_*^2 + Mr\langle \nabla f(T), T-x\rangle + \frac{1}{4}M^2 r^4$$

因此,

$$\langle \nabla f(T), x-T\rangle \geqslant \frac{1}{Mr}\|\nabla f(T)\|_*^2 + \frac{1}{4M}(M^2-L_3^2)r^3 \qquad (4.2.32)$$

根据引理的条件,我们可以估计不等式(4.2.32)右端项关于 r 的导数如下:

$$-\frac{1}{Mr^2}\|\nabla f(T)\|_*^2 + \frac{3r^2}{4M}(M^2-L_3^2) \geqslant -\frac{1}{Mr^2}\|\nabla f(T)\|_*^2 + \left(\frac{L_3+M}{2}\right)^2 \frac{r^2}{M} \overset{(4.2.26)}{\geqslant} 0$$

于是,不等式(4.2.32)右端项的最小值在可行射线(4.2.26)的边界点 $r = \left[\frac{2}{L_3+M}\|\nabla f(T)\|_*\right]^{1/2}$ 处达到. 将这个值代入到(4.2.32)可得(4.2.31). ∎

这一节的最后,我们估计一下 CNM 应用于我们的主要问题(4.2.23)时的收敛速率. 假设该问题存在解 x^*,并且目标函数的 Hessian 矩阵的 Lipschitz 常数 L_3 是已知的. 这样我们仅仅需要如下迭代:

$$x_{k+1} = T_{L_3}(x_k), \quad k=0,1,\cdots \qquad (4.2.33)$$

定理 4.2.2 假设问题(4.2.23)的水平集有界,即

$$\|x-x^*\| \leqslant D \quad \forall x: f(x) \leqslant f(x_0) \qquad (4.2.34)$$

如果序列 $\{x_k\}_{k=1}^{\infty}$ 是由算法(4.2.33)产生,则

$$f(x_k) - f(x^*) \leqslant \frac{9L_3 D^3}{(k+4)^2}, \quad k \geqslant 1 \qquad (4.2.35)$$

证明 根据(4.2.28)可得,对所有 $k \geqslant 0$ 有 $f(x_{k+1}) \leqslant f(x_k)$. 于是任意 $k \geqslant 0$ 有 $\|x_k - x^*\| \leqslant D$. 进一步,根据(4.2.30),我们有

$$f(x_1) \leqslant f(x^*) + \frac{L_3}{3}D^3 \qquad (4.2.36)$$

现在考虑任意 $k \geqslant 1$,令 $x_k(\tau) = x^* + (1-\tau)(x_k - x^*)$,由不等式(4.2.30),对所有 $\tau \in [0,1]$,我们有

$$f(x_{k+1}) \leqslant f(x_k(\tau)) + \tau^3 \frac{L_3}{3}\|x_k - x^*\|^3 \leqslant f(x_k) - \tau(f(x_k)-f(x^*)) + \tau^3 \frac{L_3 D^3}{3}$$

这个不等式的右端项关于 τ 的最小值在

$$\tau = \sqrt{\frac{f(x_k)-f(x^*)}{L_3 D^3}} \leqslant \sqrt{\frac{f(x_1)-f(x^*)}{L_3 D^3}} \overset{(4.2.36)}{<} 1$$

处达到. 于是,对任意 $k \geqslant 1$,我们有

$$f(x_{k+1}) \leqslant f(x_k(\tau)) - \frac{2}{3} \cdot \frac{(f(x_k)-f(x^*))^{3/2}}{\sqrt{L_3 D^3}} \qquad (4.2.37)$$

令 $\delta_k = f(x_k) - f(x^*)$,则

$$\frac{1}{\sqrt{\delta_{k+1}}} - \frac{1}{\sqrt{\delta_k}} = \frac{\delta_k - \delta_{k+1}}{\sqrt{\delta_k \delta_{k+1}}\left(\sqrt{\delta_k} + \sqrt{\delta_{k+1}}\right)} \overset{4.2.37}{\geqslant} \frac{2}{3\sqrt{L_3 D^3}} \cdot \frac{\delta_k}{\sqrt{\delta_{k+1}}\left(\sqrt{\delta_k} + \sqrt{\delta_{k+1}}\right)}$$

$$\geqslant \frac{1}{3\sqrt{L_3 D^3}}$$

于是，对任意 $k \geqslant 1$，我们有

$$\frac{1}{\sqrt{\delta_k}} \geqslant \frac{1}{\sqrt{\delta_1}} + \frac{k-1}{3\sqrt{L_3 D^3}} \overset{(4.2.36)}{\geqslant} \frac{1}{\sqrt{L_3 D^3}} \cdot \left(\sqrt{3} + \frac{k-1}{3}\right) \geqslant \frac{k+4}{3\sqrt{L_3 D^3}}$$

4.2.4　一个加速算法

为了加速算法(4.2.33)，我们采用估计序列技术的一种变形，估计序列技术是在 2.2.1 节中作为加速一般梯度法的工具提出的. 在这里，该方法以如下的方式应用于 CNM.

为了求解问题(4.2.23)，我们迭代地更新以下序列.

- 估计函数序列

$$\psi_k(x) = \ell_k(x) + \frac{C}{6}\|x - x_0\|^3, \quad k = 1, 2, \cdots \tag{4.2.38}$$

其中 $\ell_k(x)$ 是 $x \in \mathbb{E}$ 的线性函数，C 是正参数；

- 极小点序列 $\{x_k\}_{k=1}^{\infty}$；
- 缩放尺度参数序列 $\{A_k\}_{k=1}^{\infty}$ 满足

$$A_{k+1} \overset{\text{def}}{=} A_k + a_k, \quad k = 1, 2, \cdots$$

对于这些对象，我们将保持下述关系式：

$$\left.\begin{array}{l} \mathscr{R}_k^1 \colon A_k f(x_k) \leqslant \psi_k^* \equiv \min_{x \in \mathbb{E}} \psi_k(x) \\[3mm] \mathscr{R}_k^2 \colon \psi_k(x) \leqslant A_k f(x) + \dfrac{2L_3 + C}{6}\|x - x_0\|^3, \quad \forall x \in \mathbb{E} \end{array}\right\}, \quad k \geqslant 1 \tag{4.2.39}$$

我们来确保关系式(4.2.39)对 $k = 1$ 成立. 我们选择

$$x_1 = T_{L_3}(x_0), \quad \ell_1(x) \equiv f(x_1), x \in \mathbb{E}, \quad A_1 = 1 \tag{4.2.40}$$

那么，$\psi_1^* = f(x_1)$，所以 $\mathscr{R}_1^1$ 成立. 另一方面，根据定义(4.2.38)，我们有

$$\psi_1(x) = f(x_1) + \frac{C}{6}\|x - x_0\|^3$$

$$\overset{(4.2.30)}{\leqslant} \min_{y \in \mathbb{E}}\left[f(y) + \frac{2L_3}{6}\|y - x_0\|^3\right] + \frac{C}{6}\|x - x_0\|^3$$

从而得 $\mathscr{R}_1^2$.

现在假设关系式(4.2.39)对某 $k \geqslant 1$ 成立，令

$$v_k = \arg\min_{x \in \mathbb{E}} \psi_k(x)$$

281

我们来选择某 $a_k > 0$ 和 $M \geqslant 2L_3$，定义⊖

$$\alpha_k = \frac{a_k}{A_k + a_k}, \qquad y_k = (1 - \alpha_k)x_k + \alpha_k v_k, \quad x_{k+1} = T_M(y_k) \qquad (4.2.41)$$

$$\psi_{(k+1)}(x) = \psi_k(x) + a_k[f(x_{k+1}) + \langle \nabla f(x_{k+1}), x - x_{k+1} \rangle]$$

根据 $\mathscr{R}_k^2$，对任意 $x \in \mathbb{E}$，我们有

$$\psi_{k+1}(x) \leqslant A_k f(x) + \frac{2L_3 + C}{6}\|x - x_0\|^3 + a_k[f(x_{k+1}) + \langle \nabla f(x_{k+1}), x - x_{k+1} \rangle]$$

$$\overset{(2.1.2)}{\leqslant} (A_k + a_k)f(x) + \frac{2L_3 + C}{6}\|x - x_0\|^3$$

而这就是 $\mathscr{R}_{k+1}^2$。现在我们来说明，对于适合的 a_k，C 和 M，关系式 $\mathscr{R}_{k+1}^1$ 也是成立的。 $\boxed{282}$

事实上，依据 $\mathscr{R}_k^1$ 和 $p = 3$ 时的引理 4.2.3，对任意 $x \in \mathbb{E}$，我们有

$$\psi_k(x) \equiv \ell_k(x) + \frac{C}{2}d_3(x) \geqslant \psi_k^* + \frac{C}{2} \cdot \frac{1}{6}\|x - v_k\|^3$$

$$\geqslant A_k f(x_k) + \frac{C}{2} \cdot \frac{1}{6}\|x - v_k\|^3 \qquad (4.2.42)$$

因此，

$$\psi_{k+1}^* = \min_{x \in \mathbb{E}}\{\psi_k(x) + a_k[f(x_{k+1}) + \langle \nabla f(x_{k+1}), x - x_{k+1} \rangle]\}$$

$$\overset{(4.2.42)}{\geqslant} \min_{x \in \mathbb{E}}\left\{A_k f(x_k) + \frac{C}{12}\|x - v_k\|^3 + a_k[f(x_{k+1}) + \langle \nabla f(x_{k+1}), x - x_{k+1} \rangle]\right\}$$

$$\overset{(2.1.2)}{\geqslant} \min_{x \in \mathbb{E}}\{(A_k + a_k)f(x_{k+1}) + A_k\langle \nabla f(x_{k+1}), x_k - x_{k+1} \rangle$$

$$+ a_k\langle \nabla f(x_{k+1}), x - x_{k+1} \rangle + \frac{C}{12}\|x - v_k\|^3]\}$$

$$\overset{(4.2.41)}{=} \min_{x \in \mathbb{E}}\left\{A_{k+1}f(x_{k+1}) + \langle \nabla f(x_{k+1}), A_{k+1}y_k - a_kv_k - A_kx_{k+1} \rangle\right.$$

$$+ a_k\langle \nabla f(x_{k+1}), x - x_{k+1} \rangle + \frac{C}{12}\|x - v_k\|^3]\}$$

$$= \min_{x \in \mathbb{E}}\left\{A_{k+1}f(x_{k+1}) + A_{k+1}\langle \nabla f(x_{k+1}), y_k - x_{k+1} \rangle\right.$$

$$+ a_k\langle \nabla f(x_{k+1}), x - v_k \rangle + \frac{C}{12}\|x - v_k\|^3]\}$$

进一步，如果选择 $M \geqslant 2L_3$，则由 (4.2.31)，我们有

$$\langle \nabla f(x_{k+1}), y_k - x_{k+1} \rangle \geqslant \sqrt{\frac{2}{L_3 + M}} \cdot \|\nabla f(x_{k+1})\|_*^{3/2}$$

因此，我们选择的参数必须确保不等式

⊖ 这是与 2.2.2 节中介绍的技术的主要区别：我们通过在新点 x_{k+1} 处计算的线性化更新估计函数。

$$A_{k+1} \sqrt{\frac{2}{L_3 + M}} \cdot \|\nabla f(x_{k+1})\|_*^{3/2} + a_k \langle \nabla f(x_{k+1}), x - v_k \rangle + \frac{C}{12} \|x - v_k\|^3 \geqslant 0$$

对所有的 $x \in \mathbb{E}$ 都成立. 关于 $x \in \mathbb{E}$ 极小化这个表达式, 我们得到条件

$$A_{k+1} \sqrt{\frac{2}{L_3 + M}} \geqslant \frac{4}{3\sqrt{C}} a_k^{3/2} \tag{4.2.43}$$

对 $k \geqslant 1$, 我们选择

$$A_k = \frac{k(k+1)(k+2)}{6}$$

$$a_k = A_{k+1} - A_k = \frac{(k+1)(k+2)(k+3)}{6} - \frac{k(k+1)(k+2)}{6}$$

$$= \frac{(k+1)(k+2)}{2} \tag{4.2.44}$$

由于

$$a_k^{-3/2} A_{k+1} = \frac{2^{3/2}(k+1)(k+2)(k+3)}{6[(k+1)(k+2)]^{3/2}} = \frac{2^{1/2}(k+3)}{3[(k+1)(k+2)]^{1/2}} \geqslant \frac{2}{3}$$

不等式 (4.2.43) 给出关于参数的以下条件:

$$\frac{1}{L_3 + M} \geqslant \frac{2}{C}$$

所以, 我们可以选择

$$M = 2L_3, \quad C = 2(L_3 + M) = 6L_3 \tag{4.2.45}$$

这种情况下, 有 $2L_3 + C = 8L_3$.

现在我们准备把所有的部分整合在一起.

加速的三次正则化牛顿方法
初始化: 选择 $x_0 \in \mathbb{E}$. 令 $M = 2L_3$ 和 $C = 6L_3$;   　　计算 $x_1 = T_{L_3}(x_0)$ 且定义 $\psi_1(x) = f(x_1) + \dfrac{C}{6} \|x - x_0\|^3$.
第 k 次迭代 $(k \geqslant 1)$:   1. 计算 $v_k = \arg\min\limits_{x \in \mathbb{E}} \psi_k(x)$, 且选择 $y_k = \dfrac{k}{k+3} x_k + \dfrac{3}{k+3} v_k$;   2. 计算 $x_{k+1} = T_M(y_k)$, 且更新   　　$\psi_{k+1}(x) = \psi_k(x) + \dfrac{(k+1)(k+2)}{2} \cdot [f(x_{k+1}) + \langle \nabla f(x_{k+1}), x - x_{k+1} \rangle]$

$$\tag{4.2.46}$$

上述的分析已经证明了下述定理.

定理 4.2.3 如果序列 $\{x_k\}_{k=1}^{\infty}$ 是问题 (4.2.23) 由算法 (4.2.46) 产生的, 则对任意的 $k \geqslant 1$, 我们有

$$f(x_k) - f(x^*) \leqslant \frac{8L_3 \|x_0 - x^*\|^3}{k(k+1)(k+2)} \tag{4.2.47}$$

其中 x^* 是问题的一个最优解.

证明 事实上, 我们已经表明

$$A_k f(x_k) \overset{\mathscr{R}_k^1}{\leqslant} \psi_k^* \overset{\mathscr{R}_k^2}{\leqslant} A_k f(x^*) + \frac{2L_3 + C}{6} \|x_0 - x^*\|^3$$

于是, 由(4.2.44)和(4.2.45)可得(4.2.47). ∎

注意到式(4.2.46)中的 v_k 具有闭式表达式. 考虑

$$s_k = \nabla \ell_k(x)$$

由于函数 $\ell_k(x)$ 是线性的, 这个向量不依赖于 x, 因此

$$v_k = x_0 - \sqrt{\frac{2}{C\|s_k\|_*}} \cdot B^{-1} s_k$$

4.2.5 二阶算法的全局非退化性

传统意义上, 在数值分析中, 非退化一词是用于某类可有效求解的问题的. 对于无约束优化, 目标函数的非退化性通常由点 x 处的梯度与指向最优解的方向之间的角度的一致下界 $\tau(f)$ 来刻画的, 即

$$\alpha(x) \overset{\text{def}}{=} \frac{\langle \nabla f(x), x - x^* \rangle}{\|\nabla f(x)\|_* \cdot \|x - x^*\|} \geqslant \tau(f) > 0, \quad x \in \mathbb{E} \tag{4.2.48}$$

这个条件有一个良好的几何解释. 此外, 存在一大类光滑凸函数具有该性质. 这就是具有 Lipschitz 连续梯度的强凸函数类.

引理 4.2.6 $\tau(f) \geqslant \dfrac{2\sqrt{\gamma^2(f)}}{1 + \gamma^2(f)} > \sqrt{\gamma^2(f)}.$

证明 事实上, 根据不等式(2.1.32), 我们有

$$\langle \nabla f(x), x - x^* \rangle \geqslant \frac{1}{\sigma_2 + L_2} \|\nabla f(x)\|_*^2 + \frac{\sigma_2 L_2}{\sigma_2 + L_2} \|x - x^*\|^2$$

$$\geqslant \frac{2\sqrt{\sigma_2 L_2}}{\sigma_2 + L_2} \cdot \|\nabla f(x)\|_* \cdot \|x - x^*\|$$

这证明了所需的不等式. ∎

注意到光滑强凸函数类的一阶算法的效率界可以完全用条件数 γ^2 来刻画. 事实上, 一方面, 求解这问题类中的问题的 ϵ-解的复杂度下界已证明是

$$O\left(\frac{1}{\sqrt{\gamma^2}} \ln \frac{\sigma_2 D^2}{\epsilon}\right) \tag{4.2.49}$$

次 Oracle 调用, 其中常数 D 是初始点到最优解之间的距离的上界(见定理 2.1.13). 另一方面, 简单的数值算法(2.2.20)表现出所需的收敛速度(见定理 2.2.3).

对于二阶算法, 上述类型问题的复杂度有什么结果呢? 令人惊讶的是, 在这种情况

下，很难找到条件(4.2.48)的任何有利的结果．我们将在后面的 4.2.6 节中详细讨论这问题类的复杂度界．现在我们给出一个新的非退化性条件，它对二阶算法来取代(4.2.48)．

假设 $\gamma_3(f) = \dfrac{\sigma_3(f)}{L_3(f)} > 0$．在这种情况下，

$$f(x) - f(x^*) \overset{(4.2.13)}{\leqslant} \frac{2}{3\sqrt{\sigma_3}} \cdot \|\nabla f(x)\|_*^{3/2} \tag{4.2.50}$$

因此，对于算法(4.2.33)，我们有

$$f(x_k) - f(x_{k+1}) \overset{(4.2.29)}{\geqslant} \frac{1}{3\sqrt{L_3}} \|\nabla f(x_{k+1})\|_*^{3*2}$$

$$\overset{(4.2.50)}{\geqslant} \frac{1}{2}\sqrt{\gamma^3(f)} \cdot (f(x_{k+1}) - f(x^*)) \tag{4.2.51}$$

所以，对于任意 $k \geqslant 1$，我们有

$$f(x_k) - f(x^*) \overset{(4.2.51)}{\leqslant} \frac{f(x_1) - f^*}{\left(1 + \frac{1}{2}\sqrt{\gamma^3(f)}\right)^{k-1}}$$

$$\overset{(4.2.30)}{\leqslant} e^{-\frac{\sqrt{\gamma^3(f)} \cdot (k-1)}{2+\sqrt{\gamma^3(f)}}} \cdot \frac{L_3}{3}\|x_0 - x^*\|^3 \tag{4.2.52}$$

于是，用算法(4.2.33)极小化具有正条件数 $\gamma_3(f)$ 函数的复杂度是

$$O\left(\frac{1}{\sqrt{\gamma_3(f)}} \ln\frac{L_3 D^3}{\epsilon}\right) \tag{4.2.53}$$

量级的 Oracle 调用．这个估计的结构类似于式(4.2.49)给出的．因此，可以很自然地说，这类函数具有全局二阶非退化性．

下面我们来说明牛顿法(4.2.46)的加速变形可用于改进复杂度估计(4.2.53)．用 $\mathscr{A}_k(x_0)$ 表示算法(4.2.46)从初始点 x_0 开始而产生的点 x_k．研究以下过程．

$$\boxed{\begin{aligned} &1.\ 定义\ m = \left\lceil \left(\frac{24e}{\gamma_3(f)}\right)^{1/3} \right\rceil，并且令\ y_0 = x_0; \\ &2.\ 对于\ k \geqslant 0，迭代\ y_{k+1} = \mathscr{A}_m(y_k). \end{aligned}} \tag{4.2.54}$$

该算法的性能由以下引理导出．

引理 4.2.7 对任意 $k \geqslant 0$，我们有

$$\|y_{k+1} - x^*\|^3 \leqslant \frac{1}{e}\|y_k - x^*\|^3$$

$$f(y_k + 1) - f(x^*) \leqslant \frac{1}{e}(f(y_k) - f(x^*)) \tag{4.2.55}$$

证明 事实上，由于 $m \geqslant \left(\dfrac{24e}{\gamma_3(f)}\right)^{1/3}$，我们有

$$\frac{1}{3}\sigma_3\|y_{k+1}-x^*\|^3 \overset{(4.2.10)}{\leqslant} f(y_{k+1})-f(x^*)$$

$$\overset{(4.2.47)}{\leqslant} \frac{8L_3\|y_k-x^*\|^3}{m(m+1)(m+2)} \leqslant \frac{1}{3\mathrm{e}}\sigma_3\|y_k-x^*\|^3$$

$$\overset{(4.2.10)}{\leqslant} \frac{1}{\mathrm{e}}(f(y_k)-f(x^*))$$

于是,

$$f(T_{L_3}(y_k))-f(x^*) \overset{(4.2.30)}{\leqslant} \frac{L_3}{3}\|y_k-x^*\|^3 \overset{(4.2.30)}{\leqslant} \frac{L_3}{3}\|y_0-x^*\|^3 \cdot \mathrm{e}^{-k}$$

我们可以得出结论,算法(4.2.54)可以在

$$O\left(\frac{1}{[\gamma_3(f)]^{1/3}}\ln\left[\frac{L_3}{\epsilon}\|x_0-x^*\|^3\right]\right) \tag{4.2.56}$$

次迭代内找到问题的 ϵ-解. 这类问题的复杂度下界目前还没有结果. 因此,我们不能说这些结果与最好可能的结果差多少.

287

4.2.6 极小化强凸函数

现在我们来看具有条件

$$\sigma_2(f)>0, \quad L_3(f)>\infty \tag{4.2.57}$$

的问题(4.2.23)的复杂度. 这类函数的主要优点是在最优解的某邻域内牛顿法(4.2.33)具有二次收敛速度. 事实上,对于 $T=T_{L_3}(x)$,我们有

$$f(x)-f(T) \overset{(4.2.28)}{\geqslant} \frac{1}{2}\langle\nabla^2 f(T)(T-x),T-x\rangle \geqslant \frac{\sigma_2}{2}\cdot r_{L_3}^2(x)$$

$$\overset{(4.2.26)}{\geqslant} \frac{\sigma_2}{2L_3}\cdot\|\nabla f(T)\|_* \overset{(4.2.13)}{\geqslant} \frac{\sigma_2}{2L_3}\cdot[2\sigma_2(f(T)-f(x^*))]^{1/2} \tag{4.2.58}$$

所以,

$$f(T)-f(x^*) \overset{(4.2.58)}{\leqslant} \frac{2L_3^2}{\sigma_2^3}(f(x)-f(T))^2 \leqslant \frac{2L_3^2}{\sigma_2^3}(f(x)-f(x^*))^2 \tag{4.2.59}$$

因此,算法(4.2.33)的二次收敛区域可以定义为

$$\mathscr{Q}_f=\left\{x\in\mathbb{E}:f(x)-f(x^*)\leqslant\frac{\sigma_2^3}{2L_3^2}\right\} \tag{4.2.60}$$

另外,该二次收敛区域可以用梯度范数来描述. 事实上,

$$\frac{\sigma_2}{2}\cdot r_{L_3}^2(x) \leqslant \frac{1}{2}\langle\nabla^2 f(T)(T-x),T-x\rangle$$

$$\overset{(4.2.28)}{\leqslant} f(x)-f(T) \leqslant \|\nabla f(x)\|_*\cdot r_{L_3}(x)$$

于是,

$$\|\nabla f(x)\|_* \geqslant \frac{\sigma_2}{2}\cdot r_{L_3}(x) \overset{(4.2.26)}{\geqslant} \frac{\sigma_2}{2}\left[\frac{1}{L_3}\|\nabla f(T)\|_*\right]^{1/2}$$

所以，

$$\|\nabla f(T)\|_* \leqslant \frac{4L_3}{\sigma_2^2}\|\nabla f(x)\|_*^2 \tag{4.2.61}$$

该二次收敛区域可以定义为

$$\mathscr{Q}_g = \left\{x \in \mathbb{E} : \|\nabla f(x)\|_* \leqslant \frac{\sigma_2^2}{4L_3}\right\} \tag{4.2.62}$$

于是，满足条件(4.2.57)的问题(4.2.23)的全局复杂度主要与从 x_0 到区域 $\mathscr{Q}_f$（或 $\mathscr{Q}_g$）所需的迭代次数有关. 对于算法(4.2.33)，从上面的分析知道，这个值可以估计为

$$O\left(\sqrt{\frac{L_3(f)D}{\sigma_2(f)}}\right) \tag{4.2.63}$$

其中 D 是由(4.2.34)定义的(见 4.1 节). 我们来说明，利用加速方案(4.2.46)，有可能改进这一复杂度界.

假设我们知道起始点到最优解的距离上界，即

$$\|x_0 - x^*\| \leqslant R \quad (\leqslant D)$$

考虑以下过程

$$\boxed{\begin{array}{l} 1.\ \diamondsuit\ y_0 = T_{L_3}(x_0)\ 并且定义\ m_0 = \left[\frac{64L_3(f)R}{\sigma_2(f)}\right]^{1/3}; \\[3mm] 2.\ \text{While}\ \|\nabla f(T_{L_3}(y_k))\|_* \geqslant \dfrac{\sigma_2^2}{4L_3}\ \text{do} \\[3mm] \qquad \left\{y_{k+1} = \mathscr{A}_{m_k}(y_k),\ m_{k+1} = \dfrac{1}{2^{1/3}}m_k\right\}. \end{array}} \tag{4.2.64}$$

定理 4.2.4   过程(4.2.64)最多在

$$\frac{1}{\ln 4}\ln\left(\frac{8}{3}\cdot\left(\frac{L_3(f)R}{\sigma_2(f)}\right)^3\right) \tag{4.2.65}$$

步后停止. 整个阶段所有牛顿步数不超过 $4m_0$.

证明   设 $R_k = R \cdot \left(\frac{1}{2}\right)^k$，显然

$$m_k \geqslant 4\left(\frac{L_3(f)R_k}{\sigma_2(f)}\right)^{1/3}, \quad k \geqslant 0 \tag{4.2.66}$$

对 $k \geqslant 0$，我们用归纳法来证明

$$\|y_k - x^*\| \leqslant R_k \tag{4.2.67}$$

假设对某个 $k \geqslant 0$，这个结论成立($k=0$ 时显然成立)，则

$$\frac{\sigma_2}{2}\|y_{k+1} - x^*\|^2 \overset{(2.1.21)}{\leqslant} f(y_{k+1}) - f(x^*) \overset{(4.2.47)}{\leqslant} \frac{8L_3 R_k^3}{m_k(m_k+1)(m_k+2)}$$

$$\overset{(4.2.66)}{\leqslant} \frac{8}{64}\sigma_2 R_k^2 = \frac{1}{8}\sigma_2 R_k^2 = \frac{1}{2}\sigma_2 R_{k+1}^2$$

于是，(4.2.67)对所有 $k \geqslant 0$ 都成立. 另一方面

$$f(y_{k+1}) - f(x^*) \overset{(4.2.47)}{\leqslant} \frac{8L_3 \|y_k - x^*\|^3}{m_k(m_k+1)(m_k+2)} \overset{(4.2.67)}{\leqslant} \frac{8L_3 \|y_k - x^*\|^2 R_k}{m_k(m_k+1)(m_k+2)}$$

$$\overset{(4.2.66)}{\leqslant} \frac{1}{8}\sigma_2 \|y_k - x^*\|^2 \overset{(2.1.21)}{\leqslant} \frac{1}{4}(f(y_k) - f(x^*))$$

因此，

$$\frac{\sigma_2}{2L_3} \|\nabla f(T_{L_3}(y_k))\|_* \overset{(4.2.58)}{\leqslant} f(y_k) - f(T_{L_3}(y_k)) \leqslant f(y_k) - f(x^*)$$

$$\leqslant \left(\frac{1}{4}\right)^k (f(y_0) - f(x^*)) \overset{(4.2.30)}{\leqslant} \left(\frac{1}{4}\right)^k \frac{L_3}{3}R^3$$

并且由(4.2.62)可得(4.2.65). 最后，牛顿步的总数不超过

$$\sum_{k=0}^{\infty} m_k = m_0 \sum_{k=0}^{\infty} \frac{1}{2^{k/3}} = \frac{m_0}{2^{1/3}-1} < 4m_0$$

4.2.7 伪加速

注意到光滑强凸函数类(4.2.57)的性质，为过程第一阶段优化算法(为了进入二次收敛区域)的收敛速度相关的错误结论留下了一些空间. 我们用一个特殊的例子来说明这一点.

考虑算法(4.2.46)的一个修正版本 $\mathscr{M}'$. 只在算法的第 2 步进行修正，结果为

> $2'$. 计算 $\hat{y}_k = T_M(y_k)$，并更新
> $$\psi_{k+1} = \psi_k(x) + \frac{(k+1)(k+2)}{2} \cdot [f(\hat{y}_k) + \langle \nabla f(\hat{y}_k), x - \hat{y}_k \rangle]$$
> 选择 $\hat{x}_k : f(\hat{x}_k) = \min\{f(x_k), f(\hat{y}_k)\}$，令 $x_{k+1} = T_M(\hat{x}_k)$
>
> (4.2.68)

注意到对 $\mathscr{M}'$，定理 4.2.3 的结论也成立. 而且，该过程现在变成单调的，并且取 $M = 2L_3$ 用(4.2.58)中相同的推理，可得到

$$f(x_k) - f(x_{k+1}) \geqslant f(\hat{x}_k) - f(x_{k+1})$$

$$\geqslant \frac{\sqrt{2}\sigma_2^{3/2}}{3L_3} \cdot [f(x_{k+1} - f(x^*))]^{1/2} \qquad (4.2.69)$$

290

进一步，取定迭代步数 N，定义 $\hat{k} = \frac{2}{3}N$，则根据(4.2.47)，我们可以保证下式成立：

$$f(x_{\hat{k}}) - f(x^*) \leqslant \left(\frac{3}{2}\right)^3 \frac{8L_3 R^3}{N^3} = 3^3 \frac{L_3 R^3}{N^3} \qquad (4.2.70)$$

另一方面，

$$f(x_{\hat{k}}) - f(x^*) \geqslant f(x_{\hat{k}}) - f(x_{N+1})$$

$$\overset{(4.2.69)}{\geqslant} \frac{1}{3}N \cdot \frac{\sqrt{2}\sigma_2^{3/2}}{3L_3} \cdot [f(x_{N+1}) - f(x^*)]^{1/2} \qquad (4.2.71)$$

结合(4.2.70)和(4.2.71)，我们得到

$$f(x_{N+1}) - f(x^*) \leqslant \frac{3^{10} \cdot L_3^4 \cdot R^6}{2\sigma_2^3} \cdot N^{-8} \tag{4.2.72}$$

与式(4.2.47)的收敛速度相比,所提出的修正方法看起来令人惊奇地有效. 然而,这只是一种错觉. 事实上,根据(4.2.60),为了进入牛顿法的二次收敛区域,我们要使不等式(4.2.72)的右端项小于 $\frac{\sigma_2^3}{2L_3^2}$. 为此,我们需要 $\mathscr{M}'$ 的

$$O\left(\left[\frac{L_3 R}{\sigma_2}\right]^{3/4}\right) \tag{4.2.73}$$

次迭代. 这也比即使没有加速(4.2.46)的基本算法(4.2.33)的复杂度估计(4.2.63)差得多.

另一个说明来自对步数的估计,该估计是算法 $\mathscr{M}'$ 把与极小点的距离减半所必需. 从(4.2.72)我们可以看出,它需要 $O\left(\left[\frac{L_3 R}{\sigma_2}\right]^{1/2}\right)$ 次迭代,这比算法(4.2.46)相应的估计差得多.

4.2.8　降低梯度的范数

现在,检验一下我们用二阶算法能生成具有较小梯度范数的点的能力(与2.2.2节方法相比). 我们首先研究最简单的算法(4.2.33).

291

用 T 表示该算法的总迭代步数. 为了简单起见,我们假设对于某整数 $m \geqslant 0$ 有 $T = 3m + 2$. 我们将该算法所有的迭代分为两部分. 对于迭代次数为 $2m$ 的第一部分,我们有

$$f(x_{2m}) - f^* \overset{(4.2.35)}{\leqslant} \frac{9L_3 D^3}{4(m+2)^2}$$

其中 $L_3 = L_3(f)$. 对于迭代次数为 $m+2$ 的第二部分,我们有

$$f(x_{2m}) - f(x_T) = \sum_{k=0}^{m+1}(f(x_{2m+k}) - f(x_{2m+k+1})) \overset{(4.2.29)}{\geqslant} \frac{m+2}{3L_3^{1/2}}(g_T^*)^{3/2}$$

其中 $g_T^* = \min_{1 \leqslant k \leqslant T} \|\nabla f(x_k)\|_*$. 于是,

$$g_T^* \leqslant \left(\frac{27L_3^{3/2} D^3}{4(m+2)^3}\right)^{2/3} = \frac{3^4 L_3 D^3}{2^{4/3}(T+4)^2} \tag{4.2.74}$$

现在我们来研究单调版本的加速三次牛顿法的(4.2.46)和(4.2.68). 设 $R_0 = \|x_0 - x^*\|$. 对某整数 $m \geqslant 1$,令 $T = 4m$. 这样,对于该算法的前 $3m$ 次迭代,我们有

$$f(x_{3m}) - f^* \overset{(4.2.47)}{\leqslant} \frac{8L_3 R_0^3}{3m(3m+1)(3m+2)}$$

对于持续迭代为 m 次的第二部分,我们有

$$f(x_{3m}) - f(x_T) = \sum_{k=0}^{m-1}(f(x_{3m+k}) - f(x_{3m+k+1})) \overset{(4.2.29)}{\geqslant} \frac{m}{3L_3^{1/2}}(g_T^*)^{3/2}$$

于是,

$$g_T^* \leqslant \left(\frac{8L_3^{3/2} R_0^3}{m^2(3m+1)(3m+2)}\right)^{2/3} < \frac{2^8 L_3 R_0^2}{T^{8/3}} \tag{4.2.75}$$

最后，我们来看看正则化技术能获得什么样的效果. 如 2.2.2 节一样，我们取定正则化参数 $\delta > 0$，并引入函数

$$f_\delta(x) = f(x) + \frac{1}{3}\delta\|x - x_0\|^3$$

设 $D = \max_{x \in \mathbb{E}}\{\|x - x_0\|\} : f(x) \leqslant f(x_0)\}$. 由于对所有 $x \in \mathbb{E}$，有 $f_\delta(x) \geqslant f(x)$，不等式 $f_\delta(x) \leqslant f(x_0)$ 意味着 $\|x - x_0\| \leqslant D$.

根据引理 4.2.3 和 4.2.4，我们有

$$\sigma_3(f_\delta) = \frac{1}{2}\delta, \quad L_3(f_\delta) = L_3 + 2\delta$$

于是，$\gamma_3(f_\delta) = \dfrac{\delta}{2L_3 + 4\delta}$.

设 $x_\delta^* = \arg\min_{x \in \mathbb{E}} f_\delta(x)$，且 $m = \left\lceil \left(24\mathrm{e}\left(4 + \dfrac{2L_3}{\delta}\right)\right)^{1/3}\right\rceil$. 根据引理 4.2.7，重新启动策略 (4.2.54) 确保如下收敛速度：

$$f_\delta(y_{k+1}) - f_\delta(x_\delta^*) \leqslant \frac{1}{\mathrm{e}}(f_\delta(y_k) - f_\delta(x_\delta^*))$$

其中 $y_0 = T_{L_3}(x_0)$. 于是，$f_\delta(y_k) - f_\delta(x_\delta^*) \overset{(4.1.11)}{\leqslant} \dfrac{1}{3\mathrm{e}^k}L_3(f)D^3$.

定义 $y_k^* = T_{L_3(f_\delta)}(y_k)$，则 $f_\delta(y_k^+) \leqslant f_\delta(y_k) \leqslant f(x_0)$. 所以，$\|y_k^+ - x_0\| \leqslant D$，我们有

$$\|\nabla f(y_k^+)\|_* \leqslant \|\nabla f_\delta(y_k^+)\|_* + \delta D^2$$

$$\overset{(4.2.29)}{\leqslant} \left[3L_3^{1/2}(f_\delta) \cdot (f_\delta(y_k) - f_\delta(x_\delta^*))\right]^{2/3} + \delta D^2$$

$$\leqslant \frac{1}{\mathrm{e}^{2k/3}}L_3 D^2 \sqrt{1 + \frac{2\delta}{L_3}} + \delta D^2$$

我们现在来选择 $\delta = \dfrac{\epsilon}{2D^2}$，定义 $\varkappa = \dfrac{L_3 D^2}{\epsilon}$，则为了确保 $\|\nabla f(y_k^+)\|_* \leqslant \epsilon$，我们需要执行重新启动策略 (4.2.54) 的

$$k \geqslant \frac{3}{2}\ln\left(2\sqrt{\varkappa^2 + \varkappa}\right)$$

次迭代. 该策略的每次循环都需要加速三次牛顿法 (4.2.46) 的 $\lceil 2(12\mathrm{e}(1 + \varkappa))^{1/3}\rceil$ 次迭代. 于是，我们得到了一个渐近优于简单估计 (4.2.75) 的界. 然而，看起来对所有实用精度，算法 (4.2.46) 和 (4.2.68) 有更好的性能保证.

4.2.9　非退化问题的复杂度

1. 从前几节给出的复杂度结果中，我们可以得到对于二阶算法来说很简单的一类问题

$$\sigma_2(f) > 0, \quad \sigma_3(f) > 0, \quad L_3(f) < \infty \tag{4.2.76}$$

对于这类函数，二阶算法具有全局线性收敛速率和局部二次收敛性. 根据 (4.2.56) 和

(4.2.60)，为了入二次收敛区域，我们需要算法(4.2.46)的

$$O\left(\left[\frac{L_3(f)}{\sigma_3(f)}\right]^{1/3}\ln\left[\frac{L_3(f)}{\sigma_2(f)}\|x_0-x^*\|\right]\right) \tag{4.2.77}$$

次迭代.

注意到函数类(4.2.76)是非平凡的. 例如，它包含具有参数

$$\sigma_2(\xi_{\alpha,\beta})=\alpha,\quad \sigma_3(\xi_{\alpha,\beta})=\frac{1}{2}\beta,\quad L_3(\xi_{\alpha,\beta})=2\beta$$

的所有函数

$$\xi_{\alpha,\beta}(x)=\alpha d_2(x)+\beta d_3(x),\quad \alpha,\beta>0$$

此外，任意具有 Lipschitz 连续 Hessian 矩阵的凸函数都可以通过增加一个辅助函数 $\xi_{\alpha,\beta}$ 进行正则化.

2. 对一类重要凸问题，即满足条件

$$\sigma_2(f)>0,\quad L_2(f)<\infty,\quad L_3(f)<\infty \tag{4.2.78}$$

的问题，我们其实并没有研究清楚. 最优一阶算法的标准理论(见 2.2 节)可以给出进入二次收敛区域(4.2.60)所需的迭代次数的上界为

$$O\left(\left[\frac{L_2(f)}{\sigma_2(f)}\right]^{1/2}\ln\left[\frac{L_2(f)L_3^2(f)}{\sigma_2^3(f)}\|x_0-x^*\|^2\right]\right) \tag{4.2.79}$$

注意到在这个估计中，二阶算法的作用很弱：它只用于建立终止阶段的上界. 当然，正如 4.2.6 节所示，我们也可以在第一阶段使用它. 但是，在这种情况下，初始点到最优解 x^* 的距离会以多项式的形式进入到迭代次数的估计中. 因此，如下问题仍然没有解决：

在问题类(4.2.78)中的函数极小化过程中，我们能从初始阶段使用的二阶算法得到什么好处吗？

我们将在 5.2 节中再次讨论问题类(4.2.78)的复杂度，那时我们将讨论极小化自和谐函数的能力.

4.3　最优二阶算法

4.3.1　复杂度下界

现在我们来推导用于问题

$$f^*=\min_{x\in\mathbb{R}^n}f(x) \tag{4.3.1}$$

的二阶算法的复杂度下界，其中目标函数的 Hessian 矩阵 Lipschitz 连续. 假设这个问题有解，且 x^* 是其最优解.

为了简单起见，就像我们在 2.1.2 节中所做的那样(见假设 2.1.4)，我们首先来确定一个生成测试点的自然规则. 很容易验证二阶算法通常按规则

$$x_{k+1}=x_k-h_k[\alpha_k I_n+(1-\alpha_k)\nabla^2 f(x_k)]^{-1}\nabla f(x_k)$$

计算下一个测试点，其中 $h_k>0$ 是步长参数，系数 $\alpha_k\in[0,1]$ 依赖于特殊的优化算法. 当

$\alpha_k = 1$ 时，得到了常用的梯度法. 而情形 $\alpha_k = 0$ 对应于标准的牛顿方向. 最后，三次正则化策略 (4.2.24) 和大多数信赖域方法根据某些方程 (例如见 (4.2.25)) 来计算这些值. 因此，如下假设看起来相当合理.

假设 4.3.1 所有迭代型二阶算法生成的测试点序列 $\{x_k\}_{k \geqslant 0}$ 都满足

$$x_{k+1} \in x_0 + \mathrm{Lin}\{\mathcal{G}_f(x_0), \cdots, \mathcal{G}_f(x_k)\}, \quad k \geqslant 0 \tag{4.3.2}$$

其中 $\mathcal{G}_f(x) = \mathrm{cl}(\mathrm{Conv}\{[\alpha I_n + (1-\alpha)\nabla^2 f(x)]^{-1} \nabla f(x), \alpha \in [0, 1)\})$.

注意到集合 $\mathcal{G}_f(x)$ 也包含 $\nabla f(x)$. 因此，在加速算法 (4.2.46) 中计算点 v_k 的规则也满足条件 (4.3.2).

对于 $2 \leqslant k \leqslant n$，考虑如下参数函数族

$$f_k(x) = \frac{1}{3} \Big\{ \sum_{i=1}^{k-1} |x^{(i)} - x^{(i+1)}|^3 + \sum_{i=k}^{n} |x^{(i)}|^3 \Big\} - x^{(1)}, \quad x \in \mathbb{R}^n \tag{4.3.3}$$

这是一个一致凸函数，它的唯一极小点可以由下列方程组解得：

$$(x^{(1)} - x^{(2)})|x^{(1)} - x^{(2)}| = 1,$$
$$(x^{(i)} - x^{(i-1)})|x^{(i)} - x^{(i-1)}| + (x^{(i)} - x^{(i+1)})|x^{(i)} - x^{(i+1)}| = 0, \quad 2 \leqslant i \leqslant k-1$$
$$(x^{(k)} - x^{(k-1)})|x^{(k)} - x^{(k-1)}| + x^{(k)}|x^{(k)}| = 0,$$
$$x^{(i)}|x^{(i)}| = 0, \quad k+1 \leqslant i \leqslant n$$

显然，该方程组的唯一解 x_* 的各坐标满足

$$x_*^{(i)} = (k-i+1)_+, \quad i = 1, \cdots, n \tag{4.3.4}$$

其中 $(\tau)_+ = \max\{\tau, 0\}$. 对于所有算法，总取 $x_0 = 0$. 因此，满足 $f = f_k$ 的问题 (4.3.1) 有以下特征：

$$f_k^* = -\frac{2}{3}k$$

$$R_k^2 = \|x_0 - x_*\|_{(2)}^2 = \sum_{i=1}^{k} i^2 < \frac{(k+1)^3}{3} \tag{4.3.5}$$

只需估计函数 f_k 的 Hessian 矩阵在标准欧几里得范数下 Lipschitz 常数.

我们首先来分析函数

$$\rho_3(u) = \frac{1}{3} \sum_{i=1}^{n} |u^{(i)}|^3, \quad u \in \mathbb{R}^n$$

的 Hessian 矩阵. 对方向 $h \in \mathbb{R}^n$，我们有 $\langle \nabla^2 \rho_3(u)h, h \rangle = 2 \sum_{i=1}^{n} |u^{(i)}|(h^{(i)})^2$. 因此，对于 $u, v \in \mathbb{R}^n$，我们得到

$$|\langle (\nabla^2 \rho_3(u) - \nabla^2 \rho_3(v))h, h \rangle| = 2 \Big| \sum_{i=1}^{n} (|u^{(i)}| - |v^{(i)}|)(h^{(i)})^2 \Big| \leqslant 2\|u - v\|_{(\infty)} \|h\|_{(2)}^2$$

注意到函数 $f_k(\cdot)$ 可以表示为

$$f_k(x) = \rho_3(B_k x) - x^{(1)}, \quad B_k = \begin{bmatrix} A_k & 0 \\ 0 & I_{n-k} \end{bmatrix} \in \mathbb{R}^{n \times n}$$

295

其中上双对角矩阵 $A_k \in \mathbb{R}^{k \times k}$ 为

$$A_k = \begin{bmatrix} 1 & -1 & 0 & \cdots & 0 \\ 0 & 1 & -1 & \cdots & 0 \\ & & & \cdots & 0 \\ & & & \cdots & -1 \\ 0 & \cdots & \cdots & 0 & 1 \end{bmatrix}$$

因此，对 $\mathbb{R}^n$ 内的任意点 x、增量 d 和方向 h，我们有

$$|\langle (\nabla^2 f_k(x+d) - \nabla^2 f_k(x))h, h\rangle| = |\langle (\nabla^2 \rho_3(B_k(x+d)) - \nabla^2 \rho_3(B_k x))B_k h, B_k h\rangle|$$

$$\leqslant 2\|B_k d\|_{(\infty)}\|B_k h\|_{(2)}^2$$

注意到对任意 $h \in \mathbb{R}^n$，我们有

$$\|B_k d\|_{(\infty)} \leqslant \max_{1 \leqslant i \leqslant n-1}\{|d^{(i)}| + |d^{(i+1)}|\} \leqslant \max_{1 \leqslant i \leqslant n-1} \sqrt{2[(d^{(i)})^2 + (d^{(i+1)})^2]}$$

$$\leqslant 2^{1/2}\|d\|_{(2)}$$

$$\|B_k h\|_{(2)}^2 \leqslant \sum_{i=1}^{k-1}(h^{(i)} - h^{(i+1)})^2 + \sum_{i=k}^{n}(h^{(i)})^2 \leqslant \|h\|_{(2)}^2$$

于是，我们得到

$$\|\nabla^2 f_k(x+d) - \nabla^2 f_k(x)\| \leqslant 8\sqrt{2}\|d\|_{(2)}$$

我们可以取该函数的 Hessian 矩阵的 Lipschitz 常数为 $L = 2^{7/2}$.

为了知道满足条件(4.3.2)的数值算法在极小化 t 足够大的函数 f_t 时的性能，我们需要引入以下子空间(与 2.1.2 节相比较)：

$$\mathbb{R}^{k,n} = \{x \in \mathbb{R}^n : x^{(i)} = 0, \text{对 } i > k\}, 1 \leqslant k \leqslant n-1$$

$$\mathbb{S}^{k,n} = \{H \in \mathbb{R}^{n \times n} : H = H^{\mathrm{T}}, H^{(i,j)} = 0, \text{若 } i \neq j(i > k \text{ 或 } j > k)\}$$

我们写出函数 f_t 沿方向 $h \in \mathbb{R}^n$ 的一阶和二阶导数(见 4.3.3)：

$$\langle \nabla f_t(x), h\rangle = \sum_{i=1}^{t-1}|x^{(i)} - x^{(i+1)}|(x^{(i)} - x^{(i+1)})(h^{(i)} - h^{(i+1)})$$

$$+ \sum_{i=t}^{n}|x^{(i)}|x^{(i)}h^{(i)} - h^{(1)} \tag{4.3.6}$$

$$\langle \nabla^2 f_t(x)h, h\rangle = 2\sum_{i=1}^{t-1}|x^{(i)} - x^{(i+1)}|(h^{(i)} - h^{(i+1)})^2 + 2\sum_{i=t}^{n}|x^{(i)}|(h^{(i)})^2$$

从该结构中，我们得出如下重要结论.

引理 4.3.1   如果 $x \in \mathbb{R}^{i,n}$，$i < k$，则 $\nabla f_t(x) \in \mathbb{R}^{i+1,n}$ 且 $\nabla^2 f_t(x) \in \mathbb{S}^{i+1,n}$.

推论 4.3.1   设 $x_i \in \mathbb{R}^{i,n}$，$i = 0, \cdots, k$，假设点 x_{k+1} 对 $f(\cdot) = f_t(\cdot)$ 满足条件 (4.3.2)，其中 $k+1 \leqslant t \leqslant n$，则 $x_{t+1} \in \mathbb{R}^{k+1,n}$.

证明   事实上，由引理 4.3.1，可得

$$\nabla f_t(x_i) \in \mathbb{R}^{i+1,n} \subset \mathbb{R}^{k+1,n}, \quad \nabla^2 f_t(x_i) \in \mathbb{S}^{i+1,n} \subset \mathbb{S}^{k+1,n}, \quad i = 0, \cdots, k$$

因此，对所有 $\alpha \in [0, 1)$ 和 $i = 0, \cdots, k$ 有

$$[\alpha I_n + (1 - \alpha) \nabla^2 f_t(x_i)]^{-1} \nabla f_t(x_i) \in \mathbb{R}^{k+1, n}$$

我们最后的结果如下.

引理 4.3.2　对任意的 $p \geqslant 0$ 和 $x \in \mathbb{R}^{k, n}$，我们有 $f_{k+p}(x) = f_k(x)$.

现在，我们可以证明二阶算法的复杂度下界.

定理 4.3.1　设问题 (4.3.1) 中的目标函数的 Hessian 矩阵是 Lipschitz 连续的，Lipschitz 常数为 L_f. 假设二阶算法 $\mathcal{M}$ 的规则满足条件 (4.3.2)，且对于任意满足 $\|x_0 - x^*\|_{(2)} \leqslant \rho_0$ 的初始点 x_0，可以保证

$$\min_{0 \leqslant i \leqslant k} f(x_i) - f(x^*) \leqslant \frac{L_f \rho_0^3}{C_{\mathcal{M}}(k)} \tag{4.3.7}$$

其中 k 是产生的测试点的个数，则对于 $k = 3m+2$，其中整数 m 满足 $0 \leqslant m \leqslant \frac{n}{4} - 1$，我们有

$$C_{\mathcal{M}}(k) \leqslant 36(k+1)^{3.5} \tag{4.3.8}$$

证明　对某个整数 $m \geqslant 0$，令 $k = 3m+2$，定义 $t = 4m+3$. 那么，

$$k + 1 = 3(m+1), \quad t + 1 = 4(m+1)$$

我们来从点 x_0 开始应用算法 $\mathcal{M}$ 极小化函数 $f_t(\cdot)$. 注意到 $\nabla f_t(x_0) = -e_1 \in \mathbb{R}^{1, n}$，且 $\nabla^2 f_t(x_0) = 0$. 因此，$x_1 \overset{(4.3.2)}{\in} \mathbb{R}^{1, n}$，根据归纳法，并利用推论 4.3.1，我们得到 $x_k \overset{(4.3.2)}{\in} \mathbb{R}^{k, n}$，$0 \leqslant k \leqslant t$. 所以，由引理 4.3.2，我们有

$$\frac{2}{3}(m+1) \overset{(4.3.5)}{=} f_k^* - f_t^* \leqslant \min_{0 \leqslant i \leqslant k} f_t(x_i) - f_t^* \overset{(4.3.7)}{\leqslant} \frac{L_f \rho_0^3}{C_{\mathcal{M}}(k)}$$

$$\overset{(4.3.5)}{\leqslant} \frac{2^{7/2}}{C_{\mathcal{M}}(k)} \left(\frac{(t+1)^3}{3} \right)^{3/2}$$

于是，

$$C_{\mathcal{M}}(k) \leqslant \frac{2^{5/2}(t+1)^{9/2}}{(m+1)3^{1/2}} = \frac{2^{5/2}3^{1/2}}{k+1} \left(\frac{4}{3}(k+1) \right)^{9/2} = \frac{2^{23/2}}{3^4}(k+1)^{3.5}$$

$$< 36(k+1)^{3.5}$$

如我们所见，下界 (4.3.8) 略好于加速的三次正则化算法 (4.2.46) 的收敛速度 (4.2.47). 在下一节中，我们将讨论达到这一下界的可能性.

4.3.2　一个概念性最优算法

与 4.2.3 节一样，我们取定一个自伴随正定算子 $B : \mathbb{E} \to \mathbb{E}^*$，并定义原始和对偶的欧几里得范数为

$$\|x\| = \langle Bx, x \rangle^{1/2}, \quad \|g\|_* = \langle g, B^{-1}g \rangle^{1/2}, \quad x \in \mathbb{E}, g \in \mathbb{E}^*$$

考虑无约束优化问题

$$\min_{x \in \mathbb{E}} f(x) \tag{4.3.9}$$

其中函数 f 的 Hessian 矩阵满足 Lipschitz 条件

$$\|\nabla^2 f(x) - \nabla^2 f(y)\| \leqslant M_f \|x - y\|, \quad \forall\, x, y \in \mathbb{E} \tag{4.3.10}$$

我们的主要迭代将是三次牛顿步，即

$$T_M(x) = \arg\min_{T \in \mathbb{E}} \left\{ \langle \nabla f(x), T - x \rangle + \frac{1}{2} \langle \nabla^2 f(x)(T - x), T - x \rangle + \frac{M}{6} \|T - x\|^3 \right\} \tag{4.3.11}$$

令 $r_M(x) = \|T_M(x) - x\|$，则点 $T = T_M(x)$ 由如下一阶最优性条件确定

$$\nabla f(x) + \nabla^2 f(x)(T - x) + \frac{1}{2} M r_M(x) B(T - x) = 0 \tag{4.3.12}$$

引理 4.3.3　对任意 $x \in \mathbb{E}$，我们有

$$\langle \nabla f(T_M(x)), x - T_M(x) \rangle \geqslant \frac{1}{M r_M(x)} \|\nabla f(T_M(x))\|_*^2 + \frac{M^2 - M_f^2}{4M} r_M^3(x) \tag{4.3.13}$$

另外，如果对某 $\sigma \in (0, 1]$ 有 $M \geqslant \dfrac{1}{\sigma} M_f$，则

299

$$\langle \nabla f(T_M(x)), x - T_M(x) \rangle \geqslant \frac{1}{M r_M(x)} \|\nabla f(T_M(x))\|_*^2 + \frac{1 - \sigma^2}{4} M r_M^3(x) \tag{4.3.14}$$

证明　令 $T = T_M(x)$，则

$$\frac{M_f^2 r_M^4(x)}{4} \overset{(4.3.10)}{\geqslant} \|\nabla f(T) - \nabla f(x) - \nabla^2 f(x)(T - x)\|_*^2$$

$$\overset{(4.3.12)}{=} \left\| \nabla f(T) + \frac{1}{2} M r_M(x) B(T - x) \right\|_*^2$$

$$= \|\nabla f(T)\|_*^2 + M r_M(x) \langle \nabla f(T), T - x \rangle + \frac{M^2 r_M^4(x)}{4}$$

这就是 (4.3.13)．由于 $M_f \leqslant \sigma M$，所以由 (4.3.13) 可得不等式 (4.3.14)． ∎

现在，我们考虑如下概念性最优三次牛顿法．

最优三次牛顿法（概念性版本）
初始化：选择 $x_0 \in \mathbb{E}$，$\sigma \in (0, 1)$，定义 $\psi_0(x) = \dfrac{1}{2} \|x - x_0\|^2$；置 $A_0 = 0$ 且 $M = \dfrac{1}{\sigma} M_f$.
第 k 次迭代 $(k \geqslant 0)$： (a) 计算 $v_t = \arg\min\limits_{x \in \mathbb{E}} \psi_k(x)$； (b) 选择 $\rho_k > 0$ 且从方程 $a_{k+1}^2 = \dfrac{2(A_k + a_{k+1})}{M \rho_k}$ 解得 $a_{k+1} > 0$； (c) 置 $A_{k+1} = A_k + a_{k+1}$，$\tau_k = \dfrac{a_{k+1}}{A_{k+1}}$，$y_k = (1 - \tau_k) x_k + \tau_k v_k$； (d) 计算 $x_{k+1} = T_M(y_k)$，并定义 $\psi_{k+1}(x) = \psi_k(x) + a_{k+1} [f(x_{k+1}) + \langle \nabla f(x_{k+1}),\ x - x_{k+1} \rangle]$.

(4.3.15)

算法 (4.3.15) 的步骤 (b) 没有完全具体化, 因为缺少参数 ρ_k 的定义. 这就是我们把这个算法称为概念性的原因. 下面我们给 ρ_k 的选择提出一些指导.

引理 4.3.4 假设算法 (4.3.15) 的参数 ρ_k 满足条件

$$r_M(y_k) \leqslant \rho_k \tag{4.3.16}$$

那么, 对任意 $k \geqslant 0$ 有

$$A_k f(x_k) + B_k \leqslant \psi_k^* \overset{\text{def}}{=} \min_{x \in \mathbb{E}} \psi_k(x) \tag{4.3.17}$$

其中 $B_k = \dfrac{1-\sigma^2}{4} M \sum_{i=0}^{k-1} A_{i+1} r_M^3(y_i)$.

证明 用归纳法证明 (4.3.17). 对于 $k=0$ 它是成立的, 假设对于某 $k>0$ 不等式 (4.3.17) 成立. 那么, 对任意 $x \in \mathbb{E}$, 我们有

$$
\begin{aligned}
\psi_{k+1}(x) \quad \geqslant \quad & \psi_k^* + \frac{1}{2}\|x-v_k\|^2 + a_{k+1}\big[f(x_{k+1}) + \langle \nabla f(x_{k+1}), x - x_{k+1} \rangle\big] \\
\overset{(4.3.17)}{\geqslant} \quad & A_k f(x_k) + B_k + \frac{1}{2}\|x-v_k\|^2 \\
& + a_{k+1}\big[f(x_{k+1}) + \langle \nabla f(x_{k+1}), x - x_{k+1} \rangle\big] \\
\geqslant \quad & A_{k+1} f(x_{k+1}) + B_k + \frac{1}{2}\|x-v_k\|^2 \\
& + \langle \nabla f(x_{k+1}), A_k(x_k - x_{k+1}) + a_{k+1}(x - x_{k+1}) \rangle \\
= \quad & A_{k+1} f(x_{k+1}) + B_k + \frac{1}{2}\|x-v_k\|^2 \\
& + \langle \nabla f(x_{k+1}), a_{k+1}(x - v_k) + A_{k+1}(y_k - x_{k+1}) \rangle
\end{aligned}
$$

因此,

$$
\begin{aligned}
\psi_{k+1}^* \quad \geqslant \quad & A_{k+1} f(x_{k+1}) + B_k - \frac{1}{2} a_{k+1}^2 \|\nabla f(x_{k+1})\|_*^2 \\
& + A_{k+1} \langle \nabla f(x_{k+1}), y_k - x_{k+1} \rangle \\
\overset{(4.3.14)}{\geqslant} \quad & A_{k+1} f(x_{k+1}) + B_k - \frac{A_{k+1}}{M\rho_k} \|\nabla f(x_{k+1})\|_*^2 \\
& + A_{k+1}\left(\frac{1}{M r_M(y_k)} \|\nabla f(x_{k+1})\|_*^2 + \frac{1-\sigma^2}{4} M r_M^3(y_k)\right) \\
\overset{(4.3.16)}{\geqslant} \quad & A_{k+1} f(x_{k+1}) + B_k + \frac{1-\sigma^2}{4} M A_{k+1} r_M^3(y_k)
\end{aligned}
$$

为了保证系数 A_k 的快速增加, 我们需要对参数 ρ_k 引入更多的条件.

引理 4.3.5 我们来选择 $\gamma \geqslant 1$, 假设算法 (4.3.15) 中的参数 ρ_k 满足条件

$$r_M(y_k) \leqslant \rho_k \leqslant \gamma r_M(y_k) \tag{4.3.18}$$

则对任意 $k \geqslant 1$ 有

$$A_k \geqslant \frac{1}{4}\left(\frac{1}{\gamma}\right)^{3/2} \frac{\sqrt{1-\sigma^2}}{M\|x_0 - x^*\|} \left(\frac{2k+1}{3}\right)^{3.5} \tag{4.3.19}$$

证明 首先我们把系数 A_k 的增长率与 $r_M(y_k)$ 的值联系起来. 注意到

$$A_{k+1}^{1/2} - A_k^{1/2} = \frac{\sigma_{k+1}}{A_{k+1}^{1/2} + A_k^{1/2}} = \frac{1}{A_{k+1}^{1/2} + A_k^{1/2}} \sqrt{\frac{2A_{k+1}}{M\rho_k}} \geqslant \sqrt{\frac{1}{2M\rho_k}}$$

于是,

$$A_k \geqslant \frac{1}{2M} \Big(\sum_{i=0}^{k-1} \frac{1}{\rho_i^{1/2}} \Big)^2 \overset{(4.3.18)}{\geqslant} \frac{1}{2M\gamma} \Big(\sum_{i=0}^{k-1} \frac{1}{r_M^{1/2}(y_i)} \Big)^2 \tag{4.3.20}$$

另一方面, 我们有 $A_k f(x_k) + B_k \overset{(4.3.17)}{\leqslant} A_k f(x^*) + \frac{1}{2}\|x_0 - x^*\|^2$. 因此,

$$B_k \equiv \frac{1-\sigma^2}{4} M \sum_{i=0}^{k-1} A_{i+1} r_M^3(y_i) \leqslant \frac{1}{2}\|x_0 - x^*\|^2$$

我们来估计 $\sum_{i=0}^{k-1} \frac{1}{r_M^{1/2}(y_i)}$ 受限上述约束的下界. 定义 $\xi_i = r_M^{1/2}(y_i)$ 和 $D = \frac{2}{(1-\sigma^2)M}\|x_0 - x^*\|^2$, 我们得到极小化问题

$$\xi^* = \min_{\xi \in \mathbb{R}^k} \Big\{ \sum_{i=0}^{k-1} \frac{1}{\xi_i} : \sum_{i=0}^{k-1} A_{i+1} \xi_i^6 \leqslant D \Big\}$$

给不等式约束引入一个拉格朗日乘子 λ, 我们得到最优性条件:

$$\frac{1}{\xi_i^2} = \lambda A_{i+1} \xi_i^5, \quad i = 0, \cdots, k-1$$

于是, $\xi_i = \Big(\frac{1}{\lambda A_{i+1}} \Big)^{1/7}$. 由于约束是紧约束,

$$D = \sum_{i=0}^{k-1} A_{i+1} \Big(\frac{1}{\lambda A_{i+1}} \Big)^{6/7} = \frac{1}{\lambda^{6/7}} \sum_{i=0}^{k-1} A_{i+1}^{1/7}$$

因此, $\xi^* = \sum_{i=0}^{k-1} (\lambda A_{i+1})^{1/7} = \frac{1}{D^{1/6}} \Big(\sum_{i=0}^{k-1} A_{i+1}^{1/7} \Big)^{7/6}$. 回到我们最初的记号, 可得

$$\sum_{i=0}^{k-1} \frac{1}{r_M^{1/2}(y_i)} \geqslant \Big(\frac{(1-\sigma^2)M}{2\|x_0 - x^*\|^2} \Big)^{1/6} \Big(\sum_{i=0}^{k-1} A_{i+1}^{1/7} \Big)^{7/6}$$

根据不等式(4.3.20), 我们得出如下关系式:

$$A_k \geqslant \frac{1}{2\gamma} \Big(\frac{1-\sigma^2}{2M^2\|x_0 - x^*\|^2} \Big)^{1/3} \Big(\sum_{i=1}^{k} A_i^{1/7} \Big)^{7/3}, \quad k \geqslant 1 \tag{4.3.21}$$

用 θ 表示不等式(4.3.21)右端项的系数, 并令 $C_k = \Big(\sum_{i=1}^{k} A_i^{1/7} \Big)^{2/3}$, 则(4.3.21)可以重写为

$$C_{k+1}^{3/2} - C_k^{3/2} \geqslant \theta^{1/7} C_{k+1}^{1/2}$$

这意味着 $C_1 \geqslant \theta^{1/7}$, 且

$$\theta^{1/7} C_{k+1}^{1/2} \leqslant (C_{k+1}^{1/2} - C_k^{1/2})(C_{k+1}^{1/2}(C_{k+1}^{1/2} + C_k^{1/2}) + C_k)$$

$$\leqslant (C_{k+1}^{1/2} - C_k^{1/2})\Big(C_{k+1}^{1/2}(C_{k+1}^{1/2} + C_k^{1/2}) + \frac{1}{2}C_{k+1}^{1/2}(C_{k+1}^{1/2} + C_k^{1/2}) \Big)$$

302

$$= \frac{3}{2} C_{k+1}^{1/2} (C_{k+1}^{1/2} - C_k)$$

于是，$C_k \geqslant \theta^{1/7} \left(1 + \frac{2}{3}(k-1)\right)$，$k \geqslant 1$. 最后，我们得到

$$A_k \overset{(4.3.21)}{\geqslant} \theta(C_k^{3/2})^{7/3} \geqslant \theta\left(\theta^{1/7} \cdot \frac{2k+1}{3}\right)^{7/2} = \theta^{3/2} \left(\frac{2k+1}{3}\right)^{7/2}$$

$$= \left(\frac{1}{2\gamma}\left(\frac{1-\sigma^2}{2M^2\|x_0-x^*\|^2}\right)^{1/3}\right)^{3/2} \left(\frac{2k+1}{3}\right)^{3.5}$$

$$= \frac{1}{4}\left(\frac{1}{\gamma}\right)\frac{\sqrt{1-\sigma^2}}{M\|x_0-x^*\|}\left(\frac{2k+1}{3}\right)^{3.5} \qquad \blacksquare$$

现在我们可以证明算法(4.3.15)的收敛速率.

定理 4.3.2 我们选择 $\sigma \in (0, 1)$ 并且 $\gamma \geqslant 1$. 假设算法(4.3.15)中的参数 ρ_k 满足条件 (4.3.18). 如果在算法(4.3.15)中采用 $M = \frac{1}{\sigma}M_f$，那么对任意 $k \geqslant 1$，我们有

$$f(x_k) - f(x^*) \leqslant \frac{2\gamma^{3/2}M_f\|x_0-x^*\|^3}{\sigma\sqrt{1-\sigma^2}}\left(\frac{3}{2k+1}\right)^{3.5} \qquad (4.3.22)$$

证明 事实上，依据不等式(4.3.17)，可得

$$f(x_k) - f(x^*) \leqslant \frac{1}{2A_k}\|x_0-x^*\|^2$$

然后使用(4.3.19)的下界就证明了命题. $\blacksquare$

不等式(4.3.22)右端项中的 σ 的最佳值是 $\sigma = \frac{1}{\sqrt{2}}$. 在这种情况下，

$$f(x_k) - f(x^*) \leqslant 4\gamma^{3/2}M_f\|x_0-x^*\|^3\left(\frac{3}{2k+1}\right)^{3.5}, \quad k \geqslant 1 \qquad (4.3.23)$$

4.3.3 搜索过程的复杂度

在上一节中，我们提出了一个概念性的二阶算法(4.3.15)，它达到了最佳可能的收敛速率(4.3.8). 与加速三次牛顿法(4.2.46)相反，它的估计序列 $\{\psi_k\}$ 从平方欧几里得范数开始. 另一个不同之处在于，在定义缩放尺度系数 a_{k+1} 的等式中引入系数 ρ_k(见步骤(b)). 为了使该算法与其收敛速率(4.3.22)相一致，我们需要确保

$$\rho_k \approx r_M(y_k) \qquad (4.3.24)$$

注意到这个等式的右端项是 ρ_k 的一个连续函数. 在这个算法中，如果 $\rho_k = 0$，则 $a_{k+1} = +\infty$ 且 $y_k = v_k$. 在这种情况下，式(4.3.24)的左边小于其右边. 如果 $\rho_k \to \infty$，则 $a_{k+1} \to 0$ 且 $y_k \to x_k$. 于是，方程(4.3.24)总有一个根.

然而，问题是任何关于 ρ_k 的搜索过程都是非常昂贵的. 它需要调用 Oracle 很多次. 目前很难指出函数 $y_k = y_k(\rho_k)$ 的任何对此有帮助的有利性质.

同时，从实用的角度来看，从这种加速收敛算法获得的收益是很小的. 事实上，算法

(4.2.46)保证得到问题(4.3.9)的ϵ-解的复杂度为$O\left(\dfrac{1}{\epsilon^{1/3}}\right)$. 算法(4.3.15)的迭代次数为

$O\left(\dfrac{1}{\epsilon^{2/7}}\right)$量级的. 于是, "最优"算法在迭代次数方面的收益是以与$\left(\dfrac{1}{\epsilon}\right)^{\frac{1}{21}}$成比例的因子为上界的. 对于在实际应用中的$\epsilon$值, 即在$10^{-12}$到$10^{-4}$范围内, 这只是一个绝对常数(由于$((10^{12})^{\frac{1}{21}}<4)$). 因此, 这个减少了总迭代次数的因子, 是不能补偿在每一次迭代的解析计算复杂度上的显著增加的. 这是为什么在本书中我们丢弃了相应搜索过程的复杂度的烦琐分析.

总之, 从实用的角度来看, 算法(4.2.46)现在是最快的二阶算法. 同时, 在优化理论中, 寻找具有廉价迭代的最优二阶算法仍然是优化理论中一个开放且具有挑战性的问题.

4.4　修正的高斯–牛顿法

（二次正则化；修正高斯–牛顿过程；全局收敛速率；对比分析；实现问题.）

4.4.1　高斯–牛顿迭代的二次正则化

非线性方程组的求解问题是数值分析中最基本的问题之一. 标准的方法就是将原始问题

$$\text{找到 } x \in \mathbb{E}: f_i(x) = 0, \quad i = 1, \cdots, m \tag{4.4.1}$$

转换为极小化问题

$$\min_{x \in \mathbb{E}}\left[f(x) \overset{\text{def}}{=} \phi(f_1(x), \cdots, f_m(x))\right] \tag{4.4.2}$$

其中函数$\phi(u)$是非负且只在原点处为0的函数. 这个评价函数$\phi(u)$的最佳推荐选择是标准的欧几里得范数的平方:

$$\phi(u) = \|u\|_{(2)}^2 \equiv \sum_{i=1}^{m}(u^{(i)})^2 \tag{4.4.3}$$

其中范数的平方的优点是保持问题(4.4.2)的目标函数足够光滑. 当然, 新的问题(4.4.2)和(4.4.3)可以用标准的二阶极小化方法求解. 但是, 应用所谓的高斯–牛顿法, 可

能降低所需导数的阶数. 在这种情况下, 搜索方向被定义为如下辅助问题的解:

$$\min_{h \in \mathbb{E}}\{\phi(f_1(x) + \langle \nabla f_1(x), h \rangle, \cdots, f_m(x) + \langle \nabla f_m(x), h \rangle): x + h \in D(x)\}$$

其中$D(x)$是点x的一个适当选择的邻域. 在一些非退化假设下, 是有可能建立该策略的局部二次收敛性的.

尽管上述方法很经典, 但是仍然存在一些缺陷. 事实上, 将问题(4.4.1)转化为问题(4.4.2)是一种非常直接的方式. 例如, 如果初始方程组是线性的, 则该变换就平方了原问题的条件数. 对于较大规模问题, 这除了增加数值不稳定性外, 还会导致得到原问题ϵ-解所需要的迭代次数也平方了.

在本节中, 我们将考虑另一种方法. 乍一看, 它似乎与标准方法非常类似: 我们仍然

用极小化问题(4.4.2)替换初始问题. 但是，我们的评价函数是非光滑的.

在开始之前，先回顾一下一些记号. 对于一个线性算子 $A:\mathbb{E}_1\to\mathbb{E}_2$，它的伴随算子 $A^*:\mathbb{E}_1^*\to\mathbb{E}_2^*$ 定义如下：

$$\langle s, Ax\rangle = \langle A^*s, x\rangle, \quad \forall x\in\mathbb{E}_1, s\in\mathbb{E}_2^*$$

为了度量 $\mathbb{E}_1$ 和 $\mathbb{E}_2$ 中的距离，我们引入了范数 $\|\cdot\|_{\mathbb{E}_1}$ 和 $\|\cdot\|_{\mathbb{E}_2}$. 在对偶空间中，范数以标准的方式定义. 例如，

$$\|s\|_{\mathbb{E}_1^*} = \max_{x\in\mathbb{E}_1}\{\langle s, x\rangle : \|x\|_{\mathbb{E}_1}\leqslant 1\}, \quad s\in\mathbb{E}_1^*$$

在不出现歧义的情况下，我们将省略范数的下标，因为它们总是由对应变量所在的空间定义的. 例如，对 $s\in\mathbb{E}_1^*$，$\|s\|\equiv\|s\|_{\mathbb{E}_1^*}$.

对于 $A:\mathbb{E}_1\to\mathbb{E}_2$，我们定义其最小奇异值为

$$\sigma_{\min}(A) = \min_{x\in\mathbb{E}_1}\{\|Ax\| : \|x\|=1\}\Rightarrow\|Ax\|\geqslant\sigma_{\min}(A)\|x\| \quad \forall x\in\mathbb{E}_1$$

对可逆矩阵 A，我们有 $\sigma_{\min}(A)=1/\|A^{-1}\|$. 注意，对于两个线性算子 A_1 和 A_2，

$$\sigma_{\min}(A_1A_2)\geqslant\sigma_{\min}(A_1)\cdot\sigma_{\min}(A_2)$$

如果 $\sigma_{\min}(A)>0$，那么我们说算子 A 具有**原始非退化性**. 如果 $\sigma_{\min}(A^*)>0$，那么我们说 A 具有**对偶非退化性**.

最后，对于一个非线性函数 $F(\cdot):\mathbb{E}_1\to\mathbb{E}_2$，我们用 $F'(x)$ 表示它的 Jacobian 矩阵，这是一个从 $\mathbb{E}_1$ 到 $\mathbb{E}_2$ 的线性算子，满足

$$F'(x)h = \lim_{\alpha\to 0}\frac{1}{\alpha}[F(x+\alpha h)-F(x)]\in\mathbb{E}_2, \quad h\in\mathbb{E}_1$$

特别地当 $f(\cdot):\mathbb{E}_1\to\mathbb{E}_2\equiv\mathbb{R}$ 时，对所有的 $h\in\mathbb{E}_1$，我们有 $f'(x)h=\langle\nabla f(x), h\rangle$.

考虑一个光滑非线性函数 $F(\cdot):\mathbb{E}_1\to\mathbb{E}_2$，我们感兴趣的主要问题是找到下列方程组的近似解：

$$F(x)=0, \quad x\in\mathbb{E}_1 \tag{4.4.4}$$

为了衡量这个解的性能，我们引入了一个严格评价函数 $\phi(u)$，$u\in\mathbb{E}_2$，它满足以下条件：

- 它是凸的、非负的，并且仅在原点函数值为 0.（因此，它的水平集有界.）
- 它是 Lipschitz 连续的，且 Lipschitz 常数为 1，即

$$|\phi(u)-\phi(v)|\leqslant\|u-v\|, \quad \forall u,v\in\mathbb{E}_2 \tag{4.4.5}$$

- 它在原点有一个严格极小点，即对于某个 $\gamma_\phi\in(0, 1]$，

$$\phi(u)\geqslant\gamma_\phi\|u\|, \quad v\in\mathbb{E}_2 \tag{4.4.6}$$

例如，我们可以取 $\phi(u)=\|u\|_{\mathbb{E}_2}$，则 $\gamma_\phi=1$.

我们利用这个评价函数将问题(4.4.4)转化为无约束极小化问题

$$\min_{x\in\mathbb{E}_1}\{f(x)\equiv\phi(F(x))\}\stackrel{\text{def}}{=} f^* \tag{4.4.7}$$

很显然，方程组(4.4.4)存在解 x^* 当且仅当问题(4.4.7)的最优值 f^* 等于零. 下面提出的

迭代算法可以看作是问题(4.4.7)的一个极小化算法，该极小化算法利用了目标函数的特殊结构. 函数 f 甚至可以是非光滑的. 但是，我们将看到，在问题(4.4.7)的稳定点之外的任何点 $x \in \mathbb{E}_1$ 处，都有可能减小该函数值.

我们来取定某 $x \in \mathbb{E}_1$. 考虑目标函数的局部模型

$$\psi(x;y) = \phi(F(x) + F'(x)(y-x)), \quad y \in \mathbb{E}_1$$

注意到 $\psi(x;y)$ 关于 y 凸. 因此，很自然可从集合

$$\text{Arg} \min_{y \in \mathbb{E}_1} \psi(x;y)$$

中选择问题(4.4.7)的下一个近似解. 这类算法在文献中已经有很多研究. 例如，如果选择 ϕ 为(4.4.3)，我们就得到了经典的高斯-牛顿法. 然而，在接下来的内容中，我们会看到该算法的一个简单的正则化，就会得到另一种算法，对该新算法我们可以研究该过程的全局效率.

我们引入下面的光滑性假设. 用 $\mathscr{F}$ 表示 $\mathbb{E}_1$ 中一个具有非空内部的闭凸集.

假设 4.4.1 函数 $F(\cdot)$ 在集 $\mathscr{F}$ 上是可微的，且其导数 Lipschitz 连续，Lipschitz 常数 $L > 0$，即

$$\|F'(x) - F'(y)\| \leqslant L\|x-y\|, \quad \forall x,y \in \mathscr{F} \tag{4.4.8}$$

这一假设可直接导出

$$\|F(y) - F(x) - F'(x)(y-x)\| \leqslant \frac{1}{2}L\|y-x\|^2, \quad x,y \in \mathscr{F} \tag{4.4.9}$$

我们跳过它的证明，因为它非常类似于不等式(1.2.13)的证明. 在本节的剩余部分中，我们总是假设 4.4.1 是满足的.

引理 4.4.1 对 $\mathscr{F}$ 中的任意 x 和 y，我们有

$$|f(y) - \psi(x;y)| \leqslant \frac{1}{2}L\|y-x\|^2 \tag{4.4.10}$$

证明 设 $d(x,y) = F(y) - F(x) - F'(x)(y-x) \in \mathbb{E}_2$. 由不等式(4.4.9)得

$$\|d(x,y)\| \leqslant \frac{1}{2}L\|x-y\|^2$$

由于 x 和 y 都属于 $\mathscr{F}$，我们有

$$|f(y) - \psi(x;y)| = |\phi(F(y)) - \phi(F(x) + F'(x)(y-x))|$$
$$\overset{(4.4.5)}{\leqslant} \|d(x,y)\| \leqslant \frac{1}{2}L\|y-x\|^2 \qquad \blacksquare$$

不等式(4.4.10)提供了函数 f 的一个上近似：

$$f(y) \leqslant \psi(x;y) + \frac{1}{2}L\|y-x\|^2, \quad \forall x,y \in \mathscr{F}$$

我们用它来构造一个极小化算法. 设 M 是一个正参数，对问题(4.4.7)，定义一个从点 $x \in \mathscr{F}$ 开始的修正高斯-牛顿迭代为

$$\boxed{V_M(x) \in \text{Arg} \min_{y \in \mathbb{E}_1} \left[\psi(x;y) + \frac{1}{2}M\|y-x\|^2 \right]} \tag{4.4.11}$$

其中 Arg 表示 $V_M(x)$ 是从相应的极小化问题的全局极小点集中选择的[⊖]. 注意到(4.4.11)
中的辅助优化问题关于 y 是凸优化. 我们将在 4.4.4 节再次讨论确定点 $V_M(x)$ 的复杂度.

下面我们证明几个辅助性结论. 定义

$$r_M(x) = \|V_M(x) - x\|$$

$$f_M(x) = \psi(x; V_M(x)) + \frac{1}{2} M r_M^2(x)$$

$$\delta_M(x) = f(x) - f_M(x)$$

对于一个取定的 x, 数值 $f_M(x)$ 是一个关于 M 的凹函数, 因为它可以表示为一个关于 M
的线性函数的极小化(见定理 3.1.8), 即

$$f_M(x) = \min_{y \in \mathbb{E}_1} \left[\psi(x; y) + \frac{1}{2} M \|y - x\|^2 \right]$$

因此, $\frac{1}{2} r_M^2(x)$ 是关于 M 的递减函数, 且其值等于 $f_M(x)$ 关于 M 的导数(见定理 3.1.14).

引理 4.4.2 对任意 $x \in \mathbb{E}_1$, 我们有

$$\delta_M(x) \geqslant \frac{1}{2} M r_M^2(x) \tag{4.4.12}$$

证明 取定任意 $x \in \mathbb{E}_1$, 设 $\psi_0(y) = \frac{1}{2} M \|y - x\|^2$ 且

$$\psi_1(y) = \psi(x; y) + \psi_0(y)$$

根据定理 3.1.24 得, 存在 $g_1 \in \partial_y \psi(x; V_M(x))$ 和 $g_2 \in \partial \psi_0(V_M(x))$ 使得

$$\langle g_1 + g_2, y - V_M(x) \rangle \geqslant 0 \quad \forall y \in \mathbb{E}_1 \tag{4.4.13}$$

309

同时, 根据恒等式(3.1.39), 我们有 $\langle g_2, V_M(x) - x \rangle = M r_M^2(x)$. 因此,

$$f(x) = \psi(x; x) \overset{(3.1.23)}{\geqslant} \psi(x, V_M(x)) + \langle g_1, x - V_M(x) \rangle$$

$$\overset{(4.4.13)}{\geqslant} \psi(x, V_M(x)) + \langle g_2, V_M(x) - x \rangle$$

$$= \psi(x, V_M(x)) + M r_M^2(x) = f_M(x) + \frac{1}{2} M r_M^2(x)$$

这正是不等式(4.4.12). ∎

我们来比较一下 $\delta_M(x)$ 和模型 $\psi(x; \cdot)$ 的另一个局部下降的自然度量. 对于 $r > 0$, 定义

$$\Delta_r(x) = f(x) - \min_{y \in \mathbb{E}_1} \{ \psi(x; y) : \|y - x\| \leqslant r \}$$

引理 4.4.3 对任意 $x \in \mathbb{E}_1$ 和 $r > 0$, 我们都有

$$\delta_M(x) \geqslant M r^2 \cdot \varkappa \left(\frac{1}{M r^2} \Delta_r(x) \right) \tag{4.4.14}$$

⊖ 因为我们没有假设范数 $\|x\|$, $x \in \mathbb{E}_1$ 是强凸的, 该问题可能有非平凡凸全局解集.

其中

$$\varkappa(t) = \begin{cases} t - \dfrac{1}{2}, & t \geqslant 1 \\ \dfrac{1}{2}t^2, & t \in [0,1] \end{cases}$$

不等式(4.4.14)的右端项是一个关于 M 的减函数.

证明　选择 $h_r \in \text{Arg} \min\limits_{h \in \mathbb{E}_1} \{\psi(x;\, x+h) : \|h\| \leqslant r\}$，则

$$\begin{aligned} f_M(x) &\leqslant \min_\tau \left\{ \phi(F(x) + \tau F'(x)h_r) + \frac{1}{2}M\tau^2 r^2 : \tau \in [0,1] \right\} \\ &= \min_\tau \left\{ \phi((1-\tau)F(x) + \tau(F(x) + F'(x)h_r)) + \frac{1}{2}M\tau^2 r^2 : \tau \in [0,1] \right\} \\ &\leqslant \min_\tau \left\{ (1-\tau)\phi(F(x)) + \tau\phi(F(x) + F'(x)h_r)) + \frac{1}{2}M\tau^2 r^2 : \tau \in [0,1] \right\} \\ &= \min_\tau \left\{ f(x) - \tau\Delta_r(x) + \frac{1}{2}M\tau^2 r^2 : \tau \in [0,1] \right\} \end{aligned}$$

于是，

$$\delta_M(x) \geqslant \max_{\tau \in [0,1]} \left\{ \tau\Delta_r(x) - \frac{1}{2}M\tau^2 r^2 \right\} = Mr^2 \cdot \varkappa\left(\frac{1}{Mr^2}\Delta_r(x) \right)$$

注意，这个不等式的右边关于 M 递减.

定义

$$\mathscr{L}(\tau) = \{ y \in \mathbb{E}_1 : f(y) \leqslant \tau \}$$

引理 4.4.4　设 $\mathscr{L}(f(x)) \subseteq \text{int}\,\mathscr{F}$ 且 $M \geqslant L$，则 $V_M(x) \in \mathscr{L}(f(x))$.

证明　假设 $V_M(x) \notin \mathscr{L}(f(x))$，考虑点

$$y(\alpha) = x + \alpha \cdot (V_M(x) - x), \quad \alpha \in [0,1]$$

由于 $y(0) = x \in \text{int}\,\mathscr{F}$，我们可以定义值 $\bar{\alpha} \in (0,1)$ 使得 $y(\bar{\alpha})$ 位于集合 $\mathscr{F}$ 的边界上. 注意到

$$f(y(\bar{\alpha})) \geqslant f(x) \geqslant f_M(x)$$

且 $r_M(x) > 0$. 根据我们的假设，$\bar{\alpha} \in (0,1)$，定义

$$d = F(y(\bar{\alpha})) - F(x) - \bar{\alpha}F'(x)(V_M(x) - x) \in \mathbb{E}_2$$

由不等式(4.4.9)，有 $\|d\| \leqslant \dfrac{L}{2}\bar{\alpha}^2 r_M^2(x)$. 因此，

$$\begin{aligned} f(x) \leqslant f(y(\bar{\alpha})) &= \phi(F(x) + \bar{\alpha}F'(x)(y(1) - x) + d) \\ &\leqslant \phi((F(x) + \bar{\alpha}F'(x)(V_M(x) - x)) + \|d\| \\ &\leqslant (1-\bar{\alpha})f(x) + \bar{\alpha}\phi((F(x) + F'(x)(V_M(x) - x)) + \frac{1}{2}M\bar{\alpha}^2 r_M^2(x) \\ &\leqslant (1-\bar{\alpha})f(x) + \bar{\alpha}f_M(x) - \frac{1}{2}M\bar{\alpha}(1-\bar{\alpha})r_M^2(x) \end{aligned}$$

于是，$f(x) \leqslant f_M(x) - \dfrac{1}{2}M(1-\bar{\alpha})r_M^2(x)$，这与(4.4.12)矛盾.

引理 4.4.5 设 x 和 $V_M(x)$ 都属于 $\mathscr{F}$，则

$$f_M(x) \leqslant \min_{y \in \mathscr{F}}\Big[f(y) + \frac{1}{2}(L+M)\|y-x\|^2\Big] \tag{4.4.15}$$

证明 对于 $y \in \mathscr{F}$，设 $d(x,y) = F(y) - F(x) - F'(x)(y-x) \in \mathbb{E}_2$. 由不等式 (4.4.9)，有

$$\|d(x,y)\| \leqslant \frac{1}{2}L\|x-y\|^2$$

因此，由于 x 和 $V_M(x)$ 都属于 $\mathscr{F}$，我们有

$$\begin{aligned}
f_M(x) &= \min_{y \in \mathscr{F}}\Big[\phi(F(x) + F'(x)(y-x)) + \frac{1}{2}M\|y-x\|^2\Big] \\
&= \min_{y \in \mathscr{F}}\Big[\phi(F(y) - d(x,y)) + \frac{1}{2}M\|y-x\|^2\Big] \\
&\leqslant \min_{y \in \mathscr{F}}\Big[f(y) + \frac{1}{2}(L+M)\|y-x\|^2\Big]
\end{aligned}$$

推论 4.4.1 设 x^* 是问题 (4.4.7) 的一个解并且 $\mathscr{L}(f(x)) \subseteq \mathscr{F}$，则

$$f_M(x) \leqslant f^* + \frac{1}{2}(L+M)\|x-x^*\|^2 \tag{4.4.16}$$

证明 只需要在 (4.4.15) 的右端项作替换 $y=x^*$ 就可以了. ■

4.4.2 修正的高斯–牛顿过程

现在我们来分析如下算法的收敛性. 取定 $L_0 \in (0, L]$.

修正的高斯–牛顿方法
初始化：选择 $x_0 \in \mathbb{R}^n$.

迭代 $k(k \geqslant 0)$：
    1. 确定 $M_k \in [L_0, 2L]$ 满足 $f(V_{M_k}(x_k)) \leqslant f_{M_k}(x_k)$;
    2. 令 $x_{k+1} = V_{M_k}(x_k)$.

$$\tag{4.4.17}$$

由于 $f_M(x) \leqslant f(x)$，所以这个算法是单调的，满足

$$f(x_{k+1}) \leqslant f(x_k) \tag{4.4.18}$$

如果常数 L 已知，那么在这个算法的步骤 1 中，我们可以选择 $M_k \equiv L$. 否则，我们可以采用一个简单的搜索过程 (例如，请参阅 4.1.4 节) 确定 M_k. 现在我们给出收敛性结果.

设 $x_0 \in \operatorname{int} \mathscr{F}$ 是上述极小化算法的初始点. 我们需要作如下假设.

假设 4.4.2 集合 $\mathscr{F}$ 足够大，即 $\mathscr{L}(f(x_0)) \subseteq \mathscr{F}$.

在下面的内容中，我们总是认为假设 4.4.2 是满足的. 由 (4.4.18)，这个假设意味着对任意的 $k \geqslant 0$ 有 $\mathscr{L}(f(x_k)) \subseteq \mathscr{F}$.

定理 4.4.1 对任意 $k \geqslant 0$ 和 $r > 0$，我们有

$$f(x_k) - f^* \geqslant \frac{1}{2} L_0 \sum_{i=k}^{\infty} r_{M_i}^2(x_i) \geqslant \frac{1}{2} L_0 \sum_{i=k}^{\infty} r_{2L}^2(x_i)$$

(4.4.19)

$$f(x_k) - f^* \geqslant r^2 \sum_{i=k}^{\infty} M_i \mathcal{H}\left(\frac{1}{M_i r^2} \Delta_r(x)\right) \geqslant 2Lr^2 \sum_{i=k}^{\infty} \mathcal{H}\left(\frac{1}{2Lr^2} \Delta_r(x)\right)$$

证明 事实上，由算法(4.4.17)中步骤 1 的规则，有

$$f_{M_i}(x_i) \geqslant f(x_{i+1}), \quad M_i \geqslant L_0, \quad r_{M_i}(x_i) \geqslant r_{2L}(x_i)$$

于是，利用不等式(4.4.12)就证明了(4.4.19)中的第一个不等式. 为了证明第二个不等式，我们应用不等式(4.4.14)和算法(4.4.17)要求的条件 $M_i \leqslant 2L$ 即可证. ■

推论 4.4.2 设序列 $\{x_k\}_{k=0}^{\infty}$ 是由算法(4.4.17)产生的，则

$$\lim_{k \to \infty} \|x_k - x_{k+1}\| = 0, \quad \lim_{k \to \infty} \Delta_r(x_k) = 0$$

因此这个序列的极限点集合 X^* 是连通的. 对 X^* 内的任意的 $\bar{x}$，有 $\Delta_r(\bar{x}) = 0$.

现在我们证明算法(4.4.17)的局部收敛性.

定理 4.4.2 设点 $x^* \in \mathcal{L}(f(x_0))$ 满足 $F(x^*) = 0$ 是问题(4.4.4)的一个非退化解，即

$$\sigma \equiv \sigma_{\min}(F'(x^*)) > 0$$

令 γ_ϕ 由(4.4.6)定义. 如果 $x_k \in \mathcal{L}(f(x_0))$，且

<!-- 313 -->

$$\|x_k - x^*\| \leqslant \frac{2}{L} \cdot \frac{\sigma \gamma_\phi}{3 + 5\gamma_\phi}$$

那么 $x_{k+1} \in \mathcal{L}(f(x_0))$，且

$$\|x_{k+1} - x^*\| \leqslant \frac{3(1 + \gamma_\phi)L\|x_k - x^*\|^2}{2\gamma_\phi(\sigma - L\|x_k - x^*\|)} \leqslant \|x_k - x^*\|$$

(4.4.20)

证明 由于 $f(x^*) = 0$，由不等式(4.4.16)和(4.4.9)，我们有

$$\frac{3L}{2}\|x_k - x^*\|^2 \geqslant f_{M_k}(x_k) \geqslant \psi(x_k; x_{k+1}) \geqslant \gamma_\phi \|F(x_k) + F'(x_k)(x_{k+1} - x_k)\|$$

$$= \gamma_\phi \|F'(x^*)(x_{k+1} - x^*) + (F(x_k) - F(x^*) - F'(x^*)(x_k - x^*))$$

$$+ (F'(x_k) - F'(x^*))(x_{k+1} - x_k)\|$$

$$\geqslant \gamma_\phi \Big[\|F'(x^*)(x_{k+1} - x^*)\| - \frac{L}{2}\|x_k - x^*\|^2$$

$$- L\|x_k - x^*\| \cdot \|x_{k+1} - x_k\| \Big]$$

$$\geqslant \gamma_\phi \Big[(\sigma - L\|x_k - x^*\|) \cdot \|x_{k+1} - x^*\| - \frac{3L}{2}\|x_k - x^*\|^2 \Big]$$

■

4.4.3 全局收敛速率

为了得到算法(4.4.17)的全局复杂度结果，我们需要引入另外一个非退化假设.

假设 4.4.3 算子 $F'(x)$：$\mathbb{E}_1 \to \mathbb{E}_2$ 具有一致的对偶非退化性，即

$$\sigma_{\min}(F'(x)^*) \geqslant \sigma > 0 \quad \forall x \in \mathcal{L}(f(x_0))$$

注意到这一假设意味着 $\dim \mathbb{E}_2 \leqslant \dim \mathbb{E}_1$. 假设 4.4.3 在我们的分析中的重要性可以从

下面的标准结论中看出.

引理 4.4.6 设线性算子 $A:\mathbb{E}_1\to\mathbb{E}_2$ 具有对偶非退化性, 即

$$\sigma_{\min}(A^*)>0$$

则对任意 $b\in\mathbb{E}_2$, 存在一个点 $x(b)\in\mathbb{E}_1$ 使得

$$Ax(b)=b,\quad \|x(b)\|\leqslant\frac{\|b\|}{\sigma_{\min}(A^*)}$$

314

证明 考虑以下优化问题:

$$\min_x\{f(x)=\|x\|:Ax=b\}$$

由于其目标函数的水平集是有界的, 所以它的解 x^* 存在. 依据命题 $(3.1.59)$, 存在 $y^*\in\mathbb{E}_2^*$ 使得 $g^*=A^*y^*\in\partial f(x^*)$. 利用不等式 $(3.1.42)$ 和引理 $3.1.15$, 我们得出 $\|g^*\|\leqslant 1$. 于是,

$$1\geqslant\|A^*y^*\|\geqslant\sigma_{\min}(A^*)\|y^*\| \tag{4.4.21}$$

另一方面,

$$\|x^*\|\overset{(3.1.40)}{=}\langle g^*,x^*\rangle=\langle Ax^*,y^*\rangle=\langle b,y^*\rangle\leqslant\|b\|\cdot\|y^*\|$$

只需应用不等式 $(4.4.21)$ 即可证明命题. ■

引理 4.4.6 的一个重要后续结论如下.

引理 4.4.7 设算子 $F'(x)$ 具有对偶非退化性, 即 $\sigma_{\min}(F'(x)^*)>0$, 则对任意 $M>0$, 我们有

$$r_M(x)\leqslant\frac{\|F(x)\|}{\sigma_{\min}(F'(x)^*)} \tag{4.4.22}$$

证明 事实上, 由引理 4.4.6 得, 存在 h^* 使得

$$F(x)+F'(x)h^*=0$$

且 $\|h^*\|\leqslant\dfrac{\|F(x)\|}{\sigma_{\min}(F'(x)^*)}$. 因此,

$$\frac{M}{2}r_M^2(x)\leqslant\psi(x;V_M(x))+\frac{M}{2}r_M^2(x)=\min_{h\in\mathbb{E}_1}[\psi(x;x+h)+\frac{M}{2}\|h\|^2]$$

$$\leqslant\frac{M}{2}\|h^*\|^2\leqslant\frac{M\|F(x)\|^2}{2\sigma_{\min}^2(F'(x)^*)}$$

■

现在我们证明算法 $(4.4.17)$ 的全局收敛速率.

定理 4.4.3 若假设 4.4.1、4.4.2 和 4.4.3 都满足, 有如下结论:

1) 假设序列 $\{x_k\}_{k=0}^\infty$ 由算法 $(4.4.17)$ 生成. 如果 $f(x_k)\geqslant\dfrac{\sigma^2}{2L}\gamma_\phi^2$, 则

$$f(x_{k+1})\leqslant f(x_k)-\frac{\sigma^2}{4L}\gamma_\phi^2 \tag{4.4.23}$$

315

否则

$$f(x_{k+1})\leqslant\frac{L}{\sigma^2\gamma_\phi^2}f^2(x_k)\leqslant\frac{1}{2}f(x_k) \tag{4.4.24}$$

2)设序列 $\{x_k\}_{k=0}^{\infty}$ 由算法(4.4.17)在满足 $M_k \equiv L$ 条件下生成. 如果 $f(x_k) \geqslant \frac{\sigma^2}{L}\gamma_{\phi}^2$，则

$$f(x_{k+1}) \leqslant f(x_k) - \frac{\sigma^2}{2L}\gamma_{\phi}^2 \tag{4.4.25}$$

否则，

$$f(x_{k+1}) \leqslant \frac{L}{2\sigma^2\gamma_{\phi}^2}f^2(x_k) \leqslant \frac{1}{2}f(x_k) \tag{4.4.26}$$

证明　我们首先证明定理的第一部分. 由于算子 $F'(x)$ 是非退化的，依据引理 4.4.6，存在线性方程组 $F(x_k)+F'(x_k)h=0$ 的一个满足范数有界的解 h_k^*：

$$\|h_k^*\| \leqslant \frac{1}{\sigma}\|F(x_k)\| \leqslant \frac{1}{\sigma\gamma_{\phi}}f(x_k)$$

因此，根据算法(4.4.17)中的步长选取规则和 M_k 的上界，我们有

$$
\begin{aligned}
f(x_{k+1}) &\leqslant \min_{h \in \mathbb{E}_1}\Big[\phi(F(x_k)+F'(x_k)h)+\frac{1}{2}M_k\|h\|^2\Big] \\
&\leqslant \min_{t \in [0,1]}\Big[\phi(F(x_k)+tF'(x_k)h_k^*)+L\|th_k^*\|^2\Big] \\
&\leqslant \min_{t \in [0,1]}\Big[\phi((1-t)F(x_k))+\frac{L}{\sigma^2\gamma_{\phi}^2}t^2f^2(x_k)\Big] \\
&\leqslant \min_{t \in [0,1]}\Big[(1-t)f(x_k)+\frac{L}{\sigma^2\gamma_{\phi}^2}t^2f^2(x_k)\Big]
\end{aligned}
$$

于是，如果 $f(x_k) \leqslant \frac{\sigma^2}{2L}\gamma_{\phi}^2$，则上述不等式最后单变量问题的最小值在 $t=1$ 时取到，进而得不等式(4.4.24)；否则最小值在 $t=\frac{\sigma^2\gamma_{\phi}^2}{2Lf(x_k)}$ 处取到，进而得到估计不等式(4.4.23).

定理的第二部分也可以用类似的方法证明. ∎

利用定理 4.4.3，我们可以给出问题(4.4.7)的一些性质.

定理 4.4.4　若假设 4.4.1、4.4.2 和 4.4.3 都满足，则存在问题(4.4.7)的一个解 x^* 满足 $f(x^*)=0$ 且

$$\|x^*-x_0\| \leqslant \frac{2}{\sigma}\|F(x_0)\| \tag{4.4.27}$$

证明　选择 $\phi(u)=\|u\|$，则 $\gamma_{\phi}=1$. 现在我们在算法(4.4.17)中取 $M_k \equiv L$，来求解取 $f(x)=\|F(x)\|$ 的相应问题(4.4.7).

首先假设 $f(x_0)>\frac{\sigma^2}{L}$. 根据定理 4.4.3 的第二条陈述可得，只要 $f(x_k) \geqslant \frac{\sigma^2}{2L}$，我们就有

$$f(x_k)-f(x_{k+1}) \geqslant \frac{\sigma^2}{2L} \tag{4.4.28}$$

用 N 表示算法第一阶段的迭代次数，有

$$f(x_N) \geqslant \frac{\sigma^2}{L} \geqslant f(x_{N+1})$$

对不等式(4.4.28)关于 $k=0,\cdots,N$ 求和，可得

$$N+1 \leqslant \frac{2L}{\sigma^2}(f(x_0) - f(x_{N+1})) \tag{4.4.29}$$

另一方面，根据不等式(4.4.12)，我们有

$$f(x_k) - f(x_{k+1}) \geqslant \frac{L}{2}\|x_k - x_{k+1}\|^2 \tag{4.4.30}$$

对这些不等式关于 $k=0,\cdots,N$ 求和，我们得到

$$f(x_0) - f(x_{N+1}) \geqslant \frac{L}{2}\sum_{k=0}^{N}\|x_k - x_{k+1}\|^2 \geqslant \frac{L}{2(N+1)}\Big(\sum_{k=0}^{N}\|x_k - x_{k+1}\|\Big)^2$$

$$\geqslant \frac{L}{2(N+1)}\|x_0 - x_{N+1}\|^2$$

现在，利用估计式(4.4.29)，我们可得

$$\|x_0 - x_{N+1}\| \leqslant \left[\frac{2(N+1)}{L}(f(x_0) - f(x_{N+1}))\right]^{1/2} \leqslant \frac{2}{\sigma}(f(x_0) - f(x_{N+1}))$$

$$\tag{4.4.31}$$

进一步，由定理 4.4.3，在过程的第二阶段，我们可以保证

$$f(x_{k+1}) \leqslant \frac{L}{2\sigma^2}f^2(x_k) \leqslant \frac{1}{2}f(x_k), \quad k \geqslant N+1 \tag{4.4.32}$$

317

于是，对 $k \geqslant 0$ 有 $f(x_{N+k+1}) \leqslant \left(\frac{1}{2}\right)^k f(x_{N+1})$. 因此，由不等式(4.4.22)，我们有

$$\|x_{N+k+2} - x_{N+k+1}\| \leqslant \frac{1}{\sigma}\left(\frac{1}{2}\right)^k f(x_{N+1}), \quad k \geqslant 0$$

于是，序列 $\{x_k\}_{k=0}^{\infty}$ 收敛到满足 $F(x^*)=0$ 的点 x^*，且

$$\|x^* - x_{N+1}\| \leqslant \frac{2}{\sigma}f(x_{N+1})$$

根据这个不等式和(4.4.31)，我们可以得到(4.4.27).

如果 $f(x_0) \leqslant \frac{\sigma^2}{L}$，则我们可以从最开始就应用上面的后一种推理，得到

$$\sum_{k=0}^{\infty}\|x_{k+1} - x_k\| \leqslant \frac{1}{\sigma}\sum_{k=0}^{\infty}f(x_k) \leqslant \frac{1}{\sigma}f(x_0)\sum_{k=0}^{\infty}\left(\frac{1}{2}\right)^k = \frac{2}{\sigma}f(x_0) \qquad \blacksquare$$

应用与定理 4.4.4 的证明中完全一样的论据，可以证明下面的结论.

定是 4.4.5 若假设 4.4.1、4.4.2 和 4.4.3 都满足，假设序列 $\{x_k\}_{k=0}^{\infty}$ 是由算法 (4.4.17)求解问题(4.4.7)时生成的，则该序列收敛到满足 $F(x^*)=0$ 的单点 x^*.

我们用下面的注记结束本节的讨论. 我们已经看到，假设 4.4.1、4.4.2 和 4.4.3 保证

了问题(4.4.4)解的存在性. 定义

$$D = \min_{x}\{\|x - x_0\| : x \in \mathscr{L}(f(x_0)),\ F(x) = 0\}$$

根据推论 4.4.1 和算法(4.4.17)中 M_k 的界，我们总是能保证

$$f(x_1) \leqslant \frac{3}{2}LD^2 \tag{4.4.33}$$

于是，根据定理 4.4.3，算法(4.4.17)到达二次收敛区域所需的迭代次数 N 有上界为

$$N \leqslant 1 + \frac{4L}{\sigma^2 \gamma_\phi^2} f(x_1) \leqslant 1 + 6\left(\frac{LD}{\sigma \gamma_\phi}\right)^2 \tag{4.4.34}$$

我们把这个上界指定为假设 4.4.1、4.4.2 和 4.4.3 所描述的问题类的复杂度上界估计. 这一上界可以由修正高斯-牛顿法(4.4.17)来证明.

318

4.4.4　讨论

4.4.4.1　算法(4.4.17)的一个比较性分析

下面我们对比一下算法(4.4.17)与求解无约束极小化问题的三次牛顿法(参见 4.1 节)的效率. 注意到这两种算法的应用领域是交叉的. 事实上，任何一个求解非线性方程组的问题都可以利用某评价函数转化为一个无约束极小化问题. 另一方面，任何无约束极小化问题都可以简化为一个非线性方程组，该方程组相应于其一阶最优性条件(1.2.4).

考虑无约束极小化问题

$$\min_{x \in \mathbb{E}_1} \varphi(x) \tag{4.4.35}$$

其中 $\varphi(\,\cdot\,)$ 是一个二次可微的强凸函数，其 Hessian 矩阵 Lipschitz 连续. 在这个小节中，我们假定所有的范数都是欧几里得范数，且假设存在正的 σ 和 L 使得对 $\mathbb{E}_1$ 内任意的 x 和 h 都满足条件

$$\langle \nabla^2 \varphi(x)h, h \rangle \geqslant \sigma \|h\|^2$$
$$\langle \nabla^2 \varphi(x+h) - \nabla^2 \varphi(x) \rangle \geqslant L\|h\| \tag{4.4.36}$$

设 $D = \|x_0 - x^*\|$，则在 4.1.5 节中，我们已经证明了三次牛顿法(4.1.16)对问题(4.4.35)的求解复杂度取决于特性

$$\zeta = \frac{LD}{\sigma}$$

(我们使用本节的记号). 如果 $\zeta < 1$，则问题(4.4.35)很简单. 反之，修正牛顿法到达二次收敛区域所必需的迭代次数主要以

$$N_1 = 6.25\sqrt{\zeta} \tag{4.4.37}$$

为界(见(4.1.57)).

注意到问题(4.4.35)也可以用(4.4.4)的形式给出，即

$$\text{找到 } x : F(x) \stackrel{\text{def}}{=} \nabla\varphi(x) = 0 \tag{4.4.38}$$

在这种情况下，$F'(x) = \nabla^2 \varphi(x)$. 因此，根据条件 (4.4.36)，我们的问题 (4.4.38) 满足假设 4.4.1、4.4.2 和 4.4.3. 我们来选择 $f(x) = \|F(x)\|$，则由 (4.4.34)，修正高斯-牛顿法 (4.4.17) 到达二次收敛区域所需的迭代步数的上界为

$$N_2 = 1 + 6\zeta^2 \qquad (4.4.39)$$

显然，估计值 (4.4.37) 比 (4.4.39) 好得多. 然而，这一结论只证实了一个标准规则：专门的过程通常比通用算法更有效. 但是，目前我们无法给出一个明确的答案，由于假设 4.4.1、4.4.2 和 4.4.3 所描述的问题类的复杂度下界还不知道. 所以，用其他算法有机会改进式 (4.4.39) 的复杂度.

实际上，与三次牛顿法 (4.1.16) 相比，算法 (4.4.17) 有一个重要的优点. 在算法 (4.1.16) 的每次迭代中，计算新测试点的辅助问题可以在多项式时间内求解，仅当该方法是基于欧几里得范数的. 相反，在修正高斯-牛顿法中，我们在空间 $\mathbb{E}_1$ 和 $\mathbb{E}_2$ 上的范数选择是完全自由的. 正如我们将在 4.4.4.2 节中看到的，任何选择都会给出凸辅助问题. 因此，应该用合理的方式选择范数，使得比值 $\frac{L}{\sigma}$ 越小越好.

4.4.4.2 算法实现的问题

下面我们研究辅助问题 (4.4.11) 的求解复杂度. 为了简单起见，假设选择 $f(x) = \|F(x)\|$，因此，我们的问题为

$$找到 \ f_M(x) = \min_{h \in \mathbb{E}_1} \left[\|F(x) + F'(x)h\| + \frac{1}{2}M\|h\|^2 \right] \qquad (4.4.40)$$

注意到有时候这个问题的对偶形式看起来更简单：

$$\min_{h \in \mathbb{E}_1} \left[\|F(x) + F'(x)h\| + \frac{1}{2}M\|h\|^2 \right]$$

$$= \min_{h \in \mathbb{E}_1} \max_{\substack{s \in \mathbb{E}_2^* \\ \|s\| \leqslant 1}} \left[\langle s, F(x) + F'(x)h \rangle + \frac{1}{2}M\|h\|^2 \right]$$

$$= \max_{\substack{s \in \mathbb{E}_2^* \\ \|s\| \leqslant 1}} \min_{h \in \mathbb{E}_1} \left[\langle s, F(x) + F'(x)h \rangle + \frac{1}{2}M\|h\|^2 \right]$$

$$= \max_{s \in \mathbb{E}_2^*} \left[\langle s, F(x) \rangle - \frac{1}{2M}\|F'(x)^* s\|_*^2 \ : \ \|s\| \leqslant 1 \right]$$

由于这个问题是凸的，可以用凸优化中的有效优化算法求解它.

我们来看在欧几里得范数下，问题 (4.4.40) 可以用标准的线性代数技术来求解.

引理 4.4.8 设引入空间 $\mathbb{E}_1$ 和 $\mathbb{E}_2$ 的欧几里得范数为

$$\|x\| = \langle B_1 x, x \rangle^{1/2}, \ x \in \mathbb{E}_1, \quad \|u\| = \langle B_2 u, u \rangle^{1/2}, \ u \in \mathbb{E}_2$$

其中 $B_1 = B_1^* \geqslant 0$ 且 $B_2 = B_2^* \geqslant 0$，则问题 (4.4.40) 的解可以由单变量凸优化问题

$$f_M(x) = \min_{\tau \geqslant 0} \left[\tau + \frac{1}{\tau} \| F(x) \|^2 - \langle [\tau F'(x)^* B_2 F'(x) + \tau^2 M B_1]^{-1} g, g \rangle \right]$$

$$(4.4.41)$$

得到，其中 $g = F'(x)^* B_2 F(x)$. 如果 τ^* 是该问题的一个最优解，则问题(4.4.40)的解是

$$h^* = -[F'(x)^* B_2 F'(x) + \tau^* M B_1]^{-1} F'(x)^* B_2 F(x) \qquad (4.4.42)$$

证明   事实上，

$$f_M(x) = \min_{h \in \mathbb{E}_1} \min_{\tau \geqslant 0} \left[\frac{1}{2} \tau + \frac{1}{2\tau} \| F(x) + F'(x) h \|^2 + \frac{M}{2} \| h \|^2 \right]$$

$$= \min_{\tau \geqslant 0} \min_{h \in \mathbb{E}_1} \left[\frac{1}{2} \tau + \frac{1}{2\tau} \| F(x) + F'(x) h \|^2 + \frac{M}{2} \| h \|^2 \right]$$

$$= \min_{\tau \geqslant 0} \min_{h \in \mathbb{E}_1} \left[\frac{1}{2} \tau + \frac{1}{2\tau} \| F(x) \|^2 + \frac{1}{\tau} \langle B_2 F(x), F'(x) h \rangle \right.$$

$$\left. + \frac{1}{2\tau} \langle B_2 F'(x) h, F'(x) h \rangle + \frac{M}{2} \langle B_1 h, h \rangle \right]$$

内部极小化问题的最小值在

$$h^*(\tau) = -\left[\frac{1}{\tau} F'(x)^* B_2 F'(x) + M B_1 \right]^{-1} \frac{1}{\tau} F'(x)^* B_2 F(x)$$

$$= -[F'(x)^* B_2 F'(x) + \tau M B_1]^{-1} F'(x)^* B_2 F(x)$$

321

处取得. 利用符号 $g = F'(x)^* B_2 F(x)$，关于 τ 的优化问题的目标函数为

$$\frac{1}{2} \tau + \frac{1}{2\tau} \| F(x) \|^2 - \frac{1}{2\tau^2} \left\langle \left[\frac{1}{\tau} F'(x)^* B_2 F'(x) + M B_1 \right]^{-1} g, g \right\rangle$$

$$= \frac{1}{2} \tau + \frac{1}{2\tau} \| F(x) \|^2 - \frac{1}{2} \langle [\tau F'(x)^* B_2 F'(x) + \tau^2 M B_1]^{-1} g, g \rangle$$

根据定理 3.1.7 可得，这个函数关于 τ 是凸的. ∎

注意，式(4.4.41)中的单变量优化问题可以利用一维搜索过程有效地求解（例如，参见 A.1 节）.

322

第二部分

结 构 优 化

第5章 多项式时间内点法

在本章中，我们介绍多项式时间内点法的问题类和复杂度界. 这些方法都是基于自和谐函数. 这类函数可以很容易通过牛顿法极小化. 另一方面，这些函数的一个重要子类——自和谐障碍函数，可以用于路径跟踪算法的框架中. 此外，我们能够证明可以以多项式时间复杂度来跟踪相应的中心路径. 中心路径惩罚系数中步长的大小取决于相应的障碍函数参数. 我们说明几乎对任意凸集，都存在自和谐障碍函数，其参数与变量空间维数成正比. 另一方面，对于任何具有显式结构的凸集，可以通过简单的组合规则构造具有合理参数值的这类障碍函数. 我们将此技术应用于线性与二次优化、线性矩阵不等式和其他优化问题中.

5.1 自和谐函数

（真的有黑箱吗？牛顿法实际上做了什么？自和谐函数的定义；主要性质；隐函数定理；自和谐函数极小化；与标准二阶算法的关系.）

5.1.1 凸优化中的黑箱概念

在本章中，我们将介绍非线性优化中多项式时间内点法的主要思想. 开始之前，首先看看极小化问题的传统形式.

假设我们想求解的极小化问题为

$$\min_{x \in \mathbb{R}^n} \{ f_0(x) : f_j(x) \leqslant 0, \quad j = 1, \cdots, m \}$$

我们假设这个问题的所有函数分量都是凸函数. 注意到求解该问题的所有标准化凸优化算法均基于黑箱概念. 这意味着我们假设问题配备了一个 Oracle，它为我们在某测试点 x 处提供问题的函数分量的一些信息. 这个 Oracle 是局部的：如果在离测试点足够远的地方改变分量的形式，Oracle 的答案不会发生改变. 这些答案包含仅可用于数值算法的信息[⊖].

然而，仔细分析上述情况，我们发现了一个矛盾. 事实上，为了应用凸优化算法，我们要确保函数分量都是凸函数. 然而，我们只能通过分析这些函数的结构来检查其凸性[⊜]：如果函数是由基本凸函数通过凸运算（求和、最大化等）得到的，则我们就知道它是凸函数.

于是，在我们检查函数凸性并选择极小化算法的时候，问题的函数分量就不在黑箱里. 但是对数值算法，我们将它们"锁"在黑箱中. 这是标准凸优化理论的主要概念

⊖ 我们已经在本书的第一部分讨论了这个概念和相应算法.

⊜ 凸性的数值验证是一项不可能实现的计算任务.

性矛盾⊖.

　　上述分析结果给了我们希望：问题的结构可用于提高凸极小化算法的性能. 遗憾的是，结构是一个非常模糊的概念，很难形式化. 描述结构的一种可能方式是限定函数分量的解析类型. 例如，我们可以只考虑具有线性函数 $f_i(\cdot)$ 的问题. 这是有效的，但注意到这种方法是非常脆弱的：如果在我们的问题中引入一个不同类型的函数分量，我们会得到另一个问题类，所有的理论都必须从头开始.

　　另外，很明显，有了现成的结构，我们可以支配问题的解析形式. 我们可以使用变量或约束的非平凡变换、引入附加变量等将问题重写为许多等效形式. 然而，如果没有实现这种变换的最终目标，这将没有任何意义. 所以，我们来尝试确定这样一个目标.

　　此时，最好看看经典例子. 在许多情况下，原始问题的一系列重新表示可以看作是数值算法的一部分. 我们从一个复杂问题 $\mathscr{P}$ 开始，一步一步地简化其结构，直到得到一个平凡问题(或者是我们知道如何解决的问题)，即

$$\mathscr{P} \to \cdots \to (f^*, x^*)$$

我们来看看求解线性方程组

$$Ax = b$$

的标准方法. 可以按如下方式进行：

　　1. 检查矩阵 A 是对称且正定的. 往往这一点从开始就很清楚.

　　2. 计算矩阵的 Cholesky 分解，即

$$A = LL^{\mathsf{T}}$$

其中 L 是一个下三角矩阵. 形成两个辅助系统，

$$Ly = b, \quad L^{\mathsf{T}}x = y$$

　　3. 求解辅助系统.

这个过程可以看作是原始问题的一系列等价变形.

　　想象一下我们不知道如何解决线性方程组时，为了发现该技术，我们需要执行以下步骤：

　　1. 找到一类可以有效解决的问题(在该例中是具有三角形矩阵的线性方程组)；

　　2. 描述将原问题转化为所需形式的转换规则；

　　3. 描述适用于这些转换规则的问题类.

　　我们将解释该思想在凸优化中如何工作. 首先，需要找到一个基本数值算法以及对该算法非常有效的问题形式. 我们将看到，对于该目标，最合适的候选者是牛顿法(参见1.2.4 节和第 4 章)，如在序列无约束极小化的框架中的应用(见 1.3.3 节).

　　在下一节中，我们将分析牛顿法的标准理论的一些缺点. 从该分析中，我们导出一类非常特殊的凸函数，即所谓的自和谐函数与自和谐障碍函数，这些函数都可以用牛顿法有

⊖　尽管如此，与基于 Oracle 极小化算法理论有关的结论，对于根据黑箱原则设计的算法仍然有效.

327 效地极小化. 我们在描述原始问题的形式转换时使用这些对象. 在后续内容中，我们将此描述称为问题的障碍函数模型. 该模型将取代前面章节中使用的优化问题的标准函数模型.

5.1.2 牛顿法实际上做什么

我们来研究牛顿法局部收敛的标准结果（我们在定理 1.2.5 中已经证明）. 我们要找到二次可微函数 $f(\cdot)$ 的无约束局部极小点 x^*，即求解问题

$$\min_{x \in \mathbb{R}^n} f(x) \tag{5.1.1}$$

此时，我们使用的范数均为欧几里得范数. 假设

- $\nabla^2 f(x^*) \geqslant \mu I_n,\ \mu > 0$；
- 对于所有的 x 和 $y \in \mathbb{R}^n$，有 $\|\nabla^2 f(x) - \nabla^2 f(y)\| \leqslant M \|x - y\|$.

也假设牛顿过程的初始点 x_0 足够接近 x^*，即

$$\|x_0 - x^*\| < \bar{r} = \frac{2\mu}{3M} \tag{5.1.2}$$

这样，我们可以证明（参见定理 1.2.5）序列

$$x_{k+1} = x_k - [\nabla^2 f(x_k)]^{-1} \nabla f(x_k),\quad k \geqslant 0 \tag{5.1.3}$$

有定义. 而且对所有 $k \geqslant 0$ 有 $\|x_k - x^*\| < \bar{r}$，且牛顿法 (5.1.3) 具有二次收敛性，即

$$\|x_{k+1} - x^*\| \leqslant \frac{M \|x_k - x^*\|^2}{2(\mu - M \|x_k - x^*\|)}$$

这个结果有什么问题？注意到该算法二次收敛区域 (5.1.2) 的描述是根据标准内积给出的，即

$$\langle x, y \rangle = \sum_{i=1}^{n} x^{(i)} y^{(i)},\quad x, y \in \mathbb{R}^n$$

如果在 $\mathbb{R}^n$ 上选择一个新的基，则描述中所有对象都发生了变化：度量、Hessian 矩阵、界 μ 和 M. 但是，在这种情况下我们研究牛顿过程会发生什么？也就是说，设 B 为非退化 $n \times n$-矩阵，考虑函数

328 $$\phi(y) = f(By),\quad y \in \mathbb{R}^n$$

下面的结果对于理解牛顿法的本质是非常重要的.

引理 5.1.1 设序列 $\{x_k\}$ 是由牛顿法应用于函数 f 时产生的，即

$$x_{k+1} = x_k - [\nabla^2 f(x_k)]^{-1} \nabla f(x_k),\quad k \geqslant 0$$

考虑牛顿法用于函数 ϕ 生成的序列 $\{y_k\}$：

$$y_{k+1} = y_k - [\nabla^2 \phi(y_k)]^{-1} \nabla \phi(y_k),\quad k \geqslant 0$$

且满足 $y_0 = B^{-1} x_0$. 那么，对所有 $k \geqslant 0$ 有 $y_k = B^{-1} x_k$.

证明 对于某 $k \geqslant 0$，设 $y_k = B^{-1} x_k$，则

$$y_{k+1} = y_k - [\nabla^2 \phi(y_k)]^{-1} \nabla \phi(y_k) = y_k - [B^{\mathrm{T}} \nabla^2 f(By_k) B]^{-1} B^{\mathrm{T}} \nabla f(By_k)$$

$$= B^{-1} x_k - B^{-1} [\nabla^2 f(x_k)]^{-1} \nabla f(x_k) = B^{-1} x_{k+1}$$

于是，牛顿法关于变量的仿射变换是仿射不变的．因此，其实际的二次收敛区域不依赖于基的特殊选择，它只与函数 $f(\cdot)$ 的局部拓扑结构有关．

我们来试着理解我们的假设中什么地方出了问题．主要假设与 Hessian 矩阵的 Lipschitz 连续性有关，即

$$\|\nabla^2 f(x) - \nabla^2 f(y)\| \leqslant M\|x-y\|, \quad \forall\, x,y \in \mathbb{R}^n$$

我们假设 $f \in C^3(\mathbb{R}^n)$，定义

$$f'''(x)[u] = \lim_{\alpha \to 0} \frac{1}{\alpha} [\nabla^2 f(x+\alpha u) - \nabla^2 f(x)] \equiv D^3 f(x)[u]$$

这个等式右端项是一个 $n \times n$-矩阵（因此左端项也一样）．于是，我们的假设等价于条件

$$\|f'''(x)[u]\| \leqslant M\|u\|$$

这意味着在任意点 $x \in \mathbb{R}^n$ 处，都有

$$\langle f'''(x)[u]v, v \rangle \equiv D^3 f(x)[u,v,v] \leqslant M\|u\| \cdot \|v\|^2 \quad \forall\, u,v \in \mathbb{R}^n$$

注意到这个不等式左端项中的值关于变量的仿射变换是不变的（因为这恰是沿着方向 u 和两次沿着方向 v 的三阶方向导数）．但是，它的右端项确实依赖于坐标的选择．因此，改善这种情况的最自然的方法是给标准欧几里得范数 $\|\cdot\|$ 找到一个仿射不变的替代．显然，这种替代的最自然候选是由 Hessian 矩阵 $\nabla^2 f(x)$ 本身定义的范数，即

$$\|u\|_{\nabla^2 f(x)}^2 = \langle \nabla^2 f(x)u, u \rangle \equiv D^2 f(x)[u, u].$$

这一选择引出了自和谐函数的定义．

5.1.3　自和谐函数的定义

因为我们将要处理仿射不变的对象，很自然地要去除坐标表示，用 $\mathbb{E}$ 表示变量的实向量空间，用 $\mathbb{E}^*$ 表示对偶空间（见 4.2.1 节）．

我们来考虑在开定义域上的闭凸函数 $f(\cdot) \in C^3(\operatorname{dom} f)$．通过取定点 $x \in \operatorname{dom} f$ 和方向 $u \in \mathbb{E}$，定义与变量 $t \in \operatorname{dom} \phi(x; \cdot) \subseteq \mathbb{R}$ 有关的一个函数

$$\phi(x; t) = f(x+tu)$$

定义

$$Df(x)[u] = \phi'(x; 0) = \langle \nabla f(x), u \rangle$$

$$D^2 f(x)[u, u] = \phi''(x; 0) = \langle \nabla^2 f(x)u, u \rangle = \|u\|_{\nabla^2 f(x)}^2$$

$$D^3 f(x)[u, u, u] = \phi'''(x; 0) = \langle D^3 f(x)[u]u, u \rangle$$

定义 5.1.1　函数 f 称为**自和谐函数**，如果存在一个常数 $M_f \geqslant 0$，使得对于所有 $x \in \operatorname{dom} f$ 与 $u \in \mathbb{E}$ 都有不等式

$$\left| D^3 f(x)[u, u, u] \right| \leqslant 2M_f \|u\|_{\nabla^2 f(x)}^3 \tag{5.1.4}$$

当 $M_f = 1$ 时，这个函数称为**标准自和谐函数**．

注意，我们将使用这类函数构造我们的问题的障碍函数模型．我们主要希望可以很容易地用牛顿法极小化它们．

我们来给出自和谐函数的一个等价定义.

引理 5.1.2　函数 f 是自和谐的, 当且仅当对任意 $x \in \text{dom } f$ 和任意三个方向 u_1, u_2, $u_3 \in \mathbb{E}$, 有

$$\left| D^3 f(x)[u_1, u_2, u_3] \right| \leqslant 2M_f \prod_{i=1}^{3} \|u_i\|_{\nabla^2 f(x)} \tag{5.1.5}$$

成立.

我们接受这个没有证明的命题, 因为它的证明需要三线性对称形式理论的一些具体结论. 出于同样的原因, 我们不加证明地接受下述推论.

推论 5.1.1　函数 f 是自和谐的, 当且仅当对于任意 $x \in \text{dom } f$ 和任意方向 $u \in \mathbb{R}^n$, 有

$$D^3 f(x)[u] \leqslant 2M_f \|u\|_{\nabla^2 f(x)} \nabla^2 f(x) \tag{5.1.6}$$

在下文中, 为了证明某些 f 是自和谐的, 我们经常使用定义 5.1.1. 而同时, 引理 5.1.2 用于建立自和谐函数的不同性质.

我们来考虑一些例子.

例 5.1.1

1. **线性函数**. 考虑函数

$$f(x) = \alpha + \langle a, x \rangle, \quad \text{dom } f = \mathbb{E}$$

则

$$\nabla f(x) = a, \quad \nabla^2 f(x) = 0, \quad \nabla^3 f(x) = 0$$

且我们有 $M_f = 0$.

2. **凸二次函数**. 考虑函数

$$f(x) = \alpha + \langle a, x \rangle + \frac{1}{2} \langle Ax, x \rangle, \quad \text{dom } f = \mathbb{E}$$

其中 $A = A^* \geqslant 0$, 那么

$$\nabla f(x) = a + Ax, \quad \nabla^2 f(x) = A, \quad \nabla^3 f(x) = 0$$

得出结论 $M_f = 0$.

3. **射线的对数障碍函数**. 考虑一个一元函数

$$f(x) = -\ln x, \quad \text{dom } f = \{x \in \mathbb{R} \,|\, x > 0\}$$

则

$$f'(x) = -\frac{1}{x}, \quad f''(x) = \frac{1}{x^2}, \quad f'''(x) = -\frac{2}{x^3}$$

因此 $f(\cdot)$ 是满足 $M_f = 1$ 的自和谐函数.

4. **椭球的对数障碍函数**. 设 $A = A^* \geqslant 0$, 考虑凹函数

$$\phi(x) = \alpha + \langle a, x \rangle - \frac{1}{2} \langle Ax, x \rangle$$

定义 $f(x) = -\ln \phi(x)$, 其中 $\text{dom } f = \{x \in \mathbb{E} : \phi(x) > 0\}$, 那么

$$Df(x)[u] = -\frac{1}{\phi(x)}[\langle a,u \rangle - \langle Ax,u \rangle]$$

$$D^2 f(x)[u,u] = \frac{1}{\phi^2(x)}[\langle a,u \rangle - \langle Ax,u \rangle]^2 + \frac{1}{\phi(x)}\langle Au,u \rangle$$

$$D^3 f(x)[u,u,u] = -\frac{2}{\phi^3(x)}[\langle a,u \rangle - \langle Ax,u \rangle]^3$$

$$-\frac{3}{\phi^2(x)}[\langle a,u \rangle - \langle Ax,u \rangle]\langle Au,u \rangle$$

设 $\omega_1 = Df(x)[u]$，且 $\omega_2 = \frac{1}{\phi(x)}\langle Au,\ u \rangle$. 那么

$$D^2 f(x)[u,u] = \omega_1^2 + \omega_2 \geqslant 0$$

$$|D^3 f(x)[u,u,u]| = |2\omega_1^3 + 3\omega_1 \omega_2|$$

唯一的非平凡情况是 $\omega_1 \neq 0$. 取 $\xi = \omega_2/\omega_1^2$，则

$$\frac{|D^3 f(x)[u,u,u]|}{(D^2 f(x)[u,u])^{3/2}} \leqslant \frac{2|\omega_1|^3 + 3|\omega_1|\omega_2}{(\omega_1^2 + \omega_2)^{3/2}} = \frac{2\left(1 + \frac{3}{2}\xi\right)}{(1+\xi)^{3/2}} \leqslant 2$$

其中最后一个不等式是由于当 $\xi \geqslant -1$ 时，函数 $(1+\xi)^{3/2}$ 是凸的. 因此，函数 f 是自和谐的且 $M_f = 1$.

5. 易验证以下一元函数都不是自和谐的：

$$f(x) = \mathrm{e}^x，\quad f(x) = \frac{1}{x^p}, x > 0, p > 0，\quad f(x) = |x|^p, p > 2$$

然而，当 $p > 0$ 时，函数 $f_p(x) = \frac{1}{2}x^2 + \frac{1}{px^p} - \frac{1}{p}$ 在 $x > 0$ 时是自和谐的. 我们来证明这个结论. 事实上，

$$f'_p(x) = x - \frac{1}{x^{p+1}}，\quad f''_p(x) = 1 + \frac{p+1}{x^{p+2}} \geqslant 1，\quad f'''_p(x) = -\frac{(p+1)(p+2)}{x^{p+3}}$$

如果 $x \geqslant 1$，则

$$|f'''_p(x)| = \frac{(p+1)(p+2)}{x^{p+2}} \leqslant (p+2)f''_p(x) \leqslant (p+2)[f''_p(x)]^{3/2}$$

如果 $x \in (0,1]$，则

$$|f'''_p(x)| = \frac{(p+1)(p+2)}{x^{p+3}} \leqslant (p+1)(p+2)\left(\frac{1}{x^{p+2}}\right)^{3/2}$$

$$\leqslant (p+1)(p+2)\left(\frac{f''_p(x)}{p+1}\right)^{3/2}$$

因此，可以取 $M_{f_p} = \max\left\{1 + \frac{p}{2},\ \frac{p+2}{2\sqrt{p+1}}\right\} = 1 + \frac{p}{2}$. 注意当 $p \to 0$ 时，函数 f_p 有定义. 事实上

$$\lim_{p \to 0} f_p(x) = \frac{1}{2}x^2 + \lim_{p \to 0}\frac{1}{p}[\mathrm{e}^{p\ln\frac{1}{x}} - 1] = \frac{1}{2}x^2 - \ln x$$

[332]

6. 设 $f \in C_{L_3}^{3,2}(\mathbb{R}^n)$. 假设其为 $\mathbb{R}^n$ 上具有凸参数 $\sigma_2(f)$ 的强凸函数, 那么, 对任意 $x \in \mathbb{R}^n$ 与方向 $u \in \mathbb{R}^n$, 我们有

$$D^3 f(x)[u] \leqslant L_3 \|u\| I_n \overset{(2.1.28)}{\leqslant} L_3 \left(\frac{1}{\sigma_2(f)} \|u\|_{\nabla^2 f(x)}^2 \right)^{1/2} \frac{1}{\sigma_2(f)} \nabla^2 f(x)$$

于是, 根据推论 5.1.1, 我们可以取 $M_f = \dfrac{L_3}{2\sigma_2^{3/2}(f)}$. ∎

接下来介绍自和谐函数的主要性质.

定理 5.1.1　设函数 f_i 是自和谐的, 自和谐常数为 M_i, $i=1,2$, 且设 α, $\beta > 0$, 则函数 $f(x) = \alpha f_1(x) + \beta f_2(x)$ 是自和谐的, 自和谐常数为

$$M_f = \max \left\{ \frac{1}{\sqrt{\alpha}} M_1, \frac{1}{\sqrt{\beta}} M_2 \right\}$$

且 $\mathrm{dom}\, f = \mathrm{dom}\, f_1 \cap \mathrm{dom}\, f_2$.

证明　根据定理 3.1.5, f 是闭凸函数, 取定 $x \in \mathrm{dom}\, f$ 和 $u \in \mathbb{E}$, 则

$$|D^3 f_i(x)[u,u,u]| \leqslant 2M_i [D^2 f_i(x)[u,u]]^{3/2}, \quad i=1,2$$

设 $\omega_i = D^2 f_i(x)[u, u] \geqslant 0$, 则

$$\frac{|D^3 f(x)[u,u,u]|}{[D^2 f(x)[u,u]]^{3/2}} \leqslant \frac{\alpha |D^3 f_1(x)[u,u,u]| + \beta |D^3 f_2(x)[u,u,u]|}{[\alpha D^2 f_1(x)[u,u] + \beta D^2 f_2(x)[u,u]]^{3/2}} \leqslant \frac{\alpha M_1 \omega_1^{3/2} + \beta M_2 \omega_2^{3/2}}{[\alpha \omega_1 + \beta \omega_2]^{3/2}}$$

$$(5.1.7)$$

取 $t > 0$, 在不等式的右端项中将 (ω_1, ω_2) 替换为 $(t\omega_1, t\omega_2)$ 时, 它不会发生改变. 因此, 可以假设

$$\alpha \omega_1 + \beta \omega_2 = 1$$

设 $\xi = \alpha \omega_1$, 则不等式 (5.1.7) 右端项等于

$$\frac{M_1}{\sqrt{\alpha}} \xi^{3/2} + \frac{M_2}{\sqrt{\beta}} (1-\xi)^{3/2}, \quad \xi \in [0,1]$$

该函数关于 ξ 是凸的, 因此它在区间的端点处达到最大值 (见推论 3.1.1). ∎

推论 5.1.2　设函数 f 关于某个常数 M_f 是自和谐的, 如果 $A = A^* \geqslant 0$, 则函数

$$\phi(x) = \alpha + \langle a, x \rangle + \frac{1}{2} \langle Ax, x \rangle + f(x)$$

关于常数 $M_\phi = M_f$ 也是自和谐的.

证明　我们已经得到任何凸二次函数都是关于常数 0 的自和谐函数. ∎

推论 5.1.3　设函数 f 关于某常数 M_f 是自和谐的, 且 $\alpha > 0$, 则函数 $\phi(x) = \alpha f(x)$ 关于常数 $M_\phi = \dfrac{1}{\sqrt{\alpha}} M_f$ 也是自和谐的.

我们来证明自和谐性是一种仿射不变性.

定理 5.1.2　设 $\mathscr{A}(x) = Ax + b : \mathbb{E} \to \mathbb{E}_1$ 为一个线性算子, 假设函数 $f(\cdot)$ 关于常数 M_f 是自和谐的, 则函数

$$\phi(x) = f(\mathscr{A}(x))$$

也是自和谐的，且 $M_\phi = M_f$.

证明 根据定理 3.1.6，函数 $\phi(\cdot)$ 是闭凸的。取定某 $x \in \text{dom } \phi = \{x : \mathscr{A}(x) \in \text{dom } f\}$ 和 $u \in \mathbb{E}$. 定义 $y = \mathscr{A}(x)$, $v = Au$，则

$$D\phi(x)[u] = \langle \nabla f(\mathscr{A}(x)), Au \rangle = \langle \nabla f(y), v \rangle$$

$$D^2\phi(x)[u,u] = \langle \nabla^2 f(\mathscr{A}(x))Au, Au \rangle = \langle \nabla^2 f(y)v, v \rangle$$

$$D^3\phi(x)[u,u,u] = D^3 f(\mathscr{A}(x))[Au, Au, Au] = D^3 f(y)[v,v,v]$$

334

因此，

$$|D^3\phi(x)[u,u,u]| = |D^3 f(y)[v,v,v]| \leqslant 2M_f \langle \nabla^2 f(y)v, v \rangle^{3/2}$$
$$= 2M_f (D^2\phi(x)[u,u])^{3/2}$$

■

最后，我们来描述自和谐函数在其定义域边界附近的性质。

定理 5.1.3 设 f 为自和谐函数，则对于任意 $\bar{x} \in \partial(\text{dom } f)$ 和任意序列

$$\{x_k\} \subset \text{dom } f : x_k \to \bar{x}$$

都有 $f(x_k) \to +\infty$.

证明 因为 f 是开定义域上的一个闭凸函数，这个结论由定理 3.1.4 的第 2 项可得。

■

于是，f 是 $\text{cl}(\text{dom } f)$ 上的障碍函数（见 1.3.3 节）。最后，我们为自和谐函数的水平集建立对数障碍函数的自和谐性。

定理 5.1.4 设函数 f 关于常数 M_f 是自和谐的，且对所有 $x \in \text{dom } f$ 有 $f(x) \geqslant f^*$. 对任意 $\beta > f^*$，研究函数

$$\phi(x) = -\ln(\beta - f(x))$$

则

1. 函数 ϕ 在 $\text{dom } \phi = \{x \in \text{dom } f : f(x) < \beta\}$ 上有定义。
2. 对于任意 $x \in \text{dom } \phi$ 和 $h \in \mathbb{E}$，有

$$\langle \nabla^2 \phi(x)h, h \rangle \geqslant \langle \nabla \phi(x), h \rangle^2 \tag{5.1.8}$$

3. 函数 ϕ 关于常数 $M_\phi = \sqrt{1 + M_f^2(\beta - f^*)}$ 是自和谐的。

证明 取定 $x \in \text{dom } \phi$ 和 $h \in \mathbb{E}$，考虑函数 $\psi(\tau) = \phi(x + \tau h)$. 定义 $\omega = \beta - f(x)$，那么

$$\psi'(0) = \frac{1}{\omega} \langle \nabla f(x), h \rangle, \quad \psi''(0) = \frac{1}{\omega} \langle \nabla^2 f(x)h, h \rangle + \frac{1}{\omega^2} \langle \nabla f(x), h \rangle^2$$

$$\psi'''(0) = \frac{1}{\omega} D^3 f(x)[h,h,h] + \frac{3}{\omega^2} \langle \nabla^2 f(x)h, h \rangle \langle \nabla f(x), h \rangle + \frac{2}{\omega^3} \langle \nabla f(x), h \rangle^3$$

于是，$\psi''(0) \geqslant (\psi'(0))^2$，这就是不等式 (5.1.8)。

335

进一步，我们需要用 $\psi''(0)^{3/2}$ 确定 $\psi'''(0)$ 的上界。因为 f 是自和谐的，我们有

$$\psi'''(0) \overset{(5.1.4)}{\leqslant} \frac{2M_f}{\omega} \langle \nabla^2 f(x)h, h \rangle^{3/2} + \frac{3}{\omega^2} \langle \nabla^2 f(x)h, h \rangle \langle \nabla f(x), h \rangle + \frac{2}{\omega^3} \langle \nabla f(x), h \rangle^3$$

不等式右端项关于 h 是三次齐次的。因此，我们可假设 $\psi''(0) = 1$ 来确定其上界。通过定义

$$\tau = \left(\frac{1}{\omega} \langle \nabla^2 f(x)h, h \rangle\right)^{1/2}, \quad \xi = \frac{1}{\omega} \langle \nabla f(x), h \rangle$$

我们得到下面的极大化问题：

$$\max_{\tau, \xi \in \mathbb{R}} \{2\hat{\omega}^{1/2} \tau^3 + 3\tau^2 \xi + 2\xi^3 : \tau^2 + \xi^2 = 1\}$$

其中 $\hat{\omega} = M_f^2 \omega$. 注意该问题中 τ 和 ξ 的最优值都是非负的. 因此, 依据等式约束, 我们可以将目标函数写成

$$2\hat{\omega}^{1/2} \tau^3 + 3\tau^2 \xi + 2\xi^3 = 2\hat{\omega}^{1/2} \tau^3 + \tau^2 \xi + 2\xi(\tau^2 + \xi^2) = 2\hat{\omega}^{1/2} \tau^3 + (\tau^2 + 2)\xi$$
$$= 2\hat{\omega}^{1/2} \tau^3 + (\tau^2 + 2)\sqrt{1 - \tau^2}$$

这个一元函数的一阶最优性条件可以写为

$$0 = 6\hat{\omega}^{1/2} \tau^2 + 2\tau\sqrt{1 - \tau^2} - (\tau^2 + 2)\frac{\tau}{\sqrt{1 - \tau^2}} = 6\hat{\omega}^{1/2} \tau^2 - \frac{3\tau^3}{\sqrt{1 - \tau^2}}$$

于是, 最优值 τ_* 满足等式 $2\hat{\omega}^{1/2} = \frac{\tau_*}{\sqrt{1 - \tau_*^2}}$. 所以, $\tau_* = \sqrt{\frac{4\hat{\omega}}{1 + 4\hat{\omega}}}$. 将这个值代入目标函数, 我们得到上界为

$$2\hat{\omega}^{1/2}\left(\frac{4\hat{\omega}}{1 + 4\hat{\omega}}\right)^{3/2} + \frac{2 + 12\hat{\omega}}{(1 + 4\hat{\omega})^{3/2}} = \frac{2 + 12\hat{\omega} + 16\omega^2}{(1 + 4\hat{\omega})^{3/2}} = 2\frac{1 + 2\hat{\omega}}{(1 + 4\hat{\omega})^{1/2}} \leqslant 2\sqrt{1 + \hat{\omega}}$$

[336] 只需注意到 $\hat{\omega} \leqslant M_f^2(\beta - f^*)$, 就证明了结论.   ■

5.1.4   主要不等式

设 f 是一个自和谐函数, 定义

$$\|h\|_x = \langle \nabla^2 f(x)h, h \rangle^{1/2}$$

我们将 $\|h\|_x$ 称为方向 h 关于 x 的（原始）局部范数. 我们来取定点 $x \in \mathrm{dom}\, f$ 和满足 $\langle \nabla^2 f(x)h, h \rangle > 0$ 的方向 $h \in \mathbb{E}$. 研究一元函数

$$\phi(t) = \frac{1}{\langle \nabla^2 f(x + th)h, h \rangle^{1/2}}$$

依据函数 f 的二阶导数具有连续性, 有 $0 \in \mathrm{int}(\mathrm{dom}\, \phi)$.

引理 5.1.3   对所有可行 t, 我们有 $|\phi'(t)| \leqslant M_f$.
证明   事实上,

$$\phi'(t) = -\frac{D^3 f(x + th)[h, h, h]}{2\langle \nabla^2 f(x + tu)h, h \rangle^{3/2}}$$

因此, 根据定义 5.1.1 得 $|\phi'(t)| \leqslant M_f$.   ■

推论 5.1.4   函数 $\phi(\cdot)$ 的定义域包含区间

$$I_x = \left(-\frac{1}{M_f}\phi(0), \frac{1}{M_f}\phi(0)\right)$$

证明   事实上, 依据引理 5.1.3, 在 I_x 的任何子区间上, $\langle \nabla^2 f(x + \tau h)h, h \rangle$ 的值都是正的, 且 $\phi(t) \geqslant \phi(0) - M_f|t|$. 此外, 因为当点 $x + th$ 趋于 $\mathrm{dom}\, f$ 的边界时, $f(x + th) \to \infty$

（见定理 5.1.3），故当 $t \in I_x$ 时 $x + th$ 与边界不相交. ■

接下来，我们来研究椭球

$$W^0(x; r) = \{y \in \mathbb{E} \mid \|y - x\|_x < r\}$$

$$W(x; r) = \mathrm{cl}(W^0(x; r)) = \{y \in \mathbb{E} \mid \|y - x\|_x \leqslant r\}$$

该集合称为函数 f 在 x 处的 Dikin 椭球.

定理 5.1.5　1. 对任意 $x \in \mathrm{dom}\, f$，我们有 $W^0\left(x; \dfrac{1}{M_f}\right) \subseteq \mathrm{dom}\, f$.

2. 对所有 $x, y \in \mathrm{dom}\, f$，下面不等式成立：

$$\|y - x\|_y \geqslant \frac{\|y - x\|_x}{1 + M_f \|y - x\|_x} \tag{5.1.9}$$

3. 如果 $\|y - x\|_x < \dfrac{1}{M_f}$，则

$$\|y - x\|_y \leqslant \frac{\|y - x\|_x}{1 - M_f \|y - x\|_x} \tag{5.1.10}$$

证明　1. 在 $\mathbb{E}$ 中选择欧几里得范数和 $\epsilon > 0$. 研究函数 $f_\epsilon(x) = f(x) + \dfrac{1}{2}\epsilon\|x\|^2$，根据推论 5.1.2，它关于常数 M_f 是自和谐函数. 而且，对于任意 $h \in \mathbb{E}$，有 $\langle \nabla^2 f_\epsilon(x) h, h \rangle > 0$. 因此，由推论 5.1.4，$\mathrm{dom}\, f_\epsilon \equiv \mathrm{dom}\, f$ 包含集合

$$\left\{y = x + th \mid t^2(\|h\|_x^2 + \epsilon\|h\|^2) < \frac{1}{M_f^2}\right\}$$

（这是因为 $\phi(0) = 1/\langle \nabla^2 f_\epsilon(x) h, h \rangle^{1/2}$）. 因为 ϵ 可以任意小，这意味着 $\mathrm{dom}\, f$ 包含 $W^0\left(x; \dfrac{1}{M_f}\right)$.

2. 取 $h = y - x$，这时假设 $\|h\|_x > 0$，则

$$\phi(1) = \frac{1}{\|y - x\|_y}, \quad \phi(0) = \frac{1}{\|y - x\|_x}$$

且根据引理 5.1.3，有 $\phi(1) \leqslant \phi(0) + M_f$. 这就是不等式 (5.1.9).

3. 如果 $\|y - x\|_x < \dfrac{1}{M_f}$，则 $\phi(0) > M_f$，且根据引理 5.1.3，有 $\phi(1) \geqslant \phi(0) - M_f$，这就是不等式 (5.1.10).

当 $\|h\|_x = 0$ 时，这两项都可以用第 1 项的证明技巧来阐明. ■

下一个命题表明：自和谐函数的一些局部性质在某种程度上反映了其定义域上的全局性质.

定理 5.1.6　设函数 f 是自和谐的，并且 $\mathrm{dom}\, f$ 不包含直线，那么在任意 $x \in \mathrm{dom}\, f$ 处 Hessian 矩阵 $\nabla^2 f(x)$ 都是非退化的.

证明　假设 $\langle \nabla^2 f(\bar{x}) h, h \rangle = 0$ 对于某个点 $\bar{x} \in \mathrm{dom}\, f$ 和方向 $h \in \mathbb{E}$，$h \neq 0$ 成立. 那么，直线 $\{x = \bar{x} + \tau h, \tau \in \mathbb{R}\}$ 上的所有点都属于椭球 $W^0\left(x; \dfrac{1}{M_f}\right)$. 但是，根据定理 5.1.5 的第

1 项，这个椭球属于 dom f. 这与定理的条件相矛盾.

定理 5.1.7　设 $x \in \text{dom } f$，则对于任意 $y \in W^0\left(x; \dfrac{1}{M_f}\right)$，我们有

$$(1 - M_f r)^2 \ \nabla^2 f(x) \leqslant \nabla^2 f(y) \leqslant \frac{1}{(1 - M_f r)^2} \ \nabla^2 f(x) \tag{5.1.11}$$

其中 $r = \|y - x\|_x$.

证明　我们来取定一个任意方向 $h \in \mathbb{E}$，$h \neq 0$. 研究函数

$$\psi(t) = \langle \nabla^2 f(x + t(y - x)) h, h \rangle, \quad t \in [0, 1]$$

定义 $y_t = x + t(y - x)$ 和 $r = \|y - x\|_x$，那么根据引理 5.1.2 以及不等式（5.1.10），我们有

$$\begin{aligned}
|\psi'(t)| &= |D^3 f(y_t)[y - x, h, h]| \leqslant 2 M_f \|y - x\|_{y_t} \|h\|_{y_t}^2 \\
&= \frac{2 M_f}{t} \|y_t - x\|_{y_t} \psi(t) \leqslant \frac{2 M_f}{t} \cdot \frac{\|y_t - x\|_x}{1 - M_f \|y_t - x\|_x} \cdot \psi(t) \\
&= \frac{2 M_f r}{1 - t M_f r} \psi(t)
\end{aligned}$$

如果 $\|y - x\|_x = 0$，则 $\psi(t) = \psi(0)$，$t \in [0, 1]$，因此有

$$(1 - M_f r)^2 \psi(0) \leqslant \psi(t) \leqslant \frac{1}{(1 - M_f r)^2} \psi(0) \tag{5.1.12}$$

如果 $r > 0$，则不等式 $2(\ln(1 - t M_f r))' \leqslant (\ln \psi(t))' \leqslant -2(\ln(1 - t M_f r))'$ 对所有 $t \in [0, 1]$ 成立. 在 $t \in [0, 1]$ 上对这些不等式进行积分，我们再次得到（5.1.12），由于 h 是任意选取的，这与式（5.1.11）是等价的.

推论 5.1.5　设 $x \in \text{dom } f$，且 $r = \|y - x\|_x < \dfrac{1}{M_f}$，则我们可得算子

$$G = \int_0^1 \nabla^2 f(x + \tau(y - x)) \mathrm{d}\tau$$

满足

$$\left(1 - M_f r + \frac{1}{3} M_f^2 r^2\right) \nabla^2 f(x) \leqslant G \leqslant \frac{1}{1 - M_f r} \ \nabla^2 f(x)$$

证明　事实上，根据定理 5.1.7，我们有

$$\begin{aligned}
G &= \int_0^1 \nabla^2 f(x + \tau(y - x)) \mathrm{d}\tau \geqslant \nabla^2 f(x) \cdot \int_0^1 (1 - \tau M_f r)^2 \mathrm{d}\tau \\
&= \left(1 - M_f r + \frac{1}{3} M_f^2 r^2\right) \nabla^2 f(x)
\end{aligned}$$

且 $G \leqslant \nabla^2 f(x) \cdot \displaystyle\int_0^1 \frac{\mathrm{d}\tau}{(1 - \tau M_f r)^2} = \frac{1}{1 - M_f r} \ \nabla^2 f(x)$.

注记 5.1.1　推论 5.1.5 的结论对 $r = \|y - x\|_y$ 仍成立.

现在回顾一下已经证明的最重要的结论.

- 在任意点 $x \in \text{dom } f$，可以定义一个属于 dom f 的椭球：

$$W^0\left(x; \frac{1}{M_f}\right) = \left\{x \in \mathbb{E} \mid \langle \nabla^2 f(x)(y-x), y-x \rangle < \frac{1}{M_f^2}\right\}$$

- 函数 f 在满足 $r \in \left[0, \dfrac{1}{M_f}\right)$ 的椭球 $W(x; r)$ 内，对任意 $y \in W(x; r)$ 几乎都是二次函数，即

$$(1 - M_f r)^2 \, \nabla^2 f(x) \leqslant \nabla^2 f(y) \leqslant \frac{1}{(1 - M_f r)^2} \, \nabla^2 f(x)$$

选取足够小的 r，我们可以使该二次近似的性能符合我们的目标.

这两个结论构成了所有后续结果的基础.

现在我们来证明一些与自和谐函数值及其线性逼近的偏差有关的不等式.

定理 5.1.8 对于任意 $x, y \in \mathrm{dom}\, f$，有

$$\langle \nabla f(y) - \nabla f(x), y - x \rangle \geqslant \frac{\|y - x\|_x^2}{1 + M_f \|y - x\|_x} \tag{5.1.13}$$

$$f(y) \geqslant f(x) + \langle \nabla f(x), y - x \rangle + \frac{1}{M_f^2} \omega(M_f \|y - x\|_x) \tag{5.1.14}$$

其中 $\omega(t) = t - \ln(1 + t)$.

证明 设 $y_\tau = x + \tau(y - x)$, $\tau \in [0, 1]$，且 $r = \|y - x\|_x$，则由式 (5.1.9)，我们有

$$\langle \nabla f(y) - \nabla f(x), y - x \rangle = \int_0^1 \langle \nabla^2 f(y_\tau)(y - x), y - x \rangle \mathrm{d}\tau$$

$$= \int_0^1 \frac{1}{\tau^2} \|y_\tau - x\|_{y_\tau}^2 \mathrm{d}\tau$$

$$\geqslant \int_0^1 \frac{r^2}{(1 + \tau M_f r)^2} \mathrm{d}\tau = \frac{r}{M_f} \int_0^{M_f r} \frac{1}{(1 + t)^2} \mathrm{d}t = \frac{r^2}{1 + M_f r}$$

进一步，利用式 (5.1.13)，我们得到

$$f(y) - f(x) - \langle \nabla f(x), y - x \rangle = \int_0^1 \langle \nabla f(y_\tau) - \nabla f(x), y - x \rangle \mathrm{d}\tau$$

$$= \int_0^1 \frac{1}{\tau} \langle \nabla f(y_\tau) - \nabla f(x), y_\tau - x \rangle \mathrm{d}\tau \geqslant \int_0^1 \frac{\|y_\tau - x\|_x^2}{\tau(1 + M_f \|y_\tau - x\|_x)} \mathrm{d}\tau = \int_0^1 \frac{\tau r^2}{1 + \tau M_f r} \mathrm{d}\tau$$

$$= \frac{1}{M_f^2} \int_0^{M_f r} \frac{t \mathrm{d}t}{1 + t} = \frac{1}{M_f^2} \omega(M_f r)$$

定理 5.1.9 设 $x \in \mathrm{dom}\, f$，且 $\|y - x\|_x < \dfrac{1}{M_f}$，则

$$\langle \nabla f(y) - \nabla f(x), y - x \rangle \leqslant \frac{\|y - x\|_x^2}{1 - M_f \|y - x\|_x} \tag{5.1.15}$$

$$f(y) \leqslant f(x) + \langle \nabla f(x), y - x \rangle + \frac{1}{M_f^2} \omega_*(M_f \|y - x\|_x) \tag{5.1.16}$$

其中 $\omega_*(t) = -t - \ln(1 - t)$.

340

证明   设 $y_\tau = x + \tau(y-x)$，$\tau \in [0,1]$，且 $r = \|y-x\|_x$. 因为 $\|y_\tau - x\| < \dfrac{1}{M_f}$，依据 (5.1.10)，我们有

$$\langle \nabla f(y) - \nabla f(x), y-x \rangle = \int_0^1 \langle \nabla^2 f(y_\tau)(y-x), y-x \rangle \mathrm{d}\tau$$

$$= \int_0^1 \frac{1}{\tau^2} \|y_\tau - x\|_{y_\tau}^2 \mathrm{d}\tau$$

$$\leqslant \int_0^1 \frac{r^2}{(1-\tau M_f r)^2} \mathrm{d}\tau = \frac{r}{M_f} \int_0^{M_f r} \frac{1}{(1-t)^2} \mathrm{d}t = \frac{r^2}{1-M_f r}$$

进一步，利用(5.1.15)式，我们得到

$$f(y) - f(x) - \langle \nabla f(x), y-x \rangle = \int_0^1 \langle \nabla f(y_\tau) - \nabla f(x), y-x \rangle \mathrm{d}\tau$$

$$= \int_0^1 \frac{1}{\tau} \langle \nabla f(y_\tau) - \nabla f(x), y_\tau - x \rangle \mathrm{d}\tau \leqslant \int_0^1 \frac{\|y_\tau - x\|_x^2}{\tau(1-M_f\|y_\tau - x\|_x)} \mathrm{d}\tau = \int_0^1 \frac{\tau r^2}{1-\tau M_f r} \mathrm{d}\tau$$

$$= \frac{1}{M_f^2} \int_0^{M_f r} \frac{t \mathrm{d}t}{1-t} = \frac{1}{M_f^2} \omega_*(M_f r)$$

⬛

定理 5.1.10   不等式(5.1.9)、(5.1.10)、(5.1.13)、(5.1.14)、(5.1.15)和(5.1.16)是自和谐函数的充分必要条件.

证明   我们已经证明了如下两列蕴含关系：

定义 5.1.1 $\Rightarrow$ (5.1.9) $\Rightarrow$ (5.1.13) $\Rightarrow$ (5.1.14)

定义 5.1.1 $\Rightarrow$ (5.1.10) $\Rightarrow$ (5.1.15) $\Rightarrow$ (5.1.16)

我们来证明(5.1.14) $\Rightarrow$ 定义 5.1.1. 设 $x \in \mathrm{dom}\, f$ 且对于 $\alpha \in [0, \epsilon)$ 有 $x - \alpha u \in \mathrm{dom}\, f$. 研究函数

$$\psi(\alpha) = f(x - \alpha u), \quad \alpha \in [0, \epsilon)$$

设 $r = \|u\|_x \equiv [\psi''(0)]^{1/2}$，若假设式(5.1.14)对于 $\mathrm{dom}\, f$ 中所有的 x 和 y 成立，我们有

$$\psi(\alpha) - \psi(0) - \psi'(0)\alpha - \frac{1}{2}\psi''(0)\alpha^2 \geqslant \frac{1}{M_f^2}\omega(\alpha M_f r) - \frac{1}{2}\alpha^2 r^2$$

因此，

$$\frac{1}{6}\psi'''(0) = \lim_{\alpha \downarrow 0} \frac{1}{\alpha^3}\left[\psi(\alpha) - \psi(0) - \psi'(0)\alpha - \frac{1}{2}\psi''(0)\alpha^2\right]$$

$$\geqslant \lim_{\alpha \downarrow 0} \frac{1}{\alpha^3}\left[\frac{1}{M_f^2}\omega(\alpha M_f r) - \frac{1}{2}\alpha^2 r^2\right] = \lim_{\alpha \downarrow 0} \frac{r}{3\alpha^2}\left[\frac{1}{M_f}\omega'(\alpha M_f r) - \alpha r\right]$$

$$= \lim_{\alpha \downarrow 0} \frac{r}{3\alpha^2}\left[\frac{\alpha r}{1+\alpha M_f r} - \alpha r\right] = -\frac{1}{3}M_f r^3$$

所以，有 $D^3 f(x)[u, u, u] = -\psi'''(0) \leqslant 2M_f[\psi''(0)]^{3/2}$，这就是定义 5.1.1. 蕴含关系 (5.1.16) $\Rightarrow$ 定义 5.1.1 可以类似证明.

⬛

有时可以方便地用定理 5.1.10 来建立某类函数的自和谐性. 我们用隐函数定理证明这

一点.

假设 $\mathbb{E}=\mathbb{E}_1\times\mathbb{E}_2$，于是，我们有变量 $z=(x,y)\in\mathbb{E}$ 的对应划分. 设 $\varPhi$ 是在 dom $\varPhi\subseteq\mathbb{E}$ 上的自和谐函数. 研究下面的隐函数：

$$f(x)=\min_y\{\varPhi(x,y):(x,y)\in\text{dom }\varPhi\} \tag{5.1.17}$$

342

为了简化情况，我们假设对任意 x，集合 $Q(x)=\{y:(x,y)\in\text{dom }\varPhi\}$ 非空且不包含直线. 这样，如 $\varPhi$ 有下界这样简单的条件，可保证(5.1.17)中的优化问题存在唯一解 $y(x)$（见 5.1.5 节）.

无论如何，我们假设存在点 $y(x)$，则它由如下一阶最优性条件刻画：

$$\nabla_y\varPhi(x,y(x))=0 \tag{5.1.18}$$

此外，由定理 3.1.25 和引理 3.1.10，我们有

$$\nabla f(x)=\nabla_x\varPhi(x,y(x)) \tag{5.1.19}$$

我们来计算函数 f 的 Hessian 矩阵. 通过对等式(5.1.18)沿方向 $h\in\mathbb{E}_1$ 求导，我们得到

$$\nabla^2_{yx}\varPhi(x,y(x))h+\nabla^2_{yy}\varPhi(x,y(x))y'(x)h=0$$

因此，通过对等式(5.1.19)沿方向 h 求导，我们得到

$$\begin{aligned}\nabla^2 f(x)h&=\nabla^2_{xx}\varPhi(x,y(x))h+\nabla^2_{xy}\varPhi(x,y(x))y'(x)h\\&=\nabla^2_{xx}\varPhi(x,y(x))h-\nabla^2_{xy}\varPhi(x,y(x))\\&\qquad[\nabla^2_{yy}\varPhi(x,y(x))]^{-1}\nabla^2_{yx}\varPhi(x,y(x))h\end{aligned} \tag{5.1.20}$$

定理 5.1.11 设 $\varPhi$ 是一个自和谐函数，则根据(5.1.17)式定义的函数 f 关于常数 $M_\varPhi$ 是自和谐函数.

证明 取定 $\bar x\in\text{dom }f$，定义 $\bar z=(\bar x,y(\bar x))$，且设 $x\in\text{dom }f$，则对 $z=(x,y)$，我们有

$$\begin{aligned}f(x)&=\min_{y\in Q(x)}\varPhi(x,y)\\&\overset{(5.1.14)}{\geqslant}\min_{y\in Q(x)}\left\{\varPhi(\bar x,y(\bar x))+\langle\nabla\varPhi(\bar x,y(\bar x)),z-\bar z\rangle+\frac{1}{M_f^2}\omega(M_f\|z-\bar z\|_{\bar z})\right\}\\&\overset{(5.1.19)}{=}f(\bar x)+\langle\nabla f(\bar x),x-\bar x\rangle_{\mathbb{E}_1}+\frac{1}{M_f^2}\omega(M_f\min_{y\in Q(x)}\|z-\bar z\|_{\bar z})\end{aligned}$$

343

只需计算上式中最后一行的极小值. 设 $h=x-\bar x$，则

$$\begin{aligned}&\min_{y\in Q(x)}\|z-\bar z\|^2_{\bar z}\\&=\langle\nabla^2_{xx}\varPhi(\bar z)h,h\rangle_{\mathbb{E}_1}+\min_{y\in Q(x)}\{2\langle\nabla^2_{xy}\varPhi(\bar z)(y-\bar y),h\rangle_{\mathbb{E}_1}+\langle\nabla^2_{yy}\varPhi(\bar z)(y-\bar y),y-\bar y\rangle_{\mathbb{E}_2}\}\\&\geqslant\langle\nabla^2_{xx}\varPhi(\bar z)h,h\rangle_{\mathbb{E}_1}+\min_{\delta\in\mathbb{E}_2}\{2\langle\nabla^2_{xy}\varPhi(\bar z)\delta,h\rangle_{\mathbb{E}_1}+\langle\nabla^2_{yy}\varPhi(\bar z)\delta,\delta\rangle_{\mathbb{E}_2}\}\\&=\langle\nabla^2_{xx}\varPhi(\bar z)h,h\rangle_{\mathbb{E}_1}-\langle[\nabla^2_{yy}\varPhi(\bar z)]^{-1}\nabla^2_{yx}\varPhi(\bar z)h,\nabla^2_{yx}\varPhi(\bar z)h\rangle_{\mathbb{E}_1}\\&\overset{(5.1.20)}{=}\langle\nabla^2 f(\bar x)h,h\rangle\end{aligned}$$

应用定理 5.1.10 就可以证明结论. ∎

我们再证明两个不等式. 从现在开始，假设 dom f 不包含直线. 在这种情况下，根

据定理 5.1.6，所有 Hessian 矩阵 $\nabla^2 f(x)$ 在 $x \in \operatorname{dom} f$ 时都是非退化的. 记对偶局部范数为

$$\|g\|_x^* = \langle g, [\nabla^2 f(x)]^{-1} g \rangle^{1/2}, \quad g \in \mathbb{E}^*$$

显然，$|\langle g, h \rangle| \leqslant \|g\|_x^* \cdot \|h\|_x$.

定理 5.1.12 对 $\operatorname{dom} f$ 中的任意 x 和 y，我们有

$$f(y) \geqslant f(x) + \langle \nabla f(x), y - x \rangle + \frac{1}{M_f^2} \omega(M_f \|\nabla f(y) - \nabla f(x)\|_y^*) \qquad (5.1.21)$$

若还有 $\|\nabla f(y) - \nabla f(x)\|_y^* < \dfrac{1}{M_f}$ 成立，则

$$f(y) \leqslant f(x) + \langle \nabla f(x), y - x \rangle + \frac{1}{M_f^2} \omega_*(M_f \|\nabla f(y) - \nabla f(x)\|_y^*) \qquad (5.1.22)$$

证明 取定 $\operatorname{dom} f$ 中的任意点 x 和 y，考虑函数

$$\phi(z) = f(z) - \langle \nabla f(x), z \rangle, \quad z \in \operatorname{dom} f$$

注意到这个函数是自和谐的，并且 $\nabla \phi(x) = 0$. 因此，利用不等式(5.1.16)，我们得到

$$f(x) - \langle \nabla f(x), x \rangle$$
$$= \phi(x) = \min_{z \in \operatorname{dom} f} \phi(z)$$
$$\leqslant \min_z \left\{ \phi(y) + \langle \nabla \phi(y), z - y \rangle + \frac{1}{M_f^2} \omega_*(M_f \|z - y\|_y) : \|z - y\|_y < \frac{1}{M_f} \right\}$$
$$= \min_{0 \leqslant \tau < 1} \left\{ \phi(y) - \frac{\tau}{M_f} \|\nabla \phi(y)\|_y^* + \frac{1}{M_f^2} \omega_*(\tau) \right\} = \phi(y) - \frac{1}{M_f^2} \omega(M_f \|\nabla \phi(y)\|_y^*)$$
$$= f(y) - \langle \nabla f(x), y \rangle - \frac{1}{M_f^2} \omega(M_f \|\nabla f(y) - \nabla f(x)\|_y^*)$$

这就是不等式(5.1.21). 为了证明不等式(5.1.22)，基于不等式(5.1.14)，使用类似推理即可. ∎

上面的所有定理都可用两个辅助一元函数来表示：

$$\omega(t) = t - \ln(1 + t), \quad \omega_*(\tau) = -\tau - \ln(1 - \tau)$$

注意到

$$\omega'(t) = \frac{t}{1+t} \geqslant 0, \quad \omega''(t) = \frac{1}{(1+t)^2} > 0$$

$$\omega_*'(\tau) = \frac{\tau}{1-\tau} \geqslant 0, \quad \omega_*''(\tau) = \frac{1}{(1-\tau)^2} > 0$$

因此，$\omega(\cdot)$ 和 $\omega_*(\cdot)$ 是凸函数. 在接下来的内容中，会经常使用这些对象之间的不同关系. 下面给出正式证明.

引理 5.1.4 对任意 $t \geqslant 0$ 和 $\tau \in [0, 1)$，我们有

$$\omega'(\omega_*'(\tau)) = \tau, \quad \omega_*'(\omega'(t)) = t$$

$$\omega(t) = \max_{0 \leqslant \xi < 1} [\xi t - \omega_*(\xi)], \quad \omega_*(\tau) = \max_{\xi \geqslant 0} [\xi \tau - \omega(\xi)]$$

$$\omega(t) + \omega_*(\tau) \geqslant \tau t$$

$$\omega_*(\tau) = \tau \omega'_*(\tau) - \omega(\omega'_*(\tau)), \quad \omega(t) = t\omega'(t) - \omega_*(\omega'(t))$$

我们将这个引理的证明留给读者作为练习. 注意, 上述关系的主要依据是函数 $\omega(t)$ 和 $\omega_*(t)$ 是 Fenchel 共轭的 (见定义 (3.1.27)).

函数 $\omega(\cdot)$ 和 $\omega_*(\cdot)$ 将经常用于估计自和谐函数的增长率. 有时, 用适当的下限和上限替换它们会更方便.

引理 5.1.5　对于任意 $t \geqslant 0$, 我们有

$$\frac{t^2}{2(1+t)} \leqslant \frac{t^2}{2\left(1+\frac{2}{3}t\right)} \leqslant \omega(t) \leqslant \frac{t^2}{2+t} \tag{5.1.23}$$

345

且对 $t \in [0, 1)$,

$$\frac{t^2}{2-t} \leqslant \omega_*(t) \leqslant \frac{t^2}{2(1-t)} \tag{5.1.24}$$

证明　令 $\psi_1(t) = \dfrac{t^2}{2\left(1+\frac{2}{3}t\right)}$, 注意 $\psi_1(0) = \omega(0) = 0$. 同时,

$$\psi'_1(t) = \frac{t}{1+\frac{2}{3}t} - \frac{t^2}{3\left(1+\frac{2}{3}t\right)^2} = \frac{t(3+t)}{3\left(1+\frac{2}{3}t\right)^2} \leqslant \frac{t}{1+t} = \omega'(t)$$

类似地, 对 $\psi_2(t) = \dfrac{t^2}{2+t}$, 我们有

$$\psi'_2(t) = \frac{2t}{2+t} - \frac{t^2}{(2+t)^2} = \frac{4t+t^2}{(2+t)^2} \geqslant \frac{t}{1+t} = \omega'(t)$$

对第二个不等式, 令 $\psi_3(t) = \dfrac{t^2}{2-t}$, $\psi_4(t) = \dfrac{t^2}{2(1-t)}$, 那么

$$\psi'_3(t) = \frac{2t}{2-t} + \frac{t^2}{(2-t)^2} = \frac{4t-t^2}{(2-t)^2} \leqslant \frac{t}{1-t}$$

$$\psi'_4(t) = \frac{t}{1-t} + \frac{t^2}{2(1-t)^2} = \frac{2t-t^2}{2(1-t)^2} \geqslant \frac{t}{1-t}$$

因为 $\dfrac{t}{1-t} = \omega'_*(t)$, 且 $\omega_*(0) = \psi_3(0) = \psi_4(0) = 0$, 通过积分我们得到式 (5.1.24).　∎

5.1.5　自和谐性和 Fenchel 对偶

我们来从一些初步结果开始. 考虑如下极小化问题:

$$\min\{f(x) \mid x \in \mathrm{dom}\, f\} \tag{5.1.25}$$

这里假设 f 是自和谐的, 且对于所有 $x \in \mathrm{dom}\, f$, Hessian 矩阵 $\nabla^2 f(x)$ 都是正定的. 根据定理 5.1.6, 这可以根据 $\mathrm{dom}\, f$ 不包含直线的事实得到. 或者, 我们可以假设 f 是强凸的.

定义

$$\lambda_f(x) = \langle \nabla f(x), [\nabla^2 f(x)]^{-1} \nabla f(x) \rangle^{1/2}$$

我们称 $\lambda_f(x) = \|\nabla f(x)\|_x^*$ 为梯度 $\nabla f(x)$ 的局部范数$^\ominus$.

下一个定理为问题(5.1.25)解的存在性提供了充分条件.

定理 5.1.13 设对 $x \in \mathrm{dom}\, f$ 有 $\lambda_f(x) < \dfrac{1}{M_f}$ 成立, 则存在问题(5.1.25)的唯一解 x_f^*, 且

$$f(x) - f(x_f^*) \leqslant \frac{1}{M_f^2}\omega_*(M_f\lambda_f(x)) \tag{5.1.26}$$

证明 事实上, 根据式(5.1.14), 对于任意 $y \in \mathrm{dom}\, f$, 有

$$f(y) \geqslant f(x) + \langle \nabla f(x), y - x \rangle + \frac{1}{M_f^2}\omega(M_f\|y - x\|_x)$$

$$\geqslant f(x) - \lambda_f(x) \cdot \|y - x\|_x + \frac{1}{M_f^2}\omega(M_f\|y - x\|_x)$$

$$= f(x) + \left(\frac{1}{M_f} - \lambda_f(x)\right)\|y - x\|_x - \frac{1}{M_f^2}\ln(1 + M_f\|y - x\|_x)$$

于是, 水平集 $\mathscr{L}_f(f(x))$ 是有界的, 因此 x_f^* 存在. 因为根据式(5.1.14), 对所有 $y \in \mathrm{dom}\, f$, 我们有

$$f(y) \geqslant f(x_f^*) + \frac{1}{M_f^2}\omega(M_f\|y - x_f^*\|_{x_f^*})$$

故该最优解唯一. 最后, 将 $x = x^*$, $y = x$ 代入式(5.1.14), 得不等式(5.1.26). ■

这样, 我们已经证明局部条件 $\lambda_f(x) < \dfrac{1}{M_f}$ 为我们提供了关于函数 f 的一些全局信息, 即极小点 x_f^* 的存在性. 注意到定理 5.1.13 的结果不能再加强.

例 5.1.2 取定某 $\epsilon > 0$, 考虑一元函数

$$f_\epsilon(x) = \epsilon x - \ln x, \quad x > 0$$

由例 5.1.1 与推论 5.1.2, 知该函数是自和谐的. 注意到

$$\nabla f_\epsilon(x) = \epsilon - \frac{1}{x}, \quad \nabla^2 f_\epsilon = \frac{1}{x^2}$$

因此, $\lambda_{f_\epsilon}(x) = |1 - \epsilon x|$. 于是, 当 $\epsilon = 0$ 时, 对任意 $x > 0$, 我们有 $\lambda_{f_0}(x) = 1$. 同时注意到函数 f_0 没有下界.

如果 $\epsilon > 0$, 那么 $x_{f_\epsilon}^* = \dfrac{1}{\epsilon}$. 但是, 即使 ϵ 任意小, 我们也可以通过在 $x = 1$ 点处得到的信息来保证极小点的存在性.

定理 5.1.13 有几个重要的结果. 其中一个被称为回收方向定理(Theorem on Recession Direction). 注意对这个定理的适用条件, 我们不需要假设函数 f 的所有 Hessian 矩阵都正定.

定理 5.1.14 设 $h \in \mathbb{E}$ 是自和谐函数 f 的一个**回收**方向, 即对任意 $x \in \mathrm{dom}\, f$, 我们有

$\ominus$ 有时, $\lambda_f(x)$ 称为函数 f 在 x 处的牛顿减量.

$$\langle \nabla f(x), h \rangle \leqslant 0$$

且存在一个 $\tau = \tau(x)$，使得 $x - \tau h \in \partial \operatorname{dom} f$ 成立，则

$$\langle \nabla^2 f(x) h, h \rangle^{1/2} \leqslant M_f \langle -\nabla f(x), h \rangle, \quad x \in \operatorname{dom} f \qquad (5.1.27)$$

证明 取定任意 $x \in \operatorname{dom} f$. 考虑一元函数 $\phi(\tau) = f(x + \tau h)$，这个函数是自和谐的，且 $0 \in \operatorname{dom} \phi$. 由于 $\operatorname{dom} \phi$ 不包含直线，因此由定理 5.1.6，知对所有 $\tau \in \operatorname{dom} \phi$ 有 $\phi''(\tau) > 0$. 因此，我们必有

$$\lambda_\phi^2(0) \equiv \frac{\langle \nabla f(x), h \rangle^2}{\langle \nabla^2 f(x) h, h \rangle} \geqslant \frac{1}{M_f^2}$$

否则根据定理 5.1.13，$\phi(\cdot)$ 的最小值存在. 于是，

$$\langle \nabla f(x), h \rangle^2 \geqslant \frac{1}{M_f^2} \langle \nabla^2 f(x) h, h \rangle$$

考虑一阶导数的符号，得式(5.1.27). ∎

现在我们来考虑阻尼牛顿法的框架.

阻尼牛顿法

选取 $x_0 \in \operatorname{dom} f$；

迭代 $x_{k+1} = x_k - \dfrac{1}{1 + M_f \lambda_f(x_k)} [\nabla^2 f(x_k)]^{-1} \nabla f(x_k), \quad k \geqslant 0.$

$(5.1.28)$

定理 5.1.15 对任意 $k \geqslant 0$，我们有

$$f(x_{k+1}) \leqslant f(x_k) - \frac{1}{M_f^2} \omega(M_f \lambda_f(x_k)) \qquad (5.1.29)$$

348

证明 设 $\lambda = \lambda_f(x_k)$，那么 $\|x_{k+1} - x_k\|_{x_k} = \dfrac{\lambda}{1 + M_f \lambda} = \dfrac{1}{M_f} \omega'(M_f \lambda)$. 因此，由式(5.1.16) 与引理 5.1.4，我们有

$$f(x_{k+1}) \leqslant f(x_k) + \langle \nabla f(x_k), x_{k+1} - x_k \rangle + \frac{1}{M_f^2} \omega_*(M_f \|x_{k+1} - x_k\|_x)$$

$$= f(x_k) - \frac{\lambda^2}{1 + M_f \lambda} + \frac{1}{M_f^2} \omega_*(\omega'(M_f \lambda))$$

$$= f(x_k) - \frac{\lambda}{M_f} \omega'(M_f \lambda) + \frac{1}{M_f^2} \omega_*(\omega'(M_f \lambda))$$

$$= f(x_k) - \frac{1}{M_f^2} \omega(M_f \lambda) \qquad ∎$$

于是，对所有满足 $\lambda_f(x) \geqslant \beta > 0$ 的 $x \in \operatorname{dom} f$，阻尼牛顿法的每一步减少的函数 $f(\cdot)$ 值至少为常数 $\dfrac{1}{M_f^2} \omega(M_f \beta) > 0$. 注意到定理 5.1.15 的结果是全局的. 在 5.2 节中，它将用于获得该算法的全局效率界. 而现在我们用它来证明一个存在定理. 注意到我们的假设

dom f 不包含直线.

定理 5.1.16   设自和谐函数 f 有下界，则它在某单个点上取得极小值.

证明   事实上，假设对所有 $x \in \text{dom } f$ 都有 $f(x) \geqslant f^*$. 从某点 $x_0 \in \text{dom } f$ 开始算法 (5.1.28). 如果该算法的迭代步数超过 $M_f^2(f(x_0) - f^*)/\omega(1)$，那么根据式 (5.1.29)，一定能够得到满足 $\lambda_f(x_k) < \frac{1}{M_f}$ 的一个点 x_k. 但是，根据定理 5.1.13，这意味着存在一个点 x_f^*. 该极小点的唯一性是因为函数 f 的所有 Hessian 矩阵都是非退化的.   ∎

现在我们可以介绍自和谐函数 f 的 Fenchel 对偶（有时称为共轭函数，或 f 的对偶函数）. 对 $s \in \mathbb{E}^*$，该函数值定义为

$$f_*(s) = \sup_{x \in \text{dom } f} [\langle s, x \rangle - f(x)] \tag{5.1.30}$$

显然，$\text{dom } f_* = \{s \in \mathbb{E}^* : f(x) - \langle s, x \rangle \text{ 在 dom } f \text{ 上有下界}\}$.

引理 5.1.6   函数 f_* 是非空开域上的闭凸函数，而且
$$\text{dom } f_* = \{\nabla f(x) : x \in \text{dom } f\}$$

证明   事实上，对于任意 $\bar{x} \in \text{dom } f$，我们有 $\nabla f(\bar{x}) \in \text{dom } f_*$ 成立. 另一方面，如果 $s \in \text{dom } f_*$，则 $f(x) - \langle s, x \rangle$ 有下界. 因此，依据定理 5.1.16 和一阶最优性条件，存在
[349]
一个 $x \in \text{dom } f$ 使得 $s = \nabla f(x)$ 成立.

进一步，函数 f_* 的上图是如下闭凸半空间
$$\{(s, \tau) \in \mathbb{E}^* \times \mathbb{R} : \tau \geqslant \langle s, x \rangle - f(x)\}, \quad x \in \text{dom } f$$
的交集. 因此，函数 f_* 的上图也是闭凸的.

假设对 $\text{dom } f_*$ 中的 s_1 和 s_2 两点，我们有
$$f(x) - \langle s_1, x \rangle \geqslant f_1^*, \quad f(x) - \langle s_2, x \rangle \geqslant f_2^*$$
对所有的 $x \in \text{dom } f$ 成立. 这样，对于任意的 $\alpha \in [0, 1]$，有
$$f(x) - \langle \alpha s_1 + (1-\alpha)s_2, x \rangle = \alpha(f(x) - \langle s_1, x \rangle) + (1-\alpha)(f(x) - \langle s_2, x \rangle)$$
$$\geqslant \alpha f_1^* + (1-\alpha)f_2^*, \quad x \in \text{dom } f$$
于是，$\alpha s_1 + (1-\alpha)s_2 \in \text{dom } f_*$.

最后，令 $s \in \text{dom } f_*$，用 $x(s) \in \text{dom } f$ 表示方程
$$s = \nabla f(x(s))$$
的唯一解. 设足够小的 $\delta \in \mathbb{E}^*$ 满足 $\|\delta\|_{x(s)}^* < \frac{1}{M_f}$，考虑函数
$$f_\delta(x) = f(x) - \langle s + \delta, x \rangle$$
则 $\nabla f_\delta(x(s)) = \nabla f(x(s)) - s - \delta = -\delta$，因此有 $\lambda_{f_\delta}(x(s)) = \|\delta\|_{x(s)}^* < \frac{1}{M_f}$. 于是，由定理 5.1.13 得，函数 f_δ 达到了极小值. 所以，$s + \delta \in \text{dom } f_*$，我们得到 s 是 $\text{dom } f_*$ 的内点.   ∎

例 5.1.3 注意在一般情况下，集合 $\{\nabla f(x) : x \in \mathrm{dom}\, f\}$ 的结构可能非常复杂. 考虑函数

$$f(x) = \frac{1}{x^{(1)}}(x^{(2)})^2, \quad \mathrm{dom}\, f = \{x \in \mathbb{R}^2 : x^{(1)} > 0\} \bigcup \{0\}, \quad f(0) = 0$$

在例 3.1.2(5)中，我们已经知道这是一个闭凸函数. 但是，

$$\nabla f(x) = \left(-\left(\frac{x^{(2)}}{x^{(1)}}\right)^2, 2\frac{x^{(2)}}{x^{(1)}}\right), x \neq 0, \quad \nabla f(0) = 0$$

于是，$\{\nabla f(x) : x \in \mathrm{dom}\, f\} = \{g \in \mathbb{R}^2 : g^{(1)} = -\frac{1}{2}(g^{(2)})^2\}$. ∎

现在我们来看函数 f_* 的导数. 因为 f 是自和谐函数，对任意 $s \in \mathrm{dom}\, f_*$，(5.1.30) 中的上确界可以取到(见定理 5.1.16). 定义

$$x(s) = \arg \max_{x \in \mathrm{dom}\, f}\left[\langle s, x \rangle - f(x)\right]$$

于是，

$$\nabla f(x(s)) = s \tag{5.1.31}$$

由引理 3.1.14，我们有 $x(s) \in \partial f_*(s)$. 另一方面，对于 $\mathrm{dom}\, f_*$ 中的 s_1 和 s_2，我们有

$$\frac{\|x(s_1) - x(s_2)\|^2_{x(s_1)}}{1 + M_f\|x(s_1) - x(s_2)\|_{x(s_1)}} \overset{(5.1.13)}{\leqslant} \langle \nabla f(x(s_1)) - \nabla f(x(s_2)), x(s_1) - x(s_2) \rangle$$

$$\overset{(5.1.31)}{=} \langle s_1 - s_2, x(s_1) - x(s_2) \rangle$$

$$\leqslant \|s_1 - s_2\|^*_{x(s_1)}\|x(s_1) - x(s_2)\|_{x(s_1)}$$

于是，$x(s)$ 是关于 s 的连续函数，且由引理 3.1.10，我们得到

$$\nabla f_*(s) = x(s) \tag{5.1.32}$$

对等式(5.1.31)和(5.1.32)沿方向 $h \in \mathbb{E}^*$ 求导得

$$\nabla^2 f(x(s))x'(s)h = h, \quad \nabla^2 f_*(s)h = x'(s)h$$

于是

$$\nabla^2 f_*(s) = \left[\nabla^2 f(x(s))\right]^{-1}, \quad s \in \mathrm{dom}\, f_* \tag{5.1.33}$$

换而言之，如果 $s = \nabla f(x)$，那么

$$\nabla^2 f_*(s) = \left[\nabla^2 f(x)\right]^{-1}, \quad x \in \mathrm{dom}\, f \tag{5.1.34}$$

现在运用表达式(5.1.33)，沿方向 $h \in \mathbb{E}^*$ 计算函数 f_* 的三阶导数.

$$D^3 f_*(s)[h] = \lim_{\alpha \to 0}\frac{1}{\alpha}\left(\left[\nabla^2 f(x(s+\alpha h))\right]^{-1} - \left[\nabla^2 f(x(s))\right]^{-1}\right)$$

$$= \lim_{\alpha \to 0}\frac{1}{\alpha}\left[\nabla^2 f(x(s))\right]^{-1}\left(\nabla^2 f(x(s)) - \nabla^2 f(x(s+\alpha h))\right)\left[\nabla^2 f(x(s+\alpha h))\right]^{-1}$$

$$= -\left[\nabla^2 f(x(s))\right]^{-1}D^3 f(x(s))[x'(s)h]\left[\nabla^2 f(x(s))\right]^{-1}$$

于是，我们证明了如下表达式：

$$D^3 f_*(s)[h] = \nabla^2 f_*(s)D^3 f(x(s))\left[\nabla^2 f_*(s)h\right]\nabla^2 f_*(s) \tag{5.1.35}$$

上式对于所有 $s \in \mathrm{dom}\, f_*$ 和 $h \in \mathbb{E}^*$ 都成立. 现在可以证明主要结论.

定理 5.1.17   函数 f_* 是关于 $M_{f_*}=M_f$ 的自和谐函数.

证明   事实上，由引理 5.1.6 得，f_* 在开定义域上是闭凸函数. 进一步，对任意 $s\in$ dom f_* 和 $h\in\mathbb{E}^*$，我们有

$$\|\nabla^2 f_*(s)h\|_{x(s)}^2 \overset{(5.1.33)}{=} \langle h,\nabla^2 f_*(s)h\rangle \overset{\text{def}}{=} r^2$$

因此，根据式(5.1.35)，

$$D^3 f_*(s)[h] \overset{(5.1.6)}{\leqslant} 2M_f r\, \nabla^2 f_*(s)\, \nabla^2 f(x(s))\, \nabla^2 f_*(s) \overset{(5.1.33)}{=} 2M_f r\, \nabla^2 f_*(s)$$

使用推论 5.1.1 就可以证明命题. ∎

作为定理 5.1.17 的应用示例，我们来证明如下结果.

引理 5.1.7   设 $x,y\in$ dom f，并且 $d=\|\nabla f(x)-\nabla f(y)\|_x^* < \dfrac{1}{M_f}$，则

$$(1-M_f d)^2\, \nabla^2 f(x) \leqslant \nabla^2 f(y) \leqslant \frac{1}{(1-M_f d)^2}\, \nabla^2 f(x) \tag{5.1.36}$$

证明   设 $u=\nabla f(x)$，$v=\nabla f(y)$. 由引理 5.1.6 得，这两个点都属于 dom f_*. 注意到

$$d^2 = (\|\nabla f(x)-\nabla f(y)\|_x^*)^2 = \langle u-v,\nabla^2 f_*(u)(u-v)\rangle$$

因为 f_* 关于常数 M_f 是自和谐的，利用定理 5.1.7，我们有

$$(1-M_f d)^2\, \nabla^2 f_*(u) \leqslant \nabla^2 f_*(v) \leqslant \frac{1}{(1-M_f d)^2}\, \nabla^2 f_*(u)$$

根据式(5.1.33)，这恰好是式(5.1.36). ∎

注记 5.1.2   关于自和谐函数的一些结果具有自然的对偶解释. 我们来回顾一下定理 5.1.13 的陈述. 因为函数 f_* 是自和谐的，对任意 $\bar{s}\in$ dom f_*，椭球

$$W_*^0(\bar{s}) = \left\{ s\in\mathbb{E}^* : \langle s-\bar{s},\nabla^2 f_*(\bar{s})(s-\bar{s})\rangle < \frac{1}{M_f^2} \right\}$$

属于 dom f_*. 注意到对 $\bar{s}=\nabla f(x)$，根据式(5.1.33)，条件 $\lambda_f(x) < \dfrac{1}{M_f}$ 等价于

$$\langle \bar{s},\nabla^2 f_*(\bar{s})\bar{s}\rangle < \frac{1}{M_f^2}$$

这保证了 $0\in W_*^0(\bar{s})$，因此，$0\in$ dom f，进而函数 f_* 有下界. ∎

5.2   自和谐函数极小化

(不同变形的牛顿法的局部收敛性；路径跟踪算法；强凸函数极小化.)

5.2.1   牛顿法的局部收敛性

在本节中，我们将研究用不同优化策略求解问题(5.1.25)时的算法复杂度. 首先，我们首先考察牛顿法的不同变形.

牛顿法的变形

0. 选取 $x_0 \in \mathrm{dom}\, f$;

1. 对 $k \geqslant 0$ 进行迭代:

$$x_{k+1} = x_k - \frac{1}{1+\xi_k}\big[\nabla^2 f(x_k)\big]^{-1}\,\nabla f(x_k)$$

这里 ξ_k 按如下方式之一选取:

(A) $\xi_k = 0$(这是标准牛顿法);

(B) $\xi_k = M_f \lambda_k$(这是阻尼牛顿法式(5.1.28));

(C) $\xi_k = \dfrac{M_f^2 \lambda_k^2}{1 + M_f \lambda_k}$(这是适中型牛顿法);

其中 $\lambda_k = \lambda_f(x_k)$.

(5.2.1)

我们将算法(5.2.1)的选法(C)称为适中方案,因为它对于大的 λ_k 值接近于方案(B),对于取值小的 λ_k 非常接近于方案(A).然而,应注意到方案(A)的步长始终大于方案(B)的步长,后者是通过极小化自和谐函数的上界得到的(参见定理 5.1.15 的证明).尽管如此,算法(5.2.1)的方案(C)可确保问题(5.1.25)中目标函数值的单调减小.

引理 5.2.1　设点列 $\{x_k\}_{k \geqslant 0}$ 是由算法(5.2.1)的方案(C)产生的,则对于任意 $k \geqslant 0$,我们有

$$f(x_k) - f(x_{k+1}) \geqslant \frac{\lambda_k^2}{2(1 + M_f \lambda_k + M_f^2 \lambda_k^2)} + \frac{M_f \lambda_k^3}{2(1 + M_f \lambda_k)(3 + 2M_f \lambda_k)} \quad (5.2.2)$$

证明　事实上,由不等式(5.1.16),我们有

$$f(x_{k+1}) \leqslant f(x_k) - \frac{\lambda_k^2}{1+\xi_k} + \frac{1}{M_f^2}\omega_*\left(\frac{M_f \lambda_k}{1+\xi_k}\right)$$

$$= f(x_k) - \frac{\lambda_k^2(1 + M_f \lambda_k)}{1 + M_f \lambda_k + M_f^2 \lambda_k^2} + \frac{1}{M_f^2}\left[-\frac{M_f \lambda_k(1 + M_f \lambda_k)}{1 + M_f \lambda_k + M_f^2 \lambda_k^2} + \ln(1 + M_f \lambda_k + M_f^2 \lambda_k^2)\right]$$

通过定义 $\tau_k = M_f \lambda_k$,我们有

$$\frac{\tau_k(1+\tau_k)^2}{1 + \tau_k + \tau_k^2} - \ln(1 + \tau_k + \tau_k^2) = \frac{\tau_k(1+\tau_k)^2}{1 + \tau_k + \tau_k^2} - \tau_k + \omega(\tau_k) - \ln\left(1 + \frac{\tau_k^2}{1+\tau_k}\right)$$

$$\overset{(5.1.23)}{\geqslant} \frac{\tau_k^2}{1 + \tau_k + \tau_k^2} + \frac{\tau_k^2}{2\left(1 + \frac{2}{3}\tau_k\right)} - \ln\left(1 + \frac{\tau_k^2}{1+\tau_k}\right) = \frac{\tau_k^2}{2\left(1 + \frac{2}{3}\tau_k\right)} - \xi_k + \frac{\xi_k}{1+\xi_k} + \omega(\xi_k)$$

只需注意到

$$\frac{\tau_k^2}{2\left(1 + \frac{2}{3}\tau_k\right)} - \frac{1}{2}\xi_k = \frac{\tau_k^2}{2}\left(\frac{1}{1 + \frac{2}{3}\tau_k} - \frac{1}{1+\tau_k}\right) = \frac{\tau_k^3}{2(1+\tau_k)(3 + 2\tau_k)}$$

353

并且 $-\dfrac{\xi_k}{2}+\omega(\xi_k)\overset{(5.1.23)}{\geqslant} -\dfrac{\xi_k}{2}+\dfrac{\xi_k^2}{2(1+\xi_k)}=-\dfrac{\xi_k}{2(1+\xi_k)}$ 就证明了结论. ∎

现在我们来研究不同变形的牛顿法的局部收敛性. 注意到我们可以用四种不同的方法来度量这些算法的收敛性. 我们可以估计函数间隙 $f(x_k)-f(x_f^*)$ 的收敛速度, 或估计梯度 $\lambda_f(x_k)=\|\nabla f(x_k)\|_{x_k}^*$ 的局部范数, 或者估计到极小点的局部距离 $\|x_k=x_f^*\|_{x_k}$. 最后, 我们也可以在用极小点本身定义的固定度量

$$r_*(x_k)=\|x_k-x_f^*\|_{x_f^*}$$

354 研究迭代点到极小点的距离. 我们来证明所有这些度量在局部上是等价的.

定理 5.2.1   设 $\lambda_f(x)<\dfrac{1}{M_f}$, 则

$$\omega(M_f\lambda_f(x))\leqslant M_f^2(f(x)-f(x_f^*))\leqslant \omega_*(M_f\lambda_f(x)) \tag{5.2.3}$$

$$\omega'(M_f\lambda_f(x))\leqslant M_f\|x-x_f^*\|_x\leqslant \omega'_*(M_f\lambda_f(x)) \tag{5.2.4}$$

$$\omega(M_f r_*(x))\leqslant M_f^2(f(x)-f(x_f^*))\leqslant \omega_*(M_f r_*(x)) \tag{5.2.5}$$

其中最后一个不等式对 $r_*(x)<\dfrac{1}{M_f}$ 成立.

证明   设 $r=\|x-x_f^*\|_x$ 且 $\lambda=\lambda_f(x)$. 由定理 5.1.12 可得不等式 (5.2.3). 进一步, 根据式 (5.1.13), 我们有

$$\frac{r^2}{1+M_f r}\leqslant \langle\nabla f(x),x-x_f^*\rangle\leqslant \lambda r$$

将函数 $\omega'_*(\,\cdot\,)$ 应用到不等式 $\dfrac{M_f r}{1+M_f r}\leqslant M_f\lambda$ 两端, 得到式 (5.2.4) 的右端. 如果 $r\geqslant\dfrac{1}{M_f}$, 则该不等式左边显然成立. 假设 $r<\dfrac{1}{M_f}$, 则 $\nabla f(x)=G(x-x_f^*)$ 满足

$$G=\int_0^1\nabla^2 f(x_f^*+\tau(x-x_f^*))\mathrm{d}\tau>0$$

并且 $\lambda_f^2(x)=\langle G[\nabla^2 f(x)]^{-1}G(x-x_f^*),\ x-x_f^*\rangle$. 我们在 $\mathbb{E}$ 中引入规范基, 则从 $\mathbb{E}$ 到 $\mathbb{E}^*$ 的所有自伴随算子都可以用对称矩阵表示 (我们不改变现有的符号). 定义

$$H=\nabla^2 f(x),\quad S=H^{-1/2}GH^{-1}GH^{-1/2}=(H^{-1/2}GH^{-1/2})^2\overset{\mathrm{def}}{=}P^2>0$$

那么 $\|H^{1/2}(x-x_f^*)\|_2=\|x-x_f^*\|_x=r$, 其中 $\|\cdot\|_2$ 为标准欧几里得范数, 且

$$\lambda_f(x)=\langle H^{1/2}SH^{1/2}(x-x^*),x-x^*\rangle^{1/2}\leqslant \|P\|_2\|H^{1/2}(x-x^*)\|_2=\|P\|_2 r$$

根据推论 5.1.5 (见注记 5.1.1), 我们有

$$G\leqslant\frac{1}{1-M_f r}H$$

因此, $\|P\|_2\leqslant\dfrac{1}{1-M_f r}$, 并且我们得到

355

$$M_f\lambda_f(x)\leqslant\frac{M_f r}{1-M_f r}=\omega'_*(M_f r)$$

将函数 $\omega'(\,\cdot\,)$ 同时应用到上述不等式两边，得到 (5.2.4) 剩余部分. 最后，由式 (5.1.14) 和式 (5.1.16) 可得不等式 (5.2.5). ∎

我们将用梯度的局部范数 $\lambda_f(\,\cdot\,)$ 来估计不同变形的牛顿法 (5.2.1) 的局部收敛速度.

定理 5.2.2 设 $x \in \operatorname{dom} f$，且 $\lambda = \lambda_f(x)$.

1. 如果 $\lambda < \dfrac{1}{M_f}$，且点 x_+ 是由算法 (5.2.1) 的方案 (A) 生成的，则 $x_+ \in \operatorname{dom} f$，并且

$$\lambda_f(x_+) \leqslant \frac{M_f \lambda^2}{(1 - M_f \lambda)^2} \tag{5.2.6}$$

2. 如果点 x_+ 是由算法 (5.2.1) 的方案 (B) 生成的，则 $x_+ \in \operatorname{dom} f$ 且

$$\lambda_f(x_+) \leqslant M_f \lambda^2 \left(1 + \frac{1}{1 + M_f \lambda} \right) \tag{5.2.7}$$

3. 如果 $M_f \lambda + M_f^2 \lambda^2 + M_f^3 \lambda^3 \leqslant 1$，且点 x_+ 是由算法 (5.2.1) 的方案 (C) 生成的，则 $x_+ \in \operatorname{dom} f$，并且

$$\lambda_f(x_+) \leqslant M_f \lambda^2 \left(1 + M_f \lambda + \frac{M_f \lambda}{1 + M_f \lambda + M_f^2 \lambda^2} \right)$$

$$\leqslant M_f \lambda^2 (1 + 2 M_f \lambda) \tag{5.2.8}$$

证明 设 $h = x_+ - x$，$\lambda = \lambda_f(x)$，且 $r = \|h\|_x$，则 $r = \dfrac{\lambda}{1 + \xi}$. 注意，对于算法 (5.2.1) 中的所有变形，都有 $M_f \lambda < 1 + \xi$ 成立. 因此，在所有的情况下，都有 $M_f r < 1$ 且 $x_+ \in \operatorname{dom} f$（见定理 5.1.5）. 因此，由定理 5.1.7，我们有

$$\lambda_f(x_+) = \langle \nabla f(x_+), [\nabla^2 f(x_+)]^{-1} \nabla f(x_+) \rangle^{1/2} \leqslant \frac{1}{1 - M_f r} \|\nabla f(x_+)\|_x^*$$

进一步，由式 (5.2.1)，

$$\nabla f(x_+) = \nabla f(x) + \int_0^1 \nabla^2 f(x + \tau h) h \, \mathrm{d}\tau = Gh$$

其中 $G = \displaystyle\int_0^1 [\nabla 2 f(x + \tau h) - (1 + \xi) \nabla^2 f(x)] \mathrm{d}\tau$. 类似定理 5.2.1 的证明，我们用矩阵形式推导. 定义

$$H = \nabla^2 f(x), \quad S = H^{-1/2} G H^{-1} G H^{-1/2} \overset{\text{def}}{=} P^2$$

其中 $P = H^{-1/2} G H^{-1/2}$，则 $\|H^{1/2} h\|_2 = \|h\|_x = r$，且

$$\|\nabla f(x_+)\|_x^* = \langle Gh, H^{-1} Gh \rangle^{1/2} = \langle H^{1/2} S H^{1/2} h, h \rangle^{1/2} \leqslant \|P\|_2 r$$

根据推论 5.1.5，

$$\left(-\xi - M_f r + \frac{1}{3} M_f^2 r^2 \right) H \leqslant G \leqslant \left(\frac{1}{1 - M_f r} - (1 + \xi) \right) H$$

所以，$\|P\|_2 \leqslant \max \left\{ \dfrac{M_f r}{1 - M_f r} - \xi, \; M_f r + \xi \right\}$.

356

对于方案(A)，有 $\xi=0$，于是，$r=\lambda$，并且得 $\|P\|_2\leqslant\dfrac{M_f\lambda}{1-M_f\lambda}$. 所以，

$$\lambda_f(x_+)\leqslant\frac{\lambda}{1-M_f\lambda}\|P\|_2\leqslant\frac{M_f\lambda^2}{(1-M_f\lambda)^2}$$

对于方案(B)，有 $\xi=M_f\lambda$. 因此，$r=\dfrac{\lambda}{1+M_f\lambda}$，并且得 $\|P\|_2\leqslant M_f\lambda+\dfrac{M_f\lambda}{1+M_f\lambda}$. 所以，

$$\lambda_f(x_+)\leqslant\frac{r}{1-M_fr}\|P\|_2\leqslant M_f\lambda^2\Big(1+\frac{1}{1+M_f\lambda}\Big)$$

最后，对方案(C)，有 $\xi=\dfrac{M_f^2\lambda^2}{1+M_f\lambda}$. 这样，$r=\dfrac{\lambda(1+M_f\lambda)}{1+M_f\lambda+M_f^2\lambda^2}$，依据本定理该情形的条件，我们有

$$\frac{M_fr}{1-M_fr}-M_fr-\xi=\frac{M_f^2r^2}{1-M_fr}-\xi=\frac{M_f^2\lambda^2(1+M_f\lambda)^2}{1+M_f\lambda+M_f^2\lambda^2}-\frac{M_f^2\lambda^2}{1+M_f\lambda}$$

$$=\frac{M_f^2\lambda^2(2M_f\lambda+2M_f^2\lambda^2+M_f^3\lambda^3)}{(1+M_f\lambda+M_f^2\lambda^2)(1+M_f\lambda)}=\frac{\xi(2M_f\lambda+2M_f^2\lambda^2+M_f^3\lambda^3)}{1+M_f\lambda+M_f^2\lambda^2}\leqslant\xi$$

因此，

$$\lambda_f(x_+)\leqslant\frac{r}{1-M_fr}\|P\|_2\leqslant\frac{r}{1-M_fr}(M_fr+\xi)$$

$$=\frac{\lambda(1+M_f\lambda)}{1+M_f\lambda+M_f^2\lambda^2}(1+M_f\lambda+M_f^2\lambda^2)\Big(\frac{M_f\lambda(1+M_f\lambda)}{1+M_f\lambda+M_f^2\lambda^2}+\frac{M_f^2\lambda^2}{1+M_f\lambda}\Big)$$

$$=M_f\lambda^2\Big(\frac{(1+M_f\lambda)^2}{1+M_f\lambda+M_f^2\lambda^2}+M_f\lambda\Big)$$

$$=M_f\lambda^2\Big(1+M_f\lambda+\frac{M_f\lambda}{1+M_f\lambda+M_f^2\lambda^2}\Big)$$

357　在定理 5.2.2 中给出的所有变形的收敛速度中，估计式(5.2.8)看起来更有意义. 它为我们提供了算法(5.2.1)中方案(C)的二次收敛域的描述，即

$$\mathcal{Q}_f\overset{\text{def}}{=}\Big\{x\in\operatorname{dom}f:\lambda_f(x)<\frac{1}{2M_f}\Big\}\tag{5.2.9}$$

在这种情况下，我们可以保证 $\lambda_f(x_+)<\lambda_f(x)$，进而开始二次收敛(见(5.2.8)). 于是，我们的结果导致了解决原始问题(5.1.25)的如下策略.

- **第一阶段**：$\lambda_f(x_k)\geqslant\dfrac{1}{2M_f}$. 在这个阶段，应用阻尼牛顿法(5.1.28). 算法的每一步迭代中，都有

$$f(x_{k+1})\leqslant f(x_k)-\frac{1}{M_f^2}\omega\Big(\frac{1}{2}\Big)$$

于是，该阶段的迭代步数的上界为

$$N\leqslant M_f^2[f(x_0)-f(x_f^*)]/\omega\Big(\frac{1}{2}\Big)\tag{5.2.10}$$

- **第二阶段**：$\lambda_f(x_k) < \dfrac{1}{2M_f}$. 在这个阶段，我们应用算法 (5.2.1) 的方案 (C). 这个过程具有二次收敛性：

$$\lambda_f(x_{k+1}) \leqslant M_f \lambda_f^2(x_k)(1 + 2M_f \lambda_f(x_k)) < \lambda_f(x_k)$$

由于二次收敛速度是很快的，上述策略的主要花费都是在第一阶段. 估计式 (5.2.10) 表明该阶段的迭代持续次数为 $O(\Delta_f(x_0))$，其中

$$\Delta_f(x_0) \stackrel{\text{def}}{=} M_f^2[f(x_0) - f(x_f^*)] \tag{5.2.11}$$

是否有可能以更快的方式到达二次收敛区域？为了回答这个问题，我们基于路径跟踪算法，来研究解决问题 (5.1.25) 的另一种方式. 在 5.3 节中，我们将看到怎样使用该思想来求解一个约束极小化问题.

5.2.2 路径跟踪算法

假设我们有 $y_0 \in \text{dom } f$，定义一个辅助中心路径为

$$y(t) = \arg \min_{y \in \text{dom } f} \left[\psi(t; y) \stackrel{\text{def}}{=} f(y) - t\langle \nabla f(y_0), y\rangle\right] \quad, t \in [0, 1] \tag{5.2.12}$$

该极小化问题等价于计算对偶函数在 $s = t\nabla f(y_0)$ 处的 $-f_*(s)$ 值 (见 (5.1.30)). 注意到 $\nabla f(y_0) \in \text{dom } f_*$，且因为问题 (5.1.25) 有解，故对偶空间中的原点也属于 $\text{dom } f_*$. 因此，根据引理 5.1.6，

$$t\nabla f(y_0) \in \text{dom } f_*, \quad 0 \leqslant t \leqslant 1$$

并且轨迹 (5.2.12) 有定义.

定义近似中心条件为

$$\lambda_\psi(t; \cdot)(y) \stackrel{\text{def}}{=} \|\nabla f(y) - t\nabla f(y_0)\|_y^* \leqslant \frac{\beta}{M_f} \tag{5.2.13}$$

其中中心参数 β 足够小. 我们将通过更新满足近似中心条件的点来跟踪参数 t 从 1 到 0 变化的辅助中心路径. 注意函数 $\psi(t; \cdot)$ 关于常数 M_f 在定义域 $\text{dom } f$ 上是自和谐的 (见推论 5.1.2).

研究如下迭代：

$$(t_+, y_+) = \mathscr{P}_\gamma(t, y) \equiv \begin{cases} t_+ = t - \dfrac{\gamma}{M_f \|\nabla f(y_0)\|_y^*} \\ y_+ = y - \dfrac{[\nabla^2 f(y)]^{-1}(\nabla f(y) - t_+ \nabla f(y_0))}{1 + \xi} \end{cases} \tag{5.2.14}$$

其中 $\xi = \dfrac{M_f^2 \lambda^2}{1 + M_f \lambda}$，$\lambda = \lambda_{\psi(t; \cdot)}(y)$ (这是算法 (5.2.1) 的方案 (C) 的一次迭代). 为了后面使用，我们允许 (5.2.14) 中的参数 γ 可为正的或负的.

引理 5.2.2 设点对 (t, y) 关于 $\beta = \tau^2(1 + \tau + \dfrac{\tau}{1 + \tau + \tau^2})$ 满足式 (5.2.13)，其中 $\tau \leqslant \dfrac{1}{2}$. 那么，点对 (t_+, y_+) 对足够小的 γ，即

358

$$|\gamma| \leqslant \tau - \tau^2 \left(1 + \tau + \frac{\tau}{1 + \tau + \tau^2}\right) \tag{5.2.15}$$

也满足同样的条件.

证明 设 $\lambda = \|\nabla f(y) - t \nabla f(y_0)\|_y^* \leqslant \dfrac{\beta}{M_f}$，$\lambda_1 = \|\nabla f(y) - t_+ \nabla f(y_0)\|_y^*$，且 $\lambda_+ = \|\nabla f(y) - t_+ \nabla f(y_0)\|_{y_+}^*$，则 $\lambda_1 \leqslant \lambda + \dfrac{|\gamma|}{M_f} \leqslant \dfrac{1}{M_f}(\beta + |\gamma|) \overset{(5.2.15)}{\leqslant} \dfrac{\tau}{M_f}$. 因此，

$$\lambda_+ \overset{(5.2.8)}{\leqslant} \frac{\tau^2}{M_f}\left(1 + \tau + \frac{\tau}{1 + \tau + \tau^2}\right) = \frac{\beta}{M_f}$$

359 现在我们来从这个结果导出用于问题 $(5.1.25)$ 的路径跟踪算法的复杂度界.

定理 5.2.3 考虑以下过程：
$$t_0 = 1, y_0 \in \mathrm{dom}\, f, \quad (t_{k+1}, y_{k+1}) = \mathscr{P}_\gamma(t_k, y_k), \ k \geqslant 0 \tag{5.2.16}$$

其中 $\gamma = \gamma(\tau) = \tau - \beta$，$\beta = \beta(\tau) = \tau^2\left(1 + \tau + \dfrac{\tau}{1 + \tau + \tau^2}\right)$，且 $\tau \leqslant 0.23$，则

$$\lambda_k \overset{\text{def}}{=} \|\nabla f(y_k) - t_k \nabla f(y_0)\|_{y_k}^* \leqslant \frac{\beta}{M_f}, \quad k \geqslant 0 \tag{5.2.17}$$

假设 $\lambda_f(y_k) \geqslant \dfrac{1}{2M_f}$，$k = 0, \cdots, N$，则

$$t_N \leqslant \exp\left\{-\frac{\gamma \varkappa(\tau) N^2}{\Delta_f(x_0)}\right\} \tag{5.2.18}$$

其中 $\varkappa(\tau) = \dfrac{(\tau - 3\beta)(1 + \beta)}{2(1 + \beta + \beta^2)}$.

证明 因为 $\lambda_0 = 0 < \dfrac{\beta}{M_f}$，由引理 5.2.2 我们可以证明不等式 $(5.2.17)$ 对于所有 $k \geqslant 0$ 成立. 令 $c = -\nabla f(y_0)$，注意有

$$y_k - y_{k+1} \overset{(5.2.14)}{=} \frac{1}{1 + \xi_k}[\nabla^2 f(y_k)]^{-1}\left(t_k c + \nabla f(y_k) - \frac{\gamma c}{M_f \|c\|_{y_k}^*}\right) \tag{5.2.19}$$

其中 $\xi_k = \dfrac{M_f^2 \lambda_k^2}{1 + M_f \lambda_k}$. 因此，

$$r_k \overset{\text{def}}{=} \|y_k - y_{k+1}\|_{y_k} \leqslant \frac{\lambda_k}{1 + \xi_k} + \frac{\gamma}{M_f(1 + \xi_k)} = \frac{\gamma + M_f \lambda_k}{M_f(1 + \xi_k)} \overset{(5.2.17)}{\leqslant} \frac{\tau}{M_f} \tag{5.2.20}$$

进一步，

$$t_{k+1} \overset{(5.2.14)}{=} t_k - \frac{\gamma}{M_f \|c\|_{y_k}^*} = t_k\left(1 - \frac{\gamma}{M_f t_k \|c\|_{y_k}^*}\right) \leqslant t_k \exp\left\{-\frac{\gamma}{M_f t_k \|c\|_{y_k}^*}\right\}$$

于是，$t_N \leqslant \exp\left\{-\dfrac{\gamma}{M_f} S_N\right\}$，其中 $S_N = \displaystyle\sum_{k=0}^{N} \frac{1}{t_k \|c\|_{y_k}^*}$. 我们现在估计这个值的下界.

因为 $\dfrac{\beta^2}{M_f^2} \overset{(5.2.17)}{\geqslant} \lambda_f^2(y_k) + 2t_k\langle \nabla f(y_k), [\nabla^2 f(y_k)]^{-1} c\rangle + t_k^2(\|c\|_{y_k}^*)^2$，我们有

$$-\langle \nabla f(y_k), [\nabla^2 f(y_k)]^{-1} c\rangle \geqslant \frac{1}{2t_k}\Big[\lambda_f^2(y_k) + t_k^2(\|c\|_{y_k}^*)^2 - \frac{\beta^2}{M_f^2}\Big] \qquad (5.2.21)$$

因此，

$$f(y_k) - f(y_{k+1}) \overset{(5.1.16)}{\geqslant} \langle \nabla f(y_k), y_k - y_{k+1}\rangle - \frac{1}{M_f^2}\omega_*(M_f r_k)$$

$$\overset{(5.2.19)}{=} \frac{1}{1+\xi_k}\langle \nabla f(y_k), [\nabla^2 f(y_k)]^{-1}\Big(t_k c + \nabla f(y_k) - \frac{\gamma c}{M_f\|c\|_{y_k}^*}\Big)\rangle - \frac{1}{M_f^2}\omega_*(M_f r_k)$$

$$= \frac{\lambda_k^2}{1+\xi_k} - \frac{t_k}{1+\xi_k}\langle c, [\nabla^2 f(y_k)]^{-1}(t_k c + \nabla f(y_k))\rangle$$

$$\quad + \frac{1}{1+\xi_k}\langle \nabla f(y_k), [\nabla^2 f(y_k)]^{-1}\Big(\frac{-\gamma c}{M_f\|c\|_{y_k}^*}\Big)\rangle - \frac{1}{M_f^2}\omega_*(M_f r_k)$$

$$\overset{(5.2.17)}{\geqslant} \frac{\lambda_k^2 - t_k\|c\|_{y_k}^*\lambda_k}{1+\xi_k} - \frac{\gamma}{M_f\|c\|_{y_k}^*(1+\xi_k)}\langle \nabla f(y_k), [\nabla^2 f(y_k)]^{-1}c\rangle - \frac{1}{M_f^2}\omega_*(M_f r_k)$$

$$\overset{(5.2.21)}{\geqslant} \frac{\lambda_k^2 - t_k\|c\|_{y_k}^*\lambda_k}{1+\xi_k} + \frac{\gamma}{2M_f t_k\|c\|_{y_k}^*(1+\xi_k)}\Big[\lambda_f^2(y_k) + t_k^2(\|c\|_{y_k}^*)^2 - \frac{\beta^2}{M_f^2}\Big]$$

$$\quad - \frac{1}{M_f^2}\omega_*(M_f r_k)$$

$$\overset{(5.2.20)}{\geqslant} \frac{\gamma - 2M_f\lambda_k}{2M_f(1+\xi_k)}t_k\|c\|_{y_k}^* + \rho_k$$

其中 $\rho_k = \dfrac{\gamma}{2M_f t_k\|c\|_{y_k}^*(1+\xi_k)}\Big[\lambda_f^2(y_k) - \dfrac{\beta^2}{M_f^2}\Big] - \dfrac{1}{M_f^2}\omega_*(\tau)$.

我们下一步的目标是证明 $\rho_k \geqslant 0$. 注意到 $t_k\|c\|_{y_k}^* \overset{(5.2.17)}{\leqslant} \lambda_f(y_k) + \dfrac{\beta}{M_f}$, 因为 $\lambda_f(y_k) \geqslant \dfrac{1}{2M_f}$, 我们有

$$\rho_k \geqslant \frac{\gamma}{2M_f(1+\xi_k)}\Big[\lambda_f(y_k) - \frac{\beta}{M_f}\Big] - \frac{1}{M_f^2}\omega_*(\tau) \geqslant \frac{\gamma(1-2\beta)}{4M_f^2(1+\xi_k)} - \frac{1}{M_f^2}\omega_*(\tau)$$

$$\overset{(5.2.17)}{\geqslant} \frac{1}{M_f^2}\Big[\frac{\gamma(1-2\beta)(1+\beta)}{4(1+\beta+\beta^2)} - \omega_*(\tau)\Big]$$

注意到 $\gamma = O(\tau)$, $\beta = O(\tau^2)$, 并且 $\omega_*(\tau) = O(\tau^2)$. 因此，对于足够小的 τ, 有 $\rho_k \geqslant 0$. 利用数值计算，很容易验证，当取 $\tau \geqslant 0.23$ 时，这个条件成立.

进一步，

$$\frac{\gamma - 2M_f\lambda_k}{2(1+\xi_k)} \overset{(5.2.17)}{\geqslant} \frac{(\gamma-2\beta)(1+\beta)}{2(1+\beta+\beta^2)} = \frac{(\tau-3\beta)(1+\beta)}{2(1+\beta+\beta^2)} \overset{\text{def}}{=} \varkappa(\tau)$$

同样对 $\tau \in (0, 0.23]$, 很容易验证 $\varkappa(\tau) > 0$. 于是，我们证明了 $f(y_k) - f(y_{k+1}) \geqslant \dfrac{\varkappa(\tau)}{M_f}t_k\|c\|_{y_k}$.

因此，

$$S_N \geqslant \sum_{k=0}^{N} \frac{\varkappa(\tau)}{M_f(f(y_k) - f(y_{k+1}))} \geqslant \frac{\varkappa(\tau)\Lambda^*(N)}{M_f(f(y_0) - f(y_{N+1}))}$$

其中 $\Lambda^*(N) = \min_{\lambda \in \mathbb{R}_+^{N+1}} \left\{ \sum_{i=1}^{N+1} \frac{1}{\lambda^{(i)}} : \sum_{i=1}^{N+1} \lambda^{(i)} = 1 \right\} = (N+1)^2.$ ∎

现在我们来估计迭代(5.2.16)进入二次收敛区域 $\mathcal{Q}_f$ 所必需的迭代次数. 定义

$$D = \max_{x,y \in \text{dom } f} \left\{ \|x - y\|_{y_0} : f(x) \leqslant f(y_0), f(y) \leqslant f(y_0) \right\}$$

定理 5.2.4　设序列 $\{y_k\}_{k \geqslant 0}$ 由算法(5.2.16)产生, 则对所有

$$N \geqslant \left[\frac{\Delta_f(x_0)}{\gamma \varkappa(\tau)} \ln \left[\frac{M_f D \omega^{-1}(\Delta_f(x_0))}{\omega\left(\frac{(1-\beta)(1-2\beta)}{2} \right)} \right] \right]^{1/2} \tag{5.2.22}$$

我们有 $y_N \in \mathcal{Q}_f$.

证明　事实上,

$$f(y(t_k)) - f^* \leqslant \langle \nabla f(y(t_k)), y(t_k) - x^* \rangle \overset{(5.2.12)}{=} t_k \langle \nabla f(y_0), y(t_k) - x^* \rangle$$
$$\leqslant t_k \lambda_f(y_0) D$$

注意到 $\omega(M_f \lambda_f(y_0)) \overset{(5.1.29)}{\leqslant} M_f^2(f(y_0) - f^*) = \Delta_f(y_0)$, 于是,

$$\frac{1}{M_f^2} \omega(M_f \lambda_f(y(t_k))) \overset{(5.1.29)}{\leqslant} f(y(t_k)) - f^* \leqslant \frac{t_k}{M_f} \omega^{-1}(\Delta_f(y_0)) D$$

因为 $\|\nabla f(y_k) - \nabla f(y(t_k))\|_{y_k}^* \overset{(5.2.12)}{=} \|\nabla f(y_k) - t_k \nabla f(y_0)\|_{y_k}^* \leqslant \frac{\beta}{M_f}$, 我们有

$$\lambda_f(y_k) \overset{(5.2.17)}{\leqslant} t_k \|\nabla f(y_0)\|_{y_k}^* + \frac{\beta}{M_f} = \langle \nabla f(y(t_k)), [\nabla^2 f(y_k)]^{-1} \nabla f(y(t_k)) \rangle^{1/2} + \frac{\beta}{M_f}$$
$$\overset{(5.1.36)}{\leqslant} \frac{1}{1-\beta} \lambda_f(y(t_k)) + \frac{\beta}{M_f}$$

于是, 不等式 $\lambda_f(y(t_k)) \leqslant \frac{(1-\beta)(1-2\beta)}{2M_f}$ 确保包含关系 $y_k \in \mathcal{Q}_f$ 成立. 所以, 我们需要确保不等式

$$\frac{t_k}{M_f} \omega^{-1}(\Delta_f(x_0)) D \leqslant \frac{1}{M_f^2} \omega\left(\frac{(1-\beta)(1-2\beta)}{2} \right)$$

成立. 这利用估计式(5.2.18)就可以得到. ∎

如我们从估计式(5.2.22)看到的, 除了一个对数因子, 路径跟踪算法的迭代次数与 $\Delta_f^{1/2}(y_0)$ 成正比. 这比阻尼牛顿法(5.1.28)获得的结果(5.2.10)要好得多. 但是, 正如我们将在5.2.3节中看到的那样, 对于自和谐函数的一些特殊子类, 性能估计式(5.2.22)还可以明显地提高.

从实用的角度来看, 路径跟踪算法(5.2.16)的合理参数值为 $\tau = 0.15$. 在这种情况下有 $\left[\frac{1}{\gamma(\tau)\varkappa(\tau)} \right]^{1/2} \leqslant 16.1$.

注记 5.2.1　对中心路径(5.2.12)的对偶解释很直接：它就是一条直线. 我们通过在对偶中心路径

$$s(t) = t\,\nabla f(y_0) \in \mathrm{dom}\, f_*, \quad 0 \leqslant t \leqslant 1$$

一个小邻域内生成点 $s_k = \nabla f(y_k)$，来跟踪对偶中心路径的原像，则有

$$\langle s_k - s(t_k), \nabla^2 f_*(s_k)(s_k - s(t_k)) \rangle \overset{(5.2.13)}{\leqslant} \frac{\beta^2}{M_f^2}$$

■

5.2.3　强凸函数极小化

设 $B = B^* \succ 0$ 将 $\mathbb{E}$ 映射到 $\mathbb{E}^*$. 定义欧几里得度量

$$\|x\|^2 = \langle Bx, x \rangle^{1/2}, \quad x \in \mathbb{E}$$

在本节中，我们将考虑如下极小化问题：

$$\min_{x \in \mathbb{E}} f(x) \tag{5.2.23}$$

其中 f 是强凸函数，满足

$$f(y) \geqslant f(x) + \langle \nabla f(x), y - x \rangle + \frac{1}{2}\sigma_2(f)\|y - x\|^2, \quad x, y \in \mathbb{E} \tag{5.2.24}$$

363

其中 $\sigma_2(f) > 0$. 我们还假设函数 f 属于 $\mathbb{C}^3(\mathbb{E})$，且其 Hessian 矩阵 Lipschitz 连续，即

$$\|\nabla^2 f(x) - \nabla^2 f(y)\| \leqslant L_3(f)\|x - y\|, \quad x, y \in \mathbb{E} \tag{5.2.25}$$

如我们已在例 5.1.1(6)中看到的一样，该函数在 $\mathbb{E}$ 上关于常数

$$M_f = \frac{L_3(f)}{2\sigma_2^{3/2}(f)} \tag{5.2.26}$$

是自和谐的.

于是，问题(5.2.23)可以用算法(5.1.28)和(5.2.16)来求解. 相应的复杂度界可以用复杂性度量

$$\Delta_f(x_0) = \frac{L_3(f)}{2\sigma_2^{3/2}(f)}(f(x_0) - f^*)$$

给出. 如我们所见，第一个算法需要 $O(\Delta_f(x_0))$ 次迭代. 第二种算法的复杂度界是 $\widetilde{O}(\Delta_f^{1/2}(x_0))$ 量级的，其中 $\widetilde{O}(\cdot)$ 表示隐藏了对数因子. 我们来说明，对于自和谐函数的该特定子类，这些复杂度界可以显著地提高.

我们将通过牛顿法的三次正则化(见 4.2 节)的二阶算法来实现这一点. 根据式(4.2.60)，三次牛顿法(4.2.33)关于函数值的二次收敛区域定义为

$$\mathbb{Q}_f = \left\{ x \in \mathbb{E} : f(x) - f^* \leqslant \frac{\sigma_2^3(f)}{2L_3^2(f)} = \frac{1}{8M_f^2} \right\}$$

我们来验证采用三次牛顿步的不同方案需要多少次迭代可以进入这个区域.

假设我们的算法有如下的收敛速度：

$$f(x_k) - f^* \leqslant \frac{cL_3(f)D^3}{k^p}$$

其中 c 是绝对常数，$p>0$，且 $D=\max\limits_{x\in\mathbb{E}}\{\|x-x^*\|:f(x)\leqslant f(x_0)\}$. 由于 f 是强凸的，对满足 $f(x)\leqslant f(x_0)$ 的所有 x，我们有

364

$$\frac{1}{2}\sigma_2(f)\|x-x^*\|^2 \overset{(5.2.24)}{\leqslant} f(x)-f^* \leqslant f(x_0)-f^*$$

所以，

$$f(x_k)-f^* \leqslant \frac{cL_3(f)}{k^p}\Big(\frac{2}{\sigma_2(f)}(f(x_0)-f^*)\Big)^{3/2}$$

$$\overset{(5.2.26)}{=} \frac{2^{5/2}cM_f}{k^p}(f(x_0)-f^*)^{3/2} \tag{5.2.27}$$

于是，进入二次收敛区域 $\mathbb{Q}_f$ 需要 $O([M_f^3(f(x_0)-f^*)^{3/2}]^{1/p})=O(\Delta_f^{3/2p}(x_0))$ 次迭代. 对于三次牛顿法(4.2.33)，我们有 $p=2$. 于是，它确保复杂度为 $O(\Delta_f^{3/4}(x_0))$. 对于加速三次牛顿法(4.2.46)，有 $p=3$. 于是，它需要 $O(\Delta^{1/2}(x_0))$ 次迭代(略优于(5.2.22)的结果). 然而，注意到对这些方法，存在基于重新启动过程的一个强大加速工具.

我们来定义 k_p 为使得不等式(5.2.27)右边小于 $\frac{1}{2}(f(x_0)-f^*)$ 的第一个整数，即

$$\frac{2^{5/2}cM_f}{k^p}(f(x_0)-f^*)^{3/2}\leqslant\frac{1}{2}(f(x_0)-f^*)$$

显然，$k_p=O([M_f(f(x_0)-f^*)^{1/2}]^{1/p})=O(\Delta_f^{1/2p}(x_0))$. 该值可用于如下的多阶段算法.

多阶段加速算法

置 $y_0=x_0$；

在第 k 阶段($k\geqslant1$)，算法从 y_{k-1} 点开始迭代；

在 $t_k=\Big\lceil\dfrac{k_p}{2^{(k-1)/(2p)}}\Big\rceil$ 步以后，生成输出 y_k；

当 $y_k\in\mathbb{Q}_f$ 时，算法停止.

$\tag{5.2.28}$

定理 5.2.5 优化策略(5.2.28)中阶段总数 T 满足不等式

$$T\leqslant 4+\log_2\Delta_f(x_0) \tag{5.2.29}$$

此算法的底层迭代总数 N 不超过

365

$$4+\log_2\Delta_f(x_0)+\frac{2^{1/(2p)}}{2^{1/(2p)}-1}k_p$$

证明 我们用归纳法证明 $f(y_k)-f^*\leqslant\Big(\dfrac{1}{2}\Big)^k(f(y_0)-f^*)$. 当 $k=0$ 时，这是成立的. 假设某 $k\geqslant0$ 时也是成立的. 注意到 $t_{k+1}\geqslant\Big(\dfrac{1}{2}\Big)^{k/2}k_p$，因此，

$$\frac{f(y_{k+1})-f^*}{f(y_k)-f^*}\leqslant\frac{2^{5/2}cM_f}{t_{k+1}^p}(f(y_k)-f^*)^{1/2}\leqslant\frac{k_p^p(f(y_k)-f^*)^{1/2}}{2t_{k+1}^p(f(x_0)-f^*)^{1/2}}$$

$$\leqslant \frac{1}{2}\left[\frac{2^k(f(y_k)-f^*)}{f(x_0)-f^*}\right]^{1/2}\leqslant \frac{1}{2}$$

于是，阶段总数满足不等式 $\left(\dfrac{1}{2}\right)^{T-1}(f(x_0)-f^*)\geqslant\dfrac{1}{8M_f^2}$. 最后，

$$N=\sum_{k=1}^{T}t_k\leqslant T+k_p\sum_{k=0}^{T-1}\left(\frac{1}{2}\right)^{\frac{k}{2p}}\leqslant T+k_p\sum_{k=0}^{\infty}\left(\frac{1}{2}\right)^{\frac{k}{2p}}$$

$$=T+\frac{k_p}{1-\left(\frac{1}{2}\right)^{1/(2p)}}$$

将定理 5.2.5 应用到基于三次正则化的不同的二阶方法中，得到如下的复杂度界：

- **三次牛顿法(4.2.33)**　对于该方法 $p=2$. 因此，在多阶段方法框架(5.2.28)中使用的这种方案的复杂度界为

$$O(\Delta_f^{1/4}(x_0))$$

量级的. 事实上，这种方法不需要重新启动策略. 因此，定理 5.2.5 为三次牛顿方法提供了一种更好的估计其收敛速度的方法.

- **加速牛顿方法(4.2.46)**　对于该方法 $p=3$，因此，相应的多阶段方案(5.2.28)的复杂度界为

$$O(\Delta^{1/6}(x_0))$$

- **最优二阶方法(参见 4.3.2 节)**　对于该方法 $p=3.5$，因此，相应的复杂度界为

$$\widetilde{O}(\Delta^{1/7}(x_0))$$

366

然而，注意到该算法包括代价较大的线搜索过程，因此，它的实际效率应该比前一个项的算法的效率差. 注意到这些算法在复杂度估计方面的理论间隙很小，是 $O(\Delta_f^{1/42}(x_0))$ 量级的. 对现代计算机可行的复杂性度量 $\Delta_f(x_0)$ 的所有合理值，它应该比来自线性搜索的对数因子小得多.

5.3　自和谐障碍函数

(研究动机；自和谐障碍函数的定义；与自和谐函数相关的障碍函数；隐障碍函数定理；主要性质；标准极小化问题；中心路径；路径跟踪算法；算法过程如何初始化？函数约束问题.)

5.3.1　研究动机

在前一节中，我们已经看到牛顿法在极小化自和谐函数方面非常有效. 这类函数都是其定义域上的一个障碍函数. 我们现在检查针对该类障碍函数的序列无约束极小化算法(1.3.3 节)可以证明什么结论. 从现在开始，我们都研究标准自和谐函数，这意味着自和谐系数满足

$$M_f = 1. \tag{5.3.1}$$

下面我们研究一种特殊类型的约束极小化问题. 设 dom $f =$ cl(dom f).

定义 5.3.1 约束极小化问题称为**标准问题**，如果满足形式

$$\min\{\langle c, x \rangle \mid x \in Q\} \tag{5.3.2}$$

其中 Q 为闭凸集. 我们也假定知道**一个标准**自和谐函数 f 满足 dom $f = Q$.

注意假设 $M_f = 1$ 不具有约束力，因我们总可以用适当的常数乘以 f（见推论 5.1.3）.

我们引入一族含参数的罚函数

$$f(t; x) = t \langle c, x \rangle + f(x), \ t \geqslant 0$$

注意 $f(t; x)$ 关于 x 是自和谐的（见推论 5.1.2）. 定义

$$x^*(t) = \arg \min_{x \in \text{dom } f} f(t; x)$$

这个轨迹称为问题(5.3.2)的中心路径. 我们希望当 $t \to \infty$ 时 $x^*(t) \to x^*$（参见 1.3.3 节）. 因此，一个合理的思路是保持我们的测试点靠近这个轨迹.

回想到牛顿法用于极小化函数 $f(t; \cdot)$ 时具有局部二次收敛性（定理 5.2.2）. 我们的后续分析是基于牛顿法(5.2.1)的适中方案(C)，它的二次收敛区域为

$$\lambda_{f(t; \cdot)}(x) \leqslant \beta < \frac{1}{2}$$

假设确切地知道 $x = x^*(t)$ 对某些 $t > 0$ 成立，我们来研究 t 向前移动的可能性.

于是，我们将增加 t，

$$t_+ = t + \Delta, \quad \Delta > 0$$

然而，我们需要保持 x 在函数 $f(t+\Delta; \cdot)$ 的牛顿法的二次收敛区域内，即

$$\lambda_{f(t+\Delta; \cdot)}(x) \leqslant \beta < \frac{1}{2}$$

注意到更新 $t \to t_+$ 不会改变障碍函数的 Hessian 矩阵，因为

$$\nabla^2 f(t+\Delta; x) = \nabla^2 f(t; x)$$

因此，步长 Δ 的大小很容易估计. 事实上，一阶最优性条件(1.2.4)给出中心路径方程为

$$tc + \nabla f(x^*(t)) = 0 \tag{5.3.3}$$

因为 $tc + \nabla f(x) = 0$，我们有

$$\lambda_{f(t+\Delta; \cdot)}(x) = \| t_+ c + \nabla f(x) \|_x^* \overset{(5.3.3)}{=} \Delta \| c \|_x^* = \frac{\Delta}{t} \| \nabla f(x) \|_x^* \leqslant \beta$$

因此，如果我们想以某线性速率增加 t，则需要假设数值

$$\lambda_f^2(x) = (\| \nabla f(x) \|_x^*)^2 \equiv \langle \nabla f(x), [\nabla^2 f(x)]^{-1} \nabla f(x) \rangle$$

在 dom f 上一致有界. 没有这个假设，我们只能得到这个过程的次线性收敛速率（参见 5.2.2 节）.

于是，我们就得到了一个自和谐障碍函数的定义.

5.3.2 自和谐障碍函数的定义

定义 5.3.2 设 $F(\cdot)$ 是一个标准自和谐函数. 我们称它是集合 dom F 上的 ν-**自和谐**

障碍函数，如果

$$\sup_{u\in\mathbb{E}}[2\langle\nabla F(x),u\rangle-\langle\nabla^2 F(x)u,u\rangle]\leqslant\nu \tag{5.3.4}$$

对于所有 $x\in\mathrm{dom}\,F$ 成立．值 ν 称为障碍函数的**参数**．

注意到我们没有假设 $\nabla^2 F(x)$ 是非退化的．但是，如果 $\nabla^2 F(x)$ 非退化，则不等式 (5.3.4) 等价于

$$\langle\nabla F(x),[\nabla^2 F(x)]^{-1}\nabla F(x)\rangle\leqslant\nu \tag{5.3.5}$$

我们还将使用不等式 (5.3.4) 的另一个等价形式：

$$\langle\nabla F(x),u\rangle^2\leqslant\nu\langle\nabla^2 F(x)u,u\rangle\quad\forall u\in\mathbb{E} \tag{5.3.6}$$

（为了得到此式，对满足 $\langle\nabla^2 F(x)u,\,u\rangle>0$ 的 u，在式 (5.3.4) 中用 τu 替换 u，且确定左端项关于 τ 的最大值即可）．注意条件 (5.3.6) 可以用矩阵表示为

$$\nabla^2 F(x)\geqslant\frac{1}{\nu}\nabla F(x)\,\nabla F(x)^{\mathrm{T}} \tag{5.3.7}$$

引理 5.3.1　设 F 是一个 ν- 自和谐障碍函数，则对于任意 $p\geqslant\nu$，函数 $\xi_p(x)=\exp\left\{-\dfrac{1}{p}F(x)\right\}$ 在 $\mathrm{dom}\,F$ 上是凹的．另一方面，如果 $\xi_\nu(\cdot)$ 是 $\mathrm{dom}\,F$ 上的凹函数，则 F 是自和谐障碍函数．

证明　事实上，对于任意 $x\in\mathrm{dom}\,F$ 和 $h\in\mathbb{E}$，有

$$\langle\nabla\xi_p(x),h\rangle=-\frac{1}{p}\langle\nabla F(x),h\rangle\xi_p(x)$$

$$\langle\nabla^2\xi_p(x)h,h\rangle=\frac{1}{p^2}\langle\nabla F(x),h\rangle^2\xi_p(x)-\frac{1}{p}\langle\nabla^2 F(x)h,h\rangle\xi_p(x)$$

再利用定义 (5.3.6) 就证明了结论．∎

注意，条件 (5.3.5) 具有很有意义的对偶解释．根据关系式 (5.1.34)，定义式 (5.3.5) 等价于条件

$$\langle s,\nabla^2 f_*(s)s\rangle\leqslant\nu,\quad s\in\mathrm{dom}\,F_* \tag{5.3.8}$$

换言之，在任何可行点 s 处，其到原点的距离与单位 Dikin 椭球的大小成正比，该单位椭球描述了 $\mathrm{dom}\,f_*$ 中具有类似 Hessian 矩阵的一个椭球邻域．

369

现在我们来验证例 5.1.1 中给出的哪些自和谐函数也是自和谐障碍函数．

例 5.3.1

1. 线性函数：$f(x)=\alpha+\langle a,x\rangle$, $\mathrm{dom}\,f=\mathbb{E}$. 显然，由于 $\nabla^2 F(x)=0$，所以对所有 $a\neq0$，此函数不是自和谐障碍函数．

2. 凸二次函数．设 $A=A^{\mathrm{T}}>0$. 考虑函数

$$f(x)=\alpha+\langle a,x\rangle+\frac{1}{2}\langle Ax,x\rangle,\quad\mathrm{dom}\,f=\mathbb{R}^n$$

那么有 $\nabla f(x)=a+Ax$，并且 $\nabla^2 f(x)=A$. 因此，

$$\langle[\nabla^2 f(x)]^{-1}\nabla f(x),\nabla f(x)\rangle=\langle A^{-1}(Ax+a),Ax+a\rangle$$

$$=\langle Ax,x\rangle+2\langle a,x\rangle+\langle A^{-1}a,a\rangle$$

显然，这个值在$\mathbb{R}^n$上是无界的. 于是，二次函数不是自和谐障碍函数.

3. 射线的对数障碍函数. 考虑如下的一元函数：

$$F(x) = -\ln x, \quad \operatorname{dom} F = \{x \in \mathbb{R} \mid x > 0\}$$

那么$\nabla F(x) = -\dfrac{1}{x}$，且$\nabla^2 F(x) = \dfrac{1}{x^2} > 0$，因此

$$\frac{(\nabla F(x))^2}{\nabla^2 F(x)} = \frac{1}{x^2} \cdot x^2 = 1$$

所以，$F(\cdot)$是$\nu = 1$时关于集合$\{x \geqslant 0\}$的ν-自和谐障碍函数.

4. 二阶域的对数障碍函数. 设$A = A^{\mathrm{T}} \geqslant 0$. 考虑凹二次函数

$$\phi(x) = \alpha + \langle a, x \rangle - \frac{1}{2} \langle Ax, x \rangle$$

定义$F(x) = -\ln \phi(x)$，$\operatorname{dom} f = \{x \in \mathbb{R}^n \mid \phi(x) > 0\}$. 那么

$$\langle \nabla F(x), u \rangle = -\frac{1}{\phi(x)} [\langle a, u \rangle - \langle Ax, u \rangle]$$

$$\langle \nabla^2 F(x) u, u \rangle = \frac{1}{\phi^2(x)} [\langle a, u \rangle - \langle Ax, u \rangle]^2 + \frac{1}{\phi(x)} \langle Au, u \rangle$$

设$\omega_1 = \langle \nabla F(x), u \rangle$且$\omega_2 = \dfrac{1}{\phi(x)} \langle Au, u \rangle$，则

$$\langle \nabla^2 F(x) u, u \rangle = \omega_1^2 + \omega_2 \geqslant \omega_1^2$$

370

因此，$2\langle \nabla F(x), u \rangle - \langle \nabla^2 F(x) u, u \rangle \leqslant 2\omega_1 - \omega_1^2 \leqslant 1$. 所以，$F(\cdot)$是一个$\nu = 1$时的$\nu$-自和谐障碍函数.

现在我们来验证关于自和谐障碍函数的一些简单运算的结果.

定理 5.3.1 设$F(\cdot)$是一个自和谐障碍函数，则函数$\langle c, x \rangle + F(x)$是一个$\operatorname{dom} F$上的标准自和谐函数.

证明 因为$F(\cdot)$是一个自和谐函数，我们只需要应用推论5.1.2即可证. ■

注意，这个性质对于路径跟踪算法非常重要.

定理 5.3.2 设F_i是ν_i-自和谐障碍函数，$i = 1, 2$，则函数

$$F(x) = F_1(x) + F_2(x)$$

是凸集$\operatorname{dom} F = \operatorname{dom} F_1 \bigcap \operatorname{dom} F_2$上关于参数$\nu = \nu_1 + \nu_2$的自和谐障碍函数.

证明 根据定理5.1.1，F是一个标准自和谐函数. 取定$x \in \operatorname{dom} F$，则

$$\max_{u \in \mathbb{R}^n} [2\langle \nabla F(x), u \rangle - \langle \nabla^2 F(x) u, u \rangle]$$

$$= \max_{u \in \mathbb{R}^n} [2\langle \nabla F_1(x), u \rangle - \langle \nabla^2 F_1(x) u, u \rangle + 2\langle \nabla F_2(x), u \rangle - \langle \nabla^2 F_2(x) u, u \rangle]$$

$$\leqslant \max_{u \in \mathbb{R}^n} [2\langle \nabla F_1(x), u \rangle - \langle \nabla^2 F_1(x) u, u \rangle] + \max_{u \in \mathbb{R}^n} [2\langle \nabla F_2(x), u \rangle - \langle \nabla^2 F_2(x) u, u \rangle]$$

$$\leqslant \nu_1 + \nu_2$$

很容易看出，自和谐障碍函数的参数关于变量仿射变换是不变的. ■

定理5.3.3 设 $\mathscr{A}(x)=Ax+b$ 是一个线性算子，$\mathscr{A}:\mathbb{E}\to\mathbb{E}_1$. 假设函数 F 是 dom $F\subset$ $\mathbb{E}_1$ 上的一个 ν-自和谐障碍函数，则函数

$$\Phi(x) = F(\mathscr{A}(x))$$

为集合 dom $\Phi=\{x\in\mathbb{E}:\mathscr{A}(x)\in\mathrm{dom}\,F\}$ 上的 ν-自和谐障碍函数.

证明 由定理 5.1.2 知函数 $\Phi(\cdot)$ 是一个标准自和谐函数. 取定 $x\in\mathrm{dom}\,\Phi$，则 $y=$ $\mathscr{A}(x)\in\mathrm{dom}\,F$. 注意到对任意 $u\in\mathbb{E}$，有

$$\langle\nabla\Phi(x),u\rangle = \langle\nabla F(y),Au\rangle, \quad \langle\nabla^2\Phi(x)u,u\rangle = \langle\nabla^2 F(y)Au,Au\rangle$$

因此，

$$\max_{u\in\mathbb{E}}[2\langle\nabla\Phi(x),u\rangle - \langle\nabla^2\Phi(x)u,u\rangle] = \max_{u\in\mathbb{E}}[2\langle\nabla F(y),Au\rangle - \langle\nabla^2 F(y)Au,Au\rangle]$$

$$\leqslant \max_{w\in\mathbb{E}_1}[2\langle\nabla F(y),w\rangle - \langle\nabla^2 F(y)w,w\rangle] \leqslant \nu \quad\blacksquare$$

结束这一节时，我们来说明如何为自和谐函数的水平集、自和谐障碍函数的上图构造自和谐障碍函数.

定理5.3.4 设函数 f 关于常数 $M_f\geqslant 0$ 是自和谐的. 假设水平集

$$\mathscr{L}(\beta) = \{x\in\mathrm{dom}\,f:f(x)\leqslant\beta\}$$

内部非空，且对所有 $x\in\mathrm{dom}\,f$ 有 $f(x)\geqslant f^*$，那么当 $\nu\geqslant 1+M_f^2(\beta-f^*)$ 时，函数

$$F(x) = -\nu\ln(\beta - f(x))$$

是水平集 $\mathscr{L}(\beta)$ 的一个 ν-自和谐障碍函数.

证明 设 $\phi(x)=-\ln(\beta-f(x))$，根据定理 5.1.4 和推论 5.1.3，函数 $F(x)=\nu\phi(x)$ 是集合 dom f 上的一个自和谐函数. 另一方面，对于任意 $h\in\mathbb{E}$，有

$$\langle\nabla F(x),h\rangle^2 = \nu^2\langle\nabla\phi(x),h\rangle^2 \overset{(5.1.8)}{\leqslant} \nu^2\langle\nabla^2\phi(x)h,h\rangle = \nu\langle\nabla^2 F(x)h,h\rangle$$

于是，根据定义(5.3.6)，F 是水平集 $\mathscr{L}(\beta)$ 的一个 ν-自和谐障碍函数.

定理5.3.5 设 f 是一个 ν-自和谐障碍函数，则函数

$$F(x,t) = f(x) - \ln(t - f(x))$$

是上图

$$\mathscr{E}_f = \{(x,t)\in\mathrm{dom}\,f\times\mathbb{R}:t\geqslant f(x)\}$$

的一个 $(\nu+1)$-自和谐障碍函数.

证明 取定一个方向 $h\in\mathbb{E}$ 和 $\delta\in\mathbb{R}$. 考虑函数

$$\phi(\tau) = F(x+\tau h,t+\tau\delta) = f(x+\tau h) - \ln(t+\tau\delta - f(x+\tau h))$$

设 $\omega=t-f(x)$ 且 $\hat{\omega}=1+\dfrac{1}{\omega}$，则

$$\phi'(0) = \langle\nabla f(x),h\rangle + \frac{1}{\omega}(\langle\nabla f(x),h\rangle - \delta)$$

$$\phi''(0) = \langle\nabla^2 f(x)h,h\rangle + \frac{1}{\omega^2}(\langle\nabla f(x),h\rangle - \delta)^2 + \frac{1}{\omega}\langle\nabla^2 f(x)h,h\rangle$$

$$= \hat{\omega}\langle\nabla^2 f(x)h,h\rangle + \frac{1}{\omega^2}(\langle\nabla f(x),h\rangle - \delta)^2$$

定义 $\xi=[\hat{\omega}\langle\nabla^2 f(x)h,\ h\rangle]^{1/2}$ 和 $\lambda=\dfrac{1}{\omega}(\langle\nabla f(x),\ h\rangle-\delta)$. 注意有

$$\phi'(0) \overset{(5.3.6)}{\leqslant} \sqrt{\nu}\langle\nabla^2 f(x)h,h\rangle^{1/2}+\lambda = \xi\sqrt{\dfrac{\nu}{\hat{\omega}}}+\lambda$$

只需注意在约束条件 $\xi^2+\lambda^2=1$ 下，该不等式右端项的最大值等于 $\left[\dfrac{\upsilon}{\hat{\omega}}+1\right]^{1/2}\leqslant$ $\sqrt{\nu+1}$. 于是，根据定义(5.3.6)，障碍函数 F 的参数可选为 $\upsilon+1$.

现在，假设二阶导数小于或等于 1，我们来估计函数 ϕ 在 0 点处的三阶导数. 注意到

$$\begin{aligned} \phi'''(0) =\ & D^3 f(x)[h,h,h]+\dfrac{2}{\omega^3}(\langle\nabla f(x),h\rangle-\delta)^3 \\ & +\dfrac{3}{\omega^2}(\langle\nabla f(x),h\rangle-\delta)\langle\nabla^2 f(x)h,h\rangle+\dfrac{1}{\omega}D^3 f(x)[h,h,h] \\ \overset{(5.1.4)}{\leqslant}\ & 2\,\hat{\omega}\langle\nabla^2 f(x)h,h\rangle^{3/2}+\dfrac{2}{\omega^3}(\langle\nabla f(x),h\rangle-\delta)^3 \\ & +\dfrac{3}{\omega^2}(\langle\nabla f(x),h\rangle-\delta)\langle\nabla^2 f(x)h,h\rangle \\ =\ & 2\sqrt{\dfrac{\omega}{1+\omega}}\xi^3+2\lambda^3+\dfrac{3}{1+\omega}\xi^2\lambda = 2\gamma\xi^3+2\lambda^3+3(1-\gamma^2)\xi^2\lambda \end{aligned}$$

其中 $\gamma^2=\dfrac{\omega}{1+\omega}$. 我们需要在约束条件 $\xi^2+\lambda^2\leqslant 1$ 和 $\gamma\in[0,\ 1]$ 的条件下，极大化上述不等式的右端项，即

$$\varkappa_* = \max_{\gamma,\lambda,\xi}\{2\gamma\xi^3+2\lambda^3+3(1-\gamma^2)\xi^2\lambda:\xi^2+\lambda^2\leqslant 1, 0\leqslant\gamma\leqslant 1\}$$

我们来关于 γ 极大化这个目标. 由 γ 的一阶最优性条件得

$$2\xi^3-6\gamma\xi^2\lambda = 0$$

我们有 $\gamma_*=\min\left\{1,\dfrac{\xi}{3\lambda}\right\}$. 假设 $\xi\geqslant 3\lambda$，则 $\gamma_*=1$，进而我们需要在约束条件 $\xi^2+\lambda^2=1$ 和

373

$\xi\geqslant 3\lambda$ 下，极大化 $2\xi^3+2\lambda^3$. 引入新变量 $\hat{\xi}=\xi^2$ 和 $\hat{\lambda}=\lambda^2$，我们得到问题

$$\max_{\hat{\xi},\hat{\lambda}\geqslant 0}\{2\hat{\xi}^{3/2}+2\hat{\lambda}^{3/2}:\hat{\xi}+\hat{\lambda}\leqslant 1,\hat{\xi}\geqslant 9\hat{\lambda}\}$$

该目标函数是凸的. 因此，通过检验其可行域的极点，我们解得问题的最优解为 $\hat{\xi}_*=1$，$\hat{\lambda}_*=0$. 于是，该问题的最大值为 2.

现在假设 $\xi\leqslant 3\lambda$，则 $\gamma_*=\dfrac{\xi}{3\lambda}$，我们得到了如下目标:

$$2\dfrac{\xi}{3\lambda}\xi^3+2\lambda^3+3\left(1-\dfrac{\xi^2}{9\lambda^2}\right)\xi^2\lambda = \dfrac{\xi^4}{3\lambda}+2\lambda^3+3\xi^2\lambda$$

注意到这个表达式的最大值在单位圆的边界 $\xi^2+\lambda^2=1$ 上取到. 于是，我们需要证明，在不等式 $3\lambda\geqslant\sqrt{1-\lambda^2}$ 约束下，有

$$\dfrac{(1-\lambda^2)^2}{3\lambda}+2\lambda^3+3(1-\lambda^2)\lambda \leqslant 2$$

换句话说，我们需要证明

$$p(\lambda) \stackrel{\text{def}}{=} (1-\lambda^2)^2 + 3\lambda(3\lambda-\lambda^3) - 6\lambda \leqslant 0, \quad \frac{1}{\sqrt{10}} \leqslant \lambda \leqslant 1$$

注意到对所有 $\lambda \geqslant \sqrt{\frac{3}{2}} - 1 = \frac{1}{2+\sqrt{6}}$ 有 $p(\lambda) = (1-\lambda)^2(3-2(1+\lambda)^2) \leqslant 0$ 成立，并且这个常数小于 λ 的下界，即 $\frac{1}{\sqrt{10}} > \frac{1}{2+\sqrt{6}}$.

因此，$\varkappa* \leqslant 2$，这意味着 F 为一个标准自和谐函数.

推论 5.3.1 如果 f 是一个标准自和谐函数，则 F 也是 $\text{dom}\, F = \mathscr{E}_f$ 上的标准自和谐函数.

最后，我们证明隐障碍函数定理. 设 $\varPhi$ 是 $\text{dom}\, \varPhi \subset \mathbb{E}$ 上的 ν-自和谐函数. 我们将该空间进行划分：$\mathbb{E} = \mathbb{E}_1 \times \mathbb{E}_2$. 定义

$$F(x) = \min_{y} \{\varPhi(x,y) : (x,y) \in \text{dom}\, \varPhi\} \tag{5.3.9}$$

假设对任意 $x \in \text{dom}\, F \subset \mathbb{E}_1$，这个优化问题的解 $y(x)$ 存在且唯一. 那么，如我们在定理 5.1.11 的证明中看到的，有

$$\nabla_y \varPhi(x, y(x)) = 0, \quad \nabla_x \varPhi(x, y(x)) = \nabla F(x)$$

定理 5.3.6 由式(5.3.9)定义的函数 F 是一个 ν-自和谐障碍函数.

证明 依据定理 5.1.11，函数 F 是一个标准自和谐函数. 取定 $x \in \text{dom}\, F$，则对于任意方向 $z = (h, \delta) \in \mathbb{E}_1 \times \mathbb{E}_2$，我们有

$$\langle \nabla F(x), h \rangle_{\mathbb{E}_1}^2 = \langle \nabla_x \varPhi(x, y(x)), h \rangle_{\mathbb{E}_1}^2 = \langle \nabla \varPhi(x, y(x)), z \rangle_{\mathbb{E}}^2$$
$$\stackrel{(5.3.6)}{\leqslant} \nu \langle \nabla^2 \varPhi(x, y(x)) z, z \rangle_{\mathbb{E}}$$

如定理 5.1.11 的证明所示，

$$\min_{\delta \in \mathbb{E}_2} \langle \nabla^2 \varPhi(x, y(x)) z, z \rangle_{\mathbb{E}} = \langle \nabla^2 F(x) h, h \rangle_{\mathbb{E}_1}$$

于是，F 满足 ν-自和谐障碍函数的定义(式(5.3.6)).

374

5.3.3 主要不等式

我们来说明一个自和谐障碍函数的局部特性(梯度和 Hessian 矩阵)为我们提供了其定义域结构的全局信息.

定理 5.3.7 1. 设函数 F 是一个 ν-自和谐障碍函数. 对 $\text{dom}\, F$ 中任意的 x 和 y，我们有

$$\langle \nabla F(x), y-x \rangle < \nu \tag{5.3.10}$$

而且，如果 $\langle \nabla F(x), y-x \rangle \geqslant 0$，那么

$$\langle \nabla F(y) - \nabla F(x), y-x \rangle \geqslant \frac{\langle \nabla F(x), y-x \rangle^2}{\nu - \langle \nabla F(x), y-x \rangle} \tag{5.3.11}$$

2. 一个标准自和谐函数 F 是 ν-自和谐障碍函数，当且仅当

$$F(y) \geqslant F(x) - \nu\ln\left(1 - \frac{1}{\nu}\langle\nabla F(x), y-x\rangle\right) \quad \forall x, y \in \mathrm{dom}\, F \qquad (5.3.12)$$

证明 1. 我们取定两点 x, $y \in \mathrm{dom}\, F$，考虑一元函数

$$\phi(t) = \langle\nabla F(x + t(y-x)), y-x\rangle, \quad t \in [0, 1]$$

如果 $\phi(0) \leqslant 0$，则式 (5.3.10) 显然成立．如果 $\phi(0) = 0$，那么根据 f 的凸性，式 (5.3.11) 是成立的．假设 $\phi(0) > 0$，根据不等式 (5.3.6)，我们有

$$\phi'(t) = \langle\nabla^2 F(x + t(y-x))(y-x), y-x\rangle$$
$$\geqslant \frac{1}{\nu}\langle\nabla F(x + t(y-x)), y-x\rangle^2 = \frac{1}{\nu}\phi^2(t)$$

因此，在区间 $t \in [0, 1]$ 上，$\phi(t)$ 递增且取正值．此外，对于任意 $t \in [0, 1]$，我们有

$$-\frac{1}{\phi(t)} + \frac{1}{\phi(0)} = \int_0^t \frac{\phi'(\tau)}{\phi^2(\tau)}\mathrm{d}\tau \overset{(5.3.6)}{\geqslant} \frac{1}{\nu}t$$

这隐含着对所有 $t \in [0, 1]$ 都有 $\langle\nabla F(x), y-x\rangle = \phi(0) < \frac{\nu}{t}$ 成立．于是，(5.3.10) 得以证明．同时，

$$\phi(t) - \phi(0) \geqslant \frac{\nu\phi(0)}{\nu - t\phi(0)} - \phi(0) = \frac{t\phi(0)^2}{\nu - t\phi(0)}, \quad t \in [0, 1]$$

选择 $t = 1$，我们得到不等式 (5.3.11)．

2. 设 $\psi(x) = \mathrm{e}^{-\frac{1}{\nu}F(x)}$．根据引理 5.3.1，该函数是凹的．只需注意到不等式 (5.3.12) 等价于对不等式

$$\psi(y) \leqslant \psi(x) + \langle\nabla\psi(x), y-x\rangle$$

两边同时取对数，于是定理结论成立．∎

推论 5.3.2 设 F 是一个 ν-自和谐障碍函数，$h \in \mathbb{E}$ 是 $\mathrm{dom}\, F$ 的一个回收方向，即对于任意的 $x \in \mathrm{dom}\, F$ 和 $\tau \geqslant 0$，$x + \tau h \in \mathrm{dom}\, F$，那么，

$$\langle\nabla^2 F(x)h, h\rangle^{1/2} \leqslant \langle-\nabla F(x), h\rangle \qquad (5.3.13)$$

证明 根据不等式 (5.3.10)，$\langle\nabla F(x), h\rangle \leqslant 0$．如果 $\mathrm{dom}\, F$ 不包含直线 $\{x + \tau h, \tau \in \mathbb{R}\}$，则由式 (5.1.27) 可得不等式 (5.3.13)．如果 $\mathrm{dom}\, F$ 包含直线 $\{x + \tau h, \tau \in \mathbb{R}\}$，则 $\langle\nabla F(x), h\rangle = 0$ 对于所有 $x \in \mathrm{dom}\, F$ 成立．这意味着 F 在这条直线上是常数，且不等式 (5.3.13) 两边都是 0．∎

推论 5.3.3 设 x, $y \in \mathrm{dom}\, F$，则对于任意 $\alpha \in [0, 1)$，我们有

$$F(x + \alpha(y-x)) \leqslant F(x) - \nu\ln(1 - \alpha) \qquad (5.3.14)$$

证明 设 $y(t) = x + t(y-x)$，$\phi(t) = F(y(t))$，则

$$\phi'(t) = \langle\nabla F(y(t)), y-x\rangle = \frac{1}{1-t}\langle\nabla F(y(t)), y - y(\alpha)\rangle \overset{(5.3.10)}{\leqslant} \frac{\nu}{1-t}$$

在区间 $t \in [0, \alpha)$ 上对不等式进行积分，我们得到不等式 (5.3.14)．∎

定理 5.3.8 设 F 是一个 ν-自和谐障碍函数，则对任意 $x \in \mathrm{dom}\, F$ 和 $y \in \mathrm{dom}\, F$ 满足

$$\langle\nabla F(x), y-x\rangle \geqslant 0 \qquad (5.3.15)$$

我们有

$$\|y-x\|_x \leqslant \nu + 2\sqrt{\nu} \tag{5.3.16}$$

证明　设 $r=\|y-x\|_x$ 且假设 $r>\sqrt{\nu}$（否则（5.3.16）显然成立）. 对 $\alpha=\dfrac{\sqrt{\nu}}{r}<1$ 研究点 $y_\alpha=x+\alpha(y-x)$. 根据假设（5.3.15）和不等式（5.1.13），我们有

$$\begin{aligned}
\omega &\equiv \langle \nabla F(y_\alpha), y-x \rangle \geqslant \langle \nabla F(y_\alpha)-\nabla F(x), y-x \rangle \\
&= \frac{1}{\alpha} \langle \nabla F(y_\alpha)-\nabla F(x), y_\alpha-x \rangle \\
&\geqslant \frac{1}{\alpha} \cdot \frac{\|y_\alpha-x\|_x^2}{1+\|y_\alpha-x\|_x} = \frac{\alpha\|y-x\|_x^2}{1+\alpha\|y-x\|_x} = \frac{r\sqrt{\nu}}{1+\sqrt{\nu}}
\end{aligned}$$

另一方面，根据（5.3.10），我们得到

$$(1-\alpha)\omega = \langle \nabla F(y_\alpha), y-y_\alpha \rangle \leqslant \nu$$

于是，

$$\left(1-\frac{\sqrt{\nu}}{r}\right)\frac{r\sqrt{\nu}}{1+\sqrt{\nu}} \leqslant \nu$$

这就是（5.3.16）. ∎

我们通过研究凸集的一个特殊点的性质来结束本节.

定义 5.3.3　设 F 是集合 $\mathrm{dom}\,F$ 的一个 υ-自和谐障碍函数. 点

$$x_F^* = \arg\min_{x\in\mathrm{dom}\,F} F(x)$$

称为凸集 $\mathrm{dom}\,F$ 由障碍函数 F 生成的**解析中心**（analytic center）.

定理 5.3.9　假设 ν-自和谐障碍函数 F 的解析中心存在，则对任意 $x\in\mathrm{dom}\,F$，我们有

$$\|x-x_F^*\|_{x_F^*} \leqslant \nu + 2\sqrt{\nu}$$

另一方面，对于任意 $x\in\mathbb{R}^n$ 满足 $\|x-x_F^*\|_{x_F^*}\leqslant 1$，我们有 $x\in\mathrm{dom}\,F$.

证明　由于 $\nabla F(x_F^*)=0$，由定理 5.3.8 得到第一个命题. 由定理 5.1.5 可证明第二个命题. ∎

于是，基于度量 $\|\cdot\|_{x_f^*}$ 计算的集合 $\mathrm{dom}\,F$ 关于 x_f^* 的非球面性（asphericity）不超过 $\nu+2\sqrt{\nu}$. 众所周知，对于 $\mathbb{R}^n$ 中的任何凸集，存在一个度量，使得该集关于此度量的非球面性小于或等于 n（John 定理）. 然而，我们设法用自和谐障碍函数的参数来估计非球面性，该非球面性值不直接依赖于变量空间的维数.

再回忆到如果 $\mathrm{dom}\,F$ 不包含直线，那么 x_F^* 的存在性意味着 $\mathrm{dom}\,F$ 的有界性（因为 $\nabla^2 F(x_F^*)$ 是非退化的，见定理 5.1.6）.

推论 5.3.4　设 $\mathrm{dom}\,F$ 是有界的，那么对任意 $x\in\mathrm{dom}\,F$ 和 $v\in\mathbb{R}^n$，我们有

$$\|v\|_x^* \leqslant (\nu+2\sqrt{\nu})\|v\|_{x_F^*}^*$$

换句话说，对任意 $x\in\mathrm{dom}\,F$，有

$$\nabla^2 F(x) \geqslant \frac{1}{(\nu + 2\sqrt{\nu})^2} \nabla^2 F(x_F^*) \tag{5.3.17}$$

证明   由引理 3.1.20，我们得到如下表达式：

$$\|v\|_x^* \equiv \langle v, [\nabla^2 F(x)]^{-1} v \rangle^{1/2} = \max\{\langle v, u \rangle \mid \langle \nabla^2 F(x) u, u \rangle \leqslant 1\}$$

另一方面，根据定理 5.1.5 和 5.3.9，有

$$B \equiv \{y \in \mathbb{R}^n \mid \|y - x\|_x \leqslant 1\} \subseteq \operatorname{dom} F$$

$$\subseteq \{y \in \mathbb{R}^n \mid \|y - x_F^*\|_{x_F^*} \leqslant \nu + 2\sqrt{\nu}\} \equiv B_*$$

因此，再次使用定理 5.3.9，我们得到了以下关系：

$$\|v\|_x^* = \max\{\langle v, y - x \rangle \mid y \in B\} \leqslant \max\{\langle v, y - x \rangle \mid y \in B_*\}$$

$$= \langle v, x_F^* - x \rangle + (\nu + 2\sqrt{\nu}) \|v\|_{x_F^*}^*$$

注意到 $\|v\|_x^* = \|-v\|_x^*$，因此，我们总是可以保证 $\langle v, x_F^* - x \rangle \leqslant 0$.

5.3.4   路径跟踪算法

现在我们将研究极小化问题的一个障碍函数模型. 这是一个标准的极小化问题

$$\min\{\langle c, x \rangle \mid x \in Q\} \tag{5.3.18}$$

其中 Q 是一个内部非空的有界闭凸集，也是一个 ν-自和谐障碍函数 F 的定义域的闭包.

我们将通过追踪中心路径：

$$x^*(t) = \arg \min_{x \in \operatorname{dom} F} f(t; x) \tag{5.3.19}$$

来求解(5.3.18)，其中 $f(t; x) = t \langle c, x \rangle + F(x)$ 且 $t \geqslant 0$. 根据一阶最优性条件(1.2.4)，中心路径上的任意点都满足方程

$$tc + \nabla F(x^*(t)) = 0 \tag{5.3.20}$$

由于集合 Q 是有界的且 F 是闭凸函数，集合的解析中心 x_F^* 存在且定义唯一（参见定理 3.1.4 第四项和定理 5.1.6）. 此外，该解析中心也是中心路径的起点，即

$$x^*(0) = x_F^* \tag{5.3.21}$$

为了跟踪中心路径，我们将更新迭代点使其满足近似中心条件

$$\lambda_{f(t, \cdot)}(x) \equiv \|f'(t; x)\|_x^* = \|tc + \nabla F(x)\|_x^* \leqslant \beta \tag{5.3.22}$$

其中中心参数 β 足够小.

我们来证明这是一个合理的目标.

定理 5.3.10   对于任意 $t > 0$，我们有

$$\langle c, x^*(t) \rangle - c^* \leqslant \frac{\nu}{t} \tag{5.3.23}$$

其中 c^* 是问题(5.3.18)的最优值. 如果点 x 满足近似中心条件(5.3.22)，那么

$$\langle c, x \rangle - c^* \leqslant \frac{1}{t} \left(\nu + \frac{(\beta + \sqrt{\nu})\beta}{1 - \beta} \right) \tag{5.3.24}$$

证明   设 x^* 是(5.3.18)的解，根据(5.3.20)和(5.3.10)，有

$$\langle c, x^*(t) - x^* \rangle = \frac{1}{t} \langle \nabla F(x^*(t)), x^* - x^*(t) \rangle \leqslant \frac{\nu}{t}$$

进一步，设 x 满足(5.3.22)，且令 $\lambda = \lambda_{f(t;\cdot)}(x)$，则根据式(5.3.5)、定理 5.2.1 和式(5.3.22)，我们有

$$t\langle c, x - x^*(t) \rangle = \langle f'(t;x) - \nabla F(x), x - x^*(t) \rangle \leqslant (\lambda + \sqrt{\nu}) \|x - x^*(t)\|_x$$

$$\leqslant (\lambda + \sqrt{\nu}) \frac{\lambda}{1 - \lambda} \leqslant \frac{(\beta + \sqrt{\nu})\beta}{1 - \beta}$$

379

现在我们来分析路径跟踪算法的单步，它与更新规则(5.2.14)的区别仅是目标向量的起点不同．

假设 $x \in \operatorname{dom} F$，考虑如下迭代：

$$
\begin{aligned}
&t_+ = t + \frac{\gamma}{\|c\|_x^*}. \\
&x_+ = x - \frac{1}{1 + \xi} [\nabla^2 F(x)]^{-1} (t_+ c + \nabla F(x)), \\
&\qquad 其中 \xi = \frac{\lambda^2}{1 + \lambda} 且 \lambda = \|t_+ c + \nabla F(x)\|_x^*
\end{aligned}
\tag{5.3.25}
$$

由引理 5.2.2，我们知道，如果对 $\tau \in \left[0, \frac{1}{2}\right]$ 有 $\beta = \beta(\tau) = \tau^2 \left(1 + \tau + \frac{\tau}{1 + \tau + \tau^2}\right)$，且 x 满足近似中心条件(5.3.22)，那么对于满足

$$|\gamma| \leqslant \tau - \tau^2 \left(1 + \tau + \frac{\tau}{1 + \tau + \tau^2}\right) \tag{5.3.26}$$

的 γ，我们再次有 $\|t_+ c + \nabla F(x_+)\|_{x_+}^* \leqslant \beta$．

现在我们来证明算法(5.3.25)中 t 的增量足够大．

引理 5.3.2　设 x 满足式(5.3.22)，那么

$$\|c\|_x^* \leqslant \frac{1}{t}(\beta + \sqrt{\nu}) \tag{5.3.27}$$

证明　事实上，根据(5.3.22)和(5.3.5)，有

$$t\|c\|_x^* = \|f'(t;x) - \nabla F(x)\|_x^* \leqslant \|f'(t;x)\|_x^* + \|\nabla F(x)\|_x^*$$

$$\leqslant \beta + \sqrt{\nu}$$

现在我们来取定算法(5.3.25)中一些合理的参数值．在本章的其余部分，我们总是假设

$$\tau = 0.29, \quad \beta = \beta(\tau) \approx 0.126$$

$$\gamma = \tau - \beta(\tau) \approx 0.164 \Rightarrow \gamma^{-1} < 6.11 \tag{5.3.28}$$

我们已经证明，利用规则(5.3.25)就可以跟踪中心路径．注意到我们既可以增加也可以减少当前值 t．t 增长率的下估计为

380

$$t_+ \geqslant \left(1 + \frac{\gamma}{\beta + \sqrt{\nu}}\right) \cdot t$$

而 t 下降率的上估计为

$$t_+ \leqslant \left(1 - \frac{\gamma}{\beta + \sqrt{\nu}}\right) \cdot t$$

于是，解决问题(5.3.18)的一般算法为

路径跟踪主算法

---

0. 置 $t_0 = 0$，选取一个精度参数 $\epsilon > 0$，且 $x_0 \in \operatorname{dom} F$ 满足

$$\|\nabla F(x_0)\|_{x_0}^* \leqslant \beta$$

1. 第 k 步迭代$(k \geqslant 0)$. 置

$$t_{k+1} = t_k + \frac{\gamma}{\|c\|_{x_k}^*}$$

$$x_{k+1} = x_k - \frac{1}{1 + \xi_k} [\nabla^2 F(x_k)]^{-1}(t_{k+1}c + \nabla F(x_k))$$

其中 $\xi_k = \dfrac{\lambda_k^2}{1 + \lambda_k}$，且 $\lambda_k = \|t_{k+1}c + \nabla F(x_k)\|_{x_k}^*$.

2. 当 $t_k \geqslant \dfrac{1}{\epsilon}\left(\nu + \dfrac{(\beta + \sqrt{\nu})\beta}{1 - \beta}\right)$ 时，停止迭代.

$$(5.3.29)$$

我们来推导上述算法的复杂度界.

定理 5.3.11   算法(5.3.29)最多在 N 步之后终止，其中

$$N \leqslant O\left(\sqrt{\nu}\,\ln \frac{\nu\|c\|_{x_F^*}^*}{\epsilon}\right)$$

进一步，终止时我们有 $\langle c, x_N \rangle - c^* \leqslant \epsilon$.

证明   注意对 $r_0 \equiv \|x_0 - x_F^*\|_{x_0} \leqslant \dfrac{\beta}{1 - \beta}$ (见定理 5.2.1). 因此，根据定理 5.1.7，有

$$\frac{\gamma}{t_1} = \|c\|_{x_0}^* \leqslant \frac{1}{1 - r_0}\|c\|_{x_F^*}^* \leqslant \frac{1 - \beta}{1 - 2\beta}\|c\|_{x_F^*}^*$$

于是，对于所有 $k \geqslant 1$，有 $t_k \geqslant \dfrac{\gamma(1 - 2\beta)}{(1 - \beta)\|c\|_{x_F^*}^*}\left(1 + \dfrac{\gamma}{\beta + \sqrt{\nu}}\right)^{k-1}$.

现在我们来讨论上述复杂度界. 其主要项为

$$6.11\sqrt{\nu}\,\ln \frac{\nu\|c\|_{x_F^*}^*}{\epsilon}$$

注意到值 $\nu\|c\|_{x_F^*}^*$ 是 $\operatorname{dom} F$ 上的线性函数 $\langle c, x \rangle$ 的变化的上界估计(参见定理 5.3.9). 于是，比值 $\dfrac{\epsilon}{\nu\|c\|_{x_F^*}^*}$ 可以看作是解的相对精度.

过程(5.3.29)有一个缺点. 有时候很难满足其初始条件

$$\|\nabla F(x_0)\|_{x_0}^* \leqslant \beta$$

在这种情况下，我们需要一个附加计算过程来确定适当的初始点. 我们将在下一节分析相应的策略.

5.3.5 确定解析中心

于是，当前的目标是找到集合 dom F 的解析中心的一个近似值. 我们来研究极小化问题

$$\min\{F(x) \,|\, x \in \text{dom } F\} \tag{5.3.30}$$

其中 F 是一个 ν-自和谐障碍函数. 依据前一节算法的要求，我们接受对某 $\beta \in (0，1)$ 满足不等式

$$\|\nabla F(\bar{x})\|_{\bar{x}}^* \leqslant \beta$$

的 $\bar{x} \in \text{dom } F$ 为问题的近似解.

正如已在 5.2 节中讨论过的，我们可以采用两种不同的极小化策略. 第一种方法是直接实现适中型牛顿法，而第二种方法是基于路径跟踪算法.

考虑第一种算法.

确定解析中心的适中型牛顿法
0. 选取 $y_0 \in \text{dom } F$.
1. 第 k 步迭代$(k \geqslant 0)$. 设 $$y_{k+1} = y_k - \frac{[\nabla^2 F(y_k)]^{-1} \nabla F(y_k)}{1 + \xi_k} \tag{5.3.31}$$ 其中 $\xi_k = \frac{\lambda_k^2}{1 + \lambda_k}$，且 $\lambda_k = \|\nabla F(y_k)\|_{y_k}^*$.
2. 当 $\|\nabla F(y_k)\|_{y_k}^* \leqslant \beta$ 时，停止迭代.

如我们已经看到的，这个算法需要 $O(F(y_0) - F(x_F^*))$ 次迭代进入二次收敛区域.

为了实现路径跟踪方法，我们需要选择某个 $y_0 \in \text{dom } F$，并定义辅助中心路径为

$$y^*(t) = \arg \min_{y \in \text{dom } F} [-t\langle \nabla F(y_0), y \rangle + F(y)]$$

其中 $t \geqslant 0$. 因为这个轨迹满足方程

$$\nabla F(y^*(t)) = t\, \nabla F(y_0) \tag{5.3.32}$$

连接起点 y_0 和解析中心 x_F^* 这两点，且满足

$$y^*(1) = y_0，\quad y^*(0) = x_F^*$$

如已在引理 5.2.2 给出的，我们可以通过算法(5.3.25)减小 t 来跟踪这条轨迹.

我们来估计辅助中心路径 $y^*(t)$ 到解析中心关于障碍函数参数的收敛速度.

引理 5.3.3 对任意 $t \geqslant 0$，我们有

$$\|\nabla F(y^*(t))\|_{y^*(t)}^* \leqslant (\nu + 2\sqrt{\nu}) \|\nabla F(y_0)\|_{x_F^*}^* \cdot t$$

证明 该估计由(5.3.32)和推论 5.3.4 直接得到. ∎

接下来我们来讨论相应的算法框架.

辅助路径追踪方案

0. 选取 $y_0 \in \operatorname{dom} F$,置 $t_0 = 1$.

1. 第 k 步迭代 $(k \geqslant 0)$. 置

$$t_{k+1} = t_k - \frac{\gamma}{\|\nabla F(y_0)\|_{y_k}^*}$$

$$y_{k+1} = y_k - \frac{1}{1+\xi_k}[\nabla^2 F(y_k)]^{-1}(-t_{k+1}\nabla F(y_0) + \nabla F(y_k)) \qquad (5.3.33)$$

其中 $\xi_k = \dfrac{\lambda_k^2}{1+\lambda_k}$,且 $\lambda_k = \|t_{k+1}\nabla F(y_0) - \nabla F(y_k)\|_{y_k}^*$.

2. 当 $\|\nabla F(y_k)\|_{y_k}^* \leqslant \tau$ 时,停止迭代. 令 $\xi_k = \dfrac{\lambda_F(y_k)^2}{1+\lambda_F(y_k)}$,且

$$\bar{x} = y_k - \frac{1}{1+\xi_k}[\nabla^2 F(y_k)]^{-1}\nabla F(y_k).$$

注意到当 $t_k \to 0$ 时,上述算法跟踪辅助中心路径 $y^*(t)$. 它可以更新满足近似中心条件

$$\|-t_k\nabla F(y_0) + \nabla F(y_k)\|_{y_k}^* \leqslant \beta$$

的点列 $\{y_k\}$. 该过程的终止准则

$$\lambda_k = \|\nabla F(y_k)\|_{y_k}^* \leqslant \tau$$

确保 $\|\nabla F(\bar{x})\|_{\bar{x}}^* \leqslant \beta(\tau)$(见定理 5.2.2). 我们来推导这个过程的复杂度界.

定理 5.3.12 过程(5.3.33)至多在

$$\frac{1}{\gamma}(\beta + \sqrt{\nu})\ln\left[\frac{1}{\gamma}(\nu + 2\sqrt{\nu})\|\nabla F(y_0)\|_{x_F^*}^*\right]$$

次迭代后终止.

证明 回顾参数是由式(5.3.28)确定. 注意到 $t_0 = 1$,因此,根据引理 5.2.2 和 5.3.2,我们有

$$t_{k+1} \leqslant \left(1 - \frac{\gamma}{\beta+\sqrt{\nu}}\right)t_k \leqslant \exp\left(-\frac{\gamma(k+1)}{\beta+\sqrt{\nu}}\right)t_0$$

进一步,根据引理 5.3.3,我们得到

$$\|\nabla F(y_k)\|_{y_k}^* = \|(-t_k\nabla F(x_0) + \nabla F(y_k)) + t_k\nabla F(y_0)\|_{y_k}^*$$

$$\leqslant \beta + t_k\|\nabla F(y_0)\|_{y_k}^* \leqslant \beta + t_k(\nu + 2\sqrt{\nu})\|\nabla F(y_0)\|_{x_F^*}^*$$

于是,过程至多在如下不等式成立时终止:

$$t_k(\nu + 2\sqrt{\nu})\|\nabla F(y_0)\|_{x_F^*}^* \leqslant \tau - \beta(\tau) = \gamma$$

辅助路径跟踪算法复杂度界的主项是

$$6.11\sqrt{\nu}\left[\ln\nu+\ln\|\nabla F(y_0)\|^*_{x^*_F}\right]$$

且对于辅助适中型牛顿法是 $O(F(y_0)-F(x^*_F))$. 这些估计值不能直接比较. 但是，正如我们在 5.2.2 节中通过另一种推理证明的那样，路径跟踪方法会更有效. 还要注意到它的复杂度估计本质上符合主路径跟踪过程的复杂度. 事实上，如果将 (5.3.33) 应用于 (5.3.29)，我们将得到整个过程的复杂度界：

$$6.11\sqrt{\nu}\left[2\ln\nu+\ln\|\nabla F(y_0)\|^*_{x^*_F}+\ln\|c\|^*_{x^*_F}+\ln\frac{1}{\epsilon}\right]$$

　　结束这一节时，注意到对某些问题，即使指出初始点 $y_0\in\mathrm{dom}\,F$ 可能都很困难. 在这种情况下，我们应该再应用另外一个类似过程 (5.3.33) 的辅助极小化过程. 我们在下一节讨论这种情况.

5.3.6　函数约束问题

　　我们来考虑如下极小化问题：

$$\min_{x\in Q}\{f_0(x):f_j(x)\leqslant 0,\quad j=1,\cdots,m\}\qquad(5.3.34)$$

其中 Q 是一个内部非空的简单有界闭凸集，且所有 f_j，$j=0$，$\cdots$，m 都是凸函数. 我们假设这个问题满足 Slater 条件，即存在一个 $\bar{x}\in\mathrm{int}\,Q$，有 $f_j(\bar{x})<0$，$j=1$，$\cdots$，m.

385

　　假设我们知道一个上界 $\bar{\xi}$ 满足对所有 $x\in Q$ 有 $f_0(x)<\bar{\xi}$. 那么，通过引入另外两个变量 ξ 和 $\varkappa$，可以将这个问题改写为标准格式：

$$\min_{\substack{\xi\leqslant\bar{\xi},\,\varkappa\leqslant 0,\\ x\in Q}}\{\xi:f_0(x)\leqslant\xi,\,f_j(x)\leqslant\varkappa,\quad j=1,\cdots,m\}\qquad(5.3.35)$$

注意到只有当我们能构造一个可行集的自和谐障碍函数时，才能用内点法求解这个问题. 在当前情况下，这意味着我们应该能构造满足以下条件的障碍函数：

- 集合 Q 的一个自和谐障碍函数 $F_Q(x)$；
- 目标函数 $f_0(x)$ 的上图的自和谐障碍函数 $F_0(x,\xi)$；
- 函数约束 $f_j(x)$ 的上图的自和谐障碍函数 $F_j(x,\varkappa)$.

假设这些我们都能做到，则对于问题 (5.3.35) 的可行集构造的自和谐障碍函数为

$$\hat{F}(x,\xi,\varkappa)=F_Q(x)+F_0(x,\xi)+\sum_{j=1}^{m}F_j(x,\varkappa)-\ln(\bar{\xi}-\xi)-\ln(-\varkappa)$$

这个障碍函数的参数为

$$\hat{\nu}=\nu_Q+\nu_0+\sum_{j=1}^{m}\nu_j+2\qquad(5.3.36)$$

其中 $\nu_{(\cdot)}$ 是相应的障碍函数参数.

　　注意到这时仍然很难找到 $\mathrm{dom}\,\hat{F}$ 中一个初始点. 这个定义域是集合 Q 与目标函数和约束的上图，以及另外两个线性约束 $\xi\leqslant\bar{\xi}$ 和 $\varkappa\leqslant 0$ 的交集. 如果我们有一个点 $x_0\in\mathrm{int}\,Q$，那么可以选择足够大的 ξ_0 和 $\varkappa_0$，来保证

$$f_0(x_0)<\xi_0<\bar{\xi},\quad f_j(x_0)<\varkappa_0,\quad j=1,\cdots,m$$

那么，仅仅可能约束$\varkappa \leqslant 0$ 不满足.

为了简化分析，我们改变一下符号. 从现在开始，我们研究问题

$$\min_{z \in S}\{\langle c, z \rangle : \langle d, z \rangle \leqslant 0\} \qquad (5.3.37)$$

其中$z=(x, \xi, \varkappa)$，$\langle c, z \rangle \equiv \xi$，$\langle d, z \rangle \equiv \varkappa$，且 S 是问题(5.3.35)没有约束条件$\varkappa \leqslant 0$ 的可行集. 注意到我们已经知道集合 S 的自和谐障碍函数 $F(z)$，且很容易找到点 $z_0 \in \text{int } S$. 此外，根据我们的假设，集合

$$S(\alpha) = \{z \in S \,|\, \langle d, z \rangle \leqslant \alpha\}$$

是有界的，且对于足够大的 α 该集合有非空内部.

求解问题(5.3.37)的过程包括三个阶段.

1. 选取初始点 $z_0 \in \text{int } S$ 和某初始间隙$\Delta > 0$. 设 $\alpha = \langle d, z_0 \rangle + \Delta$. 如果$\alpha \leqslant 0$，那么就可以使用在 5.3.5 节描述的两阶段过程. 否则，执行如下操作：首先，找到集合 $S(\alpha)$ 的一个近似解析中心，该解析中心由如下障碍函数生成

$$\widetilde{F}(z) = F(z) - \ln(\alpha - \langle d, z \rangle)$$

也就是说，我们找到一个点 $\bar{z}$ 满足条件

$$\lambda_{\widetilde{F}}(\bar{z}) \equiv \left\langle \nabla F(\bar{z}) + \frac{d}{\alpha - \langle d, \bar{z} \rangle}, [\nabla^2 \widetilde{F}(\bar{z})]^{-1} \left(\nabla F(\bar{z}) + \frac{d}{\alpha - \langle d, \bar{z} \rangle} \right) \right\rangle^{1/2} \leqslant \beta$$

为了生成这样一个点，我们可以使用 5.3.5 节中讨论过的辅助算法.

2. 下一阶段是跟踪由方程

$$td + \nabla \widetilde{F}(z(t)) = 0, \quad t \geqslant 0$$

定义的中心路径 $z(t)$. 注意到上一阶段为我们提供了解析中心 $z(0)$ 的合理近似. 因此，我们可以使用过程(5.3.25)跟踪这条路径. 该轨迹使我们得到了下面极小化问题

$$\min\{\langle d, z \rangle \,|\, z \in S(\alpha)\}$$

的解. 根据问题(5.3.37)的 Slater 条件，这个问题的最优值是严格小于 0 的.

这个阶段的目标是找到由障碍函数 $\overline{F}(z) = \widetilde{F}(z) - \ln(-\langle d, z \rangle)$ 生成的集合

$$\overline{S} = \{z \in S(\alpha) \,|\, \langle d, z \rangle \leqslant 0\}$$

的近似解析中心. 这个近似点 z_* 满足方程

$$\nabla \widetilde{F}(z_*) - \frac{d}{\langle d, z_* \rangle} = 0$$

因此，z_* 是中心路径 $z(t)$ 上的一个点，惩罚参数 t_* 对应的值为

$$t_* = -\frac{1}{\langle d, z_* \rangle} > 0$$

该阶段在点 $\bar{z}$ 满足条件

$$\lambda_{\overline{F}}(\bar{z}) \equiv \left\langle \nabla \widetilde{F}(\bar{z}) - \frac{d}{\langle d, \bar{z} \rangle}, [\nabla^2 \widetilde{F}(\bar{z})]^{-1} \left(\nabla \widetilde{F}(\bar{z}) - \frac{d}{\langle d, \bar{z} \rangle} \right) \right\rangle^{1/2} \leqslant \beta$$

时结束.

3. 注意到$\nabla^2 \overline{F}(z) \geqslant \nabla^2 \widetilde{F}(z)$. 因此，前一阶段计算的点 $\bar{z}$ 也满足不等式

$$\lambda_{\tilde F}(\bar z)\equiv\left\langle\nabla\tilde F(\bar z)-\frac{d}{\langle d,\bar z\rangle}\,,\,[\nabla^2\tilde F(\bar z)]^{-1}\left(\nabla\tilde F(\bar z)-\frac{d}{\langle d,\bar z\rangle}\right)\right\rangle^{1/2}\leqslant\beta$$

这意味着我们有集合 $\overline S$ 的解析中心的一个良好的近似，且我们可以用路径跟踪主算法 (5.3.29)来求解问题

$$\min\{\langle c,z\rangle:z\in\overline S\}$$

显然，这个问题和(5.3.37)是等价的.

我们省略了上述三阶段算法复杂度的详细分析. 它可以通过类似于 5.3.5 节的分析得到. 该算法的复杂度主要项正比于 $\sqrt{v}$（见(3.3.36)）乘以理想精度 ϵ 的对数和问题的某些结构特征（区域大小、Slater 条件深度等）的对数之和.

这样，我们说明了内点法可应用于能为基本可行集 Q 和函数约束的上图给出自和谐障碍函数的所有问题. 我们现在的主要目标是描述能以可计算的形式构造障碍函数的凸问题类. 注意到我们有自和谐障碍函数性能的一个准确特征，就是其参数的值. 该值越小，相应的路径跟踪算法效率越高. 在下一节中，我们讨论将所研究的理论应用于具体凸问题时的性能.

5.4　显式结构问题的应用

（自和谐障碍函数参数的界；线性和二次优化；半定优化；极端椭球；为特殊集合构造自和谐障碍函数；可分问题；几何优化；ℓ_p- 范数近似；优化算法的选择.）

388

5.4.1　自和谐障碍函数参数的下界

在前一节中，我们讨论了解决如下问题的路径跟踪算法：

$$\min_{x\in Q}\langle c,x\rangle\tag{5.4.1}$$

其中 Q 是具有非空内部的闭凸集，且我们知道 Q 的一个 v-自和谐障碍函数 $F(\,\cdot\,)$. 使用该障碍函数，我们可以在路径跟踪算法的 $O\!\left(\sqrt{v}\cdot\ln\frac{v}{\epsilon}\right)$ 次迭代内求解(5.4.1). 回忆到每次迭代中最困难的部分是解线性方程组.

在本节中，我们将研究这种方法的适用范围，讨论自和谐障碍函数参数的上下界，还讨论能用可计算形式创建模型(5.4.1)的一些凸问题类.

我们从研究障碍函数参数的下界开始.

引理 5.4.1　设 f 是区间 $(\alpha,\beta)\subset\mathbb R$ 的 v-自和谐障碍函数，$\alpha<\beta<\infty$，其中允许 $\alpha=-\infty$，那么

$$v\geqslant\varkappa\overset{\text{def}}{=\!=}\sup_{t\in(\alpha,\beta)}\frac{(f'(t))^2}{f''(t)}\geqslant1$$

证明　注意到由定义有 $v\geqslant\varkappa$. 我们假设 $\varkappa<1$. 由于 f 是 (α,β) 的凸障碍函数，存在一个值 $\bar a\in(\alpha,\beta)$，使得对所有 $t\in[\bar a,\beta)$ 有 $f'(t)>0$ 成立.

考虑函数 $\phi(t)=\dfrac{(f'(t))^2}{f''(t)}$，$t\in[\bar a,\beta)$，则由于 $f'(t)>0$，且 $f(\,\cdot\,)$ 是标准自和谐函数，

以及 $\phi(t) \leqslant \varkappa < 1$，我们有

$$\phi'(t) = 2f'(t) - \left(\frac{f'(t)}{f''(t)}\right)^2 f'''(t)$$

$$= f'(t)\left(2 - f'(t) \cdot \frac{f'''(t)}{\sqrt{f''(t)} \cdot [f''(t)]^{3/2}}\right) \geqslant 2(1 - \sqrt{\varkappa})f'(t)$$

因此，对所有 $t \in [\bar{\alpha}, \beta)$，得到 $\phi(t) \geqslant \phi(\bar{\alpha}) + 2(1 - \sqrt{\varkappa})(f(t) - f(\bar{\alpha}))$. 这是一个矛盾，因为 f 是一个障碍函数，且 ϕ 是有上界的. ■

推论 5.4.1 设 F 是 $Q \subset \mathbb{E}$ 的 ν-自和谐障碍函数，则 $\nu \geqslant 1$.

证明 事实上，令 $x \in \text{int } Q$. 因为 $Q \subset \mathbb{E}$，存在一个非零方向 $u \in \mathbb{E}$，使得直线 $\{y = x + tu, t \in \mathbb{R}\}$ 与集合 Q 的边界相交. 因此，考虑函数 $f(t) = F(x + tu)$，并且利用引理 5.4.1，我们得到结果. ■

我们来证明无界集的自和谐障碍函数参数的一个简单下界.

设 Q 是一个非空内部的闭凸集. 考虑 $\bar{x} \in \text{int } Q$. 假设存在集合 Q 的非平凡回收方向集 $\{p_1, \cdots, p_k\}$ 满足

$$\bar{x} + \alpha p_i \in Q \quad \forall \alpha \geqslant 0, \quad i = 1, \cdots, k$$

定理 5.4.1 设正系数 $\{\beta_i\}_{i=1}^k$ 满足条件

$$\bar{x} - \beta_i p_i \notin \text{int } Q, \quad i = 1, \cdots, k$$

如果对于某些正 $\alpha_1, \cdots, \alpha_k$，我们有 $\bar{y} = \bar{x} - \sum_{i=1}^k \alpha_i p_i \in Q$，那么集合 Q 的任意自和谐障碍函数的参数 ν 满足不等式

$$\nu \geqslant \sum_{i=1}^k \frac{\alpha_i}{\beta_i}$$

证明 设 F 是集合 Q 的一个 ν-自和谐障碍函数. 由于 p_i 是一个回收方向，根据定理 5.1.14，我们有

$$\langle \nabla F(\bar{x}), -p_i \rangle \geqslant \langle \nabla^2 F(\bar{x}) p_i, p_i \rangle^{1/2} \equiv \|p_i\|_{\bar{x}}$$

注意到 $\bar{x} - \beta_i p_i \notin Q$，因此，根据定理 5.1.5，方向 p_i 的范数足够大：$\beta_i \|p_i\|_{\bar{x}} \geqslant 1$. 因此根据定理 5.3.7，我们得到

$$\nu \geqslant \left\langle \nabla F(\bar{x}), \bar{y} - \bar{x} \right\rangle = \left\langle \nabla F(\bar{x}), -\sum_{i=1}^k \alpha_i p_i \right\rangle$$

$$\geqslant \sum_{i=1}^k \alpha_i \|p_i\|_{\bar{x}} \geqslant \sum_{i=1}^k \frac{\alpha_i}{\beta_i}$$ ■

5.4.2　上界：通用障碍函数和极集

现在我们来提出自和谐障碍函数的一个存在性定理. 考虑一个闭凸集 Q，$\text{int } Q \neq \varnothing$，且假设 Q 不包含直线. 定义 Q 关于某个点 $\bar{x} \in \text{int } Q$ 的极集为

$$P(\bar{x}) = \{s \in \mathbb{R}^n \mid \langle s, x - \bar{x} \rangle \leqslant 1, \quad \forall x \in Q\}$$

可以证明，对于任意 $x \in \text{int } Q$，集合 $P(x)$ 是一个内部非空的有界闭凸集，且总包含原点.

定义 $V(x) = \text{vol}_n P(x)$.

定理 5.4.2 存在绝对常数 c_1 和 c_2，使得函数

$$U(x) = c_1 \cdot \ln V(x)$$

是 Q 的一个 $(c_2 \cdot n)$ - 自和谐障碍函数.

由于证明的技术性较强，在这里对该命题不进行证明.

函数 $U(\cdot)$ 称为集合 Q 的通用障碍函数. 注意到采用通用障碍函数的问题 (5.4.1) 的解析复杂度是 $O\left(\sqrt{n} \cdot \ln \dfrac{n}{\epsilon}\right)$ 次 Oracle 调用. 回想一下，对基于局部黑箱 Oracle 的算法，这种效率估计是不可能的 (参见定理 3.2.8).

定理 5.4.2 的结论主要是在理论意义上. 事实上，一般来说，$U(x)$ 的值不容易计算. 然而，定理 5.4.2 表明，原则上，任何凸集都可以找到自和谐障碍函数. 于是，这种方法的适用性仅受限于我们构造一个可计算的、希望具有小参数值的自和谐障碍函数的能力. 原始问题的障碍函数模型的建立过程很难用正式的方式来描述. 对于每一个特殊问题，可以有许多不同的障碍函数模型，且应该根据自和谐障碍函数的参数值、梯度和 Hessian 的计算复杂度，以及求解相应的牛顿系统的复杂性，来选择最佳的障碍函数模型.

在本节的剩余部分中，我们将看到如何对凸优化中的一些标准问题类这么做.

5.4.3 线性和二次优化

我们来从线性优化问题开始，

$$\min_{x \in \mathbb{R}^n_+} \{\langle c, x \rangle : Ax = b\} \tag{5.4.2}$$

其中 A 是一个 $(m \times n)$ - 矩阵，$m < n$. 这个问题的基本可行集是非负象限，它是 $\mathbb{R}^n$ 中所有非负系数的向量的集合. 该集合可以选择如下自和谐障碍函数：

$$F(x) = -\sum_{i=1}^{n} \ln x^{(i)}, \quad \nu = n \tag{5.4.3}$$

391

(见例 5.3.1 和定理 5.3.2). 将这个障碍函数称为 $\mathbb{R}^n_+$ 的标准对数障碍函数.

为了求解问题 (5.4.2)，必须使用障碍函数 F 在仿射子空间 $\{x : Ax = b\}$ 上的一个限制. 因为该限制是个 n - 自和谐障碍函数 (见定理 5.3.3)，问题 (5.4.2) 的复杂度界为路径跟踪算法的 $O\left(\sqrt{n} \cdot \ln \dfrac{n}{\epsilon}\right)$ 次迭代.

我们来证明标准对数障碍函数对 $\mathbb{R}^n_+$ 来说是最优的.

引理 5.4.2 集合 $\mathbb{R}^n_+$ 的任意自和谐障碍函数的参数 ν 都满足不等式 $\nu \geqslant n$.

证明 选取

$$\overline{x} = \overline{e}_n \equiv (1, \cdots, 1)^{\mathsf{T}} \in \text{int } \mathbb{R}^n_+$$

$$p_i = e_i, \quad i = 1, \cdots, n$$

其中 e_i 是 $\mathbb{R}^n$ 的第 i 个坐标向量. 在这种情况下, 取参数 $\alpha_i = \beta_i = 1$, $i=1, \cdots, n$, 定理 5.4.1 的条件满足. 因此

$$\nu \geqslant \sum_{i=1}^{n} \frac{\alpha_i}{\beta_i} = n \qquad \blacksquare$$

注意, 上述下界仅对整个集合 $\mathbb{R}_+^n$ 有效. 交集 $\{x \in \mathbb{R}_+^n \mid Ax = b\}$ 的自和谐障碍函数参数的下界可能会更小.

锥的自和谐障碍函数通常具有一个重要的性质, 称为对数齐次性(例如式(5.4.3)).

定义 5.4.1   设函数 $F \in C^2(\mathbb{E})$, 定义域 $\mathrm{dom}\, F = K$, 其中 K 是个闭凸锥. 函数 F 称为**对数齐次函数**, 若果存在常数 $\nu \geqslant 1$ 满足

$$F(\tau x) = F(x) - \nu \ln \tau, \quad \forall x \in \mathrm{int}\, K, \tau > 0 \qquad (5.4.4)$$

这个简单的性质有许多有用的结果, 其中之一是使得障碍函数参数的计算变得非常简单.

引理 5.4.3   设 F 是不含直线的凸锥 K 的对数齐次自和谐障碍函数, 则对任意 $x \in \mathrm{int}\, K$ 和 $\tau > 0$, 我们有

$$\nabla F(\tau x) = \frac{1}{\tau} \nabla F(x), \quad \nabla^2 F(\tau x) = \frac{1}{\tau^2} \nabla^2 F(x) \qquad (5.4.5)$$

$$\langle \nabla F(x), x \rangle = -\nu, \quad \nabla^2 F(x) x = -\nabla F(x) \qquad (5.4.6)$$

$$\langle \nabla^2 F(x) x, x \rangle = \nu, \quad \langle \nabla F(x), [\nabla^2 F(x)]^{-1} \nabla F(x) \rangle = \nu \qquad (5.4.7)$$

证明   对等式(5.4.4)关于 x 求导, 得到(5.4.5)的第一个等式; 再关于 x 求一次导, 得到式(5.4.5)的第二个关系式.

对等式(5.4.4)关于 τ 求导, 并取 $\tau=1$, 得到(5.4.6)的第一个等式, 再对其关于 x 求导, 就得到(5.4.6)的第二个等式.

最后, 将(5.4.6)中的最后一个表达式代入第一个表达式, 得到(5.4.7)中的第一个等式. 因为 K 不包含直线, 所以 $\nabla^2 F(x)$ 是非退化的. 因此, $x = -[\nabla^2 F(x)]^{-1} \nabla F(x)$, 则得到了(5.4.7)的第二个表达式. $\blacksquare$

于是, 对于对数齐次障碍函数, 齐次性度数总是等于障碍函数参数(见(5.4.7)中的第二个等式).

现在我们来研究二次约束二次优化问题:

$$\min_{x \in \mathbb{R}^n} \{ q_0(x) = \alpha_0 + \langle a_0, x \rangle + \frac{1}{2} \langle A_0 x, x \rangle$$

$$q_i(x) = \alpha_i + \langle a_i, x \rangle + \frac{1}{2} \langle A_i x, x \rangle \leqslant \beta_i, i = 1, \cdots, m \} \qquad (5.4.8)$$

其中 A_i 是半正定 $(n \times n)$-矩阵. 我们来将问题写成标准形式:

$$\min_{x \in \mathbb{R}^n, \tau \in \mathbb{R}} \{ \tau : q_0(x) \leqslant \tau, q_i(x) \leqslant \beta_i, i = 1, \cdots, m \} \qquad (5.4.9)$$

该问题的可行集可选择如下自和谐障碍函数:

$$F(x, \tau) = -\ln(\tau - q_0(x)) - \sum_{i=1}^{m} \ln(\beta_i - q_i(x)), \quad \nu = m + 1$$

（见例 5.3.1 和定理 5.3.2）. 于是，问题（5.4.8）的复杂度界是 $O\left(\sqrt{m+1}\cdot\ln\frac{m}{\epsilon}\right)$ 次路径跟踪算法的迭代. 请注意，此估计值不依赖于 n.

在某些应用中，问题的函数分量包括形如 $\|Ax-b\|$ 的非光滑二次项，这里范数是标准欧几里得范数. 我们来说明可以用内点技术来处理这些项.

引理 5.4.4　函数
$$F(x,t)=-\ln(t^2-\|x\|^2)$$
是凸锥⊖
$$K_2=\{(x,t)\in\mathbb{R}^{n+1}\,|\,t\geqslant\|x\|\}$$
的 2- 自和谐障碍函数.

证明　取定点 $z=(x,\,t)\in\text{int }K_2$ 和非零方向 $u=(h,\,\tau)\in\mathbb{R}^{n+1}$. 设 $\xi(\alpha)=(t+\alpha\tau)^2-\|x+\alpha h\|^2$. 我们需要比较函数
$$\phi(\alpha)=F(z+\alpha u)=-\ln\xi(\alpha)$$
在 $\alpha=0$ 处的导数. 令 $\phi^{(\cdot)}=\phi^{(\cdot)}(0)$，$\xi^{(\cdot)}=\xi^{(\cdot)}(0)$，则
$$\xi'=2(t\tau-\langle x,h\rangle),\quad \xi''=2(\tau^2-\|h\|^2),\quad \xi'''=0$$
$$\phi'=-\frac{\xi'}{\xi},\quad \phi''=\left(\frac{\xi'}{\xi}\right)^2-\frac{\xi''}{\xi},\quad \phi'''=3\frac{\xi'\xi''}{\xi^2}-2\left(\frac{\xi'}{\xi}\right)^3$$
注意到不等式 $2\phi''\geqslant(\phi')^2$ 等价于 $(\xi')^2\geqslant 2\xi\xi''$. 于是，需证明对于任意 $(h,\,\tau)$，我们有
$$(t\tau-\langle x,h\rangle)^2\geqslant(t^2-\|x\|^2)(\tau^2-\|h\|^2)$$
在展开括号和整理消去后，我们得到不等式
$$\tau^2\|x\|^2+t^2\|h\|^2+\langle x,h\rangle^2-2\tau t\langle x,h\rangle\geqslant\|x\|^2\|h\|^2$$
左端项关于 τ 极小化，得到不等式
$$t^2\|h\|^2+\langle x,h\rangle^2-t^2\frac{\langle x,h\rangle^2}{\|x\|^2}\geqslant\|x\|^2\|h\|^2$$
$$\Updownarrow$$
$$\|h\|^2(t^2-\|x\|^2)\geqslant\langle x,h\rangle^2\left(\frac{t^2}{\|x\|^2}-1\right)$$

该不等式成立，是因为总有 $t\geqslant\|x\|$.

最后，因为 $0\leqslant\dfrac{\xi\xi''}{(\xi')^2}\leqslant\dfrac{1}{2}$ 且 $[1-\xi]^{3/2}\geqslant 1-\dfrac{3}{2}\xi$，我们得到
$$\frac{|\phi'''|}{(\phi'')^{3/2}}=2\frac{|\xi'|\cdot\left|(\xi')^2-\frac{3}{2}\xi\xi''\right|}{[(\xi')^2-\xi\xi'']^{3/2}}\leqslant 2$$

我们来证明上述结论中的障碍函数对于二阶锥是最优的.

引理 5.4.5　集合 K_2 上的任意自和谐障碍函数的参数 ν 满足 $\nu\geqslant 2$.

⊖　根据不同的应用领域，该集合有不同的名称：Lorentz 锥、冰淇淋锥、二阶锥.

证明   取 $\bar z=(0,1)\in \operatorname{int} K_2$ 和某 $h\in\mathbb{R}^n$, $\|h\|=1$, 定义

$$p_1=(h,1),\quad p_2=(-h,1),\quad \alpha_1=\alpha_2=\frac{1}{2},\quad \beta_1=\beta_2=\frac{1}{2}$$

注意到对所有 $\gamma\geqslant 0$ 有 $\bar z+\gamma p_i=(\pm\gamma h,1+\gamma)\in K_2$, 且

$$\bar z-\beta_i p_i=\left(\pm\frac{1}{2}h,\frac{1}{2}\right)\notin \operatorname{int} K_2$$

$$\bar z-\alpha_1 p_1-\alpha_2 p_2=\left(-\frac{1}{2}h+\frac{1}{2}h,1-\frac{1}{2}-\frac{1}{2}\right)=0\in K_2$$

因此, 定理 5.4.1 的条件满足, 并且

$$\nu\geqslant\frac{\alpha_1}{\beta_1}+\frac{\alpha_2}{\beta_2}=2$$

5.4.4 半定优化

在半定优化中, 决策变量是矩阵. 设

$$X=\{X^{(i,j)}\}_{i,j=1}^n$$

是一个对称 $n\times n$-矩阵 (记为 $X\in\mathbb{S}^n$). 给实向量空间 $\mathbb{S}^n$ 定义内积为: 对任意 $X,Y\in\mathbb{S}^n$, 定义

$$\langle X,Y\rangle_F=\sum_{i=1}^n\sum_{j=1}^n X^{(i,j)}Y^{(i,j)},\quad \|X\|_F=\langle X,X\rangle_F^{1/2}$$

有时, 数值 $\|X\|_F$ 称为矩阵 X 的弗罗贝尼乌斯范数. 对于对称矩阵 X 和 Y, 有如下恒等式:

$$\langle X,Y\cdot Y\rangle_F=\sum_{i=1}^n\sum_{j=1}^n X^{(i,j)}\sum_{k=1}^n Y^{(i,k)}Y^{(j,k)}=\sum_{i=1}^n\sum_{j=1}^n\sum_{k=1}^n X^{(i,j)}Y^{(i,k)}Y^{(j,k)}$$

$$=\sum_{k=1}^n\sum_{j=1}^n Y^{(k,j)}\sum_{i=1}^n X^{(j,i)}Y^{(i,k)}=\sum_{k=1}^n\sum_{j=1}^n Y^{(k,j)}(XY)^{(j,k)}$$

$$=\sum_{k=1}^n(YXY)^{(k,k)}=\text{迹}(YXY)=-\langle YXY,I_n\rangle_F \tag{5.4.10}$$

在半定优化中, 约束的非平凡部分由半正定 $n\times n$-矩阵锥 $\mathbb{S}^n_+\subset\mathbb{S}^n$ 构成. 回忆到 $X\in\mathbb{S}^n_+$ 当且仅当对任意 $u\in\mathbb{R}^n$ 有 $\langle Xu,u\rangle\geqslant 0$. 如果 $\langle Xu,u\rangle>0$ 对所有非零 u 都成立, 我们称 X 是**正定的**. 这样的矩阵构成了锥 $\mathbb{S}^n_+$ 的内部. 注意 $\mathbb{S}^n_+$ 是一个闭凸集.

半定优化问题的一般形式如下:

$$\min_{X\in\mathbb{S}^n_+}\{\langle C,X\rangle_F:\langle A_i,X\rangle_F=b_i,\ i=1,\cdots,m\} \tag{5.4.11}$$

其中 C 和所有的 A_i 都属于 $\mathbb{S}^n$. 为了对这个问题应用路径跟踪算法, 我们需要锥 $\mathbb{S}^n_+$ 的一个自和谐障碍函数.

设矩阵 X 属于 $\operatorname{int}\mathbb{S}^n_+$, 定义 $F(X)=-\ln\det X$, 显然,

$$F(X)=-\sum_{i=1}^n\ln\lambda_i(X)$$

其中 $\{\lambda_i(X)\}_{i=1}^n$ 是矩阵 X 的特征值集合.

引理 5.4.6 函数 F 是凸的, 并且 $\nabla F(X) = -X^{-1}$. 此外, 对任意方向 $\Delta \in \mathbb{S}^n$, 有

$$\langle \nabla^2 F(X)\Delta, \Delta \rangle_F = \| X^{-1/2}\Delta X^{-1/2} \|_F^2 = \langle X^{-1}\Delta X^{-1}, \Delta \rangle_F$$

$$= \text{迹}([X^{-1/2}\Delta X^{-1/2}]^2)$$

$$D^3 F(x)[\Delta, \Delta, \Delta] = -2\langle I_n, [X^{-1/2}\Delta X^{-1/2}]^3 \rangle_F$$

$$= -2 \text{迹}([X^{-1/2}\Delta X^{-1/2}]^3)$$

证明 取定某 $\Delta \in \mathbb{S}^n$ 和 $X \in \text{int } \mathbb{S}_+^n$ 满足 $X + \Delta \in \mathbb{S}_+^n$, 则

$$F(X + \Delta) - F(X) = -\ln \det(X + \Delta) - \ln \det X$$

$$= -\ln \det(I_n + X^{-1/2}\Delta X^{-1/2})$$

$$\geqslant -\ln \left[\frac{1}{n} \text{迹}(I_n + X^{-1/2}\Delta X^{-1/2}) \right]^n$$

$$= -n \ln \left[1 + \frac{1}{n}\langle I_n, X^{-1/2}\Delta X^{-1/2} \rangle_F \right]$$

$$\geqslant -\langle I_n, X^{-1/2}\Delta X^{-1/2} \rangle_F = -\langle X^{-1}, \Delta \rangle_F$$

于是, $-X^{-1} \in \partial F(X)$. 因此, F 是凸函数 (引理 3.1.6), 且 $\nabla F(x) = -X^{-1}$ (引理 3.1.7).

396

进一步, 考虑函数 $\phi(\alpha) \equiv \langle \nabla F(X + \alpha\Delta), \Delta \rangle_F$, $\alpha \in [0, 1]$, 则

$$\phi(\alpha) - \phi(0) = \langle X^{-1} - (X + \alpha\Delta)^{-1}, \Delta \rangle_F$$

$$= \langle (X + \alpha\Delta)^{-1}[(X + \alpha\Delta) - X]X^{-1}, \Delta \rangle_F$$

$$= \alpha \langle (X + \alpha\Delta)^{-1}\Delta X^{-1}, \Delta \rangle_F$$

于是, $\phi'(0) = \langle \nabla^2 F(X)\Delta, \Delta \rangle_F = \langle X^{-1}\Delta X^{-1}, \Delta \rangle_F$.

最后一个表达式可用类似的方法对函数 $\psi(\alpha) = \langle (X + \alpha\Delta)^{-1}\Delta(X + \alpha\Delta)^{-1}, \Delta \rangle_F$ 求导来证明. ∎

定理 5.4.3 函数 F 是 $\mathbb{S}_+^n$ 的一个 n-自和谐障碍函数.

证明 取定 $X \in \text{int } \mathbb{S}_+^n$, $\Delta \in \mathbb{S}^n$. 定义 $Q = X^{-1/2}\Delta X^{-1/2}$, $\lambda_i = \lambda_i(Q)$, $i = 1, \cdots, n$. 那么, 根据引理 5.4.6, 有

$$\langle \nabla F(X), \Delta \rangle_F = \sum_{i=1}^n \lambda_i$$

$$\langle \nabla^2 F(X)\Delta, \Delta \rangle_F = \sum_{i=1}^n \lambda_i^2$$

$$D^3 F(X)[\Delta, \Delta, \Delta] = -2\sum_{i=1}^n \lambda_i^3$$

使用两个标准不等式

$$\left(\sum_{i=1}^n \lambda_i \right)^2 \leqslant n \sum_{i=1}^n \lambda_i^2, \quad \left| \sum_{i=1}^n \lambda_i^3 \right| \leqslant \left(\sum_{i=1}^n \lambda_i^2 \right)^{3/2}$$

我们得到

$$\langle \nabla F(X),\Delta \rangle_F^2 \leqslant n \langle \nabla^2 F(X)\Delta,\Delta \rangle_F$$
$$\big| D^3 F(X)\big[\Delta,\Delta,\Delta\big] \big| \leqslant 2 \langle \nabla^2 F(X)\Delta,\Delta \rangle_F^{3/2} \qquad \blacksquare$$

我们来证明 $F(X) = -\ln \det X$ 是 $\mathbb{S}_+^n$ 的最优障碍函数.

引理 5.4.7 锥 $\mathbb{S}_+^n$ 的任意自和谐障碍函数的参数 ν 都满足不等式 $\nu \geqslant n$.

证明 选取 $\overline{X} = I_n \in \mathrm{int}\, \mathbb{S}_+^n$ 和方向 $P_i = e_i e_i^{\mathrm{T}}$, $i = 1, \cdots, n$, 其中 e_i 是 $\mathbb{R}^n$ 上的第 i 个坐标向量. 注意到对于任意 $\gamma \geqslant 0$, 我们有 $I_n + \gamma P_i \in \mathrm{int}\, \mathbb{S}_+^n$. 而且,

$$I_n - e_i e_i^{\mathrm{T}} \notin \mathrm{int}\, \mathbb{S}_+^n, \quad I_n - \sum_{i=1}^n e_i e_i^{\mathrm{T}} = 0 \in \mathbb{S}_+^n$$

因此, 对 $\alpha_i = \beta_i = 1$, $i = 1, \cdots, n$, 定理 5.4.1 的条件满足, 这样得到 $\nu \geqslant \sum_{i=1}^n \dfrac{\alpha_i}{\beta_i} = n$. $\blacksquare$

正如在线性优化问题(5.4.2)中一样, 在问题(5.4.11)中, 我们需要使用 F 在仿射子空间

$$\mathscr{L} = \{ X : \langle A_i, X \rangle_F = b_i, i = 1, \cdots, m \}$$

上的限制. 依据定理 5.3.3, 这个限制是一个 n-自和谐障碍函数. 于是, 问题(5.4.11)的复杂度界为 $O\Big(\sqrt{n} \cdot \ln \dfrac{n}{\epsilon} \Big)$ 次路径跟踪算法的迭代. 注意由于问题(5.4.11)的维度为 $\dfrac{1}{2} n(n+1)$, 因此该估计非常鼓舞人.

我们来估算路径跟踪算法(5.3.29)用于求解问题(5.4.11)时, 每次迭代的计算代价. 注意到我们研究的是障碍函数 F 在集合 $\mathscr{L}$ 上的限制. 根据引理 5.4.6, 每个牛顿步都是求解如下问题:

$$\min_{\Delta} \Big\{ \langle U, \Delta \rangle_F + \frac{1}{2} \langle X^{-1}\Delta X^{-1}, \Delta \rangle_F : \langle A_i, \Delta \rangle_F = 0, i = 1, \cdots, m \Big\}$$

其中 $X > 0$ 属于 $\mathscr{L}$, U 是代价矩阵 C 和梯度 $\nabla F(X)$ 的一个组合. 根据命题(3.1.59), 这个问题的解就是如下线性方程组

$$U + X^{-1}\Delta X^{-1} = \sum_{j=1}^m \lambda^{(j)} A_j$$
$$\langle A_i, \Delta \rangle_F = 0, \quad i = 1, \cdots, m \qquad (5.4.12)$$

的解, 从(5.4.12)的第一个方程, 我们得到

$$\Delta = X\Big[-U + \sum_{j=1}^m \lambda^{(j)} A_j \Big] X \qquad (5.4.13)$$

将这个表达式代入(5.4.12)的第二个方程, 我们得到线性系统

$$\sum_{j=1}^m \lambda^{(j)} \langle A_i, XA_j X \rangle_F = \langle A_i, XUX \rangle_F, \quad i = 1, \cdots, m \qquad (5.4.14)$$

这可以用矩阵形式写为 $S\lambda = d$, 其中

$$S^{(i,j)} = \langle A_i, XA_jX \rangle_F, \quad d^{(j)} = \langle U, XA_jX \rangle_F, \quad i,j = 1,\cdots,n$$

于是，求解系统(5.4.12)的直接策略包括以下步骤：

- 计算矩阵 XA_jX，$j = 1,\cdots,m$. 计算花费：$O(mn^3)$ 次运算.
- 计算 S 和 d 的元素. 计算花费：$O(m^2n^2)$ 次运算.
- 计算 $\lambda = S^{-1}d$. 计算花费：$O(m^3)$ 次运算.
- 由式(5.4.13)计算 Δ. 计算花费：$O(mn^2)$ 次运算.

考虑到 $m \leqslant \dfrac{n(n+1)}{2}$，我们得出结论，单个牛顿步的复杂度不超过

$$\boxed{O(n^2(m+n)m)\text{次算术运算}} \tag{5.4.15}$$

但是，如果矩阵 A_j 具有某种结构，那么这一估计就可以显著提高. 例如，如果所有 A_j 的秩都为 1，即

$$A_j = a_ja_j^{\mathsf{T}}, \quad a_j \in \mathbb{R}^n, \quad j = 1,\cdots,m$$

则牛顿步的计算可以在

$$\boxed{O((m+n)^3)\text{次算术运算}} \tag{5.4.16}$$

内完成. 我们将此结论的证明留给读者作为练习.

　　结束这一小节时，注意到在许多重要的应用中，我们可以使用障碍函数 $-\ln\det(\cdot)$ 来处理特征值的一些函数. 例如，考虑一个矩阵 $\mathscr{A}(x) \in \mathbb{S}^n$，它与 x 线性相关，则可以用一个自和谐障碍函数

$$F(x,t) = -\ln\det(tI_n - \mathscr{A}(x))$$

来描述凸区域

$$\left\{(x,t) \,\middle|\, \max_{1\leqslant i\leqslant n} \lambda_i(\mathscr{A}(x)) \leqslant t\right\}$$

该障碍函数的参数值等于 n.

399

5.4.5　极端椭球

　　在某些应用中，我们常用椭球来近似不同的集合. 我们来考虑一些最重要的例子.

5.4.5.1　外接椭球

$$\boxed{\text{给定点集 } a_1,\cdots,a_m \in \mathbb{R}^n，\text{求包含所有点}\{a_i\}\text{的最小体积的椭球 } W}$$

我们来用正式的形式提出这个问题. 首先，注意到任何有界椭球 $W \subset \mathbb{R}^n$ 都可以表示为

$$W = \{x \in \mathbb{R}^n \,|\, x = H^{-1}(v+u), \ \|u\| \leqslant 1\}$$

其中 $H \in \mathrm{int}\,\mathbb{S}_+^n$，$v \in \mathbb{R}^n$，且范数为标准欧几里得范数. 那么属于关系 $a \in W$ 等价于不等式 $\|Ha - v\| \leqslant 1$. 也注意到

$$\mathrm{vol}_n\,W = \mathrm{vol}_n\,B_2(0,1)\cdot\det H^{-1} = \frac{\mathrm{vol}_n\,B_2(0,1)}{\det H}$$

于是，我们的问题表示如下：

$$\min_{\substack{H\in\mathbb{S}^n_+,\\ v\in\mathbb{R}^n,\tau\in\mathbb{R}}}\ \{\tau:-\ln\det H\leqslant\tau,\|Ha_i-v\|\leqslant 1,\ i=1,\cdots,m\} \qquad (5.4.17)$$

为了用内点法来求解这个问题，我们需要找到可行集的一个自和谐障碍函数。根据定理 5.4.3 和 5.3.5，我们知道所有分量的自和谐障碍函数。事实上，我们可以用如下障碍函数：

$$F(H,v,\tau)=-\ln\det H-\ln(\tau+\ln\det H)-\sum_{i=1}^m\ln(1-\|Ha_i-v\|^2)$$

$$\nu = m+n+1$$

相应的复杂度界为路径跟踪算法的 $O\!\left(\sqrt{m+n+1}\cdot\ln\dfrac{m+n}{\epsilon}\right)$ 次迭代。

5.4.5.2 有固定中心的内切椭球

> 设 Q 为由线性不等式组
>
> $$Q=\{x\in\mathbb{R}^n\,|\,\langle a_i,x\rangle\leqslant b_i,\ i=1,\cdots,m\}$$
>
> 定义的凸多面体，且设 $v\in\mathrm{int}\,Q$。确定中心为 v、体积最大的一个椭球 $W\subset Q$

设取定某 $H\in\mathrm{int}\,\mathbb{S}^n_+$，可以将椭球 W 表示为

$$W=\{x\in\mathbb{R}^n\,|\,\langle H^{-1}(x-v),x-v\rangle\leqslant 1\}$$

我们需要以下简单的结果。

引理 5.4.8 设 $\langle a,v\rangle<b$。对所有 $x\in W$ 满足不等式 $\langle a,x\rangle\leqslant b$ 当且仅当

$$\langle Ha,a\rangle\leqslant(b-\langle a,v\rangle)^2$$

证明 依据引理 3.1.20，我们有

$$\max_u\{\langle a,u\rangle\,|\,\langle H^{-1}u,u\rangle\leqslant 1\}=\langle Ha,a\rangle^{1/2}$$

因此，我们需要确保

$$\begin{aligned}
\max_{x\in W}\langle a,x\rangle&=\max_{x\in W}[\langle a,x-v\rangle+\langle a,v\rangle]\\
&=\langle a,v\rangle+\max_x\{\langle a,u\rangle\,|\,\langle H^{-1}u,u\rangle\leqslant 1\}\\
&=\langle a,v\rangle+\langle Ha,a\rangle^{1/2}\leqslant b
\end{aligned}$$

因为 $\langle a,v\rangle<b$，这就证明了结论。 ∎

注意到 $\mathrm{vol}_n\,W=\mathrm{vol}_n\,B_2(0,1)[\det H]^{1/2}$，因此，我们的问题如下：

$$\min_{H\in\mathbb{S}^n_+,\tau\in\mathbb{R}}\ \{\tau:-\ln\det H\leqslant\tau,\langle Ha_i,a_i\rangle\leqslant(b_i-\langle a_i,v\rangle)^2,\ i=1,\cdots,m\} \qquad (5.4.18)$$

根据定理 5.4.3 和 5.3.5，我们可以使用如下自和谐障碍函数：

$$F(H,\tau) = -\ln\det H - \ln(\tau + \ln\det H) - \sum_{i=1}^{m}\ln\big[(b_i - \langle a_i, v\rangle)^2 - \langle Ha_i, a_i\rangle\big]$$

其障碍函数参数 $\nu = m + n + 1$. 对应的路径跟踪算法的复杂度界为

$$O\Big(\sqrt{m+n+1}\cdot\ln\frac{m+n}{\epsilon}\Big)$$

次迭代.

5.4.5.3　中心任意的内切椭球

> 设 Q 为由线性不等式组定义的凸多面体, 即
> $$Q = \{x \in \mathbb{R}^n \mid \langle a_i, x\rangle \leqslant b_i,\quad i = 1, \cdots, m\}$$
> 且设 $\text{int }Q \neq \varnothing$. 确定包含在 Q 中、体积最大的一个椭球 W

设 $G \in \text{int }\mathbb{S}_+^n$, $v \in \text{int }Q$, 我们可以将 W 表示为

$$W = \{x \in \mathbb{R}^n \mid \|G^{-1}(x - v)\| \leqslant 1\}$$
$$\equiv \{x \in \mathbb{R}^n \mid \langle G^{-2}(x - v), x - v\rangle \leqslant 1\}$$

依据引理 5.4.8, 对所有 $x \in W$ 不等式 $\langle a, x\rangle \leqslant b$ 成立当且仅当

$$\|Ga\|^2 \equiv \langle G^2 a, a\rangle \leqslant (b - \langle a, v\rangle)^2$$

这给出参数 (G, v) 的一个凸可行集, 即

$$\|Ga\| \leqslant b - \langle a, v\rangle$$

注意到 $\text{vol}_n W = \text{vol}_n B_2(0, 1)\det G$. 因此, 我们的问题可以写成

$$\min_{\substack{G \in \mathbb{S}_+^n \\ v \in \mathbb{R}^n, \tau \in \mathbb{R}}} \{\tau : -\ln\det G \leqslant \tau, \|Ga_i\| \leqslant b_i - \langle a_i, v\rangle, i = 1, \cdots, m\} \qquad (5.4.19)$$

402

根据定理 5.4.3, 5.3.5 和引理 5.4.4, 可以用如下自和谐障碍函数:

$$F(G, v, \tau) = -\ln\det G - \ln(\tau + \ln\det G) - \sum_{i=1}^{m}\ln\big[(b_i - \langle a_i, v\rangle)^2 - \|Ga_i\|^2\big]$$

其障碍函数参数 $v = 2m + n + 1$. 相应的效率估计为路径跟踪算法的 $O\Big(\sqrt{2m+n+1}\cdot\ln\frac{m+n}{\epsilon}\Big)$ 次迭代.

5.4.6　构造凸集的自和谐障碍函数

在本节, 我们研究构造凸锥的自和谐障碍函数的一般框架. 首先, 我们来定义要使用的对象. 它们与三个不同的实向量空间 $\mathbb{E}_1$, $\mathbb{E}_2$ 和 $\mathbb{E}_3$ 有关.

考虑定义在闭凸集 $Q_1 \subset \mathbb{E}_1$ 上的函数 $\xi(\cdot): \mathbb{E}_1 \to \mathbb{E}_2$. 假设 ξ 三次连续可微, 且关于闭凸锥 $K \subset \mathbb{E}_2$ 是凹函数, 即

$$-D^2\xi(x)[h, h] \in K \quad \forall x \in \text{int }Q_1,\quad h \in \mathbb{E}_1 \qquad (5.4.20)$$

很容易将这个包含关系写成 $D^2\xi(x)[h, h] \leqslant_K 0$.

定义 5.4.2   设函数 $F(\cdot)$ 为 Q_1 的 ν-自和谐障碍函数，且 $\beta \geqslant 1$. 我们称函数 ξ 与 F 是 β-相容的，如果对所有 $x \in \mathrm{int}\, Q_1$ 和 $h \in \mathbb{E}_1$，我们有

$$D^3\xi(x)[h,h,h] \leqslant_K -3\beta \cdot D^2\xi(x)[h,h] \cdot \langle \nabla^2 F(x)h,h \rangle^{1/2} \qquad (5.4.21)$$

改变 (5.4.21) 中方向 h 的符号，我们得到如下等价条件：

$$-D^3\xi(x)[h,h,h] \leqslant_K -3\beta \cdot D^2\xi(x)[h,h] \cdot \langle \nabla^2 F(x)h,h \rangle^{1/2} \qquad (5.4.22)$$

注意到 β-相容函数集是一个凸锥：如果函数 ξ_1 和 ξ_2 都与障碍函数 F 是 β-相容的，那么对于任意 α_1，$\alpha_2 > 0$，$\alpha_1\xi_1 + \alpha_2\xi_2$ 与 F 也是 β-相容的.

我们来为集合

$$\mathscr{S}_1 = \{(x,y) \in Q_1 \times \mathbb{E}_2 : \xi(x) \geqslant_K y\}$$

和凸集合 $Q_2 \subset \mathbb{E}_2 \times \mathbb{E}_3$ 的复合，即

$$\mathscr{Q} = \{(x,z) \in Q_1 \times \mathbb{E}_3 : \exists\, y,\ \xi(x) \geqslant_K y,\ (y,z) \in Q_2\}$$

403   构造一个自和谐障碍函数. 从下面的例子可以清楚地看出研究这种结构的必要性.

例 5.4.1   取定 $\alpha \in (0,1)$. 考虑如下幂锥：

$$K_\alpha = \{(x^{(1)}, x^{(2)}, z) \in \mathbb{R}_+^2 \times \mathbb{R} : (x^{(1)})^\alpha \cdot (x^{(2)})^{1-\alpha} \geqslant |z|\}$$

为了得到我们的表示，需要以下对象：

$$\mathbb{E}_1 = \mathbb{R}^2, \quad Q_1 = \mathbb{R}_+^2, \quad F(x) = -\ln x^{(1)} - \ln x^{(2)}, \quad \nu = 2$$

$$\mathbb{E}_2 = \mathbb{R}, \quad \xi(x) = (x^{(1)})^\alpha \cdot (x^{(2)})^{1-\alpha}, \quad K = \mathbb{R}_+ \subset \mathbb{E}_2$$

$$\mathbb{E}_3 = \mathbb{R}, \quad Q_2 = \{(y,z) \in \mathbb{E}_2 \times \mathbb{E}_3 : y \geqslant |z|\}$$

在我们的构造中，还需要集合 Q_2 的一个 μ-自和谐障碍函数 $\Phi(y,z)$. 我们假设锥 $K_0 \stackrel{\mathrm{def}}{=} K \times \{0\} \subset \mathbb{E}_2 \times \mathbb{E}_3$ 的所有方向都是集合 Q_2 的回收方向. 因此，对于任何 $s \in K$ 和 $(y,z) \in \mathrm{int}\, Q_2$，我们有

$$\langle \nabla_y\Phi(y,z),s \rangle = \langle \nabla\Phi(y,z),(s,0) \rangle \overset{(5.3.13)}{\leqslant} 0 \qquad (5.4.23)$$

考虑障碍函数

$$\Psi(x,z) = \Phi(\xi(x),z) + \beta^3 F(x)$$

取定一个点 $(x,z) \in \mathrm{int}\,\mathscr{Q}$，且选择任意方向 $d = (h,v) \in \mathbb{E}_1 \times \mathbb{E}_3$，定义

$$\xi' = D\xi(x)[h], \quad \xi'' = D^2\xi(x)[h,h], \quad \xi''' = D^3\xi(x)[h,h,h], \quad l = (\xi',v)$$

令 $\psi(x,z) = \Phi(\xi(x),z)$. 研究如下方向导数：

$$\Delta_1 \stackrel{\mathrm{def}}{=} D\psi(x,z)[d] = \langle \nabla_y\Phi(\xi(x),z),\xi' \rangle + \langle \nabla_z\Phi(\xi(x),z),v \rangle = \langle \nabla\Phi(\xi(x),z),l \rangle$$

注意到 $l \equiv l(x)$，因此 $l' \stackrel{\mathrm{def}}{=} Dl(x)[d] = (\xi'',0) \overset{(5.4.20)}{\in} -K_0$. 于是，我们继续求导

$$\Delta_2 \stackrel{\mathrm{def}}{=} D^2\psi(x,z)[d,d] = \langle \nabla^2\Phi(\xi(x),z)l,l \rangle + \langle \nabla\Phi(\xi(x),z),l' \rangle$$

404
$$= \langle \nabla^2\Phi(\xi(x),z)l,l \rangle + \langle \nabla_y\Phi(\xi(x),z),\xi'' \rangle \stackrel{\mathrm{def}}{=} \sigma_1 + \sigma_2 \qquad (5.4.24)$$

因为 $-l'$ 是 Q_2 的一个回收方向，依据 (5.3.13)，我们有 $\sigma_2 \geqslant 0$. 最后，

$$\Delta_3 \stackrel{\mathrm{def}}{=} D^3\psi(x,z)[d,d,d]$$

$$= D^3\Phi(\xi(x),z)[l,l,l] + 3\langle\nabla^2\Phi(\xi(x),z)l,l'\rangle + \langle\nabla_y\Phi(\xi(x),z),\xi'''\rangle \quad (5.4.25)$$

再次因为$-l'$是Q_2的一个回收方向，有

$$\langle\nabla^2\Phi(\xi(x),z)l,l'\rangle \overset{(5.3.13)}{\leqslant} \langle\nabla^2\Phi(\xi(x),z)l,l\rangle^{1/2} \cdot \langle\nabla^2\Phi(\xi(x),z)l',l'\rangle^{1/2}$$
$$\leqslant \langle\nabla^2\Phi(\xi(x),z)l,l\rangle^{1/2} \cdot \langle-\nabla\Phi(\xi(x),z),-l'\rangle = \sigma_1^{1/2}\sigma_2$$

进一步，令$\sigma_3 = \langle\nabla^2F(x)h,h\rangle$，因为$\xi$与$F$是$\beta$-相容的(见式(5.4.22))，我们有

$$\langle-\nabla_y\Phi(\xi(x),z),-\xi'''\rangle \overset{(5.4.23)}{\leqslant} 3\beta\langle-\nabla_y\Phi(\xi(x),z),-\xi''\rangle \cdot \sigma_3^{1/2} = 3\beta\cdot\sigma_2\cdot\sigma_3^{1/2}$$

于是，将这些不等式代入(5.4.25)，并使用(5.1.4)，得到

$$\Delta_3 \leqslant 2\sigma_1^{3/2} + 3\sigma_1^{1/2}\sigma_2 + 3\beta\cdot\sigma_2\cdot\sigma_3^{1/2}$$

现在研究函数Ψ的方向导数D_k，$k=1,2,3$。注意到

$$D_2 = \Delta_2 + \beta^3\sigma_3 = \sigma_1 + \sigma_2 + \beta^3\sigma_3 \geqslant \sigma_1 + \sigma_2 + \beta^2\sigma_3 \quad (5.4.26)$$

因此，

$$\begin{aligned}
D_3 &= \Delta_3 + \beta^3D^3F(x)[h,h,h] \overset{(5.1.4)}{\leqslant} \Delta_3 + 2\beta^3\sigma_3^{3/2} \\
&\leqslant 2\sigma_1^{3/2} + 3\sigma_1^{1/2}\sigma_2 + 3\beta\cdot\sigma_2\cdot\sigma_3^{1/2} + 2\beta^3\sigma_3^{3/2} \\
&= (\sigma_1^{1/2} + \beta\sigma_3^{1/2})(2\sigma_1 - 2\beta\sigma_1^{1/2}\sigma_3^{1/2} + 2\beta^2\sigma_3 + 3\sigma_2) \\
&\overset{(5.4.26)}{\leqslant} (\sigma_1^{1/2} + \beta\sigma_3^{1/2})(3D_2 - (\sigma_1^{1/2} + \beta\sigma_3^{1/2})^2) \leqslant 2D_2^{3/2}
\end{aligned}$$

于是，我们得到如下结论。

定理 5.4.4　设函数$\xi(\cdot)$：$\mathbb{E}_1 \to \mathbb{E}_2$满足以下条件：

- 关于凸锥$K \subseteq \mathbb{E}_2$是凹的。
- 与集合$Q \subseteq \mathrm{dom}\,\xi$的自和谐障碍函数$F(\cdot)$是$\beta$-相容的。

405

另外假设$\Phi(\cdot,\cdot)$是闭凸集$Q_2 \subseteq \mathbb{E}_2 \times \mathbb{E}_3$的$\mu$-自和谐障碍函数，且锥$K \times \{0\} \subseteq \mathbb{E}_2 \times \mathbb{E}_3$仅包含集合$Q_2$的回收方向。那么，函数

$$\Psi(x,z) = \Phi(\xi(x),z) + \beta^3F(x) \quad (5.4.27)$$

是集合$\{(x,z) \in Q \times \mathbb{E}_3 : \exists y, \xi(x) \geqslant_K y, (y,z) \in Q_2\}$的一个自和谐障碍函数，障碍函数参数$\hat{\nu} = \mu + \beta^3\nu$。

证明　我们只需要证实障碍函数参数$\hat{\nu}$的值即可。事实上，

$$\begin{aligned}
D_1 &= \langle\nabla\Phi(\xi(x),z),l\rangle + \beta^3\langle\nabla F(x),h\rangle \leqslant \sqrt{\nu}\cdot\sigma_1^{1/2} + \beta^3\sqrt{\mu}\cdot\sigma_3^{1/2} \\
&\leqslant \max_{\sigma_1,\sigma_3\geqslant 0}\{\sqrt{\nu}\cdot\sigma_1^{1/2} + \beta^3\cdot\sqrt{\mu}\sigma_3^{1/2} : \sigma_1 + \beta^3\sigma_3 \overset{(5.4.26)}{\leqslant} D_2\} \\
&= \sqrt{\hat{\nu}}\cdot D_2^{1/2}
\end{aligned}$$

只需用定义(5.3.6)就证明了命题。　∎

注意到在构造函数(5.4.27)中，函数ξ必须仅与障碍函数F相容。函数Φ可以是集合Q_2的任意自和谐障碍函数。

5.4.7 自和谐障碍函数的例子

尽管表达式复杂，定理 5.4.4 对于构造凸锥良好的自和谐障碍函数是非常方便的．我们用几个例子来证实这个说法．

1. **幂锥和 p-范数上图．** 取定一个 $\alpha \in (0,1)$，为了描述例 5.4.1 中给出的幂锥表达式

$$K_\alpha = \{(x^{(1)}, x^{(2)}, z) \in \mathbb{R}_+^2 \times \mathbb{R} : (x^{(1)})^\alpha \cdot (x^{(2)})^{1-\alpha} \geqslant |z|\}$$

我们只需要再给集合 Q_2 定义障碍函数．由引理 5.4.4，我们可以取

$$\Phi(y,z) = -\ln(y^2 - z^2)$$

其障碍函数参数 $\mu = 2$．于是，除了 β-相容性，显然定理 5.4.4 的所有条件都满足．

我们来证明函数 $\xi(x) = (x^{(1)})^\alpha \cdot (x^{(2)})^{1-\alpha}$ 与障碍函数 $F(x) = -\ln x^{(1)} - \ln x^{(2)}$ 是 β-相容的．选择方向 $h \in \mathbb{R}^2$ 和 $x \in \text{int } \mathbb{R}_+^2$．定义

$$\delta_1 = \frac{h^{(1)}}{x^{(1)}}, \quad \delta_2 = \frac{h^{(2)}}{x^{(2)}}, \quad \sigma = \delta_1^2 + \delta_2^2$$

我们来计算方向导数：

$$D\xi(x)[h] = \left[\frac{\alpha h^{(1)}}{x^{(1)}} + \frac{(1-\alpha)h^{(2)}}{x^{(2)}}\right] \cdot \xi(x) = [\alpha\delta_1 + (1-\alpha)\delta_2] \cdot \xi(x)$$

$$\begin{aligned}
D^2\xi(x)[h,h] &= -[\alpha\delta_1^2 + (1-\alpha)\delta_2^2] \cdot \xi(x) + [\alpha\delta_1 + (1-\alpha)\delta_2] \cdot D\xi(x)[h] \\
&= -\alpha(1-\alpha)(\delta_1 - \delta_2)^2 \cdot \xi(x)
\end{aligned}$$

$$\begin{aligned}
D^3\xi(x)[h,h,h] &= 2\alpha(1-\alpha)(\delta_1 - \delta_2) \cdot (\delta_1^2 - \delta_2^2) \cdot \xi(x) \\
&\quad - \alpha(1-\alpha)(\delta_1 - \delta_2)^2 \cdot D\xi(x)[h] \\
&= \xi(x) \cdot \alpha(1-\alpha)(\delta_1 - \delta_2)^2 \cdot [2\delta_1 + 2\delta_2 - \alpha\delta_1 - (1-\alpha)\delta_2] \\
&= -D^2\xi(x)[h,h] \cdot [(2-\alpha)\delta_1 + (1+\alpha)\delta_2]
\end{aligned}$$

因为 $(2-\alpha)\delta_1 + (1+\alpha)\delta_2 \leqslant [(2-\alpha)^2 + (1+\alpha)^2]^{1/2}\sigma^{1/2} < 3\sigma^{1/2}$，我们得出结论：$\xi$ 和 F 是 1-相容的．因此，依据定理 5.4.4，函数

$$\Psi_P(x,z) = -\ln((x^{(1)})^{2\alpha} \cdot (x^{(2)})^{2(1-\alpha)} - z^2) - \ln x^{(1)} - \ln x^{(2)} \quad (5.4.28)$$

是锥 K_α 的一个 4-自和谐障碍函数．

类似的构造可为锥

$$K_\alpha^+ = \{(x^{(1)}, x^{(2)}, z) \in \mathbb{R}_+^2 \times \mathbb{R} : (x^{(1)})^\alpha \cdot (x^{(2)})^{1-\alpha} \geqslant z\}$$

构造自和谐障碍函数．在这种情况下，我们可以选取 $\Phi(y,z) = \ln(y-z)$，参数 $\mu = 1$．于是，由定理 5.4.4，得到如下 3-自和谐障碍函数：

$$\Psi_P^+(x,z) = -\ln((x^{(1)})^\alpha \cdot (x^{(2)})^{(1-\alpha)} - z) - \ln x^{(1)} - \ln x^{(2)} \quad (5.4.29)$$

我们来证明这个障碍函数有最好的参数值．

引理 5.4.9 任何锥 K_α^+ 的 ν-自和谐障碍函数都满足 $\nu \geqslant 3$．

证明 注意到锥 K_α^+ 有三个回收方向：

$$p_1 = (1,0,0)^{\mathrm{T}}, \quad p_2 = (0,1,0)^{\mathrm{T}}, \quad p_3 = (0,0,-1)^{\mathrm{T}}$$

我们来选择参数 $\tau > 0$，并定义 $\overline{x} = (1, 1, -\tau)^{T}$. 注意到

$$\overline{x} - p_1 \notin \text{int } K_\alpha^+, \quad \overline{x} - p_2 \notin \text{int } K_\alpha^+, \quad \overline{x} - (1+\tau)p_3 \in \partial K_\alpha^+$$

另一方面，$\overline{x} - p_1 - p_2 - \tau p_3 = 0 \in K_\alpha^+$. 于是，为了应用定理 5.4.1，我们可以选择

$$\alpha_1 = \alpha_2 = 1, \quad \alpha_3 = \tau, \quad \beta_1 = \beta_2 = 1, \quad \beta_3 = 1+\tau$$

因此，$\nu \geqslant \sum\limits_{i=1}^{3} \dfrac{\alpha_i}{\beta_i} = 2 + \dfrac{\tau}{1+\tau}$. 只需计算当 $\tau \to +\infty$ 时的极限就证明了结论. ∎

注意到障碍函数 $\Psi_P(x, z)$ 可以用来构造 $\mathbb{R}^n$ 中 ℓ_p-范数的上图：

$$\mathcal{K}_p = \{(\tau, z) \in \mathbb{R} \times \mathbb{R}^n : \tau \geqslant \|z\|_{(p)}\}, \quad 1 \leqslant p \leqslant \infty$$

的 $4n$-自和谐障碍函数，其中 $\|z\|_{(p)} = \left[\sum\limits_{i=1}^{n} |z^{(i)}|^p\right]^{1/p}$. 我们假设 $\alpha \overset{\text{def}}{=} \dfrac{1}{p} \in (0, 1)$，则很容易证明：点 (τ, z) 属于 $\mathcal{K}_p$ 当且仅当存在 $x \in \mathbb{R}_+^n$ 满足条件

$$(x^{(i)})^\alpha \cdot \tau^{1-\alpha} \geqslant |z^{(i)}|, i = 1, \cdots, n$$

$$\sum_{i=1}^{n} x^{(i)} = \tau \tag{5.4.30}$$

于是，通过将 $4n$-自和谐障碍函数

$$\Psi_\alpha(\tau, x, z) = -\sum_{i=1}^{n} \left[\ln((x^{(i)})^{2\alpha} \cdot \tau^{2(1-\alpha)} - (z^{(i)})^2) + \ln x^{(i)} + \ln \tau\right] \tag{5.4.31}$$

限制在超平面 $\sum\limits_{i=1}^{n} x^{(i)} = \tau$ 上，就可以得到锥 $\mathcal{K}_p$ 的自和谐障碍函数.

2. 熵函数上图的锥包. 我们需要描述如下集合的锥包：

$$\{(x^{(1)}, z) : z \geqslant x^{(1)} \ln x^{(1)}, x^{(1)} > 0\}$$

引入一个投影变量 $x^{(2)} > 0$，我们得到锥

$$\mathcal{Q} = \{(x^{(1)}, x^{(2)}, z) : z \geqslant x^{(1)} \cdot [\ln x^{(1)} - \ln x^{(2)}], x^{(1)}, x^{(2)} > 0\} \tag{5.4.32}$$

408

我们来用定理 5.4.4 的形式表示它：

$$\mathbb{E}_1 = \mathbb{R}^2, \quad Q_1 = \mathbb{R}_+^2, \quad F(x) = -\ln x^{(1)} - \ln x^{(2)}, \quad \nu = 2$$

$$\mathbb{E}_2 = \mathbb{R}, \quad \xi(x) = -x^{(1)} \cdot [\ln x^{(1)} - \ln x^{(2)}], \quad K = \mathbb{R}_+$$

$$\mathbb{E}_3 = \mathbb{R}, \quad Q_2 = \{(y, z) : y + z \geqslant 0\}, \quad \Phi(y, z) = -\ln(y + z), \quad \mu = 1$$

我们来证明 ξ 与 F 是 1-相容的. 我们使用前面例子的符号.

$$D\xi(x)[h] = \delta_1 \cdot \xi(x) - x^{(1)} \cdot [\delta_1 - \delta_2]$$

$$D^2\xi(x)[h, h] = -\delta_1^2 \cdot \xi(x) + \delta_1 \cdot D\xi(x)[h] - h^{(1)} \cdot [\delta_1 - \delta_2] + x^{(1)} \cdot [\delta_1^2 - \delta_2^2]$$

$$= x^{(1)} \cdot [-2\delta_1(\delta_1 - \delta_2) + \delta_1^2 - \delta_2^2] = -x^{(1)} \cdot (\delta_1 - \delta_2)^2$$

$$D^3\xi(x)[h, h, h] = -h^{(1)} \cdot (\delta_1 - \delta_2)^2 + 2x^{(1)} \cdot (\delta_1 - \delta_2) \cdot (\delta_1^2 - \delta_2^2)$$

$$= x^{(1)} (\delta_1 - \delta_2)^2 \cdot [-\delta_1 + 2(\delta_1 + \delta_2)]$$

$$= -D^2\xi(x)[h, h] \cdot [\delta_1 + 2\delta_2]$$

因为 $\delta_1 + 2\delta_2 \leqslant \sqrt{5} \cdot \sigma^{1/2} < 3\sigma^{1/2}$，我们得出 ξ 与 F 是 1-相容的这个结论. 因此，根据定理

5.4.4, 函数

$$\Psi_E(x,z) = -\ln\left(z - x^{(1)} \cdot \ln\frac{x^{(1)}}{x^{(2)}}\right) - \ln x^{(1)} - \ln x^{(2)} \tag{5.4.33}$$

是锥 $\mathscr{Q}$ 上的 3-自和谐函数. 有趣的是, 相同的障碍函数也能描述对数函数和指数函数的上图. 事实上,

$$\mathscr{Q} \cap \{x : x^{(1)} = 1\} = \{(x^{(2)}, z) : z \geqslant -\ln x^{(2)}\} = \{(x^{(2)}, z) : x^{(2)} \geqslant \mathrm{e}^{-z}\}$$

我们来说明, 可以在更复杂的情况中使用如下 3-自和谐障碍函数

$$\psi_E(x,y,\tau) = -\ln\left(\tau \ln\frac{y}{\tau} - x\right) - \ln y - \ln \tau$$

$$(x,y,\tau) \in \mathrm{int}\ \mathscr{E} \stackrel{\mathrm{def}}{=} \{y \geqslant \tau \mathrm{e}^{x/\tau}, \tau > 0\} \subset \mathbb{R}^3 \tag{5.4.34}$$

研究下述函数

$$f_n(x) \stackrel{\mathrm{def}}{=} \ln\left(\sum_{i=1}^n \mathrm{e}^{x^{(i)}}\right), \quad x \in \mathbb{R}^n$$

$$Q \stackrel{\mathrm{def}}{=} \left\{(x,t,\tau) \in \mathbb{R}^n \times \mathbb{R} \times \mathbb{R} : t \geqslant \tau f_n\left(\frac{x}{\tau}\right), \tau > 0\right\} \tag{5.4.35}$$

上图的锥包. 显然 $(x, t, \tau) \in Q$ 当且仅当

$$f_n\left(\frac{1}{\tau}(x - t \cdot \bar{e}_n)\right) \leqslant 1$$

其中 $\bar{e}_n \in \mathbb{R}^n$ 是全 1 向量. 因此, 我们可以将 Q 建模为如下锥:

$$Q = \left\{(x,y,t,\tau) \in \mathbb{R}^n \times \mathbb{R}^n \times \mathbb{R} \times \mathbb{R} : y^{(i)} \geqslant \tau \mathrm{e}^{(x^{(i)} - t)/\tau}, i = 1, \cdots, n, \sum_{i=1}^n y^{(i)} = \tau\right\}$$

的投影. 这个锥具有一个 $3n$-自和谐障碍函数, 它是将函数

$$\Psi_L(x,y,t,\tau) = -\sum_{i=1}^n \left[\ln(t + \tau\ln y^{(i)} - x^{(i)} - \tau\ln\tau) + \ln y^{(i)} + \ln\tau\right] \tag{5.4.36}$$

限制在超平面 $\sum_{i=1}^n y^{(i)} = \tau$ 上得到的.

3. **几何均值.** 设 $x \in \mathbb{R}_+^n$ 和 $a \in \Delta_n \stackrel{\mathrm{def}}{=} \left\{y \in \mathbb{R}_+^n : \sum_{i=1}^n y^{(i)} = 1\right\}$. 不失一般性, 我们仅考虑具有正分量的 a. 定义

$$\xi(x) = x^a \stackrel{\mathrm{def}}{=} \prod_{i=1}^n (x^{(i)})^{a^{(i)}}$$

我们来写出这个函数沿着 $h \in \mathbb{R}^n$ 的方向导数. 定义

$$\delta_x^{(i)}(h) = \frac{h^{(i)}}{x^{(i)}}, \quad i = 1, \cdots, n$$

$$\delta_x(h) = (\delta_x^{(1)}(h), \cdots, \delta_x^{(n)}(h))^{\mathsf{T}}$$

$$F(x) = -\sum_{i=1}^n \ln x^{(i)}$$

显然，$\|h\|_x \stackrel{\text{def}}{=} \langle F''(x)h, h \rangle^{1/2} = \|\delta_x(h)\|$，其中范数为标准欧几里得范数. 注意到

$$D(\ln \xi(x))[h] = \frac{1}{\xi(x)} D\xi(x)[h] = \langle a, \delta_x(h) \rangle$$

于是，$D\xi(x)[h] = \xi(x) \cdot \langle a, \delta_x(h) \rangle$. 用 $[x]^k \in \mathbb{R}^n$ 表示向量 $x \in \mathbb{R}^n$ 的逐分量 k 次幂，我们得到

$$D^2\xi(x)[h,h] = \xi(x) \cdot \langle a, \delta_x(h) \rangle^2 - \xi(x) \cdot \langle a, [\delta_x(h)]^2 \rangle$$
$$= -\xi(x) \cdot \langle a, [\delta_x(h) - \langle a, \delta x(h) \rangle \cdot \bar{e} n]^2 \rangle \stackrel{\text{def}}{=} -\xi(x) \cdot S_2$$

进一步，由定义 $\xi = \xi(x)$ 和 $\delta = \delta_x(h)$，我们得到

$$D^3\xi(x)[h,h,h] = \xi\langle a,\delta\rangle^3 + 2\xi\langle a,\delta\rangle\langle a, -[\delta]^2\rangle - \xi\langle a,\delta\rangle\langle a,[\delta]^2\rangle - \xi\langle a, -2[\delta]^3\rangle$$
$$= \xi(\langle a,\delta\rangle^3 - 3\langle a,\delta\rangle\langle a,[\delta]^2\rangle + 2\langle a,[\delta]^3\rangle)$$

定义

$$S_3 = \langle a, [\delta - \langle a,\delta\rangle \bar{e}_n]^3 \rangle = \langle a, [\delta]^3 - 3\langle a,\delta\rangle[\delta]^2 + 3\langle a,\delta\rangle^2\delta - \langle a,\delta\rangle^3\bar{e}_n \rangle$$
$$= \langle a, [\delta]^3 \rangle - 3\langle a,\delta\rangle\langle a,[\delta]^2\rangle + 2\langle a,\delta\rangle^3$$

那么，用这个新符号，我们有

$$D^3\xi(x)[h,h,h] = \xi(\langle a,\delta\rangle^3 - 3\langle a,\delta\rangle\langle a,[\delta]^2\rangle$$
$$+ 2[S_3 + 3\langle a,\delta\rangle\langle a,[\delta]^2\rangle - 2\langle a,\delta\rangle^3])$$
$$= \xi(2S_3 + 3\langle a,\delta\rangle\langle a,[\delta]^2\rangle - 3\langle a,\delta\rangle^3) = \xi(2S_3 + 3\langle a,\delta\rangle S_2)$$

因此，

$$D^3\xi(x)[h,h,h] \leqslant \xi S_2(3\langle a,\delta\rangle + 2\max_{1\leqslant i\leqslant n}[\delta^{(i)} - \langle a,\delta\rangle])$$
$$\leqslant \xi S_2(\langle a,\delta\rangle + 2\max_{1\leqslant i\leqslant n}|\delta^{(i)}|)$$
$$\leqslant -3D^2\xi(x)[h,h] \cdot \langle F''(x)\delta,\delta\rangle^{1/2}$$

411

于是，我们证明了 ξ 与 F 是 1-相容的. 这意味着函数

$$\Psi(x,t) = -\ln(\xi(x) - t) + F(x), \quad x > 0 \in \mathbb{R}^n \tag{5.4.37}$$

是函数 ξ 的下图的 $(n+1)$-自和谐障碍函数. 此外，由于 β-相容函数集是一个凸锥，当 $\alpha_k > 0$ 且 $a_k \in \Delta_n$，$k = 1, \cdots, m$ 时，任意求和的函数

$$\xi(x) = \sum_{k=1}^{m} \alpha_k x^{a_k} \tag{5.4.38}$$

与 F 是 1-相容的. 因此，对这类函数，公式 (5.4.37) 也适用，且障碍函数参数仍等于 $n+1$.

注意到具有形式 (5.4.38) 的函数有时出现在与多项式有关的优化问题中. 事实上，假设我们需要求解问题

$$\max_y \left\{ p(y) = \sum_{k=1}^{m} \alpha_k y^{b_k} : y \geqslant 0, \|y\|_{(d)} \leqslant 1 \right\}$$

其中所有 b_k 均属于 $d \cdot \Delta_n$，且 $\|y\|_{(d)} = \left[\sum_{i=1}^{n} (y^{(i)})^d \right]^{1/d}$. 那么，对于新变量 $y^{(i)} = [x^{(i)}]^{1/d}$，

$i=1$，$\cdots$，n，我们的问题变成有着由(5.4.38)给出的凹目标 $\xi(\cdot)$ 的凸问题.

4. 自和谐障碍函数的指数下图. 设函数 $F(\cdot)$ 是集合 dom F 的 ν-自和谐障碍函数. 取定 $p\geqslant\nu$，考虑函数 $\xi_p(x)=\exp\left\{-\dfrac{1}{p}F(x)\right\}$. 正如我们在引理 5.3.1 中所证明的，这个函数在 dom F 上是凹的. 研究如下集合

$$\mathscr{H}_p=\{(x,t)\in \text{dom}\, F\times\mathbb{R} : \xi_p(x)\geqslant t\}$$

我们为这个集合构造一个自和谐障碍函数.

在我们的构造框架中，$Q_1=\text{dom}\, F$，$Q_2=\{(y,\ t)\in\mathbb{R}^2 : y\geqslant t\}$，$K=\mathbb{R}_+$，并且 $\Phi(y,\ t)=-\ln(y-t)$，$\mu=1$. 我们来证明 $\xi_p(x)$ 在 K 上是凹的，且与 F 是 β-相容的.

取定 $x\in\text{dom}\, F$ 和一个任意方向 $h\in\mathbb{E}$，那么

$$\xi'\stackrel{\text{def}}{=}D\xi_p(x)[h]=-\frac{1}{p}\langle\nabla F(x),h\rangle\xi_p(x)$$

$$\xi''\stackrel{\text{def}}{=}D^2F(x)[h,h]=\frac{1}{p^2}\langle\nabla F(x),h\rangle^2\xi_p(x)-\frac{1}{p}\langle\nabla^2 F(x)h,h\rangle\xi_p(x)$$

$$\xi'''\stackrel{\text{def}}{=}D^3F(x)[h,h,h]=-\frac{1}{p^3}\langle\nabla F(x),h\rangle^3\xi_p(x)$$
$$+\frac{3}{p^2}\langle\nabla F(x),h\rangle\cdot\langle\nabla^2 F(x)h,h\rangle\xi_p(x)-\frac{1}{p}D^3F(x)[h,h,h]\xi_p(x)$$

正如我们已经看到的，根据(5.3.6)，有 $\xi''\leqslant 0$，这意味着它在 K 上是凹的.

设 $\xi=\xi_p(x)$，$D_1=\langle\nabla F(x),\ h\rangle$，$D_2=\langle\nabla^2 F(x)h,\ h\rangle^{1/2}$，且 $\tau=\dfrac{\xi}{p}D_2^2$，则

$$\xi''=\frac{\xi}{p^2}D_1^2-\tau\leqslant 0$$

$$\xi'''\stackrel{(5.1.4)}{\leqslant}\frac{2\xi}{p}D_2^3+\frac{3\xi}{p^2}D_1D_2^2-\frac{\xi}{p^3}D_1^3=2\tau D_2+\frac{1}{p}D_1\left(3\tau-\frac{\xi}{p^2}D_1^2\right)$$

$$=2\tau D_2+\frac{1}{p}D_1(2\tau-\xi'')\stackrel{(5.3.6)}{\leqslant}2\tau D_2+\frac{\sqrt{\nu}}{p}D_2(2\tau-\xi'')$$

注意到 $\xi''+\tau=\dfrac{\xi}{p^2}D_1^2\stackrel{(5.3.6)}{\leqslant}\dfrac{\xi\nu}{p^2}D_2^2=\dfrac{\nu}{p}\tau$，于是 $\tau\leqslant\dfrac{p}{p-\nu}(-\xi'')$，因此

$$\xi'''\leqslant D_2\left(2\left(1+\frac{\sqrt{\nu}}{p}\right)\tau+\frac{\sqrt{\nu}}{p}(-\xi'')\right)\leqslant D_2\left[\frac{2}{\sqrt{p}-\sqrt{\nu}}+\frac{\sqrt{\nu}}{p}\right](-\xi'')$$

这意味着对于 $p\geqslant(1+\sqrt{\nu})^2$，函数 $\xi_p(x)$ 与 F 是 1-相容的，且由定理 5.4.4，我们得到集合 $\mathscr{H}_p$ 的一个 $(\nu+1)$-自和谐障碍函数:

$$\Psi_H(x,t)=-\ln\left(\exp\left\{-\frac{1}{p}F(x)\right\}-t\right)+F(x) \qquad (5.4.39)$$

5. 逆矩阵的矩阵上图. 研究如下集合:

$$\mathscr{I}_n=\{(X,Y)\in\mathbb{S}_+^n\times\mathbb{S}_+^n : X^{-1}\preccurlyeq Y\}$$

为了构造其障碍函数，考虑映射 $\xi(X)=-X^{-1}$. 该映射是在正定矩阵集合上定义的，且我

们知道正定矩阵集合的 n-自和谐障碍函数 $F(X) = -\ln \det X$，其障碍函数参数为 $\nu = n$（参见定理 5.4.3）. 我们来证明 ξ 与 F 是 1-相容的.

事实上，我们取定一个任意的方向 $H \in \mathbb{S}^n$，通过与引理 5.4.6 相同的推理，可以证明
$$D\xi(X)[H] = X^{-1}HX^{-1}$$
$$D^2\xi(X)[H,H] = -2X^{-1}HX^{-1}HX^{-1} \in -\mathbb{S}^n_+$$
$$D^3\xi(X)[H,H,H] = 6X^{-1}HX^{-1}HX^{-1}HX^{-1}$$

设 $A = X^{-1/2}HX^{-1/2}$，$\rho = \max\limits_{1 \leqslant i \leqslant n} |\lambda_i(A)|$，则根据引理 5.4.6，有
$$\langle \nabla^2 F(X)H, H \rangle = \|A\|_F^2 = \sum_{i=1}^n \lambda_i^2(A) \geqslant \rho^2$$

另一方面，
$$D^3\xi(X)[H,H,H] = 6X^{-1/2}A^3X^{-1/2} \leqslant 6\rho X^{-1/2}A^2X^{-1/2}$$
$$\leqslant 6\langle \nabla^2 F(X)H, H \rangle^{1/2} X^{-1/2}A^2X^{-1/2}$$
$$= 3\langle \nabla^2 F(X)H, H \rangle^{1/2} D^2F(X)[H,H]$$

于是，条件 (5.4.21) 成立且 $\beta = 1$. 因此，根据定理 5.4.4，函数
$$F(X,Y) = -\ln \det(Y - X^{-1}) - \ln \det X \tag{5.4.40}$$
是 $\mathscr{P}_n$ 的 ν-自和谐障碍函数，其参数 $\nu = 2n$.

引理 5.4.10 集合 $\mathscr{P}_n$ 的任何自和谐障碍函数的参数 $\nu \geqslant 2n$.

证明 我们选取 $\gamma > 1$，并考虑矩阵 $\overline{X} = \overline{Y} = \gamma I_n$. 显然点 $(\overline{X}, \overline{Y})$ 属于 $\mathrm{int} \mathscr{P}_n$. 注意到对正定矩阵，关系式 $Y \geqslant X^{-1}$ 成立当且仅当 $X \geqslant Y^{-1}$. 因此，所有方向
$$p_i = (e_ie_i^{\mathrm{T}}, 0), \quad q_i = (0, e_ie_i^{\mathrm{T}}), \quad i = 1, \cdots, n$$
都是集合 $\mathscr{P}_n$ 上的回收方向. 很容易验证，对 $\beta = \gamma - \dfrac{1}{\gamma}$，我们得到
$$(\overline{X}, \overline{Y}) - \beta p_i \in \partial \mathscr{I}_n, \quad (\overline{X}, \overline{Y}) - \beta q_i \in \partial \mathscr{I}_n, \quad i = 1, \cdots, n$$
另一方面，对 $\alpha = \gamma - 1$，我们有 $\overline{Y} - \alpha \sum\limits_{i=1}^n e_ie_i^{\mathrm{T}} = I_n = (\overline{X} - \alpha \sum\limits_{i=1}^n e_ie_i^{\mathrm{T}})^{-1}$. 因此，在定理 5.4.1 的条件下，我们可以得到所有 $\alpha_i = \alpha$ 与 $\beta_i = \beta$. 于是，我们得到 $\nu \geqslant 2n \dfrac{\alpha}{\beta} = \dfrac{2n\gamma}{1+\gamma}$. 因为 γ 可以任意大，我们得到 $\nu \geqslant 2n$. ∎

5.4.8 可分优化

在可分优化问题中，函数分量中的所有非线性项都用一元函数表示. 这种问题的一般形式如下：
$$\min_{x \in \mathbb{R}^n} \Big\{ q_0(x) = \sum_{j=1}^{m_0} \alpha_{0,j} f_{0,j}(\langle a_{0,j}, x \rangle + b_{0,j})$$
$$q_i(x) = \sum_{j=1}^{m_i} \alpha_{i,j} f_{i,j}(\langle a_{i,j}, x \rangle + b_{i,j}) \leqslant \beta_i, i = 1, \cdots, m \Big\} \tag{5.4.41}$$

其中 $\alpha_{i,j}$ 是正系数，$a_{i,j} \in \mathbb{R}^n$ 且 $f_{i,j}(\cdot)$ 是单变量凸函数．我们来将这个问题重写为标准形式：

$$\min_{x \in \mathbb{R}^n, \tau \in \mathbb{R}^{m+1}, t \in \mathbb{R}^M} \left\{ \tau_0 : \sum_{j=1}^{m_i} \alpha_{i,j} t_{i,j} \leqslant \tau_i,\ i = 0, \cdots, m, \tau_i \leqslant \beta_i,\ i = 1, \cdots, m, \right.$$

$$\left. f_{i,j}(\langle a_{i,j}, x \rangle + b_{i,j}) \leqslant t_{i,j},\ j = 1, \cdots, m_i,\ i = 0, \cdots, m \right\} \qquad (5.4.42)$$

其中 $M = \sum_{i=0}^{m} m_i$．于是，为了给该问题可行集构造自和谐障碍函数，我们需要单变量凸函数 $f_{i,j}$ 上图的障碍函数．我们来为几个重要的例子给出这类障碍函数．

5.4.8.1　对数函数和指数函数

在障碍函数(5.4.33)中取定第一个坐标，我们得到障碍函数 $F_1(x, t) = -\ln x - \ln(\ln x + t)$，它是集合

$$Q_1 = \{(x, t) \in \mathbb{R}^2 \mid x > 0,\ t \geqslant -\ln x\}$$

的 3-自和谐障碍函数．同理，我们可得函数 $F_2(x, t) = -\ln t - \ln(\ln t - x)$ 是集合

$$Q_2 = \{(x, t) \in \mathbb{R}^2 \mid t \geqslant e^x\}$$

的一个 3-自和谐障碍函数．

5.4.8.2　熵函数

通过在障碍函数(5.4.33)中取定第二个坐标，我们得到 $F_3(x, t) = -\ln x - \ln(t - x\ln x)$，它是集合

$$Q_3 = \{(x, t) \in \mathbb{R}^2 \mid x \geqslant 0,\ t \geqslant x\ln x\}$$

的 3-自和谐障碍函数．

5.4.8.3　递增幂函数

设 $p \geqslant 1$，且定义 $\alpha = \dfrac{1}{p}$．通过在障碍函数(5.4.28)中取定第二个变量，$x^{(2)} = 1$，我们得到函数 $F_4(x, t) = -\ln t - \ln(t^{2/p} - x^2)$，这是集合

$$Q_4 = \{(x, t) \in \mathbb{R}^2 \mid t \geqslant |x|^p\}, \quad p \geqslant 1$$

的 4-自和谐障碍函数．如果 $p < 1$，则对障碍函数(5.4.29)用类似的操作得到函数 $F_5(x, t) = -\ln t - \ln(t^p - x)$，这是集合

$$Q_5 = \{(x, t) \in \mathbb{R}^2 \mid t \geqslant 0,\ t^p \geqslant x\}, \quad 0 < p \leqslant 1$$

的 3-自和谐障碍函数．

5.4.8.4　递减幂函数

设 $p > 0$，定义 $\alpha = \dfrac{p}{p+1}$．那么，通过在障碍函数(5.4.29)中取定 $z = 1$，我们得函数 $F_6(x, t) = -\ln x - \ln t - \ln(x^\alpha t^{1-\alpha} - 1)$，这是集合

$$Q_6 = \left\{(x, t) \in \mathbb{R}^2 \mid x > 0, t \geqslant \frac{1}{x^p}\right\}$$

的 3- 自和谐障碍函数.

我们来用两个例子来结束我们的讨论.

5.4.8.5　几何优化

这类问题的原始形式为

$$\min_{x \in \mathbb{R}^n_{++}} \Big\{ q_0(x) = \sum_{j=1}^{m_0} \alpha_{0,j} \prod_{j=1}^{n} (x^{(j)})^{\sigma^{(j)}_{0,j}},$$

$$q_i(x) = \sum_{j=1}^{m_i} \alpha_{i,j} \prod_{j=1}^{n} (x^{(j)})^{\sigma^{(j)}_{i,j}} \leqslant 1, i = 1, \cdots, m \Big\} \tag{5.4.43}$$

其中 $\mathbb{R}^N_{++}$ 是非负象限的内部, 且 $\alpha_{i,j}$ 是正系数. 注意到问题 (5.4.43) 不是凸的.

我们引入向量 $a_{i,j} = (\sigma^{(1)}_{i,j}, \cdots, \sigma^{(n)}_{i,j}) \in \mathbb{R}^n$, 改变变量记号:

$$x^{(i)} = e^{y^{(i)}}, \quad i = 1, \cdots, n$$

这样, 问题 (5.4.43) 可以写成如下凸的形式:

$$\min_{y \in \mathbb{R}^n} \Big\{ \sum_{j=1}^{m_0} \alpha_{0,j} \exp(\langle a_{0,j}, y \rangle) : \sum_{j=1}^{m_i} \alpha_{i,j} \exp(\langle a_{i,j}, y \rangle) \leqslant 1, i = 1, \cdots, m \Big\} \tag{5.4.44}$$

设 $M = \sum_{i=0}^{m} m_i$, 求解 (5.4.44) 的复杂度为路径跟踪算法至多 $O\left(M^{1/2} \cdot \ln \dfrac{M}{\epsilon}\right)$ 次迭代.

5.4.8.6　ℓ_p-范数的近似

这种类型的最简单问题如下:

$$\min_{x \in \mathbb{R}^n} \Big\{ \sum_{i=1}^{m} |\langle a_i, x \rangle - b^{(i)}|^p : \alpha \leqslant x \leqslant \beta \Big\} \tag{5.4.45}$$

其中 $p \geqslant 1$ 且 $\alpha, \beta \in \mathbb{R}^n$. 显然, 我们可以用等价的标准形式重写这个问题为

$$\min_{x \in \mathbb{R}^n, \tau \in \mathbb{R}^{m+1}} \Big\{ \tau^{(0)} : |\langle a_i, x \rangle - b^{(i)}|^p \leqslant \tau^{(i)}, i = 1, \cdots, m,$$

$$\sum_{i=1}^{m} \tau^{(i)} \leqslant \tau^{(0)}, \alpha \leqslant x \leqslant \beta \Big\} \tag{5.4.46}$$

这个问题的复杂度界为路径追踪算法的 $O\left(\sqrt{m+n} \cdot \ln \dfrac{m+n}{\epsilon}\right)$ 次迭代.

我们讨论了几种纯优化问题的内点法的性能. 然而, 重要的是我们可以将这些方法应用于混合问题. 例如, 在问题 (5.4.11) 或 (5.4.45) 中, 我们也可以处理二次约束. 为此, 我们需要构建一个相应的自和谐障碍函数. 对在实际应用中出现的所有重要函数分量, 这类障碍函数都是已知的.

5.4.9　极小化算法的选择

我们已经看到, 大多数凸优化问题都可以用内点法来求解. 然而, 同样的问题也可以用非光滑优化的算法求解. 一般来说, 我们不能说哪种方法更好, 因为答案取决于具体问

题的个别结构. 但是, 优化算法的复杂度估计往往有助于做出选择. 我们来考虑一个简单
的例子.

417

假设我们将求解关于 ℓ_p-范数的最佳近似问题:

$$\min_{x \in \mathbb{R}^n} \left\{ \sum_{i=1}^{m} |\langle a_i, x \rangle - b^{(i)}|^p : \alpha \leqslant x \leqslant \beta \right\} \tag{5.4.47}$$

其中 $p \geqslant 1$. 我们有两种可用的数值方法:

- 椭球算法(3.2.8 节).
- 内点路径跟踪算法.

我们应该使用哪一个? 可以从相应算法的复杂度分析中得到答案.

首先, 我们来估计问题(5.4.47)的椭球算法的性能.

椭球算法的复杂度
迭代次数: $O\left(n^2 \ln \frac{1}{\epsilon}\right)$
Oracle 复杂度: $O(mn)$ 运算操作
迭代复杂度: $O(n^2)$ 运算操作
总复杂度: $O\left(n^3(m+n)\ln\frac{1}{\epsilon}\right)$ 运算操作

路径跟踪算法的分析比较复杂. 首先, 我们应该建立该问题的一个障碍函数模型:

$$\min_{x \in \mathbb{R}^n, \tau \in \mathbb{R}^m, \xi \in R} \left\{ \xi : |\langle a_i, x \rangle - b^{(i)}|^p \leqslant \tau^{(i)}, \ i = 1, \cdots, m \right.$$

$$\left. \sum_{i=1}^{m} \tau^{(i)} \leqslant \xi, \ \alpha \leqslant x \leqslant \beta \right\}$$

$$F(x, \tau, \xi)) = \sum_{i=1}^{m} f(\langle a_i, x \rangle - b^{(i)}, \tau^{(i)}) - \ln\left(\xi - \sum_{i=1}^{m} \tau^{(i)}\right)$$

$$- \sum_{i=1}^{n} \left[\ln(x^{(i)} - \alpha^{(i)}) + \ln(\beta^{(i)} - x^{(i)})\right] \tag{5.4.48}$$

418

其中 $f(y, t) = -\ln t - \ln(t^{2/p} - y^2)$.

我们已经知道, 障碍函数 $F(x, \tau, \xi)$ 的参数 $\nu = 4m + n + 1$. 因此路径跟踪算法最多需
要 $O\left(\sqrt{4m+n+1} \cdot \ln\frac{m+n}{\epsilon}\right)$ 次迭代.

在该算法的每次迭代中, 我们都需要计算障碍函数 $F(x, \tau, \xi)$ 的梯度和 Hessian 矩
阵. 定义

$$g_1(y, t) = \nabla_y f(y, t), \quad g_2(y, t) = f'_t(y, t)$$

则

$$\nabla_x F(x, \tau, \xi) = \sum_{i=1}^{m} g_1(\langle a_i, x \rangle - b^{(i)}, \tau^{(i)}) a_i - \sum_{i=1}^{n} \left[\frac{1}{x^{(i)} - \alpha^{(i)}} - \frac{1}{\beta^{(i)} - x^{(i)}}\right] e_i$$

$$F'_{\tau^{(i)}}(x,\tau,\xi) = g_2(\langle a_i,x \rangle - b^{(i)},\tau^{(i)}) + \Big[\xi - \sum_{j=1}^m \tau^{(j)}\Big]^{-1}$$

$$F'_\xi(x,\tau,\xi) = -\Big[\xi - \sum_{i=1}^m \tau^{(i)}\Big]^{-1}$$

进一步，通过定义

$$h_{11}(y,t) = \nabla^2_{yy}F(y,t), \quad h_{12}(y,t) = \nabla^2_{yt}F(y,t), \quad h_{22}(y,t) = F''_{tt}(y,t)$$

我们得到

$$\nabla^2_{xx}F(x,\tau,\xi) = \sum_{i=1}^m h_{11}(\langle a_i,x \rangle - b^{(i)},\tau^{(i)})a_i a_i^{\mathrm{T}}$$
$$+ \mathrm{diag}\Big[\frac{1}{(x^{(i)} - \alpha^{(i)})^2} + \frac{1}{(\beta^{(i)} - x^{(i)})^2}\Big]$$

$$\nabla^2_{\tau^{(i)}x}F(x,\tau,\xi) = h_{12}(\langle a_i,x \rangle - b^{(i)},\tau^{(i)})a_i$$

$$F''_{\tau^{(i)},\tau^{(i)}}(x,\tau,\xi) = h_{22}(\langle a_i,x \rangle - b^{(i)},\tau^{(i)}) + \Big(\xi - \sum_{i=1}^m \tau^{(i)}\Big)^{-2}$$

$$F''_{\tau^{(i)},\tau^{(j)}}(x,\tau,\xi) = \Big(\xi - \sum_{i=1}^m \tau^{(i)}\Big)^{-2}, i \neq j$$

$$\nabla^2_{x,\xi}F(x,\tau,\xi) = 0, \quad F''_{\tau^{(i)},\xi}(x,\tau,\xi) = -\Big(\xi - \sum_{i=1}^m \tau^{(i)}\Big)^{-2}$$

$$F''_{\xi,\xi}(x,\tau,\xi) = \Big(\xi - \sum_{i=1}^m \tau^{(i)}\Big)^{-2}$$

419

于是，路径跟踪算法中 2 阶 Oracle 的复杂度是 $O(mn^2)$ 次算术运算.

现在我们来估计每一次迭代的复杂度. 每次迭代的主要计算是求解牛顿方程. 设

$$\varkappa = \Big(\xi - \sum_{i=1}^m \tau^{(i)}\Big)^{-2}, \quad s_i = \langle a_i,x \rangle - b^{(i)}, i = 1,\cdots,n$$

且

$$\Lambda_0 = \mathrm{diag}\Big[\frac{1}{(x^{(i)} - \alpha^{(i)})^2} + \frac{1}{(\beta^{(i)} - x^{(i)})^2}\Big]_{i=1}^n \Lambda_1 = \mathrm{diag}(h_{11}(s_i,\tau^{(i)}))_{i=1}^m$$

$$\Lambda_2 = \mathrm{diag}(h_{12}(s_i,\tau^{(i)}))_{i=1}^m, \qquad\qquad D = \mathrm{diag}(h_{22}(s_i,\tau^{(i)}))_{i=1}^m$$

这样，通过使用符号 $A = (a_1, \cdots, a_m)$，$\bar{e}_m = (1, \cdots, 1) \in \mathbb{R}^m$，牛顿方程可以写成如下形式：

$$[A(\Lambda_0 + \Lambda_1)A^{\mathrm{T}}]\Delta x + A\Lambda_2\Delta\tau = \nabla_x F(x,\tau,\xi)$$
$$\Lambda_2 A^{\mathrm{T}}\Delta x + [D + \varkappa I_m]\Delta\tau + \varkappa \bar{e}_m\Delta\xi = F'_\tau(x,\tau,\xi) \qquad (5.4.49)$$
$$\varkappa\langle \bar{e}_m,\Delta\tau \rangle + \varkappa\Delta\xi = F'_\xi(x,\tau,\xi) + t$$

其中 t 是一个惩罚参数. 由(5.4.49)的第二方程，我们得到

$$\Delta\tau = [D + \varkappa I_m]^{-1}(F'_\tau(x,\tau,\xi) - \Lambda_2 A^{\mathrm{T}}\Delta x - \varkappa \bar{e}_m\Delta\xi)$$

将 $\Delta\tau$ 代入(5.4.49)的第一个方程中，得到

$$\Delta x = \left[A(\Lambda_0 + \Lambda_1 - \Lambda_2^2[D + \varkappa I_m]^{-1})A^{\mathrm{T}}\right]^{-1}\{\nabla_x F(x,\tau,\xi)$$
$$- A\Lambda_2[D + \varkappa I_m]^{-1}(F'_\tau(x,\tau,\xi) - \varkappa\bar{e}_m\Delta\xi)\}$$

利用这些关系，我们可以从(5.4.49)的最后一个方程中得到 $\Delta\xi$.

于是，牛顿方程(5.4.49)可在 $O(n^3 + mn^2)$ 次运算内解出. 这意味着路径跟踪算法的总复杂度可以估计为

$$O\left(n^2(m+n)^{3/2} \cdot \ln\frac{m+n}{\epsilon}\right)$$

次算术运算. 将此估计与椭球算法的上界进行比较，可以得出结论：如果 m 不太大(即$m \leqslant O(n^2)$)，则内点法更有效.

当然，只有当算法的行为符合最坏情况下的复杂度界时，该分析才有效. 对于椭球算法，这确实是正确的. 然而，内点路径跟踪算法可以通过长步策略加速. 对这些可能性的解释需要引入以圆锥形式给出的优化问题的原始-对偶设定. 由于篇幅的限制，我们决定不在本书中触及这一深层次的理论.

420

421
～
422

第 6 章　目标函数的原始-对偶模型

在前几章中, 我们已经证明了在黑箱框架下, 非光滑优化问题比光滑优化问题困难得多. 然而, 通常我们知道目标函数分量的显式结构. 在本章中, 我们将说明如何利用这些已知信息来加速极小化方法, 并提取关于问题的对偶部分的有用信息. 主要的加速思想是用可微函数近似不可微函数. 我们提出生成不可微函数的可计算的光滑模型的一种技术, 然后用快速梯度法极小化该问题. 该方法的迭代次数与标准次梯度法的迭代次数的平方根成正比. 同时, 每次迭代的复杂度不变. 这种技术既可用于原始问题, 也可用于对称性的原始-对偶问题. 在本章中, 我们包括应用这种方法求解半定优化问题的例子. 在本章最后, 对仅基于每次迭代求解线性函数极小化的辅助问题的条件梯度法的性能进行分析. 我们说明该方法还可以重构问题的原始-对偶解. 类似的想法被用于具有收缩性的二阶信赖域算法, 该算法是具有可证明全局最坏情况性能保证的类型的第一种方法.

6.1　目标函数显式模型的光滑化

(不可微目标函数的极小极大模型; 任意范数和合成目标函数的快速梯度法; 应用实例: 矩阵博弈的极小极大策略、连续选址问题、线性算子的变分不等式、分片线性函数的极小化问题; 算法实现的讨论.)

6.1.1　不可微函数的光滑近似

正如我们在第 3 章中看到的, 次梯度方法求解非光滑凸优化问题的迭代复杂度为

$$O\Big(\frac{1}{\epsilon^2}\Big) \tag{6.1.1}$$

次 Oracle 调用, 其中 ϵ 是确定函数值的近似解的理想绝对精度. 此外, 我们已经看到, 最简单的次梯度方法的效率界不能关于变量空间的维数得到一致地提高(参见 3.2 节). 当然, 这种说法只对目标函数的黑箱模型有效. 但是, 其证明具有建设性: 可以看出, 像如下这个最简单的问题

$$\min_{x\in\mathbb{R}^n}\Big\{\gamma\max_{1\leqslant i\leqslant k}x^{(i)}+\frac{\mu}{2}\|x\|^2\Big\},\quad 1\leqslant k\leqslant n$$

对所有数值算法都很难求解, 其中范数是标准的欧几里得范数. 这些函数的极端简单性可能解释了一个普遍的悲观观点: 即通过梯度算法确定分片线性函数极小值的 ϵ 近似的实际最坏情况复杂度的界确实由(6.1.1)给出.

事实上, 这并不绝对正确. 在实际应用中, 我们几乎从未遇到过一个纯粹的黑箱模型. 我们总是知道基本目标的结构(这已经在 5.1.1 节已讨论过), 合理使用该结构能够且确实有助于构造更有效的算法.

在这一节中，我们将基于构造非光滑函数的光滑近似来讨论这种可能性. 我们来研究下面的情形. 考虑$\mathbb{E}$上的凸函数 f. 假设 f 满足如下增长条件：

$$f(x) \leqslant f(0) + L\|x\|, \quad \forall x \in \mathbb{R}^n \tag{6.1.2}$$

其中欧几里得范数 $\|x\| = \langle Bx, x \rangle^{1/2}$ 是由一个自伴随正定线性算子 $B : \mathbb{E} \to \mathbb{E}^*$ 定义的. 定义函数 f 的 Fenchel 共轭如下：

$$f_*(s) = \sup_{x \in \mathbb{E}} [\langle s, x \rangle - f(x)], \quad s \in \mathbb{E}^* \tag{6.1.3}$$

显然，根据定理 3.1.8 函数 f_* 是闭凸的. 由定理 3.1.20 知，其定义域非空，且

$$\mathrm{dom}\, f_* \supseteq \partial f(x), \quad \forall x \in \mathbb{E}$$

同时，$\mathrm{dom}\, f_*$ 有界，即

$$\|s\| \stackrel{(6.1.2)}{\leqslant} L \quad \forall s \in \mathrm{dom}\, f_* \tag{6.1.4}$$

注意到对所有 $x \in \mathbb{E}$ 和 $g \in \partial f(x)$，我们有

$$f(x) + f_*(g) = \langle g, x \rangle \tag{6.1.5}$$

因此，对任意 $s \in \mathrm{dom}\, f_*$，这意味着

$$f_*(s) \stackrel{(6.1.3)}{\geqslant} \langle s, x \rangle - f(x) \stackrel{(6.1.5)}{=} f_*(g) + \langle s - g, x \rangle$$

换句话说，如果 $g \in \partial f(x)$，则 $x \in \partial f_*(g)$.

我们来证明下面的关系（可与一般性定理 3.1.16 进行比较）.

引理 6.1.1　对所有 $x \in \mathbb{R}^n$，我们有

$$f(x) = \max_{s \in \mathrm{dom}\, f_*} [\langle s, x \rangle - f_*(s)]$$

证明　事实上，对于任意 $s \in \mathrm{dom}\, f_*$，我们有 $\langle s, x \rangle - f_*(s) \stackrel{(6.1.3)}{\leqslant} f(x)$，并且依据公式 (6.1.5)，对 $s \in \partial f(x)$ 等号成立. ■

现在我们来研究函数 f 的如下光滑近似：

$$f_\mu(x) = \max_{s \in \mathrm{dom}\, f_*} \left\{ \langle s, x \rangle - f_*(s) - \frac{1}{2}\mu(\|s\|^*)^2 \right\} \tag{6.1.6}$$

其中 $\mu \geqslant 0$ 是光滑参数，且对偶范数定义为 $\|s\|^* = \langle s, B^{-1}s \rangle^{1/2}$. 由引理 6.1.1，我们有

$$f(x) \geqslant f_\mu(x) \stackrel{(6.1.4)}{\geqslant} f(x) - \frac{1}{2}\mu L^2, \quad \forall x \in \mathbb{E} \tag{6.1.7}$$

另一方面，函数 f_μ 的梯度显然 Lipschitz 连续.

引理 6.1.2　函数 f_μ 在 $\mathbb{E}$ 上可微，且对任意点 x_1 和 $x_2 \in \mathbb{E}$，我们有

$$\|\nabla f_\mu(x_1) - \nabla f_\mu(x_2)\|^* \leqslant \frac{1}{\mu}\|x_1 - x_2\| \tag{6.1.8}$$

证明　考虑 $\mathbb{E}$ 上的两点 x_1 和 x_2，令 s_i^*，$i = 1, 2$ 是相应的优化问题 (6.1.6) 的最优解. 因为定义 (6.1.6) 中的目标函数是强凹的，所以该最优解是唯一的.

根据定理 3.1.14，知 $s_i^* \in \partial f_\mu(x_i)$，$i = 1, 2$. 另一方面，由定理 3.1.20 的一阶最优性条件，存在向量 $\tilde{x}_i \in \partial f_*(s_i^*)$ 使得

$$\langle s - s_i^*, x_i - \tilde{x}_i - \mu B^{-1} s_i^* \rangle \leqslant 0, \quad \forall s \in \operatorname{dom} f_*, \quad i = 1, 2$$

在该不等式中取 $s = s_{3-i}^*$，且把对应 $i = 1, 2$ 的两个不等式相加，我们得到

$$\mu(\|s_1^* - s_2^*\|^*)^2 \leqslant \langle s_1^* - s_2^*, x_1 - \tilde{x}_1 - (x_2 - \tilde{x}_2) \rangle \overset{(3.1.24)}{\leqslant} \langle s_1^* - s_2^*, x_1 - x_2 \rangle$$

$$\leqslant \|s_1^* - s_2^*\|^* \|x_1 - x_2\|$$

于是，有 $\|s_1^* - s_2^*\|^* \leqslant \dfrac{1}{\mu} \|x_1 - x_2\|$. 现在，应用引理 3.1.10，我们可得 $\nabla f_\mu(x_i) = s_i^*$，$i = 1, 2$. ∎

当然，函数 f 的光滑近似(6.1.6)不是很实用，因为其内部极小化问题包含一个潜在的复杂函数 f_*. 然而，它已经给了我们一些提示. 事实上，如果取 $\mu \approx \epsilon$，则函数 f_μ 梯度的 Lipschitz 常数 L_μ 将是 $O\left(\dfrac{1}{\epsilon}\right)$ 量级的. 因此，快速梯度法(例如算法(2.2.20))可以在 $O\left(\sqrt{\dfrac{L_\mu}{\epsilon}}\right) \approx O\left(\dfrac{1}{\epsilon}\right)$ 次 Oracle 调用内得到函数 f(这里就是 f_μ)的 ϵ-近似解.

仍然需要来寻找用具有 Lipschitz 连续梯度的函数近似原始非光滑目标函数的成体系的、计算花费小的方法. 它可以通过探索目标函数的一个特殊极大型表示来实现，这部分内容我们将在 6.1.2 节介绍.

为了实现我们的目标，使用如下符号是方便的. 我们经常在两个有限维实向量空间 $\mathbb{E}_1$ 和 $\mathbb{E}_2$ 上进行讨论. 在这些空间上，我们使用相应的数量积和一般的范数

$$\langle s, x \rangle_{E_i}, \quad \|x\|_{\mathbb{E}_i}, \quad \|s\|_{\mathbb{E}_i}^*, \quad x \in \mathbb{E}_i, \quad s \in \mathbb{E}_i^*, \quad i = 1, 2$$

这些范数不必是欧几里得范数. 线性算子 $A : \mathbb{E}_1 \to \mathbb{E}_2^*$ 的范数用标准形式定义为

$$\|A\|_{1,2} = \max_{x, u} \{\langle Ax, u \rangle_{\mathbb{E}_2} : \|x\|_{\mathbb{E}_1} = 1, \|u\|_{\mathbb{E}_2} = 1\}$$

显然，

$$\|A\|_{1,2} = \|A^*\|_{2,1} = \max_x \{\|Ax\|_{\mathbb{E}_2}^* : \|x\|_{\mathbb{E}_1} = 1\}$$

$$= \max_u \{\|A^* u\|_{\mathbb{E}_1}^* : \|u\|_{\mathbb{E}_2} = 1\}$$

因此，对于任意的 $x \in \mathbb{E}_1$ 和 $u \in \mathbb{E}_2$，我们有

$$\|Ax\|_{\mathbb{E}_2}^* \leqslant \|A\|_{1,2} \cdot \|x\|_{\mathbb{E}_1}, \quad \|A^* u\|_{\mathbb{E}_1}^* \leqslant \|A\|_{1,2} \cdot \|u\|_{\mathbb{E}_2} \tag{6.1.9}$$

6.1.2　目标函数的极小极大模型

在本节中，我们感兴趣的主要问题为

$$\text{找到 } f^* = \min_x \{f(x) : x \in Q_1\} \tag{6.1.10}$$

其中 Q_1 是有限维实向量空间 $\mathbb{E}_1$ 中的有界闭凸集，且 $f(\cdot)$ 是 Q_1 上的连续凸函数. 我们没有假设 f 是可微的.

通常，问题(6.1.10)的目标函数的结构以显式形式给出. 我们来假设这个结构可以用如下模型来描述：

426

$$f(x) = \hat{f}(x) + \max_u \{\langle Ax, u\rangle_{\mathbb{E}_2} - \hat{\phi}(u): u \in Q_2\} \tag{6.1.11}$$

其中函数 $\hat{f}(\cdot)$ 在 Q_1 上连续凸，Q_2 是有限维实向量空间 $\mathbb{E}_1$ 上的有界闭凸集，$\hat{\phi}(\cdot)$ 是 Q_2 上的连续凸函数，且线性算子 A 将 $\mathbb{E}_1$ 映射到 $\mathbb{E}_2^*$. 在这种情况下，问题 (6.1.10) 可以用一种伴随形式来重写. 事实上，

$$f^* = \min_{x \in Q_1} \max_{u \in Q_2} \{\hat{f}(x) + \langle Ax, u\rangle_{\mathbb{E}_2} - \hat{\phi}(u)\}$$

$$\overset{(1.3.6)}{\geqslant} \max_{u \in Q_2} \min_{x \in Q_1} \{\hat{f}(x) + \langle Ax, u\rangle_{\mathbb{E}_2} - \hat{\phi}(u)\}$$

于是，伴随问题可表述如下：

$$f_* = \max_{u \in Q_2} \phi(u)$$

$$\phi(u) = -\hat{\phi}(u) + \min_{x \in Q_1} \{\langle Ax, u\rangle_{\mathbb{E}2} + \hat{f}(x)\} \tag{6.1.12}$$

然而，这个问题的复杂度并不完全等同于 (6.1.10) 的复杂度. 事实上，在原始问题 (6.1.10) 中，我们隐性假设函数 $\hat{\phi}(\cdot)$ 和集合 Q_2 很简单以至于优化问题 (6.1.11) 有闭式解. 这个假设对定义在函数 $\phi(\cdot)$ 中的对象可能不成立.

427

注意到通常对一个凸函数 f，式 (6.1.11) 的表示不唯一. 例如，如果我们决定使用 f 的 Fenchel 对偶，

$$\hat{\phi}(u) \equiv f_*(u) = \max_x \{\langle u, x\rangle_{\mathbb{E}_1} - f(x): x \in \mathbb{E}_1\}, \quad Q_2 \equiv \mathbb{E}_2 = \mathbb{E}_1^*$$

那么可以取 $\hat{f}(x) \equiv 0$，且 A 等于单位算子 I_n. 然而，在这种情况下，对我们的目的来说函数 $\hat{\phi}(\cdot)$ 可能太复杂. 直观地看，显然空间 $\mathbb{E}_2$ 的维数越大，由函数 $\hat{\phi}(\cdot)$ 和集合 Q_2 定义的伴随目标的结构越简单. 我们用一个例子来说明这一点.

例 6.1.1 考虑 $f(x) = \max_{1 \leqslant j \leqslant m} |\langle a_j, x\rangle_{\mathbb{E}_1} - b^{(j)}|$. 我们选取 $A = I_n$，$\mathbb{E}_2 = \mathbb{E}_1^* = \mathbb{R}^n$，且

$$\hat{\phi}(u) = f_*(u) = \max_x \left\{\langle u, x\rangle_{\mathbb{E}_1} - \max_{1 \leqslant j \leqslant m} |\langle a_j, x\rangle_{\mathbb{E}_1} - b^{(j)}|\right\}$$

$$= \max_x \min_{s \in \mathbb{R}^m} \left\{\langle u, x\rangle_{\mathbb{E}_1} - \sum_{j=1}^m s^{(j)}[\langle a_j, x\rangle_{\mathbb{E}_1} - b^{(j)}]: \sum_{j=1}^m |s^{(j)}| \leqslant 1\right\}$$

$$= \min_{s \in \mathbb{R}^m} \left\{\langle b, s\rangle_{E_2}: As = u, \sum_{j=1}^m |s^{(j)}| \leqslant 1\right\}$$

显然，这个函数的结构会非常复杂.

我们再来看另一种可能性. 注意到

$$f(x) = \max_{1 \leqslant j \leqslant m} |\langle a_j, x\rangle_{\mathbb{E}_1} - b^{(j)}|$$

$$= \max_{u \in R^m} \left\{\sum_{j=1}^m u^{(j)}[\langle a_j, x\rangle_{\mathbb{E}_1} - b^{(j)}]: \sum_{j=1}^m |u^{(j)}| \leqslant 1\right\}$$

在这种情况下，$\mathbb{E}_2 = \mathbb{R}^m$，$\hat{\phi}(u) = \langle b, u\rangle_{E_2}$，$Q_2 = \left\{u \in \mathbb{R}^m: \sum_{j=1}^m |u^{(j)}| \leqslant 1\right\}$.

最后，我们还可以将 $f(x)$ 表示如下：

$$f(x) = \max_{u=(u_1,u_2)\in\mathbb{R}_+^{2m}} \left\{ \sum_{j=1}^m (u_1^{(j)} - u_2^{(j)}) \cdot [\langle a_j, x\rangle_{\mathbb{E}1} - b^{(j)}] : \sum_{j=1}^m (u_1^{(j)} + u_2^{(j)}) = 1 \right\}$$

在这种情况下，$\mathbb{E}_2 = \mathbb{R}^{2m}$，且 $\hat{\phi}(u)$ 是线性函数，Q_2 是单纯形. 在 6.1.4.4 节，我们将会发现这种表示是最简单的. ■

我们来说明结构 (6.1.11) 的信息有助于求解问题 (6.1.10) 和 (6.1.12). 我们将用这个结构来构造问题 (6.1.10) 的目标函数的光滑近似.

考虑集合 Q_2 上的一个可微近邻函数 $d_2(\cdot)$. 这意味着 $d_2(\cdot)$ 在 Q_2 上强凸，且凸参数是 1. 用

$$u_0 = \arg\min_u \{d_2(u) : u \in Q_2\}$$

表示该函数的近邻中心. 不失一般性，我们假设 $d_2(u_0) = 0$. 于是，对任意 $u \in Q_2$，我们有

$$d_2(u) \overset{(2.2.40)}{\geqslant} \frac{1}{2} \|u - u_0\|_{\mathbb{E}_2}^2 \tag{6.1.13}$$

设 μ 是正的光滑参数. 考虑如下函数：

$$f_\mu(x) = \max_u \{\langle Ax, u\rangle_{\mathbb{E}_2} - \hat{\phi}(u) - \mu d_2(u) : u \in Q_2\} \tag{6.1.14}$$

用 $u_\mu(x)$ 表示上述问题的最优解. 因为函数 $d_2(\cdot)$ 是强凸的，该解唯一.

定理 6.1.1　函数 f_μ 有定义，且在任意点 $x \in \mathbb{E}_1$ 处连续可微. 此外，该函数是凸的，且它的梯度

$$\nabla f_\mu(x) = A^* u_\mu(x) \tag{6.1.15}$$

Lipschitz 连续，Lipschitz 常数是

$$L_\mu = \frac{1}{\mu} \|A\|_{1,2}^2$$

证明　事实上，函数 $f_\mu(\cdot)$ 作为关于 x 的线性的极大值函数是凸的，且 $A^* u_\mu(x) \in \partial f_\mu(x)$（参见引理 3.1.14）. 现在我们来证明函数 $f_\mu(\cdot)$ 梯度的存在性及其 Lipschitz 连续性.

考虑 $\mathbb{E}_1$ 上两点 x_1 和 x_2，根据一阶最优性条件 (3.1.56)，我们有

$$\langle Ax_i - g_i - \mu \nabla d_2(u_\mu(x_i)), u_\mu(x_{3-i}) - u_\mu(x_i)\rangle_{\mathbb{E}_2} \leqslant 0$$

对于某些 $g_i \in \partial\hat{\phi}(u_\mu(x_i))$，$i = 1, 2$ 都成立. 把两个不等式相加，我们得到

$$\mu\|u_\mu(x_1) - u_\mu(x_2)\|_{\mathbb{E}_2}^2 \overset{(2.1.22)}{\leqslant} \mu\langle \nabla d_2(u_\mu(x_1)) - \nabla d_2(u_\mu(x_2)), u_\mu(x_1) - u_\mu(x_2)\rangle_{\mathbb{E}_2}$$

$$\leqslant \langle A(x_1 - x_2) - (g_1 - g_2), u_\mu(x_1) - u_\mu(x_2)\rangle_{\mathbb{E}_2}$$

$$\overset{(3.1.24)}{\leqslant} \langle A(x_1 - x_2), u_\mu(x_1) - u_\mu(x_2)\rangle_{\mathbb{E}_2}$$

$$\leqslant \|A\|_{1,2} \cdot \|x_1 - x_2\|_{E_1} \cdot \|u_\mu(x_1) - u_\mu(x_2)\|_{\mathbb{E}_2}$$

于是，依据 (6.1.9)，我们有

$$\|A^* u_\mu(x_1) - A^* u_\mu(x_2))\|_{\mathbb{E}_1}^* \leqslant \|A\|_{1,2} \cdot \|u_\mu(x_1) - u_\mu(x_2)\|_{\mathbb{E}_2}^2$$

$$\leqslant \frac{1}{\mu} \|A\|_{1,2}^2 \cdot \|x_1 - x_2\|_{\mathbb{E}_1}$$

只需使用引理 3.1.10 就证明了结论.

设 $D_2 = \max\limits_{u \in Q_2} d_2(u)$ 和 $f_0(x) = \max\limits_{u \in Q_2}\{\langle Ax, u\rangle_{\mathbb{E}_2} - \hat{\phi}(u)\}$. 那么, 对任意 $x \in \mathbb{E}_1$, 我们有

$$f_0(x) \overset{(6.1.14)}{\geqslant} f_\mu(x) \overset{(6.1.14)}{\geqslant} f_0(x) - \mu D_2 \qquad (6.1.16)$$

于是, 对 $\mu > 0$, 函数 f_μ 可看作目标函数 f_0 的一致 μ-近似, 且近似函数梯度的 Lipschitz 常数是 $O\left(\frac{1}{\mu}\right)$ 量级的.

6.1.3 合成极小化问题的快速梯度法

设 $f(\cdot)$ 是定义在闭凸集 $Q \subseteq E$ 上的凸可微函数. 假设该函数的梯度是 Lipschitz 连续的, 即

$$\|\nabla f(x) - \nabla f(y)\|^* \leqslant L\|x - y\|, \quad \forall x, y \in Q$$

用 $d(\cdot)$ 表示 Q 的可微近邻函数. 假设 $d(\cdot)$ 是 Q 上凸参数为 1 的强凸函数. 设 x_0 是 Q 的 d-中心, 即

$$x_0 = \arg\min_{x \in Q} d(x)$$

不失一般性, 假设 $d(x_0) = 0$. 于是, 对任意 $x \in Q$, 我们有

$$d(x) \overset{(2.2.40)}{\geqslant} \frac{1}{2}\|x - x_0\|^2 \qquad (6.1.17)$$

在本节, 我们提出一种快速梯度法来求解如下合成优化问题:

$$\min_x\{\widetilde{f}(x) \overset{\text{def}}{=} f(x) + \Psi(x) : x \in Q\} \qquad (6.1.18)$$

其中 $\Psi(\cdot)$ 是定义在 Q 上的任意简单闭凸函数. 我们的主要假设是如下形式的辅助优化问题

$$\min_{x \in Q}\{\langle s, x\rangle + \alpha d(x) + \beta \Psi(x)\}, \quad \alpha, \beta \geqslant 0$$

容易求解. 为了简单起见, 我们假设常数 $L > 0$ 是已知的.

相似三角形算法

0. 取 $x_0 \in Q$, 令 $v_0 = x_0$ 和 $\phi_0(x) = Ld(x)$.

1. 第 k 次迭代 $(k \geqslant 0)$:

 (a) 定义 $y_k = \dfrac{k}{k+2} x_k + \dfrac{2}{k+2} v_k$;

 (b) 置 $\phi_{k+1}(x) = \phi_k(x) + \dfrac{k+1}{2}[f(y_k) + \langle \nabla f(y_k), x - y_k\rangle + \Psi(x)]$;

 (c) 计算 $v_{k+1} = \min\limits_{x \in Q} \phi_{k+1}(x)$;

 (d) 定义 $x_{k+1} = \dfrac{k}{k+2} x_k + \dfrac{2}{k+2} v_{k+1}$.

$(6.1.19)$

在此算法中，我们生成了两个可行点列 $\{x_k\}_{k=0}^{\infty}$ 和 $\{y_k\}_{k=0}^{\infty}$，以及一个估值函数列 $\{\phi_k(x)\}_{k=0}^{\infty}$. 在该算法的每次迭代中，所有"事件"都发生在由三角形

$$\{x_k, v_k, v_{k+1}\}$$

定义的二维平面上. 注意到这个三角形与定义序列 $\{x_k\}_{k=0}^{\infty}$ 的新点的结果三角形 $\{x_k, y_k, x_{k+1}\}$ 相似，对序列 $\{x_k\}_{k=0}^{\infty}$ 我们可以给出收敛速率.

定理 6.1.2 设序列 $\{x_k\}_{k=0}^{\infty}$、$\{y_k\}_{k=0}^{\infty}$ 和 $\{v_k\}_{k=0}^{\infty}$ 由算法 (6.1.19) 生成，则对于任意 $k \geq 0$ 和 $x \in Q$，我们有

$$\frac{k(k+1)}{4}\widetilde{f}(x_k) + \frac{L}{2}\|v_k - x\|^2$$

$$\leqslant \phi_k(x) = Ld(x) + \sum_{i=0}^{k-1}\frac{i+1}{2}[f(y_i) + \langle\nabla f(y_i), x - y_i\rangle] + \frac{k(k+1)}{4}\Psi(x) \tag{6.1.20}$$

因此，对任意 $k \geq 1$，我们得到

$$\widetilde{f}(x_k) - \widetilde{f}(x^*) + \frac{2L}{k(k+1)}\|v_k - x^*\|^2 \leqslant \frac{4Ld(x^*)}{k(k+1)} \tag{6.1.21}$$

其中 x^* 是问题 (6.1.18) 的最优解.

证明 对 $k \geq 0$，令

$$a_k = \frac{k}{2}, \quad A_k = \sum_{i=0}^{k}a_i = \frac{k(k+1)}{4}, \quad \tau_k = \frac{a_{k+1}}{A_{k+1}}$$

则算法 (6.1.19) 的变量更新规则可以写成

$$y_k = (1 - \tau_k)x_k + \tau_k v_k, \quad x_{k+1} = (1 - \tau_k)x_k + \tau_k v_{k+1} \tag{6.1.22}$$

我们来证明

$$A_k\widetilde{f}(x_k) \leqslant \phi_k^* \overset{\text{def}}{=} \min_{x \in Q}\phi_k = \phi_k(v_k), \quad k \geqslant 0 \tag{6.1.23}$$

因为 $A_0 = 0$，当 $k = 0$ 时，该不等式成立. 当某 $k \geq 0$ 时，假设这个不等式也成立. 由所有的 ϕ_k 都是强凸的，且凸参数是 L，我们有

$$\begin{aligned}
\phi_{k+1}^* &= \phi_k(v_{k+1}) + a_{k+1}[f(y_k) + \langle\nabla f(y_k), v_{k+1} - y_k\rangle + \Psi(v_{k+1})] \\
&\overset{(2.2.40)}{\geqslant} \phi_k^* + \frac{L}{2}\|v_{k+1} - v_k\|^2 \\
&\quad + a_{k+1}[f(y_k) + \langle\nabla f(y_k), v_{k+1} - y_k\rangle + \Psi(v_{k+1})] \\
&\overset{(6.1.23)}{\geqslant} A_k[f(x_k) + \Psi(x_k)] + \frac{L}{2}\|v_{k+1} - v_k\|^2 \\
&\quad + a_{k+1}[f(y_k) + \langle\nabla f(y_k), v_{k+1} - y_k\rangle + \Psi(v_{k+1})] \\
&\overset{(2.1.2)}{\geqslant} A_{k+1}f(y_k) + \langle\nabla f(y_k), A_k(x_k - y_k) + a_{k+1}(v_{k+1} - y_k)\rangle \\
&\quad + \frac{L}{2}\|v_{k+1} - v_k\|^2 + A_k\Psi(x_k) + a_{k+1}\Psi(v_{k+1})
\end{aligned}$$

根据算法的更新规则，$A_k(x_k-y_k)+a_{k+1}(v_{k+1}-y_k)\overset{(6.1.22)}{=}a_{k+1}(v_{k+1}-v_k)$且$A_k\psi(x_k)+a_{k+1}\Psi(v_{k+1})\geqslant A_{k+1}\Psi(x_{k+1})$. 因此，

$$\phi_{k+1}^* \geqslant A_{k+1}f(y_k)+a_{k+1}\langle\nabla f(y_k),v_{k+1}-v_k\rangle+\frac{L}{2}\|v_{k+1}-v_k\|^2$$
$$+A_{k+1}\Psi(x_{k+1})$$
$$\overset{(6.1.22)}{=}A_{k+1}\Big[f(y_k)+\langle\nabla f(y_k),x_{k+1}-y_k\rangle+\frac{LA_{k+1}}{2a_{k+1}^2}\|x_{k+1}-y_k\|^2$$
$$+\Psi(x_{k+1})\Big]$$

因为$\dfrac{A_{k+1}}{a_{k+1}^2}=\dfrac{(k+1)(k+2)}{4}\cdot\dfrac{4}{(k+1)^2}>1$，我们得到$\phi_{k+1}^*\overset{(2.1.9)}{\geqslant}A_{k+1}f(x_{k+1})$. 由函数$\phi_k$的强凸性，我们有

$$\phi_k(x)\overset{(2.2.40)}{\geqslant}\phi_k^*+\frac{L}{2}\|x-v_k\|^2\overset{(6.1.23)}{\geqslant}A_k\widetilde{f}(x_k)+\frac{L}{2}\|x-v_k\|^2$$

这就是不等式(6.1.20). 最后依据函数f的凸性，由(6.1.20)可推出不等式(6.1.21). ∎

注记 6.1.1　注意算法(6.1.19)生成点列有界. 事实上，根据该算法的更新规则，我们有

$$x_k,y_k\in\text{Conv}\{v_0,\cdots,v_k\},\quad k\geqslant 0$$

另一方面，由不等式(6.1.21)，可得

$$\|v_k-x^*\|^2\leqslant 2d(x^*)\tag{6.1.24}$$

在欧几里得范数情形下，有$d(x)=\dfrac{1}{2}\|x-x_0\|^2$，且我们得到

$$\|v_k-x^*\|\leqslant\|x_0-x^*\|,\quad k\geqslant 0\tag{6.1.25}$$

6.1.4　应用实例

我们把前几节的结果放在一起. 假设(6.1.11)中的函数$\hat{f}(\cdot)$可微且其梯度 Lipschitz 连续，Lipschitz 常数$M\geqslant 0$. 这样，讨论的光滑技术应用于问题(6.1.10)，得到如下的目标函数：

$$\overline{f}_\mu(x)=\hat{f}(x)+f_\mu(x)\to\min;x\in Q_1\tag{6.1.26}$$

根据定理 6.1.1，该函数的梯度是 Lipschitz 连续的且 Lipschitz 常数是

$$L_\mu=M+\frac{1}{\mu}\|A\|_{1,2}^2$$

我们来为集合Q_1选取凸参数为 1 的某近邻函数$d_1(\cdot)$. 回忆假设集合Q_1是有界的，即

$$\max_{x\in Q_1}d_1(x)\leqslant D_1$$

定理 6.1.3　我们来用算法(6.1.19)求解具有光滑参数

$$\mu = \mu(N) = \frac{2\|A\|_{1,2}}{\sqrt{N(N+1)}} \cdot \sqrt{\frac{D_1}{D_2}}$$

的问题(6.1.26)，则经过 N 次迭代后，我们能生成问题(6.1.10)和(6.1.12)的近似解，即

$$\hat{x} = x_N \in Q_1, \hat{u} = \sum_{i=0}^{N-1} \frac{2(i+1)}{(N+1)(N+2)} u_\mu(y_i) \in Q_2 \qquad (6.1.27)$$

它们满足如下不等式：

$$0 \leqslant f(\hat{x}) - \phi(\hat{u}) \leqslant \frac{4\|A\|_{1,2}}{\sqrt{N(N+1)}} \cdot \sqrt{D_1 D_2} + \frac{4MD_1}{N(N+1)} \qquad (6.1.28)$$

于是，用该光滑技术确定问题(6.1.10)和(6.1.12)的 ϵ- 解的复杂度不超过

$$4\|A\|_{1,2} \sqrt{D_1 D_2} \cdot \frac{1}{\epsilon} + 2\sqrt{\frac{MD_1}{\epsilon}} \qquad (6.1.29)$$

次算法(6.1.19)的迭代.

证明　取定任意 $\mu > 0$，依据定理 6.1.2，算法(2.2.63)在经过 N 次迭代后，可以得到点 $\hat{x} = x_N$ 满足

$$\bar{f}_\mu(\hat{x}) \leqslant \frac{4L_\mu D_1}{N(N+1)} + \min_{x \in Q_1} \sum_{i=0}^{N-1} \frac{2(i+1)}{N(N+1)} [\bar{f}_\mu(y_i) + \langle \nabla \bar{f}_\mu(x_i), x - y_i \rangle_{\mathbb{E}_1}]$$

$$\qquad (6.1.30) \quad \boxed{434}$$

注意到

$$f_\mu(y) = \max_u \{\langle Ay, u \rangle_{\mathbb{E}_2} - \hat{\phi}(u) - \mu d_2(u) : u \in Q_2\}$$

$$= \langle Ay, u_\mu(y) \rangle_{\mathbb{E}_2} - \hat{\phi}(u_\mu(y)) - \mu d_2(u_\mu(y))$$

$$\langle \nabla f_\mu(y), y \rangle_{\mathbb{E}_1} = \langle A^* u_\mu(y), y \rangle_{\mathbb{E}_1}$$

因此，对 $i = 0, \cdots, N-1$，我们有

$$f_\mu(y_i) - \langle \nabla f_\mu(y_i), y_i \rangle_{\mathbb{E}_1} = -\hat{\phi}(u_\mu(y_i)) - \mu d_2(u_\mu(y_i)) \qquad (6.1.31)$$

于是，依据式(6.1.15)和式(6.1.31)，我们可得

$$\sum_{i=0}^{N-1} (i+1)[\bar{f}_\mu(y_i) + \langle \nabla \bar{f}_\mu(y_i), x - y_i \rangle_{\mathbb{E}_1}]$$

$$\stackrel{(2.1.2)}{\leqslant} \sum_{i=0}^{N-1} (i+1)[f_\mu(y_i) - \langle \nabla f_\mu(y_i), y_i \rangle_{\mathbb{E}_1}] + \frac{1}{2} N(N+1)(\hat{f}(x) + \langle A^* \hat{u}, x \rangle_{\mathbb{E}_1})$$

$$\leqslant \sum_{i=0}^{N-1} (i+1) \hat{\phi}(u_\mu(y_i)) + \frac{1}{2} N(N+1)(\hat{f}(x) + \langle A^* \hat{u}, x \rangle_{\mathbb{E}_1})$$

$$\leqslant \frac{1}{2} N(N+1)[-\hat{\phi}(\hat{u}) + \hat{f}(x) + \langle Ax, \hat{u} \rangle_{\mathbb{E}_2}]$$

因此，应用(6.1.30)、(6.1.12)和(6.1.16)，我们得到下面的界

$$\frac{4L_\mu D_1}{N(N+1)} \geqslant \bar{f}_\mu(\hat{x}) - \phi(\hat{u}) \geqslant f(\hat{x}) - \phi(\hat{u}) - \mu D_2$$

这就是

$$0 \leqslant f(\hat{x}) - \phi(\hat{u}) \leqslant \mu D_2 + \frac{4 \|A\|_{1,2}^2 D_1}{\mu N(N+1)} + \frac{4MD_1}{N(N+1)} \qquad (6.1.32)$$

关于 μ 极小化该不等式的右端项，便得到不等式(6.1.28). ∎

注意，效率估计式(6.1.29)比标准界 $O\left(\frac{1}{\epsilon^2}\right)$ 好得多. 根据上面的定理，对 $M=0$，参数 μ，L_μ 和 N 关于 ϵ 的最优依赖关系分别为

435

$$\sqrt{N(N+1)} \geqslant 4 \|A\|_{1,2} \sqrt{D_1 D_2} \cdot \frac{1}{\epsilon}, \quad \mu = \frac{\epsilon}{2D_2}, \quad L_\mu = D_2 \cdot \frac{\|A\|_{1,2}^2}{\epsilon} \qquad (6.1.33)$$

注记 6.1.2   不等式(6.1.28)表明这对伴随问题(6.1.10)和(6.1.12)没有对偶间隙，即

$$f^* = f_* \qquad (6.1.34)$$

现在我们来看一些例子.

6.1.4.1   矩阵博弈的极小极大策略

用 Δ_n 表示 $\mathbb{R}^n$ 上标准的单纯形：

$$\Delta_n = \left\{ x \in \mathbb{R}_+^n : \sum_{i=1}^n x^{(i)} = 1 \right\}$$

设 $A : \mathbb{R}^n \to \mathbb{R}^m$，$\mathbb{E}_1 = \mathbb{R}^n$ 且 $\mathbb{E}_2 = \mathbb{R}^m$. 考虑如下鞍点问题：

$$\min_{x \in \Delta_n} \max_{u \in \Delta_m} \{ \langle Ax, u \rangle_{\mathbb{E}_2} + \langle c, x \rangle_{\mathbb{E}_1} + \langle b, u \rangle_{\mathbb{E}_2} \} \qquad (6.1.35)$$

从博弈者的角度来看，该问题可以看作是一对非光滑的极小化问题：

$$\min_{x \in \Delta_n} f(x), \, f(x) = \langle c, x \rangle_{\mathbb{E}_1} + \max_{1 \leqslant j \leqslant m} \left[\langle a_j, x \rangle_{\mathbb{E}_1} + b^{(j)} \right]$$

$$\max_{u \in \Delta_m} \phi(u), \, \phi(u) = \langle b, u \rangle_{\mathbb{E}_2} + \min_{1 \leqslant i \leqslant n} \left[\langle \hat{a}_i, u \rangle_{\mathbb{E}_2} + c^{(i)} \right] \qquad (6.1.36)$$

其中 a_j 表示矩阵 A 的行，$\hat{a}_i$ 表示矩阵 A 的列. 为了用光滑化方法求解这对问题，需要给单纯形找到一个合理的近邻函数. 我们来比较下述两种可能的方法.

1. **欧几里得距离**   我们选取

$$\|x\|_{\mathbb{E}_1} = \left[\sum_{i=1}^n (x^{(i)})^2 \right]^{1/2}, \quad d_1(x) = \frac{1}{2} \sum_{i=1}^n \left(x^{(i)} - \frac{1}{n} \right)^2$$

$$\|u\|_{\mathbb{E}_2} = \left[\sum_{j=1}^m (u^{(j)})^2 \right]^{1/2}, \quad d_2(x) = \frac{1}{2} \sum_{j=1}^m \left(u^{(j)} - \frac{1}{m} \right)^2$$

则 $D_1 = 1 - \frac{1}{n} < 1$，$D_2 = 1 - \frac{1}{m} < 1$ 且

436

$$\|A\|_{1,2} = \max_u \{ \|Ax\|_2^* : \|x\|_{\mathbb{E}_1} = 1 \} = \lambda_{\max}^{1/2}(A^{\mathsf{T}}A)$$

于是，在我们的情况下，对结果(6.1.27)的估计式(6.1.28)具体化为

$$0 \leqslant f(\hat{x}) - \phi(\hat{u}) \leqslant \frac{4\lambda_{\max}^{1/2}(A^{\mathsf{T}}A)}{\sqrt{N(N+1)}} \qquad (6.1.37)$$

2. **熵距离**　我们选取

$$\|x\|_{\mathbb{E}_1} = \sum_{i=1}^{n} |x^{(i)}|, \quad d_1(x) = \ln n + \sum_{i=1}^{n} x^{(i)} \ln x^{(i)}$$

$$\|u\|_{\mathbb{E}_2} = \sum_{j=1}^{m} |u^{(j)}|, \quad d_2(u) = \ln m + \sum_{j=1}^{m} u^{(j)} \ln u^{(j)}$$

函数 d_1 和 d_2 被称为熵函数.

引理 6.1.3　在 ℓ_1- 范数下，上述近邻函数是强凸函数，强凸参数等于 1 且 $D_1 = \ln n$，$D_2 = \ln m$.

证明　注意到函数 d_1 在单纯形 Δ_n 的内部二阶连续可微，且

$$\langle \nabla^2 d_1(x)h, h \rangle = \sum_{i=1}^{n} \frac{(h^{(i)})^2}{x^{(i)}}$$

于是，由定理 2.1.11，函数 d_1 的强凸性是下面 Cauchy-Schwarz 不等式的变形的结果：

$$\Big(\sum_{i=1}^{n} |h^{(i)}| \Big)^2 \leqslant \Big(\sum_{i=1}^{n} x^{(i)} \Big) \cdot \Big(\sum_{i=1}^{n} \frac{(h^{(i)})^2}{x^{(i)}} \Big)$$

这对所有的正向量 $x \in \mathbb{R}^n$ 都成立. 因为 $d_1(\cdot)$ 是参数的凸对称函数，它的最小值可在单纯形的中心 $x_0 = \frac{1}{n}\bar{e}_n$ 处达到. 显然，$d_1(x_0) = 0$. 另一方面，它的最大值可在单纯形的任一顶点上达到(参见推论 3.1.2).

函数 $d_2(\cdot)$ 的推理是类似的.

还注意到现在我们得到了算子 A 的如下范数：

$$\|A\|_{1,2} = \max_x \{ \max_{1 \leqslant j \leqslant m} |\langle a_j, x \rangle| : \|x\|_{\mathbb{E}_1} \leqslant 1 \} = \max_{i,j} |A^{(i,j)}|$$

(参见推论 3.1.2). 于是，如果我们应用熵距离，估计式(6.1.28)可以写成

$$0 \leqslant f(\hat{x}) - \phi(\hat{u}) \leqslant \frac{4\sqrt{\ln n \ln m}}{\sqrt{N(N+1)}} \cdot \max_{i,j} |A^{(i,j)}| \tag{6.1.38}$$

注意，通常情况下估计式(6.1.38)比欧几里得距离下的(6.1.37)好得多.

我们用熵距离写出(6.1.36)的第一个问题的目标函数的显式光滑近似. 按照定义，

$$\overline{f}_\mu(x) = \langle c, x \rangle_{\mathbb{E}_1} + \max_{u \in \Delta_m} \Big\{ \sum_{j=1}^{m} u^{(j)} [\langle a_j, x \rangle + b^{(j)}] - \mu \sum_{j=1}^{m} u^{(j)} \ln u^{(j)} - \mu \ln m \Big\}$$

我们应用下面的结果.

引理 6.1.4　问题

$$\text{找到} \quad \phi_*(s) = \max_{u \in \Delta_m} \Big\{ \sum_{j=1}^{m} u^{(j)} s^{(j)} - \mu \sum_{j=1}^{m} u^{(j)} \ln u^{(j)} \Big\} \tag{6.1.39}$$

的解由向量 $u_\mu(s) \in \Delta_m$ 给出，其分量如下：

$$u_\mu^{(j)}(s) = \frac{\mathrm{e}^{s^{(j)}/\mu}}{\sum\limits_{i=1}^{m} \mathrm{e}^{s^{(i)}/\mu}}, \quad j = 1, \cdots, m \tag{6.1.40}$$

因此，$\phi_*(s) = \mu \ln\left(\sum_{i=1}^{m} e^{s^{(i)}/\mu}\right)$.

证明 注意当参数接近定义域边界时，问题(6.1.39)的目标函数的梯度趋于无穷. 因此，该问题的一阶最优性充分必要条件如下(见(3.1.59))：

$$s^{(j)} - \mu(1 + \ln u^{(j)}) = \lambda, \quad j = 1, \cdots, m$$

$$\sum_{j=1}^{m} u^{(j)} = 1$$

显然，对 $\lambda = \mu \ln\left(\sum_{l=1}^{m} e^{s^{(l)}/\mu}\right) - \mu$，(6.1.40)满足上式. ∎

应用引理 6.1.4 的结果，我们得出结论：在我们的例子中，问题(6.1.26)可表示为

$$\min_{x \in \Delta_n}\left\{\overline{f}_\mu(x) = \langle c, x \rangle_{\mathbb{E}_1} + \mu \ln\left(\frac{1}{m}\sum_{j=1}^{m} e^{[\langle a_j, x \rangle + b^{(j)}]/\mu}\right)\right\}$$

注意对这个问题，Oracle 的复杂度基本上与原始问题(6.1.36)相同.

6.1.4.2 连续选址问题

考虑如下选址问题，有人口分别为 m_j 的 p 个城市，分别位于 $c_j \in \mathbb{R}^n$ 处，$j = 1, \cdots, p$. 我们想要在某位置 $x \in \mathbb{R}^n \equiv \mathbb{E}_1$ 修建一个服务中心，该点满足到中心的总社会距离 $f(x)$ 最小. 另一方面，该中心必须建在离原点不太远的地方.

在数学上，上述问题可以表示如下：

$$\text{找到 } f^* = \min_x\left\{f(x) = \sum_{j=1}^{p} m_j \|x - c_j\|_{\mathbb{E}_1} : \|x\|_{\mathbb{E}_1} \leqslant \overline{r}\right\} \tag{6.1.41}$$

按照其说明，很自然地选取

$$\|x\|_{\mathbb{E}_1} = \left[\sum_{i=1}^{n} (x^{(i)})^2\right]^{1/2}, \quad d_1(x) = \frac{1}{2}\|x\|_{\mathbb{E}_1}^2$$

则 $D_1 = \frac{1}{2}\overline{r}^2$.

进一步，伴随空间 $\mathbb{E}_2$ 的结构也非常清楚：

$$\mathbb{E}_2 = (\mathbb{E}_1^*)^p, \quad Q_2 = \{u = (u_1, \cdots, u_p) \in \mathbb{E}_2 : \|u_j\|_{\mathbb{E}_1}^* \leqslant 1, j = 1, \cdots, p\}$$

我们选取

$$\|u\|_{\mathbb{E}_2} = \left[\sum_{j=1}^{p} m_j (\|u_j\|_{\mathbb{E}_1}^*)^2\right]^{1/2}, \quad d_2(u) = \frac{1}{2}\|u\|_{\mathbb{E}_2}^2$$

则 $D_2 = \frac{1}{2}P$，其中 $P \equiv \sum_{j=1}^{p} m_j$. 注意数值 P 可以被解释为人口总数.

只需计算算子 A 的范数：

$$\|A\|_{1,2} = \max_{x,u}\left\{\sum_{j=1}^{p} m_j \langle u_j, x \rangle_{E_1} : \sum_{j=1}^{p} m_j (\|u_j\|_{E_1}^*)^2 = 1, \|x\|_{E_1} = 1\right\}$$

$$= \max_{r_j}\Big\{ \sum_{j=1}^p m_j r_j : \sum_{j=1}^p m_j r_j^2 = 1 \Big\} = P^{1/2}$$

（参见引理 3.1.20）.

将所得的所有值代入估计式(6.1.28)，我们得到如下收敛率：

$$f(\hat{x}) - f^* \leqslant \frac{2P\bar{r}}{\sqrt{N(N+1)}} \tag{6.1.42}$$

注意到数值 $\tilde{f}(x) = \frac{1}{P} f(x)$ 对应于由位置 x 处产生的平均个人费用. 因此,

$$\tilde{f}(\hat{x}) - \tilde{f}^* \leqslant \frac{2\bar{r}}{\sqrt{N(N+1)}}$$

有趣的是该不等式的右端项与空间维数无关. 同时, 显然对我们的问题来说, 近似解的合理精度应该不会太高. 考虑到在算法(6.1.19)中每次迭代的复杂度较低, 因此所提方法的总效率看起来非常有前景.

结束选址问题时, 我们显式地给出目标函数的一个光滑近似.

$$f_\mu(x) = \max_u \Big\{ \sum_{j=1}^p m_j \langle u_j, x - c_j \rangle_{\mathbb{E}_1} - \mu d_2(u) : u \in Q_2 \Big\}$$

$$= \max_u \Big\{ \sum_{j=1}^p m_j \Big(\langle u_j, x - c_j \rangle_{\mathbb{E}_1} - \frac{1}{2}\mu (\|u_j\|_{\mathbb{E}_1^*})^2 \Big) : \|u_j\|_{\mathbb{E}_1^*} \leqslant 1, j = 1,\cdots,p \Big\}$$

$$= \sum_{j=1}^p m_j \psi_\mu(\|x - c_j\|_{\mathbb{E}_1})$$

其中函数 $\psi_\mu(\tau)$, $\tau \geqslant 0$ 定义如下：

$$\psi_\mu(\tau) = \max_{\gamma \in [0,1]} \Big\{ \gamma\tau - \frac{1}{2}\mu\gamma^2 \Big\} = \begin{cases} \dfrac{\tau^2}{2\mu}, & 0 \leqslant \tau \leqslant \mu \\[2mm] \tau - \dfrac{\mu}{2}, & \mu \leqslant \tau \end{cases} \tag{6.1.43}$$

这就是所谓的 Huber 损失函数.

6.1.4.3 线性算子的变分不等式

考虑线性算子 $B(w) = Bw + c$：$\mathbb{E} \to \mathbb{E}^*$, 该算子是单调的：
$$\langle Bh, h \rangle \geqslant 0 \quad \forall h \in \mathbb{E}$$

设 Q 是 $\mathbb{E}$ 上的有界闭凸集, 则我们给出以下变分不等式问题：

$$\text{找到 } w^* \in Q：\langle B(w^*), w - w^* \rangle \geqslant 0 \quad \forall w \in Q \tag{6.1.44}$$

注意到我们总是可以将问题(6.1.44)重写为一个优化问题. 事实上, 定义

$$\psi(w) = \max_v \{ \langle B(v), w - v \rangle : v \in Q \}$$

根据定理 3.1.8, 函数 $\psi(w)$ 是凸的. 我们来证明问题

$$\min_w \{ \psi(w) : w \in Q \} \tag{6.1.45}$$

等价于(6.1.44).

引理 6.1.5　点 w^* 是(6.1.45)的解, 当且仅当它是变分不等式(6.1.44)的解. 此外, 对于这样的 w^*, 我们有 $\psi(w^*)=0$.

证明　事实上, 对任意 $w \in Q$, 函数 ψ 都是非负的. 如果 w^* 是(6.1.44)的解, 那么对于任意的 $v \in Q$, 我们都有

$$\langle B(v), v - w^* \rangle \geqslant \langle B(w^*), v - w^* \rangle \geqslant 0$$

因此, $\psi(w^*)=0$, 且 $w^* \in \operatorname*{Arg\,min}_{w \in Q} \psi(w)$.

现在, 考虑某 $w^* \in Q$ 满足 $\psi(w^*)=0$, 则对任意 $v \in Q$, 我们有

$$\langle B(v), v - w^* \rangle \geqslant 0$$

假设存在某 $v_1 \in Q$ 使得 $\langle B(w^*), v_1 - w^* \rangle < 0$. 考虑点

$$v_\alpha = w^* + \alpha(v_1 - w^*), \quad \alpha \in [0,1]$$

那么

$$\begin{aligned}
0 \leqslant \langle B(v_\alpha), v_\alpha - w^* \rangle &= \alpha \langle B(v_\alpha), v_1 - w^* \rangle \\
&= \alpha \langle B(w^*), v_1 - w^* \rangle + \alpha^2 \langle B \cdot (v_1 - w^*), v_1 - w^* \rangle
\end{aligned}$$

因此, 当 α 足够小时, 我们就得到矛盾.　∎

将问题(6.1.44)、(6.1.45)表示为(6.1.10)、(6.1.11)的形式时, 有两种可能的表示方法.

1. 原始形式　我们取 $\mathbb{E}_1 = \mathbb{E}_2 = \mathbb{E}$, $Q_1 = Q_2 = Q$, $d_1(x) = d_2(x) = d(x)$, $A = B$, 且

$$\hat{f}(x) = \langle b, x \rangle_{\mathbb{E}_1}, \qquad \hat{\phi}(u) = \langle b, u \rangle_{\mathbb{E}1} + \langle Bu, u \rangle_{\mathbb{E}_1}$$

注意到二次函数 $\hat{\phi}(u)$ 是凸的, 为了计算函数 $f_\mu(x)$ 的值及其梯度, 我们需要求解如下问题:

$$\max_{u \in Q} \{ \langle Bx, u \rangle_{\mathbb{E}_1} - \mu d(u) - \langle b, u \rangle_{\mathbb{E}_1} - \langle Bu, u \rangle_{\mathbb{E}_1} \} \tag{6.1.46}$$

因为在我们的情况下 $M = 0$, 根据定理 6.1.3, 我们得到问题(6.1.44)的复杂度估计为

$$\frac{4 D_1 \|B\|_{1,2}}{\epsilon} \tag{6.1.47}$$

然而, 因为(6.1.46)中存在非平凡的二次函数, 所以函数 $\hat{f}$ 的 Oracle 计算花费比较大. 我们可以用该问题的对偶形式避免这一点.

2. 对偶形式　考虑问题(6.1.45)的对偶变形:

$$\min_{w \in Q} \max_{v \in Q} \langle B(v), w - v \rangle = \max_{v \in Q} \min_{w \in Q} \langle B(v), w - v \rangle = -\min_{v \in Q} \max_{w \in Q} \langle B(v), v - w \rangle$$

于是, 我们取 $\mathbb{E}_1 = \mathbb{E}_2 = \mathbb{E}$, $Q_1 = Q_2 = Q$, $d_1(x) = d_2(x) = d(x)$, $A = B$, 且

$$\hat{f}(x) = \langle b, x \rangle_{\mathbb{E}_1} + \langle Bx, x \rangle_{\mathbb{E}_1}, \qquad \hat{\phi}(u) = \langle b, u \rangle_{\mathbb{E}_1}$$

此时, 函数值 f_μ 的计算变得非常简单:

$$f_\mu(x) = \max_u \{ \langle Bx, u \rangle_{\mathbb{E}_1} - \mu d(u) - \langle b, u \rangle_{\mathbb{E}_1} : u \in Q \}$$

注意到现在我们为计算函数 $f_\mu(x)$ 付出的花费适中了. 事实上, 此时 M 等于 $\|B\|_{1,2}$. 因此, 复杂度估计(6.1.47)增加到

$$\frac{4D_1 \|B\|_{1,2}}{\epsilon} + \sqrt{\frac{D_1 \|B\|_{1,2}}{\epsilon}}$$

当算子 B 是反对称算子，即 $B+B^*=0$ 时，在这类重要的特殊情形下，原始和对偶变形具有类似的复杂度.

6.1.4.4 分片线性优化

1. 绝对值最大问题 考虑如下问题:

$$\min_{x \in Q_1} \left\{ f(x) = \max_{1 \leq j \leq m} \left| \langle a_j, x \rangle_{\mathbb{E}_1} - b^{(j)} \right| \right\} \tag{6.1.48}$$

为简单起见，我们选取

$$\|x\|_{\mathbb{E}_1} = \left[\sum_{i=1}^n (x^{(i)})^2 \right]^{1/2}, \quad d_1(x) = \frac{1}{2}\|x\|^2$$

记 A 为以 a_j，$j=1,\cdots,m$ 为行的矩阵，方便地选择

$$\mathbb{E}_2 = \mathbb{R}^{2m}, \quad \|u\|_{\mathbb{E}_2} = \sum_{j=1}^{2m} |u^{(j)}|, \quad d_2(u) = \ln(2m) + \sum_{j=1}^{2m} u^{(j)} \ln u^{(j)}$$

则

$$f(x) = \max_u \{ \langle \hat{A}x, u \rangle_{\mathbb{E}_2} - \langle \hat{b}, u \rangle_{\mathbb{E}_2} : u \in \Delta_{2m} \}$$

其中 $\hat{A} = \begin{pmatrix} A \\ -A \end{pmatrix}$，$\hat{b} = \begin{pmatrix} b \\ -b \end{pmatrix}$. 于是，$D_2 = \ln(2m)$，且

$$D_1 = \frac{1}{2}\bar{r}^2, \quad \bar{r} = \max_x \{ \|x\|_{\mathbb{E}_1} : x \in Q_1 \}$$

只需计算算子 $\hat{A}$ 的范数:

$$\|\hat{A}\|_{1,2} = \max_{x,u} \{ \langle \hat{A}x, u \rangle_{\mathbb{E}_2} : \|x\|_{\mathbb{E}_1} = 1, \|u\|_{\mathbb{E}_2} = 1 \}$$
$$= \max_x \{ \max_{1 \leq j \leq m} |\langle a_j, x \rangle_{\mathbb{E}_1}| : \|x\|_{\mathbb{E}_1} = 1 \} = \max_{1 \leq j \leq m} \|a_j\|_1^*$$

将上述所有计算结果代入估计式 (6.1.29)，我们得到问题 (6.1.48) 可以在

$$2\sqrt{2}\, \bar{r} \max_{1 \leq j \leq m} \|a_j\|_1^* \sqrt{\ln(2m)} \cdot \frac{1}{\epsilon}$$

次算法 (6.1.19) 的迭代后解出. 在这种情形下，标准的次梯度算法的迭代次数上界为

$$O\left(\left[\bar{r} \max_{1 \leq j \leq m} \|a_j\|_1^* \cdot \frac{1}{\epsilon} \right]^2 \right)$$

最后，问题 (6.1.48) 的目标函数的光滑表达式为

$$\bar{f}_\mu(x) = \mu \ln \left(\frac{1}{m} \sum_{j=1}^m \xi \left(\frac{1}{\mu} [\langle a_j, x \rangle + b^{(j)}] \right) \right]$$

其中 $\xi(\tau) = \frac{1}{2}[e^\tau + e^{-\tau}]$. 我们将这种光滑表示的验证作为练习留给读者.

2. 绝对值的和 现在考虑问题

$$\min_{x \in Q_1} \left\{ f(x) = \sum_{j=1}^m \left| \langle a_j, x \rangle_{\mathbb{E}_1} - b^{(j)} \right| \right\} \tag{6.1.49}$$

下面给出函数 $f(\cdot)$ 的最简单的表示形式. 记 A 表示以 a_j 为行的矩阵, 我们选取

$$\mathbb{E}_2 = \mathbb{R}^m, \quad Q_2 = \{u \in \mathbb{R}^m : |u^{(j)}| \leqslant 1, \quad j = 1, \cdots, m\}$$

$$d_2(u) = \frac{1}{2} \|u\|_{\mathbb{E}_2}^2 = \frac{1}{2} \sum_{j=1}^m \|a_j\|_{\mathbb{E}_1}^* \cdot (u^{(j)})^2$$

则目标函数的光滑形式如下:

$$f_\mu(x) = \max_u \{\langle Ax - b, u \rangle_{\mathbb{E}_2} - \mu d_2(u) : u \in Q_2\}$$

$$= \sum_{j=1}^m \|a_j\|_{\mathbb{E}_1}^* \cdot \psi_\mu \left(\frac{|\langle a_j, x \rangle_{\mathbb{E}_1} - b^{(j)}|}{\|a_j\|_{\mathbb{E}_1}^*} \right)$$

其中函数 $\psi_\mu(\tau)$ 是由(6.1.43)定义的. 注意到

$$\|A\|_{1,2} = \max_{x,u} \left\{ \sum_{j=1}^m u^{(j)} \langle a_j, x \rangle_{\mathbb{E}_1} : \|x\|_{\mathbb{E}_1} \leqslant 1, \|u\|_{\mathbb{E}_2} \leqslant 1 \right\}$$

$$\leqslant \max_u \left\{ \sum_{j=1}^m \|a_j\|_{\mathbb{E}_1}^* \cdot |u^{(j)}| : \sum_{j=1}^m \|a_j\|_{\mathbb{E}_1}^* \cdot (u^{(j)})^2 \leqslant 1 \right\}$$

$$= D^{1/2} \equiv \left[\sum_{j=1}^m \|a_j\|_{\mathbb{E}_1}^* \right]^{1/2}$$

另一方面, $D_2 = \frac{1}{2} D$. 因此, 根据定理 6.1.3, 我们得到算法(6.1.19)复杂度的上界为

$$\frac{2}{\epsilon} \cdot \sqrt{2D_1} \cdot \sum_{j=1}^m \|a_j\|_{\mathbb{E}_1}^*$$

次迭代.

6.1.5   算法实现的讨论

6.1.5.1   计算复杂度

我们讨论算法(6.1.19)应用于函数 $\bar{f}_\mu(\cdot)$ 时的计算复杂度, 主要计算量是算法的步骤(b)和步骤(c)所执行的计算.

步骤(b)   Oracle 的调用   在该步骤中, 我们需要计算如下极大化问题的解:

$$\max_{u \in Q_2} \{\langle Ay_k, u \rangle_{E_2} - \hat{\phi}(u) - \mu d_2(u) : u \in Q_2\}$$

注意到从该问题的原始形式我们知道, 当 $\mu = 0$ 时, 该计算通过闭式解的方式解决. 于是, 我们希望选择合适的近邻函数, 使光滑形式的计算不太难. 在 6.1.4 节中我们已经看到了验证这一观点的三个例子.

步骤(c) v_{k+1} 的计算量   该计算就是对某个取定的 $s \in \mathbb{E}_1^*$, 求解如下问题:

$$\min_{x \in Q_1} \{d_1(x) + \langle s, x \rangle_{\mathbb{E}_1}\}$$

如果集合 Q_1 和近邻函数 $\mathbb{E}_1^*$ 足够简单, 该计算也可以通过求闭式解计算实现(参见 6.1.4 节). 而对某些集合, 我们需要求解一个单变量的辅助方程.

6.1.5.2　计算的稳定性

我们的方法基于不可微函数的光滑化. 根据(6.1.33), 光滑系数 μ 的值必须与 ϵ 同阶. 这会给计算函数 $\overline{f}_\mu(x)$ 及其梯度带来一些数值上的麻烦. 在 6.1.4 节的例子中, 只有 6.1.4.2 节中的目标函数的光滑形式没有涉及危险运算, 所有其他的例子都需要小心实现.

在 6.1.4.1 和 6.1.4.4 节中, 我们都需要一个稳定技术来计算参数值 μ 非常小的函数

$$\eta(u) = \mu \ln\Big(\sum_{j=1}^m e^{u^{(j)}/\mu} \Big) \tag{6.1.50}$$

的值及其导数值. 这可以通过以下方式实现. 设

$$\overline{u} = \max_{1 \leqslant j \leqslant m} u^{(j)}, \quad v^{(j)} = u^{(j)} - \overline{u}, \ j = 1, \cdots, m$$

则

$$\eta(u) = \overline{u} + \eta(v)$$

注意向量 v 的所有分量都是非正的, 且其中一个是零. 因此, 值 $\eta(v)$ 可以计算得非常精确. 由于 $\nabla\eta(u) = \nabla\eta(v)$, 同样的技术也可用来计算梯度.

6.2　非光滑凸优化的过间隙技术

(原始-对偶问题的结构；过间隙条件；梯度投影；收敛性分析；极小化强凸函数.)

6.2.1　原始-对偶问题的结构

在本节中, 我们对 6.1 节中给出的结果进行一些推广. 6.1 节说明了某些结构化的非光滑优化问题可在梯度型算法的 $O\big(\frac{1}{\epsilon}\big)$ 次迭代内解决, 这里 ϵ 是解的期望精度. 该复杂度比黑箱方法中理论复杂度下界 $O\big(\frac{1}{\epsilon^2}\big)$ 好得多(参见 3.2 节). 当然, 这种可能的改进是因为对标准黑箱假设的一定程度松弛. 与黑箱问题不同, 我们假设问题具有明确且非常简单的极小极大结构. 然而, 6.1 节中讨论的方法都有一定的缺陷, 即优化方法的迭代步数必须预先确定. 它是依据最坏的情况下的复杂度分析和理想的精度来选择的. 我们来尝试让算法变得更灵活.

研究与之前相同的优化问题：

$$\text{找到 } f^* = \min_{x \in Q_1} f(x) \tag{6.2.1}$$

其中 Q_1 是有限维实向量空间 $\mathbb{E}_1$ 中的有界闭凸集, 且 f 是 Q_1 上的连续凸函数. 我们没有假设 f 是可微的. 设目标函数的结构由如下模型表示：

$$f(x) = \hat{f}(x) + \max_{u \in Q_2}\{\langle Ax, u\rangle_{\mathbb{E}_2} - \hat{\phi}(u)\} \tag{6.2.2}$$

其中函数 $\hat{f}$ 在 Q_1 上连续凸, Q_2 是有限维实向量空间 $\mathbb{E}_2$ 中的有界闭凸集, $\hat{\phi}(\cdot)$ 是 Q_2 上的连续凸函数, 线性算子 A 映射 $\mathbb{E}_1$ 到 $\mathbb{E}_2^*$. 在这种情况下, 问题(6.2.1)写成如下伴随形式：

$$f_* = \max_{u \in Q_2} \phi(u)$$

$$\phi(u) = -\hat{\phi}(u) + \min_{x \in Q_1}\{\langle Ax, u\rangle_{\mathbb{E}_2} + \hat{f}(x)\} \tag{6.2.3}$$

其对偶间隙为零(参见(6.1.34)).

我们假设这个表示在以下意义上与(6.2.1)完全类似. 仅当涉及由 f 和 ϕ 定义的优化问题有闭式解时,这一节描述的所有算法均可实现. 所以我们假设 $\hat{f}$,$\hat{\phi}$,Q_1 和 Q_2 所有的对象的结构都足够简单. 我们还假设函数 $\hat{f}$ 和 $\hat{\phi}$ 的梯度 Lipschitz 连续,且 Lipschitz 常数分别为 $L_1(\hat{f})$ 和 $L_2(\hat{\phi})$.

我们说明结构(6.2.2)的信息有助于求解问题(6.2.1)和(6.2.3). 考虑集合 Q_2 的近邻函数 $d_2(\cdot)$,这意味着 d_2 在 Q_2 上是连续强凸函数,且强凸参数是 1. 用

$$u_0 = \arg\min_{u \in Q_2} d_2(u)$$

表示函数 d_2 的近邻中心. 不失一般性,我们假设 $d_2(u_0)=0$. 于是,依据(4.2.18),对任意的 $u \in Q_2$,我们有

$$d_2(u) \geqslant \frac{1}{2}\|u - u_0\|_2^2 \tag{6.2.4}$$

设 μ_2 是正光滑参数,考虑如下函数:

$$f_{\mu_2}(x) = \hat{f}(x) + \max_{u \in Q_2}\{\langle Ax, u\rangle_{\mathbb{E}_2} - \hat{\phi}(u) - \mu_2 d_2(u)\} \tag{6.2.5}$$

447 用 $u_{\mu_2}(x)$ 表示该问题的最优解. 由于函数 d_2 是强凸的,因此该解唯一. 根据 Danskin 定理,函数 f_{μ_2} 的梯度有定义且

$$\nabla f_{\mu_2}(x) = \nabla\hat{f}(x) + A^* u_{\mu_2}(x) \tag{6.2.6}$$

此外,该梯度 Lipschitz 连续,且 Lipschitz 常数为

$$L_1(f_{\mu_2}) = L_1(\hat{f}) + \frac{1}{\mu_2}\|A\|_{1,2}^2 \tag{6.2.7}$$

(参见定理 6.1.1).

类似地,我们考虑集合 Q_1 的凸参数为 1 的近邻函数 $d_1(\cdot)$,且其近邻中心 x_0 满足 $d_1(x_0)=0$. 由(4.2.18),对任意 $x \in Q_1$ 我们有

$$d_1(x) \geqslant \frac{1}{2}\|x - x_0\|_1^2 \tag{6.2.8}$$

设 μ_1 是正光滑参数. 考虑

$$\phi_{\mu_1}(u) = -\hat{\phi}(u) + \min_{x \in Q_1}\{\langle Ax, u\rangle_{\mathbb{E}_2} + \hat{f}(x) + \mu_1 d_1(x)\} \tag{6.2.9}$$

由于上述定义中的第二项是线性函数的最小值,故 $\phi_{\mu_1}(u)$ 是凹函数. 用 $x_{\mu_1}(u)$ 表示上述问题唯一的最优解. 根据定理 6.1.1,梯度

$$\nabla\phi_{\mu_1}(u) = -\nabla\hat{\phi}(u) + Ax_{\mu_1}(u) \tag{6.2.10}$$

是 Lipschitz 连续的,且 Lipschitz 常数是

$$L_2(\phi_{\mu_1}) = L_2(\hat{\phi}) + \frac{1}{\mu_1}\|A\|_{1,2}^2 \tag{6.2.11}$$

6.2.2 过间隙条件

根据定理 1.3.1, 对任意 $x \in Q_1$ 和任意 $u \in Q_2$, 我们有

$$\phi(u) \leqslant f(x) \tag{6.2.12}$$

且我们的假设保证了问题 (6.2.1) 和 (6.2.3) 没有对偶间隙. 但是我们有 $f_{\mu_2}(x) \leqslant f(x)$ 和 $\phi(u) \leqslant \phi_{\mu_1}(u)$. 这样就有可能对某 $\overline{x} \in Q_1$ 和 $\overline{u} \in Q_2$ 满足如下过间隙条件 (excessive gap condition):

$$\boxed{f_{\mu_2}(\overline{x}) \leqslant \phi_{\mu_1}(\overline{u})} \tag{6.2.13}$$

[448]

我们来说明条件 (6.2.13) 为我们提供了衡量原始-对偶对 $(\overline{x}, \overline{u})$ 的性能的上界.

引理 6.2.1 设 $\overline{x} \in Q_1$ 和 $\overline{u} \in Q_2$ 满足 (6.2.13), 则

$$\begin{aligned}
0 &\leqslant \max\{f(\overline{x}) - f^*, f^* - \phi(\overline{u})\} \\
&\leqslant f(\overline{x}) - \phi(\overline{u}) \leqslant \mu_1 D_1 + \mu_2 D_2
\end{aligned} \tag{6.2.14}$$

其中 $D_1 = \max\limits_{x \in Q_1} d_1(x)$, $D_2 = \max\limits_{u \in Q_2} d_2(u)$.

证明 事实上, 对任意 $\overline{x} \in Q_1$ 和 $\overline{u} \in Q_2$, 我们有

$$f(\overline{x}) - \mu_2 D_2 \leqslant f_{\mu_2}(\overline{x}) \overset{(6.2.13)}{\leqslant} \phi_{\mu_1}(\overline{u}) \leqslant \phi(\overline{u}) + \mu_1 D_1$$

只需应用不等式 (6.2.12) 即可证明结论. ∎

我们的目标是验证迭代更新点对 $(\overline{x}, \overline{u})$ 的过程, 使得当 μ_1 和 μ_2 趋于 0 时保持满足不等式 (6.2.13). 在开始分析之前, 我们来证明一个有用的不等式.

引理 6.2.2 对于 Q_1 中任意的 x 和 $\hat{x}$, 我们有

$$f_{\mu_2}(\hat{x}) + \langle \nabla f_{\mu_2}(\hat{x}), x - \hat{x} \rangle_{\mathbb{E}_1} \leqslant \hat{f}(x) + \langle Ax, u_{\mu_2}(\hat{x}) \rangle_{\mathbb{E}_2} - \hat{\phi}(u_{\mu_2}(\hat{x})) \tag{6.2.15}$$

证明 我们从 Q_1 中任取 x 和 $\hat{x}$. 设 $\hat{u} = u_{\mu_2}(\hat{x})$, 则

$$\begin{aligned}
f_{\mu_2}(\hat{x}) + \langle \nabla f_{\mu_2}(\hat{x}), x - \overline{y} \rangle_{\mathbb{E}_1} &\overset{(6.2.5),(6.2.6)}{=} \hat{f}(\hat{x}) + \langle A\overline{y}, \hat{u} \rangle_{\mathbb{E}_2} - \hat{\phi}(\hat{u}) - \mu_2 d_2(\hat{u}) \\
&\quad + \langle \nabla \hat{f}(\hat{x}) + A^* \hat{u}, x - \hat{x} \rangle_{\mathbb{E}_1} \\
&\overset{(2.1.2)}{\leqslant} \hat{f}(x) + \langle Ax, \hat{u} \rangle_{\mathbb{E}_2} - \hat{\phi}(\hat{u})
\end{aligned}$$

∎

我们来验证初始原始-对偶点对满足过间隙条件 (6.2.13) 的可能性.

引理 6.2.3 我们任取 $\mu_2 > 0$ 且令

$$\begin{aligned}
\overline{x} &= \arg \min_{x \in Q_1} \{ \langle \nabla f_{\mu_2}(x_0) \rangle, x - x_0 \rangle_{\mathbb{E}_1} + L_1(f_{\mu_2}) d_1(x) \} \\
\overline{u} &= u_{\mu_2}(x_0)
\end{aligned} \tag{6.2.16}$$

则对任意 $\mu_1 \geqslant L_1(f_{\mu_2})$, 该原始-对偶点对满足过间隙条件.

[449]

证明 事实上, 依据 (1.2.11), 我们有

$$f_{\mu_2}(\overline{x}) \leqslant f_{\mu_2}(x_0) + \langle \nabla f_{\mu_2}(x_0), \overline{x} - x_0 \rangle_{\mathbb{E}_1} + \frac{1}{2} L_1(f_{\mu_2}) \| \overline{x} - x_0 \|_1^2$$

$$\overset{(6.2.4)}{\leqslant} \quad f_{\mu_2}(x_0) + \langle \nabla f_{\mu_2}(x_0), \overline{x} - x_0 \rangle_{\mathbb{E}_1} + \frac{1}{2} L_1(f_{\mu_2}) d_1(\overline{x})$$

$$\overset{(6.2.16)}{=} \quad f_{\mu_2}(x_0) + \min_{x \in Q_1} \{ \langle \nabla f_{\mu_2}(x_0), x - x_0 \rangle_{\mathbb{E}_1} + L_1(f_{\mu_2}) d_1(x) \}$$

$$\overset{(6.2.15)}{\leqslant} \quad \min_{x \in Q_1} \{ \hat{f}(x) + \langle Ax, u_{\mu_2}(x_0) \rangle_{\mathbb{E}_2} - \hat{\phi}(u_{\mu_2}(x_0)) + L_1(f_{\mu_2}) d_1(x) \}$$

$$\overset{(6.2.9)}{=} \quad \phi_{L_1(f_{\mu_2})}(\overline{u}) \leqslant \phi_{\mu_1}(\overline{u}) \qquad \blacksquare$$

于是, 对某些原始-对偶点对, 条件(6.2.13)能被满足. 现在我们说明, 为了使较小的 μ_1 和 μ_2 持续满足过间隙条件, 应该如何更新点 $\overline{x}$ 和 $\overline{u}$. 依据情形的对称性, 在更新过程的第一步, 我们仅试着减小 μ_1 而保持 μ_2 不变. 之后在第二步, 我们更新 μ_2 而保持 μ_1 为常数, 依此类推. 这种切换策略的主要优点是我们只需要为第一步找到一个合理依据. 第二步的证明与之对称.

定理 6.2.1 对某正数 μ_1 和 μ_2, 设点 $\overline{x} \in Q_1$ 和 $\overline{u} \in Q_2$ 满足过间隙条件(6.2.13). 取定 $\tau \in (0, 1)$ 并选取 $\mu_1^+ = (1-\tau)\mu_1$, 且

$$\begin{aligned} \hat{x} &= (1-\tau)\overline{x} + \tau x_{\mu_1}(\overline{u}) \\ \overline{u}_+ &= (1-\tau)\overline{u} + \tau u_{\mu_2}(\hat{x}) \\ \overline{x}_+ &= (1-\tau)\overline{x} + \tau x_{\mu_1^+}(\overline{u}_+) \end{aligned} \qquad (6.2.17)$$

则点对 $(\overline{x}_+, \overline{u}_+)$ 满足条件(6.2.13), 其中光滑系数 μ_1^+ 和 μ_2 以及 τ 满足如下关系:

450

$$\boxed{\frac{\tau^2}{1-\tau} \leqslant \frac{\mu_1}{L_1(f_{\mu_2})}} \qquad (6.2.18)$$

证明 令 $\hat{u} = u_{\mu_2}(\hat{x})$, $x_1 = x_{\mu_1}(\overline{u})$, 且 $\widetilde{x}_+ = x_{\mu_1^+}(\overline{u}_+)$. 由于 $\hat{\phi}$ 是凸函数, 根据(6.2.17)的操作, 我们有 $\hat{\phi}(\overline{u}_+) \leqslant (1-\tau)\hat{\phi}(\overline{u}) + \tau \hat{\phi}(\hat{u})$. 因此,

$$\begin{aligned} \phi_{\mu_1^+}(\overline{u}_+) &= (1-\tau)\mu_1 d_1(\widetilde{x}_+) + \langle A\widetilde{x}_+, (1-\tau)\overline{u} + \tau\hat{u} \rangle_{\mathbb{E}_2} + \hat{f}(\widetilde{x}_+) - \hat{\phi}(\overline{u}_+) \\ &\geqslant (1-\tau)[\mu_1 d_1(\widetilde{x}_+) + \langle A\widetilde{x}_+, \overline{u} \rangle_{\mathbb{E}_2} + \hat{f}(\widetilde{x}_+)\hat{\phi}(\overline{u})] \\ &\quad + \tau[\hat{f}(\widetilde{x}_+) + \langle A\widetilde{x}_+, \hat{u} \rangle_{\mathbb{E}_2} - \hat{\phi}(\hat{u})] \\ &\overset{(6.2.15)}{\geqslant} (1-\tau)[\phi_{\mu_1}(\overline{u}) + \frac{1}{2}\mu_1 \|\widetilde{x}_+ - x_1\|_1^2]_a \\ &\quad + \tau[f_{\mu_2}(\hat{x}) + \langle \nabla f_{\mu_2}(\hat{x}), \widetilde{x}_+ - \hat{x} \rangle_{\mathbb{E}_1}]_b \end{aligned}$$

注意到由条件(6.2.13)和(6.2.17)中的第一行, 我们有

$$\begin{aligned} \phi_{\mu_1}(\overline{u}) &\geqslant f_{\mu_2}(\overline{x}) \geqslant f_{\mu_2}(\hat{x}) + \langle \nabla f_{\mu_2}(\hat{x}), \overline{x} - \hat{x} \rangle_{\mathbb{E}_1} \\ &= f_{\mu_2}(\hat{x}) + \tau \langle \nabla f_{\mu_2}(\hat{x}), \overline{x} - x_1 \rangle_{\mathbb{E}_1} \end{aligned}$$

因此, 我们可以对前一个不等式中第一个括号 $[\bullet]_a$ 中的表达式估计如下:

$$[\bullet]_a \geqslant f_{\mu_2}(\hat{x}) + \tau \langle \nabla f_{\mu_2}(\hat{x}), \overline{x} - x_1 \rangle_{\mathbb{E}_1} + \frac{1}{2}\mu_1 \|\widetilde{x}_+ - x_1\|_1^2$$

依据(6.2.15)中的第一行, 对第二个括号 $[\,\bullet\,]_b$ 中的表达式, 我们有

$$[\,\bullet\,]_b = f_{\mu_2}(\hat{x}) + \langle \nabla f_{\mu_2}(\hat{x}), \widetilde{x}_+ - x_1 + (1-\tau)(x_1 - \overline{x}) \rangle_{\mathbb{E}_1}$$

于是, 考虑到 $\widetilde{x}_+ - \hat{x} \overset{(6.2.17)}{=} \tau(\widetilde{x}_+ - x_1)$, 如下推导就证明了结论:

$$
\begin{aligned}
\phi_{\mu_1}^+(\overline{u}+) &\geqslant f_{\mu_2}(\hat{x}) + \tau\langle \nabla f_{\mu_2}(\hat{x}), \widetilde{x}_+ - x_1 \rangle_{\mathbb{E}_1} + \frac{1}{2}(1-\tau)\mu_1 \|\widetilde{x}_+ - x_1\|_1^2 \\
&= f_{\mu_2}(\hat{x}) + \langle \nabla f_{\mu_2}(\hat{x}), \overline{x}_+ - \hat{x} \rangle_{\mathbb{E}_1} + \frac{(1-\tau)\mu_1}{2\tau^2} \|\overline{x}_+ - \hat{x}\|_1^2 \\
&\overset{(6.2.18)}{\geqslant} f_{\mu_2}(\hat{x}) + \langle \nabla f_{\mu_2}(\hat{x}), \overline{x}_+ - \hat{x} \rangle_{\mathbb{E}_1} + \frac{1}{2}L_1(f_{\mu_2}) \|\overline{x}_+ - \hat{x}\|_1^2 \\
&\overset{(1.2.11)}{\geqslant} f_{\mu_2}(\overline{x}_+)
\end{aligned}
$$

■

6.2.3　收敛性分析

在 6.2.2 节中, 我们已经看到, 可以通过一种切换策略来减小光滑系数 μ_1 和 μ_2. 于是, 为了将定理 6.2.1 的结果转换为算法, 我们需要给出更新这些系数的策略, 该策略应与增长条件(6.2.18)相容. 在本节中, 我们对 $L_1(\hat{f}) = L_2(\hat{\phi}) = 0$ 这类重要的情形进行讨论.

为了方便, 光滑系数表示如下:

$$\mu_1 = \lambda_1 \cdot \|A\|_{1,2} \cdot \sqrt{\frac{D_2}{D_1}}, \quad \mu_2 = \lambda_2 \cdot \|A\|_{1,2} \cdot \sqrt{\frac{D_1}{D_2}} \tag{6.2.19}$$

这样, 对偶间隙的估计式(6.2.14)变为对称的:

$$f(\overline{x}) - \phi(\overline{u}) \leqslant (\lambda_1 + \lambda_2) \cdot \|A\|_{1,2} \cdot \sqrt{D_1 D_2} \tag{6.2.20}$$

因为根据(6.2.7), 有 $L_1(f_{\mu_2}) = \dfrac{1}{\mu_2}\|A\|_{1,2}^2$, 条件(6.2.18)变得与问题无关, 即

$$\frac{\tau^2}{1-\tau} \leqslant \mu_1\mu_2 \cdot \frac{1}{\|A\|_{1,2}^2} = \lambda_1\lambda_2 \tag{6.2.21}$$

我们以显式的形式写下相应的切换算法. 很方便地使用一个永久的迭代计数器. 这种情况下, 我们在偶数步迭代用原始迭代更新(6.2.17), 且在奇数步迭代用相应的对偶更新. 因为在偶数步迭代时 λ_2 固定不变, 而在奇数步迭代时 λ_1 固定不变, 将它们的新值放在同一序列 $\{\alpha_k\}_{k=-1}^{\infty}$ 就很方便. 我们来确定序列之间的如下关系:

$$
\begin{aligned}
k = 2l : & \ \lambda_{1,k} = \alpha_{k-1}, \lambda_{2,k} = \alpha k \\
k = 2l+1 : & \ \lambda_{1,k} = \alpha_k, \lambda_{2,k} = \alpha_{k-1}
\end{aligned}
\tag{6.2.22}
$$

则相应参数 τ_k (参见规则(6.2.1))定义了序列 $\{\alpha_k\}_{k=-1}^{\infty}$ 的下降率.

引理 6.2.4　对所有 $k \geqslant 0$, 我们有 $\alpha_{k+1} = (1-\tau_k)\alpha_{k-1}$.

证明　事实上, 依据(6.2.22), 如果 $k = 2l$, 则

$$\alpha_{k+1} = \lambda_{1,k+1} = (1-\tau_k)\lambda_{1,k} = (1-\tau_k)\alpha_{k-1}$$

452 且如果 $k=2l+1$，则 $\alpha_{k+1}=\lambda_{2,k+1}=(1-\tau_k)\lambda_{2,k}=(1-\tau_k)\alpha_{k-1}$. ∎

推论 6.2.1 关于序列 $\{\alpha_k\}_{k=-1}^{\infty}$，条件 (6.2.21) 可表示为

$$(\alpha_{k+1}-\alpha_{k-1})^2 \leqslant \alpha_{k+1}\alpha_k\alpha_{k-1}^2, \quad k \geqslant 0 \tag{6.2.23}$$

证明 依据 (6.2.22)，我们总有 $\lambda_{1,k}\lambda_{2,k}=\alpha_k\alpha_{k-1}$. 因为 $\tau_k=1-\dfrac{\alpha_{k+1}}{\alpha_{k-1}}$，我们得到 (6.2.23). ∎

显然，

$$\alpha_k=\frac{2}{k+2}, \quad k \geqslant -1 \tag{6.2.24}$$

满足条件 (6.2.23). 这样，

$$\tau_k=1-\frac{\alpha_{k+1}}{\alpha_{k-1}}=\frac{2}{k+3}, \quad k \geqslant 0 \tag{6.2.25}$$

现在我们将给出算法流程. 我们对规则 (6.2.17) 来写这个算法. 在此算法中，我们使用依据规则 (6.2.19)、(6.2.22) 和 (6.2.24) 生成的序列 $\{\mu_{1,k}\}_{k=-1}^{\infty}$ 和 $\{\mu_{2,k}\}_{k=-1}^{\infty}$.

> 1. 初始化：通过取 $\mu_1=\mu_{1,0}$ 和 $\mu_2=\mu_{2,0}$，依据 (6.2.16) 选取 $\overline{x}_0$ 和 $\overline{u}_0$.
> 2. 第 k 次迭代 ($k \geqslant 0$)：
> (a) 置 $\tau_k=\dfrac{2}{k+3}$；
> (b) 如果 k 是偶数，从 $(\overline{x}_k, \overline{u}_k)$ 利用 (6.2.17) 生成 $(\overline{x}_{k+1}, \overline{u}_{k+1})$；
> (c) 如果 k 是奇数，从 $(\overline{x}_k, \overline{u}_k)$ 利用 (6.2.17) 的对称对偶变形生成 $(\overline{x}_{k+1}, \overline{u}_{k+1})$.

$$\tag{6.2.26}$$

定理 6.2.2 设通过算法 (6.2.26) 生成的序列为 $\{\overline{x}_k\}_{k=0}^{\infty}$ 和 $\{\overline{u}_k\}_{k=0}^{\infty}$，则每个点对 $(\overline{x}_k, \overline{u}_k)$ 都满足过间隙条件. 因此，

$$f(\overline{x}_k)-\phi(\overline{u}_k) \leqslant \frac{4\|A\|_{1,2}}{k+1}\sqrt{D_1 D_2} \tag{6.2.27}$$

证明 根据参数的选择，有

$$\mu_{1,0}\mu_{2,0}=\lambda_{1,0}\lambda_{2,0} \cdot \|A\|_{1,2}^2=2\mu_{2,0}L_1(f_{\mu_{2,0}}) > \mu_{2,0}L_1(f_{\mu_{2,0}})$$

453 因此，依据引理 6.2.3，$(\overline{x}_0, \overline{u}_0)$ 满足过间隙条件. 我们已经验证由 (6.2.25) 定义的序列 $\{\tau_k\}_{k=0}^{\infty}$ 满足定理 6.2.1 的条件. 因此，由 (6.2.26) 生成的序列也满足过间隙条件. 只需用不等式 (6.2.20) 就可证明结论. ∎

6.2.4 极小化强凸函数

现在研究满足如下假设的模型 (6.2.2).

假设 6.2.1 在表达式 (6.2.2) 中，函数 $\hat{f}$ 是强凸的，凸参数 $\hat{\sigma} > 0$.

我们来证明如下 Danskin 定理的变形.

引理 6.2.5　在假设 6.2.1 下，由 (6.2.3) 定义的函数 ϕ 是凹的且可微的，而且，它的梯度

$$\nabla\phi(u) = -\nabla\hat{\phi}(u) + Ax_0(u) \tag{6.2.28}$$

Lipschitz 连续，Lipschitz 常数为

$$L_2(\phi) = \frac{1}{\hat{\sigma}}\|A\|_{1,2}^2 + L_2(\hat{\phi}) \tag{6.2.29}$$

其中 $x_0(u)$ 由 (6.2.9) 定义.

证明　设 $\hat{\phi}(u) = \min_{x \in Q_1}\{\langle Ax, u\rangle_{\mathbb{E}_2} + \hat{f}(x)\}$，它作为线性函数的极小化是凹函数. 由于 $\hat{f}$ 是强凸函数，该极小化问题的解是唯一的. 因此，$\hat{\phi}(\cdot)$ 可微，并且 $\nabla\hat{\phi}(u) = Ax_0(u)$.

考虑两点 u_1 和 u_2，由 (6.2.3) 的一阶最优性条件，我们有

$$\langle A^*u_1 + \nabla\hat{f}(x_0(u_1)), x_0(u_2) - x_0(u_1)\rangle_{\mathbb{E}_1} \geqslant 0$$

$$\langle A^*u_2 + \nabla\hat{f}(x_0(u_2)), x_0(u_1) - x_0(u_2)\rangle_{\mathbb{E}_1} \geqslant 0$$

两个不等式相加，并利用 $\hat{f}(\cdot)$ 的强凸性，我们接着可得

$$\langle Ax_0(u_2) - Ax_0(u_1), u_1 - u_2\rangle_{\mathbb{E}_2}$$

$$\geqslant \langle \nabla\hat{f}(x_0(u_1)) - \nabla\hat{f}(x_0(u_2)), x_0(u_1) - x_0(u_2)\rangle_{\mathbb{E}_1}$$

$$\overset{(2.1.22)}{\geqslant} \hat{\sigma}\|x_0(u_1) - x_0(u_2)\|_{\mathbb{E}_1}^2 \overset{(6.1.9)}{\geqslant} \frac{\hat{\sigma}}{\|A\|_{1,2}^2}(\|\nabla\hat{\phi}(u_1) - \nabla\hat{\phi}(u_2)\|_{\mathbb{E}_2}^*)^2$$

于是，$\|\nabla\widetilde{\phi}(u_1) - \nabla\widetilde{\phi}(u_2)\|_{\mathbb{E}_2}^* \leqslant \frac{1}{\hat{\sigma}}\|A\|_{1,2}^2 \cdot \|u_1 - u_2\|_{\mathbb{E}_2}$ 成立，且得到式 (6.2.29). ■

引理 6.2.6　对 Q_2 上任意两点 u 和 $\hat{u}$，我们有

$$\phi(\hat{u}) + \langle\nabla\phi(\hat{u}), u - \hat{u}\rangle_{\mathbb{E}_2} \geqslant -\hat{\phi}(u) + \langle Ax_0(\hat{u}), u\rangle_{\mathbb{E}_2} + \hat{f}(x_0(\hat{u})) \tag{6.2.30}$$

证明　从 Q_2 中任取 u 和 $\hat{u}$. 定义 $\hat{x} = x_0(\hat{u})$，则有

$$\phi(\hat{u}) + \langle\nabla\phi(\hat{u}), u - \hat{u}\rangle_{\mathbb{E}_2}$$

$$= -\hat{\phi}(\hat{u}) + \langle A\hat{x}, \hat{u}\rangle_{\mathbb{E}_2} + \hat{f}(\hat{x}) + \langle -\nabla\hat{\phi}(\hat{u}) + A\hat{x}, u - \hat{u}\rangle_{\mathbb{E}_2}$$

$$\overset{(2.1.2)}{\geqslant} -\hat{\phi}(u) + \langle A\hat{x}, u\rangle_{\mathbb{E}_2} + \hat{f}(\hat{x}) \qquad\blacksquare$$

在本节中，我们从过间隙条件的如下变形中推导一种优化算法：

$$\boxed{f_{\mu_2}(\overline{x}) \leqslant \phi(\overline{u})} \tag{6.2.31}$$

对某 $\overline{x} \in Q_1$ 和 $\overline{u} \in Q_2$ 成立.

这个条件可以看作当 $\mu_1 = 0$ 时条件 (6.2.13) 的变形. 然而，因为我们的假设略有不同，我们不希望使用前几节的结果. 例如，我们不需要集合 Q_1 有界这个假设.

引理 6.2.7　设 Q_1 中的点 $\overline{x}$ 和 Q_2 中的点 $\overline{u}$ 满足条件 (6.2.31)，则

$$0 \leqslant f(\overline{x}) - \phi(\overline{u}) \leqslant \mu_2 D_2 \tag{6.2.32}$$

证明 事实上，对任意的 $x \in Q_1$，我们有 $f_{\mu_2}(x) \geqslant f(x) - \mu_2 D_2$.

定义伴随梯度映射为

$$V(u) = \arg \max_{v \in Q_2} \left\{ \langle \nabla \phi(u), v - u \rangle_{\mathbb{E}_2} - \frac{1}{2} L_2(\phi) \| v - u \|_{\mathbb{E}_2}^2 \right\} \tag{6.2.33}$$

引理 6.2.8 对 $\mu_2 = L_2(\phi)$ 且

$$\overline{x} = x_0(u_0), \quad \overline{u} = V(u_0) \tag{6.2.34}$$

过间隙条件(6.2.31)成立.

证明 事实上，根据引理 6.2.5 和式(1.2.11)，我们得到如下关系：

$$
\begin{aligned}
\phi(V(u_0)) \quad &\geqslant \quad \phi(u_0) + \langle \nabla \phi(u_0), V(u_0) - u_0 \rangle_{\mathbb{E}_2} - \frac{1}{2} L_2(\phi) \| V(u_0) - u_0 \|_2^2 \\
&\overset{(6.2.33)}{=} \quad \max_{u \in Q_2} \left\{ \phi(u_0) + \langle \nabla \phi(u_0), u - u_0 \rangle_{\mathbb{E}_2} - \frac{1}{2} L_2(\phi) \| u - u_0 \|_2^2 \right\} \\
&\overset{(6.2.3),(6.2.28)}{=} \quad \max_{u \in Q_2} \{ -\hat{\phi}(u_0) + \langle A x_0(u_0), u_0 \rangle_{\mathbb{E}_2} + \hat{f}(x_0(u_0)) \\
&\qquad\quad + \langle A x_0(u_0) - \nabla \hat{\phi}(u_0), u - u_0 \rangle_{\mathbb{E}_2} - \frac{1}{2} \mu_2 \| u - u_0 \|_2^2 \} \\
&\overset{(6.2.4)}{\geqslant} \quad \max_{u \in Q_2} \{ -\hat{\phi}(u) + \hat{f}(x_0(u_0)) + \langle A x_0(u_0), u \rangle_{\mathbb{E}_2} - \mu_2 d_2(u) \} \\
&\overset{(6.2.5)}{=} \quad f_{\mu_2}(x_0(u_0))
\end{aligned}
$$

定理 6.2.3 设点 $\overline{x} \in Q_1$ 和 $\overline{u} \in Q_2$ 对某正数 μ_2 满足过间隙条件(6.2.31). 取定 $\tau \in (0, 1)$，且选取 $\mu_2^+ = (1-\tau)\mu_2$，及

$$
\begin{aligned}
\hat{u} &= (1-\tau)\overline{u} + \tau u_{\mu_2}(\overline{x}) \\
\overline{x}_+ &= (1-\tau)\overline{x} + \tau x_0(\hat{u}) \\
\overline{u}_+ &= V(\hat{u})
\end{aligned} \tag{6.2.35}
$$

这样，如果 τ 满足如下增长条件

$$\frac{\tau^2}{1-\tau} \leqslant \frac{\mu_2}{L_2(\phi)} \tag{6.2.36}$$

则点对 $(\overline{x}_+, \overline{u}_+)$ 就满足光滑系数为 μ_2^+ 的条件(6.2.31).

证明 设 $\hat{x} = x_0(\hat{u})$ 和 $u_{\mu_2}(\overline{x})$. 依据(6.2.35)的第二个更新规则和(6.2.5)，我们有

$$
\begin{aligned}
f_{\mu_2^+}(\overline{x}_+) \quad &= \quad \hat{f}(\overline{x}_+) + \max_{u \in Q_2} \{ \langle A((1-\tau)\overline{x} + \tau\hat{x}), u \rangle_{\mathbb{E}_2} - \hat{\phi}(u) \\
&\qquad\quad - (1-\tau)\mu_2 d_2(u) \} \\
&\overset{(3.1.2)}{\leqslant} \quad \max_{u \in Q_2} \{ (1-\tau)[\hat{f}(\overline{x}) + \langle A\overline{x}, u \rangle_{\mathbb{E}_2} - \hat{\phi}(u) - \mu_2 d_2(u)] \\
&\qquad\quad + \tau[\hat{f}(\hat{x}) + \langle A\hat{x}, u \rangle_{\mathbb{E}_2} - \hat{\phi}(u)] \} \\
&\overset{(4.2.18)}{\leqslant} \quad \max_{u \in Q_2} \left\{ (1-\tau)\left[f_{\mu_2}(\overline{x}) - \frac{1}{2}\mu_2 \| u - u_2 \|_2^2 \right] \right.
\end{aligned}
$$

$$+\tau[\phi(\hat{u})+\langle\nabla\phi(\hat{u}),u-\hat{u}\rangle_{\mathbb{E}_2}]\Big\}$$

其中在最后一行我们使用了 (6.2.30). 因为 ϕ 是凹的, 由 (6.2.31), 我们得到

$$f_{\mu_2}(\overline{x})\quad\leqslant\quad\phi(\overline{u})\leqslant\phi(\hat{u})+\langle\nabla\phi(\hat{u}),\overline{u}-\hat{u}\rangle_{\mathbb{E}_2}$$

$$\overset{(6.2.35)\text{第}1\text{行}}{=}\quad\phi(\hat{u})+\tau\langle\nabla\phi(\hat{u}),\overline{u}-u_2\rangle_{\mathbb{E}_2}$$

因此, 我们按如下推导可完成定理的证明:

$$f_{\mu_2}^{+}(\overline{x}_{+})\quad\leqslant\quad\max_{u\in Q_2}\Big\{\phi(\hat{u})+\tau\langle\nabla\phi(\hat{u}),u-u_2\rangle_{\mathbb{E}_2}-\frac{1}{2}(1-\tau)\mu_2\|u-u_2\|_2^2\Big\}$$

$$\overset{(6.2.36)}{\leqslant}\quad\max_{u\in Q_2}\Big\{\phi(\hat{u})+\tau\langle\nabla\phi(\hat{u}),u-u_2\rangle_{\mathbb{E}_2}-\frac{1}{2}\tau^2L_2(\phi)\|u-u_2\|_2^2\Big\}$$

现在定义 $v=\overline{u}+\tau(u-\overline{u}))$, 其中 $u\in Q_2$, 且因为 Q_2 是凸的, 我们接着可得到

$$f_{\mu_2}^{+}(\overline{x}_{+})\quad\leqslant\quad\max_{v\in\overline{u}+\tau(Q_2-\overline{u})}\Big\{\phi(\hat{u})+\langle\nabla\phi(\hat{u}),v-\hat{u}\rangle_{\mathbb{E}_2}-\frac{1}{2}L_2(\phi)\|v-\hat{u}\|_2^2\Big\}$$

$$(Q_2\text{ 是凸的})\quad\leqslant\quad\max_{v\in Q_2}\Big\{\phi(\hat{u})+\langle\nabla\phi(\hat{u}),v-\hat{u}\rangle_{\mathbb{E}_2}-\frac{1}{2}L_2(\phi)\|v-\hat{u}\|_2^2\Big\}$$

$$\overset{(6.2.33)}{\leqslant}\quad\phi(\hat{u})+\langle\nabla\phi(\hat{u}),\overline{u}_{+}-\hat{u}\rangle_{\mathbb{E}_2}-\frac{1}{2}L_2(\phi)\|\overline{u}_{+}-\hat{u}\|_2^2$$

$$\overset{(1.2.11)}{\leqslant}\quad\phi(\overline{u}_{+})$$

现在我们能阐明如下极小化算法.

> 1. 初始化: 置 $\mu_{2,0}=2L_2(\phi)$, $\overline{x}_0=x_0(u_0)$ 和 $\overline{u}_0=V(u_0)$.
> 2. 第 k 次迭代 $(k\geqslant0)$:
>
> 　置 $\tau_k=\dfrac{2}{k+3}$ 和 $\hat{u}_k=(1-\tau_k)\overline{u}_k+\tau_k u_{\mu_{2,k}}(\overline{x}_k)$.
>
> 　更新 $\mu_{2,k+1}=(1-\tau_k)\mu_{2,k}$,
> 　　$\overline{x}_{k+1}=(1-\tau_k)\overline{x}_k+\tau_k x_0(\hat{u}_k)$,
> 　　$\overline{u}_{k+1}=V(\hat{u}_k)$.

(6.2.37)

定理 6.2.4　设问题 (6.2.1) 满足假设 6.2.1, 则由算法 (6.2.37) 产生的点对 $(\overline{x}_k,\overline{u}_k)$ 满足下面不等式:

$$f(\overline{x}_k)-\phi(\overline{u}_k)\leqslant\frac{4L_2(\phi)D_2}{(k+1)(k+2)}\tag{6.2.38}$$

其中 $L_2(\phi)$ 由 (6.2.29) 给出.

证明　事实上, 根据定理 6.2.3 和引理 6.2.8, 我们只需要验证序列 $\{\mu_{2,k}\}_{k=0}^{\infty}$ 和 $\{\tau_k\}_{k=0}^{\infty}$ 满足关系式 (6.2.36). 这个很容易得到, 因为如下关系:

$$\mu_{2,k}=\frac{4L_2(\phi)}{(k+1)(k+2)}$$

457

对所有 $k \geqslant 0$ 都成立.

我们以一个例子结束本节. 考虑问题

$$f(x) = \frac{1}{2} \| x \|_{\mathbb{E}_1}^2 + \max_{1 \leqslant j \leqslant m} \left[f_j + \langle g_j, x - x_j \rangle_{\mathbb{E}_1} \right] \to \min \colon x \in \mathbb{E}_1 \qquad (6.2.39)$$

设 $\mathbb{E}_1 = \mathbb{R}^n$ 且选取

$$\| x \|_1^2 = \sum_{i=1}^n (x^{(i)})^2, \quad x \in \mathbb{E}_1$$

458 则可用算法(6.2.37)来求解该问题.

事实上，我们可以使用如下对象:

$$\mathbb{E}_2 = \mathbb{R}^m, \quad Q_2 = \Delta_m = \{ u \in \mathbb{R}_+^m \colon \sum_{j=1}^m u^{(j)} = 1 \}$$

$$\hat{f}(x) = \frac{1}{2} \| x \|_1^2, \quad \hat{\phi}(u) = \langle b, u \rangle_{\mathbb{E}_2}, \quad b^{(j)} = \langle g_j, x_j \rangle_{\mathbb{E}_1} - f_j, \ j = 1, \cdots, m$$

$$A^{\mathrm{T}} = (g_1, \cdots, g_m)$$

将(6.2.39)的目标函数表示为(6.2.2)的形式. 于是, $\hat{\sigma} = 1$ 且 $L_2(\hat{\phi}) = 0$. 我们选择 $\mathbb{E}_2$ 的如下范数:

$$\| u \|_{\mathbb{E}_2} = \sum_{j=1}^m | u^{(j)} |$$

这样，我们用熵距离函数:

$$d_2(u) = \ln m + \sum_{j=1}^m u^{(j)} \ln u^{(j)}, \quad u_0 = \left(\frac{1}{m}, \cdots, \frac{1}{m} \right)$$

其凸参数等于 1 且 $D_2 = \ln m$. 注意到在此情况下有

$$\| A \|_{1,2} = \max_{1 \leqslant j \leqslant m} \| g_j \|_1^*$$

于是，算法(6.2.37)求解问题(6.2.39)的收敛速率如下:

$$f(\overline{x}_k) - \phi(\overline{u}_k) \leqslant \frac{4 \ln m}{(k+1)(k+2)} \cdot \max_{1 \leqslant j \leqslant m} (\| g_j \|_1^*)^2$$

我们来研究算法(6.2.37)对这个例子的复杂度. 在每次迭代中，我们需要计算以下对象.

    1. **计算** $u_{\mu_2}(\overline{x})$. 这就是求解如下问题:

$$\max_u \left\{ \sum_{j=1}^m u^{(j)} s^{(j)}(\overline{x}) - \mu_2 d_2(u) \colon u \in Q_2 \right\}$$

其中 $s^{(j)}(\overline{x}) = f_j + \langle g_j, \overline{x} - x_j \rangle$, $j = 1, \cdots, m$. 正如我们多次看到的，该问题具有闭式解:

459
$$u_{\mu_2}^{(j)}(\overline{x}) = \mathrm{e}^{s^{(j)}(\overline{x})/\mu_2} \cdot \left[\sum_{l=1}^m \mathrm{e}^{s^{(l)}(\overline{x})/\mu_2} \right]^{-1}, \quad j = 1, \cdots, m$$

    2. **计算** $x_0(\hat{u})$. 在此例中，这是下面问题的解:

$$\min_x \left\{ \langle Ax, \hat{u} \rangle_{\mathbb{E}_2} + \frac{1}{2} \|x\|_{\mathbb{E}_1}^2 : x \in \mathbb{E}_1 \right\}$$

因此，答案很简单：$x_0(\hat{u}) = -A^T \hat{u}$.

3. **计算** $V(\hat{u})$. 在此，

$$\phi(\bar{u}) = \min_{x \in \mathbb{E}_1} \left\{ \sum_{j=1}^m u^{(j)} [f_j + \langle g_j, x - x_j \rangle_{\mathbb{E}_1}] + \frac{1}{2} \|x\|_{\mathbb{E}_1}^2 \right\}$$

$$= -\langle b, u \rangle_{\mathbb{E}_2} - \frac{1}{2} (\|A^T \hat{u}\|_{\mathbb{E}_1}^*)^2$$

于是，$\nabla \phi(\bar{u}) = -b - AA^T \hat{u}$. 现在可以通过 (6.2.33) 计算 $V(\hat{u})$. 容易看出解得 $V(\hat{u})$ 的复杂度是 $O(m \ln m)$ 量级的，该复杂度源于必须对空间 $\mathbb{R}^m$ 中的向量的分量进行排序.

这样，我们已经看到，用方法 (6.2.37) 求解问题 (6.2.39) 的每次迭代的所有计算花费都非常低. 迭代中花费最大的部分是计算矩阵 A 与向量的乘积. 在该算法直接实现中，每次迭代需要做三次这样的乘法. 然而，简单改变运算顺序，该计算可以减少到两次.

6.3 半定优化中的光滑化技术

（光滑化特征值的对称函数；对称矩阵的最大特征值极小化.）

6.3.1 光滑化特征值的对称函数

在 6.1 节和 6.2 节中，我们已经证明，合理使用非光滑凸优化问题的结构，可以得到非常高效的梯度方法，其性能明显优于黑箱假设下得到的复杂度下界. 然而，只有当我们能够建立问题的目标函数可计算的光滑近似时，这个事实才能导致有效实现的算法. 在这种情况下，通过应用极小化光滑凸函数的最优算法 (6.1.19) 求解这个近似问题，我们可以容易地得到初始问题的一个好的解.

我们以前的结果主要针对分片线性函数. 在本节中，我们将它们推广到半定优化问题 (Semidefinite Optimization). 为此，我们给一种最重要的对称矩阵的非光滑函数，即最大特征值函数，引入可计算的光滑近似. 我们的近似基于熵光滑.

在下文中，用 $\mathbb{M}_n$ 表示实 $n \times n$-矩阵空间，$\mathbb{S}_n \subset \mathbb{M}_n$ 表示对称矩阵空间. 具体的矩阵总是用大写字母表示. 在空间 $\mathbb{R}^n$ 和 $\mathbb{M}_n$ 中，我们使用标准的内积，即

$$\langle x, y \rangle = \sum_{i=1}^n x^{(i)} y^{(i)}, \ x, y \in \mathbb{R}^n$$

$$\langle X, Y \rangle_F = \sum_{i,j=1}^n X^{(i,j)} Y^{(i,j)}, \ X, Y \in \mathbb{M}_n$$

对矩阵 $X \in \mathbb{S}_n$，用 $\lambda(X) \in \mathbb{R}^n$ 表示其所有特征值排成的向量. 我们假设特征值是按降序排列的，即

$$\lambda^{(1)}(X) \geqslant \lambda^{(2)}(X) \geqslant \cdots \geqslant \lambda^{(n)}(X), \quad X \in \mathbb{S}_n$$

于是，$\lambda_{\max}(X) = \lambda^{(1)}(X)$. 符号 $D(\lambda) \in \mathbb{S}_n$ 表示主对角元素为向量 $\lambda \in \mathbb{R}^n$ 的对角矩阵. 注意到任意 $X \in \mathbb{S}_n$ 都有如下的特征值分解

$$X = U(X)D(\lambda(X))U(X)^{\mathrm{T}}$$

其中 $U(X)U(X)^{\mathrm{T}} = I_n$，而 $I_n \in \mathbb{S}_n$ 是单位矩阵.

我们给出对向量和矩阵具有不同含义的一些符号. 对向量 $\lambda \in \mathbb{R}^n$，符号 $|\lambda| \in \mathbb{R}^n$ 表示分量为 $|\lambda^{(i)}|$，$i = 1, \cdots, n$ 的向量. 符号 $\lambda^k \in \mathbb{R}^n$ 表示分量为 $(\lambda^{(i)})^k$，$i = 1, \cdots, n$ 的向量. 然而，对于 $X \in \mathbb{S}_n$，我们定义

$$|X| \stackrel{\text{def}}{=} U(X)D(|\lambda(X)|)U(X)^{\mathrm{T}} \geqslant 0$$

且 X^k 表示标准矩阵幂. 因为幂 $k \geqslant 0$ 不改变非负分量的顺序，对任意 $X \geqslant 0$，我们有

$$\lambda^k(X) = \lambda(X^k) \tag{6.3.1}$$

进一步，在 $\mathbb{R}^n$ 中，我们对 ℓ_p-范数用标准符号，即

$$\|x\|_{(p)} = \left[\sum_{i=1}^n |x^{(i)}|^p\right]^{1/p}, \quad x \in \mathbb{R}^n$$

其中 $p \geqslant 1$，且 $\|x\|_{(\infty)} = \max_{1 \leqslant i \leqslant n} |x^{(i)}|$. 在 $\mathbb{S}_n$ 中引入相应的范数定义为

$$\|X\|_{(p)} = \|\lambda(X)\|_{(p)} = \|\lambda(|X|)\|_{(p)}, \quad X \in \mathbb{S}_n \tag{6.3.2}$$

对 $k \geqslant 1$，考虑下面函数：

$$\pi_k(X) = \langle X^k, I_n \rangle_F = \sum_{i=1}^n (\lambda^{(i)}(X))^k, \quad X \in \mathbb{S}_n$$

我们来推导它的二阶导数的上界. 注意到仅当 $k \geqslant 2$ 时，该界是非平凡的.

该函数沿方向 $H \in \mathbb{S}_n$ 的导数定义为

$$\langle \nabla \pi_k(X), H \rangle_F = k \langle X^{k-1}, H \rangle_F$$

$$\langle \nabla^2 \pi_k(X)H, H \rangle_F = k \sum_{p=0}^{k-2} \langle X^p H X^{k-2-p}, H \rangle_F \tag{6.3.3}$$

我们需要以下结果.

引理 6.3.1 对任意的 $p, q \geqslant 0$，$\mathbb{S}_n$ 中的矩阵 X，H，我们有

$$\langle X^p H X^q + X^q H X^p, H \rangle_F \leqslant 2\langle |X|^{p+q}, H^2 \rangle_F$$

$$\leqslant 2\langle \lambda^{p+q}(|X|), \lambda^2(|H|) \rangle \tag{6.3.4}$$

证明 事实上，设 $\lambda = \lambda(X)$，$D = D(\lambda)$，$U = U(X)$ 和 $\hat{H} = U^{\mathrm{T}} H U$，则

$$\langle X^p H X^q + X^q H X^p, H \rangle_F = \langle UD^p U^{\mathrm{T}} HUD^q U^{\mathrm{T}} + UD^q U^{\mathrm{T}} HUD^p U^{\mathrm{T}}, H \rangle_F$$

$$= \langle D^p \hat{H} D^q + D^q \hat{H} D^p, \hat{H} \rangle_F$$

$$= \sum_{i,j=1}^n (\hat{H}^{(i,j)})^2 ((\lambda^{(i)})^p (\lambda^{(j)})^q + (\lambda^{(i)})^q (\lambda^{(j)})^p)$$

$$\leqslant \sum_{i,j=1}^n (\hat{H}^{(i,j)})^2 (|\lambda^{(i)}|^p |\lambda^{(j)}|^q + |\lambda^{(i)}|^q |\lambda^{(j)}|^p)$$

注意到对任意非负数 a 和 b，我们总有

$$0 \leqslant (a^p - b^p)(a^q - b^q) = (a^{p+q} + b^{p+q}) - (a^p b^q + a^q b^p)$$

462

于是，我们接着有

$$\langle X^p H X^q + X^q H X^p, H \rangle_F \leqslant \sum_{i,j=1}^{n} (\hat{H}^{(i,j)})^2 (|\lambda^{(i)}|^{p+q} + |\lambda^{(j)}|^{p+q})$$

$$= 2 \sum_{i,j=1}^{n} (\hat{H}^{(i,j)})^2 |\lambda^{(i)}|^{p+q} = 2 \langle D(|\lambda|)^{p+q} \hat{H}, \hat{H} \rangle_F$$

$$= 2 \langle D^{p+q}(|\lambda|), \hat{H}^2 \rangle_F = 2 \langle |X|^{p+q}, H^2 \rangle_F$$

因此，我们得到(6.3.4)的第一个不等式. 进一步，根据 von Neumann 不等式，有

$$\langle |X|^{p+q}, H^2 \rangle_F \leqslant \langle \lambda(|X|^{p+q}), \lambda(H^2) \rangle \overset{(6.3.1)}{=} \langle \lambda^{p+q}(|X|), \lambda^2(|H|) \rangle$$

且这证明不等式(6.3.4)的其余部分. ■

推论 6.3.1　对任意 $k \geqslant 2$，我们有

$$\langle \nabla^2 \pi_k(X) H, H \rangle_F \leqslant k(k-1) \langle \lambda^{k-2}(|X|), \lambda^2(|H|) \rangle \tag{6.3.5}$$

证明　对 $k=2$，该界是平凡的. 当 $k \geqslant 3$ 时，在表达式(6.3.3)中，我们可将表达式 $\sum_{p=0}^{k-2} \langle X^p H X^{k-2-p}, H \rangle_F$ 中的项用对称对

$$\langle X^p H X^{k-2-p} + X^{k-2-p} H X^p, H \rangle_F$$

统一表示. 对每个对称对应用不等式(6.3.4)，便得到估计式(6.3.5). ■

设 $f(\cdot)$ 为由幂级数

$$f(\tau) = a_0 + \sum_{k=1}^{\infty} a_k \tau^k$$

定义的实变量函数，其中对 $k \geqslant 2$ 有 $a_k \geqslant 0$. 我们假设其定义域 $\operatorname{dom} f = \{\tau : |\tau| < R\}$ 非空. 对 $X \in \mathbb{S}_n$，考虑特征值的如下对称函数：

$$F(X) = \sum_{i=1}^{n} f(\lambda^{(i)}(X))$$

显然，$\operatorname{dom} F = \{X \in \mathbb{S}_n : \lambda^{(1)}(X) < R, \lambda^{(n)}(X) > -R\}$.

定理 6.3.1　对任意 $X \in \operatorname{dom} F$ 和 $H \in \mathbb{S}_n$，我们有

$$\langle \nabla 2 F(X) H, H \rangle \leqslant \sum_{i=1}^{n} \nabla^2 f(\lambda^{(i)}(|X|))(\lambda^{(i)}(|H|))^2$$

463

证明　事实上，

$$F(X) = n \cdot a_0 + \sum_{i=1}^{n} \sum_{k=1}^{\infty} a_k (\lambda^{(i)}(X))^k$$

$$= n \cdot a_0 + \sum_{k=1}^{\infty} a_k \sum_{i=1}^{n} (\lambda^{(i)}(X))^k = n \cdot a_0 + \sum_{k=1}^{\infty} a_k \pi_k(X)$$

于是，依据不等式(6.3.5)，有

$$\langle \nabla^2 F(X) H, H \rangle_F = \sum_{k=2}^{\infty} a_k \langle \nabla^2 \pi_k(X) H, H \rangle_F$$

$$\leqslant \sum_{k=2}^{\infty} k(k-1) a_k \langle \lambda^{k-2}(\,|\,X\,|\,), \lambda^2(\,|\,H\,|\,) \rangle$$

$$= \sum_{i=1}^{n} \sum_{k=2}^{\infty} k(k-1) a_k (\lambda^{(i)}(\,|\,X\,|\,))^{k-2} (\lambda^{(i)}(\,|\,H\,|\,))^2$$

$$= \sum_{i=1}^{n} \nabla^2 f(\lambda^{(i)}(\,|\,X\,|\,))(\lambda^{(i)}(\,|\,H\,|\,))^2$$

现在我们来研究特征值的对称函数的两个重要例子.

1. **平方 ℓ_p-矩阵范数**. 对整数 $p \geqslant 1$, 考虑如下函数：

$$F_p(X) = \frac{1}{2} \|\lambda(X)\|_{(2p)}^2 = \frac{1}{2} \langle X^{2p}, I_n \rangle_F^{1/p}, \quad X \in \mathbb{S}_n \tag{6.3.6}$$

于是, $F_p(X) = \frac{1}{2} (\pi_{2p}(X))^{1/p}$. 因此, 根据(6.3.5), 对于任意的 $X, H \in \mathbb{S}_n$, 我们有

$$\langle \nabla F_p(X), H \rangle_F = \frac{1}{2p} (\pi_{2p}(X))^{\frac{1}{p}1} \langle \nabla \pi_{2p}(X), H \rangle_F$$

$$\langle \nabla^2 F_p(X) H, H \rangle_F = \frac{1}{2p} \cdot \left(\frac{1}{p} - 1 \right) \cdot (\pi_{2p}(X))^{\frac{1}{p}-2} \langle \nabla \pi_{2p}(X), H \rangle_F^2$$

$$+ \frac{1}{2p} (\pi_{2p}(X))^{\frac{1}{p}-1} \langle \nabla^2 \pi_{2p}(X) H, H \rangle_F$$

$$\leqslant (2p-1)(\pi_{2p}(X))^{\frac{1}{p}-1} \langle \lambda^{2p-2}(\,|\,X\,|\,), \lambda^2(\,|\,H\,|\,) \rangle \tag{6.3.7}$$

我们来应用 Hölder 不等式 $\langle x, y \rangle \leqslant \|x\|_{(\beta)} \|y\|_{(\gamma)}$, 其中取 $\beta = \frac{p}{p-1}$, $\gamma = \frac{\beta}{\beta-1} = p$, 且

$$x^{(i)} = (\lambda^{(i)}(\,|\,X\,|\,))^{2p-2}, \quad y^{(i)} = (\lambda^{(i)}(\,|\,H\,|\,))^2, \quad i = 1, \cdots, n$$

则有

$$\langle x, y \rangle \leqslant \left[\sum_{i=1}^{n} (\lambda^{(i)}(\,|\,X\,|\,))^{2p} \right]^{\frac{p-1}{p}} \cdot \left[\sum_{i=1}^{n} (\lambda^{(i)}(\,|\,H\,|\,))^{2p} \right]^{\frac{1}{p}}$$

$$\overset{(6.3.2)}{=} \pi_{2p}(X)^{\frac{p-1}{p}} \cdot \|\lambda(H)\|_{(2p)}^2$$

接着有

$$\langle \nabla^2 F_p(X) H, H \rangle_F \leqslant (2p-1) \|\lambda(H)\|_{(2p)}^2 = (2p-1) \|H\|_{(2p)}^2 \tag{6.3.8}$$

2. **最大特征值的熵光滑**. 考虑函数

$$E(X) = \ln \sum_{i=1}^{n} \mathrm{e}^{\lambda^{(i)}(X)} \overset{\mathrm{def}}{=} \ln F(X), \quad X \in \mathbb{S}_n \tag{6.3.9}$$

注意到

$$\langle \nabla E(X), H \rangle_F = \frac{1}{F(X)} \langle \nabla F(X), H \rangle_F$$

$$\langle \nabla^2 E(X)H, H\rangle_F = -\frac{1}{F^2(X)}\langle \nabla F(X), H\rangle_F^2 + \frac{1}{F(X)}\langle \nabla^2 F(X)H, H\rangle_F$$

$$\leqslant \frac{1}{F(X)}\langle \nabla^2 F(X)H, H\rangle_F$$

首先假设 $X \geqslant 0$. 函数 $F(X)$ 是由满足定理 6.3.1 的假设的辅助函数 $f(\tau) = e^{\tau}$ 构成. 因此,

$$\langle \nabla^2 E(X)H, H\rangle_F \leqslant \Big[\sum_{i=1}^n e^{\lambda^{(i)}(X)}\Big]^{-1}\sum_{i=1}^n e^{\lambda^{(i)}(X)}(\lambda^{(i)}(|H|))^2$$

$$\leqslant \|H\|_{(\infty)}^2 \tag{6.3.10}$$

只需注意到 $E(X+\tau I_n) = E(X) + \tau$. 因此, Hessian 矩阵 $\nabla^2 E(X+\tau I_n)$ 不依赖 τ, 且我们得到估计式 (6.3.10) 对任意 $X \in \mathbb{S}_n$ 成立.

6.3.2 极小化对称矩阵的最大特征值

考虑下面的问题:

$$\text{找到}\ \phi^* = \min_{y \in Q}\{\phi(y) \stackrel{\text{def}}{=} \lambda_{\max}(C + A(y))\} \tag{6.3.11}$$

其中 Q 是 $\mathbb{R}^m$ 中的闭凸集, $A(\cdot)$ 是 $\mathbb{R}^m$ 到 $\mathbb{S}_n$ 的线性算子:

$$A(y) = \sum_{i=1}^m y^{(i)} A_i \in \mathbb{S}_n, \quad y \in \mathbb{R}^m$$

注意到问题 (6.3.11) 的目标函数是非光滑的. 所以, 该问题既可以用内点法来求解 (参见第 5 章), 也可以用非光滑凸优化的一般算法求解 (参见第 3 章). 然而, 由于目标函数的结构非常特殊, 对于问题 (6.3.11), 最好是提出一种具体的算法.

我们将用 6.1 节提出的光滑技术来求解问题 (6.3.11). 这就意味着, 用函数 $f_\mu(X) = \mu E\big(\frac{1}{\mu}X\big)$ 作为函数 $\lambda_{\max}(X)$ 的光滑近似, 该近似函数是由具有容限参数 $\mu > 0$ 的式 (6.3.9) 定义. 注意到

$$f_\mu(X) = \mu\ln\Big[\sum_{i=1}^n e^{\lambda^{(i)}(X)/\mu}\Big] \geqslant \lambda_{\max}(X)$$
$$f_\mu(X) \leqslant \lambda_{\max}(X) + \mu\ln n \tag{6.3.12}$$

同时,

$$\nabla f_\mu(X) = \Big[\sum_{i=1}^n e^{\lambda^{(i)}(X)/\mu}\Big]^{-1}\cdot\sum_{i=1}^n e^{\lambda^{(i)}(X)/\mu}u_i(X)u_i(X)^{\mathrm{T}} \tag{6.3.13}$$

其中 $u_i(X)$, $i = 1, \cdots, n$ 是对称矩阵 X 相应的单位特征向量. 于是, 在每个测试点 X 处, 梯度 $\nabla f_\mu(X)$ 用到矩阵 X 的所有的特征值. 然而, 由于因子 $e^{\lambda^{(i)}(X)/\mu}$ 快速下降, 该梯度 $\nabla f_\mu(X)$ 实际上仅依赖几个最大的特征值. 而它们由表达式 (6.3.13) 自动选出. 特征值的重要性排序是由容限参数 μ 控制的一个对数尺度考虑的.

现在我们来分析应用光滑近似技术处理问题 (6.3.11) 的效率. 我们的目标是找到问题

(6.3.11)的一个 ϵ-解 $\overline{y} \in Q$，满足

$$\phi(\overline{y}) - \phi^* \leqslant \epsilon \tag{6.3.14}$$

为此，我们将试图找到下述光滑问题的 $\frac{1}{2}\epsilon$-解

$$\text{找到 } \phi_\mu^* = \min_{y \in Q}\{\phi_\mu(y) \stackrel{\text{def}}{=} f_\mu(C + A(y))\} \tag{6.3.15}$$

满足

$$\mu = \mu(\epsilon) = \frac{\epsilon}{2\ln n} \tag{6.3.16}$$

显然，如果 $\phi_\mu(\overline{y}) - \phi_\mu^* \leqslant \frac{1}{2}\epsilon$，则由(6.3.12)，我们有

$$\phi(\overline{y}) - \phi^* \leqslant \phi_\mu(\overline{y}) - \phi_\mu^* + \mu \ln n \leqslant \epsilon$$

现在我们将分析用最优算法(6.1.19)得到问题(6.3.15)的 $\frac{1}{2}\epsilon$-解的复杂度.

我们来对 $h \in \mathbb{R}^m$ 选定某范数 $\|h\|$，考虑集合 Q 的以 $x_0 \in Q$ 为近邻中心的近邻函数 $d(\cdot)$. 假设该函数在 Q 上是强凸，且凸参数等于 1. 定义

$$\|A\| = \max_{h \in \mathbb{R}^m}\{\|A(h)\|_{(\infty)} : \|h\| = 1\}$$

注意到这个范数非常小. 事实上，

$$\|A(h)\|_{(\infty)} = \lambda^{(1)}(|A(h)|) \leqslant \langle A(h), A(h)\rangle_F^{1/2}, \quad h \in \mathbb{R}^m$$

因此，比如 $\|A\| \leqslant \|A\|_G \stackrel{\text{def}}{=} \max_{\|h\|=1} \langle A(h), A(h)\rangle_F^{1/2}$.

我们来估计函数 $\phi_\mu(\cdot)$ 的二阶导数，对 $\mathbb{R}^m$ 中任意的两点 y 和 h，由不等式(6.3.10)，我们有

$$\langle \nabla\phi_\mu(y), h\rangle = \langle \nabla f_\mu(C + A(y)), h\rangle = \langle \nabla E(\frac{1}{\mu}(C + A(y))), A(h)\rangle_F$$

$$\langle \nabla^2\phi_\mu(y)h, h\rangle = \frac{1}{\mu}\langle \nabla^2 E(C + A(y))A(h), A(h)\rangle_F$$

$$\leqslant \frac{1}{\mu}\|A(h)\|_{(\infty)}^2 \leqslant \frac{1}{\mu}\|A\|^2 \cdot \|h\|^2$$

于是，根据定理 6.1.1，函数 ϕ_μ 具有 Lipschitz 连续的梯度，且 Lipschitz 常数是

$$L = \frac{1}{\mu}\|A\|^2 = \frac{2\ln n}{\epsilon}\|A\|^2$$

现在通过考虑估计式(6.1.21)，我们得出结论：算法(6.1.19)在求解问题(6.3.15)时具有如下收敛率：

$$\phi_\mu(y_k) - \phi_\mu^* \leqslant \frac{8\ln n\|A\|^2 d(y_\mu^*)}{\epsilon \cdot (k+1)(k+2)}$$

其中 $y_\mu^* \in Q$ 是问题(6.3.15)的解. 因此，算法至多经过

$$\frac{4\|A\|}{\epsilon}\sqrt{d(y_\mu^*)\ln n} \tag{6.3.17}$$

次迭代，就能够生成问题(6.3.15)的 $\frac{1}{2}\epsilon$-解(这就是问题(6.3.11)的 ϵ-解).

6.4　目标函数的局部模型极小化

（Oracle 线性优化；条件梯度算法；收缩型条件梯度；原始-对偶解的计算；合成项的强凸性；收缩型二次信赖域法.）

6.4.1　Oracle 线性优化

在本节中，我们考虑用数值方法来解如下合成极小化问题(composite minimization problem)：

$$\min_{x}\{\overline{f}(x)\stackrel{\text{def}}{=}f(x)+\Psi(x)\} \tag{6.4.1}$$

其中 Ψ 是有界定义域 $Q\subset\mathbb{E}$ 上的简单闭凸函数，f 是在 Q 上可微的凸函数. 设 x^* 是问题 (6.4.1)的一个最优解，且定义 $D\stackrel{\text{def}}{=}\operatorname{diam}(Q)$. 通常，对函数 Ψ 简单性的假设意味着一些与 Ψ 相关的辅助优化问题很容易解. 在相应的优化算法中，会一直讨论这些问题的复杂性.

函数 Ψ 的几个重要例子如下.

- Ψ 是闭凸集 Q 的指示函数：

$$\Psi(x)=\operatorname{Ind}_{Q}(x)\stackrel{\text{def}}{=}\begin{cases}0, & x\in Q\\ +\infty, & \text{其他}\end{cases} \tag{6.4.2}$$

- Ψ 是闭凸集 Q 的自和谐障碍函数(参见 5.3 节).

- Ψ 是一个结构简单的非光滑凸函数. 在这种情况下，我们需要 Ψ 中包含一个有界域的指示函数. 例如，它可能是

$$\Psi(x)=\begin{cases}\|x\|_{(1)}, & \text{若 }\|x\|_{(1)}\leqslant R\\ +\infty, & \text{其他}\end{cases}$$

我们假设函数 f 由黑箱 Oracle 表示. 如果它是一阶 Oracle，我们假设其梯度满足 Hölder 条件：

$$\|\nabla f(x)-\nabla f(y)\|_{*}\leqslant G_{\nu}\|x-y\|^{\nu}, \quad x,y\in Q \tag{6.4.3}$$

常数 G_{ν} 形式上由任意 $\nu\in(0,1]$ 定义. 对于某些 ν 的值，G_{ν} 可取到 $+\infty$. 注意对 Q 内任意 x 和 y，我们有

$$f(y)\leqslant f(x)+\langle\nabla f(x),y-x\rangle+\frac{G_{\nu}}{1+\nu}\|y-x\|^{1+\nu} \tag{6.4.4}$$

如果 f 是二阶 Oracle，我们假设它的 Hessian 矩阵满足 Hölder 条件

$$\|\nabla^{2}f(x)-\nabla^{2}f(y)\|\leqslant H_{\nu}\|x-y\|^{\nu}, \quad x,y\in Q \tag{6.4.5}$$

在这种情况下，对 Q 内任意 x 和 y，我们有

$$f(y)\leqslant f(x)+\langle\nabla f(x),y-x\rangle+\frac{1}{2}\langle\nabla^{2}f(x)(y-x),y-x\rangle+\frac{H_{\nu}\|y-x\|^{2+\nu}}{(1+\nu)(2+\nu)} \tag{6.4.6}$$

我们对函数 Ψ 的简单性假设意义如下.

假设 6.4.1 对任意 $s\in\mathbb{E}^*$，辅助问题

$$\min_{x\in Q}\{\langle s,x\rangle+\Psi(x)\} \tag{6.4.7}$$

很容易求解. 用 $v_\Psi(s)\in Q$ 表示它的一个最优解.

于是，对我们的算法假设可以使用与集合 Q 相关的线性优化 Oracle. 事实上，在 (6.4.2)的情形下，该假设意味着我们能求解问题

$$\min_x\{\langle s,x\rangle : x\in Q\}$$

对某些集合(如有限点的凸包)，这个 Oracle 比由极小化一个近邻函数加上一个线性项组成的标准辅助问题的复杂度要低(例如，参见 6.1.3 节).

根据定理 3.1.23，点 $v_\Psi(s)$ 由如下的变分原理刻画:

$$\langle s,x-v_\Psi(s)\rangle+\Psi(x)\geqslant\Psi(v_\Psi(s)),\quad x\in Q \tag{6.4.8}$$

根据定义 3.1.5，这意味着 $-s\in\partial\Psi(v_\Psi(s))$.

接下来，我们经常需要估计不同级数的部分和. 为了这个目的，方便地引入如下引理，其证明作为练习留给读者.

引理 6.4.1 设函数 $\xi(\tau)$，$\tau\in\mathbb{R}$是单调递减凸函数，则对满足 $[a-\frac{1}{2},\ b+1]\subset\mathrm{dom}\ \xi$ 的任意两个整数 a 和 b，我们有

$$\int_a^{b+1}\xi(\tau)\mathrm{d}\tau\leqslant\sum_{k=a}^b\xi(k)\leqslant\int_{a-1/2}^{b+1/2}\xi(\tau)\ \mathrm{d}\tau \tag{6.4.9}$$

例如，对任意的 $t\geqslant0$ 和 $p\geqslant-t$，我们有

$$\begin{aligned}
\sum_{k=t}^{2t+p}\frac{1}{k+p+1} &\overset{(5.4.38)}{\geqslant}\int_t^{2t+p+1}\frac{1}{\tau+p+1}\mathrm{d}\tau\\
&=\ \ln(\tau+p+1)\Big|_t^{2t+p+1}\\
&=\ \ln\frac{2t+2p+2}{t+p+1}=\ln 2
\end{aligned} \tag{6.4.10}$$

另一方面，如果 $t\geqslant1$，那么

$$\begin{aligned}
\sum_{k=t}^{2t+1}\frac{1}{(k+2)^2} &\overset{(5.4.38)}{\leqslant}\int_{t-1/2}^{2t+3/2}\frac{1}{(\tau+2)^2}\mathrm{d}\tau\\
&=\ -\frac{1}{\tau+2}\Big|_{t-1/2}^{2t+3/2}=\frac{1}{t+3/2}-\frac{1}{2t+7/2}\\
&=\ \frac{4t+8}{(2t+3)(4t+7)}\leqslant\frac{12}{11(2t+3)}
\end{aligned} \tag{6.4.11}$$

6.4.2 合成目标函数的条件梯度算法

为了求解问题(6.4.1)，我们应用下面的算法.

合成目标函数的条件梯度算法

1. 任取一个点 $x_0 \in Q$.
2. 第 t 次迭代($t \geqslant 0$)：
   (a) 计算 $v_t = v_\Psi(\nabla f(x_t))$;
   (b) 选取 $\tau_t \in (0, 1]$, 设 $x_{t+1} = (1-\tau_t)x_t + \tau_t v_t$.

$$(6.4.12)$$

470

显然，该算法只能求解其中函数 f 具有连续梯度的问题.

例 6.4.1　设 $\Psi(x) = \mathrm{Ind}_Q(x)$ 且 $Q = \{x \in \mathbb{R}^2 : (x^{(1)})^2 + (x^{(2)})^2 \leqslant 1\}$. 定义

$$f(x) = \max\{x^{(1)}, x^{(2)}\}$$

则显然 $x_* = \left(\dfrac{-1}{\sqrt{2}}, \dfrac{-1}{\sqrt{2}}\right)^{\mathrm{T}}$. 在算法(6.4.12)中我们选取 $x_0 \neq x_*$.

对函数 f, 我们能应用这样一个 Oracle：在任意点 $x \in Q$ 处返回一个次梯度 $\nabla f(x) \in \{(1, 0)^{\mathrm{T}}, (0, 1)^{\mathrm{T}}\}$. 那么，对于任意可行点 x, 点 $v_\Psi(\nabla f(x))$ 要么等于 $y_1 = (-1, 0)^{\mathrm{T}}$, 要么等于 $y_2 = (0, -1)^{\mathrm{T}}$. 因此，通过算法(6.4.12)产生的序列 $\{x_t\}_{t \geqslant 0}$ 的所有点都属于不包括最优点 x_* 的三角形 $\mathrm{Conv}\{x_0, y_1, y_2\}$.

为了验证算法(6.4.12)对具有 Hölder 连续梯度的函数的收敛率，我们应用了估计序列技术的一种变形(参见 2.2.1 节和 6.1.3 节). 为了这个目的，方便地在(6.4.12)中引入新控制变量. 考虑非负权重序列 $\{a_t\}_{t \geqslant 0}$, 定义

$$A_t = \sum_{k=0}^{t} a_k, \quad \tau_t = \frac{a_{t+1}}{A_{t+1}}, \quad t \geqslant 0 \tag{6.4.13}$$

从现在开始，假设算法(6.4.12)中参数 τ_t 按照(6.4.13)的规则选择. 定义

$$V_0 = \max_x \{\langle \nabla f(x_0), x_0 - x \rangle + \Psi(x_0) - \Psi(x)\}$$

$$B_{\nu,t} = a_0 V_0 + \left(\sum_{k=1}^{t} \frac{a_k^{1+\nu}}{A_k^\nu}\right) G_\nu D^{1+\nu}, \quad t \geqslant 0 \tag{6.4.14}$$

显然有

$$V_0 \overset{(6.4.6)}{\leqslant} \max_x \left\{ f(x_0) - f(x) + \frac{G_\nu}{1+\nu}\|x - x_0\|^{1+\nu} + \Psi(x_0) - \Psi(x) \right\}$$

$$\leqslant \bar{f}(x_0) - \bar{f}(x_*) + \frac{G_\nu D^{1+\nu}}{1+\nu} \overset{\text{def}}{=} \Delta(x_0) + \frac{G_\nu D^{1+\nu}}{1+\nu} \tag{6.4.15}$$

定理 6.4.1　设序列 $\{x_t\}_{t \geqslant 0}$ 是由算法(6.4.12)产生的，则对任意满足 $G_\nu < +\infty$ 的 $v \in (0, 1]$、任意迭代次数 $t \geqslant 0$ 和任意的 $x \in Q$, 我们有

$$A_t(f(x_t) + \Psi(x_t)) \leqslant \sum_{k=0}^{t} a_k[f(x_k) + \langle \nabla f(x_k), x - x_k \rangle + \Psi(x)] + B_{\nu,t}$$

$$(6.4.16)$$

471

证明 事实上，根据定义(6.4.14)，对 $t=0$ 不等式(6.4.16)成立．假设对某 $t>0$ 不等式也成立，则有

$$\sum_{k=0}^{t+1} a_k \big[f(x_k) + \langle \nabla f(x_k), x-x_k \rangle + \Psi(x) \big] + B_{\nu,t}$$

$$\overset{(6.4.16)}{\geqslant} A_t(f(x_t)+\Psi(x_t)) + a_{t+1}\big[f(x_{t+1}) + \langle \nabla f(x_{t+1}), x-x_{t+1} \rangle + \Psi(x) \big]$$

$$\geqslant A_{t+1} f(x_{t+1}) + A_t \Psi(x_t) + \langle \nabla f(x_{t+1}), a_{t+1}(x-x_{t+1}) + A_t(x_t - x_{t+1}) \rangle$$
$$+ a_{t+1}\Psi(x)$$

$$\overset{(6.4.12)_b}{=} A_{t+1} f(x_{t+1}) + A_t \Psi(x_t) + a_{t+1}\big[\Psi(x) + \langle \nabla f(x_{t+1}), x-v_t \rangle \big]$$

$$\overset{(6.4.12)_b}{\geqslant} A_{t+1}(f(x_{t+1})+\Psi(x_{t+1})) + a_{t+1}\big[\Psi(x) - \Psi(v_t) + \langle \nabla f(x_{t+1}), x-v_t \rangle \big]$$

只需注意到

$$\Psi(x) - \Psi(v_t) + \langle \nabla f(x_{t+1}), x-v_t \rangle \overset{(6.4.8)}{\geqslant} \langle \nabla f(x_{t+1}) - \nabla f(x_t), x-v_t \rangle$$

$$\overset{(6.4.3)}{\geqslant} -\tau_t^\nu G_\nu D^{1+\nu}$$

于是，为了保证下一次迭代时(6.4.16)成立，只需要选取

$$B_{\nu,t+1} = B_{\nu,t} + \frac{a_{t+1}^{1+\nu}}{A_{t+1}^\nu} G_\nu D^{1+\nu}$$

推论 6.4.1 对任意 $t\geqslant 0$ 有 $A_t>0$，以及任意 $v\in(0,1]$，我们有

$$\overline{f}(x_t) - \overline{f}(x_*) \leqslant \frac{1}{A_t} B_{\nu,t} \tag{6.4.17}$$

现在我们来讨论选择权重 $\{a_t\}_{t\geqslant 0}$ 的几种变形．

1. **常数权重**．选取 $a_t \equiv 1$，$t\geqslant 0$，则 $A_t = t+1$，且对 $v\in(0,1)$，我们有

$$B_{\nu,t} = V_0 + \Big(\sum_{k=1}^{t} \frac{1}{(1+k)^\nu} \Big) G_\nu D^{1+\nu}$$

$$\overset{(6.4.9)}{\leqslant} V_0 + G_\nu D^{1+\nu} \frac{1}{1-\nu}(1+\tau)^{1-\nu}\Big|_{1/2}^{t+1/2}$$

$$\overset{(6.4.15)}{\leqslant} \Delta(x_0) + G_\nu D^{1+\nu}\Big[\frac{1}{1+\nu} + \Big(\frac{3}{2}\Big)^{1-\nu} \frac{1}{1-\nu}\Big(\Big(1+\frac{2}{3}t\Big)^{1-\nu} - 1 \Big) \Big]$$

于是，对 $v\in(0,1)$，我们有 $\frac{1}{A_t}B_{\nu,t} \leqslant O(t^{-\nu})$．对最重要的情况 $v=1$，我们有 $\lim\limits_{\nu\to 1}\frac{1}{1-\nu}$

$\Big(\Big(1+\frac{2}{3}t\Big)^{1-\nu} - 1 \Big) = \ln\Big(1+\frac{2}{3}t\Big)$．因此，

$$\overline{f}(x_t) - \overline{f}(x_*) \leqslant \frac{1}{t+1}\Big(\Delta(x_0) + G_1 D^2 \Big[\frac{1}{2} + \ln\Big(1+\frac{2}{3}t\Big) \Big] \Big) \tag{6.1.18}$$

在这种情况下，在算法(6.4.12)中，我们取 $\tau_t \overset{(6.4.13)}{=} \frac{1}{t+1}$．

2. 线性权重. 选取 $a_t = t$, $t \geqslant 0$, 则 $A_t = \dfrac{t(t+1)}{2}$, 且对 $\nu \in (0, 1)$ 及 $t \geqslant 1$, 我们有

$$B_{\nu,t} = \Big(\sum_{k=1}^{t} \frac{2^\nu k^{1+\nu}}{k^\nu (1+k)^\nu} \Big) G_\nu D^{1+\nu} \leqslant \Big(\sum_{k=1}^{t} 2^\nu k^{1-\nu} \Big) G_\nu D^{1+\nu}$$

$$\overset{(6.4.9)}{\leqslant} G_\nu D^{1+\nu} \frac{2^\nu}{2-\nu} \tau^{2-\nu} \Big|_{1/2}^{t+1/2} = \frac{2^\nu}{2-\nu} \Big[\Big(t + \frac{1}{2} \Big)^{2-\nu} - \Big(\frac{1}{2} \Big)^{2-\nu} \Big] G_\nu D^{1+\nu}$$

于是, 对 $\nu \in (0, 1)$, 我们再一次有 $\dfrac{1}{A_t} B_{\nu,t} \leqslant O(t^{-\nu})$. 对 $\nu = 1$, 我们得到上界为

$$\overline{f}(x_t) - \overline{f}(x_*) \leqslant \frac{4}{t+1} G_1 D^2, \quad t \geqslant 1 \tag{6.4.19}$$

由此可见, 该收敛率优于(6.4.18). 这种情况下, 在算法(6.4.12)中我们取 $\tau_t \overset{(6.4.13)}{=} \dfrac{2}{t+2}$, 这是该方法的标准推荐取法.

3. 激进权重. 例如, 我们选取 $a_t \equiv t^2$, $t \geqslant 0$, 则 $A_t = \dfrac{t(t+1)(2t+1)}{6}$. 注意到对 $k \geqslant 0$, 我们有 $\dfrac{k^{2+\nu}}{(k+1)^\nu (2k+1)^\nu} \leqslant \dfrac{k^{2-\nu}}{2^\nu}$. 因此, 对 $\nu \in (0, 1)$ 及 $t \geqslant 1$, 我们得到

$$B_{\nu,t} = \Big(\sum_{k=1}^{t} \frac{6^\nu k^{2(1+\nu)}}{k^\nu (1+k)^\nu (2k+1)^\nu} \Big) G_\nu D^{1+\nu} \leqslant \Big(\sum_{k=1}^{t} 3^\nu k^{2-\nu} \Big) G_\nu D^{1+\nu}$$

$$\overset{(6.4.9)}{\leqslant} G_\nu D^{1+\nu} \frac{3^\nu}{3-\nu} \tau^{3-\nu} \Big|_{1/2}^{t+1/2} = \frac{3^\nu}{3-\nu} \Big[\Big(t + \frac{1}{2} \Big)^{3-\nu} - \Big(\frac{1}{2} \Big)^{3-\nu} \Big] G_\nu D^{1+\nu}$$

对 $\nu \in (0, 1)$, 我们再一次得到 $\dfrac{1}{A_t} B_{\nu,t} \leqslant O(t^{-\nu})$. 对 $\nu = 1$, 我们得到

$$\overline{f}(x_t) - \overline{f}(x_*) \leqslant \frac{9}{2t+1} G_1 D^2, \quad t \geqslant 1 \tag{6.4.20}$$

该上界较(4.4.19)略差一点. 在这种情况下, 系数 τ_t 的选择规则是 $\tau_t \overset{(6.4.13)}{=} \dfrac{6(t+1)}{(t+2)(2t+3)}$. 很容易验证, 随着系数 a_t 的增长率的进一步增加, 算法(6.4.12)的收敛率变得更加差.

473

注意到在算法(6.4.12)中, 上述选择系数 $\{\tau_t\}_{t \geqslant 0}$ 的规则不依赖于光滑系数 $\nu \in (0, 1]$. 从这个意义上说, 算法(6.4.12)是求解问题(6.4.1)的通用方法. 此外, 这种方法是仿射不变的, 它的性能不依赖于 $\mathbb{E}$ 的范数的选择. 所以, 它的收敛率可以根据描述可行集几何结构的最佳范数来确定.

6.4.3　收缩型条件梯度

在本节中, 我们将使用一些特殊的对偶函数. 设 $Q \subset E$ 是有界闭凸集, 对满足 dom $F \supseteq$ int Q 的闭凸函数 $F(\cdot)$, 我们定义它关于中心点 $\overline{x} \in Q$ 的**限制对偶函数**(restricted dual function)为

$$F^{*}_{\overline{x},Q}(s) = \max_{x\in Q}\{\langle s,\overline{x}-x\rangle + F(\overline{x}) - F(x)\}, \quad s\in\mathbb{E}^{*} \tag{6.4.21}$$

显然，对所有 $s\in\mathbb{E}^{*}$ 该函数有定义．此外，此函数在 $\mathbb{E}^{*}$ 上是凸函数且非负．

我们需要在结构式(6.4.21)中引入一个额外的缩放参数 $\tau\in[0,1]$，它控制着可行集的大小．对于 $s\in\mathbb{E}^{*}$，我们称函数

$$F^{*}_{\tau,\overline{x},Q}(s) = \max_{x\in Q}\{\langle s,\overline{x}-y\rangle + F(\overline{x}) - F(y):y=(1-\tau)\overline{x}+\tau x\} \tag{6.4.22}$$

是函数 F 的缩放限制对偶(scaled restricted dual)．

引理 6.4.2　对任意 $s\in\mathbb{E}^{*}$ 和 $\tau\in[0,1]$，我们有

$$F^{*}_{\overline{x},Q}(s) \geqslant F^{*}_{\tau,\overline{x},Q}(s) \geqslant \tau F^{*}_{\overline{x},Q}(s) \tag{6.4.23}$$

证明　对任意 $x\in Q$，点 $y=(1-\tau)\overline{x}+\tau x$ 属于 Q，故第一个不等式是显然成立的．另一方面，有

$$\begin{aligned}
F^{*}_{\tau,\overline{x},Q}(s) &= \max_{x\in Q}\{\langle s,\tau(\overline{x}-x)\rangle + F(\overline{x}) - F(y):y=(1-\tau)\overline{x}+\tau x\}\\
&\geqslant \max_{x\in Q}\{\langle s,\tau(\overline{x}-x)\rangle + F(\overline{x}) - (1-\tau)F(\overline{x}) - \tau F(x)\}\\
&= \tau F^{*}_{\overline{x},Q}(s)
\end{aligned}$$

$\blacksquare$

474 我们来考虑算法(6.4.12)的一个变形，它利用到问题(6.4.1)目标函数的合成形式．对 $\Psi(x)\equiv\mathrm{Ind}_{Q}(x)$，这两个算法是相同的．其他情形下，它们会生成不同的极小化序列．

收缩型条件梯度算法
1. 任取一个点 $x_0\in Q$；
2. 第 t 次迭代($t\geqslant 0$)：
选取系数 $\tau_t\in(0,1]$，且计算
$x_{t+1} = \arg\min_{x\in Q}\{\langle\nabla f(x_t),y\rangle + \Psi(y):y=(1-\tau_t)x_t+\tau_t x\}$

$$\tag{6.4.24}$$

该算法可以看作是关于目标函数的线性模型的信赖域算法．算法(6.4.24)中的信赖域是通过对初始可行集的收缩形成的．在 6.4.6 节中，我们将考虑关于目标函数的二次模型的更传统的信赖域算法．

根据定理 3.1.23，算法(6.4.24)中点 x_{t+1} 由下述变分原理刻画：

$$\begin{aligned}
&x_{t+1} = (1-\tau_t)x_t + \tau_t v_t, v_t\in Q\\
&\Psi((1-\tau_t)x_t+\tau_t x) + \tau_t\langle\nabla f(x_t),x-x_t\rangle\\
&\geqslant \Psi(x_{t+1}) + \langle\nabla f(x_t),x_{t+1}-x_t\rangle, \quad x\in Q
\end{aligned} \tag{6.4.25}$$

我们来以某种方式选择非负权重序列 $\{a_t\}_{t\geqslant 0}$，且按照(6.4.13)定义算法(6.4.24)中的系数 τ_t．现在定义估计函数序列 $\{\phi_t(x)\}_{t\geqslant 0}$ 如下：

$$\begin{aligned}
\phi_0(x) &= a_0\overline{f}(x)\\
\phi_{t+1}(x) &= \phi_t(x) + a_{t+1}[f(x_t)+\langle\nabla f(x_t),x-x_t\rangle+\Psi(x)], \quad t\geqslant 0
\end{aligned} \tag{6.4.26}$$

显然，对所有的 $t \geqslant 0$，我们有

$$\phi_t(x) \leqslant A_t \overline{f}(x), \quad x \in Q \tag{6.4.27}$$

定义

$$C_{\nu,t} = a_0 \Delta(x_0) + \frac{1}{1+\nu} \Big(\sum_{k=1}^{t} \frac{a_k^{1+\nu}}{A_k^{\nu}} \Big) G_{\nu} D^{1+\nu}, \quad t \geqslant 0 \tag{6.4.28}$$

我们引入

$$\delta(x) \overset{\text{def}}{=} \max_{y \in Q} \{ \langle \nabla f(x), x-y \rangle + \Psi(x) - \Psi(y) \} \overset{(6.4.21)}{\equiv} \Psi^*_{x,Q}(\nabla f(x)) \tag{6.4.29}$$

对问题(6.4.1)，该值度量在点 $x \in Q$ 处一阶最优性条件的满足程度. 对任意 $x \in Q$，我们有

$$\delta(x) \geqslant \overline{f}(x) - \overline{f}(x_*) \geqslant 0 \tag{6.4.30}$$

我们称 $\delta(x)$ 是问题(6.4.1)的合成目标函数的线性模型在可行集上的总变分，它解释了问题的一阶最优性条件. 注意到这个值可以由解辅助问题(6.4.7)的一个过程来计算.

定理 6.4.2　设序列 $\{x_t\}_{t \geqslant 0}$ 由算法(6.4.24)生成，则对任意 $v \in (0, 1]$ 和任意迭代次数 $t \geqslant 0$，我们有

$$A_t \overline{f}(x_t) \leqslant \phi_t(x) + C_{\nu,t}, \quad x \in Q \tag{6.4.31}$$

此外，对任意 $t \geqslant 0$，我们还有

$$\overline{f}(x_t) - \overline{f}(x_{t+1}) \geqslant \tau_t \delta(x_t) - \frac{G_{\nu} D^{1+\nu}}{1+\nu} \tau_t^{1+\nu} \tag{6.4.32}$$

证明　我们首先来证明不等式(6.4.31). 对 $t=0$，我们有 $C_{\nu,0} = a_0 [\overline{f}(x_0) - \overline{f}(x_*)]$. 于是，在这种情况下，由不等式(6.4.27)可得(6.4.31).

现在假设对于某个 $t \geqslant 0$，(6.4.31)成立. 根据定义(6.4.13)，最优性条件(6.4.25)可以写成如下形式：

$$a_{t+1} \langle \nabla f(x_t), x - x_t \rangle \geqslant A_{t+1} [\Psi(x_{t+1}) - \Psi((1-\tau_t)x_t + \tau_t x) \\ + \langle \nabla f(x_t), x_{t+1} - x_t \rangle]$$

对所有 $x \in Q$ 成立. 因此，

$$\begin{aligned} \phi_{t+1}(x) + C_{\nu,t} &= \phi_t(x) + C_{\nu,t} \\ &\quad + a_{t+1}[f(x_t) + \langle \nabla f(x_t), x - x_t \rangle + \Psi(x)] \\ &\overset{(6.4.25),(6.4.31)}{\geqslant} A_t[f(x_t) + \Psi(x_t)] + a_{t+1}[f(x_t) + \Psi(x)] \\ &\quad + A_{t+1}[\Psi(x_{t+1}) - \Psi((1-\tau_t)x_t + \tau_t x) \\ &\quad + \langle \nabla f(x_t), x_{t+1} - x_t \rangle] \\ &\geqslant A_{t+1}[f(x_t) + \langle \nabla f(x_t), x_{t+1} - x_t \rangle + \Psi(x_{t+1})] \\ &\overset{(6.4.4)}{\geqslant} A_{t+1}\Big[\overline{f}(x_{t+1}) - \frac{1}{1+\nu}G_{\nu} \|x_{t+1} - x_t\|^{1+\nu}\Big] \end{aligned}$$

只需注意有 $\|x_{t+1} - x_t\| = \tau_t \|x_t - v_t\| \overset{(6.4.13)}{\leqslant} \frac{a_{t+1}}{A_{t+1}}D$. 于是，我们可取

$$C_{\nu,t+1} = C_{\nu,t} + \frac{1}{1+\nu}\frac{a_{t+1}^{1+\nu}}{A_{t+1}^{\nu}}G_{\nu}D^{1+\nu}$$

为了证明不等式(6.4.32)，我们引入数值

$$\delta_{\tau}(x) \stackrel{\text{def}}{=} \max_{u \in Q}\{\langle \nabla f(x), x-y \rangle + \Psi(x) - \Psi(y) : y = (1-\tau)x + \tau u\}$$

$$\stackrel{(6.4.22)}{=} \Psi_{\tau,x,Q}^{*}(\nabla f(x)), \quad \tau \in [0,1]$$

显然，

$$-\delta_{\tau_t}(x_t) = \min_{x \in Q}\{\langle \nabla f(x_t), y-x_t \rangle + \Psi(y) - \Psi(x_t) : y = (1-\tau_t)x_t + \tau_t x\}$$

$$= \langle \nabla f(x_t), x_{t+1}-x_t \rangle + \Psi(x_{t+1}) - \Psi(x_t)$$

$$\stackrel{(6.4.4)}{\geqslant} \overline{f}(x_{t+1}) - \overline{f}(x_t) - \frac{G_{\nu}}{1+\nu}\|x_{t+1}-x_t\|^{1+\nu}$$

因为 $\|x_{t+1}-x_t\| \leqslant \tau_t D$，我们得出

$$\overline{f}(x_t) - \overline{f}(x_{t+1}) \geqslant \delta_{\tau_t}(x_t) - \frac{G_{\nu}D^{1+\nu}}{1+\nu}\tau_t^{1+\nu} \stackrel{(6.4.23)}{\geqslant} \tau_t\delta(x_t) - \frac{G_{\nu}D^{1+\nu}}{1+\nu}\tau_t^{1+\nu}$$

依据(6.4.27)，不等式(6.4.31)导致如下收敛率：

$$\overline{f}(x_t) - \overline{f}(x_*) \leqslant \frac{1}{A_t}C_{\nu,t}, \quad t \geqslant 0 \tag{6.4.33}$$

对线性增长权重 $a_t = t$，$A_t = \frac{t(t+1)}{2}$，$t \geqslant 0$，我们已经看到

$$C_{\nu,t} = \frac{1}{1+\nu}B_{\nu,t} \leqslant \frac{2^{\nu}}{(1+\nu)(2-\nu)}\Big[\Big(t+\frac{1}{2}\Big)^{2-\nu} - \Big(\frac{1}{2}\Big)^{2-\nu}\Big]G_{\nu}D^{1+\nu}$$

在 $\nu = 1$ 情形下，这导致如下收敛率：

$$\overline{f}(x_t) - \overline{f}(x_*) \leqslant \frac{2}{t+1}G_1 D^2, \quad t \geqslant 1 \tag{6.4.34}$$

我们来验证，在这种情况下，序列 $\{\delta(x_t)\}_{t \leqslant 1}$ 的收敛率. 我们有 $\tau_t \stackrel{(6.4.13)}{=} \frac{a_{t+1}}{A_{t+1}} = \frac{2}{t+2}$. 另一方面，对任意 $T \geqslant t$，有

$$\frac{2G_1 D^2}{t+1} \stackrel{(6.4.34)}{\geqslant} \overline{f}(x_t) - \overline{f}(x_*)$$

$$\stackrel{(6.4.32)}{\geqslant} \sum_{k=t}^{T}\Big[\tau_k\delta(x_k) - \frac{1}{2}G_1 D^2 \tau_k^2\Big] + \overline{f}(x_{T+1}) - \overline{f}(x_*) \tag{6.4.35}$$

设 $\delta_T^* = \min_{0 \leqslant t \leqslant T}\delta(x_t)$，则通过选取 $T = 2t+1$，我们得到

$$2\ln 2 \cdot \delta_T^* \stackrel{(6.4.10)}{\leqslant} \Big(\sum_{k=t}^{T}\frac{2}{k+2}\Big)\delta_T^* \stackrel{(6.4.35)}{\leqslant} 2G_1 D^2\Big[\frac{1}{t+1} + \sum_{k=t}^{T}\frac{1}{(k+2)^2}\Big]$$

$$\stackrel{(6.4.11)}{\leqslant} 2G_1 D^2\Big[\frac{1}{t+1} + \frac{12}{11(2t+3)}\Big] = 2G_1 D^2\Big[\frac{2}{T+1} + \frac{12}{11(T+2)}\Big]$$

$$\leqslant \frac{68}{11} \cdot \frac{G_1 D^2}{T+1}$$

于是，在 $\nu=1$ 情形下，对奇数 T，我们得到如下上界：

$$\delta_T^* \leqslant \frac{34}{11\ln 2} \cdot \frac{G_1 D^2}{T+1} \tag{6.4.36}$$

478

6.4.4 原始-对偶解的计算

注意到两个算法(6.4.12)和(6.4.24)都提供可计算的精度保证. 对第一种方法，定义

$$\ell_t = \frac{1}{A_t} \min_x \Big\{ \sum_{k=0}^t a_k \big[f(x_k) + \langle \nabla f(x_k), x-x_k \rangle + \Psi(x) \big] \colon x \in Q \Big\}$$

这个值可以由标准操作(6.4.7)来计算. 显然，

$$\overline{f}(x_t) - \overline{f}(x_*) \leqslant \overline{f}(x_t) - \ell_t \overset{(6.4.16)}{\leqslant} \frac{1}{A_t} B_{\nu,t} \tag{6.4.37}$$

对第二种方法，选取 $a_0=0$，则估值函数是线性的：

$$\phi_t(x) = \sum_{k=1}^t a_k \big[f(x_{k-1}) + \langle \nabla f(x_{k-1}), x-x_{k-1} \rangle + \Psi(x) \big]$$

因此，定义 $\hat{\ell}_t = \frac{1}{A_t} \min_x \{ \phi_t(x) \colon x \in Q \}$，我们也有

$$\overline{f}(x_t) - \overline{f}(x_*) \leqslant \overline{f}(x_t) - \hat{\ell}_t \overset{(6.4.16)}{\leqslant} \frac{1}{A_t} C_{\nu,t}, \quad t \geqslant 1 \tag{6.4.38}$$

精度保证(6.4.37)和(6.4.38)说明两种算法(6.4.12)和(6.4.24)都能够揭示最优对偶解的某些信息. 然而，为了实现这种能力，我们需要打开黑箱并引入函数 $f(\cdot)$ 的显式表示.

假设函数 f 可以用下面的形式表示：

$$f(x) = \max_u \{ \langle Ax, u \rangle - g(u) \colon u \in Q_d \} \tag{6.4.39}$$

其中 $A \colon \mathbb{E} \to \mathbb{E}_1^*$，$Q_d$ 是有限维线性空间 $\mathbb{E}_2$ 内的闭凸集，且函数 $g(\cdot)$ 是 Q_d 上的 p 次一致凸函数，即

$$\langle \nabla g(u_1) - \nabla g(u_2), u_1-u_2 \rangle \geqslant \sigma_g \| u_1-u_2 \|^p, \quad u_1, u_2 \in Q_d \tag{6.4.40}$$

其中凸性系数 $p \geqslant 2$. 记 $u(x) \in Q_d$ 是(6.4.39)中的优化问题的唯一最优解.

引理 6.4.3 函数 f 具有 Hölder 连续梯度 $\nabla f(x) = A^* u(x)$，其中参数 $\nu = \dfrac{1}{p-1}$，常数 $G_\nu = \left(\dfrac{1}{\sigma_g} \right)^\nu \| A \|^{1+\nu}$.

479

证明 设 $u_1 = u(x_1)$，$u_2 = u(x_2)$，$g_1' = \nabla g(u_1)$，且 $g_2' = \nabla g(u_2)$，则依据最优性条件 (2.2.39)，我们有

$$\langle Ax_1 - g_1', u_2-u_1 \rangle \leqslant 0, \quad \langle Ax_2 - g_2', u_1-u_2 \rangle \leqslant 0$$

把这两个不等式相加，得到

$$\langle A(x_1-x_2), u_1-u_2 \rangle \geqslant \langle g_1' - g_2', u_1-u_2 \rangle \overset{(6.4.40)}{\geqslant} \sigma_g \| u_1-u_2 \|^p$$

于是，

$$\|\nabla f(x_1) - \nabla f(x_2)\|^* = \|A^*(u_1 - u_2)\|^* \leqslant \|A\| \cdot \|u_1 - u_2\|$$

$$\leqslant \|A\| \cdot \left(\frac{1}{\sigma_g}\|A(x_1 - x_2)\|\right)^{\frac{1}{p-1}}$$

$$\leqslant \|A\|^{\frac{p}{p-1}} \left(\frac{1}{\sigma_g}\|x_1 - x_2\|\right)^{\frac{1}{p-1}}$$

我们来写出问题(6.4.1)的一个伴随问题.

$$\min_x\{\overline{f}(x) : x \in Q\} \overset{(6.4.39)}{=} \min_x\{\Psi(x) + \max_u\{\langle Ax, u\rangle - g(u) : u \in Q_d\}\}$$

$$\geqslant \max_{u \in Q_d}\{-g(u) + \min_x\{\langle A^*u, x\rangle + \Psi(x)\}\}$$

于是，定义 $\Phi(u) = \min_x\{\langle A^*u, x\rangle + \Psi(x)\}$，我们得到如下伴随问题：

$$\max_{u \in Q_d}\{\overline{g}(u) \overset{\text{def}}{=} -g(u) + \Phi(u)\} \qquad (6.4.41)$$

在该问题中，目标函数是非光滑的、p 次一致强凹的. 显然，我们有

$$\overline{f}(x) - \overline{g}(u) \geqslant 0, \quad x \in Q, \ u \in Q_d \qquad (6.4.42)$$

我们来说明算法(6.4.12)和(6.4.24)都能逼近问题(6.4.41)的最优解.

注意到对任意 $\overline{x} \in Q$，我们有

$$f(\overline{x}) + \langle \nabla f(\overline{x}), x - \overline{x}\rangle \overset{(6.4.39)}{=} \langle A\overline{x}, u(\overline{x})\rangle - g(u(\overline{x})) + \langle A^*u(\overline{x}), x - \overline{x}\rangle$$

$$= \langle Ax, u(\overline{x})\rangle - g(u(\overline{x}))$$

因此，给第一种算法(6.4.12)定义 $u_t = \frac{1}{A_t}\sum_{k=0}^{t} a_k u(x_k)$，我们得到

$$\ell_t = \min_{x \in Q}\left\{\Psi(x) + \frac{1}{A_t}\sum_{k=0}^{t} a_k[\langle Ax, u(x_k)\rangle - g(u(x_k))]\right\}$$

$$= \Phi(u_t) - \frac{1}{A_t}\sum_{k=0}^{t} a_k g(u(x_k)) \leqslant \overline{g}(u_t)$$

于是，我们得到

$$0 \overset{(6.4.42)}{\leqslant} \overline{f}(x_t) - \overline{g}(u_t) \leqslant \overline{f}(x_t) - \ell_t \overset{(6.4.37)}{\leqslant} \frac{1}{A_t}B_{\nu, t}, \quad t \geqslant 0 \qquad (6.4.43)$$

对第二种算法(6.4.24)，我们选取 $a_0 = 0$ 和 $u_t = \frac{1}{A_t}\sum_{k=1}^{t} a_k u(x_{k-1})$. 在这种情况下，通过类似的推理，我们得到

$$0 \overset{(6.4.42)}{\leqslant} \overline{f}(x_t) - \overline{g}(u_t) \leqslant \overline{f}(x_t) - \hat{\ell}_t \overset{(6.4.38)}{\leqslant} \frac{1}{A_t}C_{\nu, t}, \quad t \geqslant 1 \qquad (6.4.44)$$

6.4.5　合成项的强凸性

在这一节中，我们假设问题(6.4.1)中的函数 Ψ 是强凸的(参见 3.2.6 节). 根据

(3.2.37)，这意味着存在一个正常数 σ_Ψ 使得

$$\Psi(\tau x + (1-\tau)y) \leqslant \tau\Psi(x) + (1-\tau)\Psi(y) - \frac{1}{2}\sigma_\Psi\tau(1-\tau)\|x-y\|^2 \quad (6.4.45)$$

对所有的 x，$y \in Q$ 和 $\tau \in [0，1]$ 成立．我们来证明，在这种情况下，条件梯度算法收敛得更快．我们对算法(6.4.12)证明了这一点．

根据 Ψ 的强凸性，在算法(6.4.12)中刻画点 v_t 的变分原理(6.4.8)可被加强为

$$\Psi(x) + \langle \nabla f(x_t), x-v_t \rangle \geqslant \Psi(v_t) + \frac{1}{2}\sigma_\Psi\|x-v_t\|^2，\quad x \in Q \quad (6.4.46)$$

设 V_0 的定义与(6.4.14)一样．定义

$$\hat{B}_{\nu,t} = a_0 V_0 + \left(\sum_{k=1}^t \frac{a_k^{1+2\nu}}{A_k^{2\nu}}\right)\frac{G_\nu^2 D^{2\nu}}{2\sigma_\Psi}，\quad t \geqslant 0 \quad (6.4.47)$$

481

定理 6.4.3 设序列 $\{x_t\}_{t \geqslant 0}$ 由算法(6.4.12)生成，且假设函数 Ψ 是强凸的，则对任意 $\nu \in (0，1]$、任意迭代次数 $t \geqslant 0$ 和任意的 $x \in Q$，我们有

$$A_t(f(x_t) + \Psi(x_t)) \leqslant \sum_{k=0}^t a_k[f(x_k) + \langle \nabla f(x_k), x-x_k \rangle + \Psi(x)] + \hat{B}_{\nu,t}$$

$$(6.4.48)$$

证明 该命题证明的开始部分与定理 6.4.1 的开始部分非常相似．假设对某 $t \geqslant 0$ 有 (6.4.48)成立，则我们可得到如下不等式：

$$\sum_{k=0}^{t+1} a_k[f(x_k) + \langle \nabla f(x_k), x-x_k \rangle + \Psi(x)] + B_{\nu,t}$$

$$\geqslant A_{t+1}(f(x_{t+1}) + \Psi(x_{t+1})) + a_{t+1}[\Psi(x) - \Psi(v_t) + \langle \nabla f(x_{t+1}), x-v_t \rangle]$$

进一步，有

$$\Psi(x) - \Psi(v_t) + \langle \nabla f(x_{t+1}), x-v_t \rangle$$

$$\overset{(6.4.46)}{\geqslant} \langle \nabla f(x_{t+1}) - \nabla f(x_t), x-v_t \rangle + \frac{1}{2}\sigma_\Psi\|x-v_t\|^2$$

$$\overset{(4.2.3)}{\geqslant} -\frac{1}{2\sigma_\Psi}\|\nabla f(x_{t+1}) - \nabla f(x_t)\|_*^2$$

$$\overset{(6.4.3)}{\geqslant} -\frac{1}{2\sigma_\Psi}\left(\frac{a_{t+1}^\nu}{A_{t+1}^\nu}G_\nu D^\nu\right)^2$$

于是，为了保证不等式(6.4.48)对下一步迭代仍成立，只需要选取

$$\hat{B}_{\nu,t+1} = \hat{B}_{\nu,t} + \frac{1}{2\sigma_\Psi}\frac{a_{t+1}^{1+2\nu}}{A_{t+1}^{2\nu}}G_\nu^2 D^{2\nu}$$

很容易验证，在我们的情况下，选取线性权重 $a_t \equiv t$ 并不是最好的．我们来选取 $a_t = t^2$，$t \geqslant 0$，则 $A_t = \frac{t(t+1)(2t+1)}{6}$，且我们得到

$$\hat{B}_{\nu,t} = \left(\sum_{k=1}^t \frac{6^{2\nu}k^{2(1+2\nu)}}{k^{2\nu}(k+1)^{2\nu}(2k+1)^{2\nu}}\right)\frac{G_\nu^2 D^{2\nu}}{2\sigma_\Psi} \leqslant \left(3^{2\nu}\sum_{k=1}^t k^{2(1-\nu)}\right)\frac{G_\nu^2 D^{2\nu}}{2\sigma_\Psi}$$

$$\overset{(6.4.9)}{\leqslant} \frac{G_\nu^2 D^{2\nu}}{2\sigma_\Psi} \cdot \frac{3^{2\nu}}{3-2\nu}\tau^{3-2\nu}\Big|_{1/2}^{t+1/2} = \frac{3^{2\nu}}{3-2\nu}\Big[\Big(t+\frac{1}{2}\Big)^{3-2\nu} - \Big(\frac{1}{2}\Big)^{3-2\nu}\Big]\frac{G_\nu^2 D^{2\nu}}{2\sigma_\Psi}$$

于是，对任意 $\nu\in(0,1)$，我们得到 $\frac{1}{A_t}\hat{B}_{\nu,t}\leqslant O(t^{-2\nu})$. 当 $\nu=1$ 时，我们有

$$\overline{f}(x_t) - \overline{f}(x_*) \leqslant \frac{54}{(t+1)(2t+1)} \cdot \frac{G_1^2 D^2}{2\sigma_\Psi} \tag{6.4.49}$$

这比(6.4.19)中的结果好很多. 这给了我们一个通过强凸假设来加速条件梯度方法的例子.

6.4.6 极小化二次模型

现在我们假设问题(6.4.1)中的函数 f 是二次连续可微的. 这样可用下面的算法来解该问题.

收缩型合成信赖域算法

1. 任取一个点 $x_0 \in Q$.
2. 第 t 次迭代($t\geqslant 0$)：
   定义系数 $\tau_t \in (0,1]$，选取

$$x_{t+1} \in \text{Arg}\min_y\Big\{\langle\nabla f(x_t),\, y-x_t\rangle + \frac{1}{2}\langle\nabla^2 f(x_t)(y-x_t),\, y-x_t\rangle$$
$$+ \Psi(y)：y\in(1-\tau_t)x_t + \tau_t x,\, x\in Q\Big\}$$

$$\tag{6.4.50}$$

注意到，即使函数 f 的 Hessian 矩阵是半正定的，这个算法也有定义. 当然，一般情况下，该算法的每次迭代的计算花费会很大. 然而，在一个重要的情形下，即当 $\Psi(\cdot)$ 是欧几里得范数球上的指示函数时，该算法每次迭代的复杂度主要由矩阵求逆的复杂度决定. 于是，算法(6.4.50)可以很容易地用来求解如下形式的问题

$$\min_x\{f(x)：\|x-x_0\|\leqslant r\} \tag{6.4.51}$$

其中 $\|\cdot\|$ 是欧几里得范数.

设对某 $H_\nu < +\infty$ 有 $\nu\in(0,1]$. 在本节中，我们假设

$$\langle\nabla^2 f(x)h,h\rangle \leqslant L\|h\|^2, \quad x\in Q, h\in\mathbb{E} \tag{6.4.52}$$

我们来选取非负权重列 $\{a_t\}_{t\geqslant 0}$，依照(6.4.13)来定义算法(6.4.50)中的系数 $\{\tau_t\}_{t\geqslant 0}$. 根据迭代关系(6.4.26)来定义估值函数序列 $\{\phi_t(x)\}_{t\geqslant 0}$，其中序列 $\{x_t\}_{t\geqslant 0}$ 是由算法(6.4.50)生成的. 最后，定义

$$\hat{C}_{\nu,t} = a_0\Delta(x_0) + \Big(\sum_{k=1}^t \frac{a_k^{2+\nu}}{A_k^{1+\nu}}\Big)\frac{H_\nu D^{2+\nu}}{(1+\nu)(2+\nu)} + \Big(\sum_{k=1}^t \frac{a_k^2}{2A_k}\Big)LD^2 \tag{6.4.53}$$

在我们的收敛结果中，我们也估计了问题(6.4.1)在当前测试点处的二阶最优性度量. 我们来引入

$$\theta(x) \overset{\mathrm{def}}{=} \max_{y \in Q} \{ \langle \nabla f(x), x - y \rangle - \frac{1}{2} \langle \nabla^2 f(x)(y - x), y - x \rangle + \Psi(x) - \Psi(y) \}$$

$$(6.4.54)$$

对任意的 $x \in Q$，我们有 $\theta(x) \geqslant 0$．我们称 $\theta(x)$ 是问题 $(6.4.1)$ 中合成目标函数在可行集上的二次模型的总变分．定义

$$F_x(y) = \frac{1}{2} \langle \nabla^2 f(x)(y - x), y - x \rangle + \Psi(y)$$

我们得到 $\theta(x) = (F_x)^*_{x, Q}(\nabla f(x))$（见定义式 $(6.4.21)$）．

定理 6.4.4 设序列 $\{x_t\}_{t \geqslant 0}$ 由算法 $(6.4.50)$ 生成，则对任意 $\nu \in [0, 1]$ 和任意迭代次数 $t \geqslant 0$，我们有

$$A_t \overline{f}(x_t) \leqslant \phi_t(x) + \hat{C}_{\nu, t}, \quad x \in Q \tag{6.4.55}$$

此外，对任意 $t \geqslant 0$，我们有

$$\overline{f}(x_t) - \overline{f}(x_{t+1}) \geqslant \tau_t \theta(x_t) - \frac{H_\nu D^{2+\nu}}{(1+\nu)(2+\nu)} \tau_t^{2+\nu} \tag{6.4.56}$$

证明 我们来证明不等式 $(6.4.55)$．对 $t = 0$，有 $\hat{C}_{\nu, 0} = a_0 [\overline{f}(x_0) - \overline{f}(x_*)]$．因此该不等式成立．

由定理 3.1.23，点 x_{t+1} 由如下变分原理刻画：

$$x_{t+1} = (1 - \tau_t) x_t + \tau_t v_t, \quad v_t \in Q$$

$$\Psi(y) + \langle \nabla f(x_t) + \nabla^2 f(x_t)(x_{t+1} - x_t), y - x_{t+1} \rangle \geqslant \Psi(x_{t+1})$$

$$\forall y = (1 - \tau_t) x_t + \tau_t x, \quad x \in Q$$

因此，根据定义 $(6.4.13)$，对任意 $x \in Q$，我们有

$$\begin{aligned}
a_{t+1} \langle \nabla f(x_t), x - x_t \rangle \geqslant\ & A_{t+1} \langle \nabla f(x_t) + \nabla^2 f(x_t)(x_{t+1} - x_t), x_{t+1} - x_t \rangle \\
& + a_{t+1} \langle \nabla^2 f(x_t)(x_{t+1} - x_t), x_t - x \rangle \\
& + A_{t+1} [\Psi(x_{t+1}) - \Psi((1 - \tau_t) x_t + \tau_t x)] \\
\overset{(6.4.52)}{\geqslant}\ & A_{t+1} \langle \nabla f(x_t) + \frac{1}{2} \nabla^2 f(x_t)(x_{t+1} - x_t), x_{t+1} - x_t \rangle \\
& + A_{t+1} [\Psi(x_{t+1}) - \Psi((1 - \tau_t) x_t + \tau_t x)] - \frac{a_{t+1}^2}{2 A_{t+1}} L D^2
\end{aligned}$$

所以，

$$\begin{aligned}
& A_t \overline{f}(x_t) + a_{t+1} [f(x_t) + \langle \nabla f(x_t), x - x_t \rangle + \Psi(x)] \\
\geqslant\ & A_t \Psi(x_t) + A_{t+1} [f(x_t) + \langle \nabla f(x_t) + \frac{1}{2} \nabla^2 f(x_t)(x_{t+1} - x_t), x_{t+1} - x_t \rangle] \\
& + a_{t+1} \Psi(x) + A_{t+1} [\Psi(x_{t+1}) - \Psi((1 - \tau_t) x_t + \tau_t x)] - \frac{a_{t+1}^2}{2 A_{t+1}} L D^2 \\
\overset{(6.4.6)}{\geqslant}\ & A_{t+1} [f(x_{t+1}) + \Psi(x_{t+1})] - A_{t+1} \frac{H_\nu \| x_{t+1} - x_t \|^{2+\nu}}{(1+\nu)(2+\nu)} - \frac{a_{t+1}^2}{2 A_{t+1}} L D^2
\end{aligned}$$

484

$$\geqslant A_{t+1}\bar{f}(x_{t+1}) - \frac{a_{t+1}^{2+\nu}}{A_{t+1}^{1+\nu}} \cdot \frac{H_{\nu}D^{2+\nu}}{(1+\nu)(2+\nu)} - \frac{a_{t+1}^2}{2A_{t+1}}LD^2$$

于是，如果对某 $t\geqslant 0$ 不等式(6.4.55)成立，那么

$$\phi_{t+1}(x) + \hat{C}_{\nu,t} \geqslant A_t\bar{f}(x_t) + a_{t+1}\left[f(x_t) + \langle\nabla f(x_t), x-x_t\rangle + \Psi(x)\right]$$

$$\geqslant A_{t+1}\bar{f}(x_{t+1}) - \frac{a_{t+1}^{2+\nu}}{A_{t+1}^{1+\nu}} \cdot \frac{H_{\nu}D^{2+\nu}}{(1+\nu)(2+\nu)} - \frac{a_{t+1}^2}{2A_{t+1}}LD^2$$

因此，我们可以取 $\hat{C}_{\nu,t+1} = \hat{C}_{\nu,t} + \frac{a_{t+1}^{2+\nu}}{A_{t+1}^{1+\nu}} \cdot \frac{H_{\nu}D^{2+\nu}}{(1+\nu)(2+\nu)} + \frac{a_{t+1}^2}{2A_{t+1}}LD^2$.

为了证明不等式(6.4.56)，我们引入如下定义

$$\theta_t(\tau) \overset{\text{def}}{=} \max_{x\in Q}\{\langle\nabla f(x_t), x_t - y\rangle - \frac{1}{2}\langle\nabla^2 f(x_t)(y-x_t), y-x_t\rangle$$

$$+ \Psi(x_t) - \Psi(y): y = (1-\tau)x_t + \tau x\}$$

$$\overset{(6.4.22)}{=} (F_{x_t})^*_{\tau, xt, Q}(\nabla f(x_t)), \quad \tau\in[0,1]$$

485

显然，

$$-\theta_t(\tau_t) = \min_{x\in Q}\{\langle\nabla f(x_t), y-x_t\rangle - \frac{1}{2}\langle\nabla^2 f(x_t)(y-x_t), y-x_t\rangle$$

$$+ \Psi(y) - \Psi(x_t): y = (1-\tau_t)x_t + \tau_t x\}$$

$$= \langle\nabla f(x_t), x_{t+1} - x_t\rangle - \frac{1}{2}\langle\nabla^2 f(x_t)(x_{t+1}-x_t), x_{t+1}-x_t\rangle$$

$$+ \Psi(x_{t+1}) - \Psi(x_t)$$

$$\overset{(6.4.6)}{\geqslant} \bar{f}(x_{t+1}) - \bar{f}(x_t) - \frac{H_{\nu}}{(1+\nu)(2+\nu)}\|x_{t+1}-x_t\|^{2+\nu}$$

因为 $\|x_{t+1}-x_t\|\leqslant\tau_t D$，我们得到

$$\bar{f}(x_t) - \bar{f}(x_{t+1}) \geqslant \theta_t(\tau_t) - \frac{H_{\nu}D^{2+\nu}}{(1+\nu)(2+\nu)}\tau_t^{2+\nu} \overset{(6.4.23)}{\geqslant} \tau_t\theta(x_t) - \frac{H_{\nu}D^{2+\nu}}{(1+\nu)(2+\nu)}\tau_t^{2+\nu}$$

于是，不等式(6.4.55)保证算法(6.4.50)如下的收敛率

$$\bar{f}(x_t) - \bar{f}(x_*) \leqslant \frac{1}{A_t}\hat{C}_{\nu,t} \tag{6.4.57}$$

当 $\nu\in[0,1]$ 取不同的值时，该不等式右端项的具体表达式可以由与 6.4.2 节中的做法完全相同的方式得到. 在这里，我们只讨论 $\nu=1$ 且 $a_t=t^2$，$t\geqslant 0$ 这种情况. 这时，有 $A_t = \frac{t(t+1)(2t+1)}{6}$，且

$$\sum_{k=1}^t\frac{a_k^3}{A_k^2} = \sum_{k=1}^t\frac{36k^6}{k^2(k+1)^2(2k+1)^2} \leqslant 18t$$

$$\sum_{k=1}^t\frac{a_k^2}{2A_k} = \sum_{k=1}^t\frac{3k^4}{k(k+1)(2k+1)} \leqslant \frac{3}{2}\sum_{k=1}^t k = \frac{3}{4}t(t+1)$$

于是，我们得到

$$\overline{f}(x_t) - \overline{f}(x_*) \leqslant \frac{18H_1D^3}{(t+1)(2t+1)} + \frac{9LD^2}{2(2t+1)} \tag{6.4.58}$$

注意到式(6.4.58)的收敛率比三次正则化牛顿法的收敛率差(见 4.2.3 节). 然而, 据我们所知, 不等式(6.4.58)给出属于信赖域算法族的优化算法的第一个全局收敛率. 依据不等式(6.4.55), 对偶问题(6.4.41)的最优解可由算法(6.4.50)取 $a_0 = 0$ 情形近似得到, 这与 6.4.4 节中给条件梯度法推荐的方式相同. $\boxed{486}$

现在我们估计在 $\nu = 1$ 的情况下, 数值 $\theta(x_t)$, $t \geqslant 0$ 的下降率. 注意到 $\tau_t \overset{(6.4.13)}{=} \frac{a_{t+1}}{A_{t+1}} = \frac{6(t+1)}{(t+2)(2t+3)}$. 很容易看出, 这些系数满足如下不等式:

$$\frac{3}{t+3} \leqslant \tau_t \leqslant \frac{6}{2t+5}, \quad t \geqslant 0 \tag{6.4.59}$$

因此, 通过选取总迭代次数 $T = 2t+2$, 我们有

$$\sum_{k=t}^{T} \tau_k \overset{(6.4.59)}{\geqslant} 3\sum_{k=t}^{2t+2} \frac{1}{k+3} \overset{(6.4.10)}{\geqslant} 3\ln 2$$

$$\sum_{k=t}^{T} \tau_k^3 \overset{(6.4.59)}{\leqslant} \sum_{k=t}^{2t+2} \frac{27}{(k+5/2)^3} \overset{(6.4.11)}{\leqslant} -\frac{27}{2(k+5/2)^2}\Big|_{t-1/2}^{2t+5/2}$$

$$= \frac{27}{2}\left[\frac{1}{(t+2)^2} - \frac{1}{(2t+5)^2}\right] = \frac{27}{2}\left[\frac{4}{(T+2)^2} - \frac{1}{(T+3)^2}\right]$$

$$= \frac{27(3T+8)(T+4)}{2(T+2)^2(T+3)^2} \leqslant \frac{81}{2(T+1)(T+2)} \tag{6.4.60}$$

现在我们可以使用与 6.4.2 节末尾相同的技巧. 定义

$$\theta_T^* = \min_{0 \leqslant t \leqslant T} \theta(x_t)$$

则

$$\frac{36H_1D^3}{T(T-1)} + \frac{9LD^2}{2(T-1)} \overset{(6.4.58)}{\geqslant} \overline{f}(x_t) - \overline{f}(x_*) \geqslant \sum_{k=t}^{T} (\overline{f}(x_k) - \overline{f}(x_{k+1}))$$

$$\overset{(6.4.56)}{\geqslant} \theta_T^* \sum_{k=t}^{T} \tau_k - \frac{H_1D^3}{6}\sum_{k=t}^{T} \tau_k^3$$

$$\overset{(6.4.60)}{\geqslant} 3\theta_T^* \ln 2 - \frac{27H_1D^3}{4(T+1)(T+2)}$$

于是, 当 T 等于偶数时, 我们得到下面的界:

$$\theta_T^* \leqslant \frac{3}{\ln 2}\left[\frac{4H_1D^3}{T(T-1)} + \frac{3H_1D^3}{4(T+1)(T+2)} + \frac{LD^2}{2(T-1)}\right]$$

$$\leqslant \frac{3}{\ln 2}\left[\frac{5H_1D^3}{T(T-1)} + \frac{LD^2}{2(T-1)}\right] \tag{6.4.61}$$

$\boxed{\begin{matrix}487\\ \wr\\ 488\end{matrix}}$

第 7 章　相对尺度优化

在许多应用中，因为相应的不等式包含未知参数（如 Lipschitz 常数，到最优解的距离），所以很难将优化算法中的迭代次数与解的期望精度相关联．但是，在许多情况下，所需的相对精确度水平很容易理解．为了提出能找到具有相对精度的解的方法，我们需要利用问题的内部结构．在本章中，我们从极小化不含原点的凸集上的齐次目标函数的问题开始．该函数在零点处的次微分的存在性为我们提供了一个很好的度量，它可用于优化算法和光滑技术．如果这个次微分集是多面体，这个度量可以通过廉价的基本近似过程来计算．我们还提出了一种障碍函数次梯度方法，它用于计算具有确定相对精度的正凸函数的近似最大值．我们说明怎样应用该方法求解分数覆盖问题、最大并发流问题、半定松弛问题、在线优化问题、投资组合管理问题等．最后，我们研究一类严格正函数，为此提出了一类拟牛顿法．

7.1　目标函数的齐次模型

（圆锥无约束极小化问题；次梯度近似算法；结构优化；应用实例：线性规划、谱半径的极小化；桁架拓扑设计问题．）

7.1.1　圆锥无约束极小化问题

在凸优化方法的理论证明中，通常总假设问题具有有界可行集．除了技术上方便之外，这个假设允许我们引入一个合理的尺度来测量近似解的绝对精度．在初始问题不具备此性质的情况下，某些算法需要给定义域确定人工边界（如"大 M"方法）．也许，该技巧对于多项式时间算法是可接受的，其中"大 M"方法出现在复杂度估计的对数项内部（见第 5 章）．但是，很明显，对于梯度型方法该策略是行不通的．

事实上，这几乎是一个哲学问题：有无界可行集的问题在实际中是否真的存在？如果存在，该如何解决此类问题？实际上，这样的问题至少有一类——该问题中非常重要的一类，就是通过不等式约束的拉格朗日松弛所得到的问题（见 1.3.3 节和 3.1.7 节）．如果这些约束的对偶变量存在合理的界，那么可以很自然地将它们吸收到原始问题中．这样，我们可以在目标函数中有一个附加项，代替原始问题的约束条件．

另一个困难与无界可行集的限界方式有关．如果不通过一些辅助计算收集有关问题拓扑的附加信息，就不可能总找到（无界集的）一个合理的局部化集合的先验信息．

在本章中，我们提出了一种处理凸极小化问题的替代方法．也就是说，我们将以相对尺度计算它们的近似解．我们将看到这个想法至少对一类特殊的圆锥无约束极小化问题是有效的[⊖]. 这些是在不含原点的凸集上极小化正齐次凸函数的问题. 为计算这类问题具有一定相对精度的近似解，我们需要知道计算原点处目标函数次微分的一个 John 椭球. 我们将看到，在许多情况下，目标函数所有必须信息可以很容易通过分析其结构得到.

在下文中，我们称 $f(\overline{x})$ 以相对精度 δ 近似于最优解 $f^* > 0$，如果有

$$f^* \leqslant f(\overline{x}) \leqslant (1+\delta)f^*$$

在本章中，方便地用如下符号来表示 $\mathbb{E}$ 中关于范数 $\|\cdot\|$ 的球：

$$B_{\|\cdot\|}(r) = \{x \in \mathbb{E} : \|x\| \leqslant r\}$$

490

符号 $\pi_{Q,\|\cdot\|}(x)$ 表示点 x 在集合 Q 上关于范数 $\|\cdot\|$ 的投影. 为了方便记号，如果不出现歧义，范数的下标可以省略.

最后，在 $\mathbb{E} = \mathbb{R}^n$ 的情况下，I_n 表示 $\mathbb{R}^n$ 中的单位矩阵，e_i 表示第 i 个坐标向量，且 $\bar{e}_n$ 表示全 1 向量. 对一个 $n \times n$ 矩阵 X，我们用 $\lambda_1(X), \cdots, \lambda_n(X)$ 表示其按降序排列的特征值的谱.

本节考虑最一般形式的优化问题为

$$\text{Find } f^* = \min_{x \in Q_1} f(x) \tag{7.1.1}$$

其中 f 是凸的一次正齐次函数（见 3.1.6 节的末尾），且 $Q_1 \subset \mathbb{E}$ 是一个不包含原点的闭凸集. 在许多应用中，Q_1 通常是仿射子空间

$$\mathscr{L} = \{x \in \mathbb{E} : Cx = b\}$$

其中 $b \in \mathbb{E}_1$，$b \neq 0$，且 $C : \mathbb{E} \to \mathbb{E}_1$. 不失一般性，假设 C 是非退化的.

我们关于问题 (7.1.1) 的主要假设为

$$\text{dom } f \equiv \mathbb{E}, \quad 0 \in \text{int } \partial f(0) \tag{7.1.2}$$

换句话说，我们假设 f 是内部包含原点的凸紧集的支撑函数. 这样 $f^* > 0$，且确定问题 (7.1.1) 具有一定相对精度的近似解的问题是适定问题. 在下文中，我们称具有设定 (7.1.1) 和 (7.1.2) 的问题为圆锥无约束极小化问题.

注意到任何具有凸目标函数 $\phi(\cdot)$ 的无约束极小化问题

$$\min_{y \in \mathbb{E}} \phi(y)$$

都可以通过简单的齐次化过程

$$x = (y, \tau) \in \mathbb{E} \times \mathbb{R}_+, \quad f(x) = \tau\phi(y/\tau), \quad Cx \equiv \tau, \quad b = 1$$

重写为 (7.1.1) 的形式（见例 3.1.2(6)）. 但是，通常我们并不能保证这样的函数满足假设 (7.1.2).

我们来看如下例子.

491

例 7.1.1 设我们的初始问题是求函数

$$\phi_\infty(y) = \max_{1 \leqslant i \leqslant m} |\langle a_i, y \rangle + c^{(i)}|, \quad y \in \mathbb{R}^{n-1}$$

⊖ 我们用这个术语，指没有函数约束的问题.

的一个近似无约束极小值. 我们引入 $x = \begin{pmatrix} y \\ \tau \end{pmatrix}$ 和 $\hat{a}_i = \begin{bmatrix} a_i \\ c^{(i)} \end{bmatrix}$, $i = 1, \cdots, m$. 设

$$A^{\mathrm{T}} = (\hat{a}_1, \cdots, \hat{a}_m), \quad F_\infty(v) = \max_{1 \leqslant i \leqslant m} |v^{(i)}|$$

$$p = 1, \quad C = (\underbrace{0, \cdots, 0}_{n-1 \uparrow}, 1), \quad b = 1$$

这样，对正数 τ，我们定义

$$f(x) = \tau \phi_\infty(y/\tau) \equiv F_\infty(Ax), \quad Q_1 = \mathscr{L}$$

于是，函数 $f(\cdot)$ 的这种描述可以扩展到整个空间.

类似地，对函数

$$\phi_1(y) = \sum_{i=1}^m |\langle a_i, y \rangle + c^{(i)}|, \quad y \in \mathbb{R}^{n-1}$$

我们可以得到满足(7.1.2)的一个表示(7.1.1). 在这种情况下，我们使用 $f(x) = F_1(Ax)$ 满足

$$F_1(v) = \sum_{i=1}^m |v^{(i)}|$$

然而，对函数

$$\phi(y) = \max_{1 \leqslant i \leqslant m} \{\langle a_i, y \rangle + c^{(i)}\}, \quad y \in \mathbb{R}^{n-1}$$

上述的升维处理就不能保证满足(7.1.2). ■

在 $\mathbb{E}$ 中取定范数 $\|\cdot\|$，并定义其标准形式的对偶范数为

$$\|g\|^* = \max_{\|x\| \leqslant 1} \langle s, x \rangle, \quad g \in \mathbb{E}^* \tag{7.1.3}$$

这样，我们可以用定量的形式重写主要假设(7.1.2). 令 $\gamma_0 \leqslant \gamma_1$ 是满足如下非球面性条件的正值：

$$B_{\|\cdot\|^*}(\gamma_0) \subseteq \partial f(0) \subseteq B_{\|\cdot\|^*}(\gamma_1) \tag{7.1.4}$$

于是，由(7.1.2)我们仅假设这些值有定义. 注意这些值依赖于范数 $\|\cdot\|$ 的选择. 在下文中，这种选择从上下文看总是显而易见的.

用

$$\alpha = \frac{\gamma_0}{\gamma_1} < 1$$

表示函数 f 的非球面性系数(asphericity coefficient). 正如我们稍后将看到的，该参数对于找到问题(7.1.1)具有一定相对精度的近似解的复杂度界是至关重要的.

注意在许多情况下，选择 $\|\cdot\|$ 作为椭球范数是合理的. 根据 John 定理，对该范数的一个好的变形，我们可以保证

$$\alpha \geqslant \frac{1}{n} \tag{7.1.5}$$

其中 $n = \dim \mathbb{E}$. 此外，如果 $\partial f(0)$ 是对称的：

$$f(x) = f(-x) \quad \forall x \in \mathbb{E}$$

则椭球范数的下界更好:

$$\alpha \geqslant \frac{1}{\sqrt{n}} \tag{7.1.6}$$

(我们将在 7.2 节中证明 John 定理的两个变形). 当然, 可能很难找到对具体目标函数 f 有益的一个范数. 然而, 在这种情况下, 我们可以尝试利用其结构的已知信息.

例如, 我们可能知道凸集 $\partial f(0)$ 的一个自和谐障碍函数 $\psi(\cdot)$(见 5.3 节), 且 $\nabla \psi(0) = 0$, 则可以使用

$$\|v\|^* = \langle v, \nabla^2 \psi(0) v \rangle^{1/2}, \quad \|x\| = \langle [\nabla^2 \psi(0)]^{-1} x, x \rangle^{1/2}$$

此时, 可以选择

$$\gamma_0 = 1, \quad \gamma_1 = \nu + 2\sqrt{\nu}$$

其中 ν 是障碍函数 $\psi(\cdot)$ 的参数(见定理 5.3.9).

对于一些重要问题, 次微分 $\partial f(0)$ 是多面体集, 则以下结果或许有用.

引理 7.1.1 令 $f(x) = \max\limits_{1 \leqslant i \leqslant m} \langle a_i, x \rangle$, $x \in \mathbb{R}^n$, 假设矩阵

$$A = (a_1, \cdots, a_m)$$

493

是行满秩的, 且 $\sum\limits_{i=1}^{m} a_i = 0$(因此 $m > n$), 则范数

$$\|x\| = \left[\sum_{i=1}^{m} \langle a_i, x \rangle^2 \right]^{1/2}$$

有定义. 这样, 我们可以选择 $\gamma_1 = 1$, $\gamma_0 = \dfrac{1}{\sqrt{m(m-1)}}$.

证明 注意到矩阵 $G = \sum\limits_{i=1}^{m} a_i a_i^{\mathrm{T}}$ 是非退化的, 则

$$\|v\|^* = \langle v, G^{-1} v \rangle^{1/2}$$

(见引理 3.1.20), 因此对于任意 $i = 1, \cdots, m$, 我们有

$$(\|a_i\|^*)^2 = \langle a_i, G^{-1} a_i \rangle = \max_{x \in \mathbb{R}^n} \{ 2\langle a_i, x \rangle - \langle Gx, x \rangle \}$$

$$= \max_{x \in \mathbb{R}^n} \left\{ 2\langle a_i, x \rangle - \sum_{k=1}^{m} \langle a_k, x \rangle^2 \right\}$$

$$\leqslant \max_{x \in \mathbb{R}^n} \{ 2\langle a_i, x \rangle - \langle a_i, x \rangle^2 \} = 1$$

由于 $\partial f(0) = \mathrm{Conv}\{a_i, i = 1, \cdots, m\}$, 我们可以取 $\gamma_1 = 1$.

另一方面, 对于任意 $x \in \mathbb{R}^n$, 我们有 $\sum\limits_{i=1}^{m} \langle a_i, x \rangle = 0$. 因此

$$\langle Gx, x \rangle = \sum_{i=1}^{m} \langle a_i, x \rangle^2$$

$$\leqslant \max_{s\in\mathbb{R}^m}\Big\{\sum_{i=1}^m (s^{(i)})^2 : \sum_{i=1}^m s^{(i)} = 0,\ s^{(i)} \leqslant f(x),\ i=1,\cdots,m\Big\}$$

根据推论 3.1.2，上述极大化问题的极值可以在比如

$$\hat{s} = f(x)\cdot(\bar{e}_m - me_1)$$

处得到. 这就意味着 $\langle Gx,\,x\rangle \leqslant m(m-1)f^2(x)$. 因此有 $f(x) \geqslant \dfrac{\|x\|}{\sqrt{m(m-1)}}$. 根据表达式

(3.1.41)，这就证明了可以选择 $\gamma_0 = \dfrac{1}{\sqrt{m(m-1)}}$.　　　　　　　　　■

利用问题(7.1.1)的另一种结构表示的可能性将在 7.1.3 节讨论.

我们来用一个命题来结束本节，该命题支持我们能以一定的相对精度解决问题 (7.1.1). 用 x_0 表示原点在集合 Q_1 上关于范数 $\|\cdot\|^2$ 的投影$^{\ominus}$：

$$\|x_0\| = \min_{x\in Q_1}\|x\|$$

定理 7.1.1

1) 对任意 $x\in\mathbb{R}^n$，我们有

$$\gamma_0\cdot\|x\| \leqslant f(x) \leqslant \gamma_1\cdot\|x\| \tag{7.1.7}$$

因此，函数 f 在 $\mathbb{E}$ 中关于范数 $\|\cdot\|$ 是 Lipschitz 连续的，且其 Lipschitz 常数为 γ_1. 此外，

$$\alpha f(x_0) \leqslant \gamma_0\cdot\|x_0\| \leqslant f^* \leqslant f(x_0) \leqslant \gamma_1\cdot\|x_0\| \tag{7.1.8}$$

2) 对于(7.1.1)的任意最优解 x^*，我们有

$$\|x_0 - x^*\| \leqslant \frac{2}{\gamma_0}f^* \leqslant \frac{2}{\gamma_0}f(x_0) \tag{7.1.9}$$

如果范数 $\|\cdot\|$ 是欧几里得范数，则该不等式可以加强为

$$\|x_0 - x^*\| \leqslant \frac{1}{\gamma_0}f^* \leqslant \frac{1}{\gamma_0}f(x_0) \tag{7.1.10}$$

证明　对于任意 $x\in\mathbb{E}$，我们有

$$f(x) \overset{(3.1.41)}{=} \max_v\{\langle v,x\rangle : v\in\partial f(0)\} \geqslant \max_v\{\langle v,x\rangle : v\in B_{\|\cdot\|^*}(\gamma_0)\} = \gamma_0\|x\|$$

$$f(x) \overset{(3.1.41)}{=} \max_v\{\langle v,x\rangle : v\in\partial f(0)\} \leqslant \max_v\{\langle v,x\rangle : v\in B_{\|\cdot\|^*}(\gamma_1)\} = \gamma_1\|x\|$$

因此，对于任意 x 和 $h\in\mathbb{E}$，我们有

$$f(x+h) \leqslant f(x) + f(h) \leqslant f(x) + \gamma_1\|h\|$$

而且，

$$f^* = \min_{x\in Q_1}f(x) \geqslant \min_{x\in Q_1}\gamma_0\|x\| = \gamma_0\|x_0\|$$

因此，根据(7.1.7)，我们有

$\ominus$　回忆这里可以是任意范数.

$$f^* \geqslant \gamma_0 \|x_0\| \geqslant \alpha f(x_0)$$

$$f^* \leqslant f(x_0) \leqslant \gamma_1 \|x_0\|$$

为了证明第二个命题，注意依据定理中的第一项，我们有

$$\|x_0 - x^*\| \leqslant \|x_0\| + \|x^*\| \leqslant \frac{2}{\gamma_0} \cdot f^*$$

对欧几里得范数 $\|x\| = \langle Gx, x \rangle^{1/2}$，其中 $G > 0$，这个界可以被加强. 事实上，在这种情况下，$\langle Gx_0, x^* - x_0 \rangle \overset{(2.2.39)}{\geqslant} 0$. 因此，

$$\|x_0 - x^*\|^2 = \|x_0\|^2 - 2\langle Gx_0, x^* \rangle + \|x^*\|^2 \leqslant \|x^*\|^2 - \|x_0\|^2 < \|x^*\|^2 \qquad \blacksquare$$

7.1.2 次梯度近似算法

现在我们来讨论找到问题(7.1.1)的近似解的不同可能性. 为简单起见，我们假设范数 $\|\cdot\|$ 是欧几里得范数.

我们的第一个算法是基于极小化非光滑凸函数的标准次梯度算法. 用 $g(x)$ 表示函数 f 在 x 点处的任一次梯度. 考虑应用于问题(7.1.1)的次梯度算法最简单变形.

次梯度算法 $G_N(R)$
对 $k := 0$ 到 N：计算 $f(x_k)$ 和 $g(x_k)$； $$x_{k+1} := \pi_{Q_1}\left(x_k - \frac{R}{\sqrt{N+1}} \cdot \frac{g(x_k)}{\|g(x_k)\|^*}\right) \qquad (7.1.11)$$
输出：$\overline{x} = \arg\min_x \{f(x): x = x_0, \cdots, x_N\}$

在下文中，用 $G_N(R)$ 表示该过程的输出 $\overline{x} \in \mathbb{E}$. 根据定理 3.2.2，该算法的收敛率为

$$f(G_N(R)) - f^* \leqslant \frac{\gamma_1}{\sqrt{N+1}} \cdot \frac{\|x_0 - x^*\|^2 + R^2}{2R} \qquad (7.1.12)$$

于是，为了使该次梯度算法更有效，需要初始点 x_0 和解 x^* 之间距离的好的估计：

$$R \approx \|x_0 - x^*\|$$

在我们的情形下，这个估计可以从(7.1.10)中的第一个不等式得到. 但是，由于 f^* 预先未知，我们将使用这个不等式的第二部分，

$$\hat{\rho} \overset{\text{def}}{=} \frac{1}{\gamma_0} f(x_0) \geqslant \|x_0 - x^*\| \qquad (7.1.13)$$

相应算法的性能由如下定理给出.

定理 7.1.2 对从(0, 1)中取定的 δ，选取

$$N = \left\lfloor \frac{1}{\alpha^4 \delta^2} \right\rfloor \qquad (7.1.14)$$

则 $f(G_N(\hat{\rho})) \leqslant (1 + \delta) \cdot f^*$.

证明 根据不等式(7.1.12)、式(7.1.14)中 N 的选择，以及不等式(7.1.10)和

(7.1.8)，我们有

$$f(G_N(\hat{\rho})) - f^* \leqslant \alpha^2 \delta \gamma_1 \cdot \frac{\|x_0 - x^*\|^2 + \hat{\rho}^2}{2\hat{\rho}} \leqslant \alpha^2 \delta \gamma_1 \hat{\rho} = \alpha \delta f(x_0) \leqslant \delta \cdot f^* \qquad \blacksquare$$

　　注意到我们为初始距离的不良估计付出了高昂的代价. 如果我们能够使用不等式 (7.1.10) 的第一部分，则相应的复杂度界应该会好得多. 我们来证明，在对 Q_1 中任意点 x 都有 $f^* \leqslant f(x)$ 这个平凡条件下，可以导出到最优解距离的更好的界.

　　用 $\delta \in (0,1)$ 表示所需的相对精度，令

$$\hat{N} = \left\lfloor \frac{e}{\alpha^2} \cdot \left(1 + \frac{1}{\delta}\right)^2 \right\rfloor$$

其中 e 是自然指数的底. 考虑如下**重新开始策略**. 置 $\hat{x}_0 = x_0$，且对 $t \geqslant 1$，进行如下迭代：

$$
\begin{aligned}
&\hat{x}_t := G_{\hat{N}}\left(\frac{1}{\gamma_0} f(\hat{x}_{t-1})\right); \\
&\text{若 } f(\hat{x}_t) \geqslant \frac{1}{\sqrt{e}} f(\hat{x}_{t-1}), \text{ 则 } T := t, \text{停止.}
\end{aligned}
\tag{7.1.15}
$$

　　定理 7.1.3　由过程 (7.1.15) 生成的点的个数是有界的，即

$$T \leqslant 1 + 2\ln\frac{1}{\alpha} \tag{7.1.16}$$

最后生成的点满足不等式 $f(\hat{x}_T) \leqslant (1+\delta)f^*$. 过程 (7.1.15) 中内层梯度步的总数不超过

$$\frac{e}{\alpha^2} \cdot \left(1 + \frac{1}{\delta}\right)^2 \cdot \left(1 + 2\ln\frac{1}{\alpha}\right) \tag{7.1.17}$$

　　证明　通过简单的归纳，很容易证明在过程 (7.1.15) 中第 t 阶段的开始部分，有不等式

$$\left(\frac{1}{\sqrt{e}}\right)^{t-1} f(x_0) \geqslant f(\hat{x}_{t-1}), \quad t \geqslant 1$$

于是，根据不等式 (7.1.8)，在过程最后的第 T 阶段，我们有

$$\left(\frac{1}{\sqrt{e}}\right)^{T-1} f(x_0) \geqslant f(\hat{x}_{T-1}) \geqslant f^* \geqslant \alpha f(x_0)$$

这就得出不等式 (7.1.16).

　　根据 (7.1.10)，有 $\|x_0 - x^*\| \leqslant \frac{1}{\gamma_0} f^* \leqslant \frac{1}{\gamma_0} f(\hat{x}_{T-1})$. 因此，在该过程的最后阶段，利用 (7.1.12) 和过程 (7.1.15) 的终止规则，我们得到

$$f(\hat{x}_T) - f^* \leqslant \frac{\gamma_1}{\sqrt{\hat{N}+1}} \cdot \frac{1}{\gamma_0} \cdot f(\hat{x}_{T-1}) \leqslant \frac{\sqrt{e}}{\alpha\sqrt{\hat{N}+1}} \cdot f(\hat{x}_T)$$

$$\leqslant \frac{\delta}{1+\delta} \cdot f(\hat{x}_T) \qquad \blacksquare$$

7.1.3　问题结构的直接使用

在 7.1.2 节，我们已经表明集合 $\partial f(0)$ 的外部椭球近似和内部椭球近似是以相对尺度 498 计算问题(7.1.1)近似解的极小化算法的关键部分. 然而，为了找到一个对我们的问题好的椭球范数，我们需要以某种方式使用问题的结构. 在本节中，我们介绍问题(7.1.1)的一个模型，它既适用于该范数的显式表示，也适用于利用 6.1 节中描述的光滑技术. 我们将看到后一种方法的效率明显主导了次梯度算法的效率.

由于问题(7.1.1)的目标函数 f 是正齐次的，该目标函数最简单的可能结构如下. 我们来假设目标函数 f 是线性算子 $A(x)$ 和简单的非线性凸齐次函数 F 的复合. 换句话说，假设 $f(x)=F(A(x))$. 我们来用正式的方式引入这个目标. 在本节中，我们将使用 6.1 节的符号，选择 $\mathbb{E}_1=\mathbb{R}^n$ 和 $\mathbb{E}_2=\mathbb{R}^m$.

设 Q_2 是 $\mathbb{R}^m$ 中的内部包含原点的一个有界闭凸集，定义一个凸齐次函数 F 如下：

$$F(v)=\max_{u\in Q_2}\langle v,u\rangle_{\mathbb{R}^m} \tag{7.1.18}$$

进一步，设 A 为列满秩 $m\times n$-矩阵(因此 $m\geqslant n$). 定义目标函数

$$f(x)=F(Ax),\quad x\in\mathbb{R}^n \tag{7.1.19}$$

很明显，f 是齐次性系数为 1 的凸函数. 我们感兴趣的问题仍然是(7.1.1)，为方便起见，我们在此重复给出

$$找到\ f^*=\min_{x\in Q_1}f(x) \tag{7.1.20}$$

因为 $\partial F(0)\equiv Q_2$，我们有 $\partial f(0)=A^{\mathrm{T}}Q_2$(见引理 3.1.11). 于是，问题(7.1.20)满足主要假设(7.1.2).

令 $\|\cdot\|_{\mathbb{R}^m}$ 表示 $\mathbb{R}^m$ 中的标准欧几里得范数：

$$\|u\|_{\mathbb{R}^m}=\Big[\sum_{i=1}^m(u^{(i)})^2\Big]^{1/2},\quad u\in\mathbb{R}^m$$

我们来引入函数 F 的如下特性：

$$\gamma_0(F)=\max_{r>0}\{r:B_{\|\cdot\|_{\mathbb{R}^m}}(r)\subseteq\partial F(0)\}$$

$$\gamma_1(F)=\min_{r>0}\{r:B_{\|\cdot\|_{\mathbb{R}^m}}(r)\supseteq\partial F(0)\}$$

$$\alpha(F)=\frac{\gamma_1(F)}{\gamma_0(F)}\geqslant 1$$

对例 7.1.1 中的设定，这些值分别为 499

$$\gamma_0(F_1)=\frac{1}{\sqrt{m}},\gamma_1(F_1)=1,\quad\alpha(F_1)=\sqrt{m}$$

$$\gamma_0(F_\infty)=1,\quad\gamma_1(F_\infty)=\sqrt{m},\alpha(F_\infty)=\sqrt{m} \tag{7.1.21}$$

现在我们来定义在原始空间中的欧几里得范数为

$$\|x\|_{\mathbb{R}^n} = \|Ax\|_{\mathbb{R}^m}^* , \quad x \in \mathbb{R}^n \tag{7.1.22}$$

由于 A 是非退化的，该范数有定义. 定义 $G = A^{\mathrm{T}}A \succ 0$，我们得到如下表示：

$$\|x\|_{\mathbb{R}^n} = \langle Gx, x \rangle^{1/2} = \Big[\sum_{i=1}^m \langle a_i, x \rangle^2 \Big]^{1/2} \tag{7.1.23}$$

$$\|g\|_{\mathbb{R}^n}^* = \langle g, G^{-1}g \rangle^{1/2}$$

其中 a_i，$i = 1, \cdots, m$ 表示矩阵 A^{T} 的列向量.

引理 7.1.2 对范数 $\|\cdot\|_{\mathbb{R}^n}$，取

$$\gamma_0 = \gamma_0(F), \quad \gamma_1 = \gamma_1(F)$$

则条件(7.1.4)成立. 于是，我们可取 $\alpha = \alpha(F) = \dfrac{\gamma_0(F)}{\gamma_1(F)}$.

证明 因为 $\partial f(0) = A^{\mathrm{T}}Q_2$，对这个集合的支撑函数我们有如下表达式：

$$\xi(x) \overset{\text{def}}{=} \max_{s \in \partial f(0)} \langle s, x \rangle_{\mathbb{R}^n} = \max_{u \in Q_2} \langle A^{\mathrm{T}}u, x \rangle_{\mathbb{R}^m} = \max_{u \in Q_2} \langle Ax, u \rangle_{\mathbb{R}^m}$$

于是，

$$\xi(x) \leqslant \max_{\|u\|_2 \leqslant \gamma_1(F)} \langle Ax, u \rangle_{\mathbb{R}^m} = \gamma_1(F) \|Ax\|_{\mathbb{R}^m}^* = \gamma_1(F) \|x\|_{\mathbb{R}^n}$$

$$\xi(x) \geqslant \max_{\|u\|_{\mathbb{R}^m} \leqslant \gamma_0(F)} \langle Ax, u \rangle_{\mathbb{R}^m} = \gamma_0(F) \|Ax\|_{\mathbb{R}^m}^* = \gamma_0(F) \|x\|_{\mathbb{R}^n}$$

因此，根据推论 3.1.5，有 $\partial f(0) \subseteq B_{\|\cdot\|_1^*}(\gamma_1(F))$，且 $\partial f(0) \supseteq B_{\|\cdot\|_1^*}(\gamma_0(F))$. ∎

注意到对许多简单集合 Q_2、参数 $\gamma_1(F)$ 和 $\gamma_0(F)$ 很容易获得(例如，见式(7.1.21)). 因此，度量(7.1.23)可通过次梯度算法(7.1.15)来求解相应问题的近似解. 然而，表达式(7.1.19)的主要优点与应用 6.1 节的光滑技术的可能性有关. 下面讨论如何做到这一点.

问题(7.1.20)仅在一个方面与问题(6.1.10)不同：它可能具有无界的原始可行集. 于是，将有效的光滑技术直接应用于(7.1.20)是不可能的. 但是，我们可以使用不等式(7.1.10)提供的信息给最优解的大小引入人工界. 定义

$$Q_1(\rho) = \{x \in Q_1 : \|x - x_0\|_{\mathbb{R}^n} \leqslant \rho\}$$

根据(7.1.10)，对 $\hat{\rho} = \dfrac{1}{\gamma_0(F)} f(x_0)$，我们有 $x^* \in Q_1(\hat{\rho})$. 于是，问题(7.1.20)等价于

$$
\begin{aligned}
\text{找到 } f^* &= \min_{x \in \mathbb{R}^n} \{f(x) : x \in Q_1(\hat{\rho})\} \\
&= \min_{x \in Q_1(\hat{\rho})} \max_{u \in Q_2} \langle Ax, u \rangle_{\mathbb{R}^m} \\
&\overset{(6.1.34)}{=} \max_{u \in \mathbb{R}^m} \{\phi_\rho(u) : u \in Q_2\}
\end{aligned} \tag{7.1.24}
$$

其中 $\phi_\rho(u) = \min_{x \in Q_1(\rho)} \langle Ax, u \rangle_{\mathbb{R}^n}$. 于是，我们设法用 6.1 节所要求的形式来表示我们的问题.

我们来介绍一下应用光滑技术所需要的对象. 在原始空间中，我们选择近邻函数

$d_1(x) = \frac{1}{2}\|x - x_0\|_{\mathbb{R}^n}^2$. 该函数的凸参数等于 1，它在可行集 $Q_1(\hat{\rho})$ 上的最大值不超过

$D_1 = \frac{1}{2}\hat{\rho}^2$.

同样，关于对偶可行集，我们选择 $d_2(u) = \frac{1}{2}\|u\|_{\mathbb{R}^m}^2$，则其凸参数为 1，且它在对偶可行集 Q_2 上的最大值小于 $D_2 = \frac{1}{2}\gamma_1^2(F)$. 只需注意到

$$
\begin{aligned}
\|A\|_{1,2} &= \max_{x,u}\{\langle Ax, u\rangle_{\mathbb{R}^m} : \|x\|_{\mathbb{R}^n} \leqslant 1, \|u\|_{\mathbb{R}^m} \leqslant 1\} \\
&= \max_x\{\|Ax\|_{\mathbb{R}^m}^* : \|x\|_{\mathbb{R}^n} \leqslant 1\} \\
&\overset{(7.1.22)}{=} \max_x\{\|x\|_{\mathbb{R}^n} : \|x\|_{\mathbb{R}^n} \leqslant 1\} = 1
\end{aligned}
\tag{7.1.25}
$$

为了读者的方便，根据我们的需要，在这里列出算法 (6.1.19). 该算法应用于如下目标函数 f 的光滑逼近：

$$
f_\mu(x) = \max_{u \in Q_2}\{\langle Ax, u\rangle_{\mathbb{R}^m} - \mu d_2(u)\}, \quad x \in \mathbb{R}^n
\tag{7.1.26}
$$

根据定理 6.1.1，该函数具有 Lipschitz 连续梯度

$$
\nabla f_\mu(x) = A^{\mathrm{T}} u_\mu(x)
$$

其中 $u_\mu(x)$ 是 (7.1.26) 中优化问题的唯一解. 根据等式 (7.1.25)，该梯度的 Lipschitz 常数等于 $\frac{1}{\mu}$.

算法 $S_N(R)$
置 $\mu = \dfrac{2R}{\gamma_1(F) \cdot \sqrt{N(N+1)}}$ 且 $v_0 = x_0$
对 $k := 0$ 到 $N-1$: $$y_k = \frac{k}{k+2}x_k + \frac{2}{k+2}v_k$$ $$u_\mu(y_k) = \arg\max_{u \in Q_2}\left\{\langle Ay_k,\ u\rangle_{\mathbb{R}^m} - \frac{\mu}{2}\|u\|_{\mathbb{R}^m}^2\right\}$$ $$v_{k+1} = \arg\min_{x \in Q_1(R)}\left\{\frac{1}{2\mu}\|x - x_0\|_{\mathbb{R}^n}^2 + \left\langle Ax, \sum_{i=0}^{k}\frac{i+1}{2}u_\mu(y_i)\right\rangle_{\mathbb{R}^m}\right\}$$ $$x_{k+1} = \frac{k}{k+2}x_k + \frac{2}{k+2}v_{k+1}$$
输出：$\overline{x} := x_N$

(7.1.27)

在下文中，我们用 $S_N(R)$ 表示算法的输出 $\bar{x} \in \mathbb{R}^n$. 很容易检查定理 6.1.3 的所有条件都满足. 于是，如果 $\|x_0 - x^*\|_{\mathbb{R}^n} \leqslant R$，则该过程的输出满足不等式

$$f(S_N(R)) - f^* \leqslant \frac{2\gamma_1(F)R}{\sqrt{N(N+1)}} \tag{7.1.28}$$

这个结果有一个重要的推论.

定理 7.1.4   对 $\delta \in (0, 1)$，令

$$N = \left\lfloor \frac{2}{\alpha^2(F)\delta} \right\rfloor \tag{7.1.29}$$

则有 $f\left(S_N\left(\dfrac{1}{\gamma_0(F)}f(x_0)\right)\right) \leqslant (1+\delta)f^*$.

证明   由于 $\|x_0 - x^*\|_{\mathbb{R}^n} \overset{(7.1.10)}{\leqslant} \dfrac{1}{\gamma_0(F)}f(x_0)$，且 $N+1 \overset{(7.1.29)}{\geqslant} \dfrac{2}{\alpha_2(F)\delta}$，由 (7.1.28) 和 (7.1.8)，我们有

$$f(S_N(R)) - f^* \leqslant \delta \cdot \alpha(F)f(x_0) \leqslant \delta \cdot f^* \qquad \blacksquare$$

注意到算法 (7.1.27) 的复杂度界 (7.1.29) 低于采用了到最优解距离的迭代更新估计的次梯度方法 (7.1.15) 的界. 我们来说明类似的更新策略也可以加速算法 (7.1.27).

设 $\delta \in (0, 1)$ 为期望相对精度. 令

$$\widetilde{N} = \left\lfloor \frac{2e}{\alpha(F)} \cdot \left(1 + \frac{1}{\delta}\right) \right\rfloor$$

考虑下面的重新开始策略. 置 $\hat{x}_0 = x_0$. 对 $t \geqslant 1$，进行如下迭代

$$\boxed{\begin{aligned} &\hat{x}_t := S_{\widetilde{N}}\left(\frac{1}{\gamma_0(F)}f(\hat{x}_{t-1})\right) \\ &\text{若 } f(\hat{x}_t) \geqslant \frac{1}{e}f(\hat{x}_{t-1})，\text{则 } T := t，\text{停止.} \end{aligned}} \tag{7.1.30}$$

定理 7.1.5   算法 (7.1.30) 生成的点的个数上界为

$$T \leqslant 1 + \ln\frac{1}{\alpha(F)} \tag{7.1.31}$$

最后产生的点满足不等式 $f(\hat{x}_T) \leqslant (1+\delta)f^*$. 过程 (7.1.30) 中内层迭代的总数不超过

$$\frac{2e}{\alpha(F)} \cdot \left(1 + \frac{1}{\delta}\right) \cdot \left(1 + \ln\frac{1}{\alpha(F)}\right) \tag{7.1.32}$$

证明   通过简单的归纳，很容易证明在阶段 t 开始时，如下不等式成立：

$$\left(\frac{1}{e}\right)^{t-1}f(x_0) \geqslant f(\hat{x}_{t-1})，\quad t \geqslant 1$$

于是，根据定理 7.1.1 中的第 1 项，在过程的最后阶段 T，我们有

$$\left(\frac{1}{e}\right)^{T-1}f(x_0) \geqslant f(\hat{x}_{T-1}) \geqslant f^* \geqslant \alpha(F)f(x_0)$$

这就导致不等式(7.1.31)成立.

注意到有 $\|x_0 - x^*\| \leqslant \dfrac{1}{\gamma_0(F)} f^* \leqslant \dfrac{1}{\gamma_0(F)} f(\hat{x}_{T-1})$. 因此, 在过程的最后阶段, 根据不等式(7.1.28)和算法(7.1.30)的终止条件, 我们有

$$f(\hat{x}_T) - f^* \leqslant \frac{2\gamma_1(F)}{N+1} \cdot \frac{1}{\gamma_0(F)} \cdot f(\hat{x}_{T-1}) \leqslant \frac{2\mathrm{e}}{\alpha(F) \cdot (\widetilde{N}+1)} \cdot f(\hat{x}_T)$$

$$\leqslant \frac{\delta}{1+\delta} \cdot f(\hat{x}_T)$$

7.1.4 应用实例

在本节中, 我们将讨论 7.1.3 节中提出的算法在应用于不同结构类优化问题的实现复杂度.

7.1.4.1 线性规划

设 $\hat{A}$ 为列满秩 $m \times (n-1)$- 矩阵, 其中 $m \geqslant n$. 对于给定向量 $c \in \mathbb{R}^m$, 考虑如下优化问题:

$$\text{找到} \quad f^* = \max_{u \in \mathbb{R}^m}\{\langle c, u \rangle: \hat{A}^{\mathrm{T}}u = 0, |u^{(i)}| \leqslant 1, i = 1, \cdots, m\} \tag{7.1.33}$$

仅当矩阵 $A = (\hat{A}, c)$ 的列秩等于 n 时, 这个问题才是非平凡的. 我们假设它是满足这个条件的.

问题(7.1.33)可以重写为伴随形式. 定义

$$\phi_1(y) = \max_{u \in \mathbb{R}^m}\{\langle c, u \rangle + \langle y, \hat{A}^{\mathrm{T}}u \rangle: |u^{(i)}| \leqslant 1, i = 1, \cdots, m\} = \sum_{i=1}^m |\langle a_i, y \rangle + c_i|$$

其中 a_i 是矩阵 $\hat{A}^{\mathrm{T}}$ 的列向量, 则

$$f^* = \min_{y \in \mathbb{R}^{n-1}} \phi_1(y)$$

在例 7.1.1 中, 我们已经看到后一个极小化问题可以用 $x = (y^{\mathrm{T}}, \tau)^{\mathrm{T}}$ 和 $F_1(v) = \sum_{i=1}^n |v^{(i)}|$ 表示成(7.1.19)~(7.1.20)的形式. 于是,

$$Q_2 = \{u \in \mathbb{R}^m: |u^{(i)}| \leqslant 1, i = 1, \cdots, m\}$$

通过选取 $\|u\|_{(2)} = \left[\sum_{i=1}^m (u^{(i)})^2\right]^{1/2}$, 我们得到

$$\gamma_0(F_\infty) = 1, \quad \gamma_1(F_\infty) = \sqrt{m}, \quad \alpha(F_\infty) = \frac{1}{\sqrt{m}}$$

因此, 根据定理 7.1.5, 为了以相对精度 $\delta \in (0, 1)$ 估计 f^*, 我们最多需要

$$2\mathrm{e} \cdot m^{1/2} \cdot \left(1 + \frac{1}{2}\ln m\right) \cdot \left(1 + \frac{1}{\delta}\right)$$

次算法 $S_N(R)$ 的迭代.

对于该算法, 我们需要计算矩阵 $G = A^{\mathrm{T}}A$ 并求其逆. 如果 A 是稠密的, 这需要 $O(n^2 m)$

次运算. 进一步，算法 $S_N(R)$ 的每次迭代都需要 $O(nm)$ 次运算，具体为

- 矩阵 A 乘以 y_k 需要 $O(nm)$ 次运算；
- 由于集合 Q_2 和范数 $\|u\|_{\mathbb{R}^m}$ 具有可分离的结构，计算 $u_\mu(x_k)$ 需要 $O(m)$ 次运算；
- 计算 v_{k+1} 需要 A^{T} 乘以一个向量，且在具有表达式

$$Q_1(R) = \{x \in \mathbb{R}^n : Cx = 1, \|x\|_{\mathbb{R}^n} \leqslant R\}$$

的集合上找出它关于欧几里得度量 $\|\cdot\|_{\mathbb{R}^n}$ 的投影. 因为 $C \in \mathbb{R}^{1 \times n}$，该投影可以由一个显式表达式算出.

于是，该算法的总计算量是

$$O\left(n^2 m + \frac{1}{\delta} \cdot nm^{1.5}\ln m\right) \tag{7.1.34}$$

量级的运算. 当 $\delta > \frac{\sqrt{m}}{n}\ln m$ 时，该估计式第一部分是主要的.

注意到对于问题(7.1.33)，我们可以用标准短步长路径跟踪算法(5.3.25). 该算法每次迭代都需要 $O(n^2 m)$ 运算，因此，其最坏情况下的效率估计如下：

$$O\left(n^2 m^{1.5}\ln\frac{m}{\delta}\right) \tag{7.1.35}$$

另一种可能算法是用椭球算法(3.2.53)求解. 在这种情况下，这种方案的总复杂度为

$$O\left(n^3 m\ln\frac{m}{\delta}\right) \tag{7.1.36}$$

通过比较复杂度界的式(7.1.34)、式(7.1.35)和式(7.1.36)，我们得出结论：当 δ 不太小时，如

$$\delta > O\left(\frac{1}{n}\max\left\{1, \frac{\sqrt{m}}{n}\right\}\right)$$

算法(7.1.30)是最好的.

7.1.4.2 谱半径的极小化

用 $\mathbb{S}^n$ 表示对称 $n \times n$-矩阵的空间. 对于 $X \in \mathbb{S}^n$，我们定义其谱半径为

$$\rho(X) = \max_{1 \leqslant i \leqslant n}|\lambda_i(X)|$$

注意到这个函数在 $\mathbb{S}^n$ 上是凸的. 对于决策向量 $x \in \mathbb{R}^p$，我们来引入线性算子 $A(x)$：

$$A(x) = \sum_{i=1}^{p} x^{(i)} A_i \in \mathbb{S}^n$$

现在我们定义问题(7.1.20)中目标函数如下：

$$f(x) = \rho(A(x)) \tag{7.1.37}$$

再假设具有目标函数(7.1.37)的问题(7.1.20)是线性约束的且非常简单. 例如，它可以是 $x^{(1)} = 1$.

为了处理具有目标函数(7.1.37)的问题(7.1.20)，我们需要表示外层函数 $\rho(X)$ 为一个特殊形式(7.1.18). 设

$$Q_2 = \left\{ X \in \mathbb{S}^n : \sum_{i=1}^{n} |\lambda_i(X)| \leqslant 1 \right\}$$

我们赋予空间 $\mathbb{S}^n$ 标准的弗罗贝尼乌斯范数，即

$$\|X\|_F = \langle X, X \rangle_F^{1/2}, \quad \langle X, Y \rangle_F \stackrel{\text{def}}{=} \sum_{i,j=1}^{n} X^{(i,j)} Y^{(i,j)}, \quad X, Y \in \mathbb{S}^n$$

引理 7.1.3 集合 Q_2 为闭凸集且满足

$$B_{\|\cdot\|_F}\left(\frac{1}{\sqrt{n}}\right) \subset Q_2 \subset B_{\|\cdot\|_F}(1) \tag{7.1.38}$$

此外，$\rho(X) = \max\limits_{U \in Q_2} \langle X, U \rangle$.

506

证明 对于任意的 $X \in \mathbb{S}^n$，我们有

$$\rho(X) = \min_{\tau \in \mathbb{R}} \{\tau : \tau I_n \geqslant X, \tau I_n \geqslant -X\}$$

$$= \min_{\tau \in \mathbb{R}} \max_{Y_1, Y_2 \geqslant 0} [\tau + \langle X - \tau I_n, Y_1 \rangle_F - \langle X + \tau I_n, Y_2 \rangle_F]$$

$$= \max_{Y_1, Y_2 \geqslant 0} \{\langle X, Y_1 - Y_2 \rangle_F : \langle I_n, Y_1 + Y_2 \rangle_F = 1\}$$

令 $U = Y_1 - Y_2$，$V = Y_1 + Y_2$，则有

$$\rho(X) = \max_{U \in \mathbb{S}^n} \{\langle X, U \rangle_F, U \in \hat{Q}\}$$

其中 $\hat{Q} = \{U : \exists V \geqslant \pm U, \langle I_n, V \rangle_F = 1\}$. 显然 $\hat{Q}$ 是有界闭凸集，下面我们来证明 $\hat{Q} = Q_2$.

事实上，我们总是可以用 U 的特征向量的正交基来表示 U，即

$$U = B \Lambda B^T, \quad BB^T = I_n$$

其中 Λ 是对角矩阵. 假设 $U \in Q_2$，定义对角矩阵 $\hat{\Lambda}$ 具有如下对角线元素：

$$\hat{\Lambda}^{(i,i)} = |\Lambda^{(i,i)}| / \left[\sum_{j=1}^{n} |\Lambda^{(j,j)}|\right], \quad i = 1, \cdots, n$$

则有 $V = B \hat{\Lambda} B^T \geqslant \pm U$ 和 $\langle I_n, V \rangle_F = 1$，因此 $Q_2 \subseteq \hat{Q}$.

相反，如果 $U \in \hat{Q}$，则存在一个 $V \in \mathbb{S}^n$，使得 $B^T V B \geqslant \pm \Lambda$. 因此

$$\langle V b_i, b_i \rangle_F \geqslant |\Lambda^{(i,i)}|, \quad i = 1, \cdots, n$$

其中 b_i 是矩阵 B 的列向量. 因此

$$1 = \langle I_n, V \rangle_F = \langle BB^T, V \rangle_F = \langle I_n, B^T V B \rangle_F = \sum_{i=1}^{n} \langle V b_i, b_i \rangle_F \geqslant \sum_{i=1}^{n} |\lambda_i(U)|$$

于是 $\hat{Q} \subseteq Q_2$，进而结论 $\hat{Q} = Q_2$ 成立.

下面只需证明式(7.1.38). 事实上，如果 $\|U\|_F^2 \leqslant \dfrac{1}{n}$，即 $\sum_{i=1}^{n} \lambda_i^2(U) \leqslant \dfrac{1}{n}$，则

$$\sum_{i=1}^{n} |\lambda_i(U)| \leqslant \sqrt{n} \cdot \left[\sum_{i=1}^{n} \lambda_i^2(U)\right]^{1/2} \leqslant 1$$

507

相反，如果 $\sum_{i=1}^{n} |\lambda_i(U)| \leqslant 1$，那么 $\sum_{i=1}^{n} \lambda_i^2(U) \leqslant \left[\sum_{i=1}^{n} |\lambda_i(U)|\right]^2 \leqslant 1.$ ■

于是，根据包含关系式(7.1.38)，我们有

$$\gamma_0(\rho) = \frac{1}{\sqrt{n}}, \quad \gamma_1(\rho) = 1, \quad \alpha(\rho) = \frac{1}{\sqrt{n}}$$

因此，根据定理 7.1.5，算法 $S_N(R)$ 的总迭代次数不超过

$$2\mathrm{e}\sqrt{n}\left(1 + \frac{1}{2}\ln n\right) \cdot \left(1 + \frac{1}{\delta}\right)$$

为了应用该算法，需要计算 G 并求其逆矩阵．在我们的问题背景下，G 是二次型

$$\langle Gx, x\rangle = \langle A(x), A(x)\rangle_F$$

的矩阵．于是，$G^{(i,j)} = \langle A_i, A_j\rangle_F$，$i, j = 1, \cdots, p$．如果矩阵 A_i 是稠密的，矩阵 G 的计算需要 $O(p^2 n^2)$ 次算术运算，且求逆需要 $O(p^3)$ 次运算．由于我们假设 $p < \frac{n(n+1)}{2}$，因此基本计算的总花费为 $O(p^2 n^2)$ 量级的运算．

进一步，在算法 $S_N(R)$ 的每个步骤中，代价最大的计算如下：

- 双线性形式 $\langle A(x), U\rangle_F$ 的值及其梯度的计算需要 $O(pn^2)$ 次运算；
- 确定点 X 在集合 Q_2 上关于标准弗罗贝尼乌斯范数的投影，这个运算代价最大的部分是求矩阵 X 的特征值问题，它可以在 $O(n^3)$ 次运算中完成；
- 在空间 $\mathbb{R}^p$ 中的运算总数不超过 $O(p^2)$．

于是，算法 $S_N(R)$ 每次迭代的复杂度为 $O(n^2(n+p))$ 量级的运算．因此，总的来说，算法(7.1.30)需要

$$O\left(n^2 p^2 + \frac{1}{\delta} \cdot n^{2.5}(p+n)\ln n\right) \tag{7.1.39}$$

次算术运算．

我们来将这个估计与应用于问题(7.1.20)～(7.1.37)的短步长路径跟踪算法的最坏情况复杂度进行比较．对于短步长路径跟踪算法，每次迭代代价最大的是计算障碍函数的 Hessian 矩阵的元素．根据引理 5.4.6，这些元素是

$$\langle X^{-1} A_i X^{-1}, A_j\rangle_F, \quad i, j = 1, \cdots, p$$

该计算需要 $O(pn^2(p+n))$ 次运算．于是，内点法的总复杂度是

$$O\left(pn^{2.5}(p+n)\ln\frac{n}{\delta}\right)$$

量级的运算．将该估计和(7.1.39)相比，可以看到，如果要求相对精度不是太小，如

$$\delta \geqslant O\left(\frac{1}{p}\right)$$

则本节的梯度法更好．

7.1.4.3　桁架拓扑设计问题

在这个问题中，我们有由一组弧 (i_k, j_k)，$k = 1, \cdots, m$ 连接的点集

$$x_i \in \mathbb{R}^2, \ i = 1, \cdots, n+p$$

我们总假设 $j_k > i_k$. 每个弧具有非负权重 $t^{(k)}$, 并且所有权重总和等于 1. 节点 x_{n+1}, $\cdots$, x_{n+p} 是固定的. 对其他所有节点, 我们可以应用外力

$$f_i \in \mathbb{R}^2, \quad i = 1, \cdots, n, \quad f \overset{\text{def}}{=} (f_1, \cdots, f_n)^{\mathrm{T}} \in \mathbb{R}^{2n}$$

目标是找到极小化系统的总刚度 $\psi(t)$ 的一个最优设计向量

$$t \overset{\text{def}}{=} (t^{(1)}, \cdots, t^{(m)})^{\mathrm{T}} \in \Delta_m \equiv \left\{ t \in \mathbb{R}_+^m : \sum_{i=1}^m t^{(i)} = 1 \right\}$$

为了定义这个刚度, 我们总是假设 $i_k < n$, $k = 1, \cdots, m$, 且在固定节点之间不允许有弧. 对于每个弧 k, 定义向量

$$d_k = \frac{x_{i_k} - x_{j_k}}{\| x_{i_k} - x_{j_k} \|^2} \in \mathbb{R}^2, \quad k = 1, \cdots, m$$

其中 $\| \cdot \|$ 是 $\mathbb{R}^2$ 中的标准欧几里得范数. 现在可以定义约束向量 $a_k = (a_{k,1}, \cdots, a_{k,n})^{\mathrm{T}} \in \mathbb{R}^{2n}$, 它由以下二维向量组成:

$$a_{k,q} = \begin{cases} d_k, & \text{若 } q = i_k \\ -d_k, & \text{若 } q = j_k \text{ 且 } j_k \leqslant n, \quad q = 1, \cdots, n \\ 0, & \text{其他} \end{cases}$$

设 $B(t) = \sum_{k=1}^m t^{(k)} a_k a_k^{\mathrm{T}}$, 则桁架拓扑设计问题可写成:

$$\text{找到 } \psi^* = \inf_t \{ \langle [B(t)]^{-1} f, f \rangle : t \in \mathrm{rint}\,\Delta_m \} \tag{7.1.40}$$

该问题有定义, 当且仅当矩阵 $G \overset{\text{def}}{=} B(\bar{e}_m)$ 是正定的.

我们来看看如何用 (7.1.19)~(7.1.20) 形式重写这个问题.

$$\begin{aligned}
\psi^* &= \inf_{t \in \mathrm{rint}\Delta_m} \langle [B(t)]^{-1} f, f \rangle \\
&= \inf_{t \in \mathrm{rint}\Delta_m} \max_{x \in \mathbb{R}^{2n}} [2\langle f, x \rangle - \langle B(t)x, x \rangle] \\
&= \max_{x \in \mathbb{R}^{2n}} \inf_{t \in \mathrm{rint}\Delta_m} \left[2\langle f, x \rangle - \sum_{k=1}^m t^{(k)} \langle a_k, x \rangle^2 \right] \\
&= \max_{x \in \mathbb{R}^{2n}} \left[2\langle f, x \rangle - \max_{1 \leqslant k \leqslant m} \langle a_k, x \rangle^2 \right] \\
&= \max_{x \in \mathbb{R}^{2n}} \frac{\langle f, x \rangle^2}{\max_{1 \leqslant k \leqslant m} \langle a_k, x \rangle^2}
\end{aligned}$$

(在最后一步中, 我们通过给目标函数乘以一个正因子来执行其沿方向 x 的极大化).

于是, 我们可以考虑问题

$$\text{找到 } f^* = \min_{x \in \mathbb{R}^{2n}} \left\{ f(x) \overset{\text{def}}{=} \max_{1 \leqslant k \leqslant m} | \langle a_k, x \rangle | : \langle f, x \rangle = 1 \right\} \tag{7.1.41}$$

它恰好是我们所期望的形式(7.1.19)～(7.1.20). 设 A 是一个行为 a_k^{T} 的 $m \times (2n)$-矩阵，则使用例 7.1.1 中的符号，这个问题的目标函数可以写成

$$f(x) = F_\infty(Ax)$$

根据(7.1.21)我们有 $\alpha(F_\infty) = \dfrac{1}{\sqrt{m}}$. 因此，为了找到问题(7.1.41)具有相对精度 δ 的近似解，算法(7.1.30)需要最多

$$2\mathrm{e}\sqrt{m}\left(1 + \frac{1}{2}\ln m\right) \cdot \left(1 + \frac{1}{\delta}\right) \tag{7.1.42}$$

次算法 $S_N(R)$ 的迭代. 该算法中每次迭代的计算代价最大的运算如下：

- 双线性形式 $\langle Ax, u \rangle$ 的值及其梯度的计算需要 $O(m)$ 次运算(注意到 A 是稀疏的)；
- 在 $Q_2 \subset \mathbb{R}^m$ 上的欧几里得投影需要 $O(m\ln m)$ 次运算；
- 原始空间中的所有步骤都需要 $O(n^2)$ 次运算.

注意到矩阵 G 的基础计算需要 $O(m + n^2)$ 次运算，但其求逆花费为 $O(n^3)$. 由于 $m \leqslant \dfrac{n(n+1)}{2}$，我们得到算法(7.1.30)总计算量的上界为

$$O\left(n^3 + \frac{1}{\delta} \cdot (n^2 + m\ln m) \cdot \sqrt{m}\ln m\right) \tag{7.1.43}$$

次算术运算. 对于 $m = O(n^2)$ 的稠密桁架设计问题，该估计为

$$O\left(\frac{n^3}{\delta}\ln^2 n\right)$$

次算术运算.

7.2 凸集的近似

(计算近似椭球；John 定理；对角椭圆近似；极小化线性函数的最大绝对值；具有非负元素的双线性矩阵博弈；对称矩阵的谱半径极小化.)

7.2.1 计算近似椭球

在解决线性规划问题(简称 LP 问题)的现代方法中，内点法(简称 IPM)被认为是最有效的. 然而，这些方法的计算过程代价昂贵. 对于具有 n 个变量和 m 个不等式约束的 LP 问题($m > n$)，为了获得具有绝对精度 ϵ 的近似解，这些算法需要执行

$$O\left(\sqrt{m}\ln\frac{m}{\epsilon}\right)$$

次牛顿法迭代(见 5.4 节). 回想一下，对于具有密集数据的问题，每次迭代可能需要多达 $O(n^2 m)$ 次运算.

显然，与每次迭代都简单得多的梯度型算法相比，该复杂度界为二者竞争留下相当大的空间. 然而，梯度型算法的主要缺点是它们的收敛速度相对较慢. 通常，梯度算法为了找到问题 ϵ-解需要 $O\left(\dfrac{C_0}{\epsilon^2}\right)$ 次迭代(见 3.2 节). 在该估计中，对 ϵ 的强依赖性再加上取决于

约束矩阵的范数、解的大小等的常数 C_0 的存在性，且它可以是无法控制的大. 因此，传统的梯度型算法只有在非常大规模的问题上可与 IPM 竞争.

然而，在第 6 章中我们已经表明，为了获得在 $O\left(\frac{C_1}{\epsilon}\right)$ 次迭代内收敛的梯度类型算法，利用 LP 问题的特殊结构是可能的. 此外，也已经表明，对于某些 LP 问题，常数 C_1 可以显式地找到并且相当小. 在 7.1 节中，该结果被推广到包含求解具有一定相对精度的近似解的极小化算法中. 也就是说，已经表明，对于某些 LP 问题类，使用梯度型算法在 $O\left(\frac{\sqrt{m}}{\delta}\right)$ 次迭代内求解具有相对精度 δ 的近似解是可能的. 回想到对于许多应用来说，相对精度的概念非常有吸引力，因为它可以自动适应解的任何大小. 因此，没有必要与大而不可知的常数斗争. 对于经济学和工程学中的许多问题，$1.5\% \sim 0.05\%$ 量级的相对精度水平是完全可以接受的.

7.1 节的方法适用于特殊的圆锥无约束极小化问题，它们包括在不含原点的闭凸集上极小化非负正齐次凸函数 f，其中 $\text{dom } f = \mathbb{R}^n$. 为了计算出该问题的具有某相对精度的解，我们需要知道 f 在原点处的次微分的近似椭球. 已表明，对于某些 LP 问题，为计算半径为 $O(\sqrt{m})$ 的这类椭球，使用目标函数的结构是可能的.

众所周知，对于 $\mathbb{R}^n$ 中的任何中心对称集，存在 $\sqrt{n}$-近似椭球. 而且，可以容易地计算出该椭球的一个良好的近似. 显然这个椭球为我们提供了一个好的范数，使我们在达到一定相对精度条件下能够解决相应的极小化问题. 在本节中，我们分析了 LP 问题的两个非平凡类，且说明对于这两个类问题，具有相对精度 δ 的近似解可以在梯度型算法的 $O\left(\frac{\sqrt{n \ln m}}{\delta} \ln n\right)$ 次迭代内解得.

同时，在这两种情况下，近似椭球的基本计算是相当廉价的：它最多需要 $O(n^2 m \ln m)$ 次运算. 除了一个对数因子，该估计与求解在 $\mathbb{R}^m$ 中由 n 个线性方程定义的线性子空间上的投影的复杂度一致. 然而，我们将看到后续的优化过程花费甚至更低.

我们来回顾使用的符号. 在本节中，为了方便，$\mathbb{E}$ 和 $\mathbb{E}^*$ 都等同于 $\mathbb{R}^n$. 一个对称 $n \times n$-矩阵 $G \succ 0$ 定义了 $\mathbb{R}^n$ 上的如下范数：

$$\|x\|_G = \langle Gx, x \rangle^{1/2}, \quad x \in \mathbb{R}^n$$

且按常规方式定义对偶范数如下：

$$\|s\|_G^* = \sup_x \{\langle s, x \rangle : \|x\|_G \leqslant 1\} = \langle s, G^{-1}s \rangle^{1/2}, \quad s \in \mathbb{R}^n$$

对于有界闭凸集 $C \subset \mathbb{R}^n$，用 $\xi_C(x)$ 表示其支撑函数，即

$$\xi_C(x) = \max_{s \in C} \langle s, x \rangle, \quad x \in \mathbb{R}^n$$

于是，有 $\partial \xi_C(0) = C$.

最后，$D(a)$ 表示对角线元素是向量 $a \in \mathbb{R}^n$ 的对角 $n \times n$-矩阵. 在该设定中，$e_k \in \mathbb{R}^n$ 表示第 k 个坐标向量，并且 $\bar{e}_n \in \mathbb{R}^n$ 表示全 1 向量. 于是，$I_n \equiv D(\bar{e}_n)$. 如前所述，符号 $\mathbb{R}^n_+$ 表

512

示非负象限，且 $\Delta_n \equiv \{x \in \mathbb{R}_+^n : \langle \bar{e}_n, x \rangle = 1\}$ 表示 $\mathbb{R}^n$ 中的标准单纯形.

在本节中，我们分析构造不同类型凸集的近似椭球体的有效算法. 椭球 $W_r(v, G) \subset \mathbb{R}^n$ 通常用如下形式表示：

$$W_r(v, G) = \{s \in \mathbb{R}^n : \|s - v\|_G^* \equiv \langle s - v, G^{-1}(s - v) \rangle^{1/2} \leqslant r\}$$

其中 $G > 0$ 是对称 $n \times n$-矩阵. 如果 $v = 0$，我们经常用符号 $W_r(G)$ 来表示椭球. 一个椭球 $W_1(v, G)$ 称为凸集 $C \subset \mathbb{R}^n$ 的 β-近似，如果有

$$W_1(v, G) \subseteq C \subseteq W_\beta(v, G)$$

我们称 β 为椭球近似的半径.

7.2.1.1 中心对称凸集

设 $G > 0$，对任意 $g \in \mathbb{R}^n$，考虑集合 $C_{\pm g}(G) = \operatorname{Conv}\{W_1(G), \pm g\}$. 对 $\alpha \in [0, 1]$，定义

$$G(\alpha) = (1 - \alpha)G + \alpha g g^\mathrm{T}$$

引理 7.2.1 对任意 $\alpha \in [0, 1)$，以下包含关系成立：

$$W_1(G(\alpha)) \subset C_{\pm g}(G) \tag{7.2.1}$$

如果 $\sigma \overset{\text{def}}{=} \dfrac{1}{n}(\|g\|_G^*)^2 - 1$ 的值为正，则函数

$$V(\alpha) \overset{\text{def}}{=} \ln \frac{\det G(\alpha)}{\det G(0)} = \ln(1 + \alpha(n(1 + \sigma) - 1)) + (n - 1)\ln(1 - \alpha)$$

在 $\alpha^* = \dfrac{\sigma}{n(1 + \sigma) - 1}$ 达到最大值. 此外，

$$V(\alpha^*) = \ln(1 + \sigma) + (n - 1)\ln \frac{(n - 1)(1 + \sigma)}{n(1 + \sigma) - 1}$$

$$\geqslant \ln(1 + \sigma) - \frac{\sigma}{1 + \sigma} \geqslant \frac{\sigma^2}{(1 + \sigma)(2 + \sigma)} \tag{7.2.2}$$

证明 对任意 $x \in \mathbb{R}^n$，我们有

$$\xi_{W_1(G(\alpha))}(x) = \langle G(\alpha)x, x \rangle^{1/2} = \left[(1 - \alpha)\langle Gx, x \rangle + \alpha \langle g, x \rangle^2\right]^{1/2}$$

$$\leqslant \max\{\langle Gx, x \rangle^{1/2}, |\langle g, x \rangle|\}$$

$$= \max\{\xi_{W_1(G)}(x), \xi_{\operatorname{Conv}\{\pm g\}}(x)\} = \xi_{C_{\pm g}(G)}(x)$$

因此，根据推论 3.1.5，包含关系 (7.2.1) 得证.

进一步，有

$$V(\alpha) = \ln \det(G^{-1/2}G(\alpha)G^{-1/2})$$

$$= \ln \det((1 - \alpha)I_n + \alpha G^{-1/2}g g^\mathrm{T} G^{-1/2})$$

$$= \ln(1 - \alpha + \alpha(\|g\|_G^*)^2) + (n - 1)\ln(1 - \alpha)$$

$$= \ln(1 + \alpha(n(1 + \sigma) - 1)) + (n - 1)\ln(1 - \alpha)$$

因此，依据定理 2.1.1，函数 $V(\cdot)$ 的全局最优性条件为

$$\frac{n - 1}{1 - \alpha} = \frac{n(1 + \sigma) - 1}{1 + \alpha(n(1 + \sigma) - 1)}$$

该方程的唯一解是 $\alpha^* = \dfrac{\sigma}{n(1+\sigma)-1}$. 注意到

$$
\begin{aligned}
V(\alpha^*) &= \ln(1+\sigma) + (n-1)\ln\frac{(n-1)(1+\sigma)}{n(1+\sigma)-1} \\
&= \ln(1+\sigma) - (n-1)\ln\Big(1 + \frac{\sigma}{(n-1)(1+\sigma)}\Big) \\
&\geqslant \ln(1+\sigma) - \frac{\sigma}{1+\sigma} = \frac{\sigma^2}{1+\sigma} - \omega(\sigma) \\
&\overset{(5.1.23)}{\geqslant} \frac{\sigma^2}{(1+\sigma)(2+\sigma)}
\end{aligned}
$$

■ 　514

在本节中，我们感兴趣的是求解如下问题：设 C 是凸中心对称集，即 $\operatorname{int} C \neq \varnothing$ 且 $x \in C \Leftrightarrow -x \in C$. 对给定 $\gamma > 1$，我们需要找到 C 的半径为 $\gamma\sqrt{n}$ 的椭球近似. 该问题的解的一个初始近似由矩阵 $G_0 \succ 0$ 给出，满足 $W_1(G_0) \subseteq C$ 且对某 $R \geqslant 1$ 有 $C \subseteq W_R(G_0)$.

我们来看看该问题的一个特殊变形.

例 7.2.1　考虑可扩张成整个空间 $\mathbb{R}^n$ 的向量组 $a_i \in \mathbb{R}^n$，$i = 1, \cdots, m$. 设集合 C 定义为

$$
C = \operatorname{Conv}\{\pm a_i, i = 1, \cdots, m\} \tag{7.2.3}
$$

我们选取 $G_0 = \dfrac{1}{m}\sum_{i=1}^{m} a_i a_i^{\mathrm{T}}$. 注意到对任意 $x \in \mathbb{R}^n$，有 $\xi_C(x) = \max\limits_{1 \leqslant i \leqslant m} |\langle a_i, x\rangle|$. 因此，

$$
\xi_{W_1(G_0)}(x) = \Big[\frac{1}{m}\sum_{i=1}^{m} \langle a_i, x\rangle^2\Big]^{1/2} \leqslant \xi_C(x)
$$

$$
\xi_{W_{\sqrt{m}}(G_0)}(x) = m^{1/2}\Big[\frac{1}{m}\sum_{i=1}^{m} \langle a_i, x\rangle^2\Big]^{1/2} \geqslant \xi_C(x)
$$

于是，根据推论 3.1.5，有 $W_1(G_0) \subseteq C \subseteq W_{\sqrt{m}}(G_0)$.　■

我们来分析如下算法.

对 $k \geqslant 0$ 进行迭代：

1. 计算 $g_k \in C$：$\|g_k\|_{G_k}^* = r_k \overset{\text{def}}{=} \max\limits_{g}\{\|g\|_{G_k}^* : g \in C\}$；

2. 若 $r_k \leqslant \gamma n^{1/2}$，则算法停止，否则

$$
\alpha_k = \frac{r_k^2 - n}{n(r_k^2 - 1)}, \quad G_{k+1} = (1-\alpha_k)G_k + \alpha_k g_k g_k^{\mathrm{T}}
$$

结束.

$\tag{7.2.4}$

该算法的复杂度界由以下结论给出.

■ 　515

定理 7.2.1　设 $R \geqslant 1$，且 $W_1(G_0) \subseteq C \subseteq W_R(G_0)$，则算法 (7.2.4) 最多在

$$
2n\frac{\gamma^2}{(\gamma-1)^2}\ln R \tag{7.2.5}
$$

次迭代后终止.

证明　注意到(7.2.4)步骤 2 是根据引理 7.2.1 选择的系数 α_k. 因为只要 $\sigma_k \stackrel{\text{def}}{=} \frac{1}{n} r_k^2 - 1 \geqslant \gamma^2 - 1$, 该方法即可运行, 根据不等式(7.2.2), 在 $k \geqslant 0$ 的每一步迭代, 我们有

$$\ln \det G_{k+1} \geqslant \ln \det G_k + 2\ln \gamma - \frac{\gamma^2 - 1}{\gamma^2} \tag{7.2.6}$$

注意到

$$2\ln\gamma - \frac{\gamma^2 - 1}{\gamma^2} = \frac{(\gamma^2 - 1)^2}{\gamma^2} - \omega(\gamma^2 - 1) \stackrel{(5.1.23)}{\geqslant} \frac{(\gamma^2 - 1)^2}{\gamma^2} - \frac{(\gamma^2 - 1)^2}{1 + \gamma^2}$$

$$= \frac{(\gamma^2 - 1)^2}{\gamma^2(1 + \gamma^2)} \geqslant \frac{1}{\gamma^2}(\gamma - 1)^2$$

同时, 对任意 $k \geqslant 0$, 我们得到

$$\det(G_k)^{1/2} \cdot \mathrm{vol}_n(W_1(I_n)) = \mathrm{vol}_n(W_1(G_k)) \leqslant \mathrm{vol}_n(C) \leqslant \mathrm{vol}_n(W_R(G_0))$$
$$= R^n \cdot \det(G_0)^{1/2} \cdot \mathrm{vol}_n(W_1(I_n))$$

因此, $\ln \det G_k - \ln \det G_0 \leqslant 2n \ln R$, 且我们通过对不等式(7.2.6)关于所有 k 求和, 可得到界(7.2.5). ∎

我们来估计算法(7.2.4)应用于特殊对称凸集(7.2.3)的总运算复杂度. 在这种情况下, 合理的计算方式是迭代更新逆矩阵 $H_k \stackrel{\text{def}}{=} G_k^{-1}$ 和值集

$$\nu_k^{(i)} = \langle a_i, H_k a_i \rangle, \quad i = 1, \cdots, m$$

该值集可以看作一个向量 $\nu_k \in \mathbb{R}^m$. 算法(7.2.4)的一个修改变形为

A. 计算 $H_0 = \left[\dfrac{1}{m} \displaystyle\sum_{i=1}^m a_i a_i^{\mathrm{T}} \right]^{-1}$ 和向量 $\nu_0 \in \mathbb{R}^m$.

B. 对 $k \geqslant 0$ 进行迭代:

　1. 找到 i_k 满足 $\nu_k^{(i_k)} = \max\limits_{1 \leqslant i \leqslant m} \nu_k^{(i)}$, 置 $r_k = [\nu^{(i_k)}]^{1/2}$;

　2. 若 $r_k \leqslant \gamma n^{1/2}$, 则算法停止, 否则

　　2.1. 置 $\sigma_k = \dfrac{1}{n} r_k^2 - 1$, $\alpha_k = \dfrac{\sigma_k}{r_k^2 - 1}$, $x_k = H_k a_{i_k}$;

　　2.2. 更新 $H_{k+1} := \dfrac{1}{1 - \alpha_k}\left[H_k - \dfrac{\alpha_k}{1 + \sigma_k} \cdot x_k x_k^{\mathrm{T}} \right]$;

　　2.3. 更新 $\nu_{k+1}^{(i)} := \dfrac{1}{1 - \alpha_k}\left[\nu_k^{(i)} - \dfrac{\alpha_k}{1 + \sigma_k} \cdot \langle a_i, x_k \rangle^2 \right]$, $i = 1, \cdots, m$.

结束.

$$(7.2.7)$$

我们来估计一下这个算法的运算复杂度. 为了简单起见, 假设矩阵 $A = (a_1, \cdots, a_m)$ 是稠密的. 我们仅写下相应计算复杂度中主要计算量的多项式项, 其中我们只计乘法运算次数.

- **阶段** A 需要 $\dfrac{mn^2}{2}$ 次运算来计算矩阵 G_0，加上 $\dfrac{n^3}{6}$ 次运算来计算它的逆，$\dfrac{mn^2}{2}$ 次运算来计算向量 ν_0；

- **步骤** 2.1 需要 n^2 次运算；

- **步骤** 2.2 需要 $\dfrac{n^2}{2}$ 次运算；

- **步骤** 2.3 需要 mn 次运算.

现在利用 $R=\sqrt{m}$ 的估计 (7.2.5)（见例 7.2.1），我们得出结论：对 $\gamma>1$ 和中心对称集 (7.2.3)，算法 (7.2.7) 可以在

$$\frac{n^2}{6}(n+6m)+\frac{\gamma^2}{(\gamma-1)^2}n^2(2m+3n)\ln m$$

次算术运算内找到 $\gamma\sqrt{n}$-近似椭球. 注意对稀疏矩阵 A，**阶段** A 和**步骤** 2.3 的复杂度将低得多.

注记 7.2.1 注意，去掉终止准则的过程 (7.2.4) 可以用来证明对称形式的 John 定理. 事实上，该过程生成的所有矩阵都具有如下形式：

$$G_k=\sum_{i=1}^m \lambda_k^{(i)}a_i a_i^{\mathsf{T}}, \quad \lambda_k\in\mathbb{R}_+^m, \quad \sum_{i=1}^m \lambda_k^{(i)}=1$$

因此，$I_n=\sum\limits_{i=1}^m \lambda_k^{(i)}G_k^{-1/2}a_i a_i^{\mathsf{T}}G_k^{-1/2}$. 该等式两边取矩阵迹，得到

$$n=\sum_{i=1}^m \lambda_k^{(i)}(\|a_i\|_{G_k}^*)^2 \leqslant r_k^2$$

另一方面，我们已经证明

$$\ln\det G_{k+1} \overset{(7.2.6)}{\geqslant} \ln\det G_k+\ln(1+\sigma_k)-\frac{\sigma_k}{1+\sigma_k} \overset{(5.1.23)}{\geqslant} \frac{1}{r_k^2}(r_k-\sqrt{n})^2$$

因此，通过与定理 7.2.1 的证明相同的推理，在算法 N 次迭代之后，我们得到

$$\sum_{k=0}^N \left(1-\frac{\sqrt{n}}{r_k}\right)^2 \leqslant 2n\ln R$$

通过定义 $r_N^*=\min\limits_{0\leqslant k\leqslant N}r_k$，我们有 $\dfrac{\sqrt{n}}{r_N^*}\geqslant 1-\left(\dfrac{2n}{N+1}\ln R\right)^{1/2}$. 于是，当 $N\to\infty$ 有 $r_N^*\to\sqrt{n}$. 因为矩阵序列 $\{G_k\}$ 是紧的，我们得出结论，存在极限矩阵 G_* 满足近似系数 $\beta=\sqrt{n}$.

于是，我们对由 (7.2.3) 定义的集合 $\mathcal{C}$ 证明了对称形式的 John 定理. 因为近似的性能不取决于点数 m，我们可以得到这样一个事实：任何一般对称凸集都可以由有限个点的凸组合以任意精度近似. 于是，我们的结论对一般集也成立.

注意到过程 (7.2.4) 总是构造一个具有近似系数 $\beta=\sqrt{n}$ 的矩阵. 当然，存在有更好近似的对称集. 开发可以调整具体凸集的精确近似系数的高效程序将是非常有意义的.

7.2.1.2 一般凸集

对 $\mathbb{R}^n$ 中的任意向量 g，考虑集合 $C_g(G)=\mathrm{Conv}\{W_1(G),g\}$. 根据引理 3.1.3，该集合

的支撑函数为

$$\xi C_{g(G)}(x) = \max\{\|x\|_G, \langle g, x\rangle\}, \quad x \in \mathbb{R}^n$$

定义 $r = \|g\|_G^*$，且

$$G(\alpha) = (1-\alpha)G + \left(\frac{\alpha}{r} + \left(\frac{r-1}{2}\right)^2 \cdot \left(\frac{\alpha}{r}\right)^2\right) \cdot gg^\top, \quad \alpha \in [0,1]$$

引理 7.2.2 对所有 $\alpha \in [0, 1)$，椭球

$$E_\alpha = \{s \in \mathbb{R}^n : \|s - \frac{r-1}{2r} \cdot \alpha g\|_{G(\alpha)}^* \leqslant 1\}$$

属于集合 $C_g(G)$. 如果 $r \geqslant n$，则函数

$$V(\alpha) \overset{\text{def}}{=} \ln \frac{\det G(\alpha)}{\det G(0)} = 2\ln\left(1 + \alpha \cdot \frac{r-1}{2}\right) + (n-1)\ln(1-\alpha)$$

在 $\alpha^* = \frac{2}{n+1} \cdot \frac{r-n}{r-1}$ 处达到其最大值，并且，

$$V(\alpha^*) = 2\ln \frac{r-1}{n+1} + (n-1)\ln \frac{(n-1)(r+1)}{(n+1)(r-1)}$$

$$\geqslant 2\left[\ln(1+\sigma) - \frac{\sigma}{1+\sigma}\right] \overset{(5.1.23)}{\geqslant} \frac{2\sigma^2}{(1+\sigma)(2+\sigma)} \tag{7.2.8}$$

其中 $\sigma = \frac{r-n}{n+1}$.

证明 根据推论 3.1.5，我们需要证明，对于所有的 $x \in \mathbb{E}$ 有

$$\xi_{E_\alpha}(x) \equiv \alpha \cdot \frac{r-1}{2r} \cdot \langle g, x\rangle + \left[(1-\alpha)\|x\|_G^2 + \left(\frac{\alpha}{r} + \left(\frac{r-1}{2}\right)^2 \cdot \left(\frac{\alpha}{r}\right)^2\right)\langle g, x\rangle^2\right]^{1/2}$$

$$\leqslant \xi_{C_g(G)}(x) = \max\{\|x\|_G, \langle g, x\rangle\}$$

如果 $\|x\|_G \leqslant \langle g, x\rangle$，则

$$\xi_{E_\alpha}(x) \leqslant \alpha \cdot \frac{r-1}{2r} \cdot \langle g, x\rangle + \left|1 - \alpha \cdot \frac{r-1}{2r}\right| \cdot \langle g, x\rangle = \langle g, x\rangle$$

519 否则，我们有 $-r\|x\|_G \leqslant \langle g, x\rangle \leqslant \|x\|_G$. 注意到 $\xi_{E_\alpha}(x)$ 的值关于 $\langle g, x\rangle$ 是凸的. 因此，根据推论 3.1.2，它的最大值在 $\langle g, x\rangle$ 可行区间端点处取到. 对于端点 $\langle g, x\rangle = \|x\|_G$，我们已经证明 $\xi_{E_\alpha}(x) = \|x\|_G$. 现在考虑另一个端点 $\langle g, x\rangle = -r\|x\|_G$ 的情况. 这时，有

$$\xi_{E_\alpha}(x) = -\alpha \cdot \frac{r-1}{2} \cdot \|x\|_G + \left[(1-\alpha)\|x\|_G^2 + \left(\frac{\alpha}{r} + \left(\frac{r-1}{2}\right)^2 \cdot \left(\frac{\alpha}{r}\right)^2\right)r^2\|x\|_G^2\right]^{1/2}$$

$$= \|x\|_G$$

于是，我们已经证明对任意的 $\alpha \in [0, 1)$ 有 $E_\alpha \subseteq C_g(G)$. 进一步，有

$$V(\alpha) = \ln \det(G^{-1/2}G(\alpha)G^{-1/2})$$

$$= \ln \det\left((1-\alpha)I_n + \left(\frac{\alpha}{r} + \left(\frac{r-1}{2}\right)^2 \cdot \left(\frac{\alpha}{r}\right)^2\right)G^{-1/2}gg^*G^{-1/2}\right)$$

$$= \ln\left(1 - \alpha + \left(\frac{\alpha}{r} + \left(\frac{r-1}{2}\right)^2 \cdot \left(\frac{\alpha}{r}\right)^2\right) \cdot r^2\right) + (n-1)\ln(1-\alpha)$$

$$= 2\ln\left(1 + \alpha \cdot \frac{r-1}{2}\right) + (n-1)\ln(1-\alpha)$$

因此，根据定理 2.1.1，凹函数 $V(\,\cdot\,)$ 的最优条件为

$$\frac{n-1}{1-\alpha} = \frac{r-1}{1 + \alpha \cdot \dfrac{r-1}{2}}$$

于是，该最大值在 $\alpha^* = \dfrac{2}{n+1} \cdot \dfrac{r-n}{r-1}$ 处达到. 通过定义 $\sigma = \dfrac{r-n}{n+1}$，我们得到

$$V(\alpha^*) = 2\ln\left(1 + \alpha^* \cdot \frac{r-1}{2}\right) + (n-1)\ln(1-\alpha^*)$$

$$= 2\ln(1+\sigma) - (n-1)\ln\left(1 + \frac{2(r-n)}{(n-1)(r+1)}\right)$$

$$\geqslant 2\ln(1+\sigma) - \frac{2(r-n)}{r+1} = 2\left[\ln(1+\sigma) - \frac{\sigma}{1+\sigma}\right] \qquad \blacksquare$$

在本节，我们感兴趣解决的问题为：设 $C \subset \mathbb{R}^n$ 是一个内部非空的凸集，对给定 $\gamma > 1$，需要找到 C 的 γn-近似椭球. 该问题的初始近似解点 v_0 和矩阵 $G_0 \succ 0$ 满足对某 $R \geqslant 1$ 有 $W_1(v_0, G_0) \subseteq Q \subseteq W_R(v_0, G_0)$. 我们假设 $n \geqslant 2$.

520

我们来分析如下算法.

对 $k \geqslant 0$ 进行迭代：

1. 计算 $g_k \in C$：$\|g_k - v_k\|_{G_k}^* = r_k \stackrel{\text{def}}{=} \max\limits_{g \in C} \|g - v_k\|_{G_k}^*$；

2. 若 $r_k \leqslant \gamma n$，则算法停止，否则

$$\alpha_k = \frac{2}{n+1} \cdot \frac{r_k - n}{r_k - 1}, \quad \beta_k = \frac{\alpha_k}{r_k} + \left(\frac{r_k-1}{2}\right)^2 \cdot \left(\frac{\alpha_k}{r_k}\right)^2 \qquad (7.2.9)$$

$$v_{k+1} = v_k + \alpha_k \frac{r_k - 1}{2r_k}(g_k - v_k)$$

$$G_{k+1} = (1-\alpha_k)G_k + \beta_k \cdot (g_k - v_k)(g_k - v_k)^{\mathrm{T}}$$

结束.

该算法的复杂度界由以下命题给出.

定理 7.2.2 设对某 $R \geqslant 1$ 有 $W_1(v_0, G_0) \subseteq C \subseteq W_R(v_0, G_0)$，则算法 (7.2.9) 最多在

$$\frac{(1+2\gamma)(2+\gamma)}{2(\gamma-1)^2} \cdot n \ln R \qquad (7.2.10)$$

次迭代之后终止.

证明 注意算法 (7.2.9) 步骤 2 中的系数 α_k，向量 v_{k+1} 和矩阵 G_{k+1} 是根据引理 7.2.2 选取的. 由于只要

$$\sigma_k \stackrel{\text{def}}{=} \frac{r_k - n}{n+1} \geqslant \frac{n}{n+1}(\gamma-1) \geqslant \frac{2}{3}(\gamma-1)$$

该方法将持续运行，根据不等式(7.2.8)，在 $k \geqslant 0$ 的每次迭代中，我们有

$$\ln \det G_{k+1} \geqslant \ln \det G_k + \frac{2\sigma_k^2}{(1+\sigma_k)(2+\sigma_k)} \geqslant \ln \det G_k + \frac{4(\gamma-1)^2}{(1+2\gamma)(2+\gamma)}$$

$$(7.2.11)$$

注意到对任意 $k \geqslant 0$，我们有

$$\det(G_k)^{1/2} \cdot \mathrm{vol}_n(W_1(I_n)) = \mathrm{vol}_n(W_1(G_k)) \leqslant \mathrm{vol}_n(C) \leqslant \mathrm{vol}_n(W_R(G_0))$$
$$= R^n \cdot \det(G_0)^{1/2} \cdot \mathrm{vol}_n(W_1(I_n))$$

因此，$\ln \det G_k - \ln \det G_0 \leqslant 2n\ln R$ 成立，且通过对不等式(7.2.11)关于所有 k 求和，可得到(7.2.10)的界. ■

注意到在 $C = \mathrm{Conv}\{a_i, i=1, \cdots, m\}$ 的情况下，算法(7.2.9)可以用类似(7.2.7)的方式有效地实现. 我们将这个修改的推导及其复杂度分析留作读者的练习. 对于这样一个集合 C，初始近似椭球可以按如下方式选择.

引理 7.2.3 假设集合 $C = \mathrm{Conv}\{a_i, i=1, \cdots, m\}$ 有非空内部，定义

$$\hat{a} = \frac{1}{m}\sum_{i=1}^m a_i, \quad G = \frac{1}{R^2}\sum_{i=1}^m (a_i - \hat{a})(a_i - \hat{a})^{\mathrm{T}}$$

其中 $R = \sqrt{m(m-1)}$，则 $W_1(\hat{a}, G) \subset C \subset W_R(\hat{a}, G)$.

证明 对任意 $x \in \mathbb{R}^n$ 和 $r > 0$，我们有

$$\xi_{W_r(\hat{a},G)}(x) = \langle \hat{a}, x \rangle + r\|x\|_G = \langle a, x \rangle + \frac{r}{R}\left[\sum_{i=1}^m \langle a_i - \hat{a}, x \rangle^2\right]^{1/2}$$

于是，有 $\xi_{W_R(\hat{a},G)}(x) \geqslant \max\limits_{1 \leqslant i \leqslant m} \langle a_i, x \rangle = \xi_C(x)$. 因此，$W_R(\hat{a}, G) \supset C$.

进一步，设

$$\tau_i = \langle a_i - \hat{a}, x \rangle, i = 1, \cdots, m$$
$$\hat{\tau} = \max\limits_{1 \leqslant i \leqslant m} \langle a_i, x \rangle - \langle \hat{a}, x \rangle \geqslant 0$$

注意到 $\sum\limits_{i=1}^m \tau_i = 0$，且对所有 i 有 $\tau_i \leqslant \hat{\tau}$. 因此，

$$\xi_{W_1(\hat{a},G)}(x) - \langle \hat{a}, x \rangle \leqslant \frac{1}{R}\max\limits_{\tau_i}\left\{\left[\sum_{i=1}^m \tau_i^2\right]^{1/2} : \sum_{i=1}^m \tau_i = 0, \tau_i \leqslant \hat{\tau}, i = 1, \cdots, m\right\}$$
$$= \frac{\hat{\tau}}{R}\sqrt{m(m-1)} = \max\limits_{1 \leqslant i \leqslant m} \langle a_i, x \rangle - \langle \hat{a}, x \rangle$$
$$= \xi_C(x) - \langle \hat{a}, x \rangle$$

于是，根据推论 3.1.5，有 $W_1(\hat{a}, G) \subset C$. ■

注记 7.2.2 与注记 7.2.1 中的做法相同，我们可以使用算法(7.2.9)来证明一般凸集上的 John 定理. 我们把这个推理过程留给读者作为练习.

7.2.1.3 符号不变凸集

我们称集合 $C \subset \mathbb{R}^n$ 为符号不变集，如果对于 C 中的任意点 g，任意元素改变其符号后

仍然在 C 内. 换句话说，对任意 $g \in C \cap \mathbb{R}_+^n$，我们有

$$B(g) \equiv \{s \in \mathbb{R}^n : -g \leqslant s \leqslant g\} \subseteq C$$

这种集合的例子可通过基于 ℓ_p-范数的单位球或由对角矩阵定义的欧几里得范数给出.

显然，任何符号不变集都是中心对称的. 于是，根据引理 7.2.1，对于这样的集合，存在 $\sqrt{n}$-椭圆近似(这是 John 定理). 我们将看到符号不变集的一个重要附加特征是对应二次型的矩阵可以是对角的.

设 $D > 0$ 是一个对角矩阵，选取任意向量 $g \in \mathbb{R}_+^n$，定义

$$C = \mathrm{Conv}\{W_1(D), B(g)\}$$
$$G(\alpha) = (1-\alpha)D + \alpha D^2(g)$$

显然 C 是一个符号不变集. 考虑函数

$$V(\alpha) = \ln \frac{\det G(0)}{\det G(\alpha)} = -\sum_{i=1}^{n} \ln(1 + \alpha(\tau_i - 1)), \quad \alpha \in [0, 1)$$

其中 $\tau_i = \dfrac{(g^{(i)})^2}{D^{(i)}}$，$i = 1, \cdots, n$. 注意到 $V(\cdot)$ 是一个标准自和谐函数(见 5.1 节). 对我们的分析，重要的是

$$V'(0) = n - \sum_{i=1}^{n} \tau_i = n - (\|g\|_D^*)^2$$

$$V''(0) = \sum_{i=1}^{n} (\tau_i - 1)^2 \tag{7.2.12}$$

引理 7.2.4 对任意 $\alpha \in [0, 1]$，有 $W_1(G(\alpha)) \subseteq C$. 假设 $(\|g\|_D^*)^2 > n$，定义步长

$$\alpha^* \stackrel{\text{def}}{=} \frac{(\|g\|_D^*)^2 - n}{(2(\|g\|_D^*)^2 - n) \cdot (\|g\|_D^*)^2}$$

则有 $\alpha^* \in \left(0, \dfrac{1}{n}\right]$，且对任意 $\gamma \in \left(1, \dfrac{1}{\sqrt{n}}\|g\|_D^*\right]$，我们有

$$V(\alpha^*) \leqslant \ln\left(1 + \frac{\gamma^2 - 1}{\gamma^2}\right) - \frac{\gamma^2 - 1}{\gamma^2} < 0 \tag{7.2.13}$$

523

证明 对任意 $\alpha \in [0, 1]$ 和 $x \in \mathbb{R}^n$，我们有

$$[\xi_{W_1(G(\alpha))}(x)]^2 = (1-\alpha)\langle Dx, x \rangle + \alpha \sum_{i=1}^{n} (g^{(i)} x^{(i)})^2$$

$$\leqslant (1-\alpha)\langle Dx, x \rangle + \alpha\left(\sum_{i=1}^{n} g^{(i)} \cdot |x^{(i)}|\right)^2$$

$$\leqslant [\max\{\xi_{W_1(D)}(x), \xi_{B(g)}(x)\}]^2 = [\xi_C(x)]^2$$

进一步，设 $S = \sum\limits_{i=1}^{n} \tau_i = (\|g\|_D^*)^2$，根据命题中的假设，有 $S > n$. 因此，

$$V''(0) \leqslant \max_{\tau}\left\{\sum_{i=1}^{n} (\tau_i - 1)^2 : \sum_{i=1}^{n} \tau_i = S, \tau_i \geqslant 0, i = 1 \cdots n\right\}$$

$$= (S-1)^2 + n - 1 < S^2$$

由于 $V(\cdot)$ 是一个标准自和谐函数，据不等式(5.1.16)，我们有

$$V(\alpha) \leqslant V(0) + \alpha \cdot V'(0) + \omega_* (\alpha \cdot (V''(0))^{1/2})$$

$$\leqslant -\alpha \cdot (S-n) + \omega_* (\alpha \cdot S) \tag{7.2.14}$$

其中 $\omega_*(\tau) = -\tau - \ln(1-\tau)$. 根据定理 2.1.1，该不等式右端项的最小值在方程

$$S - n = \frac{\alpha_* S^2}{1 - \alpha_* S}$$

的解处取到. 于是，有 $\alpha_* = \dfrac{S-n}{S \cdot (2S-n)} < \dfrac{1}{n}$. 由引理 5.1.4，式(7.2.14)中右端项的减少量等于

$$\omega\left(1 - \frac{n}{S}\right) \geqslant \omega(1 - \gamma^{-2})$$

其中 $\omega(t) = t - \ln(1+t)$. ∎

推论 7.2.1 对有非空内部的任意符号对称集 $C \subset \mathbb{R}^n$，存在一个对角矩阵 $D \succ 0$ 满足

$$W_1(D) \subseteq C \subseteq W_{\sqrt{n}}(D)$$

证明 对于足够大的 R，集合 $\{D \succcurlyeq 0 : W_1(D) \subseteq C \subseteq W_R(D)\}$ 是非空有界闭集. 因此，$\sqrt{n}$-近似的存在性由不等式(7.2.13)可知. ∎

对我们来说，推论 7.2.1 很重要，是由于如下结果.

引理 7.2.5 设所有向量 $a_i \in \mathbb{R}^n$，$i = 1, \cdots, m$ 都具有非负系数，假设存在对角矩阵 $D \succ 0$，使得对某 $\gamma \geqslant 1$ 有

$$W_1(D) \subseteq \mathrm{Conv}\{B(a_i), i = 1, \cdots, m\} \subseteq W_{\gamma\sqrt{n}}(D)$$

那么函数 $f(x) = \max\limits_{1 \leqslant i \leqslant m} \langle a_i, x \rangle$ 满足下列不等式

$$\|x\|_D \leqslant f(x) \leqslant \gamma \sqrt{n} \cdot \|x\|_D \quad \forall x \in \mathbb{R}^n_+ \tag{7.2.15}$$

证明 考虑函数 $\hat{f}(x) = \max\limits_{1 \leqslant i \leqslant m} \sum\limits_{j=1}^{n} a_i^{(j)} |x^{(j)}|$. 根据引理 3.1.13，其次微分可以表示为

$$\partial \hat{f}(0) = \mathrm{Conv}\{B(a_i), i = 1, \cdots, m\}$$

于是，对任意 $x \in \mathbb{R}^n$，我们有

$$\|x\|_D = \max_s \{\langle s, x \rangle : s \in W_1(D)\} \leqslant \max_s \{\langle s, x \rangle : s \in \partial \hat{f}(0)\} \equiv \hat{f}(x)$$

$$\leqslant \max_s \{\langle s, x \rangle : s \in W_{\gamma\sqrt{n}}(D)\} = \gamma \sqrt{n} \cdot \|x\|_D$$

只需要注意到的是对所有 $x \in \mathbb{R}^n_+$ 有 $\hat{f}(x) \equiv f(x)$，命题就可证明. ∎

推论 7.2.2 设 $a_i \in \mathbb{R}^n_+$，$i = 1, \cdots, m$，考虑满足 $b_i > 0$，$i = 1, \cdots, m$ 的集合

$$\mathscr{F} = \{x \in \mathbb{R}^n_+ : \langle a_i, x \rangle \leqslant b_i, i = 1, \cdots, m\}$$

则存在对角矩阵 $D \succ 0$ 使得

$$W_1(D) \bigcap \mathbb{R}^n_+ \subset \mathscr{F} \subset W_{\sqrt{n}}(D) \bigcap \mathbb{R}^n_+ \tag{7.2.16}$$

证明　考虑函数 $f(x) = \max\limits_{1 \leqslant i \leqslant m} \dfrac{1}{b_i} \langle a_i, \ x \rangle$．根据推论 7.2.1，$\gamma = 1$ 满足引理 7.2.5 的假

设．由于 $\mathscr{F} = \{x \in \mathbb{R}_+^n : f(x) \leqslant 1\}$，则包含关系式(7.2.16)可由不等式(7.2.15)推出．　■

本节中，我们感兴趣的是求解符号对称集

$$C = \mathrm{Conv}\{B(a_i), \ i = 1, \cdots, m\} \tag{7.2.17}$$

525

的对角型椭圆近似，其中 $a_i \in \mathbb{R}_+^n \setminus \{0\}$，$i = 1, \cdots, m$．我们对数据的主要假设如下：

$$\hat{a} \overset{\text{def}}{=} \frac{1}{m} \sum_{i=1}^m a_i > 0$$

令 $\hat{D} = D^2(\hat{a})$．

引理 7.2.6　$W_1(\hat{D}) \subset C \subset W_{m\sqrt{n}}(\hat{D})$．

证明　由于 $\hat{a} \in C$，我们有 $W_1(\hat{D}) \subset B(\hat{a}) \subseteq C$．另一方面，有

$$C \subseteq B(m\hat{a}) \subset \left\{ x \in \mathbb{R}^n : \sum_{i=1}^n \left(\frac{x^{(i)}}{m\hat{a}^{(i)}} \right)^2 \leqslant n \right\} = W_{m\sqrt{n}}(\hat{D})$$　■

对于由(7.2.17)定义的符号对称集 $C \subset \mathbb{R}^n$，研究确定半径为 $\gamma\sqrt{n}$ 的对角近似椭球的如下算法，其中

$$\gamma > \left[1 + \frac{1}{\sqrt{n}} \right]^{1/2}$$

置 $D_0 = \hat{D}$．

对 $k \geqslant 0$ 进行迭代：

1. 计算 i_k：$\|a_{i_k}\|_{D_k}^* = r_k \overset{\text{def}}{=} \max\limits_{1 \leqslant i \leqslant m} \|a_i\|_{D_k}^*$；

2. 若 $r_k \leqslant \gamma\sqrt{n}$，则算法停止，否则

$$\beta_k := \sum_{j=1}^n \left[\frac{(a_{i_k}^{(j)})^2}{D_k^{(j)}} - 1 \right]^2, \quad \alpha_k := \frac{r_k^2 - n}{\beta_k + (r_k^2 - n)\beta_k^{1/2}}$$

$$D_{k+1} := (1 - \alpha_k)D_k + \alpha_k D^2(a_{i_k})$$

结束．

(7.2.18)

注意到该算法应用引理 7.2.4 中描述的规则，其中符号 β_k 表示 $V''(0)$．因此，正如定理 7.2.1 和定理 7.2.2，我们可以证明以下命题．

526

定理 7.2.3　对 $\gamma \geqslant \left[1 + \dfrac{1}{\sqrt{n}} \right]^{1/2}$，算法(7.2.18)至多在

$$\left[\frac{\gamma^2 - 1}{\gamma^2} - \ln\left(1 + \frac{\gamma^2 - 1}{\gamma^2} \right) \right]^{-1} \cdot n(\ln n + 2\ln m)$$

次迭代后终止．

注意到在算法(7.2.18)的每次迭代中，运算次数与矩阵 $A=(a_1, \cdots, a_m)$ 中的非零元素个数成比例.

7.2.2　极小化线性函数的最大绝对值

考虑如下线性规划问题：

$$\min_{y \in \mathbb{R}^{n-1}} \max_{1 \leqslant i \leqslant m} |\langle \bar{a}_i, y \rangle - c_i| \tag{7.2.19}$$

定义 $a_i = (\bar{a}_i^{\mathrm{T}}, -c_i)^{\mathrm{T}}$, $i=1, \cdots, m$, $x = \begin{pmatrix} y \\ \tau \end{pmatrix} \in \mathbb{R}^n$ 和 $d = e_n$, 这个问题可被重写为如下圆锥形式(见 7.1 节)：

$$找到\ f^* = \min_x \{ f(x) \overset{\text{def}}{=} \max_{1 \leqslant i \leqslant m} |\langle a_i, x \rangle| : \langle d, x \rangle = 1 \} \tag{7.2.20}$$

在 7.1 节中，为了构造 $\partial f(0)$ 的椭圆近似，我们使用了函数 $f(\cdot)$ 的复合结构. 但是，该近似半径非常大，是 $O(\sqrt{m})$ 量级的. 现在，通过算法(7.2.4)，我们可以有效地预计算该集合的半径与 $O(\sqrt{n})$ 成正比的近似椭球. 我们来证明这将导出一个更有效的极小化算法.

我们来取定某 $\gamma > 1$, 假设我们设法利用过程(7.2.4)，为中心对称集合 $\partial f(0)$ 构造半径为 $\gamma \sqrt{n}$ 的椭圆近似，满足

$$W_1(G) \subseteq \partial f(0) \equiv \mathrm{Conv}\{\pm a_i, i=1, \cdots, m\} \subseteq W_{\gamma \sqrt{n}}(G)$$

最直接结果如下：

$$\|x\|_G \leqslant f(x) \equiv \sup_s \{\langle s, x \rangle : s \in \partial f(0)\} \leqslant \gamma \sqrt{n} \cdot \|x\|_G \tag{7.2.21}$$

$$\|a_i\|_G^* \leqslant \gamma \sqrt{n}, \quad i=1, \cdots, m \tag{7.2.22}$$

现在我们来取定光滑参数 $\mu > 0$, 考虑函数 $f(\cdot)$ 的如下近似：

$$f_\mu(x) = \mu \ln \Big(\sum_{i=1}^m \big[\mathrm{e}^{\langle a_i, x \rangle / \mu} + \mathrm{e}^{-\langle a_i, x \rangle / \mu} \big] \Big)$$

显然 $f_\mu(\cdot)$ 在 $\mathbb{R}^n$ 上是凸函数，并且无穷多次连续可微. 进一步，满足

$$f(x) \leqslant f_\mu(x) \leqslant f(x) + \mu \ln(2m), \quad \forall x \in \mathbb{R}^n \tag{7.2.23}$$

最后，注意到对于 $\mathbb{R}^n$ 中的任意点 x 和任意方向 h, 我们有

$$\langle \nabla f_\mu(x), h \rangle = \sum_{i=1}^m \lambda_\mu^{(i)}(x) \cdot \langle a_i, h \rangle$$

$$\lambda_\mu^{(i)}(x) = \frac{1}{\omega_\mu(x)} \cdot (\mathrm{e}^{\langle a_i, x \rangle / \mu} - \mathrm{e}^{-\langle a_i, x \rangle / \mu}), \quad i=1, \cdots, m$$

$$\omega_\mu(x) = \sum_{i=1}^m (\mathrm{e}^{\langle a_i, x \rangle / \mu} + \mathrm{e}^{-\langle a_i, x \rangle / \mu})$$

因此，函数的 Hessian 矩阵表达式如下：

$$\langle \nabla^2 f_\mu(x)h,h \rangle = \frac{1}{\mu} \sum_{i=1}^m \frac{\langle a_i,h \rangle^2}{\omega_\mu(x)} (\mathrm{e}^{\langle a_i,x \rangle/\mu} + \mathrm{e}^{-\langle a_i,x \rangle/\mu}) - \frac{1}{\mu} \Big(\sum_{i=1}^m \lambda_\mu^{(i)}(x) \cdot \langle a_i,h \rangle \Big)^2$$

根据式(7.2.22),我们有

$$\langle \nabla^2 f_\mu(x)h,h \rangle \leqslant \frac{1}{\mu} (\max_{1 \leqslant i \leqslant m} \|a_i\|_G^*)^2 \cdot \|h\|_G^2 \leqslant \frac{\gamma^2 n}{\mu} \cdot \|h\|_G^2$$

根据定理 2.1.6,这意味着函数 $f_\mu(\cdot)$ 的梯度关于范数 $\|\cdot\|_G$ Lipschitz 连续,且 Lipschitz 常数为 $L_\mu = \frac{\gamma^2 n}{\mu}$,即

$$\|\nabla f_\mu(x) - \nabla f_\mu(y)\|_G^* \leqslant L_\mu \|x-y\|_G \quad \forall x,y \in \mathbb{E}$$

我们的算法与 7.1 节的算法非常相似. 研究问题

$$\min_x \{\phi(x); x \in Q\} \tag{7.2.24}$$

其中 Q 是闭凸集,且可微凸函数 $\phi(\cdot)$ 的梯度关于欧几里得范数 $\|\cdot\|_G$ Lipschitz 连续,且 Lipschitz 常数为 L. 我们在此写出解决问题(7.2.24)的最优算法(2.2.63).

算法 $S(\phi,\ L,\ Q,\ G,\ x_0,\ N)$

置 $v_0 = x_0$;

对 $k=0,\cdots,N-1$:

1. 令 $y_k = \dfrac{k}{k+2} x_k + \dfrac{2}{k+2} v_k$;

2. 计算 $\nabla\phi(y_k)$;

3. $v_{k+1} = \arg\min_{v \in Q} \Big[\langle \sum_{i=0}^k \frac{i+1}{2} \nabla\phi(y_i),\ v-x_0 \rangle + \frac{L}{2} \|v-x_0\|_G^2 \Big]$;

4. $x_{k+1} := \dfrac{k}{k+2} x_k + \dfrac{2}{k+2} v_{k+1}$.

返回:$S(\phi,\ L,\ Q,\ G,\ x_0,\ N) \equiv x_N$.

$$\tag{7.2.25}$$

根据定理 6.1.2,该算法的输出 x_N 满足如下不等式:

$$\phi(x_N) - \phi(x_\phi^*) \leqslant \frac{2L\|x_0 - x_\phi^*\|_G^2}{N(N+1)} \tag{7.2.26}$$

其中 x_ϕ^* 是问题(7.2.24)的最优解.

正如 7.1 节的讨论,我们将使用算法(7.2.25)来计算问题(7.2.20)具有一定的相对精度 $\delta>0$ 的近似解. 定义

$$Q(r) = \{x \in \mathbb{R}^n : \langle d,x \rangle = 1,\ \|x\|_G \leqslant r\}$$

$$x_0 = \frac{G^{-1}d}{\langle d,G^{-1}d \rangle}$$

$$\widetilde{N} = \Big\lfloor 2\mathrm{e}\gamma \sqrt{2n \ln(2m)} \Big(1 + \frac{1}{\delta}\Big) \Big\rfloor$$

考虑如下算法

$$\boxed{\begin{array}{l} \text{置 } \hat{x}_0 = x_0 \\[2mm] \text{对 } t \geqslant 1 \text{ 进行迭代：} \\[2mm] \qquad \mu_t := \dfrac{\delta f(\hat{x}_{t-1})}{2\mathrm{e}(1+\delta)\ln(2m)} ; \qquad L_{\mu_t} := \dfrac{\gamma^2 n}{\mu_t} ; \\[3mm] \qquad \hat{x}_t := S(f_{\mu_t}, L_{\mu_t}, Q(f(\hat{x}_{t-1})), G, x_0, \widetilde{N}); \\[3mm] \text{若 } f(\hat{x}_t) \geqslant \dfrac{1}{\mathrm{e}} f(\hat{x}_{t-1}), \text{ 则 } T := t, \text{算法停止} \end{array}} \qquad (7.2.27)$$

定理 7.2.4   算法(7.2.27)生成的迭代点数有如下界：

$$T \leqslant 1 + \ln(\gamma\sqrt{n}) \qquad (7.2.28)$$

最后一次迭代产生的点满足不等式 $f(\hat{x}_T) \leqslant (1+\delta)f^*$. 算法(7.2.27)的内部迭代步总数不超过

$$2\gamma\mathrm{e}(1+\ln(\gamma\sqrt{n}))\sqrt{2n\ln(2m)}\left(1+\dfrac{1}{\delta}\right) \qquad (7.2.29)$$

证明   设 x^* 是问题(7.2.20)的最优解. 注意由算法(7.2.27)产生的所有点 $\hat{x}_t$ 对问题(7.2.20)都是可行的. 因此，根据式(7.2.21)，有

$$f(\hat{x}_t) \geqslant f^* \geqslant \|x^*\|_G$$

于是，对任意 $t \geqslant 0$ 都有 $x^* \in Q(f(\hat{x}_t))$. 令

$$f_t^* = f_{\mu_t}(x_t^*) = \min_x \{f_{\mu_t}(x) : x \in Q(f(\hat{x}_{t-1}))\}$$

由于 $x^* \in Q(f(\hat{x}_t))$，根据式(7.2.23)，我们有

$$f_t^* \leqslant f_{\mu_t}(x^*) \leqslant f^* + \mu_t\ln(2m)$$

由式(7.2.23)的第一部分，知 $f(\hat{x}_t) \leqslant f_{\mu_t}(\hat{x}_t)$. 注意到

$$\|x_0 - x_t^*\|_G \leqslant \|x_t^*\|_G \leqslant f(\hat{x}_{t-1}), \quad t \geqslant 1$$

根据式(7.2.26)，在最后第 T 次迭代，我们有

$$f(\hat{x}_T) - f^* \leqslant f_{\mu_T}(\hat{x}_T) - f_T^* + \mu_T\ln(2m)$$

$$\leqslant \dfrac{2L_{\mu_T}f^2(\hat{x}_{T-1})}{(\widetilde{N}+1)^2} + \mu_T\ln(2m) = \dfrac{2\gamma^2 n f^2(\hat{x}_{T-1})}{\mu_T(\widetilde{N}+1)^2} + \mu_T\ln(2m)$$

$$\leqslant \dfrac{f^2(\hat{x}_{T-1})\delta^2}{4\mu_T\mathrm{e}^2\ln(2m)(1+\delta)^2} + \mu_T\ln(2m) = 2\mu_T\ln(2m)$$

进一步，根据 μ_t 的取值和(7.2.27)的终止准则，我们有

$$2\mu_T\ln(2m) = \dfrac{\delta f(\hat{x}_{T-1})}{\mathrm{e}(1+\delta)} \leqslant \dfrac{\delta f(\hat{x}_T)}{1+\delta}$$

于是 $f(\hat{x}_T) \leqslant (1+\delta)f^*$.

只需要证明该算法外层迭代步数的估计(7.2.28). 事实上,通过简单的归纳,很容易证明在第 t 阶段开始时,下面的不等式成立:

$$\left(\frac{1}{e}\right)^{t-1} f(x_0) \geqslant f(\hat{x}_{t-1}), \quad t \geqslant 1$$

注意到 x_0 是原点在超平面 $\langle d, x \rangle = 1$ 上的投影,因此,根据不等式(7.2.21),我们有

$$f^* \geqslant \|x^*\|_G \geqslant \|x_0\|_G \geqslant \frac{1}{\gamma \sqrt{n}} f(x_0)$$

于是,在算法的最后一步,我们有

$$\left(\frac{1}{e}\right)^{T-1} f(x_0) \geqslant f(\hat{x}_{T-1}) \geqslant f^* \geqslant \frac{1}{\gamma \sqrt{n}} f(x_0)$$

这就导出上界(7.2.28).

回想算法(7.2.27)的初始阶段,即计算具有相对精度 $\gamma > 1$ 的集合 $\partial f(0)$ 的 $\gamma \sqrt{n}$-近似阶段,可用算法(7.2.4)在

$$\frac{n^2}{6}(n+6m) + \frac{\gamma^2}{(\gamma-1)^2} n^2 (2m+3n) \ln m = O(n^2(n+m)\ln m)$$

次运算操作内完成. 由于算法(7.2.25)的每个步骤都需要 $O(mn)$ 次运算,如果 δ 不是太小,比如 $\delta > \frac{1}{\sqrt{n}}$,则初始阶段的复杂度是主要的.

531

7.2.3　具有非负元素的双线性矩阵博弈

设 $A = (a_1, \cdots, a_m)$ 是具有非负元素的 $n \times m$-矩阵. 考虑问题

$$找到\ f^* = \min_{x \in \Delta_n} \left\{ f(x) \stackrel{\text{def}}{=} \max_{1 \leqslant i \leqslant m} \langle a_i, x \rangle \right\} \tag{7.2.30}$$

注意到这种表述格式可以用于不同标准问题情形. 例如,研究线性堆积问题

$$找到\ \psi^* = \max_{y \in \mathbb{R}_+^n} \{ \langle c, y \rangle : \langle a_i, y \rangle \leqslant b^{(i)}, i = 1, \cdots, m \}$$

其中向量 a_i 的所有元素都是非负的,$b > 0 \in \mathbb{R}^m$,且 $c > 0 \in \mathbb{R}^n$,则

$$\psi^* = \max_{y \in \mathbb{R}_+^n} \left\{ \langle c, y \rangle : \max_{1 \leqslant i \leqslant m} \frac{1}{b^{(i)}} \langle a_i, y \rangle \leqslant 1 \right\} = \max_{y \in \mathbb{R}_+^n} \frac{\langle c, y \rangle}{\max_{1 \leqslant i \leqslant m} \frac{1}{b^{(i)}} \langle a_i, y \rangle}$$

$$= \left[\min_{y \in \mathbb{R}_+^n} \left\{ \max_{1 \leqslant i \leqslant m} \frac{1}{b^{(i)}} \langle a_i, y \rangle : \langle c, y \rangle = 1 \right\} \right]^{-1}$$

$$= \left[\min_{x \in \Delta_n} \max_{1 \leqslant i \leqslant m} \frac{1}{b^{(i)}} \langle D^{-1}(c) a_i, x \rangle \right]^{-1}$$

与之前一样,我们可以用如下光滑函数

$$f_\mu(x) = \mu \ln \left(\sum_{i=1}^m e^{\langle a_i, x \rangle / \mu} \right)$$

近似(7.2.30)中的目标函数 $f(\cdot)$. 在这种情况下,有下列关系成立:

$$f(x) \leqslant f_\mu(x) \leqslant f(x) + \mu \cdot \ln m, \quad \forall x \in \mathbb{R}^n \qquad (7.2.31)$$

定义

$$\hat{f}(x) = \max_{1 \leqslant i \leqslant m} \sum_{j=1}^n a_i^{(j)} |x^{(j)}|$$

注意到齐次函数 $\hat{f}(\cdot)$ 在原点处的次微分为

$$\partial f(0) = \mathrm{Conv}\{B(a_i), \ i = 1, \cdots, m\}$$

在 7.2.1.3 节中,我们已经看到,计算一个对角矩阵 $D > 0$ 满足

$$W_1(D) \subseteq \partial \hat{f}(0) \subseteq W_{2\sqrt{n}}(D)$$

是可能的(这相应于算法(7.2.18)中选取 $\gamma = 2$). 根据引理 7.2.5,利用这个矩阵,我们可以定义一个欧几里得范数 $\|\cdot\|_D$ 满足

$$\|x\|_D \leqslant f(x) \leqslant 2\sqrt{n} \cdot \|x\|_D, \quad \forall x \in \mathbb{R}_+^n \qquad (7.2.32)$$

此外,在这个范数下,所有 a_i 的大小都有上界 $2\sqrt{n}$.

现在,使用与 7.2.2 节相同的推理,我们可以证明对 $\mathbb{R}^n$ 中的任意 x 和 h,有

$$\langle \nabla^2 f_\mu(x) h, h \rangle \leqslant \frac{4n}{\mu} \cdot \|h\|_D^2$$

因此,该函数的梯度关于范数 $\|\cdot\|_D$ Lipschitz 连续,且 Lipschitz 常数是 $\frac{4n}{\mu}$. 这意味着函数 $f_\mu(\cdot)$ 可以通过高效算法(6.1.19)极小化.

我们来取定相对精度 $\delta > 0$. 定义

$$Q(r) = \{x \in \Delta_n : \|x\|_D \leqslant r\}$$

$$x_0 = \frac{D^{-1}\bar{e}_n}{\langle \bar{e}_n, D^{-1}\bar{e}_n \rangle}$$

$$\tilde{N} = \left\lfloor 4\mathrm{e} \sqrt{2n \ln m} \left(1 + \frac{1}{\delta}\right) \right\rfloor$$

考虑如下算法:

置 $\hat{x}_0 = x_0$

对 $t \geqslant 1$ 进行迭代:

$$\mu_t := \frac{\delta f(\hat{x}_{t-1})}{2\mathrm{e}(1+\delta)\ln m}; \quad L_{\mu_t} := \frac{4n}{\mu_t};$$

$$\hat{x}_t := S(f_{\mu_t}, L_{\mu_t}, Q(f(\hat{x}_{t-1})), D, x_0, \tilde{N});$$

若 $f(\hat{x}_t) \geqslant \frac{1}{\mathrm{e}} f(\hat{x}_{t-1})$,则 $T := t$,算法停止

$$(7.2.33)$$

该算法的论证与算法(7.2.27)的非常相似.

定理 7.2.5   算法(7.2.33)生成的迭代点数有如下界:

$$T \leqslant 1 + \ln(2\sqrt{n}) \tag{7.2.34}$$

最后一次迭代产生的点满足不等式 $f(\hat{x}_T) \leqslant (1+\delta) f^*$. 算法(7.2.27)的内部迭代步总数不超过

$$4\mathrm{e}(1 + \ln(2\sqrt{n})) \sqrt{2n \ln m} \left(1 + \frac{1}{\delta}\right) \tag{7.2.35}$$

证明 设 x^* 是问题(7.2.30)的最优解. 注意由(7.2.33)产生的所有点 $\hat{x}_t$ 都是可行的. 因此, 依据(7.2.32),

$$f(\hat{x}_t) \geqslant f^* \geqslant \|x^*\|_D$$

于是, 对任意 $t \geqslant 0$ 有 $x^* \in Q(f(\hat{x}_t))$. 定义

$$f_t^* = f_{\mu_t}(x_t^*) = \min_x \{ f_{\mu_t}(x) : x \in Q(f(\hat{x}_{t-1})) \}$$

由于 $x^* \in Q(f(\hat{x}_t))$, 再依据式(7.2.31), 我们有

$$f_t^* \leqslant f_{\mu_t}(x^*) \leqslant f^* + \mu_t \ln m$$

由式(7.2.31)的第一部分, 知 $f(\hat{x}_t) \leqslant f_{\mu_t}(\hat{x}_t)$. 注意到对所有 $t \geqslant 1$, 有

$$\|x_0 - x_t^*\|_D \leqslant \|x_t^*\|_D \leqslant f(\hat{x}_{t-1})$$

于是, 根据式(7.2.26), 在最后第 T 次迭代, 我们有

$$f(\hat{x}_T) - f^* \leqslant f_{\mu_T}(\hat{x}_T) - f_T^* + \mu_T \ln m \leqslant \frac{2L_{\mu_T} f^2(\hat{x}_{T-1})}{(\widetilde{N}+1)^2} + \mu_T \ln m$$

$$= \frac{8n f^2(\hat{x}_{T-1})}{\mu_T (\widetilde{N}+1)^2} + \mu_T \ln m \leqslant \frac{f^2(\hat{x}_{T-1}) \delta^2}{4\mu_T \mathrm{e}^2 \ln m (1+\delta)^2} + \mu_T \ln m$$

$$= 2\mu_T \ln m$$

进一步, 根据 μ_T 的取值和终止准则, 我们有

$$2\mu_T \ln m = \frac{\delta f(\hat{x}_{T-1})}{\mathrm{e}(1+\delta)} \leqslant \frac{\delta f(\hat{x}_T)}{1+\delta}$$

于是, $f(\hat{x}_T) \leqslant (1+\delta) f^*$.

只需要再证明算法外层迭代步数的估计(7.2.34). 事实上, 通过简单的归纳, 很容易证明在第 t 阶段开始时, 有如下不等式成立:

$$\left(\frac{1}{\mathrm{e}}\right)^{t-1} f(x_0) \geqslant f(\hat{x}_{t-1}), \quad t \geqslant 1$$

注意到 x_0 是原点在超平面 $\langle \bar{e}_n, x \rangle = 1$ 上的投影. 因此, 根据不等式(7.2.32), 我们有

$$f^* \geqslant \|x^*\|_D \geqslant \|x_0\|_D \geqslant \frac{1}{2\sqrt{n}} f(x_0)$$

于是, 在算法的最后一步, 我们有

$$\left(\frac{1}{\mathrm{e}}\right)^{T-1} f(x_0) \geqslant f(\hat{x}_{T-1}) \geqslant f^* \geqslant \frac{1}{2\sqrt{n}} f(x_0)$$

这就得到上界(7.2.34). ∎

534

于是，我们已经看到算法(7.2.33)需要梯度算法(7.2.25)的 $O\left(\dfrac{\sqrt{n\ln m}}{\delta}\ln n\right)$ 次迭代. 由于矩阵 D 是对角矩阵，该算法每次迭代都非常廉价，其复杂度与矩阵 A 中非零元素的个数成比例. 还注意到在算法(7.2.25)的步骤 3 中，需要计算在单纯形和对角椭球的交集 $Q(r)$ 上的投影. 然而，由于 D 是对角矩阵，通过松弛唯一一等式约束且关于相应的拉格朗日乘子进行一维搜索，便可以在 $O(n\ln n)$ 运算中完成该投影过程.

7.2.4 极小化对称矩阵的谱半径

对矩阵 $X\in\mathbb{S}_n$，定义其谱半径为

$$\rho(X) = \max_{1\leqslant i\leqslant n}|\lambda^{(i)}(X)| = \max\{\lambda^{(1)}(X), -\lambda^{(n)}(X)\}$$
$$= \min_{\tau}\{\tau : \tau\,I_n \geqslant \pm X\}$$

根据定理(3.1.7)，$\rho(X)$ 是 $\mathbb{S}_n$ 上的凸函数. 在本节，我们研究如下优化问题：

$$\text{找到 } \phi_* = \min_{y\in Q}\{\phi(y)\stackrel{\text{def}}{=}\rho(A(y))\}\tag{7.2.36}$$

其中 $Q\subset\mathbb{R}^m$ 是不含原点的闭凸集，且 $A(\cdot)$ 是从 $\mathbb{R}^m$ 到 $\mathbb{S}_n$ 的线性算子，即

$$A(y) = \sum_{i=1}^m y^{(i)}A_i \in \mathbb{S}_n, \quad y\in\mathbb{R}^m$$

我们假设矩阵 $\{A_i\}_{i=1}^m$ 是线性无关的. 因此，具有元素

$$G^{(i,j)} = \langle A_i, A_j\rangle_M, \quad i,j = 1,\cdots,m$$

的矩阵 $G\in\mathbb{S}_m$ 是正定的. 用 r 表示矩阵 $A(y)$ 的最大秩，即

$$r = \max_{y\in\mathbb{R}^m}\operatorname{rank}A(y) \leqslant \min\left\{n, \sum_{i=1}^m\operatorname{rank}A_i\right\}$$

我们将使用光滑技术的变形来解决(7.2.36)，该变形适用于以相对尺度求解结构凸优化问题. 注意根据我们的假设，ϕ^* 是严格正的.

首先，我们用光滑函数近似(7.2.36)的非光滑目标函数. 为此，我们使用由(6.3.6)定义的 $F_p(X)$. 注意到

$$F_p(X) = \frac{1}{2}\langle X^{2p}, I_n\rangle_M^{1/p} \geqslant \frac{1}{2}\rho^2(X)$$

$$F_p(X) \leqslant \frac{1}{2}\rho^2(X)\cdot(\operatorname{rank}X)^{1/p}\tag{7.2.37}$$

考虑问题

$$\text{找到 } f_p^* = \min_{y\in\mathbb{R}^m}\{f_p(y)\stackrel{\text{def}}{=}F_p(A(y)) : y\in Q\}\tag{7.2.38}$$

由式(7.2.37)，我们可以看出

$$\frac{1}{2}\phi_*^2 \leqslant f_p^* \leqslant \frac{1}{2}\phi_*^2\cdot r^{1/p}\tag{7.2.39}$$

我们的目标是找到问题(7.2.36)的具有相对精度 $\delta>0$ 的解 $\overline{y}\in Q$，即

$$\phi(\overline{y})\leqslant(1+\delta)\phi_*$$

我们来选取满足不等式

$$p(\delta)\stackrel{\text{def}}{=}\frac{1+\delta}{\delta}\ln r\leqslant p\leqslant 2p(\delta) \tag{7.2.40}$$ 536

的整数 p. 假设 $\overline{y}\in Q$ 是问题(7.2.38)具有相对精度 δ 的解，则根据(7.2.37)和(7.2.39)，我们有

$$\phi(\overline{y})/\phi_*\leqslant r^{\frac{1}{2p}}\cdot\sqrt{f_p(\overline{y})/f_p^*}\leqslant r^{\frac{1}{2p}}\cdot\sqrt{1+\delta}$$
$$\leqslant \mathrm{e}^{\frac{\delta}{2(1+\delta)}}\cdot\sqrt{1+\delta}\leqslant 1+\delta$$

于是，我们需要估计算法(6.1.19)应用于问题(7.2.38)时的效率. 我们来引入范数

$$\|h\|_G=\langle Gh,h\rangle^{1/2},\quad h\in\mathbb{R}^m$$

通过假设 $p(\delta)\geqslant 1$，且利用估计(6.3.8)和6.3.1节中的符号，对于 $\mathbb{R}^m$ 中任意 y 和 h，我们得到

$$\langle\nabla^2 f_p(y)h,h\rangle=\langle\nabla^2 F_p(A(y))A(h),A(h)\rangle_M$$
$$\leqslant(2p-1)\|A(h)\|_{(2p)}^2\leqslant(2p-1)\|A(h)\|_{(2)}^2$$
$$=(2p-1)\langle A(h),A(h)\rangle_M=(2p-1)\langle Gh,h\rangle$$
$$=(2p-1)\|h\|_G^2$$

于是，根据定理2.1.6可知，函数 $f_p(y)$ 的梯度在 $\mathbb{R}^m$ 上关于范数 $\|\cdot\|_G$ 是 Lipschitz 连续的，且其 Lipschitz 常数为

$$L=2p-1\leqslant 4p(\delta) \tag{7.2.41}$$

另一方面，对任意满足 $\text{rank } X\leqslant r$ 的 $X\in\mathbb{S}_n$ 和 $p\geqslant 1$，我们有

$$\frac{1}{r}\|X\|_{(2)}^2\leqslant\|X\|_{(\infty)}^2\leqslant\|X\|_{(2p)}^2$$

因此，对任意 $y\in\mathbb{R}^m$ 有 $\frac{1}{2r}\|y\|_G^2\leqslant f_p(y)$. 特别地，

$$\frac{1}{2r}\|y_p^*\|_G^2\leqslant f_p^* \tag{7.2.42}$$

其中 y_p^* 是问题(7.2.38)的最优解.

令 $x_0=\arg\min_{y\in Q}\|y\|_G$，由于范数 $\|\cdot\|_G$ 是欧几里得范数，Q 是凸集，根据不等式(2.2.49)，我们有

$$\|y_p^*-x_0\|_G^2\leqslant\|y_p^*\|_G^2-\|x_0\|_G^2<\|y_p^*\|_G^2$$ 537

结合该不等式和估计式(7.2.42)，我们可得

$$\frac{1}{2}\|y_p^*-x_0\|_G^2\leqslant\frac{1}{2}\|y_p^*\|_G^2\leqslant rf_p^* \tag{7.2.43}$$

为了将算法(2.2.63)应用于问题(7.2.38)，选取近邻函数

$$d(x) = \frac{1}{2}\|x - x_0\|_G^2 \tag{7.2.44}$$

注意到这个函数的凸参数等于 1. 因此, 依据界(7.2.41)、(7.2.42)和(6.1.21), 从起点 x_0 出发的算法(6.1.19)收敛性为

$$f_p(x_k) - f_p^* \leqslant \frac{16(1+\delta)r\ln r}{\delta \cdot k(k+1)} \cdot f_p^* \tag{7.2.45}$$

因此, 为求解问题(7.2.38)具有相对精度 δ 的解(并且因此以相同的相对精度求解问题(7.2.36)), 算法(6.1.19)需要最多

$$\frac{4}{\delta}\sqrt{(1+\delta)r\ln r} \tag{7.2.46}$$

次迭代. 注意到该上界不依赖于特定问题实例的数据大小.

当应用于具有由(7.2.44)定义的近邻函数 $d(\cdot)$ 的问题(7.2.38)时, 在算法(6.1.19)的每次迭代中, 必须计算点到集合 Q 关于欧几里得范数 $\|\cdot\|_G$ 的投影. 在如下情况下, 该操作容易实现.

- 集合 Q 是 $\mathbb{R}^m$ 中的一个仿射子空间. 这样通过求矩阵 G 的逆就可以计算该投影. 这类问题的一个重要例子是

$$\min_{y \in \mathbb{R}^m}\left\{\rho\Big(\sum_{i=1}^m y^{(i)}A_i\Big) : y^{(1)} = 1\right\}$$

- 矩阵 G 和集合 Q 都很简单. 例如, 如果 $i \neq j$ 有 $\langle A_i, A_j \rangle = 0$, 则 G 是对角矩阵. 在这种情况下, 在矩形区域的投影就易于计算. 当矩阵 $A(y)$ 直接由其元素参数化时, 就会发生这种情况.

最后, 注意到函数 $f_p(\cdot)$ 的值和梯度的计算, 无须对矩阵 $A(y)$ 进行特征值分解. 事实上, 令 $p = 2^k$ 满足条件(7.2.40). 考虑如下矩阵序列:

$$X_0 = A(y),\ Y_0 = I_n$$
$$X_i = X_{i-1}^2,\ Y_i = Y_{i-1}X_{i-1},\ i = 1,\cdots,k \tag{7.2.47}$$

通过归纳法, 很容易看出 $X_k = A^p(y)$ 和 $Y_k = A^{p-1}(y)$. 因此, 根据式(6.3.3)、式(6.3.6)和(7.2.38)中函数 $f_p(\cdot)$ 的定义, 我们有

$$f_p(y) = \frac{1}{2}\langle X_k, I_n \rangle_M^{2/p}$$

$$\nabla f_p(y)^{(i)} = \frac{2f_p(y)}{\langle X_k, I_n \rangle_M} \cdot \langle Y_k, A_i \rangle_M,\quad i = 1,\cdots,m$$

注意到计算矩阵 $A(y)$ 的复杂度是 $O(n^2 m)$ 量级的算术运算. 辅助计算(7.2.47)需要

$$O(n^3 \ln p) = O\Big(n^3 \ln \frac{\ln r}{\delta}\Big)$$

次运算. 之后向量 $\nabla f_p(y)$ 可以在 $O(n^2 m)$ 次算术运算内计算出. 显然, 如果矩阵 A_i 是稀疏的, 那么第一项和最后一项计算的复杂度要低得多.

也注意到如果矩阵 $A(y)$ 可表示为

$$A(y) = UTU^T, \quad UU^T = I_n$$

其中 T 是一个三对角矩阵，则计算(7.2.47)可以更有效地实现．这种表示形式的计算需要 $O(n^3)$ 次算术运算．

7.3 障碍函数次梯度算法

（自和谐障碍函数的光滑化；障碍函数次梯度法；相对精度和正凹函数极大化；应用：分数覆盖问题、最大并发流问题、非负函数分量的极小极大问题、布尔二次问题的半定松弛；随机规划的替代——在线优化．）

7.3.1 自和谐障碍函数的光滑化

在非线性优化中，数值算法的性能很大程度上取决于我们执行与问题的表述中涉及的凸集相关的一些辅助操作的能力．通常，优化算法假定以下操作之一的可行性：

L：在凸集 Q 上极大化线性函数 $\langle c, x \rangle$；

S：在 $x \in Q$ 内极大化函数 $\langle c, x \rangle - d(x)$，其中 d 是集合 Q 的强凸近邻函数；

B：在凸集 Q 的内点处计算某自和谐障碍函数的函数值、一阶导数和二阶导数．

注意到在结构优化中，我们总是可以认为优化问题都置于原始-对偶设定下．这种表示最重要的例子是双线性鞍点表示的模型：

$$\min_{x \in Q_p} \max_{w \in Q_d} \{ \langle Ax, w \rangle + \langle c, x \rangle + \langle b, w \rangle \} \tag{7.3.1}$$

其中 Q_p 和 Q_d 是相应空间中的闭凸集，且 A 是线性算子．由于原始约束集和对偶约束集的结构可能具有不同的复杂度，我们有六种上述辅助操作的可能组合．我们来给出关于它们复杂度的已知结果．

- $\mathbf{L_p} \otimes \mathbf{L_d}$ 这种组合的复杂度仍不清楚．
- $\mathbf{S_p} \otimes \mathbf{S_d}$ 这种情况利用光滑技术来处理（见第 6 章）．问题(7.3.1)的 ϵ-解可以在

$$O\left(\frac{1}{\epsilon} \cdot \|A\| \cdot [D_1 D_2]^{1/2} \right)$$

次梯度步中得到，其中 D_1 和 D_2 为原始约束集和对偶约束集的大小，且范数 $\|A\|$ 通过原始空间和对偶空间的范数定义．

- $\mathbf{B_p} \otimes \mathbf{B_d}$ 在这种情况下，内点法可以在

$$O\left(\sqrt{\nu} \cdot \ln \frac{\nu}{\epsilon} \right)$$

次牛顿步内得到问题(7.3.1)的 ϵ-近似解，其中 ν 是原始-对偶可行集 $Q_p \times Q_d$ 的自和谐障碍函数参数（见第 5 章）．

- $\mathbf{S_p} \otimes \mathbf{L_d}$ 这种情况类似于标准的黑箱非光滑极小化．原始-对偶次梯度法可以在

$$O\left(\frac{1}{\epsilon^2} \cdot \|A\|^2 \cdot D_1 \cdot D_2 \right)$$

次梯度步后得到问题(7.3.1)的 ϵ-解（见 3.2 节）．

- $B_p \otimes S_d$　这种组合的复杂度仍不清楚.
- $B_p \otimes L_d$　最后这种变形将在本节研究. 从黑箱优化的角度来看, 它对应于在具有自和谐障碍函数的可行集上极小化非光滑凸函数的问题.

回忆一下我们的符号. 对线性算子 $A: \mathbb{E} \to \mathbb{H}^*$, 我们用 $A^*: \mathbb{H} \to \mathbb{E}^*$ 表示其伴随算子, 即

$$\langle Ax, y \rangle_{\mathbb{H}} = \langle A^* y, x \rangle_{\mathbb{E}}, \quad x \in \mathbb{E}, y \in \mathbb{H}$$

在不产生歧义的情况下, 省略内积的下标. 用 $\nabla f(x)$ 表示凹函数 f 在 x 处的一个次梯度, 即

$$f(y) \leqslant f(x) + \langle \nabla f(x), y - x \rangle, \quad y, x \in \operatorname{dom} f$$

用符号 $\Psi(u, x)$ 来表示以两个向量为变量的函数 $\nabla_2 \Psi$ 对第二个参数的次梯度.

设 $Q \subseteq \mathbb{E}$ 是一个不包含直线的闭凸集. 我们假设 Q 具有 ν-自和谐障碍函数 F（见 5.3 节）. 根据定理 5.1.6, 该函数 Hessian 矩阵在定义域上的所有点都是非退化的.

考虑另一个闭凸集 $\hat{P} \subseteq \mathbb{E}$. 我们主要关心的是集合

$$P = \hat{P} \bigcap Q$$

且假设它是有界的. 用 x_0 表示其约束解析中心, 即

$$x_0 = \arg \min_{x \in P_0} F(x) \in P_0 \overset{\text{def}}{=} \hat{P} \bigcap \operatorname{int} Q \subseteq P \tag{7.3.2}$$

于是, 对任意 $x \in P$ 有 $F(x) \geqslant F(x_0)$. 因为 Q 不包含直线, x_0 有定义（见定理 5.1.6）.

对集合 P, 我们引入其支撑函数的如下光滑近似:

$$U_\beta(s) = \max_{u \in \hat{P}} \{ \langle s, u - x_0 \rangle - \beta [F(u) - F(x_0)] \}, \quad s \in \mathbb{E}^* \tag{7.3.3}$$

其中 $\beta > 0$ 是光滑参数. 用 $u_\beta^*(s)$ 表示极大化问题（7.3.3）的唯一解, 则根据式（5.3.17）和定理 6.1.1, 我们有

$$\nabla U_\beta(s) = u_\beta^*(s) - x_0, \quad s \in \mathbb{E}^* \tag{7.3.4}$$

对任意 $x \in \operatorname{int} Q$, 考虑如下局部范数:

$$\|h\|_x = \langle \nabla^2 F(x) h, h \rangle^{1/2}, \quad h \in \mathbb{E}$$

$$\|s\|_x^* = \langle s, [\nabla^2 F(x)]^{-1} s \rangle^{1/2}, \quad s \in \mathbb{E}^*$$

这样, 我们可以保证函数 $U_\beta(\cdot)$ 的光滑性程度如下.

引理 7.3.1　设 $\beta > 0$, $s \in \mathbb{E}^*$ 且 $x = u_\beta^*(s)$, 则对满足 $\|g\|_x^* < \beta$ 的任意 $g \in \mathbb{E}^*$, 我们有

$$U_\beta(s + g) \leqslant U_\beta(s) + \langle g, \nabla U\beta(s) \rangle + \beta \omega_* \left(\frac{1}{\beta} \|g\|_x^* \right) \tag{7.3.5}$$

其中 $\omega_*(\tau) = -\tau - \ln(1 - \tau) \overset{(5.1.24)}{\leqslant} \dfrac{\tau^2}{2(1 - \tau)}$, $\tau \in [0, 1)$.

证明　根据定义（7.3.3）和定理 2.2.9, 对任意 $y \in P_0$, 我们有

$$\langle s - \beta \nabla F(x), y - x \rangle \leqslant 0 \tag{7.3.6}$$

进一步, 由于 F 是标准自和谐函数, 在任意点 $y \in \operatorname{int} Q$ 有

$$F(y) \geqslant F(x) + \langle \nabla F(x), y - x \rangle + \omega(\|y - x\|_x) \tag{7.3.7}$$

其中 $\omega(t)=t-\ln(1+t)$（见不等式 (5.1.14)）. 因此,

$$U_{\beta}(s+g)-U_{\beta}(s)-\langle g,\nabla U_{\beta}(s)\rangle$$

$$\overset{(7.3.4)}{=}\max_{y\in P_0}\{\langle s+g,y-x_0\rangle-\beta[F(y)-F(x_0)]-\langle s+g,x-x_0\rangle$$

$$+\beta[F(x)-F(x_0)]\}$$

$$=\max_{y\in P_0}\{\langle s+g,y-x\rangle-\beta[F(y)-F(x)]\}$$

$$\overset{(7.3.6)}{\leqslant}\max_{y\in P_0}\{\langle g,y-x\rangle+\beta[\langle\nabla F(x),y-x\rangle-F(y)+F(x)]\}$$

$$\overset{(7.3.7)}{\leqslant}\max_{y\in P_0}\{\langle g,y-x\rangle-\beta\omega(\|y-x\|_x)\}\leqslant\sup_{\tau\geqslant0}\{\tau\|g\|_x^*-\beta\omega(\tau)\}$$

如果 $\|g\|_x^*<\beta$, 则上式右端项的上确界等于 $\beta\omega_*\left(\dfrac{1}{\beta}\|g\|_x^*\right)$（见引理 5.1.4）. ∎

现在考虑仿射函数 $\ell(x)$, $x\in P$. 对 $\beta\geqslant0$, 定义函数

$$\ell^*(\beta)=\max_{x\in P_0}\{\ell(x)-\beta[F(x)-F(x_0)]\}\geqslant\ell(x_0)\overset{\text{def}}{=}\ell_0 \qquad (7.3.8)$$

这样, 有 $\ell^*(0)=\max\limits_{x\in P}\ell(x)\overset{\text{def}}{=}\ell^*$.

542

引理 7.3.2　对任意 $\beta>0$, 我们有

$$\ell^*(\beta)\leqslant\ell^*\leqslant\ell^*(\beta)+\beta\nu\left(1+\left[\ln\frac{\ell^*-\ell_0}{\beta\nu}\right]_+\right) \qquad (7.3.9)$$

其中 $[a]_+=\max\{a,0\}$. 另外,

$$\ell^*-\ell_0\leqslant[\sqrt{\ell^*(\beta)-\ell_0}+\sqrt{\beta\nu}]^2 \qquad (7.3.10)$$

证明　由定义 (7.3.2) 和 (7.3.8) 易知不等式 (7.3.9) 的第一部分成立. 下面证明第二部分. 考虑任意 $y^*\in\mathrm{Arg}\max\limits_{x\in P}\ell(x)$, 且定义

$$y(\alpha)=x_0+\alpha(y^*-x_0),\quad\alpha\in[0,1]$$

根据不等式 (5.3.14), 我们有

$$F(y(\alpha))\leqslant F(x_0)-\nu\ln(1-\alpha),\quad\alpha\in[0,1)$$

由于 $\ell(\cdot)$ 是线性的, 这个关系式意味着

$$\ell^*(\beta)\geqslant\max_{\alpha\in[0,1)}\{\ell(y(\alpha))-\beta[F(y(\alpha))-F(x_0)]\}$$

$$\geqslant(1-\alpha)\ell_0+\alpha\ell^*+\beta\nu\ln(1-\alpha),\quad\alpha\in[0,1) \qquad (7.3.11)$$

后一个表达式关于 α 的最大值在 $\alpha^*=\left[1-\dfrac{\beta\nu}{\ell^*-\ell_0}\right]_+$ 处取得. 于是, 如果 $\dfrac{\ell^*-\ell_0}{\beta\nu}\leqslant1$（即 $\alpha^*=0$）, 则 $\ell^*\leqslant\ell_0+\beta\nu$, 且由式 (7.3.8) 可知式 (7.3.9) 成立. 如果 $\alpha^*>0$, 那么通过直接替换即可得到式 (7.3.9).

另一方面, 由式 (7.3.11), 我们有

$$\ell^* - \ell_0 \leqslant \frac{1}{\alpha}\left[\ell^*(\beta) - \ell_0 + \beta\nu\ln\left(1 + \frac{\alpha}{1-\alpha}\right)\right] \leqslant \frac{1}{\alpha}[\ell^*(\beta) - \ell_0] + \frac{\beta\nu}{1-\alpha}$$

最后表达式关于 α 极小化，我们就得到式(7.3.10).

推论 7.3.1　对任意 $\beta > 0$，我们有

$$\ell^* \leqslant \ell^*(\beta) + \beta\nu\left[1 + 2\ln\left(1 + \sqrt{\frac{\ell^*(\beta) - \ell_0}{\beta\nu}}\right)\right] \tag{7.3.12}$$

543

7.3.2　障碍函数次梯度法

本节我们考虑如下形式的凸优化问题：

$$找到\ f_* \stackrel{\text{def}}{=} \max_x\{f(x): x \in P\} \tag{7.3.13}$$

其中 f 是凹函数，P 满足 7.3.1 节开始所述的结构性假设. 在下文中，我们假设 f 在 P_0 上是次可微的，且集合 P 是简单的. 后者意味着辅助优化问题(7.3.3)可以很容易求解.

现在考虑**障碍函数次梯度法**(BSM)的一般框架.

初始化：$s_0 = 0 \in \mathbb{E}^*$
迭代$(k \geqslant 0)$：
1. 选择 $\beta_k > 0$，且计算 $x_k = u_{\beta_k}^*(s_k)$；
2. 选择 $\lambda_k > 0$，且置 $s_{k+1} = s_k + \lambda_k \nabla f(x_k)$

$$(7.3.14)$$

注意到 $u_\beta^*(s)$ 表示优化问题(7.3.3)的唯一解，于是，障碍函数次梯度法(BSM)是一个仿射不变的算法.

为了分析算法(7.3.14)的性能，考虑如下间隙函数：

$$\ell_k(y) = \sum_{i=0}^{k}\lambda_i\langle\nabla f(x_i), y - x_i\rangle$$

$$\ell_k^* \stackrel{\text{def}}{=} \max_{y \in P}\ell_k(y), \quad k \geqslant 0$$

定理 7.3.1　假设算法(7.3.14)的参数满足条件

$$\lambda_k\|\nabla f(x_k)\|_{x_k}^* \leqslant \beta_k \leqslant \beta_{k+1}, \quad k \geqslant 0 \tag{7.3.15}$$

设 $S_k = \sum_{i=0}^{k}\lambda_i$ 且 $A_k = \sum_{i=0}^{k}\beta_i\omega_*\left(\frac{\lambda_i}{\beta_i}\|\nabla f(x_i)\|_{x_i}^*\right)$，则对于任意的 $k \geqslant 0$，我们有

544

$$\ell_k^* \leqslant A_k + \beta_{k+1}\nu\left[1 + 2\ln\left(1 + \sqrt{\frac{A_k}{\beta_{k+1}\nu} + 3\frac{S_k}{\beta_{k+1}}\|\nabla f(x_0)\|_{x_0}^*}\right)\right] \tag{7.3.16}$$

证明　注意到对任意 $k \geqslant 0$，我们有

$$U_{\beta_{k+1}}(s_{k+1}) \stackrel{(7.3.15)}{\leqslant} U_{\beta_k}(s_{k+1})$$

$$\stackrel{(7.3.5)}{\leqslant} U_{\beta_k}(s_k) + \lambda_k\langle\nabla f(x_k), u_{\beta_k}^*(s_k) - x_0\rangle + \beta_k\omega_*\left(\frac{\lambda_k}{\beta_k}\|\nabla f(x_k)\|_{x_k}^*\right)$$

由于 $U_{\beta_0}(0)=0$，我们总结得到

$$\langle s_{k+1}, x_{k+1}-x_0\rangle - \beta_{k+1}[F(x_{k+1})-F(x_0)] = U_{\beta_{k+1}}(s_{k+1})$$

$$\leqslant \sum_{i=0}^{k}\lambda_i\langle\nabla f(x_i), x_i-x_0\rangle + \sum_{i=0}^{k}\beta_i\omega_*\left(\frac{\lambda_i}{\beta_i}\|\nabla f(x_i)\|_{x_i}^*\right) \tag{7.3.17}$$

根据问题 (7.3.3) 的一阶最优性条件，对于所有的 $y\in P_0$，我们有

$$\langle s_{k+1}, y-x_{k+1}\rangle \leqslant \beta_{k+1}\langle\nabla F(x_{k+1}), y-x_{k+1}\rangle \tag{7.3.18}$$

注意到 $s_{k+1}=\sum\limits_{i=0}^{k}\lambda_i\nabla f(x_i)$. 因此，对任意 $y\in P_0$，我们得到

$$\sum_{i=0}^{k}\lambda_i\langle\nabla f(x_i), y-x_i\rangle \overset{(7.3.17)}{\leqslant} \langle s_{k+1}, y-x_{k+1}\rangle + \beta_{k+1}[F(x_{k+1})-F(x_0)]+A_k$$

$$\overset{(7.3.18)}{\leqslant} \beta_{k+1}[F(x_{k+1})+\langle\nabla F(x_{k+1}), y-x_{k+1}\rangle - F(x_0)]+A_k$$

$$\leqslant \beta_{k+1}[F(y)-F(x_0)]+A_k$$

因此，有 $\ell_k^*(\beta_{k+1})\leqslant A_k$. 另一方面，由于 f 是凹函数，我们得到

$$l_k(x_0)=\sum_{i=0}^{k}\lambda_i\langle\nabla f(x_i), x_0-x_i\rangle \geqslant \sum_{i=0}^{k}\lambda_i\langle\nabla f(x_0), x_0-x_i\rangle$$

$$\geqslant -\|\nabla f(x_0)\|_{x_0}^* \cdot \sum_{i=0}^{k}\lambda_i\|x_0-x_i\|_{x_0}$$

根据定义 (7.3.2)，我们有 $\langle\nabla F(x_0),\ x_i-x_0\rangle\geqslant 0$. 因此，由定理 5.3.9，有 $\|x_i-x_0\|_{x_0}\leqslant \nu+2\sqrt{\nu}\leqslant 3\nu$（回忆由引理 5.4.1 有 $\nu\geqslant 1$）. 于是，我们得到 $\ell_k(x_0)\geqslant -3\nu S_k\|\nabla f(x_0)\|_{x_0}^*$. 利用得到的结果和不等式 (7.3.12)，我们得到式 (7.3.16).

545

现在我们来估计算法 (7.3.14) 应用于具体问题类的收敛率.

定义 7.3.1　我们称函数 $f\in\mathscr{B}_M(P)$，如果对任意 $x\in P_0$ 都有 $\|\nabla f(x)\|_x^*\leqslant M$.

对函数 $f\in\mathscr{B}_M(P)$，我们建议算法 (7.3.14) 的参数按如下取值：

$$\lambda_k=1, k\geqslant 0, \quad \beta_0=\beta_1, \quad \beta_k=M\cdot\left(1+\sqrt{\frac{k}{\nu}}\right), k\geqslant 1 \tag{7.3.19}$$

定理 7.3.2　设满足 $f\in\mathscr{B}_M(P)$ 的问题 (7.3.13) 用算法 (7.3.14) 来求解，且算法参数按 (7.3.19) 选取，则对任意 $k\geqslant 0$，我们有

$$\frac{1}{S_k}\ell_k^* \leqslant 2M\cdot\left(\sqrt{\frac{\nu}{k+1}}+\frac{\nu}{k+1}\right)\cdot\left(1+\ln\left(2+\frac{3}{2}\sqrt{\nu(k+1)}\right)\right) \tag{7.3.20}$$

证明　定义 $\tau_k=\frac{1}{M}\beta_k>1$. 根据式 (7.3.19) 中参数的选择和定理的假设，我们有 $S_k=k+1$，且

$$A_k=\sum_{i=0}^{k}\beta_i\omega_*\left(\frac{\lambda_i}{\beta_i}\|\nabla f(x_i)\|_{x_i}^*\right)\leqslant M\sum_{i=0}^{k}\tau_i\omega_*\left(\frac{1}{\tau_i}\right)\leqslant\frac{1}{2}M\sum_{i=0}^{k}\tau_i\frac{\tau_i^{-2}}{1-\tau_i^{-1}}$$

$$=\frac{1}{2}M\sum_{i=0}^{k}\frac{1}{\tau_i-1}=\frac{\sqrt{\nu}}{2}M\left[1+\sum_{i=1}^{k}\frac{1}{\sqrt{i}}\right]\leqslant\sqrt{\nu}M\left[\frac{1}{2}+\sqrt{k}\right] \tag{7.3.21}$$

（最后一个不等式用归纳法很容易证明）. 进一步，

$$\frac{S_k}{\beta_{k+1}}\|\nabla f(x_0)\|_{x_0}^* \leqslant \frac{k+1}{1+\sqrt{\dfrac{k+1}{\nu}}} \leqslant \sqrt{\nu(k+1)}$$

$$\frac{A_k}{\beta_{k+1}\nu} \leqslant \frac{\dfrac{1}{2}+\sqrt{k}}{\sqrt{\nu}+\sqrt{k+1}} \leqslant 1$$

于是，将上述估计代入不等式(7.3.16)，我们得到

$$\frac{\ell_k^*}{S_k} \leqslant M\left[\frac{\sqrt{\nu}}{k+1}\left(\frac{1}{2}+\sqrt{k}\right)+\frac{\nu+\sqrt{\nu(k+1)}}{k+1}(1+2\ln(1+\sqrt{1+3\sqrt{\nu(k+1)}}))\right]$$

$$\leqslant 2M \cdot \left(\sqrt{\frac{\nu}{k+1}}+\frac{\nu}{k+1}\right) \cdot \left(1+\ln\left(2+\frac{3}{2}\sqrt{\nu(k+1)}\right)\right)$$

546 最后一个不等式利用了界$\dfrac{\sqrt{\nu}}{k+1}\left(\dfrac{1}{2}+\sqrt{k}\right)\leqslant\sqrt{\dfrac{\nu}{k+1}}+\dfrac{\nu}{k+1}$.

若参数按(7.3.19)取值，算法(7.3.14)可以写成如下形式：

$$x_{k+1}=\arg\max_{x\in P_0}\left\{\frac{1}{k+1}\sum_{i=0}^k\langle\nabla f(x_i),x-x_i\rangle-M\frac{\sqrt{\nu}+\sqrt{k+1}}{\sqrt{\nu(k+1)}}[F(x)-F(x_0)]\right\}$$

(7.3.22)

由于f是凹函数，有

$$\frac{1}{S_k}\ell_k^*=\frac{1}{S_k}\max_{y\in P}\sum_{i=0}^k\lambda_i\langle\nabla f(x_i),y-x_i\rangle$$

$$\geqslant\frac{1}{S_k}\max_{y\in P}\sum_{i=0}^k\lambda_i[f(y)-f(x_i)]=f_*-\frac{1}{S_k}\sum_{i=0}^k\lambda_i f(x_i)$$

于是，估计式(7.3.20)表明原始变量的收敛速度为

$$f_*-\sum_{i=0}^k\frac{\lambda_i}{S_k}f(x_i)\leqslant 2M\cdot\left(\sqrt{\frac{\nu}{k+1}}+\frac{\nu}{k+1}\right)\cdot\left(1+\ln\left(2+\frac{3}{2}\sqrt{\nu(k+1)}\right)\right)$$

(7.2.23)

注意到值ℓ_k^*是可计算的，因此，它可以用于终止算法过程.

我们现在来证明算法(7.3.22)也可以生成对偶问题的近似解. 为此，我们需要利用问题的内在结构. 我们假设它可以用鞍点形式表示如下：

$$f(x)=\min_{w\in S}\boldsymbol{\Psi}(x,w)\to\max_{x\in P}$$

(7.3.24)

其中$S\subset\mathbb{E}_1$是一个闭凸集，且函数$\boldsymbol{\Psi}(x,w)$关于$w\in S$是凸的，而关于$x\in P$是凹且次可微的. 这样，对偶问题定义为

$$找到\ f_*=\min_{w\in S}\eta(w)$$

$$\eta(w)=\max_{y\in P}\boldsymbol{\Psi}(y,w)$$

(7.3.25)

因为 P 有界，上述问题是有定义的. 不失一般性，对某 $w(x) \in \text{Arg} \min\limits_{w \in S} \Psi(x, w) \subseteq S$，总是可以选取

$$\nabla f(x) = \nabla_1 \Psi(x, w(x)) \tag{7.3.26}$$

我们假设 $w(x)$ 对任意 $x \in P$ 都可计算.

547

引理 7.3.3 定义 $\overline{w}_k = \dfrac{1}{S_k} \sum\limits_{i=0}^{k} \lambda_i w(x_i)$ 和 $x_k = \dfrac{1}{S_k} \sum\limits_{i=0}^{k} \lambda_i x_i$，则

$$\eta(\overline{w}_k) - f(\overline{x}_k) \leqslant \frac{1}{S_k} \ell_k^* \tag{7.3.27}$$

证明 由于 Ψ 关于第一个参数是凹函数，对任意 $y \in P$，我们有

$$\langle \nabla f(x_i), y - x_i \rangle = \langle \nabla_1 \Psi(x_i, w(x_i)), y - x_i \rangle$$
$$\geqslant \Psi(y, w(x_i)) - \Psi(x_i, w(x_i)) = \Psi(y, w(x_i)) - f(x_i)$$

因此，

$$\frac{1}{S_k} \ell_k^* = \frac{1}{S_k} \max_{y \in P} \sum_{i=0}^{k} \lambda_i \langle \nabla f(x_i), y - x_i \rangle \geqslant \frac{1}{S_k} \max_{y \in P} \sum_{i=0}^{k} \lambda_i [\Psi(y, w(x_i)) - f(x_i)]$$

$$\geqslant \max_{y \in P} \Psi(y, \overline{w}_k) - \frac{1}{S_k} \sum_{i=0}^{k} \lambda_i f(x_i) = \eta(\overline{w}_k) - \frac{1}{S_k} \sum_{i=0}^{k} \lambda_i f(x_i)$$

$$\geqslant \eta(\overline{w}_k) - f(\overline{x}_k)$$

于是，算法 (7.3.22) 可产生近似原始-对偶解，且满足

$$\eta(\overline{w}_k) - f(\overline{x}_k) \leqslant 2M \cdot \left(\sqrt{\frac{\nu}{k+1}} + \frac{\nu}{k+1} \right) \cdot \left(1 + \ln\left(2 + \frac{3}{2} \sqrt{\nu(k+1)} \right) \right) \tag{7.3.28}$$

7.3.3 正凹函数极大化

现在研究凸优化问题

$$\text{找到} \quad \psi_* \overset{\text{def}}{=} \max_x \{ \psi(x) : x \in P \} \tag{7.3.29}$$

其中集合 $P = \hat{P} \bigcap Q$ 满足为问题 (7.3.13) 引入的假设. 但是，现在我们假设函数 ψ 在 int Q 上是凹且正的，即

$$\psi(x) > 0, \quad \forall x \in \text{int } Q \tag{7.3.30}$$

引理 7.3.4 设函数 ψ 在 int Q 上是凹且正的，则对任意 $x \in \text{int } Q$，我们有

$$\|\nabla \psi(x)\|_x^* \leqslant \psi(x) \tag{7.3.31}$$

548

证明 取任意 $x \in \text{int } Q$ 和 $r \in [0, 1)$，定义

$$y = x - \frac{r}{\|\nabla \psi(x)\|_x^*} [\nabla^2 F(x)]^{-1} \nabla \psi(x)$$

根据定理 5.1.5 的第一个项，有 $y \in \text{int } Q$. 因此，

$$0 \leqslant \psi(y) \leqslant \psi(x) + \langle \nabla \psi(x), y - x \rangle = \psi(x) - r \|\nabla \psi(x)\|_x^*$$

由于 r 是 $[0,1)$ 之间的任意值，我们得到 $(7.3.31)$. ■

这个结果有一个重要的推论. 我们来对问题 $(7.3.29)$ 的目标函数应用对数变换

$$f(x) \stackrel{\text{def}}{=} \ln \psi(x) \tag{7.3.32}$$

引理 7.3.5 设 ψ 是凹函数且在 $(7.3.30)$ 意义下是正的，则有 $f \in \mathscr{B}_1(Q)$，且它在 Q 上是凹的.

证明 事实上，众所周知，凹函数的对数也是一个凹函数. 只需注意到 $\nabla f(x) = \dfrac{1}{\psi(x)} \nabla \psi(x)$，且应用不等式 $(7.3.31)$ 即可证明命题. ■

于是，为了解决问题 $(7.3.29)$，我们可以将算法 $(7.3.14)$ 应用于由 $(7.3.32)$ 定义的目标函数的问题 $(7.3.13)$. 由此产生的优化算法为

$$x_{k+1} = \arg \max_{x \in P_0} \left\{ \frac{1}{k+1} \sum_{i=0}^{k} \left\langle \frac{\nabla \psi(x_i)}{\psi(x_i)}, x - x_i \right\rangle - \frac{\sqrt{\nu} + \sqrt{k+1}}{\sqrt{\nu}(k+1)} [F(x) - F(x_0)] \right\} \tag{7.3.33}$$

对于算法 $(7.3.33)$，我们可以以相对尺度保证其一定的收敛率.

定理 7.3.3 设序列 $\{x_k\}_{k=0}^{\infty}$ 是算法 $(7.3.33)$ 求解问题 $(7.3.29)$ 生成的，则对任意 $k \geqslant 0$，我们有

$$\left[\prod_{i=0}^{k} \psi(x_i) \right]^{\frac{1}{k+1}}$$

$$\geqslant \psi_* \cdot \exp \left\{ -2 \left(\sqrt{\frac{\nu}{k+1}} + \frac{\nu}{k+1} \right) \left(1 + \ln \left(2 + \frac{3}{2} \sqrt{\nu(k+1)} \right) \right) \right\}$$

$$\geqslant \psi_* \cdot \left[1 - 2 \left(\sqrt{\frac{\nu}{k+1}} + \frac{\nu}{k+1} \right) \left(1 + \ln \left(2 + \frac{3}{2} \sqrt{\nu(k+1)} \right) \right) \right] \tag{7.3.34}$$

证明 事实上，我们仅对由 $(7.3.32)$ 定义的函数 f 应用算法 $(7.3.22)$. 因为 $f \in \mathscr{B}_1(Q) \subseteq \mathscr{B}_1(P)$，由 $(7.3.20)$，我们得到

$$f_* - \frac{1}{k+1} \sum_{i=0}^{k} f(x_i) \leqslant \delta_k \stackrel{\text{def}}{=} 2 \left(\sqrt{\frac{\nu}{k+1}} + \frac{\nu}{k+1} \right) \left(1 + \ln \left(2 + \frac{3}{2} \sqrt{\nu(k+1)} \right) \right)$$

因此，$\left[\prod_{i=0}^{k} \psi(x_i) \right]^{\frac{1}{k+1}} \geqslant \psi_* \cdot \mathrm{e}^{-\delta_k} \geqslant \psi_* \cdot (1 - \delta_k)$. 这恰好就是 $(7.3.34)$. ■

我们来说明如何处理 $(7.3.29)$ 的对偶问题. 为方便起见，假设

$$\psi(x) = \min_{u \in \Omega} \Psi_0(u, x) \tag{7.3.35}$$

其中 $\Omega \subset \mathbb{E}_1$ 是闭凸集. 此时，条件 $(7.3.30)$ 可以写为

$$\Psi_0(u, x) \geqslant 0, \quad u \in \Omega, x \in P \tag{7.3.36}$$

注意到

$$\max_{x \in P} \ln \psi(x) = \max_{x \in P} \min_{\tau > 0} \min_{u \in \Omega} [\tau \Psi_0(u, x) - \ln \tau - 1]$$

$$
= \max_{x \in P} \min_{\substack{v \in \tau \Omega, \\ \tau > 0}} \left[\tau \Psi_0 \left(\frac{1}{\tau} v, x \right) - \ln \tau - 1 \right]
$$

$$
\overset{(1.3.6)}{\leqslant} \min_{\substack{v \in \tau \Omega, \\ \tau > 0}} \left\{ \eta(w) \equiv \eta(v, \tau) \overset{\text{def}}{=} -1 - \ln \tau + \tau \psi^* \left(\frac{1}{\tau} v \right) \right\}
$$

其中 $\psi^*(u) = \max\limits_{x \in P} \Psi_0(u, x)$.

用 $u(x)$ 表示极小化问题 (7.3.35) 的一个解，则显然 $w(x)$ 定义为

$$
w(x) = (v(x), \tau(x)), \quad v(x) = \tau(x) u(x), \quad \tau(x) = \frac{1}{\psi(x)}
$$

根据引理 7.3.3，我们可以用

$$
\bar{v}_k = \frac{1}{k+1} \sum_{i=0}^{k} \frac{u(x_i)}{\psi(x_i)}, \quad \bar{\tau}_k = \frac{1}{k+1} \sum_{i=0}^{k} \frac{1}{\psi(x_i)}
$$

表示 $\bar{w}_k = (\bar{v}_k, \bar{\tau}_k)$. 令 $\bar{x}_k = \dfrac{1}{k+1} \sum\limits_{i=0}^{k} x_i$, 且 $\bar{u}_k = \dfrac{\bar{v}_k}{\bar{\tau}_k} = \sum\limits_{i=0}^{k} \dfrac{u(x_i)}{\psi(x_i)} \Big/ \Big[\sum\limits_{i=0}^{k} \dfrac{1}{\psi(x_i)} \Big] \in \Omega$，则由 (7.3.27)，我们得到

$$
\frac{1}{S_k} \ell_k^* \geqslant \eta(\bar{w}_k) - \ln \psi(\bar{x}_k) = -1 - \ln \bar{\tau}_k + \bar{\tau}_k \psi^* \left(\frac{1}{\bar{\tau}_k} \bar{v}_k \right) - \ln \psi(\bar{x}_k)
$$

$$
= -1 - \ln \bar{\tau}_k + \bar{\tau}_k \psi^*(\bar{u}_k) - \ln \psi(\bar{x}_k) \geqslant \ln \frac{\psi^*(\bar{u}_k)}{\psi(\bar{x}_k)}
$$

因此，

$$
\psi(\bar{x}_k) \geqslant \psi^*(\bar{u}_k) \cdot \exp\left\{ -\frac{1}{S_k} \ell_k^* \right\} \tag{7.3.37}
$$

注意到 $\psi^*(\bar{u}_k) \geqslant \psi_*$.

7.3.4　应用

本节，我们将研究算法 (7.3.33) 的应用的一些实例. 对通常的相对精度定义稍加修改将会更方便. 我们称某值 $\bar{\phi}$ 是最优值 $\phi_* > 0$ 关于相对尺度的 δ-近似，如果

$$
\phi_* \geqslant \bar{\phi} \geqslant \phi_* \cdot e^{-\delta}, \quad \delta > 0
$$

在复杂度估计中，简写符号 $\widetilde{Q}(\cdot)$ 表示省略了一些对数因子. 由于收敛率 (7.3.34) 不依赖于问题的数据，我们的方法是所谓的**完全多项式时间近似算法**.

7.3.4.1　分数覆盖问题

考虑如下分数覆盖问题：

$$
找到 \ \phi_* \overset{\text{def}}{=} \min_{y} \{ \langle b, y \rangle : A^{\mathrm{T}} y \geqslant c, \ y \geqslant 0 \in \mathbb{R}^m \} \tag{7.3.38}
$$

其中 $A = (a_1, \cdots, a_n)$ 是具有非负元素的 $(m \times n)$-矩阵，且向量 $b \in \mathbb{R}^m$ 和 $c \in \mathbb{R}^n$ 具有正分量. 定义

551

$$\psi(y) = \min_{1 \leqslant i \leqslant n} \frac{1}{c(i)} \langle a_i, y \rangle$$

注意到 ψ 是凹函数，且是一阶正齐次函数. 因此，

$$\phi_* = \min_y \left\{ \frac{\langle b, y \rangle}{\psi(y)} : y \geqslant 0 \in \mathbb{R}^m \right\}$$

$$= \left[\max_y \left\{ \frac{\psi(y)}{\langle b, y \rangle} : y \geqslant 0 \in \mathbb{R}^m \right\} \right]^{-1}$$

$$= \left[\max_y \{ \psi(y) : \langle b, y \rangle = 1, y \geqslant 0 \in \mathbb{R}^m \} \right]^{-1}$$

于是，问题(7.3.38)可以写成具有 $Q = \mathbb{R}^m_+$，

$$F(y) = -\sum_{j=1}^m \ln y^{(j)}, \quad \nu = m$$

且 $\hat{P} = \{y : \langle b, y \rangle = 1\}$ 的形式(7.3.29). 因此，根据估计式(7.3.34)，$\phi_* = \psi_*^{-1}$ 以相对尺度的 δ- 近似值可以在算法(7.3.33)的 $\tilde{O}\left(\frac{m}{\delta^2}\right)$ 次迭代内找到. 该算法每次迭代需要 $O(mn)$ 次运算来计算 $\psi(y)$ 及其次梯度，且本质上用 $O(m \ln m)$ 次运算来求解(7.3.33)中的辅助极大化问题(见附录 A.2 节). 当然，如果 $m \ll n$，这种计算策略是合理的. 否则，最好通过光滑技术(见第 6 章)求解问题的对偶形式(7.3.38).

7.3.4.2 最大并发流问题

考虑由节点集 $\mathcal{N}$ ($|\mathcal{N}| = n$) 和有向弧集

$$\mathcal{A} = \{a = (i, j), i, j \in \mathcal{N}\}, \quad |\mathcal{A}| = m$$

组成的一个网络. 我们假设所有弧都有有限容量. 具体地讲，这意味着弧的流向量 $f \in \mathbb{R}^m_+$ 必须满足容量约束

$$f \leqslant \bar{f}$$

我们来引入"起点-终点"对的集合

$$\mathcal{OD} = \{(i, j), i, j \in \mathcal{N}\}$$

每对 $(i, j) \in \mathcal{OD}$ 为节点 i 和节点 j 生成 $d_{i,j}$ 水平的一个有向流 $f_{i,j} \in \mathbb{R}^m_+$. 正式地讲，这意味着向量 $f_{i,j}$ 必须满足线性方程组

552

$$Bf_{i,j} = d_{i,j}(e_i - e_j), \quad (i, j) \in \mathcal{OD}$$

其中 B 为网络的平衡矩阵，$e_{(\cdot)}$ 是 $\mathbb{R}^n$ 中对应的坐标轴向量.

最大并发流问题可表示为

$$\text{找到 } \lambda_* \overset{\text{def}}{=} \max_{\lambda, f_{i,j}} \{\lambda : Bf_{i,j} = \lambda \cdot d_{i,j}(e_i - e_j)$$

$$f_{i,j} \geqslant 0, (i, j) \in \mathcal{OD}, \sum_{(i,j) \in \mathcal{OD}} f_{i,j} \leqslant \bar{f}\} \tag{7.3.39}$$

利用拉格朗日乘子向量 $t \in \mathbb{R}^M_+$ 对流量约束条件进行对偶化，我们得到如下对偶问题：

$$\psi_* \overset{\text{def}}{=} \lambda_*^{-1} = \max_t \{\psi(t) : \langle \bar{f}, t \rangle = 1, t \geqslant 0 \in \mathbb{R}^m\}$$

$$\psi(t) = \sum_{(i,j) \in \mathcal{OD}} d_{i,j} \cdot SP_{i,j}(t) \tag{7.3.40}$$

其中函数 $SP_{i,j}(t)$ 是节点 i 与 j 间关于弧旅行时间非负向量 $t\in\mathbb{R}^m$ 的最短路径距离.

显然, (7.3.40) 中的函数 ψ 满足为问题 (7.3.29) 引入的所有假设. 因此 (7.3.40) 可以用算法 (7.3.33) 求解. 根据估计 (7.3.34), ψ_* 的相对尺度 δ-近似解可以在 $\tilde{O}\left(\frac{m}{\delta^2}\right)$ 次迭代内得到. 该算法的每次迭代都需要计算所有"起点-终点"对的最短路径距离. 解决 (7.3.33) 中辅助极大化问题的复杂度本质上需要 $O(m\ln m)$ 次运算 (见 A.2 节). 注意到我们还能够使用 7.3.3 节末尾描述的技术来重构对偶解 (对应于起点-终点流).

7.3.4.3　非负函数分量的极小极大问题

考虑如下极小极大问题:

$$找到\ \psi_* \stackrel{\text{def}}{=} \min_{x\in S}\ \max_{1\leqslant i\leqslant m} f_i(x) \tag{7.3.41}$$

其中 S 是一个闭凸集, 且所有函数 $f_i(\,\cdot\,)$ 在 S 上是凸且非负的. 我们假设函数

$$\psi(y) = \min_{x\in S}\sum_{i=1}^m y^{(i)} f_i(x)$$

对任意 $y\geqslant 0\in\mathbb{R}^m$ 有定义. 此外, 我们假设这个函数及其次梯度的值是容易计算的.

553

这样, 我们用对偶形式重写问题 (7.3.41) 为

$$\psi_* = \max_y\{\psi(y):\langle\bar{e}_m,y\rangle = 1,\ y\geqslant 0\in\mathbb{R}^m\} \tag{7.3.42}$$

其中 $\bar{e}_m\in\mathbb{R}^m$ 是全 1 向量.

注意到问题 (7.3.42) 满足问题 (7.3.29) 的所有假设. 因此, 根据估计式 (7.3.34), ψ_* 的相对尺度 δ-近似解可以用算法 (7.3.33) 在 $\tilde{O}\left(\frac{m}{\delta^2}\right)$ 次迭代中找到. 该算法每次迭代都需要求解函数 f_i 和障碍函数 F 的加权和的极小化问题.

7.3.4.4　布尔二次问题的半定松弛

考虑如下极大化问题:

$$找到\ f_* \stackrel{\text{def}}{=} \max_x\{\langle Ax,x\rangle:x^{(i)}=\pm 1,\ i=1,\cdots,n\} \tag{7.3.43}$$

其中 A 是对称正定的 $(n\times n)$-矩阵. 众所周知, 这个问题是 NP-难的. 然而, 研究结果表明, 可以用与维数无关的相对精度在多项式时间内近似它的最优值. 也就是说, 定义

$$\psi_* = \min_y\{\langle\bar{e}_n,y\rangle:D(y)\geqslant A\} \tag{7.3.44}$$

其中 $D(y)$ 为对角线上是向量 y 的对角 $(n\times n)$-矩阵. 这样, 可以证明

$$\frac{2}{\pi}\psi_* \leqslant f_* \leqslant \psi_*$$

通常, 问题 (7.3.44) 用内点法求解. 但是, 注意到以高的相对精度计算 ψ_* 的近似值通常是没用的, 因此, 通过廉价的梯度法求解它显得是合理的.

我们来验证 ψ_* 的另一个表示.

引理 7.3.6　设 $A=L^{\mathrm{T}}L$, 则

$$\psi_* = \max_X \left\{ \psi(X) \stackrel{\text{def}}{=} \Big[\sum_{i=1}^n \langle Xq_i, q_i \rangle^{1/2} \Big]^2 : \langle I_n, X \rangle_F = 1, \ X \succcurlyeq 0 \right\} \qquad (7.3.45)$$

其中 q_i 是矩阵 L 的列，I_n 是单位矩阵，且对称矩阵空间中的内积以自然方式定义.

证明 事实上，由于 $A \succ 0$，我们有

$$\psi_* = \min_u \left\{ \sum_{i=1}^n \frac{1}{u^{(i)}} : A^{-1} \succcurlyeq D(u) \right\}$$

$$= \min_u \max_{Y \succcurlyeq 0} \left\{ \sum_{i=1}^n \frac{1}{u^{(i)}} + \langle Y, D(u) - A^{-1} \rangle_M \right\}$$

$$= \max_{Y \succcurlyeq 0} \min_u \left\{ \sum_{i=1}^n \left(\frac{1}{u^{(i)}} + Y^{(i,i)} u^{(i)} \right) - \langle Y, A^{-1} \rangle_M \right\}$$

于是，$\psi_* = \max_{Y \succcurlyeq 0} \left\{ 2 \sum_{i=1}^n [Y^{(i,i)}]^{1/2} - \langle Y, A^{-1} \rangle_M \right\}$. 沿一个取定方向 $Y \succcurlyeq 0$ 极大化该问题中的目标函数，我们得到

$$\psi_* = \max_{Y \succcurlyeq 0} \left\{ \frac{1}{\langle Y, A^{-1} \rangle_M} \Big[\sum_{i=1}^n [Y^{(i,i)}]^{1/2} \Big]^2 \right\}$$

在这个问题中选取新的变量 $X = L^{-T} Y L^{-1}$，即可得表达式(7.3.45).

注意，(7.3.45)中的函数 ψ 是凹的，而且它在任意 $X \succ 0$ 处都是可微且正的. 在我们的例子中，Q 是半正定矩阵锥，且有

$$F(X) = -\ln \det X, \quad \nu = n$$

因此，(7.3.45)⊖ 满足问题(7.3.29)的条件. 因此，通过算法(7.3.33)的 $\tilde{O}\left(\frac{n}{\delta^2}\right)$ 次迭代可以得到 ψ_* 的近似解，其中 δ 是期望的相对精度. 在我们的例子中，算法(7.3.33)的每次迭代都需要用 UTU^T 形式表示一个 $n \times n$-矩阵，其中 U 是正交矩阵且 T 是三对角线矩阵. 之后，我们可以应用附录 A.2 末尾描述的有效搜索程序.

7.3.5 随机规划的替代——在线优化

7.3.5.1 不确定环境下的决策过程

研究一个收益不确定的可重复决策过程. 假设我们有 $N+1$ 个时间阶段，每个阶段对应一个完整的生产循环. 在第 k 阶段开始时，我们选择生产策略

$$x_k \in P, \quad k = 0, \cdots, N$$

其中 P 的结构满足 7.3.1 节的假设. 该阶段不同经济活动的结果由生产函数

$$\psi_k(x) \geqslant 0, \quad x \in P$$

给出. $\psi_k(x)$ 的值等于在第 k 阶段开始时依据生产策略 $x \in P$ 的投资资本增长率. 函数

⊖ 原文误为(5.8). ——译者注

$\psi_k(\cdot)$ 仅在第 k 阶段结束时是已知的. 因此，它可用于选择下一个阶段的生产策略.

暂时假设我们事先知道所有生产函数：

$$\psi_k(x), \quad k = 0, \cdots, N$$

然而，由于某些原因，我们必须遵守在所有这些阶段应用相同的策略 $x \in P$. 当然，在这种情况下，使用

$$x_N^* \overset{\text{def}}{=} \arg \max_{x \in P} \prod_{k=0}^{N} \psi_k(x)$$

是合理的. 这样，这个静态策略的平均效率为

$$\psi_N^* = \Big[\prod_{k=0}^{N} \psi_k(x^*) \Big]^{\frac{1}{N+1}}$$

然而，通常未来是未知的. 取而代之的是，我们经常有为每个阶段 k 选择特定生产策略 $x_k \in P$ 的自由度. 我们来研究该方案的可能效率.

假设我们已知集合 Q 的 ν-自和谐障碍函数 $F(\cdot)$，这样我们可以应用如下算法 (7.3.33) 的变形：

$$x_{k+1} = \arg \max_{x \in P} \left\{ \frac{1}{k+1} \sum_{i=0}^{k} \Big\langle \frac{\nabla \psi_i(x_i)}{\psi_i(x_i)}, x - x_i \Big\rangle - \frac{\sqrt{\nu} + \sqrt{k+1}}{\sqrt{\nu}(k+1)} [F(x) - F(x_0)] \right\} \tag{7.3.46}$$

在这种情况下，经过 $N+1$ 个阶段后，平均增长率为

$$\Psi_N \overset{\text{def}}{=} \Big[\prod_{k=0}^{N} \psi_k(x_k) \Big]^{\frac{1}{N+1}}$$

556

定理 7.3.4 对任意 $N \geqslant 0$，我们有 $\Psi_N \geqslant \psi_N^* \cdot e^{-\delta_N}$，满足当 $N \to \infty$ 时

$$\delta_N = 2 \Big(\sqrt{\frac{\nu}{N+1}} + \frac{\nu}{N+1} \Big) \cdot \Big(1 + \ln \Big(2 + \frac{3}{2} \sqrt{\nu(N+1)} \Big) \Big) \to 0$$

证明 这个证明与定理 7.3.1 和 7.3.2 的证明非常相似. 定义

$$f_k(x) = \ln \psi_k(x), \quad f(x) = \frac{1}{N+1} \sum_{k=0}^{N} f_k(x), \quad s_k = \sum_{i=0}^{k} \nabla f_i(x_i) = \sum_{i=0}^{k} \frac{\nabla \psi_i(x_i)}{\psi_i(x_i)}$$

注意到算法 (7.3.46) 可看成算法 (7.3.14)、(7.3.19) 应用于不断变化目标函数的情形.

对任意 $k \geqslant 0$，我们有

$$U_{\beta_{k+1}}(s_{k+1}) \leqslant U_{\beta_k}(s_{k+1})$$

$$\overset{(7.3.5)}{\leqslant} U_{\beta_k}(s_k) + \langle \nabla f_k(x_k), u_{\beta_k}^*(s_k) - x_0 \rangle + \beta_k \omega_* \Big(\frac{1}{\beta_k} \| \nabla f_k(x_k) \|_{x_k}^* \Big)$$

$$\overset{(7.3.31)}{\leqslant} U_{\beta_k}(s_k) + \langle \nabla f_k(x_k), u_{\beta_k}^*(s_k) - x_0 \rangle + \beta_k \omega_* \Big(\frac{1}{\beta_k} \Big)$$

由于 $U_{\beta_0}(0) = 0$，我们可得

$$\langle s_{N+1}, x_{N+1} - x_0 \rangle - \beta_{N+1} [F(x_{N+1}) - F(x_0)]$$

$$= U_{\beta_{N+1}}(s_{N+1}) \leqslant \sum_{i=0}^{N} \langle \nabla f_i(x_i), x_i - x_0 \rangle + \sum_{i=0}^{N} \beta_i \omega_* \Big(\frac{1}{\beta_i} \Big)$$

$$\overset{(7.3.21)}{\leqslant} \sum_{i=0}^{N} \langle \nabla f_i(x_i), x_i - x_0 \rangle + \sqrt{\nu}\left[\frac{1}{2} + \sqrt{N}\right] \tag{7.3.47}$$

根据(7.3.3)的一阶最优性条件，对任意 $y \in P_0$，我们有

$$\langle s_{N+1}, y - x_{N+1} \rangle \leqslant \beta_{N+1} \langle \nabla F(x_{N+1}), y - x_{N+1} \rangle \tag{7.3.48}$$

因此，使用所有函数 f_i 的凹性，对任意 $y \in P$，我们得到

$$\ell_N(y) \overset{\text{def}}{=} \sum_{i=0}^{N} \langle \nabla f_i(x_i), y - x_i \rangle$$

$$\overset{(7.3.47)}{\leqslant} \langle s_{N+1}, y - x_{N+1} \rangle + \beta_{N+1}[F(x_{N+1}) - F(x_0)] + \sqrt{\nu}\left[\frac{1}{2} + \sqrt{N}\right]$$

$$\overset{(7.3.48)}{\leqslant} \beta_{N+1}[F(x_{N+1}) + \langle \nabla F(x_{N+1}), y - x_{N+1} \rangle - F(x_0)] + \sqrt{\nu}\left[\frac{1}{2} + \sqrt{N}\right]$$

$$\leqslant \beta_{N+1}[F(y) - F(x_0)] + \sqrt{\nu}\left[\frac{1}{2} + \sqrt{N}\right]$$

因此，$\ell_N^*(\beta_{N+1}) \leqslant \sqrt{\nu}\left[\frac{1}{2} + \sqrt{N}\right]$. 另一方面，使用与定理 7.3.1 证明结尾中相同的论据，我们得到

$$\ell_N(x_0) = \sum_{i=0}^{N} \langle \nabla f_i(x_i), x_0 - x_i \rangle \geqslant \sum_{i=0}^{N} \langle \nabla f_i(x_0), x_0 - x_i \rangle$$

$$\geqslant -3\nu \cdot (N+1)$$

于是，有 $\ell_N^*(\beta_{N+1}) - \ell_N(x_0) \leqslant \sqrt{\nu}\left(\frac{1}{2} + \sqrt{N}\right) + 3\nu \cdot (N+1)$. 由于 $\beta_{N+1} = 1 + \sqrt{\dfrac{N+1}{\nu}}$，根据(7.3.12)，我们有

$$\frac{\ell_N^*}{N+1} \leqslant \frac{\sqrt{\nu}}{N+1}\left(\frac{1}{2} + \sqrt{N}\right)$$

$$+ \frac{\nu + \sqrt{\nu(N+1)}}{N+1}\left[1 + 2\ln\left(1 + \sqrt{\frac{\sqrt{\nu}\left(\frac{1}{2} + \sqrt{N}\right) + 3\nu \cdot (N+1)}{\nu + \sqrt{\nu(N+1)}}}\right)\right]$$

$$\leqslant \frac{\sqrt{\nu}}{N+1}\left(\frac{1}{2} + \sqrt{N}\right) + \frac{\nu + \sqrt{\nu(N+1)}}{N+1}\left[1 + 2\ln\left(1 + \sqrt{1 + 3\sqrt{\nu(N+1)}}\right)\right]$$

$$\leqslant \delta_N$$

(见定理 7.3.2 证明结尾所用的论据). 另一方面，

$$\frac{1}{N+1}\ell_N^* = \frac{1}{N+1}\max_{y \in P}\left\{\sum_{i=0}^{N} \langle \nabla f_i(x_i), y - x_i \rangle\right\} \geqslant \frac{1}{N+1}\max_{y \in P}\left\{\sum_{i=0}^{N}[f_i(y) - f_i(x_i)]\right\}$$

$$= \ln\psi_N^* - \ln\Psi_N$$

现在我们来看看这个定理的几个应用.

7.3.5.2　投资组合管理

设 $x \in \Delta_n$ 是我们投资组合的结构. 用 $c_k^{(i)} \geqslant 0$，$i = 1, \cdots, n$ 表示股票 i 的价格在第 $k \geqslant$

0 天的增长系数. 这样,固定分配(constant sharing)的最优投资组合定义为

$$x_N^* = \arg\max_{x \in P} \prod_{k=0}^{N} \langle c_k, x \rangle, \quad \psi_N^* = \left[\prod_{k=0}^{N} \langle c_k, x_N^* \rangle \right]^{1/(N+1)}$$

对于集合 $Q = \mathbb{R}_+^n$,我们应用标准的 n-自和谐障碍函数

$$F(x) = -\sum_{i=1}^{n} \ln x^{(i)}$$

这样,我们可以使用算法(7.3.46)如下的变形:

$$x_{k+1} = \arg\max_{x \in P} \left\{ \frac{1}{k+1} \sum_{i=0}^{k} \frac{\langle c_i, x - x_i \rangle}{\langle c_i, x_i \rangle} - \frac{\sqrt{\nu} + \sqrt{k+1}}{\sqrt{\nu}(k+1)} [F(x) - F(x_0)] \right\}, \quad k \geq 0$$

$$(7.3.49)$$

在这种情况下,$N+1$ 个阶段后,我们的投资组合的平均增长率为

$$\Psi_N \overset{\text{def}}{=} \left[\prod_{k=0}^{N} \langle c_k, x_k \rangle \right]^{\frac{1}{N+1}}$$

根据定理 7.3.4,我们有 $\Psi_N \geq \psi_N^* \cdot e^{-\delta_N}$. 注意到算法(7.3.49)的每一步都可以在 $O(n\ln n)$ 次算术运算内实现(见 A.2 节).

7.3.5.3 完整生产周期的过程

假设在我们的经济活动中,有 n 个弹性生产过程. 在第 k 阶段开始时,我们知道生产一单位产品 i 的成本 $a_k^{(i)} > 0$,$i = 1, \cdots, n$,该成本是由原材料、劳动力、设备等的价格决定的. 但是,单位产品 i 的价格 $b_k^{(i)} \geq 0$ 只有在第 k 阶段结束,当卖掉它时才被获得. 该价格可能取决于市场竞争、消费者的不确定偏好,等等. 通过用 $x^{(i)}$ 表示过程 i 的投资资本的比例,我们得到如下模型:

$$\psi_k(x) = \sum_{i=1}^{n} \frac{b_k^{(i)}}{a_k^{(i)}} \cdot x^{(i)}$$

$$x = (x^{(1)}, \cdots, x^{(n)})^{\mathrm{T}} \in Q \overset{\text{def}}{=} \mathbb{R}_+^n \qquad (7.3.50)$$

$$\hat{P} = \Delta_n$$

这样,我们可以取

$$F(x) = -\sum_{i=1}^{n} \ln x^{(i)}, \quad \nu = n$$

应用算法(7.3.46). 在这种情况下,求解(7.3.46)中的辅助极大化问题的复杂度也是 $O(n\ln n)$ 次算术运算(见 A.2 节).

7.3.5.4 讨论

不确定的环境的定理 7.3.4 为在线优化策略(7.3.46)的特定效率水平提供绝对且无风险保证. 为了获得这样的结果,我们不需要引入与随机事件、风险度量、随机或鲁棒优化有关的标准系统. 注意到在定理 7.3.4 中,我们比较了动态调整策略与静态调整策略的效率. 因此,我们的论点可能不太有说服力. 但是,我们来看看标准一阶段随机规划问题

$$x^* = \arg\max_{x \in P} \mathscr{E}_{\zeta}[f(x, \zeta)] \tag{7.3.51}$$

其中 $\mathscr{E}_{\zeta}[\,\cdot\,]$ 表示相关于随机向量 ζ 的期望. 最优策略 x^* 按其起因必须是静态的(否则, 期望的极大化没有意义). 同时, 通过对"过去"的分析构建的模型 $f(x, \xi)$ 的性能几乎不能与基于已知未来的准确知识的静态模型的性能相比较. 于是, 由传递性, 我们可以希望我们的在线调整策略比标准随机规划方法得到更好的结果. 当然, 它只能在决策变量的动态调整可实现的情况下适用.

在线优化策略(7.3.46)的主要缺点是收敛率低. 因此, 它仅仅对平均增益相对于迭代次数和障碍函数的参数是大数的这种过程有效. 该技术有意义的应用最有可能出现在长期生产计划和管理中, 而不是股票市场活动中.

7.4 混合精度优化

（严格正函数；拟牛顿法；近似解；混合精度.）

7.4.1 严格正函数

在前几章中, 我们研究了具有绝对精度和相对精度近似解的优化问题的不同求解算法. 在所有情况下, 所需精度的类型对于问题类的定义非常重要, 且因此对于相应数值算法的研究也非常重要. 在本节, 我们将以相反的方式进行. 首先, 我们定义具有良好性质的一类函数. 只有在这之后, 我们才尝试去理解对相应的优化问题可以提出什么样的理论.

考虑满足 $\operatorname{dom} f \subseteq \mathbb{R}^n$ 的闭凸函数 f, 且设 $Q \subseteq \operatorname{dom} f$ 是一个闭凸集. 我们假设对任意 $x \in Q$ 有 $\partial f(x) \neq \varnothing$.

定义 7.4.1 凸函数 f 被称为 Q 上的 **严格正函数**, 如果对于 Q 中任意的 x, y 和 $g \in \partial f(x)$, 我们有

$$f(y) + f(x) + \langle g, y - x \rangle \geqslant 0 \tag{7.4.1}$$

因为 f 是凸的, 所以该不等式可以写成更吸引人的形式:

$$f(y) \geqslant |f(x) + \langle g, y - x \rangle|, \quad x, y \in Q, g \in \partial f(x) \tag{7.4.2}$$

显然, 严格正性是一个仿射不变的性质.

引理 7.4.1 设函数 f 在 $Q_x \subseteq \mathbb{R}^n$ 上是严格正的, 且令 $A \in \mathbb{R}^{n \times m}$ 和 $b \in \mathbb{R}^n$, 那么函数 $\phi(y) = f(Ay + b)$ 在集合

$$Q_y = \{y \in \mathbb{R}^m : Ay + b \in Q_x\}$$

上是严格正函数.

证明 事实上, 根据引理 3.1.11, 对于 $x = Ay + b$, 我们有

$$g_y = A^{\mathrm{T}} g_x \in \partial \phi(y), \quad \forall g_x \in \partial f(x)$$

对任意两点 $y_1, y_2 \in Q_y$, 令 $x_i = Ay_i + b, i = 1, 2$, 那么

$$\phi(y_2) + \phi(y_1) + \langle g_{y_1}, y_2 - y_1 \rangle = f(x_2) + f(x_1) + \langle A^{\mathrm{T}} g_{x_1}, y_1 - y_2 \rangle$$

$$= f(x_2) + f(x_1) + \langle g_{x_1}, x_1 - x_2 \rangle \overset{(7.4.1)}{\geqslant} 0 \qquad \blacksquare$$

561

我们来举几个严格正函数的重要例子, 并给出它们的主要性质.

1. 任何正常数都是严格正函数.

2. 我们来研究一次凸齐次函数.

引理 7.4.2 设 $f(x) = \max_{x \in S} \langle s, x \rangle$, 其中集合 S 是有界、闭和中心对称集, 则函数 f 是严格正函数.

证明 对任意 $x \in \mathbb{R}^n$ 和 $g_x \in \partial f(x)$, 我们有 $f(x) \overset{(3.1.40)}{=} \langle g_x, x \rangle$ 且 $-g_x \in S$, 因此,

$$f(y) \overset{(3.1.23)}{\geqslant} \langle -g_x, y \rangle \overset{(3.1.40)}{=} -f(x) - \langle g_x, y - x \rangle \qquad \blacksquare$$

3. 于是严格正函数最简单的非平凡例子是范数.

现在我们来看保持严格正性的运算.

引理 7.4.3 严格正函数类是凸锥, 即如果 f_1 和 f_2 在 Q 上是严格正函数, 且 α_1, $\alpha_2 \geqslant 0$, 则 $f(x) = \alpha_1 f_1(x) + \alpha_2 f_2(x)$ 在 Q 上是严格正函数.

证明 事实上, 严格正函数的典型不等式 (7.4.1) 关于 f 是凸的. $\blacksquare$

引理 7.4.4 设函数 $f_1(\cdot)$ 和 $f_2(\cdot)$ 在 Q 上是严格正的, 则函数 $f(x) = \max\{f_1(x), f_2(x)\}$ 也是严格正函数.

证明 取定任意 $x \in Q$, 假设 $f_1(x) > f_2(x)$, 那么对 $y \in Q$ 和 $g_1 \in \partial f_1(x)$, 我们有

$$f(y) \geqslant f_1(y) \geqslant -f_1(x) - \langle g_1, y - x \rangle = -f(x) - \langle \nabla f(x), y - x \rangle$$

情形 $f_1(x) < f_2(x)$ 和 $f_1(x) = f_2(x)$ 可以用类似的方法来证明 (见引理 3.1.13). $\blacksquare$

于是, 下面的函数在 $\mathbb{R}^n$ 上为严格正的:

$$f_1(x) = \sum_{i=1}^{m} \|A_i x - b_i\|, \quad f_2(x) = \max_{1 \leqslant i \leqslant m} \|A_i x - b_i\|$$

其中 $A_i \in \mathbb{R}^{m \times n}$, $b_i \in \mathbb{R}^m$, $i = 1 \cdots n$.

同时, 严格正函数类包含具有很一般上图形状的函数. 我们来取定 $\mathbb{R}^n$ 中距离度量的范数 $\|\cdot\|$, 且以标准方式 (7.1.3) 定义相应的对偶范数 $\|\cdot\|_*$.

562

定理 7.4.1 设函数 ϕ 在 Q 上是凸的, 且其所有次梯度一致有界, 即

$$\|g_x\|_* \leqslant L, \quad x \in Q, g_x \in \partial f(x) \tag{7.4.3}$$

那么, 函数 $f(x) = \max\{\phi(x), L\|x\|\}$ 在 Q 上严格正.

证明 取定任意的 $x \in Q$. 首先假设 $\phi(x) < L\|x\|$. 取 $s \in \mathbb{R}^n$ 满足 $\|s\|_* = 1$, 且使得 $\langle s, x \rangle = \|x\|$. 注意到任意 $g_x \in \partial f(x)$ 都恰好是向量 Ls 中的一个 (见引理 3.1.15). 因此, 对任意 $y \in E$, 我们有

$$f(y) + f(x) + \langle g_x, y - x \rangle \geqslant L\|y\| + L\|x\| + \langle Ls, y - x \rangle = L\|y\| + L\langle s, y \rangle \geqslant 0.$$

进一步, 如果 $\phi(x) > L\|x\|$, 则 $\partial f(x) = \partial \phi(x)$, 因此对任意 $g_x \in \partial f(x)$, 我们有

$$f(y) + f(x) + \langle g_x, y - x \rangle \geqslant L\|y\| + L\|x\| + \langle g_x, y - x \rangle$$

$$\overset{(7.4.3)}{\geqslant} L\|y\|+L\|x\|-L\|y-x\|\geqslant 0$$

最后，对于 $\phi(x)=L\|x\|$ 的情况，我们可以应用上述不等式的凸组合来证明. ■

利用这一结果，我们可以构造一个具有严格正的目标函数的一般极小化问题

$$找到\ \phi^*=\min_{x\in Q}\phi(x) \tag{7.4.4}$$

用 $x^*\in Q$ 表示其最优解.

推论 7.4.1 设函数 ϕ 满足条件 (7.4.3)，那么对任意 $x_0\in Q$，函数

$$f(x)=\max\{\phi(x)-\phi(x_0)+2LR,\ L\|x-x_0\|\}$$

在 Q 上是严格正的. 此外，对于满足 $\|x-x_0\|\leqslant R$ 的所有 x，我们有

$$f(x)=\phi(x)-\phi(x_0)+2LR \tag{7.4.5}$$

如果 $\|x_0-x^*\|\leqslant R$，则问题 (7.4.4) 等价于问题

$$f^*=\min_{x\in Q}f(x)$$

其最优值满足不等式

$$LR\leqslant f^*\leqslant 2LR \tag{7.4.6}$$

证明 事实上，根据定理 7.4.1，f 在 Q 上严格正. 如果 $\|x-x_0\|\leqslant R$，则

$$\phi(x)-\phi(x_0)+2LR\overset{(7.4.3)}{\geqslant}2LR-L\|x-x_0\|\geqslant L\|x-x_0\|$$

我们得到表达式 (7.4.5). 进一步，有 $f^*\leqslant f(x_0)=2LR$. 最后，

$$f(x)\overset{(7.4.3)}{\geqslant}\max\{2LR-L\|x-x_0\|,\ L\|x-x_0\|\}\geqslant LR$$ ■

7.4.2 拟牛顿法

考虑如下极小化问题：

$$\min_{x\in Q}f(x) \tag{7.4.7}$$

其中 Q 是 $\mathbb{R}^n$ 中的闭凸集，函数 f 在 Q 上严格正. 用 x^* 表示问题的最优解. 讨论另一个目标函数将会更方便：

$$\hat{f}(x)=\frac{1}{2}f^2(x)$$

$$\hat{g}(x)=f(x)\cdot g(x)\overset{\text{Lm3.1.8}}{\in}\partial\hat{f}(x),\quad g(x)\in\partial f(x) \tag{7.4.8}$$

由于函数 f 非负，问题 (7.4.7) 可以重写成其等价形式

$$\min_{x\in Q}\hat{f}(x) \tag{7.4.9}$$

函数 $\hat{f}$ 最不寻常的特征是存在非线性下支撑函数.

引理 7.4.5 设函数 f 在 Q 上严格正，则对任意 x 和 $y\in Q$，我们有

$$\hat{f}(y)\geqslant\hat{f}(x)+\langle\hat{g}(x),y-x\rangle+\frac{1}{2}\langle g(x),y-x\rangle^2 \tag{7.4.10}$$

证明 事实上，

$$\hat{f}(y) \overset{(7.4.8)}{=} \frac{1}{2}f^2(y) \overset{(7.4.2)}{\geqslant} \frac{1}{2}[f(x) + \langle g(x), y-x \rangle]^2$$

$$\overset{(7.4.8)}{=} \hat{f}(x) + \langle \hat{g}(x), y-x \rangle + \frac{1}{2}\langle g(x), y-x \rangle^2 \qquad \blacksquare$$

564

我们将在估计序列的分析框架中使用不等式(7.4.10)(见 2.2.1 节、4.2.4 节和 6.1.3 节). 我们取定对称 $n \times n$-矩阵 $G_0 \succ 0$ 和一个起点 $x_0 \in Q$. 定义原始范数和对偶范数如下：

$$\|x\|_{G_0} = \langle G_0 x, x \rangle^{1/2}, \quad \|g\|_{G_0}^* = \langle g, G_0^{-1} g \rangle^{1/2}, \quad x, g \in \mathbb{R}^n$$

我们假设 $\|x_0 - x^*\|_{G_0} \leqslant R$，定义估计序列的原始函数为

$$\psi_0(x) = \frac{1}{2}\|x - x_0\|_{G_0}^2$$

我们来取定精度参数 $\delta \in (0, 1)$，通过假设 $g(x_k) \neq 0$，$k \geqslant 0$，定义序列

$$a_k = \frac{\delta}{1-\delta} \cdot \frac{1}{(\|g(x_k)\|_{G_k}^*)^2}, \quad A_k = \sum_{i=0}^{k-1} a_i, \quad k \geqslant 0 \qquad (7.4.11)$$

于是，$A_0 = 0$. 对 $k \geqslant 0$，研究如下迭代过程：

$$x_k = \arg\min_{x \in Q} \psi_k(x)$$

$$\psi_{k+1}(x) = \psi_k(x) + a_k \cdot \left[\hat{f}(x_k) + \langle \hat{g}(x_k), x-x_k \rangle + \frac{1}{2}\langle g(x_k), x-x_k \rangle^2\right]$$

$$(7.4.12)$$

显然，根据不等式(7.4.10)，我们有

$$\psi_k(x) \leqslant A_k \hat{f}(x) + \psi_0(x), \quad x \in Q \qquad (7.4.13)$$

另一方面，$\psi_k(\cdot)$ 是二次函数，其 Hessian 矩阵 $G_k \succ 0$ 由以下规则更新：

$$G_{k+1} = G_k + a_k \cdot g(x_k)g^{\mathrm{T}}(x_k) \overset{(7.4.11)}{=} G_k + \frac{\delta}{1-\delta} \cdot \frac{g(x_k)g^{\mathrm{T}}(x_k)}{(\|g(x_k)\|_{G_k}^*)^2}, \quad k \geqslant 0$$

$$(7.4.14)$$

因此，依据 Sherman-Morrison-Woodbury 规则，我们有

$$G_{k+1}^{-1} = G_k^{-1} - \delta \cdot \frac{G_k^{-1}g(x_k)g^{\mathrm{T}}(x_k)G_k^{-1}}{(\|g(x_k)\|_{G_k}^*)^2}$$

565

于是，我们可得出结论

$$\frac{1}{2}a_k^2(\|\hat{g}(x_k)\|_{G_{k+1}}^*)^2 \overset{(7.4.8)}{=} a_k^2 \cdot \hat{f}(x_k) \cdot (\|g(x_k)\|_{G_{k+1}}^*)^2$$

$$= a_k^2 \cdot \hat{f}(x_k) \cdot (1-\delta) \cdot (\|g(x_k)\|_{G_k}^*)^2$$

$$\overset{(7.4.11)}{=} \delta \cdot a_k \cdot \hat{f}(x_k) \qquad (7.4.15)$$

引理 7.4.6 对任意 $k \geqslant 0$，我们有

$$\psi_k^* \overset{\text{def}}{=} \min_{x \in Q} \psi_k(x) \geqslant (1-\delta) \sum_{i=0}^{k-1} a_i \hat{f}(x_i) \qquad (7.4.16)$$

证明   我们用归纳法证明不等式(7.4.16). 对 $k=0$ 它显然成立. 假设对某 $k\geqslant0$ 该不等式也成立. 因为 $\psi_k(\cdot)$ 是一个二次函数, 它关于范数 $\|\cdot\|_{G_k}$ 是凸参数为 1 的强凸函数. 于是, 对任意 $x\in Q$, 一阶最优性条件意味着

$$\psi_k(x) = \psi_k^* + \langle\psi_k'(x_k), x-x_k\rangle + \frac{1}{2}\|x-x_k\|_{G_k}^2 \overset{(2.2.40)}{\geqslant} \psi_k^* + \frac{1}{2}\|x-x_k\|_{G_k}^2$$

因此,

$$\begin{aligned}
\psi_{k+1}^* &\geqslant \psi_k^* + \min_{x\in Q}\left\{\frac{1}{2}\|x-x_k\|_{G_k}^2 + a_k\big[\hat{f}(x_k) + \langle\hat{g}(x_k), x-x_k\rangle \right.\\
&\qquad\left. + \frac{1}{2}\langle g(x_k), x-x_k\rangle^2\big]\right\}\\
&\overset{(7.4.14)}{=} \psi_k^* + a_k\hat{f}(x_k) + \min_{x\in Q}\left\{\frac{1}{2}\|x-x_k\|_{G_{k+1}}^2 + a_k\langle\hat{g}(x_k), x-x_k\rangle\right\}\\
&\geqslant \psi_k^* + a_k\hat{f}(x_k) - \frac{1}{2}a_k^2\|\hat{g}(x_k)\|_{G_{k+1}}^2\\
&\overset{(7.4.15)}{=} \psi_k^* + (1-\delta)\cdot a_k\hat{f}(x_k)
\end{aligned}$$

现在我们可以估计算法(7.4.12)的收敛率. 定义

$$x_k^* = \arg\min_x\{f(x) : x=x_0,\cdots,x_k\}, \quad \tilde{x}_k = \frac{1}{A_k}\sum_{i=0}^{k-1}a_i x_i$$

定理 7.4.2   设严格正函数 f 具有一致有界的次梯度, 即

$$\|g(x)\|_{G_0}^* \leqslant L, \quad x\in Q \tag{7.4.17}$$

那么, 对任意 $k\geqslant0$, 我们有

$$(1-\delta)\hat{f}(x_k^*) \leqslant \hat{f}(x^*) + \frac{L^2 R^2}{2n[\mathrm{e}^{\delta(k+1)/n}-1]} \tag{7.4.18}$$

这个估计对于 $\hat{f}(\tilde{x}_{k+1})$ 也成立.

证明   根据不等式(7.4.13)和(7.4.16),

$$(1-\delta)\hat{f}(x_k^*) \leqslant \hat{f}(x^*) + \frac{1}{2A_{k+1}}\|x_0-x^*\|_{G_0}^2$$

我们估计系数 A_k 的增长率. 设 $\widetilde{G}_k = G_0^{-1/2}G_k G_0^{-1/2}$, $k\geqslant0$. 由于 $\det G_{k+1} \overset{(7.4.14)}{=} \frac{1}{1-\delta}\det G_k$, 我们有

$$\det \bar{G}_k = \frac{1}{(1-\delta)^k}, \quad k\geqslant0 \tag{7.4.19}$$

只需注意到

$$\begin{aligned}
A_k &\overset{(7.4.11)}{=} \sum_{i=0}^{k-1}a_i \overset{(7.4.17)}{\geqslant} \frac{1}{L^2}\sum_{i=0}^{k-1}a_i(\|g(x_i)\|_{G_0}^*)^2 \overset{(7.4.11)}{=} \frac{1}{L^2}[\text{迹}\,\bar{G}_k - n]\\
&\overset{(7.4.19)}{\geqslant} \frac{n}{L^2}\Big[\frac{1}{(1-\delta)^{k/n}}-1\Big] \geqslant \frac{n}{L^2}[\mathrm{e}^{\delta k/n}-1]
\end{aligned}$$

即可证明命题. ∎

7.4.3 近似解的解释

注意到点 x_k^* 作为问题(7.4.9)的近似解,其质量是以非标准方式由不等式(7.4.18)刻画的. 我们来引入一个新的定义.

定义 7.4.2 我们称点 $\overline{x} \in Q$ 是问题(7.4.9)具有**混合**精度 (ϵ, δ)-近似解,如果

$$(1-\delta)\hat{f}(\overline{x}) \leqslant \hat{f}(x^*) + \epsilon$$

在该定义中,$\epsilon > 0$ 是绝对精度,且 $\delta \in (0, 1)$ 是点 $\overline{x}$ 的相对精度. 于是,依据式(7.4.18),混合精度 (ϵ, δ)-近似解可以用拟牛顿法(7.4.12)在

$$N_n(\epsilon, \delta) \overset{\text{def}}{=} \frac{n}{\delta} \ln\left(1 + \frac{L^2 R^2}{2n\epsilon}\right) \tag{7.4.20}$$

次迭代内得到.

于是,达到较高的绝对精度并不困难. 而较高的相对精度是需要更高的代价. 然而,尽管(7.4.9)中目标函数非光滑,算法(7.4.12)的迭代次数与 $\frac{1}{\delta}$ 成正比. 当然,这是变量空间有限维数的结果. 注意到我们对迭代次数的估计有如下一致上限:

$$N_n(\epsilon, \delta) < N_\infty(\epsilon, \delta) \overset{\text{def}}{=} \frac{L^2 R^2}{2\epsilon\delta} \tag{7.4.21}$$

很容易看出,上界 $N_n(\epsilon, \delta)$ 是维数 n 的单调递增函数.

现在我们来讨论算法(7.4.12)在标准精度范围内生成近似解的能力.

7.4.3.1 相对精度

考虑我们的原始问题(7.4.7). 假设我们的目标是生成一个具有相对精度 $\delta \in \left(0, \frac{1}{2}\right)$ 的近似解 $\overline{x} \in Q$,即

$$f(\overline{x}) \leqslant (1+\delta)f^* \tag{7.4.22}$$

算法(7.4.12)经过 k 次迭代之后,我们有

$$(1-\delta)(f(x_k^*) - f^*)f^* \overset{(7.4.8)}{\leqslant} (1-\delta)(\hat{f}(x_k^*) - \hat{f}(x^*))$$

$$\overset{(7.4.18)}{\leqslant} \delta\hat{f}(x^*) + \frac{L^2 R^2}{2n[e^{\delta(k+1)/n} - 1]} \tag{7.4.23}$$

为了使点 $\overline{x} = x_k^*$ 满足不等式(7.4.22),我们需要确保后面这个不等式的右端项不超过 $\delta(1-\delta)(f^*)^2$. 于是,对 $\delta \in \left(0, \frac{1}{2}\right)$,我们需要

$$k = R_n(\delta) \overset{\text{def}}{=} \frac{n}{\delta} \ln\left(1 + \frac{L^2 R^2}{n\delta(1-2\delta)(f^*)^2}\right) \tag{7.4.24}$$

次迭代. 注意到这个复杂度界中的主要因子 $\frac{n}{\delta}$ 并不依赖问题的数据. 于是,对问题(7.4.7),我们得到了一个完全多项式时间近似算法. 它对 n 的依赖关系与有限维非光滑凸

极小化的最优算法的依赖关系相同. 但是, 算法(7.4.12)的每次迭代都非常简单, 与椭球算法的量级相同. 注意到对问题(7.4.7), 椭球算法具有 $O\left(n^2 \ln \dfrac{LR}{\delta f^*}\right)$ 复杂度界(见 3.2.8 节). 于是, 对于中等的相对精度, 方法(7.4.12)更快. 当 $n \to \infty$ 时, 不等式(7.4.24)的右端项是一致有界的, 即

$$R_n(\delta) < R_\infty(\delta) \overset{\text{def}}{=} \frac{L^2 R^2}{\delta^2 (1-2\delta)(f^*)^2}$$

这一点非常重要.

7.4.3.2 绝对精度

现在考虑一般极小化问题(7.4.4), 该问题我们想以绝对精度 $\epsilon > 0$ 来求解, 即

$$\phi(\overline{x}) \leqslant \phi^* + \epsilon, \quad \overline{x} \in Q \tag{7.4.25}$$

我们假设 ϕ 满足条件(7.4.3), 且常量 L 和 R 是已知的. 此外, 为了简单起见, 我们假定

$$\|x - x_0\| \leqslant R \quad \forall x \in Q \tag{7.4.26}$$

现在通过式(7.4.5)定义一个新的严格正目标函数 $f(\cdot)$, 我们得到

$$f(x) = \phi(x) - \phi(x_0) + 2LR \quad \forall x \in Q \tag{7.4.27}$$

选取某 $\delta \in (0, 1)$, 且对相应的问题(7.4.7)应用算法(7.4.12)(当然是通过求解(7.4.9)). 该算法经过 k 次迭代后, 我们有

$$\phi(x_k^*) - \phi^* \overset{(7.4.27)}{=} = f(x_k^*) - f^* \overset{(7.4.23)}{\leqslant} \frac{\delta f^*}{2(1-\delta)} + \frac{L^2 R^2}{2n[e^{\delta(k+1)/n} - 1] \cdot (1-\delta) f^*}$$

$$\overset{(7.4.6)}{\leqslant} LR\left[\frac{\delta}{1-\delta} + \frac{1}{2n[e^{\delta(k+1)/n} - 1] \cdot (1-\delta)}\right]$$

于是, 为了得到精度 $\epsilon > 0$, 我们可以从方程

$$\frac{\delta}{1-\delta} = \frac{\epsilon}{2LR} \Rightarrow \quad \delta(\epsilon) = \frac{\epsilon}{\epsilon + 2LR}$$

解出 $\delta = \delta(\epsilon)$. 这样, 我们最多需要算法(7.4.12)的

$$k = T_n(\epsilon) \overset{\text{def}}{=} \frac{n}{\delta(\epsilon)} \ln\left(1 + \frac{LR}{n\,\epsilon(1-\delta(\epsilon))}\right)$$

$$= n\left(1 + 2\frac{LR}{\epsilon}\right) \cdot \ln\left(1 + \frac{\epsilon + 2LR}{2n\,\epsilon}\right) \tag{7.4.28}$$

次迭代. 注意到

$$T_n(\epsilon) < T_\infty(\epsilon) = \frac{1}{2}\left(1 + 2\frac{LR}{\epsilon}\right)^2$$

于是, 在有限维空间中, 拟牛顿法(7.4.12)的最坏情况复杂度界总是优于标准次梯度法的复杂度界(见 3.2.3 节).

附录 A   求解一些辅助优化问题

A.1   单变量极小化问题的牛顿法

我们来证明牛顿法在求解递增单变量凸函数的最大根是非常有效的. 考虑一个单变量函数 f 满足

$$f(\tau_*) = 0, \quad f(\tau) > 0,\ \text{对}\ \tau > \tau_* \tag{A.1.1}$$

且对 $\tau \geqslant \tau_*$，函数 f 是凸的. 选取 $\tau_0 > \tau_*$，研究如下牛顿迭代

$$\tau_{k+1} = \tau_k - \frac{f(\tau_k)}{g_k} \tag{A.1.2}$$

其中 $g_k \in \partial f(\tau_k)$. 于是，我们没有假设 $\tau \geqslant \tau_*$ 时函数 f 是可微分的.

定理 A.1.1   算法(A.1.2)总有定义. 对任意 $k \geqslant 0$，我们有

$$f(\tau_{k+1}) g_{k+1} \leqslant \frac{1}{4} f(\tau_k) g_k \tag{A.1.3}$$

于是，$f(x_k) \leqslant \left(\dfrac{1}{2}\right)^k g_0(\tau_0 - \tau_*)$.

证明   设 $f_k = f(\tau_k)$. 我们来假设对任意 $k \geqslant 0$ 有 $f_k > 0$. 由于对 $\tau \geqslant \tau_*$，函数 f 是凸的，故 $0 = f(\tau_*) \geqslant f_k + g_k(\tau_* - \tau_k)$. 于是，

$$g_k(\tau_k - \tau_*) \geqslant f_k > 0 \tag{A.1.4}$$

这就意味着 $g_k > 0$ 且 $\tau_{k+1} \in [\tau_*, \tau_k)$. 特别地，我们得出结论

$$\tau_k - \tau_* \leqslant \tau_0 - \tau_* \tag{A.1.5}$$

进一步，对任意 $k \geqslant 0$，我们有

$$f_k \geqslant f_{k+1} + g_{k+1}(\tau_k - \tau_{k+1}) \overset{(A.1.2)}{=} f_{k+1} + \frac{f_k g_{k+1}}{g_k}$$

因此，$1 \geqslant \dfrac{f_{k+1}}{f_k} + \dfrac{g_{k+1}}{g_k} \geqslant 2\sqrt{\dfrac{f_{k+1} g_{k+1}}{f_k g_k}}$，这就是(A.1.3). 最后，由于对 $\tau \geqslant \tau_*$，f 是凸函数，我们有

$$g_0 \overset{(A.1.4)}{\geqslant} \sqrt{\frac{f_0 g_0}{\tau_0 - \tau_*}} \overset{(A.1.3)}{\geqslant} 2^k \sqrt{\frac{f_k g_k}{\tau_0 - \tau_*}} \overset{(A.1.4)}{\geqslant} 2^k \sqrt{\frac{f_k^2}{(\tau_0 - \tau_*)(\tau_k - \tau_*)}}$$

$$\overset{(A.1.5)}{\geqslant} 2^k \frac{f_k}{\tau_0 - \tau_*}$$

于是，我们看到算法(A.1.2)具有线性收敛速度，这不依赖于函数 f 的特殊性质. 我们来表明在非退化情况下该算法具有局部二次收敛性.

定理 A.1.2   设凸函数 f 二次可微，假设它满足条件(A.1.1)，且当 $\tau \geqslant \tau_*$ 时其二阶导数递增，那么对任意 $k \geqslant 0$，我们有

$$f(\tau_{k+1}) \leqslant \frac{f''(\tau_k)}{2(f'(\tau_k))^2} \cdot f^2(\tau_k) \tag{A.1.6}$$

如果根 τ_* 是非退化的, 即

$$f'(\tau_*) > 0 \tag{A.1.7}$$

则 $f(\tau_{k+1}) \leqslant \dfrac{f''(\tau_0)}{2(f'(\tau_*))^2} \cdot f^2(\tau_k)$.

证明 根据定理中的条件, 对所有 $f''(\tau) \leqslant f''(\tau_k)$ 有 $\tau \in [\tau_{k+1}, \tau_k]$. 因此,

$$f(\tau_{k+1}) \leqslant f(\tau_k) + f'(\tau_k)(\tau_{k+1} - \tau_k) + \frac{1}{2}f''(\tau_k)(\tau_{k+1} - \tau_k)^2$$

$$\stackrel{(A.1.2)}{=} \frac{1}{2}f''(\tau_k)\frac{f^2(\tau_k)}{(f'(\tau_k))^2}$$

为了证明最后一个结论, 只需注意 $f''(\tau_k) \leqslant f''(\tau_0)$ 且 $f'(\tau_k) \geqslant f'(\tau_*)$ 即可. ∎

A.2 单纯形上障碍函数的投影

在 $K = \mathbb{R}_+^n$ 的情况下, 我们取

$$F(x) = -\sum_{i=1}^{n}\ln x^{(i)}, \quad \nu = n$$

考虑 $\hat{P} = \{x \in \mathbb{R}_+^n : \langle \bar{e}_n, x\rangle = 1\}$. 这样, 在算法(7.3.14)的每一次迭代中, 我们需要解决如下问题:

$$\phi^* \stackrel{\text{def}}{=} \max_x \left\{ \langle s, x\rangle + \sum_{i=1}^{n}\ln x^{(i)} : \sum_{i=1}^{n}x^{(i)} = 1 \right\} \tag{A.2.1}$$

我们来说明它的复杂度不依赖于具体数据的大小(即不依赖系数向量 $s \in \mathbb{R}^n$).

考虑如下拉格朗日函数:

$$\mathscr{L}(x, \lambda) = \langle s, x\rangle + \sum_{i=1}^{n}\ln x^{(i)} + \lambda \cdot \left[1 - \sum_{i=1}^{n}x^{(i)} \right], \quad x \in \mathbb{R}^n, \lambda \in \mathbb{R}$$

通过向量 $x(\lambda) : x^{(i)}(\lambda) = \dfrac{1}{\lambda - s^{(i)}}$, $i = 1, \cdots, n$ 定义对偶函数为

$$\phi(\lambda) = \max_x \left\{ \mathscr{L}(x, \lambda) : \sum_{i=1}^{n}x^{(i)} = 1 \right\} \stackrel{\text{def}}{=} \mathscr{L}(x(\lambda), \lambda)$$

于是,

$$\phi(\lambda) = -n + \lambda - \sum_{i=1}^{n}\ln(\lambda - s^{(i)})$$

$$\phi_* = \min_{\lambda}\{\phi(\lambda) : \lambda > \max_{1 \leqslant i \leqslant n}s^{(i)}\} \tag{A.2.2}$$

注意到 $\phi(\cdot)$ 是标准自和谐函数. 因此, 我们可以将该极小化问题应用于适中型牛顿法, 即(5.2.1)中的方案(C), 该算法从区域

$$\mathscr{Q}(s) = \{\lambda : 4(\phi'(\lambda))^2 \leqslant \phi''(\lambda)\}$$

中的任意 λ 开始均二次收敛(见定理 5.2.2). 我们来说明,从该集合中找到一个初始点的复杂度不依赖于原始数据.

考虑函数 $\psi(\lambda) = -\phi'(\lambda) = \sum_{i=1}^{n} \dfrac{1}{\lambda - s^{(i)}} - 1$. 显然,问题(A.2.2)等价于求解方程

$$\psi(\lambda) = 0 \tag{A.2.3}$$

的最大根 λ_*. 令 $\lambda_0 = 1 + \max\limits_{1 \leqslant i \leqslant n} s^{(i)}$,则 $\psi(\lambda_0) \geqslant 0$,因此有 $\lambda_0 \leqslant \lambda_*$. 考虑如下过程:

$$\lambda_{k+1} = \lambda_k - \frac{\psi(\lambda_k)}{\psi'(\lambda_k)}, \quad k \geqslant 0 \tag{A.2.4}$$

这是求解方程(A.2.3)的标准牛顿法,也可以解释为求解极小化问题(A.2.2)的牛顿法.

引理 A.2.1 对任意 $k \geqslant 0$,我们有 $(\phi'(\lambda_k))^2 \leqslant n^7 \cdot \left(\dfrac{1}{16}\right)^k \phi''(\lambda_k)$.

证明 注意到函数 ψ 递减且严格凸. 因此,对任意 $k \geqslant 0$,我们有

$$\lambda_k < \lambda_{k+1} < \lambda_*, \quad \psi'(\lambda_k) < 0, \quad \psi(\lambda_k) > 0$$

由于 $\psi(\lambda_k) \geqslant \psi(\lambda_{k+1}) + \psi'(\lambda_{k+1})(\lambda_k - \lambda_{k+1}) = \psi(\lambda_{k+1}) + \dfrac{\psi'(\lambda_{k+1})}{\psi'(\lambda_k)}\psi(\lambda_k)$,我们得到[注]

$$1 \geqslant \frac{\psi(\lambda_{k+1})}{\psi(\lambda_k)} + \frac{\psi'(\lambda_{k+1})}{\psi'(\lambda_k)} \geqslant 2\sqrt{\frac{\psi(\lambda_{k+1})\psi'(\lambda_{k+1})}{\psi(\lambda_k)\psi'(\lambda_k)}}$$

于是,对于任意的 $k \geqslant 0$,我们得到

$$\phi''(\lambda_k) \cdot |\phi'(\lambda_k)| \leqslant \left(\frac{1}{4}\right)^k \phi''(\lambda_0) \cdot |\phi'(\lambda_0)| \tag{A.2.5}$$

进一步,根据 λ_0 的选择,我们有

$$|\phi'(\lambda_0)| = \psi(\lambda_0) = \sum_{i=1}^{n} \frac{1}{\lambda_0 - s^{(i)}} - 1 < n - 1$$

$$\phi''(\lambda_0) = \sum_{i=1}^{n} \frac{1}{(\lambda_0 - s^{(i)})^2} \leqslant n$$

最后,因为 $0 \leqslant \psi(\lambda_k) = \sum_{i=1}^{n} \dfrac{1}{\lambda_k - s^{(i)}} - 1$,我们可以得出结论

$$\phi''(\lambda_k) = \sum_{i=1}^{n} \frac{1}{(\lambda_k - s^{(i)})^2} \geqslant \frac{1}{n}$$

通过在式(A.2.5)中利用这些上界,我们得到

$$\frac{1}{\phi''(\lambda_k)}(\phi'(\lambda_k))^2 \leqslant \left(\frac{1}{16}\right)^k \frac{(\phi''(\lambda_0))^2(\phi'(\lambda_0))^2}{(\phi''(\lambda_k))^3} \leqslant \left(\frac{1}{16}\right)^k \cdot n^7 \qquad ∎$$

将引理 A.2.1 的结论与 $\mathscr{Q}(s)$ 的定义进行比较,我们得出算法(A.2.4)最多在

$$\left\lceil \frac{1}{4}(2 + 7\log_2 n) \right\rceil \tag{A.2.6}$$

○ 我们用与定理 A.1.1 证明相同的论据,但这里只针对递减单变量函数.

次迭代之后到达二次收敛区域. 每一次迭代需要 $O(n)$ 次算术运算.

类似的技术可用于求解半正定矩阵锥上障碍函数的投影:

$$\max_{X}\{\langle S,X\rangle + \ln\det X : \langle I_n,X\rangle = 1\}$$

最直接的策略是找到矩阵 S 的特征值分解且求解含有矩阵谱 s 的问题(A.2.1). 在一种更有效的策略中,我们通过正交变换将 S 转换为三对角形式,计算其最大特征值,并应用牛顿法求解相应的对偶函数.

参考文献评注

在过去的几十年中，凸优化的数值算法已在专题文献中得到广泛研究．对工程应用感兴趣的读者可以从 Polyak [55] 的介绍性阐述、Boyd 和 Vandenberghe[6] 的优秀课程，以及 Ben-Tal 和 Nemirovski [5] 的讲义中获益．数学理论方面的详细讨论出现在 A. Nemirovski 较早的课程（参见 [33] 的互联网版本）和由 Renegar [57]、Roos et al. [59]，以及 Ye[63] 关于内点法的原始版本中．最近理论研究的重点可以在 Beck [3] 和 Bubeck [7] 的专著中找到．在本书中，我们试图更加平衡二者：将复杂数学理论与实际应用的许多例子相结合，有时通过数值实验支持．

第 1 章

1.1 节：黑箱优化算法的复杂度分析在 [34] 中提出，该文献中读者可以找到对抗 Oracle 的不同的例子和类似定理 1.1.2 中的复杂度下界．

1.2 和 1.3 节：有几个经典的专著 [11，12，30，53] 研究非线性优化的不同方面．为理解序列无约束极小化，最好的文献仍然是 [14]．1.3 节中有关零对偶间隙条件的一些结果可能是新的．

第 2 章

2.1 节：光滑凸函数和强凸函数的原始复杂度下界可在 [34] 中找到，该节所用的证明最早发表在 [39] 中．

2.2 节：梯度映射是在 [34] 中引入的．第一个光滑强凸函数的最优算法是在 [35] 中提出的．该算法的约束版本来自 [37]．然而，估计序列的框架是首次在 [39] 中提出的．用于生成具有较小的梯度范数的点的不同方法的讨论可以在 [48] 中找到．

2.3 节：离散极小极大问题的最优算法是在 [37] 中提出．2.3.5 节的方法首先在 [39] 中给出．

第 3 章

3.1 节：对凸分析不同主题的综合研究可以在 [24] 中找到．然而，经典专著 [58] 仍然是非常有用的．

3.2 节：非光滑极小化问题的复杂度下界可以在 [34] 中找到．3.2.2 节的算法框架是在 [36] 中提出的．关于非光滑极小化早期历史的详细文献评注见 [55，56]．

3.3 节：对 Kelley 算法的复杂函数的例子取自 [34]．本节中水平集算法的表述类似于 [28]．

第 4 章

4.1 节：从 Bennet[4] 和 Kantorovich[26] 的开创性论文开始，牛顿法成为大量应用问题的重要工具．在过去的 50 年里，改进该算法的不同建议的数量是非常多的（例如，见 [11，12，15，21，29，31]）．读者可以在 [11] 中查阅一个非常详尽的参考书目．

利用三次正则化来提高牛顿法稳定性的自然想法是最有可能首先在 [22] 中剖析的．然而，作者在非凸二次近似（事实上，它可能有指数数量的局部极小点）情况下，对求解辅助极小化问题的复杂度持非常怀疑的态度．因此，这篇论文从未发表过．25 年后，一篇独立的论文 [52] 再次验证了这一观点，结果表明，这个问题是可以用线性代数的标准技巧解决．作者还为不同的问题类提出了全局最坏情况复杂度界．这个论文构成 4.1 节的基础．感兴趣的读者还可以参考互补方法 [8, 9]，其中三次正则化与沿梯度方向的线搜索相结合．但是，注意到这个特性，虽然在一定程度上提高了数值稳定性，但却迫使算法停止在鞍点处．在 [10] 中可以找到该领域的历史发展和最近的成果，包括梯度范数极小化的复杂度下界．

4.2 节：本节基于论文 [45].

4.3 节：本节基于最近和部分未发表的成果．二阶算法的第一个复杂度下界是在 [2] 中给出的．同时，文献 [32] 中一个二阶算法达到 $\widetilde{Q} = \left(\dfrac{1}{k^{7/2}}\right)$ 这个最优收敛率．但是，该算法的每次迭代都需要基于额外调用 Oracle 的一个代价大的搜索过程．因此，它的实际效率值得怀疑．

在我们的介绍中，我们使用了一个更简单的复杂度下界的推导和基于三次牛顿法迭代的"最优"二阶算法的一个更简单的概念型版本．

4.4 节：求解非线性方程组的方法引起了广泛的关注（见 [11，12，53，54]）．然而，我们还没有在文献中找到任何针对它们的全局最坏情况的效率估计．我们的叙述是依照论文 [43] 的．

第 5 章

本章包含了对 [51] 的主要内容的改编．我们添加了几个有用的不等式，并稍微简化了路径跟踪算法的表示．我们建议读者对内点法的大量应用参考 [5]，并对不同理论方面的详细讨论参考 [57，59，62] 和 [63].

5.1 节：在本节中，我们介绍自和谐函数的定义，并研究它的性质．与 [39] 中的 4.1 节相比，我们增加了 Fenchel 对偶和隐函数定理．主要的创新之处是对自和谐常数的明确处理．然而，大部分内容可以在 [51] 中找到．

5.2 节：在该节中，我们分析了极小化自和谐函数的不同方法．我们为牛顿法提出了一种新的步长规则（适中步长），它为路径跟踪算法提供了更好的常数．适用于自和谐函数的路径跟踪算法的复杂度估计是最近才得到的 [13].

5.3 节：在本节中，我们研究了自和谐障碍函数的性质，并给出了路径跟踪算法的复杂度分析. 这是对[39]中 4.2 节的改编.

5.4 节：在本节中，我们给出了自和谐障碍函数和相关应用的例子. 这是用[49]的结果对[39]4.3 节的扩展.

第 6 章

这是首次尝试在专题文献中提出基于目标函数显式极小极大模型的快速原始-对偶梯度算法. 在前三节中，我们依照文献[40，41]和[42]，介绍了光滑技术的不同方面. 以相似三角形算法(6.1.19)的形式描述的快速梯度法似乎是最近才首次发表的(见[20]).

最后的 6.4 节对原来的条件梯度法(或 Frank-Wolfe 算法[16，18，19，23，25])提出了新的分析. 我们的表述遵循的是论文[50]，它在思想上接近[17].

第 7 章

本章的介绍基于论文[44，46]和[47]. 一些应用的实例是曾在[5]中分析过的，但是，这里是从内点法的适用性的角度分析的. 计算近似椭球的算法是在[1，27，61]和最近的著作[60]中进行研究的. 对一般矩阵的布尔二次极大化问题的半定松弛的稳定性质是在[38]中证明的. 7.4 节的内容是新的.

参 考 文 献

1. K.M. Anstreicher, Ellipsoidal approximations of convex sets based on the volumetric barrier. CORE Discussion Paper 9745, 1997
2. Y. Arjevani, O. Shamir, R. Shiff, Oracle complexity of second-order methods for smooth convex optimization. arXiv:1705.07260v2 (2017)
3. A. Beck, *First-Order Methods in Optimization* (SIAM, Philadelphia, 2017)
4. A.A. Bennet, Newton's method in general analysis. Proc. Natl. Acad. Sci. U. S. A. **2**(10), 592–598 (1916)
5. A. Ben-Tal, A. Nemirovskii, *Lectures on Modern Convex Optimization: Analysis, Algorithms, and Engineering Applications* (SIAM, Philadelphia, 2001)
6. S. Boyd, L. Vandenberghe, *Convex Optimization* (Cambridge University Press, Cambridge, 2004)
7. S. Bubeck, *Convex Optimization: Algorithms and Complexity* (Now Publishers, LP Breda, 2015). arXiv:1405.4980
8. C. Cartis, N.I.M. Gould, P.L. Toint, Adaptive cubic regularisation methods for unconstrained optimization. Part I: motivation, convergence and numerical results. Math. Program. **127**(2), 245–295 (2011)
9. C. Cartis, N.I.M. Gould, P.L. Toint, Adaptive cubic regularisation methods for unconstrained optimization. Part II: worst-case function- and derivative-evaluation complexity. Math. Program. **130**(2), 295–319 (2011)
10. C. Cartis, N.I.M. Gould, P.L. Toint, How much patience do you have? a worst-case perspective on smooth nonconvex optimization. Optima **88**, 1–10 (2012)
11. A.B. Conn, N.I.M. Gould, P.L. Toint. *Trust Region Methods* (SIAM, Philadelphia, 2000)
12. J.E. Dennis, R.B. Schnabel, *Numerical Methods for Unconstrained Optimization and Nonlinear Equations*, 2nd edn. (SIAM, Philadelphia, 1996)
13. P. Dvurechensky, Yu. Nesterov, Global performance guarantees of second-order methods for unconstrained convex minimization, CORE Discussion Paper, 2018
14. A.V. Fiacco, G.P. McCormick, *Nonlinear Programming: Sequential Unconstrained Minimization Techniques* (Wiley, New York, 1968)
15. R. Fletcher, *Practical Methods of Optimization, Vol. 1, Unconstrained Minimization* (Wiley, New York, 1980)
16. M. Frank, P. Wolfe, An algorithm for quadratic programming. Nav. Res. Logist. Q. **3**, 149–154 (1956)
17. R.M. Freund, P. Grigas, New analysis and results for the Frank–Wolfe method. Math. Program. **155**, 199–230 (2014). https://doi.org/10.1007/s10107-014-0841-6
18. D. Garber, E. Hazan, A linearly convergent conditional gradient algorithm with application to online and stochastic optimization. arXiv: 1301.4666v5 (2013)
19. D. Garber, E. Hazan, Faster rates for the Frank–Wolfe method over strongly convex sets. arXiv:1406.1305v2 (2015)
20. A. Gasnikov, Yu. Nesterov, Universal method for problems of stochastic composite minimization. Comput. Math. Math. Phys. **58**(1), 48–64 (2018)
21. S. Goldfeld, R. Quandt, H. Trotter, Maximization by quadratic hill climbing. Econometrica **34**, 541–551 (1966)
22. A. Griewank, The modification of Newton's method for unconstrained optimization by bounding cubic terms, Technical Report NA/12 (1981), Department of Applied Mathematics and Theoretical Physics, University of Cambridge, United Kingdom, 1981
23. Z. Harchaoui, A. Juditsky, A. Nemirovski, Conditional gradient algorithms for norm-regularized smooth convex optimization. Math. Program. **152**, 75–112 (2014). https://doi.org/10.1007/s10107-014-0778-9

24. J.-B. Hiriart-Urruty, C. Lemarechal, *Convex Analysis and Minimization Algorithms. Part 1.* A Series of Comprehensive Studies in Mathematics (Springer, Berlin, 1993)
25. M. Jaggi, Revisiting Frank–Wolfe: projection-free sparse convex optimization, in *Proceedings of the 30th International Conference on Machine Learning*, Atlanta, Georgia (2013)
26. L.V. Kantorovich, Functional analysis and applied mathematics. Uspehi Mat. Nauk **3**(1), 89–185 (1948) (in Russian). Translated as N.B.S. Report 1509, Washington D.C., 1952
27. L.G. Khachiyan, Rounding of polytopes in the real number model of computation. Math. Oper. Res. **21**(2), 307–320 (1996)
28. C. Lemarechal, A. Nemirovskii, Yu. Nesterov, New variants of bundle methods. Math. Program. **69**, 111–148 (1995)
29. K. Levenberg. A method for the solution of certain problems in least squares. Q. Appl. Math. **2**, 164–168 (1944)
30. D.G. Luenberger, *Linear and Nonlinear Programming*, 2nd edn. (Addison Wesley, Boston, 1984)
31. D. Marquardt, An algorithm for least-squares estimation of nonlinear parameters. SIAM J. Appl. Math. **11**, 431–441 (1963)
32. R. Monteiro, B. Svaiter, An accelerated hybrid proximal extragradient method for convex optimization and its implications to second-order methods. SIAM J. Optim. **23**(2), 1092–1125 (2013)
33. A. Nemirovski, Interior-point polynomial-time methods in convex programming (1996), https://www2.isye.gatech.edu/~nemirovs/LectIPM.pdf
34. A.S. Nemirovskij, D.B. Yudin, *Problem Complexity and Method Efficiency in Optimization.* Wiley-Interscience Series in Discrete Mathematics (A Wiley-Interscience Publication/Wiley, New York, 1983)
35. Yu. Nesterov, A method for unconstrained convex minimization problem with the rate of convergence $O(\frac{1}{k^2})$. Doklady AN SSSR **269**, 543–547 (1983) (In Russian; translated as Soviet Math. Docl.)
36. Yu. Nesterov, Minimization methods for nonsmooth convex and quasiconvex functions. *Ekonomika i Mat. Metody* **11**(3), 519–531 (1984) (In Russian; translated in *MatEcon*.)
37. Yu. Nesterov, *Efficient Methods in Nonlinear Programming* (Radio i Sviaz, Moscow, 1989) (In Russian.)
38. Yu. Nesterov, Semidefinite relaxation and nonconvex quadratic optimization. Optim. Methods Softw. **9**, 141–160 (1998)
39. Yu. Nesterov, *Introductory Lectures on Convex Optimization. A Basic Course* (Kluwer, Boston, 2004)
40. Yu. Nesterov, Smooth minimization of non-smooth functions. Math. Program. (A) **103**(1), 127–152 (2005)
41. Yu. Nesterov, Excessive gap technique in non-smooth convex minimizarion. SIAM J. Optim. **16** (1), 235–249 (2005)
42. Yu. Nesterov, Smoothing technique and its applications in semidefinite optimization. Math. Program. **110**(2), 245–259 (2007)
43. Yu. Nesterov, Modified Gauss–Newton scheme with worst-case guarantees for its global performance. Optim. Methods Softw. **22**(3), 469–483 (2007)
44. Yu. Nesterov, Rounding of convex sets and efficient gradient methods for linear programming problems. Optim. Methods Softw. **23**(1), 109–128 (2008)
45. Yu. Nesterov, Accelerating the cubic regularization of Newton's method on convex problems. Math. Program. **112**(1), 159–181 (2008)
46. Yu. Nesterov, Unconstrained convex minimization in relative scale. Math. Oper. Res. **34**(1), 180–193 (2009)
47. Yu. Nesterov, Barrier subgradient method. Math. Program. **127**(1), 31–56 (2011)
48. Yu. Nesterov, How to make the gradients small. Optima **88**, 10–11 (2012)
49. Yu. Nesterov, Towards non-symmetric conic optimization. Optim. Methods Softw. **27**(4–5), 893–918 (2012)

50. Yu. Nesterov, Complexity bounds for primal-dual methods minimizing the model of objective function. Math. Program. (2017). https://doi.org/10.1007/s10107-017-1188-6

51. Yu. Nesterov, A. Nemirovskii, *Interior-Point Polynomial Algorithms in Convex Programming* (SIAM, Philadelphia, 1994)

52. Yu. Nesterov, B. Polyak, Cubic regularization of Newton's method and its global performance. Math. Program. **108**(1), 177–205 (2006)

53. J. Nocedal, S.J. Wright, *Numerical Optimization* (Springer, New York, 1999)

54. J. Ortega, W. Rheinboldt, *Iterative Solution of Nonlinear Equations in Several Variables* (Academic Press, New York, 1970)

55. B.T. Polyak, *Introduction to Optimization* (Optimization Software, Publications Division, New York, 1987)

56. B.T. Polyak, History of mathematical programming in the USSR: analyzing the phenomenon. Math. Program. **91**(3), 401–416 (2002)

57. J. Renegar, *A Mathematical View of Interior-Point Methods in Convex Optimization*. MPS-SIAM Series on Optimization (SIAM, Philadelphia, 2001)

58. R.T. Rockafellar, *Convex Analysis* (Princeton University Press, Princeton, 1970)

59. C. Roos, T. Terlaky, J.-Ph. Vial, *Theory and Algorithms for Linear Optimization: An Interior Point Approach* (Wiley, Chichester, 1997)

60. M. Todd, *Minimum-Volume Ellipsoids: Theory and Algorithms*. MOS-SIAM Series on Optimization (SIAM, philadelphia, 2016)

61. M.J. Todd, E.A. Yildirim, On Khachiyan's algorithm for the computation of minimum volume enclosing ellipsoids, Technical Report, TR 1435, School of Operations Research and Industrial Engineering, Cornell University, 2005

62. S.J. Wright, *Primal-Dual Interior Point Methods* (SIAM, Philadelphia, 1996)

63. Y. Ye, *Interior Point Algorithms: Theory and Analysis* (Wiley, Hoboken, 1997)

索　引

索引中的页码为英文原书页码，与书中页边标注的页码一致.

推荐阅读

泛函分析（原书第2版·典藏版）

作者：Walter Rudin ISBN：978-7-111-65107-9 定价：79.00元

数学分析原理（英文版·原书第3版·典藏版）

作者：Walter Rudin ISBN：978-7-111-61954-3 定价：69.00元

数学分析原理（原书第3版）

作者：Walter Rudin ISBN：978-7-111-13417-6 定价：69.00元

实分析与复分析（英文版·原书第3版·典藏版）

作者：Walter Rudin ISBN：978-7-111-61955-0 定价：79.00元

实分析与复分析（原书第3版）

作者：Walter Rudin ISBN：978-7-111-17103-9 定价：79.00元

推荐阅读

线性代数高级教程：矩阵理论及应用

作者：Stephan Ramon Garcia 等 ISBN：978-7-111-64004-2 定价：99.00元

矩阵分析（原书第2版）

作者：Roger A. Horn 等 ISBN：978-7-111-47754-9 定价：119.00元

代数（原书第2版）

作者：Michael Artin ISBN：978-7-111-48212-3 定价：79.00元

概率与计算：算法与数据分析中的随机化和概率技术（原书第2版）

作者：Michael Mitzenmacher 等 ISBN：978-7-111-64411-8 定价：99.00元

推荐阅读

模式识别：数据质量视角

作者：W. 霍曼达 等 ISBN：978-7-111-64675-4 定价：79.00元

深度强化学习：学术前沿与实战应用

作者：刘驰 等 ISBN：978-7-111-64664-8 定价：99.00元

对抗机器学习：机器学习系统中的攻击和防御

作者：Y. 沃罗贝基克 等 ISBN：978-7-111-64304-3 定价：69.00元

数据流机器学习：MOA实例

作者：A. 比费特 等 ISBN：978-7-111-64139-1 定价：79.00元

R语言机器学习（原书第2版）

作者：K. 拉玛苏布兰马尼安 等 ISBN：978-7-111-64104-9 定价：119.00元

终身机器学习（原书第2版）

作者：陈志源 等 ISBN：978-7-111-63212-2 定价：79.00元